科学出版社“十三五”普通高等教育本科规划教材
教育部高等学校水产类专业教学指导委员会推荐教材

普通高等教育海洋渔业科学与技术专业系列教材

渔 业 导 论

（修订版）

陈新军　周应祺　主编

科 学 出 版 社
北 京

内 容 简 介

渔业导论是一门专门为水产类高校开设的水产类素质教育课程，主要内容包括渔业、渔业资源及其产业的概念与基本特点，中国渔业和世界渔业的发展历史及其现状，捕捞学、渔业资源学、水产养殖学、水产品加工利用、渔业信息技术、渔业经济学等学科的概述，以及国际研究热点问题，如渔业蓝色增长、碳汇渔业、全球环境变化与渔业等。

本书适用于海洋渔业科学与技术专业、水产养殖专业等水产和渔业相关专业的本科生，以及需要了解渔业基本知识的有关人员。

图书在版编目（CIP）数据

渔业导论 / 陈新军，周应祺主编. —修订本. —北京：科学出版社，2018.9
科学出版社“十三五”普通高等教育本科规划教材
普通高等教育海洋渔业科学与技术专业系列教材
ISBN 978-7-03-057757-3

Ⅰ. ①渔… Ⅱ. ①陈… ②周… Ⅲ. ①渔业–高等学校–教材 Ⅳ. ①S9

中国版本图书馆 CIP 数据核字（2018）第 125069 号

责任编辑：朱 灵 / 责任校对：王 瑞
责任印制：黄晓鸣 / 封面设计：殷 靓

科学出版社 出版
北京东黄城根北街 16 号
邮政编码：100717
http：//www. sciencep. com
广东虎彩云印刷有限公司印刷
科学出版社发行 各地新华书店经销
*
2018 年 9 月第 一 版 开本：787×1092 1/16
2024 年 9 月第五次印刷 印张：21
字数：510 000
定价：72.00 元
（如有印装质量问题，我社负责调换）

普通高等教育海洋渔业科学与技术专业系列教材《渔业导论》（修订版）编委会

主　编　陈新军　周应祺

编　委　（按姓氏笔画排序）

马旭洲（上海海洋大学）

王锡昌（上海海洋大学）

吴开军（上海海洋大学）

汪之和（上海海洋大学）

宋利明（上海海洋大学）

陈新军（上海海洋大学）

周应祺（上海海洋大学）

普通高等教育海洋渔业科学与技术专业系列教材编写委员会

前 言

渔业导论是涉及水产类的素质教育课程，适用于海洋渔业科学与技术专业、水产养殖专业等水产和渔业相关专业的学生和人员使用。通过对该课程的学习，能够了解渔业产业特点、可持续发展的指导思想，以及渔业资源养护和管理的原理；了解渔业资源的基本情况和世界渔业发展的趋势；了解中国渔业发展历史、资源现状，以及现行政策与措施；初步了解各主要渔业学科发展历史及其现状与发展趋势，从而为今后从事渔业的学习、科学研究等打下基础。

随着水产学科发展的需要，以及科学技术研究手段和水平的提高，水产学科也在不断发展与进步，增加不少新的理论和新的研究方法。基于上述认识，我们重新修订了教材。本书共分为七章。第一章为绪论，重点介绍渔业定义与特征，渔业导论的内容与学科体系，以及渔业在国民经济和社会中的作用。第二章为渔业资源、环境与发展，重点介绍人口、自然资源与环境，特别是渔业资源的自然特性，描述经济增长与渔业管理的关系，介绍现代渔业经济增长方式及渔业在现代社会中的作用。第三章为世界渔业，主要介绍世界渔业发展现状，世界主要渔业资源和渔区划分，描述世界渔产品贸易情况，以及国际渔业管理现状与趋势。第四章为中国渔业，主要介绍中国渔业自然环境与资源，中国渔业在国民经济中的地位和作用，以及发展历史。第五章为主要渔业学科概述，重点介绍捕捞学、渔业资源学、水产增养殖学、水产品加工利用、渔业信息技术和渔业经济学。第六章为可持续发展与渔业蓝色增长，介绍可持续发展理论、渔业资源可持续利用基本理论及影响因素，重点描述渔业可持续发展的国际行动——蓝色增长，以及碳汇渔业研究进展。第七章为全球环境变化与渔业，重点描述全球环境变化与渔业的关系，探讨全球气候变化对水产养殖业的影响，以及粮食安全脆弱性评价。

在本书编写过程中，力求把国内外最新的研究成果补充到新的教材中，力图与国际接轨以适应专业发展的需要，但因篇幅和参考资料的局限，以及编写人员的水平有限，教材中仍有诸多不当之处，恳请读者批评指正。

本书主要为从事渔业或与渔业工作相关的人士所开设，是一门导论性课程，适用于大学本科、研究生、干部培训、成人教育等。本书可作为水产类高等院校的全校任选课程，也可作为海洋科学与技术、海洋管理、海洋科学、海洋资源、渔业经济、经济管理等专业的限选课程。

本书的出版获“上海市属高校应用型本科试点专业建设”、“上海高原高峰学科-水产学高峰学科项目”、“全国农业专业学位研究生实践教育示范基地项目”（MA201601010）、“卓越农林人才教育培养计划改革试点项目”、“上海海洋大学一流学科建设项目”的资助，编者谨致深切谢意。

本书的总体框架由上海海洋大学海洋科学学院陈新军教授审定，并由陈新军教授和周应祺教授共同完成。

陈新军　周应祺

2018年6月18日

目　　录

第一章　绪　论

第一节　渔业的定义与特征

一、渔业的定义与分类

1. 渔业的定义

在中国、日本、韩国等亚洲国家和地区，习惯将渔业称为水产业。按《中国农业百科全书》定义，“水产业”是指“人们利用水域中生物机制的物质转化功能，通过捕捞、增养殖和加工，以取得水产品的社会产业部门。在我国，广义的水产业还包括渔船修造、渔具和渔用仪器装备的设计制造、渔港建筑和规划、渔需物资供应，以及水产品的保鲜加工、储藏、运销、培育、收获、加工水生生物资源的产业”。《水产辞典》中，“渔业”条目的介绍为“以栖息、繁殖在海洋和内陆水域中的水产经济动植物为开发对象，进行合理采捕、人工增养殖，以及加工利用的综合性产业”。在我国，水产业属于大农业范畴，是农业的组成部分和重要产业之一。但是，在欧洲等西方国家和地区，习惯上，渔业是指捕捞业和水产品加工业，将捕捞、加工、储藏和运销等产业链作为一个完整的产业对待，是指开发利用自然资源——捕获水生生物，并以终端消费者为服务目标的产业组合，所以用 fishing industry 表述。同时，将水产养殖看成农业的副业，没有专门列为产业。长期以来，联合国粮食及农业组织（FAO）设置的渔业委员会（Committee on Fisheries，COFI），主要关注和协调各国与捕捞有关的活动。因此，习惯上在提及“海洋渔业”时，往往指海洋捕捞生产，以及相关的水产品加工业，而海水养殖并不包括在内。直到 20 世纪末，全球水产养殖业迅速发展，产量和产值不断上升，水产养殖产品对人类社会的蛋白质贡献和经济贡献越来越大，COFI 于 2000 年设立水产养殖分委员会（Committee on Aquaculture-COFI/FAO）。近十年中，近海的海水网箱养殖迅速发展，产量大幅度增加，在海洋渔业中所占比重增加，品种包括传统的捕捞对象，引起了广泛的重视。因此，国际社会习惯以“渔业与水产养殖”（fishery and aquaculture）来表达。

在我国农业发展和改革中，渔业对促进农村产业结构调整、增加农民收入、保障食物安全、优化国民膳食结构和提高农产品出口竞争力等方面作用显著。我国水产品总量自 1990 年起连续位居世界第一，约占全球总产量的 1/3。我国水产养殖产量占全球水产养殖产量的 2/3。进入 21 世纪，我国对渔业生产结构进行了重大改革，渔业增长方式从产量增长型转向质量与效益并重、注重资源可持续利用。

2. 渔业的分类

渔业（水产业）是以栖息、繁殖在海洋和内陆水域中的水产经济动植物为开发对象，进行合理采捕、人工增殖和养殖，以及水产品储藏与加工利用等的生产事业。广义上还应包括渔业船舶修造、有关设施装备和仪器制造、渔药和鱼饲料加工等生产事业。其是国民经济组成部分之一。随着海洋和内陆水域渔业资源开发规模的扩大、人口的增加，水产品不仅已成为人们动物性蛋白质食物的重要来源之一，还为化工、医药等工业提供原料，为畜牧业提供饲料。

按我国的习惯和行政管理的结构划分，渔业可以分为水产捕捞业、水产增养殖业、水产品储藏与加工业。①水产捕捞业：在海洋和内陆水域中捕捞自然生长的经济动物的生产事业。包括海洋捕捞业和内陆水域捕捞业。其是世界渔业的主要组成部分，20 世纪 50 年代其产量占世界水产总产量的 95%，到 21 世纪初仍约占 70%。随着水产养殖产量的不断上升，2013 年水产捕捞产量下降了约 50%。②水产增养殖业：在适宜的内陆水域、浅海和滩涂对水产经济动植物进行人工繁殖，并对其进行饲养，以及人工放流和增殖的生产事业。前者通过人工饲养的称为水产养殖业，后者通过自然繁殖的称为水产增殖业。按水域划分又可将其分为内陆水域增养殖和海水增养殖。前者是利用池塘、湖泊、水库、稻田、江河等水域，增养殖鱼、虾、蟹、鳖等。后者则是利用浅海、滩涂、港湾等水域，增养殖贝类、鱼、虾、蟹等，以及栽培海藻类。20 世纪 50 年代水产养殖产量不及世界水产总产量的 5%，2013 年增长到 50.9%，超过了水产捕捞产量。③水产品储藏与加工业：由水产食品储藏、加工与水产品综合利用加工组成的生产事业。前者从事水产品的冷冻、冷藏、腌制、干制、熏制、罐头食品和各种生熟小包装食品的储藏和加工生产。后者从事饲料鱼粉、鱼油、鱼肝油、多烯脂肪酸制剂、藻胶、碘等各种医药化工产品的生产。对于促进捕捞与养殖产品的流通上市、提高水产品食用价值和有效利用率，起着关键作用。

此外还有栽培渔业、休闲渔业、都市渔业。①栽培渔业：也称“海水增殖业”。在适宜的海域，采用类似农业和畜牧业生产方式进行生产的海洋渔业；是运用现代科学技术与装备，采用人工孵化、育苗、放流、人工鱼礁等技术措施，栽培海藻，增殖和养殖鱼、蟹、虾、贝类等，是海洋捕捞业和海水养殖业相结合的海洋生物资源开发、利用和管理的新系统。对水产资源的繁殖保护、提高水域生产力、保持生态平衡有重要意义。②休闲渔业：以旅游、垂钓、娱乐、餐饮、健身、度假等休闲产业为基础，形成集旅游观光、休闲娱乐、渔业活动于一体的新型产业。实现了第一产业、第二产业、第三产业结构互动，提高渔业的社会效益、生态效益和经济效益，满足人们日益增长的精神文化需求的目标。在美国、日本和欧洲国家中，娱乐性游钓渔业十分发达，而近年来，我国的休闲渔业也迅速发展，成为渔业的重要组成部分。③都市渔业：利用大城市经济、文化、科学和技术等优势，发展以满足大城市消费者为主要目的的集约化渔业的生产事业，是传统渔业的升级和扩展，也是都市农业的组成部分，是具有城郊特色、都市特殊服务功能的现代渔业模式，包括集约化水产养殖业、生态渔业、创汇渔业等。

按作业水域划分，渔业可分为海洋渔业（marine fishery）和内陆水域渔业（inland fishery）（图 1-1）。①海洋渔业：可分为沿岸渔业（coastal fishery）、近海渔业（inshore fishery）、外海渔业（off shore fishery）和远洋渔业（deep sea fishery），而远洋渔业中又有过洋渔业（distant water fishery）和公海渔业（high seas fishery）之分，公海渔业也称为大洋渔业（oceanic fishery）。海洋渔业同时也可分为海水增养殖业和海洋捕捞业两部分，前者又可以分为海水资源增殖业和海水养殖业，后者指从事可持续开发和合理利用海洋渔业资源的生产事业，按作业海域划分，其可分为沿岸捕捞业、近海捕捞业和远洋捕捞业。广义的现代海洋渔业还包括渔产品的储藏、加工、运销和贸易等。②内陆水域渔业：利用内陆水域的池塘、湖泊、水库、江湖和水田等从事渔业的生产事业，可分为淡水渔业和水库渔业。同时也可分为内陆水域增养殖业和内陆水域捕捞业。尽管内陆水域不完全是淡水，有许多湖泊是咸水湖，但内陆渔业常常被俗称为淡水渔业（fresh water fishery）。

此外，海洋捕捞业也可分为商业性渔业（commercial fishery）和个体小型捕捞业（small scale fishery）或传统捕捞业（articenlar fishery）。相对于商业性渔业，还存在一种生计渔业（subsistence fisheries），生计渔业是指捕获的鱼虾主要供家庭成员消费，少量出售换取生活必需品，有时采用以货易货的方式维持赖以生存的渔业。国际社会对生计渔业渔民的渔业权益给予了特别的关注和保护。

习惯上，还按水产种类、作业方法或水域等对渔业进行分类和命名，如鱿鱼渔业、金枪鱼渔业、拖网渔业、围网渔业和定置网渔业。

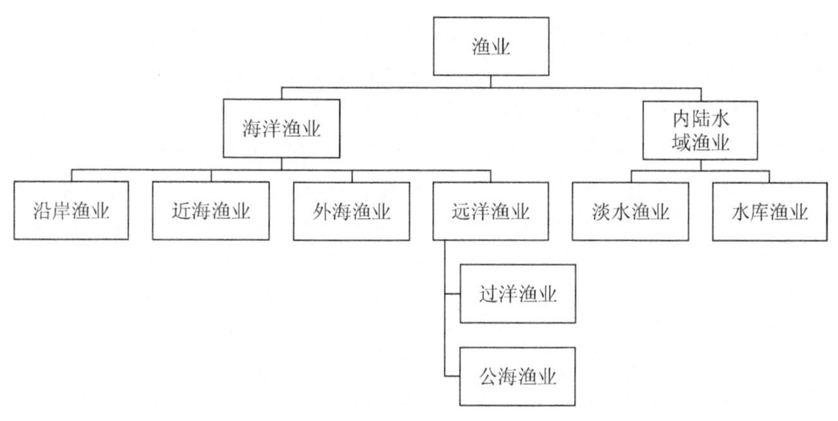

图 1-1 渔业的分类

二、渔业资源特点

渔业资源（fishery resources）也称“水产资源”，是指天然水域中，具有开发利用价值的经济动植物种类和数量的总称，也指天然水域中蕴藏并具有开发利用价值的各种经济动植物种类和数量的总称，主要有鱼类、甲壳类、软体动物、海兽类和藻类等。其是发展水产业的物质基础和人类食物的重要来源之一。渔业资源状况随着自身生物学特性、栖息环境条件的变化和人类开发利用的状况而变动。渔业资源具有以下主要特征。

1. 可再生性

渔业资源是能自行增殖的生物资源。生物个体或种群的繁殖、发育、生长和新老替代，使资源不断更新，种群不断获得补充，并通过一定的自我调节能力达到数量上的相对稳定。人工养殖和增殖放流等也可保持或恢复资源的数量。但是，滥渔酷捕或环境变迁会使渔业资源的生态平衡被破坏，补充的群体数量不足以弥补死亡的数量，会出现资源衰竭的情况。

2. 流动性

大多数水产动物为了适应索饵、生殖、越冬等，而具有洄游的习性，如溯河产卵的大麻哈鱼、降河产卵的鳗鲡，以及大洋性洄游的金枪鱼，季节性洄游的大、小黄鱼和带鱼等。有许多种群会洄游和栖息在多个地区或国家管辖的水域内。因此，渔业资源的流动性会导致难以明确该资源的归属和所有权，事实上，会出现“谁捕捞获得，谁就拥有”的情况，也就是对公共资源“占有就是所有”，这就是渔业资源的共享性，即经济学上的外部性。这些特性会造成渔业管理上的特殊性和困难，开发利用中对渔业资源的掠夺和浪费，以及为了优先占有而对开发能力的过度投资。除了鱼类是一种流动资源以外，流动资源还包括人类、鸟类、昆虫、空气、水和石油等，它们的流动特性造成在管理上具有共同点，也可以说，我们可以借鉴上述资源的管理方法和经验对渔业资源进行管理。

3. 波动性

渔业资源是生活在水环境中的生物资源，直接受到水环境的影响，因此，地球气候和海洋环境的周期性变动会造成渔业资源在数量上的波动。在生物自身繁殖和进化过程中，生态系统等各种因素的相互影响和不稳定性也会造成其数量上的波动。人类活动和捕捞生产也会对渔业资源的数量下降和结构改变产生重大影响。因此，合理开发利用渔业资源是实现渔业和人类赖以生存的生态环境可持续发展的重要工作。

4. 隐蔽性

鱼、虾、贝、藻等渔业资源栖息在水中，分布的环境有水草茂密的小溪、湖泊，或是风浪多变的海洋，而且不时地到处游动，因此，难以发现它们和对其进行统计。渔业资源的隐蔽性会导致在评估渔业资源和探寻渔场方面的困难，在确定种群的数量和栖息地等方面都具有很大的不确定性。

5. 种类繁多

渔业资源种类繁多，主要种类有鱼类、甲壳动物类、软体动物类、海兽类和藻类。①鱼类是渔业资源中数量最大的类群。全世界约有 21700 种。主要捕捞的鱼类仅 100 多种。按水域划分，可将其分为海洋渔业资源和内陆水域渔业资源。中国鱼类种类有 3000 种，其中海洋鱼类占 2/3。②甲壳动物类主要有虾、蟹两大类。虾有 3000 多种，主要生存在海洋中。③软体动物类约有 10 万种，一半生活在海洋中，是海洋动物中最大的门类。例如，头足类的柔鱼、乌贼，双壳类的牡蛎、贻贝等。④海兽类又称为海洋哺乳动物，包括鲸类、海豹、海獭、儒艮、海牛等，大多数被列为重点保护对象。⑤藻类有 2100 属，27000 种，包括紫菜、海带、硅藻等，分布极广，不仅生存在江河湖海中，还能在短暂积水或潮湿的地方生长。属于渔业资源的藻类主要有浮游藻和底栖藻。

三、渔业产业特点

1. 因自然特征而具有的特点

（1）季节性

渔业生产的对象是水中的生物，所以其具有明显的季节性。对生产组织最具有影响的因素是：较长的生产周期和集中而短暂的收获期或鱼汛。这种显著的季节性，加上水产品的易腐性，就要求人类具有较大的水产品集中加工能力和储藏能力，以便于及时对其进行处理和产品均衡上市。但是，市场的均衡供应的需求和集中收获存在矛盾，会造成庞大的生产能力和生产设备使用效率低、渔获物浪费的情况。由此可知，水产品的季节性对水产品加工储藏能力、产业的组合和功能都提出了特殊的要求，如何优化组织提高整体效益和效率，是水产品产业链所面临的挑战。

（2）地域性

地域性是生物物种共有的特点。不同的水域、不同的水层栖息了不同的物种；即使是同一物种，也会因水域环境的不同而具有不同的品质和风味，形成以地域为标记的特产。水产品的地域性特点明显，与其他农产品相比，消费者对水产品品种的需求多样化，并且对水产品的产地和品种尤为关注。产地往往与水产品的品牌密切相关，使产品具有地理标志，如阳澄湖大闸蟹。因此，水产品的地域性和人们对产地的关注，是渔业产业发展和管理中需要注意的方面。此外，从资源保护和养护管理的角度，为了对某水域的渔业资源进行保护和加强监督管理，国际渔业管理组织提出了水产品需要附带产地证书和有关生物标签的要求。

（3）共享性

鱼类等水生生物资源在水域中活动和洄游，甚至跨越大洋和国界，这种流动性造成了渔业资源具有公共资源的特点。由于它的流动或跨界，对该资源所有权难以明晰，容易造成掠夺性捕捞。因此，在渔业资源管理上，为了实现渔业资源的可持续利用和渔业的可持续发展，要求利用该资源的各方进行合作，包括国家之间的合作和协调。例如，位于东海的中日共管水域的渔业，也就是目前国际上提倡的负责任渔业。但是共享性和所有权的不明晰会使开发者对资源谋求优先占有从而争夺资源，因此，该产业具有强烈的排他性。同时，对渔业资源信息的掌握和对资源的控制成为其核心竞争力。

2. 产业特性

（1）渔业是与“资源、环境、食品安全”密切相关的产业

众所周知，“资源、环境、食品安全”是当今世界热点问题，受到了各国领导的关注，举行了许多高峰会议和国际性讨论会，对社会发展提出了可持续发展的指导原则。可持续发展，资源、环境协调发展，以及保证人类食品安全等议题，均是渔业发展的关键性问题，因此，国际渔业界，包括政府、科学家和企业，通过协商，制订了一系列渔业管理国际协定，并通过加强区域性国际渔业组织的作用来落实对渔业的管理。在我国，虽然渔业在人们心目中的地位不高，但是，由于渔业与资源、环境、食品安全密切相关，渔业的任何活动都受到全社会的密切关注和监督。

（2）效益的综合性

渔业的效益需用经济效益、生态效益和社会效益来综合衡量（图 1-2）。除了与其他产业相同的要追求经济效益以外，渔业还必须注重生态效益和社会效益。渔业生产的对象是一种可再生生物资源，如果注意渔业资源的养护，则可以实现可持续发展。如果一味强调经济效益，竭泽而渔，必将导致渔业资源加速衰竭，以产业崩溃告终。因此，注重生态效益是符合渔业可再生生物学特点的实践，当然，这也需要以一定的经济效益为代价。

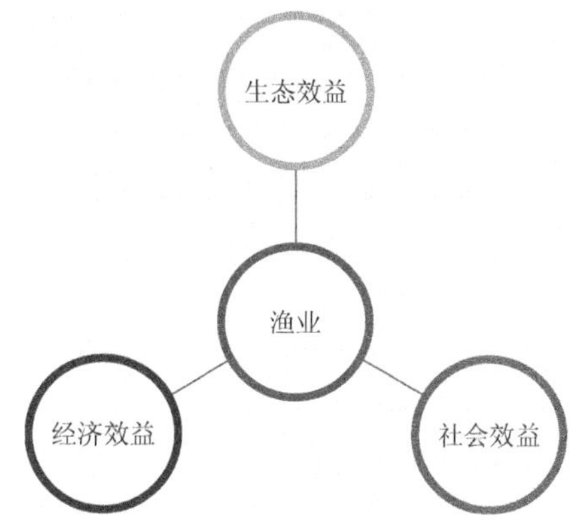

图 1-2 渔业的效益

此外，鱼类等水生生物是人类食物、优质蛋白质的重要来源。在有些地区，水产品是民众的重要食品和生活来源。渔业还提供了就业岗位，渔村和渔港往往是经济活动的聚集地。因此，渔业发展关系到民生问题，渔业发展的社会效益是需要关注的重要问题。通过实行捕捞的准入制度和保障养殖水域的使用权，促进渔业地区协调发展，以及保护渔民的生产专属权利。从产业管理来看，渔业的产业链很长，从对自然资源的直接收获、人工养育，一直到加工利用、储藏运销等，所有环节都对综合效益有直接影响，因此，要特别注意产业链各环节之间的配合和优化，以提高综合效益。

（3）产业的后发性

渔业涉及的产业和技术类型非常广，如捕捞生产，它与工程、环境、气象、生物、造船、电子仪器、通信信息、机械装备、合成纤维材料、加工利用、冷冻冷藏等密切相

关，对这些领域的技术发展有很大的依赖性。如果没有造船工业、机械工程和电子工业的支持，就不可能发展远洋渔业。又如，超声波探测仪、船舶、液压机械、人造合成纤维等大大提高了捕捞作业的效率。渔业的发展紧密依靠其他行业的发展而发展的特点被称为“后发性”。针对渔业产业的后发性特点，需要特别注意将新的科技成果主动地应用到渔业中，这是渔业发展的重要推动力。

（4）产品易腐性

水产品具有易腐性的特点，产品的质量与所采取的保存手段和技术有密切关系。与其他产品相比，渔业产品对生产技术、储存和物流管理都提出了特殊的要求。水产品主要作为食品消费，所以产品的安全性需要得到保证。该安全性表现在：不能采用传统的产品质量抽样检查的管理办法，而是要求所有的产品都可靠，符合质量标准。因此，要求对产业链的所有环节进行质量监督管理，建立完整的记录，实现具有可追溯性的生产管理体制，所以又称为档案渔业。从原料、渔获，直到消费者终端的整个产业链，每个环节都需要采用必要的保鲜、保活或冷冻冷藏等技术措施。然而，鱼、虾等水生生物的多样性使水产品的加工保存要求等因品种而异，对技术措施提出差异很大的需求。例如，供生食的金枪鱼一旦被捕获，就需要立即在船上进行处理，并迅速冷冻到-60℃。有些产品却要求保持鲜活状态。此外，产品的易腐性也影响了水产品的销售方式。例如，在批发拍卖水产品时，采用反向的、由高价向低价的降价竞拍方式，以保证水产品较快地被销售，避免流拍。

（5）产业的不稳定性

渔业生产的对象是鱼类等水生生物，它们自身的变化和数量上的波动会造成产业的不稳定。环境气候的变化也会导致栖息地变迁和资源的波动，生产状况有很大差异。迄今为止，渔业对自然界的依赖度仍然很大，该产业在生产规模、计划和经济效益等方面具有较大的不稳定性和较大的风险性，同时渔业投资具有较大的风险，规避风险和降低投机性成为渔业企业需要特别关注的事项。

（6）渔业资源的外部性

开发利用渔业资源时，人类没有支付自然资源的成本或资源租金，成本相对较低。尤其是捕捞业，其所享用的渔业资源是公共资源，由于产权不明晰，往往“占有就是所有”，形成对渔业资源的掠夺式开发和对渔业资源的浪费。捕捞业在利用自然资源时，仅仅支付了开发加工的费用，并未承担渔业资源本身的成本，因此，渔业是投资效益较高的产业。然而渔业具有投资收益快和风险大的特点，加上信息的不对称性，往往造成对渔业的盲目投资，使捕捞能力过度扩张，使捕捞业的管理和控制有较大难度。我国的水产养殖业对农民致富发挥了重要作用，成为实现小康的重要途径，因此，近 20 年来发展较快，取得了良好的经济效益。但是，水产养殖业的过度发展也给环境和生态带来了沉重的压力，对自身的可持续发展问题提出了疑问。

（7）渔业是一项系统工程，需要进行综合管理

渔业生产的产业链长，渔业活动涉及的部门多，在行政管理上，除了渔业主管部门以外，还涉及管理资源、环境、湿地、海洋湖沼、食品、船舶、海港、市场、贸易、外交等部门，近海渔业还涉及水利、港湾、渔业、海洋、军事等部门，所以政府部门间的协调和配合就成为重要的环节。此外，渔业的效益应考虑经济、资源、社会 3 个方面的协调。渔业的外部性使渔业成为一种“进入容易、退出难”的行业，往往聚集了弱势群体，加之历史和社会原因，渔业从业者受教育程度不高，文化和生活习惯具有特殊性，在进行渔业产

业结构调整时，劳动力的转移空间较小、调整难度较大。因此，对渔业的调整不能仅仅依靠渔业自身的力量，还需要全社会支持。渔业不能单纯地作为一个产业而受到管理，政府各部门也需要对其进行相关协调，渔业得到综合管理，才能实现可持续发展。

（8）消费者对水产品需求的多样性和习惯

我国人民具有消费鲜活水产品的习惯，相比于其他农畜产品，消费者更关注水产品的品种、产地、生产的季节等，具有强烈的地域特征。另外，消费习惯随时代改变，新一代的消费趋势会有较大改变。可以预料人类对加工成品或半成品的需求会逐步上升，两者会成为日常消费的主流。

3. 产业发展的趋势

（1）产业结构转型

目前全球渔业处于历史性产业转型期。在过去的 30 年中，全球的渔业产量主要来自捕捞业，但是，在 20 世纪的最后十几年中，水产养殖业的迅速发展标志着渔业的产业结构开始由“猎捕型”的捕捞业向“农耕型”渔业转变。大型海洋网箱养殖工程和陆基养殖工程的出现是 21 世纪现代渔业的标志。

（2）实现工程化管理

现代渔业的发展方向是以科技为支撑，实现工程化。工程化主要体现在生产过程和产品的标准化方面，贯彻质量第一和效率第一的原则。而标准化的基础是生产过程的定量控制，即数字化。同时，工程化还体现在产品质量的保证和食品安全，以及可追溯性上。

（3）注重综合效益

注重综合效益主要表现在渔业产业链延伸、提升综合效益方面。例如，休闲渔业的发展将物质生产与文化休闲、社区发展等结合。又如，水产品不仅是人类的重要食品，而且还是重要的工业原料，通过对其进行综合利用和深加工，尤其是通过海洋药物开发、生物燃料和生物质生产，提高产业的综合经济效益。再如，远洋渔业是一种资源性产业，不仅为社会提供高品质蛋白质和食品安全保障，而且还提高了就业和国际贸易，更是一个国家和地区的海洋权益体现，因此，渔业具有重要的经济效益、生态效益和社会效益。

第二节 渔业导论的内容与学科体系

一、渔业导论的课程定位

渔业导论是综合知识与素质教育类的基础课程，是为将要从事渔业或与渔业工作相关的人们所开设的一门导论性课程。本课程重点了解渔业产业特点和可持续发展的指导思想，以及渔业资源养护和管理的原理；了解渔业资源的基本情况和世界渔业发展的趋势；了解中国渔业的发展历史、资源现状，以及现行政策与措施；了解对渔业各产业环节具有重大影响的科技成果和发展趋势。渔业导论内容体系涵盖生物学、经济学、管理学、海洋学、社会学和信息经济学等学科，是一门典型的综合性课程。

本课程可作为全国水产高等院校的全校任选课程，同时也可以作为海洋科学与技术、海洋管理、海洋科学、海洋资源、渔业经济、经济管理等专业的限选课程。

二、渔业导论的研究内容

本课程是导论性课程，将侧重从宏观战略发展的角度介绍渔业在国民经济中的地位，渔业的产业结构和特点，渔业管理的特点和基本原则，渔业科学与其分支学科的基本内容和相互关系，科学技术对渔业发展的影响，等等，为将要从事渔业或相关工作的人们提供必需的基本概念和知识要点，掌握正确的观察研究渔业问题的方法。

该课程重点放在以渔业资源所具有的可再生资源、流动资源、公共资源的特点，以及渔业可持续发展为核心内容的导论性课程上。该课程主要由以下5个部分组成。

1）渔业概念。包括渔业的定义、产业结构和产业特点，渔业资源的特点与种类，渔业水域与渔业环境。

2）渔业与可持续发展。包括人口、自然资源与环境，经济增长与渔业管理，现代渔业经济增长方式。

3）渔业与科学技术。包括渔业科学体系，科学技术对水产增养殖、捕捞业、水产品加工利用发展的影响，信息技术在渔业中的应用，渔业经济学，渔业管理与渔业可持续发展。

4）世界渔业现状。包括世界主要渔业资源与渔区，世界渔业生产的演变，世界渔业的生产结构，世界海洋捕捞业，世界水产养殖业，世界水产加工业，现代休闲渔业，世界渔产品贸易，国际渔业管理现状与趋势，世界渔业存在的主要问题和发展趋势。

5）中国渔业现状。包括中国渔业在国民经济中的地位和作用，以及其在国际上的地位和作用，中国渔业的自然环境、渔业资源、发展简况和现状。

三、渔业学科体系与相关内容

渔业学科也称“水产学”或者“水产科学”，是研究水产资源的可持续开发利用规律的综合性应用学科。其主要研究水产经济动植物的生长繁衍、分布、数量变动，采捕和增养殖，水产品储藏与加工等理论与技术，以及有关水产生产工具和设施的设计与应用，生产的经营与管理，影响生产的自然条件和人为因素，等等。其既具有农学属性，又具有工程、管理、经济、法学等学科性质。其分支学科可分为水产资源学、水产增养殖学、水产捕捞学、水产品储藏与加工工艺学、水产经济学、水产工程学和渔业遥感学等。

（1）水产资源学

水产资源学也称“渔业资源学科”，是水产学的分支学科之一，也是研究水产资源的生物学特征、群系及种群时空分布、移动和洄游、种群数量变动、种间关系、水产资源评估，以及与环境因子的关系等的应用性学科。其可分为水产资源生物学和水产资源评估学。其与水生生物学、鱼类学、水文学、气象学和数理统计学等学科的发展关系密切。其可为可持续开发利用水产资源、进行渔情预报、制订有关的渔业管理措施提供理论依据。

（2）水产增养殖学

水产增养殖学是水产学的分支学科之一，是研究自然或人工水域中水产增殖与养殖的原理和技术，以及与水域生态环境相互作用等的应用性学科。其可以为扩大水产增殖和养殖的品种，以及提高其质量、提高增殖效果和养殖技术等提供依据。其可分为水产增殖学和水产养殖学。按研究内容后者可分为水产动物遗传育种学、水产经济动物营养与饲料学、藻类栽培学。

（3）水产捕捞学

水产捕捞学也称“捕捞学”，是水产学的分支学科之一，是根据捕捞对象的种类、生活习性、分布洄游等，研究捕捞工具和技术、渔场形成机制和变迁规律的应用科学。其可以为可持续开发利用水产资源、发展水产捕捞业提供依据。其可分为研究捕捞工具设计、材料性能、装配工艺的渔具学，研究捕捞对象的鱼类行为学、捕捞方法的渔法学，研究捕捞场所形成机制的渔场学等。

（4）水产品储藏与加工工艺学

水产品储藏与加工工艺学是水产学的分支学科之一，是研究水产品原料特性、保鲜与保活、储藏与加工、综合利用等原理及加工工艺的应用科学。其可以为提高水产品利用质量、食用价值、满足人们生活需求提供依据。其可分为研究水产品原料特性的水产品原料学，研究水产生物的化学特性的水产食品化学，研究水产品储藏、加工和综合利用的水产品冷藏工艺学和水产品综合利用工艺学。

（5）水产经济学

水产经济学也称“渔业经济学”，是水产学的分支学科之一，也是水产学与部门经济学的交叉学科，是研究水产生产、分配、交换和消费等经济关系和经济活动规律的应用科学。其可以为建立科学合理的水产经济体制、生产结构、可持续发展水产业的决策，并取得最佳投入和产出等提供依据。其可分为水产资源经济学、水产技术经济学、水产制度经济学。

（6）水产工程学

水产工程学也称“渔业工程学”，是水产学的分支学科之一，也是水产学与工程学的交叉学科，是研究水产生产的有关设施、装备、测试仪器等特性、原理、规划与设计等的应用科学。其可分为渔业船舶工程学、渔港工程学、渔业机械工程学、水产养殖工程学、水产加工工程学、海洋生物工程学等。

（7）渔业遥感学

渔业遥感学是海洋遥感与水产学科的交叉学科，是利用海洋遥感卫星所获得的表温、水色、叶绿素、海面高度等数据，对渔业资源数量、分布和渔场等进行分析、评估和判断的一门学科，是渔业资源学、渔场学的研究手段和方法之一。海洋遥感可以在瞬时同步获得大面积海洋的环境参数，及时反映海洋环境的分布特征，如锋区、涡流等，从而可以初步分析和判断出鱼类等水生经济动物的分布区域，提高侦察鱼群和探索渔场的能力。

（8）渔业资源经济学

渔业资源经济学是水产学的分支学科之一，其是利用经济学的基本原理，研究在人类经济活动的需求与渔业资源的供给之间的矛盾过程中，渔业资源在当前和未来的优化配置及其实现问题规律的一门学科。其是应用经济学的一个重要分支，研究对象是渔业资源和渔业资源经济问题。主要解决以下问题：一个社会在目前和将来如何分配它的渔业资源，如何在全体社会成员中分配由资源配置决策产生的效益，分析渔业资源在配置中存在的问题及其经济原因，提出用来解决这些问题的各种方案和政策工具，并对这些方案、政策的效益、成本及其对各方面的影响进行评价。

（9）渔业法规

渔业法规概念中的“法规”指广义上的法规。简单地讲，渔业法规指有关渔业的法律规范的总和，即调整有关渔业的各种活动和关系的法律规范的统称。渔业生产活动主要在水域中进行，渔业捕捞生产具有很强的流动性，在海洋和邻接多国陆地领土的内陆水域中进行的渔业捕捞活动不可避免地会涉及国际海洋法等有关的国际法。因此，渔业法规在内涵上包括了属于国家法律体系范围内的国内渔业法规和国际渔业法规两大部分。

四、学习渔业导论的目的与意义

渔业导论是系统介绍渔业，以及世界渔业现状、渔业科学内涵及其学科组成，科学技术与渔业发展等的一门学科，是水产专业人员开展相关工作的基础课程。学习渔业导论主要有以下几个方面的作用和意义。

1）通过对渔业导论进行学习，我们充分认识到渔业资源的本质特性和渔业产业结构，以及渔业学科组成，为今后从事渔业相关工作提供基础。

2）通过对渔业导论进行学习，我们基本掌握世界渔业资源状况、中国渔业资源状况，以及世界渔业与中国渔业的发展历史和趋势，为渔业的可持续发展提供基础知识。

3）通过对渔业导论进行学习，我们基本掌握科学技术是如何推动世界渔业发展的，特别是如何推动新兴学科发展的，如科技进步与捕捞业、科学技术与养殖业等，从而为初步把握世界渔业发展格局提供基础。

4）通过对渔业导论进行学习，我们基本掌握全球各国对世界渔业所关注的主要问题是什么，目前国际上正在采用何种应对措施，如全球气候变化对渔业、水产养殖的影响等。

第三节　渔业在国民经济和社会中的作用

为应对当今世界最严峻的挑战之一，即在气候变化、经济和金融的不确定性，以及自然资源竞争日益激烈的背景下，到2050年如何养活90多亿人口，国际社会于2015年9月做出了承诺，由联合国各成员方通过了《2030年可持续发展议程》。《2030年可持续发展议程》还为渔业和水产养殖业对粮食安全和营养所做的贡献及其在自然资源利用方面的行为规范设定了目标，以确保在经济、社会和环境各方面实现可持续发展。

当陆上食物生产从捕猎/采集活动转变为农业活动几千年之后，水生食物生产也已从主要依赖野生水产品捕捞转变为养殖不断增多的水产品种。2014年是具有里程碑式意义的一年，当时水产养殖业对人类水产品消费的贡献首次超过野生水产品捕捞业。要按照《2030年可持续发展议程》设定的目标满足人类对食用水产品不断增长的需求将是一项紧迫任务，同时也是一项艰巨挑战。

从产业分类的角度看，水产业与农业、林业、矿业、工业、商业和运输业等一样，是国民经济的产业部门之一。据统计，2015年我国水产品总产量为6699.65万t。其中，养殖产量为4937.90万t，占总产量的73.70%；捕捞产量为1761.75万t，占总产量的26.30%。全国水产品人均占有量为48.73kg（人口为137462万人）。在国内渔业生产中，鱼类产量为3919.44万t，甲壳类产量为686.44万t，贝类产量为1465.61万t，藻类产量为212.43万t，头足类产量为69.98万t，其他类产量为126.55万t。总产量中，海水产品产量为3409.61万t，占总产量的50.89%；淡水产品产量为3290.04万t，占总产量的49.11%。渔业和水产养殖业是全世界几十亿人重要的食品和蛋白质来源，维持着十分之一以上人口的生计。因此，水产业在国民经济发展中具有重要的地位和作用，主要表现在经济发展、食物安全、社会就业、外汇收入和社会稳定等几个方面。

一、渔业为人们提供丰富的蛋白质

渔业对国民经济所起的作用，主要是向国民提供食物，特别是动物性蛋白质。在畜牧业尚不发达时期，动物性蛋白质的供给大部分依赖于水产品。水产品是保障人体均衡营养和维持良好健康状况所需蛋白质和必需微量元素的极宝贵来源。根据FAO的统计，50年来食用水产品的全球供应量增速已超过人口增速，1961～2013年年均增幅为3.2%，比人口增速高一倍，从而提高了人均占有量。世界人均水产品消费量已从20世纪60年代的9.9kg增加到20世纪90年代的14.4kg，再提高到2013年的19.7kg，2014年和2015年进一步提高到20kg以上。除产量增长以外，促成消费量增长的其他因素还包括浪费量减少、利用率提高、销售渠道改良、人口增长带来的需求增长、收入提高和城市化进程。国际贸易也因为能给消费者带来更多选择而起到了重要作用。

水产品消费量的大幅增长为全世界人民提供了更加多样化、营养更丰富的食物，从而提高了人民的膳食质量。2013年水产品在全球人口动物蛋白摄入量中占比约17%，在所有蛋白质总摄入量中占比6.7%。此外，对于31亿多人口而言，水产品在其日均动物蛋白摄入量中的占比接近20%。水产品除了能提供包含所有必需氨基酸的易消化、高质量的蛋白质以外，其还含有必需的脂肪（如长链ω-3脂肪酸）、各类维生素（D、A和B）和矿物质（包括钙、碘、锌、铁和硒），尤其是在将整条鱼全部食用完的情况下（鱼刺除外）。即便是食用少量的水产品，也能显著加强以植物为主的膳食结构的营养效果，很多低收入缺粮国和不发达国家均属于此类情况。

二、渔业对国民经济发展的直接贡献

在我国，1978年渔业总产值占大农业的比例约为1.6%，1997年已达10.6%。渔民人均收入也从1978年的93元增加到1997年的3974元，比农民人均收入高出90%；2015年全国渔民人均纯收入更是达到15594.83元。渔业已成为促进中国农村经济繁荣发展的重要产业，尤其是发展水产养殖业，是农民脱贫致富、奔小康的有效途径之一。据统计，按当年的价格计算，2015年全社会渔业经济总产值为22019.94亿元，实现增加值10203.55亿元。其中渔业产值为11328.70亿元；渔业工业和建筑业产值为5096.38亿元；渔业流通和服务业产值为5594.86亿元。渔业产值中，海洋捕捞产值为2003.51亿元；海水养殖产值为2937.66亿元；淡水捕捞产值为434.25亿元；淡水养殖产值为5337.12亿元；水产苗种产值为616.15亿元。

三、渔业为国家增加财政和外汇收入

国际贸易在渔业和水产养殖业中发挥着重要作用，能创造就业机会、供应食物、促进创收、推动经济增长与发展，以及保障粮食与营养安全。水产品是世界食品贸易中的最大宗商品之一，估计海产品中约78%参与国际贸易竞争。对于很多国家和无数沿海沿河地区而言，水产品出口是经济命脉，在一些岛国可占商品贸易总值的40%以上，占全球农产品出口总值的9%以上，占全球商品贸易总值的1%。近几十年来，在水产品产量增长和需求增加的推动下，水产品贸易量已大幅增长，而渔业部门也面临着一个不断一体化的全球环境。此外，与渔业相关的服务贸易也是一项重要活动。

中国是水产品生产和出口大国，同时也是水产品进口大国（为其他国家提供水产品加工外包服务），而国内对非国产品种的消费量也在不断增长。挪威为第二大出口国，越南为第三大出口国。1976年发展中国家的水产品出口量仅占世界贸易总量的37%，但2014年其出口值所占比例已升至54%，出口量（活重）所占比例已升至60%。水产品贸易已成为很多发展中国家的重要创汇来源。2014 年发展中国家的水产品出口值为 800 亿美元，水产品出口创汇净值（出口减去进口）达到 420 亿美元，高于其他大宗农产品（如肉类、烟草、大米和糖）加在一起的总值。

四、渔业有利于安排农村劳动力，提供社会就业率

据估计，截至 2014 年共有 5660 万人在捕捞渔业和水产养殖业初级部门就业，其中 36%为全职，23%为兼职，其余为临时性就业或情况不明。在经历了较长时间的上升趋势后，自 2010 年以来就业人数一直保持相对稳定，而在水产养殖业就业的人数比例则从 1990 年的 17%上升为 2014 年的 33%。2014 年全球在渔业和水产养殖业就业的人口中，84%位于亚洲，随后是非洲（10%）和拉丁美洲及加勒比地区（4%）。在从事水产养殖活动的 1800 万人中，94%位于亚洲。2014 年女性在直接从事初级生产的人数中占比 19%，但如果将二级产业（如加工、贸易）考虑在内，女性则约在劳动力总量中占半数。

除初级生产部门以外，渔业及水产养殖业还为很多人提供了在附属活动中就业的机会，如加工、包装、销售、水产品加工设备制造、网具及渔具生产、制冰生产及供应、船只建造及维修、科研和行政管理等。所有这些就业机会，加上就业者供养的家属，估计养活了 6.6 亿～8.2 亿人，占世界总人口的 10%～12%。此外，全世界 90%以上的捕捞渔民从事小型渔业，小型渔业在粮食安全、减轻及防止贫困等方面发挥着重要作用。在我国，2015 年渔业人口为 2016.96 万人，渔业人口中的传统渔民有 678.46 万人，渔业从业人员有 1414.85 万人。

五、渔业对全球可持续发展和水域生态系统的贡献

渔业资源不仅为人类提供了物质性功能，更为重要的是，还为人类提供了生态性功能，具有保水和维护生态系统平衡的作用。海洋和内陆水域（湖泊、江河和水库）如果能恢复并保持自身的健康和生产状态，就能为人类带来巨大的效益。要确保渔业和水产养殖业的可持续性，就必须对海洋、沿海和内陆水生态系统开展管理，包括对生境和活生物资源的管理。FAO“蓝色增长倡议”不仅突出强调渔业和水产养殖业生态系统方法，还提出要促进沿海渔民社区的可持续生计，重视和支持小规模渔业和水产养殖业的发展，在水产品价值链全过程中确保公平获得贸易、市场、社会保护和体面劳动条件。“地球的健康，以及我们自身的健康和未来的粮食安全都将取决于我们如何对待这个蓝色的世界”，FAO 总干事若泽·格拉济阿诺·达席尔瓦说。“我们应当确保环境福祉与人类福祉相协调，从而实现长期可持续的繁荣。为此，FAO 正在致力于推动‘蓝色增长倡议’，它以对水生资源的可持续和负责任管理为基础。”

六、渔业对其他产业发展的贡献

水产品生产属于第一产业，与第二产业、第三产业有着紧密的联系。水产品生产必须依赖于其他产业的支持，同样，水产品生产又为其他生产部门提供了原料和材料。例如，食品、医药、饲料、轻工、农业等需要使用渔业产品的部门，同时，渔业本身又得到了饲料、化纤、制冷、建筑、机械、造船等部门提供的产品。

更为重要的是，第一，水产业是食品供给产业，而食品的稳定供给是稳定国民生活、使社会安定的重要基础条件，因而其比单纯的经济活动有着更为重要的意义。如果考虑到

将来世界人口与粮食生产增加之间的差距会进一步扩大，那么人们对水产业在国民经济中的重要性就会有进一步的认识。第二，目前的经济活动是以大城市为中心的，而水产业则以沿海的中小城市、村庄、岛屿等为据点，因此，水产业在特定的地区经济中所处的地位是相当重要的。如果考虑到各地区国民经济的均衡发展，那么水产业的重要性就超出它在全国经济中所占比重的意义。同时，渔业有利于调整农村经济结构，合理开发利用国土资源，推动新材料、新技术、新工艺、新设备等高新技术的发展。

思 考 题

1. 渔业的定义与分类。
2. 渔业资源概念及其特点。
3. 渔业产业特点。
4. 渔业在国民经济和社会中的作用与地位。
5. 渔业学科体系与相关内容。
6. 渔业导论的研究内容，以及学习渔业导论的目的与意义。

第二章　渔业资源、环境与发展

第一节　人口、自然资源与环境

一、人口

中国是人口大国，拥有丰富的人力资源。人力资源是典型的流动性资源，具有明显的迁移性。人口的迁移总是与地区的经济发展区位优势和资源环境区位优势密切相关的。人力资源作为最活跃的经济要素，对经济发展和经济增长有明显的推动作用。在研究渔业经济活动、制订发展战略和规划时，必须了解一个国家的人口资源量与变动趋势、人口结构、人口分布和人口流动趋势等情况，它们对水产品的需求、产业和市场的发展等都有重要影响。

1. 人口增长预测与需求量

近百年来，随着全球经济增长和社会进步，全球人口呈现出快速增长趋势。但是，人口增长也给人类的生存、就业、教育、医疗、养老、资源和环境带来了巨大压力。

随着全球人口的增长和经济发展，人均水产品年消费量呈稳步增加的趋势。从 1961 年的人均 9.0kg 增加到 2003 年的 16.5kg。20 世纪末，传统的水产品消费大国——日本的人均年水产品消费量已经达到 63kg。人口的增加和人均消费量的提高使水产品的产业发展和对渔业资源的需求面临着重大的挑战。

中国是世界人口第一大国，20 世纪末人口已达到 13 亿。1957 年我国水产品总产量达到 346.89 万 t，是 1949 年的 6.6 倍，年均递增 26.6%。1975 年我国水产品人均占有量约为 5kg，1999 年达到 32.6kg，超过世界平均水平。我国在建设小康社会的过程中，经济发展和人口的增加将给渔业资源带来双重压力。2000 年我国曾做过一项水产品需求预测研究，研究表明，到 2030 年我国对水产品的需求将增加约 1500 万 t。该增量将使内陆养殖，近海、外海养殖，远洋捕捞，以及相关的饲料、加工、运输等产业都面临着挑战和机遇。

2. 人是流动性资源

流动性资源是指在时间和空间上会变迁、移动的资源。流动性资源包括水、空气、昆虫、鸟类和鱼类。人力资源也是一种典型的流动性资源。人力资源的流动有人口流动和人口迁移之差异。人口流动是动态概念，指人口的流动过程。人口迁移通常是政府部门所组织的从原居住地搬迁到新居住地的运动过程。两者都是动态的过程，可合称为人口移动。但是，前者通常是短期的流动，具有自发性特点，市场调节作用力大，后者具有长期性和永久性特点，政府影响明显。

人口移动通常是环境条件和社会经济发展差异背景下的运动。环境条件、社会经济发展的差异和变化是推动人口流动和迁移的外在动力，而人类追求自身生存和发展的需求是推动人口流动的内在因素。人口的适度流动会有助于促使人类资源按照市场原则和自然资源及环境条件进行合理配置，从而推动各种经济要素最优配置，促进人口、资源、生态、经济与社会的协调发展。中国是发展中国家，农业人口多，中西部地区环境条件比较恶劣，经济发展相对于东部沿海地区慢。随着中国经济的发展，人力资源的迁移流动将有利于推动人口城市化，满足沿海地区经济高速增长对人力资源的需求和控制人口数量，改善人口素质。20 世纪 90 年代，我国的海洋渔业经济得到了快速发展，海洋捕捞渔业的经济比较优势明显高于养殖渔业，而养殖渔业的经济比较优势又高于种植业，再加上东部沿海地区相对于中西部明显的比较优势，东部沿海地区吸纳了大量内陆人力资源，充实海洋渔业产业的劳动大军。当然，过分的集聚也给沿海渔业资源带来了沉重的压力。

3. 人是最活跃的经济要素

经济增长要素包括土地资源（渔业资源和水资源）、人力资源、资本资金和知识要素等。知识要素包括技术与制度。在上述 4 种经济要素中，与土地资源（渔业资源和水资源）、资本资金相比，人力资源是最活跃的经济增长要素。经济学研究人的行为，研究稀缺资源的有效配置，经济学在研究人的行为时，假定“经济理性人”的行为是理性的；当一个决策者面临几种可供选择的方案时，“经济理性人”会选择一个能令其效用获得最大满足的方案。其他资源是活的要素，而其他资源更多地体现出被人开发和使用的特点。

4. 人类发展指数

人类的发展所涉及的因素和指标远远不止 GDP 的升降，更重要的是社会发展和财富的积累。人类应创造一种能让人们根据自己的需求和兴趣，充分发挥本身潜力，富有成效和创造性的生活环境。为此，1990 年联合国提出了人类发展指数，用以测量一个国家或地区，综合人类的寿命、知识与教育水平，以及体面生活的总体成就。根据联合国开发计划署《2001 年人类发展报告》，中国的人类发展指数排位为 87 位。从宏观角度，渔业不仅提供优质的蛋白质和美味的水产品，而且还包括与人类赖以生存的生态系统的和谐、休闲观赏渔业和渔文化在内的精神文化享受等。

二、自然资源

1. 概念和特点

《辞海》对自然资源的定义为，自然资源指天然存在的自然物（不包括人类加工制造的原材料），是生产活动所需原料的来源和布局场所，如土地资源、矿产资源、水利资源、生物资源、气候资源、渔业资源等。联合国环境规划署的定义为，自然资源是在一定的时间和技术条件下，能够产生经济价值，提高人类当前和未来福利的自然环境因素的总称。由此可知，自然资源是自然界中，在不同空间范围内，有可能为人类提供福利的物质和能量的总称。自然资源是人类生活和生产资料的来源，是人类社会和经济发展的物质基础，也是构成人类生存环境的基本要素。在全球人口规模不断增长，人类对物质的需求不断膨胀和社会生产力高速发展后，资源短缺将困扰世界，制约经济增长和社会发展。

自然资源的第一个特点是其具有有限性。除恒定性资源以外，许多自然资源并非是取之不尽，用之不竭的。人类赖以生存的地球，其表面积的 70%为海洋所覆盖，地球土地面积只有约 1490 亿 hm^2，其中能耕种农田的土地只有 14 亿 hm^2，放牧地只有 21 亿 hm^2。地球上的森林面积曾经达到 76 亿 hm^2，占地球土地面积的 2/3，到 1975 年其减少到 26 亿 hm^2，到 2020 年其可能降到 18 亿 hm^2。在浩瀚的宇宙天体中，唯有地球有江河湖海、雨露霜雪、柳红花绿。水是地球上人类和各种生命的营养液。然而，人类社会正进入贫水时代，21 世纪人类将为水而战。全球水资源有 1385985 亿 m^3，淡水仅占 2.53%，而真正能利用的淡水资源只占全球淡水总量的 30.4%。目前，全世界有 60%的地区供水不足，40 多个国家有严重水荒。

自然资源的第二个特点是其利用潜力具有无限性。首先，自然资源的种类、范围和用途并非是一成不变的，随着技术的进步和发展，使用范围不断拓展。例如，深水抗风浪网箱技术的发展使远离陆地的、海况条件差的水域也可以用于鱼类养殖，为人类创造财富。其次，有些自然资源虽然数量有限，但是其蕴藏的能量巨大，随着技术的进步，其利用潜力将是无限的。最后，有些再生性生物资源的蕴藏量虽然有限，但随着技术和管理制度的进步，其可在最大利用水平上无限可循环使用。

自然资源的第三个特点是其具有多用性。例如，渔业资源既可以直接为人类提供动物蛋白，也可以用于休闲渔业，为人类提供观光休闲服务。自然资源的多用性要求人类在使用自然资源的过程中要考虑其机会成本，以效率最大化为目标，实现自然资源的效益最大化。

2. 自然资源的分类

在资源经济学中，最常见的自然资源分类方法是按其再生性将其分为再生性资源和非再生性资源。按自然资源的耗竭性划分，可以将其分为耗竭性资源和非耗竭性资源。按可再生性划分，可以将耗竭性资源分为再生性资源和非再生性资源，非耗竭性资源可进一步被分为恒定性资源和易误用及污染的资源（表 2-1）。

表 2-1　自然资源的分类

自然资源	耗竭性资源	再生性资源	土地、森林、作物、牧场和饲料、野生的家养动物、渔业资源、遗传资源
		非再生性资源	宝石、黄金、石油、天然气和煤炭等
	非耗竭性资源	恒定性资源	太阳能、潮汐能、原子能、风能、降水
		易误用及污染的资源	大气、江河湖海的水资源、自然风光

再生性资源是指由各种生物及生物与非生物因素组成的生态系统。渔业资源是典型的可再生性资源，在合理的养护与保护条件下，渔业资源可以持续利用。如果开发使用过度，管理不当，渔业资源就会被过度利用，最终导致渔业资源耗竭与崩溃，危及渔业资源的再生能力。

非再生性资源指各种矿物和燃料资源。非再生性资源是在经历亿万年漫长的岁月后缓慢形成的，存量也是固定的。非再生性资源的特征是，随着人们对资源的开发利用，资源存量不断减少，最终耗尽。煤和铁等矿藏是典型的非再生性资源。在制度安排中，人类应考虑该类资源的开发成本和收益之间的关系，确定合理的开发时间。

非耗竭性资源是指在目前的社会与技术条件下，在其利用过程中不会导致明显消耗的资源。非耗竭性资源大体上可分为恒定性资源和易误用及污染的资源。前者包括太阳能和风能，这些资源在使用过程中一般不会随着使用强度的增大而减少，因此，人类应充分对其加以利用。后者包括自然风光和水资源。中国水资源总量为 2.8 万亿 m^3，居世界第 6 位，但人均淡水资源量仅有 2300m^3，只相当于世界人均水平的 1/4。中国被列为世界上最缺水的 13 个国家之一。中国不仅水资源相对较少，而且分布极不均衡。水资源的 81%集中分布在长江流域及其以南地区，淮河及其以北地区的水资源量仅占全国总量的 19%。

水资源是渔业生产中必需的资源。淡水养殖、海水养殖、捕捞渔业、加工渔业和休闲渔业等渔业生产活动都离不开水资源。水资源虽然有一定的自净化能力，但是，过度使用容易导致污染。水资源是典型的流动性和易污染性资源，因此，在使用过程中容易产生外部不经济性，导致社会成本明显。水又是兼有无形状和有形状、动产和不动产的物质。当水与其所依附的土地空间，如河床、湖泊、水库等结合在一起，成为江河和水域的时候，其成为有形状物、不动产。

三、渔业资源

《农业大词典》和《中国农业百科全书》（水产卷）中将渔业资源定义为："水产资源是指天然水域中具有开发利用价值的经济动植物的种类和数量的总称"。按大类划分，渔业资源可以分为鱼类、甲壳类（虾类和蟹类）、软体动物（贝类等）和哺乳类等动物性渔业资源，以及藻类等植物性生物资源。

1. 鱼类

鱼是全部生活史中一直栖居于水体的脊椎动物，鱼用鳍使身体前进并保持平衡，用鳃吸入水中的氧气。鱼类是地球上丰富的生物资源，不论是在数量上还是在种类上，鱼类都在哺乳类（纲）、鸟类、爬行类和两栖类之上。地球上的鱼类基本上分为两大类，一类是淡水鱼类，另一类是海洋鱼类。其中，淡水鱼类有 8000 余种，海洋鱼类有 12000 余种。

海洋鱼类种类繁多，但是，捕捞价值高的鱼类并不多。在 12000 余种海洋鱼类中，约有 200 种是经济鱼类，它们的合计渔获量约占世界海洋鱼类渔获量的 70%。中国近海海洋渔业资源有三大特征：①缺乏广布性和生物量大的鱼种；②中国沿海海域跨热带、亚热带和温带 3 个气候带，冷温性、暖温性和暖水性海洋生物都有合适的生存空间，因此，海洋生物种类组成复杂多样；③渔业资源数量有明显的区域性差异，即随着纬度的降低，渔业资源品种依次递增，而资源密度依次递减。在中国的北方海域，鱼类种类少，但单一鱼种的资源生物量较大。南方海域物种多，鱼类色彩斑斓，体形奇异，常有较高的观赏价值。

淡水鱼类可分为终生生活在淡水中的鱼类和在海淡水之间洄游的鱼类两种。终生生活在淡水中的鱼类一般都是长期从河川和湖沼演化而来的，如北美洲的太阳鱼。淡水鱼类中，种类最多的是鲤科鱼类，如鲤鱼、草鱼、花鲢和青鱼。鲤科鱼类在我国淡水养殖渔业中占有极其重要的地位。在海淡水之间洄游的鱼类是一生中有一段时间生活在海洋中，一段时间生活在淡水中的鱼类，这些鱼类又可以分为三类，一类是幼鱼和成鱼在淡水河口、河川、池塘和溪流中生长，生殖时回到海中繁衍后代的降河产卵鱼类（鳗鱼）；另一类是洄游过程正好与鳗鱼相反，是溯河产卵鱼类，如鲑鱼和中华鲟；再有一类是在沿海河口间洄游的鱼类，如在长江口的海淡水区域洄游的刀鲚。

2. 甲壳类（虾类和蟹类）

甲壳类分为虾类和蟹类两种。虾类大约有 3000 种，蟹类大约有 4500 种。虾和蟹是经济价值较高的水产动物。中国近海和沿海捕捞的主要海洋虾类有毛虾、对虾、鹰爪虾和虾蛄等，主要捕捞的蟹类有梭子蟹和青蟹等。

3. 软体动物

软体动物大约有 10 万种。海洋中的软体动物是海洋动物中最大的门类，分布广泛。软体动物是洄游范围较小的水产经济动物。重要的经济软体动物主要是头足类和贝类，头足类有鱿鱼、乌贼和章鱼，我国重要的海水养殖经济贝类有牡蛎、蛤、贻贝和扇贝等。"一方水土养一方人”，在色彩斑斓的动物世界，不同海域的生物资源都有明显差异。例如，江苏省南通市的文蛤就具有明显优于其他海域文蛤的特点。

4. *藻类*

藻类是海洋植物，通常都是定居性生物。我国养殖的主要经济藻类有海带、裙带菜、紫菜和江蓠。江苏省和福建省是我国紫菜的主要养殖区域。

四、海洋渔业资源的再生性与流动性

1. *海洋渔业资源是典型的再生性资源*

海洋生物资源的重要特征之一是具有再生性，相比之下，矿物资源是不可再生的，如石油和铁矿沙，它们在地球上的存量是有限的。而鱼类资源和水资源虽然都是可再生资源，但是它们的更新机理完全不同。鱼类资源依靠内在遗传因子和潜在增殖力，不断进行增殖而得到补充。而名川溪流则完全依靠外部力量从地下和降水得到补充与更新。水资源的更新不具备反馈机制，而鱼类资源的再生具有微妙的自我反馈机制，能在一定范围内根据自身状况调整或更新，具有抵抗外部压力的能力。

海洋渔业资源的再生力使资源犹如一条橡皮筋，捕捞强度犹如施加在橡皮筋上的外力。当施加在橡皮筋上的外力小于橡皮筋能够承受的外力时，撤销外力，橡皮筋会恢复到原来的状态。但是，当外力大于橡皮筋能够承受的外力时，橡皮筋就可能会断裂。因此，从生物学意义上来说，渔业资源制度安排的主要管理目标就是控制捕捞强度不能超过特定海洋渔业资源种群的再生能力，防止渔业资源被过度开发。

2. *海洋渔业资源是流动性资源*

海洋渔业资源不同于其他可再生资源的一个典型特征是它具有流动性，而且与鸟类、石油和人类等流动性资源不同的是，在流动过程中其还具有不确定性和隐蔽性。鱼类产卵或越冬以后，需要强烈摄食，它们为了生存与生长必须索饵洄游以寻找饵料丰富的场所。鱼类性成熟时，体内的性激素大量分泌到血液中，内部刺激引起鱼类繁殖产卵也会导致洄游。这种为了繁衍后代而维持种群数量的洄游称为产卵洄游。产卵洄游是为了寻找适合后代生长发育的水域环境。产卵洄游一般分为三类，即由深水区向浅水区或沿岸的洄游（如大、小黄鱼等）、由海洋到江河的溯河洄游（鲑鱼、刀鲚等）和由江河向海洋的降海洄游（鳗鱼和松江鲈鱼等）。鱼类是变温动物，在生长过程中需要适当的水温，当水温下降时，鱼类要寻找水温合适的越冬场所，常常集群进行大范围长距离越冬洄游。还有一些鱼类，如大麻哈鱼，会从茫茫大海中，准确地找到自己出生的河口，历经千难万险，逆流而上，完成一生一次的生命大洄游。

不稳定性主要体现在鱼类的数量会受到海洋环境的影响，隐蔽性主要体现在我们无法像树木一样对其进行计数。

五、环境与环境污染

环境是人类赖以生存的基础，但是，人类在寻求经济增长和社会发展的道路上遇到的一个棘手问题是，如何处理经济增长与生态系统破坏和环境污染问题。围湖造田、开荒毁林、超载放牧、过度捕捞和不合理的灌溉等人类非理性行为使整个地球的环境受到破坏。土地沙漠化、盐碱化、水土流失、植被破坏、全球气候变暖、酸雨、臭氧层被破坏、赤潮等环境污染和生态系统失衡等现象屡见不鲜。

环境污染和生态系统的破坏给人类带来的危害是巨大的，会直接影响人类的生存条件。对于渔业生产而言，气候变暖、酸雨和赤潮等会严重威胁海洋捕捞渔业和养殖渔业的丰歉。

1. 气候变暖

自 1860 年有气象仪器观测记录以来，全球平均温度升高了 0.4～0.8℃。科学家对未来 100 年的全球气候变化进行预测，结果表明，到 2100 年，地表气温将比 1990 年上升 1.4～5.8℃。地球变暖可能带来的危害有海平面升高、冰川退缩、冻土融化、改变农业生产环境、使人类发病率与死亡率提高，给人类带来极大的危害。气候变暖后的海水会影响鱼类的分布和生存环境，影响渔业生产。

2. 酸雨

目前酸雨已经成为全球备受关注的环境问题之一。酸雨就是 pH 小于 5.6 的降水。酸雨是人类向大气中排放过量二氧化硫和氮氧化物造成的。在 20 世纪末期，美国有 15 个州降雨的 pH 小于 4，比人类食用醋的酸度还要低。酸雨对生态系统的影响很大，它可以导致湖泊酸化，影响鱼类生存、危害森林、“烧死”树木，加速建筑结构、桥梁、水坝设备材料的腐蚀，以及对人体健康产生直接或潜在影响。

酸雨对生态系统的影响非常大，最为突出的问题就是湖泊酸化。当湖水或河水 pH 小于 5.5 时，大部分鱼类难以生存，当 pH 小于 4.5 时，各种鱼类、两栖动物和大部分昆虫与水草将死亡。

3. 赤潮

赤潮是一种自然生态现象，赤潮又称为红潮或有害藻水华。赤潮的发生机理比较复杂，国际上还没有权威的定论。但是，一致的共识是，赤潮与海域环境污染有直接关系。赤潮通常是指海洋微藻、细菌和原生动物在海水中过度增殖，从而使海水变色的一种现象。

在蔚蓝、浩瀚的大海里，赤潮飘逸在水面，对于海洋生物却是可怕的“幽灵”。赤潮由大量藻类组成，会产生毒素，毒素不仅会使贝类、鱼类死亡，而且还会在贝类和鱼类体内累积，人食用含有毒素的贝类和鱼类后也会中毒，严重时会死亡。有些贝类，如贻贝、牡蛎、扇贝等，对毒素并不敏感，而其自身累积能力很强，很容易引起人类食用贝类后中毒。有些赤潮藻类虽然无毒，但它在自身繁衍中会分泌大量黏液，附在鱼贝类的鳃上，阻碍生物呼吸，从而导致海洋生物死亡。

中国的赤潮高发区为渤海、大连湾、长江口、福建沿海、广东和香港海域。这些海域沿岸人口集中，经济活跃，过度排放的工业与生活污水使近沿海水域无机氮和磷酸盐污染严重，从而导致赤潮发生。

环境污染的加剧导致赤潮发生的频率增大，规模不断扩大，严重破坏了海洋渔业资源的生存环境和海水养殖业的发展，威胁海洋和人类的生命安全。赤潮已经成为海洋中重要的自然灾害。

第二节　经济增长与渔业管理

一、渔业经济增长的要素

1. 推动经济增长的要素分类与特点

推动经济增长的源泉有人力资源、土地等自然资源、资本资源和知识资源。知识资源又可以进一步分为技术要素和制度要素。渔业资源和水资源是渔业经济增长的物质基础，渔业资源和水资源对渔业经济增长的作用犹如土地之于农业生产。古典经济学鼻祖亚当·斯密认为“土地是财富之母，劳动是财富之父”，而渔业资源和水资源就是渔业经济增长之母，离开了水资源和渔业资源，渔业生产活动将无法展开。亚当·斯密在《国富论》中还写道：“财富并非由金或银带来，全世界的财富最初都是通过劳动得到的”。渔业生产劳动者在渔业经济增长过程中也是重要的源泉之一。在所有经济要素中，人力资源是最活跃的经济要素，人力资源是使用与控制资本资源、知识资源和土地资源的经济要素。随着人类对经济学研究的深入，人类开始更重视制度在推动经济增长中的作用，因为制度具有调整人力资源活力的功能，所以其有助于提高人的劳动积极性而推动经济增长。

渔业资源和水资源拥有与其他经济活动使用的自然资源不同的特性，这些特性使渔业生产活动中的人力资源、资本资源、技术和制度要素的经济增长作用与这些要素对其他产业的作用具有一定的差异。了解渔业资源与水资源的生物生态特性和由此带来的经济社会属性具有重要意义。

2. 渔业资源的经济社会特性

（1）渔业资源的稀缺性和应用潜力的无限性

相对于人类需求的无限性，渔业资源也是典型的稀缺性资源。工业革命后，人类对渔业资源的采捕强度不断提高，在第二次世界大战以后愈演愈烈。1950 年世界海洋渔业的捕捞总产量就达到了 2110 万 t，超过了第二次世界大战前的最高水平。随着社会进步、人口增长和生活水平提高，人类对水产蛋白质的偏好升温，优质水产品价格持续高涨，对水产品的需求量不断增长。20 世纪末，中国绝大部分近海海域的渔场已被过度开发，渔业资源严重衰退。

技术进步和制度创新能提高渔业资源的应用潜力。深水网箱技术的开发为人类拓展了可以用于鱼类养殖的深海海域。渔业管理制度的创新能有效控制对渔业资源的过度捕捞，从而提高开发潜力。

（2）渔业资源的整体性

每一种生物都处在食物链上的一定营养级上，处于食物网的某一个位点上。在一个生态群落中，生产者制造有机物，消费者则消耗有机物。生产者和消费者之间既相互矛盾又相互依存，构成一个稳定的生态平衡系统。在这个系统中的任何一个环节，一个物种受到破坏，原有系统就会失去平衡，整个系统就可能崩溃。渔业资源作为生物资源，是生态系统的重要组成部分，因此，在设计渔业制度时，必须充分考虑生态系统的平衡性，考虑生态系统中各种资源要素的相互关系。

（3）渔业资源的地域性

不同海域的渔业资源禀赋有明显的区域性。例如，黄海和渤海海域渔业资源的生物总量大，但鱼类的种类较少；而南海海域渔业资源的生物总量偏小，但是鱼类种类较多。作为海域的特种水产品，大连的扇贝、南通的文蛤和紫菜、舟山的带鱼都是我国广大消费者钟情的名牌水产品。

（4）渔业资源的多用性

渔业资源具有多用性。例如，海水资源可以用于养殖，也可以用于航海和旅游事业。渔业资源可以直接被捕捞，为人类提供优质蛋白质，也可以发展游钓等休闲渔业，为人类提供娱乐服务。因此，在渔业资源的开发利用过程中，当以某种方式开发渔业资源时，就失去了以其他方式利用渔业资源的机会。在制定渔业制度时，必须充分考虑渔业资源的优化配置和开发过程中的机会成本。

（5）渔业资源的产权特征

《中华人民共和国宪法》总纲第九条规定“矿藏、水流、森林、山岭、草原、荒地、滩涂等自然资源，都属于国家所有，即全民所有”。我国海洋渔业资源的产权是明晰的。但是，渔业资源的流动性和迁移性使其使用权难以明晰，“无主先占”性容易导致过高的交易成本。

海洋渔业资源的流动性使其成为具有公有私益性的公共池塘资源。公共池塘资源在低管理成本下不能实现使用的非排他性，而且资源的消费具有明显的竞争性。海洋渔业资源的私益性刺激海洋渔业资源使用者大规模的竞争性开发，容易产生公共事物悲剧。我国的《中华人民共和国渔业法》虽然规定了渔业资源的产权属性，但是明晰渔业资源产权的使用权或经营权相当困难。在20世纪末期和21世纪之初，我国渔业资源产权的使用权通常采用许可证制度配置给从事海洋捕捞渔业生产的专业捕捞渔民，用养殖许可证将养殖水域的使用权配置给养殖企业或农户。

二、渔业资源利用的经济现象

1. 公共池塘资源（渔业资源）的悲剧

鱼类和海洋水资源的流动性使资源使用权界定与确认困难。渔业资源的公有私益性，以及理性经济人追求效用最大化的行为，是造成公共事物悲剧的原因。古希腊哲学家亚里士多德在其《政治学》中有：“凡是属于多数人的公共事物常常是受人照顾最少的事物，人们关怀着自己的所有，而忽视公共的事物。”1986年英国学者哈丁认为，“在共享公共事物的社会中，毁灭是所有人都奔向的目的地，因为在信奉公共事物自由的社会中，每个人均追求自己的最大利益”。亚里士多德和哈丁的论述表明，公共物品被滥用是必然的。海洋渔业资源既具有典型的公有性，又具有满足消费者私利的私益性，因而，海洋渔业资源很容易被滥用从而引起捕捞过度。

2. 外部性市场失灵

外部性市场失灵是由经济活动的企业成本与社会成本不一致造成的。工厂排放废水污染环境，工厂的私人成本没有增加，社会治理环境的社会成本就会提高，造成外部成本大于私人成本的外部不经济性。

海水养殖生产具有外部不经济性。养殖生产者进行海水网箱养殖，为追求利润最大化和提高生产率，倾向于过度放养。在过度放养时，为控制疾病需投放添加抗生素的饲料和使用农药。饲料和农药会随着海水的流动，造成相邻水域污染。这时就会因外部不经济性带来社会成本增加。大量海洋捕捞渔船集中在一个较小的渔场进行作业，会产生拥挤效应，带来渔业矛盾和摩擦，导致外部不经济性。在捕捞（养殖）渔民数量较少时，生产者可以通过谈判形成一个联合体，缓解矛盾。但是，当经济活动主体个数增多，市场难以将外部效应内部化时，市场机制就会在渔业生产活动中失灵。

3. 公共物品性市场失灵

公共物品的供给是不可分的，不能完全按市场机制来配置。因此，公共物品是私人无法生产或不愿意生产的物品，是必须由政府提供，或由政府、企业和个人共同提供的产品或劳务。海洋渔业资源是典型的公共性物品。每一位渔民或每一条渔船的捕捞作业行为仅仅考虑的是个人的边际产出和边际收益，而不顾及增加捕捞强度对其他渔船的影响。在群众渔业成为主体的情况下，公共池塘资源开发利用的公共性失灵会带来经济效率损失和市场调节公共性物品的失灵。

三、渔业管理与经济增长

1. 渔业管理目标

渔业生产的管理目标是使渔业资源维持在产生最大效益的水平上，实现渔业资源的可持续利用。渔业管理目标以不同国家的生态、经济与社会环境的差异，以及国家追求的经济与社会目标的不同而不同。例如，20 世纪末期，许多发展中国家在管理海洋捕捞渔业过程中，维护渔业的可持续发展和渔民就业总是主要的管理目标。

渔业资源管理往往会使不同国家、不同区域、使用不同渔具的渔民利益产生冲突。因此，渔业资源管理必须兼顾经济效益、社会效益和生态效益。同时，只有不同国家、地区的渔业主管机构和渔民密切合作，才能有效实施管理，实现渔业资源的可持续利用。

（1）最大持续产量目标

最大持续产量理论与管理目标以渔业资源的生物学特性为基础，以最大持续渔获量为目的，是目前主要渔业国家建立渔业管理目标时的基本理论依据，也是国际上渔业资源管理的基本理念。美国等渔业发达国家在签订有关多国间的渔业协定中，大多以最大持续产量作为协议的管理目标。

最大持续产量目标以 Graham 和 Schaefer 早期提出的模型（剩余产量模型）为理论基础，该理论基于以下 5 点假设：①在给定的生态系统中，任何一个资源群体在接近该系统最大生物载量 B_∞后会停止生长。②最大生物载量接近未开发资源群体的生物量 B_0。③最大生物载量随时间变化的过程可用逻辑斯蒂曲线描述。④在最大生物载量的 1/2 处得到最大持续产量（MSY），最大生物载量和 B_0 处的生物量增长率等于零；在 MSY 处，群体净增长最高，为剩余产量最大值。⑤如果人类能合理开发利用资源，就可以无限期地维持最大剩余产量。

（2）最大经济产量目标

根据“收益＝渔获量×价格”公式，可直接将 Schaefer 平衡产量曲线转换成平衡总收入曲线，得到最大经济产量曲线。根据最大经济产量分析示意图（图 2-1），当捕捞努力量（f）等于 f_{MEY} 时，渔业经济效益最高；当 $f > f_{MEY}$ 时，经济学捕捞过度，生产的经济效益下降；当 $f < f_{MEY}$ 时，经济学利用不足；当 $f_{MEY} < f < f_{MSY}$ 时，经济学捕捞过度。成本曲线 TC′与收益曲线的交点表明，此时的社会捕捞努力量很大，捕捞过度和渔业不能持续发展（图 2-2）。

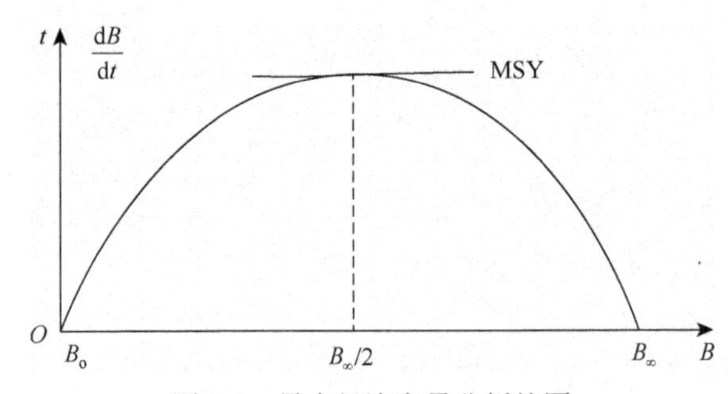

图 2-1　最大经济产量分析简图

B_∞为最大生物载量；B_0 为未开发资源群体的生物量；$B_\infty/2$ 为最大持续产量的生物量；MSY 为最大持续产量；B 为生物量；t 为时间；dB/dt 为生物量的增长量

（3）最大社会产量

在充分就业和开放式自由入渔的状态下，捕捞努力量常大于获得 MSY 的捕捞强度，此时捕捞成本曲线为 TC（含人力资源机会成本）。在 TC = TR（总收益）处，渔业生产获得正常利润，将 TC 曲线向上平移到与收益曲线相交的点获得最大经济产量。获得最大社会产量（MSCY）的捕捞努力量 f_{MSCY} 通常远远高于获得最大经济产量的捕捞努力量 f_{MEY}（图 2-2）。由图 2-2 可知，在 f_{MSCY} 状态下，剩余利润虽然比在 f_{MEY} 状态下低（$dg<ab$），但是从社会总利润（工资 + 利润）来看，f_{MSCY} 状态下的社会总利润较高，其差为 df。

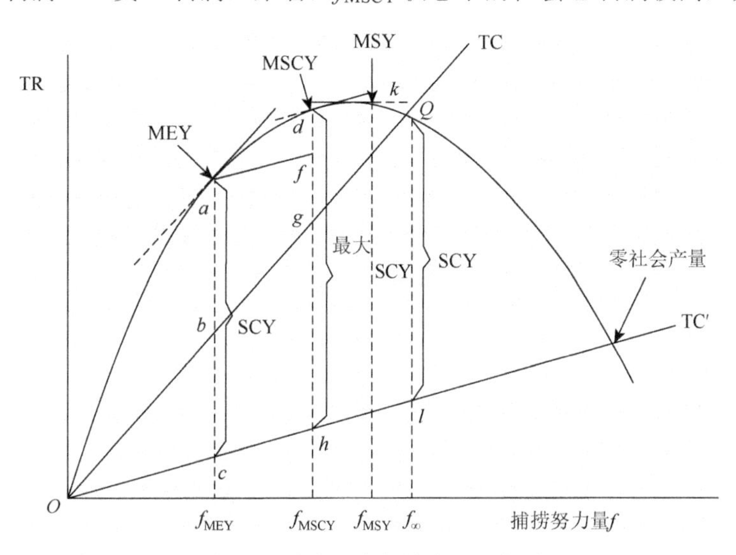

图 2-2　最大社会产量分布示意图

MSCY 为最大社会产量；MEY 为最大经济产量；MSY 为最大持续产量；Q 为生物经济平衡点；f_{MEY} 为最大经济产量的捕捞努力量；f_{MSCY} 为最大社会产量的捕捞努力量；f_{MSY} 为最大持续产量的捕捞努力量；f_{∞} 为生物经济平衡点的捕捞努力量

（4）最佳持续产量和最适产量

在 1974 年美洲水产学会召开的“渔业管理理念——最佳持续产量”研讨会上，人们反思了最大持续产量理论在渔业管理中的利弊，提出了最佳持续产量和最适产量的概念。很多学者认为对任何鱼类资源的利用都应综合考虑生物、经济、社会和政治价值，使全社会获得最大效益。在这次研讨会上，还提出了 200nmi[①]专属经济区管理体制。1977 年美国为了保护本国的渔业利益，宣布实施了 200nmi 渔业水域制度。1982 年《联合国海洋法公约》签订以后，明确了 200nmi 专属经济区制度，国际渔业资源管理体制发生了重大的变化。

（5）专属经济区概念和可持续发展理念

专属经济区概念是在 1973～1982 年第三次联合国海洋法会议期间，广大沿海国为了维护本国的海洋权益，合理开发利用海洋资源而提出的。专属经济区是指位于领海外并邻接领海，应遵守特定法律制度的一个特别海域。专属经济区从领海基线量起不超过 200nmi，除去领海宽度 12nmi，实际宽度为 188nmi。按照《联合国海洋法公约》的规定，沿海国在 200nmi 专属经济区内享有以勘探和开发、养护和管理海床、上覆水域和其底土的自然资源的主权权利，包括海洋生物资源在内。未经沿海国许可，任何国家不得在其专属经济区内开发利用（包括渔业资源在内的）自然资源。经过沿海国同意而进入沿海国专属经济区从

① 1nmi（海里）= 1852m。

事捕鱼活动后，除必须遵守对方国家的有关法规以外，同时还应遵守双方所签订的有关协议。沿海国应承担养护和管理海洋生物资源的主要责任和义务，采取正当的养护和管理措施，确保专属经济区内的生物资源不会被过度开发。这无疑对渔业管理提出了新的要求。

为了探索人类可持续发展道路，1992 年 6 月在巴西里约热内卢召开了由 183 个国家和 70 多个国际组织参加的“联合国环境与发展会议”，强调了可持续发展的重要性。按照《我们共同的未来》中的定义，可持续发展的核心观点是：当代人对资源的利用在满足当代人需要的同时，不应对后代人在发展与环境方面的需要构成危害，即要实现人与自然协调的“天人合一”，以及当代人与后代人协调发展的资源可持续利用。

2. 渔业管理方法与技术

海洋捕捞渔业管理可以分为投入控制管理、产出控制管理和综合管理措施。20 世纪 80 年代以前，世界各国的渔业管理基本上实行投入控制管理制度。但是，未来的渔业管理制度正在向产出控制管理制度转变。投入控制管理实施简便，执行经费低。产出控制管理实施成本高，但是管理精度高。综合控制管理是日本、韩国等广泛实施的渔业管理制度，在多鱼种、多渔船的小规模渔业生产中采用得较多。产出控制管理和综合控制管理分别代表不同的渔业管理理念和范式。

（1）投入控制管理

21 世纪初期，中国海洋渔业实施的管理制度还是典型的投入控制管理制度。该制度的管理内容主要包括禁渔期、禁渔区、渔具限制、渔场限制和可捕规格限制等。

渔具的管理目标是：①降低渔具对幼鱼、亲鱼资源的影响；②提高渔具选择性，降低兼捕率和混捕率；③缓解和调和同一捕捞渔场中，不同渔具间的矛盾。中国的捕捞渔业作业类型分为 9 类，即刺网、围网、拖网、张网、钓具、耙刺、陷阱、笼壶和杂渔具。

渔场管理的目的是通过保护产卵场、幼鱼渔场，以及维持渔场作业秩序，实现渔场的可持续利用。具体管理内容包括制定合理的捕捞强度和可捕产量、合理安排渔场、调整与优化海洋捕捞作业结构。

对海洋捕捞渔船的管理实行许可证制度。我国海洋捕捞渔船必须持有渔业船舶检验证书、捕捞许可证和渔业船舶登记证书三证才能合法进行海洋捕捞作业。我国捕捞许可证分为海洋渔业捕捞许可证、公海渔业捕捞许可证、内陆渔业捕捞许可证、专项（特许）渔业捕捞许可证、临时渔业捕捞许可证、外国渔船捕捞许可证和捕捞辅助渔船许可证 7 类。

20 世纪末，中国海洋渔业生产中最典型又具有综合性的投入控制管理制度是伏季休渔。在制度变革过程中，休渔范围、时间和休渔限制的作业类型都在不断扩大。1995 年农业部渔业局用《关于修订东海、黄海、渤海渔业管理制度的通知》规定了伏季休渔制度。1998 年黄海、渤海与东海海域的伏季休渔范围、渔船对象及时间得以调整。1999 年，农业部《关于在南海海域实行伏季休渔制度的通知》规定了 12° N 以北的南海海域（含北部湾）也实行伏季休渔制度。至此，我国伏季休渔制度扩展和覆盖了渤海、黄海、东海和南海 4 个海区（不包括 12° N 以南海域）。

在中国管辖海域实施伏季休渔的同时，中国的长江也于每年的 2 月 1 日～4 月 30 日实施了渔期制度，该制度涉及的江段有 8000 多千米、流域面积 44 万 km^2、10 个省（市）、400 多个县（区、市）。

（2）产出控制管理

1982 年《联合国海洋法公约》签订和生效以后，为了更好地养护和利用渔业资源，欧美等渔业先进国家先后引进产出控制管理办法。1997 年以后日本与韩国等也逐步实施了《产出控制管理法》。2004 年新《中华人民共和国渔业法》规定我国海洋渔业应实行捕捞限额制度。由此，中国开始踏上了探讨实施产出控制管理方法可行性的艰难路程。产出管理方法是依照最大可持续产量，采用捕捞配额（TAC）方法限制渔获量的管理方式。

1）总许可捕捞量。总许可捕捞量是指在一定海域内，特定种群的最大可允许捕捞生物量。确定某一鱼种 TAC 的基本过程如下。首先，评估捕捞对象的最大持续产量。其次，根据 MSY，并考虑渔业利用国的社会和经济等因素后，决定总可捕捞量。再次，公平合理地分配总可捕捞量。最后，统计累计渔获量，并在达到 TAC 时发出全面停止捕捞该鱼种的禁捕令。

2）奥林匹克式 TAC 制度。奥林匹克式的自由捕捞是最简单的 TAC 管理体制。它是在确定总可捕捞量后，同时由捕捞渔民开始捕捞生产，当总可捕捞量达到规定的 TAC 后，所有作业渔船同时退出捕捞作业的管理制度。

3）个人渔获配额。个人渔获配额（individual quota，IQ）制度是将每年的总 TAC 分成若干份额，公平、公正地分给渔业企业、渔民或渔船，由这些经济体确定其一年内捕捞方式的管理制度。在实施 IQ 制度时，当个人渔获量超过其 TAC 后，就使渔民或企业停止捕捞该鱼种。由 TAC 向 IQ 制度变迁可能带来的益处有：①有助于解决集中性过度捕捞、渔获物价格下降等捕捞经济效益下降问题；②有助于提高渔获质量；③降低加工成本，提高平均价格；④缓解奥林匹克式自由捕捞制度下的无序竞争，降低交易成本。而可能产生的问题有：①可能产生资源分配不公现象；②可能促使渔民在海上抛弃低价值鱼，从而导致对低价值鱼的过度利用；③谎报或虚报渔获量现象；④管理成本更高。

4）个人可转让渔获配额。个人可转让渔获配额（individual transferable quota，ITQ）制度是在 IQ 制度的基础上，允许渔获配额转让和买卖演变而来的渔业管理制度。在 ITQ 制度下，渔获配额可视为一种财产，与其他私有物品或财产一样，可以转让、买卖或交换，表现出明显的产权特征。

（3）综合渔业管理

综合渔业管理制度兼有投入控制管理制度和产出控制管理制度。在我国台湾省，以及日本和韩国等的近岸渔业和内陆水域广泛实施渔业权制度，可以视为典型的综合渔业管理制度使用案例。渔业权制度是一种渔业行业的自我管理制度，由政府授权渔业协会，由渔业协会制订有关的管理规章。这种制度将渔民团体的利益与渔业管理联系起来，能调动渔民和渔民团体的积极性。

中国的近沿海海洋渔业是大农业的重要组成部分。广大渔民沿江河湖海而居，世代以渔为生，水域、滩涂是广大渔民主要的生产和生活资料。经过两次修订的《中华人民共和国渔业法》以法律的形式将中国 20 世纪 50 年代以来一贯坚持的鼓励开发、利用水面、滩涂和渔业资源，以及落实使用权、定权发证的政策确定下来，全面建立了水面、滩涂养殖使用和捕捞许可制度。中国近沿海的养殖使用权制度是特许取得的全民所有水域滩涂养殖使用权制度，由县级以上地方人民政府核发养殖证予以确认。捕捞权是经特许取得的，按法定权限，由有关渔业行政主管部门发放捕捞许可证，予以确认。自由取得的渔业权无书面表现形式。捕捞许可证规定的内容包括许可作业类型、作业场所、作业时间、渔具类型与数量、捕捞限额等。

四、从线性到循环：经济增长方式的转变

就经济社会发展与环境资源的关系而言，经济发展经历了 3 个过程：一是传统线性经济增长范式；二是生产过程末端治理经济增长范式；三是循环经济增长范式。

1. 传统线性经济增长范式

在传统线性经济增长范式中，人类与环境资源的关系是，人类犹如寄生虫一样，向资源索取想要的一切，又从来不考虑环境资源的承受能力，实行一种“资源—产品生产—污染物排放”式的单向性开放式经济增长方式（图 2-3）。早期人类的经济活动能力有限，对资源环境的利用能力低。环境本身也有一定的自净能力。因此，人类经济活动对资源环境的破坏并不明显。但是，随着技术进步、工业发展、经济规模扩大和人口增长，人类对环境资源的压力越来越大。传统经济增长范式导致的环境污染、资源短缺现象日益严重，人类生存受到自身发展带来后果的惩罚。

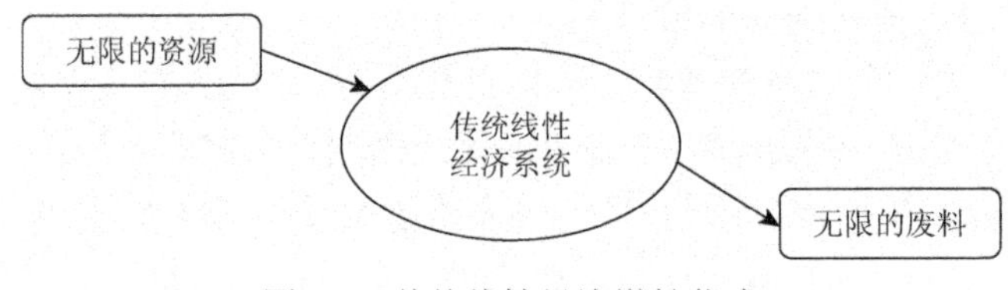

图 2-3　传统线性经济增长范式

2. 生产过程末端治理经济增长范式

生产过程末端治理经济增长范式开始重视环境保护问题，强调在生产过程的末端实施污染治理。目前，许多国家和地区依然采用末端治理的经济增长范式。支撑该经济增长范式的理论基础主要有庇古的“外部效应内部化”理论和“科斯定理”。前者认为通过政府征收“庇古税”可以控制污染排放，后者认为只要产权明晰，就可以通过谈判方式解决环境污染和资源过度利用问题。后来又出现了“环境库兹涅茨曲线”理论，认为环境污染与人均 GDP 收入之间存在倒“U”形关系，随着人均 GDP 达到一定程度，环境污染问题就会迎刃而解。这些理论对遏制环境污染问题的扩展曾起到了巨大的作用。

生产过程末端治理经济增长范式虽然也强调环境保护，但是，其核心是，一切从人类利益出发，把人视为资源与环境的主人与上帝，从来不顾及对环境及其他物种的伤害。恩格斯说过：“我们不要过分陶醉于人类对自然界的胜利。对于每一次这样的胜利，自然界都要对我们进行报复。对于每一次胜利，起初确实取得了我们预期的结果，但是往后却发生了完全不同的、出乎意料的影响，常常又把最初的结果消除了。”从资源严重短缺和环境污染日趋严重的现实来看，人类必须认真反思生产过程末端治理经济增长范式。

3. 循环经济增长范式

（1）循环经济增长范式的概念

经济增长稍一加速，很快就会遇到资源与环境瓶颈问题，所以人类必须反思传统经济增长范式带来的问题，探讨经济增长范式的转变。20 世纪 60 年代，美国经济学家鲍尔丁提出了“宇宙飞船理论”，萌发了循环经济思想的萌芽。强调经济活动生态化的第 3 种经济增长范式——循环经济增长范式随之应运而生。循环经济增长范式强调遵循生态学规律，合理利用资源与环境，在物质循环的基础上发展经济，实现经济活动的生态化。循环

经济增长范式的本质是生态经济，强调资源与环境的循环使用，是一个“资源—产品—再生资源”的闭环反馈式经济活动过程。

（2）循环经济增长范式的特点

循环经济增长范式最重要的特点包括：①经济增长主要不是靠资本和其他自然资源的投入，而是靠人力资本的积累和经济效益的提高；②提高经济效益主要依靠技术和制度等要素；③经济增长从“人类中心主义”转向“生命中心伦理”；④重视自然资本的作用；⑤关注生态阈值。

（3）循环经济增长范式的 3R 原则

循环经济增长范式强调 3R 原则，即减量化（reduce）原则、再使用（reuse）原则和再循环（recycle）原则。在人类经济活动中，不同的思维范式可能会带来不同的资源与环境使用范式。一是线性经济与末端治理相结合的传统经济增长范式；二是仅考虑资源再利用和再循环的经济增长范式；三是包括 3R 原则在内的，强调避免废物优先的低排放或零排放的经济增长范式（图 2-4）。

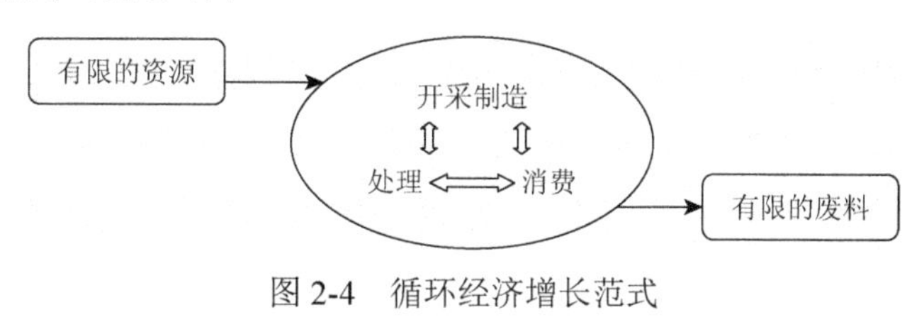

图 2-4　循环经济增长范式

第三节　现代渔业经济增长方式

中国人口众多，土地、水等自然资源相对短缺，粮食问题始终是经济发展中的首要问题。1978 年以后，中国经济得到快速发展，渔业经济也得到长足发展。1989 年中国的水产品总产量达到 1332 万 t，首次居世界第一位，到 2007 年已经连续 18 年居世界之首。1978 年中国水产品总产量只有世界水产品总产量的 6.3%，2007 年中国的水产品总产量占世界水产品总产量的 1/3。中国的渔业为中国粮食安全、调整和优化农业产业结构、增加农民收入、吸纳农业剩余劳动力和出口创汇做出了应有的贡献。

20 世纪末期，我国渔业产业发展与其他产业相似，主要是依靠占用大量自然资源、使用廉价人力资源和引进外国资本发展起来的。中国的渔业经济增长范式是典型的线性增长范式。进入 21 世纪以后，中国的渔业经济增长、渔业发展、渔村建设和渔民生活都面临着巨大挑战。海洋与淡水渔业资源被过度捕捞，捕捞强度大大超过了渔业资源的再生能力，捕捞渔船的经济效益不断下降。缺乏合理的规划而滥用海域和淡水资源，导致水域资源污染日趋严重，水产品价格持续降低，渔业可持续发展面临着严峻挑战。转变渔业经济增长方式，推进循环经济型的现代渔业经济增长范式成为 21 世纪渔业经济可持续发展的必然趋势。

一、传统渔业经济增长范式中的要素投入

1. 渔业劳动力持续增长，经济效率下降

中国是劳动力剩余的国家，在传统渔业经济增长范式下，渔业劳动力连年持续增长。在海洋捕捞渔业中，2001 年专业捕捞劳动力就达到 120 万人。在海洋捕捞渔村实行承包渔船经营期内的 1989～1994 年，中国海洋捕捞专业劳动力绝对增长 11.2 万人，平均每年

增长 2.2 万人。过剩的渔业人力资源投入对海洋渔业资源构成巨大威胁，导致捕捞过度，1999 年以后渔业经济效率开始持续下降。由于东部沿海地区较发达，养殖渔业具有高于种植业的比较优势，淡水海水养殖渔业产业的劳动力投入也持续增长。

2. 渔业投资持续增长，经济效率下降

1978 年中国的海洋捕捞功率为 169 万 kW，实行渔船承包经营体制后，海洋捕捞渔船快速增加。2004 年捕捞功率达到 1374 万 kW，比 1980 年净增长 1174 万 kW。但是，在海洋渔业投资持续增长过程中，单位捕捞努力量的经济效率不断下降，每千瓦努力量的渔获量由 1975 年的 2.12t 下降到 1989 年和 1990 年的历史最低点。

有学者以东海渔业区渔业资源为对象，对中国近海渔业资源可持续利用进行了实证研究，结果证明，东海渔业区渔业资源的开发利用经历了轻警、中警、重警和巨警阶段。在重警阶段（1984～1996 年），渔获物营养级水平偏低；优质鱼类渔获量占总渔获量的比重只有 30%～40%、每千瓦渔获量均在 0.90t 以下。截至 20 世纪末，中国海洋捕捞渔业的渔船经济效益已经相当低下，无论是生物学意义上，还是经济学意义上的海洋渔业可持续发展都面临着危机。

3. 自然资源的投入

中国海洋渔业资源的特点是生物物种具有多样性，但是种群生物量普遍较低。到 21 世纪初期，中国海域已经开发的渔场面积有 81.8 万 nmi^2，大部分渔业资源被过度利用。200nmi 专属经济区制度的实施将进一步使中国的海洋捕捞渔场面积减少。中国的浅海和滩涂总面积约为 1333 万 hm^2，按 20 世纪末的科学技术水平，可用于人工养殖的水域面积为 260 万 hm^2，而已经开发利用的面积就达到了 100 万 hm^2。中国的土地资源也十分稀缺。20 世纪末，中国陆地自然资源的人均占有量低于世界平均水平，人均耕地面积为 1.19 亩[①]，相当于世界平均水平的 1/4，广东省、福建省和浙江省等省份的人均耕地面积只有 0.6 亩左右，低于联合国规定的人均耕地警戒线 0.79 亩。中国的淡水资源极为稀缺，人均占有量仅为世界平均水平的 1/4。随着人口增长、生活水平提高，人类对淡水的需求将持续增长。20 世纪末，在近 30 年的渔业经济高速增长过程中，中国的自然资源已被过度投入使用，持续增长的量还将受到经济社会发展的制约。

4. 知识要素的投入

除资源、劳动力和资本制约渔业经济增长以外，技术进步和制度变革是现代经济发展与增长的重要因素。但是，海洋渔业资源和水域资源具有不同于土地资源的经济社会特征，是典型的公共池塘资源。在海洋捕捞渔业中，技术进步是把双刃剑，既可以推动经济增长，也可能因应用管理不当，给海洋渔业发展带来不利影响。20 世纪 60 年代，捕捞技术的进步推动世界渔业进入高速发展时期。伴随着世界渔业的发展，中国海洋捕捞强度也日益增长。1971 年中国渔轮实现了机帆化，渔船装上了起网机。渔船机械化扩大了作业渔场，渔业经济得到了发展。但是，由于没能够有效管理捕捞技术的应用，技术进步导致捕捞强度过快增大，最终导致渔业资源过度利用，捕捞效率下降。制度也是经济增长的源泉。制度通过降低交易成本、克服外部不经济性和提高要素利用效率而有明显的提高经济效益的作用。在未来中国渔业经济发展历程中，应重视技术和制度等知识要素对渔业经济增长的作用。

---

① 1 亩≈666.7m^2。

二、现代渔业经济增长路径

20世纪下半叶以来日趋严重的环境问题，迫使人类反思经济增长的路径。1万年以前的农业革命和18世纪的工业革命，虽然在人类历史长河中有极其重要的意义，但是这两场革命也给环境、生态系统和生物资源带来了一定程度的破坏和危害。通过转变经济增长方式进行一场深刻的环境革命已经成为人类必须面对的现实。未来渔业经济增长必须推动传统的线性经济增长范式向循环经济型的现代渔业经济增长范式转变，摒弃以人力资源、资本和自然资源为主要经济增长动力的渔业经济增长范式，向以技术和制度为主要经济增长动力的渔业经济增长范式转变。

1. 优化提高产业结构，从强调渔业生产向强调渔业资源环境提供服务方向转变

渔业也称为水产业，是以栖息和繁殖在海洋和内陆水域中的经济动植物为开发对象，对其进行合理采捕、人工增殖、养殖和加工，以及用于观光、休闲等为人类提供各种商业服务的产业部门。渔业作为一个生产体系，成为国民经济的一个重要组成部分。

水产捕捞业和养殖业是人类直接从自然界取得产品的产业，称为第一产业。水产品加工业是对第一产业提供的产品进行加工的产业，属于第二产业。休闲渔业是为消费者提供最终服务和为生产者提供中间服务的产业，也称为第三产业。第三产业还包括渔业保险与金融、水产品流通与销售、游钓渔业、观赏渔业等。渔业产业结构是指渔业内部各部门，如水产捕捞、水产养殖、水产品加工，以及渔船修造、渔港建筑、流通和观赏休闲等部门，在整个渔业中所占的比重和组成情况，以及部门之间的相互关系。

水产捕捞业、养殖业和加工业等第一产业、第二产业是利用资源环境生产水产品的产业，休闲等产业是利用环境资源为人类提供服务的产业。前者通过消耗大量环境资源资本实现经济增长，后者在实现渔业经济增长的过程中，消耗自然资本的量相对很低。因此，应通过产业结构优化和产业结构高度化构建一条以提供渔业环境资源服务性为特征的渔业经济增长模式。

渔业产业结构优化是指通过产业结构调整，使各产业实现协调发展，并满足不断增长的需求的过程。产业结构高度化要求资源利用水平随着经济与技术的进步，不断突破原有界限，从而不断推进产业结构朝高效率产业转变。产业结构高度化的路径包括沿着第一产业、第二产业和第三产业递进的方向演进；从劳动密集型向技术密集型方向演进；从低附加值产业向高附加值产业方向演进；从低加工度产业向高深精加工度产业方向演进；从产品生产型产业向服务型产业演进。

2. 推进配额管理制度建设，转变捕捞渔业经济增长方式

捕捞业要转变以增加捕捞努力量换取产量增长的资源环境破坏型增长方式，改为在科学评估渔业资源量和分布的基础上、以配额制为基础的合理利用渔业资源的经济增长模式。在该过程中，要依照鱼类资源种群本身的自我反馈式再生过程，避免捕捞小型鱼类，避免过度捕捞鱼类而危及鱼类资源的再生能力，实现捕捞业的可持续发展。

3. 向自然资本再投资，维护生态系统的经济服务功能

在海洋渔业生产过程中，人类忽视了经济活动对生态系统和生物资源的破坏作用，海洋渔业资源过度捕捞已经成为不争之实。资源被过度捕捞大大提高了渔业生产的成本。如果在渔业生产活动中再不对自然资本进行投资，渔业资源与环境服务功能的进一步稀缺将成为制约海洋渔业生产经济效率提高的因素。维护渔业生态系统的再投资可以从两种不同

的路径展开，即自然增殖和人工增殖。自然增殖是通过人们合理利用和严格保护水域环境与生态系统，使渔业资源充分繁衍、生长，形成良性循环。人工增殖是通过生物措施（人工放流）或工程措施（人工鱼礁）来增加资源量。

4. 以减量化为原则，变传统养殖为现代养殖，实现养殖经济增长

从生态和环境的角度来看，水、种、饵是养殖渔业的三要素。水是养殖渔业生产的环境基础。水最大的特征是稀缺性、流动性和易污染性。传统的养殖模式忽视水资源的机会成本，养殖用水的需求量大。传统养殖模式养殖密度过大、饵料质量差，养殖过程又具有开放性。养殖过程中带来的环境污染和资源成本高，严重影响环境资源的服务功能。生态养殖要改变传统养殖中的粗放型喂养模式，改变投入大、产出低的经济模式，积极发展精深养殖，提高单位面积水域的产出和质量，发展深水网箱养殖和工厂化养殖等现代养殖方法。未来应加快转变水产养殖业增长方式，推广标准化的、规范化的生态型海水养殖范式，实施海水养殖苗种工程，加快建设水产原良种场和引种中心，推广和发展优势品种养殖。

5. 以环境资源友好型经济增长为原则，强化捕捞管理

渔业水域环境是指以水生经济动植物为中心的外部天然环境，是水生经济动植物产卵繁殖、生长、洄游等诸环境条件的统称。水生经济动植物繁殖、生长、发育的每一个阶段都必须在特定的环境下才能完成，资源量增减、质量优劣都直接受渔业水域环境变化的影响，因此，保护渔业水域是维持渔业可持续发展的基本前提。环境友好型经济发展范式主要表现在对渔业资源和环境的保护方面，应以实现可持续发展，不使渔业生产以破坏环境为代价。例如，设置禁渔区、禁渔期，确定可捕捞标准、幼鱼比例和最小网目尺寸，实施总可捕捞量和捕捞限额制度，征收渔业资源增殖保护费，实施相关环境标准，推行污水处理和污染控制措施，建立渔业水质与环境监测体系等，都是从源头上控制人类经济活动对渔业资源和环境进行破坏的管理制度。

6. 经济组织变革与渔业经济增长

中国海洋渔业经济体制和组织制度是沿着私有经济、集体经济和转轨经济时期的股份制与萌芽状态的合作经济组织演进的。

私有经济时期的渔业经济组织制度的特征是，明晰的产权成为提高渔业生产经济效率的基础，制度安排适合当时中国海洋渔业的生产现实，尤其适合当时渔村生产力发展和渔业资源现状。因此，当时的经济组织制度安排有利于推动中国近海渔业的发展。

集体经济时期的政社合一的人民公社制度不是农村社区内农户之间基于私人产权的合作关系，而是国家控制农村经济权利的一种形式，是由集体承担控制结果的一种农村社会主义制度安排。国家控制农业生产要素的产权窒息了渔村的经济活力，生产积极性低下，以及集体经济管理者效率损失和无效率导致渔业生产经济效率下降。

转轨经济时期渔船承包经营体制和股份制明晰了生产要素的产权，降低了监督劳动力要素成本，提高了经济效率。但是，由于海洋渔业资源是典型的公共池塘资源，渔船承包责任制及股份制等在大大提高海洋捕捞渔民生产积极性的同时，也带来了捕捞竞争过度和产业活动外部不经济性，以及政府的管理成本上升等问题，造成了渔业生产的不可持续性。

随着中国由计划经济不断向市场经济转轨，市场经济机制将最终成为调节中国经济发展和增长的基本力量。但是，世界经济发展的历史表明，无政府主义的完全市场化的经济体制并非理想的经济机制。没有任何一个国家实行完全的市场经济。经济理论表明，市场

机制和政府在管理配置公共池塘资源时会出现市场失灵和政府失效现象。中国的渔业经济组织制度建设对中国海洋渔业经济的发展有重要意义。

三、渔业在现代社会中的作用

随着经济发展与社会进步，渔业产业结构日益完善，同农业、林业和畜牧业一样，逐步成为人类生活和社会发展过程中不可缺少的产业。

1. 渔业对保障粮食安全具有不可替代的作用

海洋湖泊等水域栖息着大量的动植物，具有与土地同等重要的食物供给源泉，正在吸引人类的眼球，成为开启粮食安全问题的钥匙。海洋大约占地球表面积的 71%，约 88%的地球生产力来自于海洋。浩瀚的大洋能提供的食物量比陆地能提供的食物量多上千倍。

水产品是许多国家人民日常食物结构中的重要组成部分。人类所消费蛋白质的 25%来源于鱼类。对于沿海的发展中国家，水产品更是人们不可缺少的动物蛋白源。而且，随着经济增长、社会进步，人类对水产蛋白的消费将不断提高。20 世纪末，日本人均年水产品消费量已经达到 63kg，中国经济发达的城市——上海的人均年消费量只有 12kg。FAO 报道，世界人均水产品消费量已从 20 世纪 60 年代的 9.9kg 增加到 20 世纪 90 年代的 14.4kg，再提高到 2013 年的 19.7kg，2014 年和 2015 年进一步提高到 20kg 以上。由此可见，渔业在保障人类食品安全和减少对土地资源开发的压力方面有重要作用。

2. 优质水产蛋白有助于改善人类的食物结构

水产品味道鲜美，营养丰富，是人类不可多得的优质蛋白质。海水鱼类的脂肪中含有高达 70%以上的多不饱和脂肪酸，其中 EPA（二十碳五烯酸）、DHA（二十二碳六烯酸）和 DPA（二十二碳五烯酸）等 ω-3 不饱和脂肪酸是水产动物蛋白所特有的，具有防治心脑血管疾病、抗炎症、健脑、增强视力及增强人体免疫功能的生物功能。海洋贝类和鱼类富含的牛磺酸对人体的肝脏有解毒功能，能降低低密度脂蛋白、增加高密度蛋白和中性脂肪，预防动脉硬化，调节血压，具有保健功能。水产品还富含各种人体必需的维生素，以及各种矿物质和微量元素。藻类海带富含多糖类化合物和人体所需的纤维素。水产品富含各种有益于人类健康的生物活性物质，对改善人类食物结构和延长人类寿命具有重要作用。因此，在 20 世纪末，西方传统国家逐步改变以食肉为主的习惯，大量摄食水产品和水产制品。改善饮食习惯，“减少肉类，增加鱼类”的饮食方式正受到现代人类的推崇。21 世纪人类对水产品的消费量将与日俱增。

3. 渔业为发展中国家带来更多的就业机会

世界人口的增长，尤其是发展中国家的人口增长，给各国带来了巨大的就业压力。渔业的长期可持续发展能为人类提供大量的就业和劳动机会。根据 FAO 的报告，1990 年全世界从事捕捞和养殖渔业的渔民有 2852.7 万人，比 1970 年的 1312.2 万人增加了 1.17 倍，其中亚洲渔业人口达到 2425.3 万人。到 20 世纪末，全球有 3000 多万人直接以渔业为生。20 世纪末，中国的休闲渔业、水产品加工企业、海洋捕捞渔业、海水养殖渔业和淡水养殖渔业都具有相对于农业产业较高的比较经济优势，不断吸纳大量的农业人口从事渔业生产活动。

4. 渔业是重要的外汇收入源泉

渔业发展直接推动了水产品国际贸易的发展。1984 年水产品国际贸易进出口总额达到 334 亿美元，到 1997 年达到 1076 亿美元，增长了 2.22 倍。渔业已经成为不少国家创汇的产业。挪威的鲑鱼养殖业和休闲观光渔业是挪威的主要创汇产业之一。21 世纪初期，中国成为水产品国际贸易顺差国，水产品来料加工为中国带来了一定的外汇盈余。

思 考 题

1. 赤潮是如何形成的，其危害何在？
2. 酸雨对生态系统的影响非常大，当 pH 小于 4.5 时，鱼类和两栖动物将死亡，您知道其中的原因吗？
3. 简述鱼类洄游的形式及洄游的原因。
4. 人、鸟、水和鱼类都是流动性资源，请分析这些流动资源之间的差异。
5. 请比较分析土地资源和渔业资源的异同点。
6. 人口老龄化可能会给社会经济发展带来什么问题？
7. 简析自然资源的特点。
8. 为什么要对洄游范围较大的渔业资源实行共同管理、协作管理的方式？
9. 从生物、经济和社会发展角度试论渔业管理的目标和意义。
10. 试论世界海洋捕捞渔业管理措施的发展趋势。
11. 简述渔业管理目标的演变过程，渔业管理目标是如何从 MSY 变迁到 MEY 和最大社会产量的？
12. 中国近海海洋渔业资源的三大主要特征是什么？
13. 简述推动经济增长的要素，并说明为什么人是推动经济增长的主要要素。
14. 从资源开发利用的角度来看，渔业资源的主要特点何在？
15. 简析渔业资源的产权特征和开发利用过程中可能产生的问题。
16. 简述渔业生产的外部性市场失灵和政府失效。
17. 简述 20 世纪末期的中国海洋捕捞渔业管理制度体系。
18. 比较分析奥林匹克式 TAC 制度、个人渔获配额制度和个人可转让渔获配额制度的利弊。
19. 简述并分析经济增长理念的变迁过程。

第三章　世 界 渔 业

长期以来，世界渔业产量组成物质主要来自于海洋捕捞，21 世纪初，海洋捕捞产量仍占世界渔业总产量的 61%，之后海洋捕捞产量所占比重持续下降，2014 年海洋捕捞产量不足 50%。因此，在研究和讨论世界渔业问题时，大多数问题侧重于海洋渔业，包括海洋渔业资源和管理、海洋捕捞生产管理等。中国渔业生产于 1985 年实施了“以水产养殖为主，养殖、捕捞、加工并举，因地制宜，各有侧重”的方针，尤其是大力发展内陆水域养殖大幅度提高了渔业的生产量，也引起了国际上对水产养殖的重视，推动了世界渔业的结构调整。FAO 原下设的渔业部于 2007 年更名为渔业与水产养殖部。

第一节　世界渔业发展现状概述

一、概述

随着捕捞渔业产量在 20 世纪 80 年代末出现相对停滞，水产养殖业一直是促进食用水产供应量大幅增长的主要驱动力（图 3-1）。虽然 1974 年水产养殖业对食用水产供应量的贡献率仅为 7%，但这一比例在 1994 年和 2004 年已分别升至 26%和 39%。中国在其中发挥了重要作用，水产养殖产量占世界总量的 60%以上。自 1995 年以来世界其他地区（不包括中国）的水产养殖产量在食用水产总供应量中所占的比例也已经至少翻了一番。

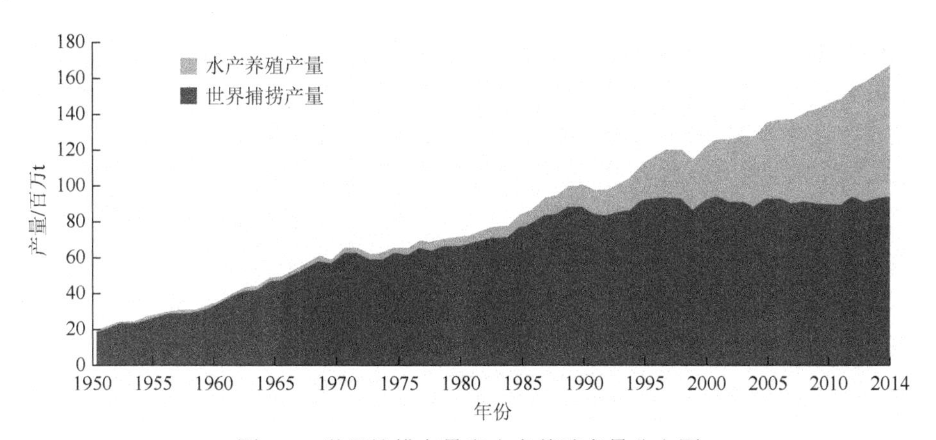

图 3-1　世界捕捞产量和水产养殖产量分布图

50 年来，食用水产品的全球供应量增速已超过人口增速，1961～2013 年年均增幅为 3.2%，比人口增速高一倍，从而提高了人均占有量。世界人均表观水产品消费量已从 20 世纪 60 年代的 9.9kg 增加到 20 世纪 90 年代的 14.4kg，再提高到 2013 年的 19.7kg，2014 年和 2015 年将进一步提高到 20kg 以上（表 3-1）。

虽然发展中国家和低收入缺粮国的人均水产品年消费量也出现了稳定增长趋势（1961～2013 年发展中国家从 5.2kg 增长到 18.8kg，低收入缺粮国从 3.5kg 增长到 7.6kg），

表 3-1　世界渔业和水产养殖产量及利用量统计表

项目	2009 年	2010 年	2011 年	2012 年	2013 年	2014 年
捕捞/百万 t						
内陆捕捞/百万 t	10.5	11.3	11.1	11.6	11.7	11.9
海洋捕捞/百万 t	79.7	77.9	82.6	79.7	81.0	81.5
小计/百万 t	90.2	89.1	93.7	91.3	92.7	93.4
养殖/百万 t						
内陆养殖/百万 t	34.3	36.9	38.6	42.0	44.8	47.1
海水养殖/百万 t	21.4	22.1	23.2	24.4	25.5	26.7
小计/百万 t	55.7	59.0	61.8	66.5	70.3	73.8
捕捞和养殖合计/百万 t	145.9	148.1	155.5	157.8	163	167.2
利用量/百万 t						
可供人食用/百万 t	123.8	128.1	130.8	136.9	141.5	146.3
非食用/百万 t	22.0	20.0	24.7	20.9	21.4	20.9
世界人口/10 亿人	6.8	6.9	7.0	7.1	7.2	7.3
人均食用鱼供应量/(kg/人)	18.1	18.5	18.6	19.3	19.7	20.1

尽管差距正在不断缩小，但其消费量仍然大大低于发达国家。2013 年发达国家的人均水产品消费量为 26.8kg。发达国家水产品消费量很大一部分依赖于进口，且进口比例仍在增长，原因在于需求稳定，而国内产量停滞或下降。发展中国家水产品消费量往往为本国产品，消费更多受供应驱动，而不是受需求驱动。在国内收入不断增长的推动下由于水产品进口量增长，可供新兴经济体的消费者选择的品种日趋多样化。

水产品消费量的大幅增长为全世界人民提供了更加多样化、营养更丰富的食物，从而提高了人民的膳食质量。2013 年水产品在全球人口动物蛋白摄入量中占比约 17%，在所有蛋白质总摄入量中占比 6.7%。此外，对于 31 亿多人口而言，水产品在其日均动物蛋白摄入量中占比接近 20%。水产品通常富含不饱和脂肪酸，有益于预防心血管疾病，还能促进胎儿和婴儿的脑部和神经系统发育。正因为水产品具有宝贵的营养价值，其还能在改善不均衡膳食方面发挥重要作用，并通过替代其他食物，起到逆转肥胖的作用。

二、世界捕捞业概述

2014 年全球捕捞渔业总产量为 9340 万 t，其中 8150 万 t 来自于海洋，1190 万 t 来自于内陆水域（表 3-1）。就海洋渔业产量而言，中国依然是产量大国，随后是印度尼西亚、美国和俄罗斯。2014 年秘鲁鳀捕捞量降至 230 万 t，仅为上一年的一半，为 1998 年出现严重的厄尔尼诺现象以来的最低水平，但 2015 年已回升至 360 万 t 以上。自 1998 年以来，鳀鱼首次失去了捕捞量位居首位的地位，位居阿拉斯加狭鳕之后。4 种高价值物种（金枪鱼、龙虾、虾和头足类）在 2014 年创出了捕捞量新高。金枪鱼和类金枪鱼的总捕捞量接近 770 万 t。

西北太平洋依然是捕捞渔业产量最高的区域，随后是中西部太平洋、东北大西洋和东印度洋。除东北大西洋以外，这些区域的捕捞量与 2003～2012 年的 10 年相比，均出现了增长。地中海和黑海的情况令人震惊，自 2007 年以来，其捕捞量已下降了 1/3，主要原因是鳀鱼和沙丁鱼等小型中上层鱼类捕捞量下降，但多数其他物种也受到影响。

世界内陆水域捕捞量继续保持良好的态势，2014 年约为 1190 万 t，前 10 年总共增长了 37%。共有 16 个国家的全年内陆水域捕捞量超过 20 万 t，这些国家的内陆水域捕捞量加在一起占世界内陆水域总捕捞量的 80%。

三、世界水产养殖业概述

2014 年水产养殖总产量达到 7380 万 t，销售值为 1602 亿美元。2014 年中国水产养殖产量为 4550 万 t，占全球水产养殖总产量的 60%以上；其他主产国包括印度、越南、孟加拉国和埃及。此外，水生植物养殖总量为 2730 万 t（56 亿美元）。水生植物养殖主要为海藻，其产量一直呈快速增长趋势，目前已有约 50 个国家开展了此项养殖活动。重要的是，从粮食安全和环境角度看，世界动植物水产养殖产量中约有一半为非投喂型物种，包括鲢鱼、鳙鱼、滤食性物种（如双壳贝类）和海藻；但投喂型物种的产量增速高于非投喂型物种。

四、世界渔业就业和船队概述

2014 年世界渔船总数估计约为 460 万艘，与 2012 年的数字十分接近。亚洲的渔船总数最多，共计 350 万艘，占全球渔船总数的 75%，随后是非洲（15%）、拉丁美洲及加勒比地区（6%）、北美洲（2%）和欧洲（2%）。从全球看，2014 年报告的渔船中有 64%属于机动船，其中 80%位于亚洲，其他区域占比均低于 10%。2014 年世界机动渔船总数中约有 85%长度不足 12m，这些小型渔船在所有区域均占主导地位。2014 年在海上作业的长度超过 24m 的渔船数量估计约为 6.4 万艘，与 2012 年持平。

五、世界海洋渔业资源状况

世界海洋水产种群状况整体未好转，尽管部分地区已取得明显进展。FAO 对受评估的商品化捕捞种类进行分析得出，处于生物学可持续状态的水产种类所占比例已从 1974 年的 90%降至 2013 年的 68.6%。因此，估计有 31.4%的种类处于生物学不可持续状态，遭到过度捕捞。在 2013 年受评估的种类中，58.1%为已完全开发，10.5%为低度开发。属于低度开发的种类在 1974～2013 年一直呈持续减少趋势，而已完全开发的种类在 1974～1989 年呈减少趋势，随后在 2013 年升至 58.1%。与此相应，处于生物学不可持续水平的种类所占比例出现上升趋势，尤其是 20 世纪 70 年代末和 80 年代，从 1974 年的 10%升至 1989 年的 26%。1990 年以后，处于生物学不可持续水平的种类数量继续呈增加趋势，只不过速度有所放缓。2013 年产量最高的 10 种种类在全球海洋捕捞产量中的占比约为 27%。但多数物种都已得到完全开发，不再具备增产潜力，其余种类正在遭遇过度捕捞，只有在渔业资源得到有效恢复的前提下才有增产的可能性。

六、世界水产品加工与利用概述

近几十年来，直接供人类食用的水产品在世界水产品总产量中所占的比例已大幅上升，从 20 世纪 60 年代的 67%升至 2014 年的 87%，即多于 1460 万 t。其余的 2100 万 t 为非食用产品，其中的 76%用于加工鱼粉和鱼油，其余的主要用于多种其他用途，如直接作为饲料用于水产养殖。副产品的利用正日益成为一项重要产业，其中不断引起人们关注的一点就是处理过程中的监管、安全和卫生问题，以便减少浪费。

2014 年直接供人类食用的水产品中有 45.6%（6700 万 t）采用生鲜或冷藏的方式，这在一些市场中是最受欢迎、价值最高的产品形式。其余则采用不同的加工方式，约 11.5%（1700 万 t）为干制、盐渍、烟熏或其他加工产品，13%（1900 万 t）为熟制和腌制产品，30%（4400 万 t）为冷冻产品。冷冻是食用水产品的主要加工方式，2014 年冷冻产品在经加工的食用水产品中的占比为 55%，在水产品总产量中的占比为 26%。

鱼粉和鱼油仍然是最具营养、最易消化的水产养殖饲料成分。随着对饲料的需求不断增强，为应对鱼粉和鱼油价格较高的问题，水产复合饲料中使用的鱼粉和鱼油含量已呈下降趋势，人们有选择性地将其作为饲料中含量较低的战略性成分，用于特殊的生产阶段，尤其是用于鱼苗场、亲鱼和最后育肥期。

七、世界水产品贸易概述

国际贸易在渔业和水产养殖业中发挥着重要作用，能创造就业机会、供应食物、促进创收、推动经济增长与发展，以及保障粮食与营养安全。水产品是世界食品贸易中的大宗商品之一，估计海产品中约 78%参与国际贸易竞争。对于很多国家和无数沿海沿河地区而言，水产品出口是经济命脉，在一些岛国其可占商品贸易总值的 40%以上，占全球农产品出口总值的 9%以上，占全球商品贸易总值的 1%。近几十年来，在水产品产量增长和需求增加的推动下，水产品贸易量已大幅增长，而渔业部门也面临着一个不断一体化的全球环境。此外，与渔业相关的服务贸易也是一项重要活动。

中国是水产品生产和出口大国，同时也是水产品进口大国。中国为其他国家提供水产品加工外包服务，而国内对非国产品种的消费量也在不断增长。但经过多年持续增长后，水产品贸易在 2015 年出现放缓迹象，加工量则出现下降趋势。挪威作为第二大出口国，在 2015 年创出了出口值新高。2014 年越南超过泰国，成为第三大出口国，而泰国则自 2013 年起经历了水产品出口大幅减少的现象，主要原因是疾病导致虾产量减少。欧盟在 2014 年和 2015 年是最大的水产品进口市场，随后是美国和日本。

1976 年发展中国家的水产品出口量仅占世界贸易总量的 37%，但到 2014 年其出口值所占比例已升至 54%，出口量（活重）所占比例已升至 60%。水产品贸易已成为很多发展中国家的重要创汇来源，此外，其还在创造收入和就业机会、保障粮食安全和营养方面发挥着重要作用。2014 年发展中国家的水产品出口值为 800 亿美元，水产品出口创汇净值（出口减去进口）达到 420 亿美元，高于其他大宗农产品（如肉类、烟草、大米和糖）加在一起的总值。

八、世界渔业管理概述

渔业和水产养殖业治理应在很大程度上受到《2030 年可持续发展议程》、“可持续发展目标”，以及《联合国气候变化框架公约》缔约方大会（COP21）《巴黎协定》的影响。17 项“可持续发展目标”及 169 项具体目标将为今后各国政府、国际机构、民间社会和其他机构提供行动框架，以努力实现消除极端贫困和饥饿这一远大目标。粮食安全和营养，以及自然资源的可持续管理和利用在“可持续发展目标”及其具体目标中均得到充分体现，适用于所有国家，并将可持续发展的 3 个维度（经济、社会和环境）紧密结合在一起。此外，《巴黎协定》认识到，气候变化是实现全球粮食安全、可持续发展和消除贫困所面临的根本威胁。因此，治理工作应确保渔业和水产养殖业能适应气候变化带来的影响，并提高粮食生产系统的抗灾能力。

FAO 的“蓝色增长倡议”帮助各国制定和实施与可持续捕捞渔业和水产养殖业、生计和粮食系统，以及水生生态系统服务带来的经济增长等相关的全新的全球议程。它将推动实施《负责任渔业行为守则》和渔业及水产养殖生态方法（EAF/EAA）。在反映多项“可持续发展目标”的基础上，将瞄准多个脆弱的沿海渔业社区，因为那里的生态系统已开始面临由污染、生境退化、过度捕捞和破坏性做法带来的压力。

有必要加强水生生态系统治理，以应对各方不断加大对水域空间和资源利用的问题。有必要协调好特定区域中的各项活动，认识到这些活动产生的累计影响，并制订统一的可持续目标和法律框架。这就要求增加一层治理，专门处理不同部门之间的协调，确保在实现社会和经济发展目标的同时，还要实现环境保护，以及生态系统平衡和生物多样性保护等共同可持续性目标。

近 20 年来，《负责任渔业行为守则》已成为渔业和水产养殖部门可持续发展的全球参考工具。尽管在实施方面仍存在不足，各相关利益方又面临局限，但《负责任渔业行为守则》6 个核心章节自通过以来已取得明显进展，在监测水产种群状况、汇总捕捞量和捕捞努力相关统计数字，以及采用渔业生态系统方法（EAF）方面均已取得可喜进展。目前对专属经济区内捕捞作业的监管已得到加强，且正在采取措施打击非法、不报告、不管制捕捞，控制捕捞能力，实施鲨鱼和海鸟保护计划。食品安全和质量保障已得到高度重视，对捕捞后的损失、兼捕问题，以及非法加工和贸易等问题的关注也已得到加强。负责任水产养殖活动已出现大幅增长，有几个国家已设立程序，对水产养殖活动开展环境评估，监测相关活动，并最大限度地减轻外来入侵物种带来的危害。

2014 年通过的《粮食安全和消除贫困背景下保障可持续小规模渔业自愿准则》（以下简称为《准则》）是就小规模渔业治理和发展相关原则与方针达成的一项全球共识，以加强粮食安全和营养。《准则》旨在实现可持续、负责任渔业管理的同时，促进和改善小规模渔业社区的公平发展和社会经济条件。目前已有证据表明，在落实《准则》方面已迈出重要步伐。

众多海产品相关方都希望推动可持续资源管理，并给予用负责任方法获得的海产品以优先市场准入权。为此，他们已制定出被称为生态标签的相关市场措施。自愿认证计划的数量，以及其被欧盟（成员组织）、美国和日本等主要进口市场的接纳度自 1999 年海产品生态标签首次出现以来已大幅提升。此类计划有助于有效激励各方采取能加强可持续性的做法。

区域渔业机构在共享渔业资源的治理方面发挥着关键作用，目前世界上约有 50 家区域渔业机构。《关于预防、制止和消除非法、不报告、不管制捕捞的港口国措施协定》（以下简称为《港口国措施协定》）将成为在打击非法、不报告、不管制捕捞行为的行动中迈出的重要一步。2014 年在全球实施的《船旗国表现自愿准则》为《港口国措施协定》的重要补充，这有助于船旗国加强履行自身的职责。另外，市场准入和贸易措施（如可追溯性、渔获量记录和生态标签计划）也将发挥积极作用。

伙伴关系能有效提高渔业和水产养殖业的可持续性。“公海/非国家司法管辖区（ABNJ）”计划侧重于金枪鱼和深海渔业，特别重视就相关问题创建宝贵的伙伴关系，以及加强全球、区域协调，旨在推动在非国家司法管辖区内开展渔业资源高效、可持续管理和生物多样性保护，以实现国际上业已达成的全球目标。这一为期 5 年的创新性计划始于 2014 年，由全球环境基金供资，FAO 在与其他三家全球环境基金执行单位和多个伙伴方密切合作下，负责计划的协调工作。另一项伙伴关系是 FAO 设立的“全球水产养殖推进伙伴关系”（GAAP）计划，其目的是促进各伙伴方携手合作，有效利用自身的技术、机构和财政资源，为全球、区域和国家层面的水产养殖相关举措提供支持。特别值得注意的是，这一伙伴关系将努力促进和加强各类战略伙伴关系，并利用这些伙伴关系筹措资源，在各级层面进行开发和实施项目。

第二节　世界主要渔业资源和渔区划分

全世界的海洋生物无论是在种类上，还是在数量上都相当丰富。海洋生物种类（species）约为 20 万种，其中海洋动物 18 万种，海洋植物 6000 多种，海洋真菌 500 多种，海洋原生动物多于 1.2 万种。海洋动物中包括鱼类两万种、甲壳类 3 万种、软体动物 10 万种。总的蕴藏量（biomass）约达 325 亿 t，其中浮游动物 215 亿 t，游泳动物 10 亿 t，底栖动物 100 亿 t，海洋植物 17 亿 t，海洋生物资源量比陆上动物（100 亿 t）多两倍多。

世界渔业资源应是栖息、繁衍于水域中，并具有经济和开发利用价值的动植物，是人类取得食物的重要来源。FAO2003 年出版了《渔业统计年鉴》，已被列入该《渔业统计年鉴》中的海、淡水水生动物共有 1223 种，分为七大类，其中鱼类（Pisces）为 900 种、甲壳类（Crustacea）为 122 种、软体动物（Granulifusus kiranus）为 97 种、哺乳动物（Mammalia）为 67 种、两栖类（Amphibia）与爬行类（Reptilia）为 19 种、水生无脊椎动物（aquatic invertebratee）为 18 种；水生植物为 21 种，分为蓝藻类（Cyanophyceae）、绿藻类（Chlorophyceae）、褐藻类（Phaeophyceae）、红藻类（Rhodophyceae）、被子植物（Angiospermae）五大类。

一、根据鱼类等渔业资源主要栖息水层进行分类

鱼类等水生经济动物的习性或生理需要不同，其在水域中的栖息水层有很大差别。有些鱼类因繁殖、摄食、越冬等需要，而季节性地改变其栖息水层；有些鱼类因光照影响，昼夜之间的栖息水层有明显变化。现对其主要栖息水层进行分类，如下。

1. 底层渔业资源

底层渔业资源指主要栖息在水域底层或近底层的鱼类等渔业资源，主要有鱼类、蟹类、贝类等。以底层鱼类为例，其生命周期一般相对较长，有的可达 30 多年。一旦过度捕捞造成资源衰退后，资源量较难恢复。世界性的底层鱼类如下。

（1）太平洋狭鳕（Pacific pollack，*Theragra chalcogramma*）

其形态特征主要是体形略细长、头大、背鳍 3 个、臀鳍两个、眼大、下颚突出、颌须很短。体呈橄榄绿色，腹部色淡。体上有许多小斑。肉呈白色（图 3-2）。

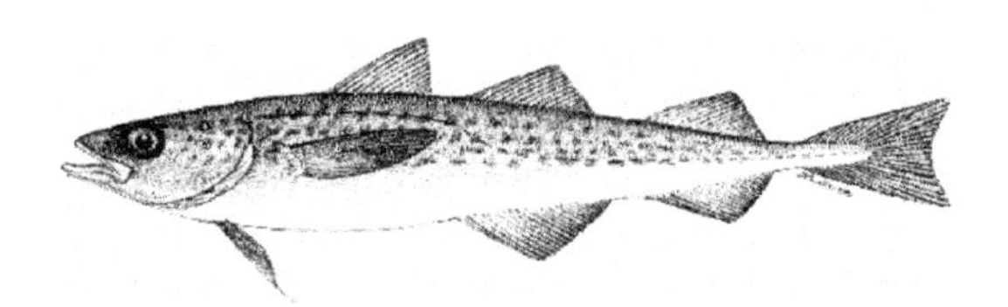
图 3-2 太平洋狭鳕

该鱼种分布在北太平洋海域的白令海、鄂霍次克海和日本海，以及美国加利福尼亚外海至北阿拉斯加海域。狭鳕的气鳔十分发达，其一般栖息在水下几百米的深海底层，但可急速上浮或下沉。群体较大，相当集中。主要捕捞国家有俄罗斯、日本、韩国、中国、波兰等。主要用大型拖网作业，一次拖网渔获量可达数吨之多。渔获物主要去头、去脏、去骨、去皮后加工成鱼片，或制成鱼糜，并加以速冻储藏。其废弃物可制成鱼粉和鱼油。

（2）大西洋鳕鱼（Atlantic cod，*Gadus morhua*）

其形态特征主要是鱼体横断面呈椭圆形，有 3 个明显背鳍、两个臀鳍、1 个几乎呈方形的尾鳍。体色与栖息环境有关，由橄榄绿到淡红褐色。体上部有许多小斑点。体长约为 0.9m，体重为 4.5～11.3kg（图 3-3）。

图 3-3 大西洋鳕鱼

该鱼种分布在大西洋两侧，从美国沿岸北至格陵兰、戴维斯海峡、哈得孙海峡，南至哈特勒斯角；在欧洲分布在新地岛、斯匹次卑尔根、挪威的扬马延岛至比斯开湾，还常见于冰岛附近和法罗群岛。其一般栖息在近岸浅海区至水深 450m 处，成群游动。其主要捕捞国家有俄罗斯、挪威、丹麦、冰岛等，主要用拖网、旋曳网、钓具进行捕捞。其多为鲜销或冷冻，有的腌制或干制，其废弃物制成鱼粉和鱼油。

（3）阿根廷无须鳕（Argentine hake，*Merluccius hubbsi*）

其主要形态特征是下颌无须（图 3-4），其是西南大西洋的重要经济鱼类。

图 3-4 阿根廷无须鳕

该鱼种分布在南美洲南部东海岸州的 28°S～54°S 大陆架海域，栖息水深 50～500m。其主要捕捞国家有阿根廷等。主要用拖网对其进行捕捞。

2. 中上层渔业资源

中上层渔业资源是指主要栖息在水域的中层或上层的鱼类等渔业资源，以鱼类为主。一般其生长快、生产力高、集群性强、相对生命周期较短。在世界性的底层鱼类中，如秘鲁鳀（Peruvian anchovy，*Engraulis ringens*），其主要形态特征是体形狭长，鱼体横断面偏圆形，体色呈有光泽的蓝色或绿色（图 3-5）。

该鱼种分布在东南太平洋的秘鲁和智利外海，5°S～43°S，82°W～69°W，与秘鲁海流的强弱和分布范围有关。其一般距海岸约 80km，适温为 13～23℃。其体长一般为 20cm。据报告，其最大年龄为 3 年。主要用围网、拖网进行捕捞。

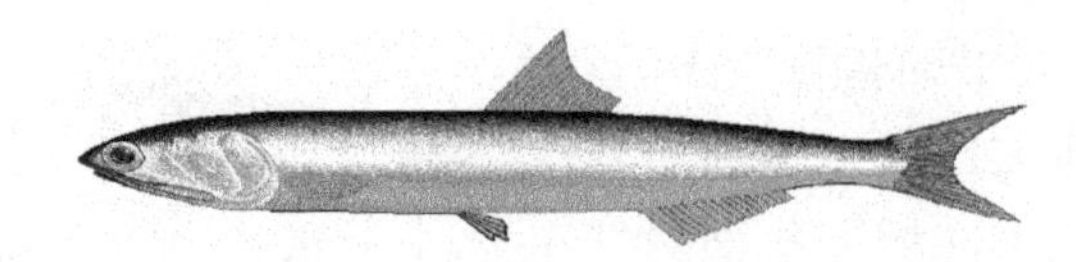

图 3-5　秘鲁鳀

3. 高度洄游鱼类

高度洄游鱼类是指分别在太平洋、大西洋或印度洋洄游的鱼类，是大洋性公海渔业主要捕捞对象。按《联合国海洋法公约》的规定，有金枪鱼类、鲣鱼、乌鲂、枪鱼类、旗鱼类、箭鱼、竹刀鱼、大洋性鲨鱼类和鲸类等。

金枪鱼类的主要形态特征是：体形呈纺锤形，适于快速游泳。鱼体肥满，断面呈圆形。尾柄极细，柄的两侧有隆起嵴 1 对，上下成为侧平，适于激烈向左右摇动，皮肤较厚。除头部以外，全部被鳞。体背的中部两侧一般为深蓝色，因不同鱼类而异，有的略浅淡，腹侧一般呈白色。

金枪鱼类主要有马苏金枪鱼、长鳍金枪鱼、大眼金枪鱼、黄鳍金枪鱼、鲣鱼、箭鱼，分别如图 3-6～图 3-11 所示。它们广泛分布在 45°S～45°N 海域，主要用延绳钓、大型围网进行捕捞。

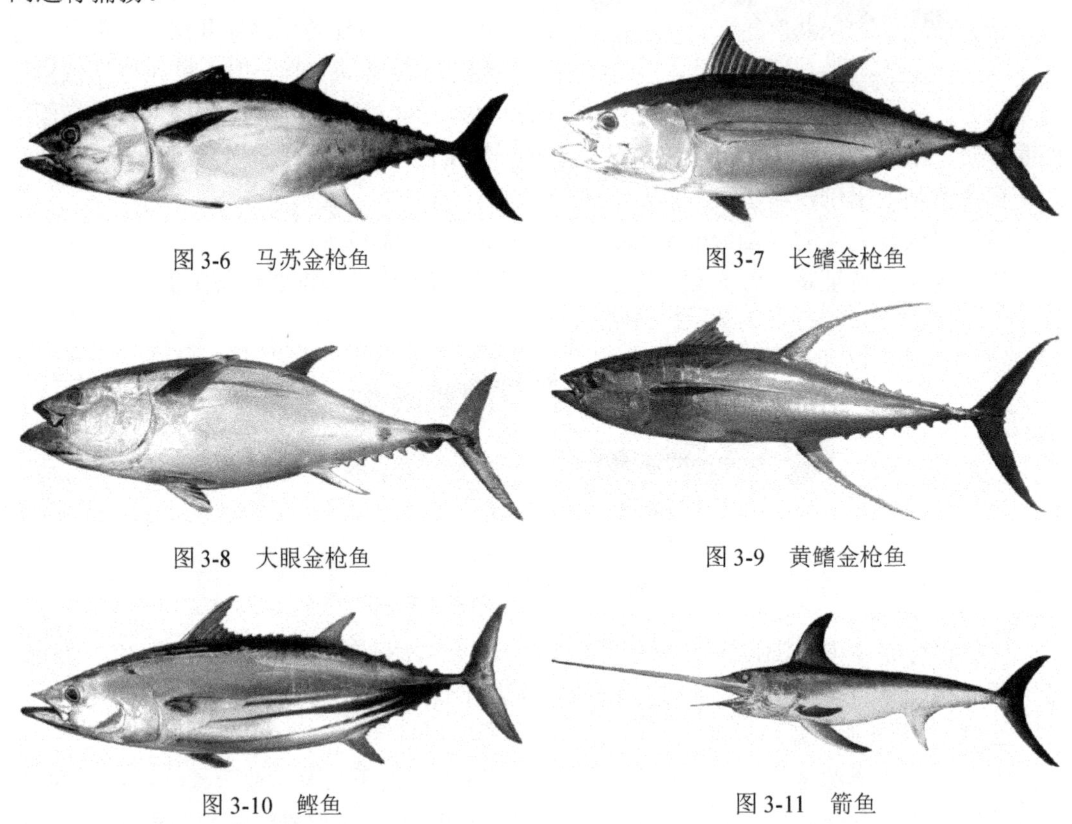

图 3-6　马苏金枪鱼

图 3-7　长鳍金枪鱼

图 3-8　大眼金枪鱼

图 3-9　黄鳍金枪鱼

图 3-10　鲣鱼

图 3-11　箭鱼

4. 溯河产卵渔业资源

溯河产卵鱼类是指该鱼类在内陆河流中产卵，育成后游入海洋中生长，4 年后再回到原产卵的河流中产卵，一般产卵后都死亡。举例如下。

大西洋鲑（Atlantic salmon，*Salmo salar*）与生长在太平洋的大麻哈鱼略有不同，其一生不像太平洋的大麻哈鱼产卵后都死亡，有的可再次产卵，达 3 次。据报告，其体长和体重分别为150cm（雄性）、120cm（雌性）和46.8kg，最大年龄达13年。其为冷水性鱼类，适温2～9℃，主要分布在72°N～37°N，77°W～61°E的海域。栖息水深为0～210m。一般其幼鱼在淡水中生活1～6年，然后游入海洋中生活1～4年，再洄游到原来的河流中。其在海洋中生长比在河流中快（图3-12）。

降河鱼类种群是指该鱼类在海洋中产卵，育成后的幼鱼游入内陆淡水河流中生长，如河鳗等（图3-13）。

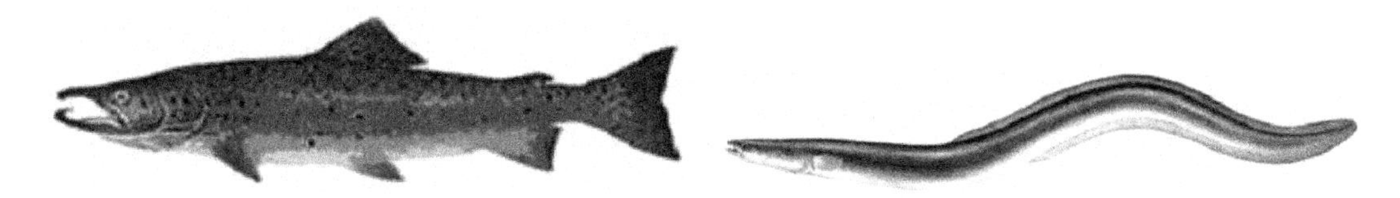

图3-12 大西洋鲑　　图3-13 河鳗

二、世界渔区的划分

为了便于渔业统计和研究渔业资源的分布与兴衰，有关国家根据其需要，将有关水域划分成若干区。中国对周边海域都以经度、纬度各30分为一个渔区。在一个渔区中再按经度、纬度各10分划成9个小区。分别对其加以编号。

1. 各大洲渔区编号

各大洲渔区编号分别是：非洲—“01”；北美洲—“02”；南美洲—“03”；亚洲—“04”；欧洲—“05”；大洋洲—“06”；南极洲—“08”。

2. 各大洋渔区编号

各大洋渔区编号分别如下。

北冰洋—“18”。

大西洋：

西北大西洋—“21”；东北大西洋—“27”；中西大西洋—“31”；

中东大西洋—“34”；西南大西洋—“41”；东南大西洋—“47”。

印度洋：

西印度洋—“51”；东印度洋—“57”。

太平洋：

西北太平洋—“61”；东北太平洋—“67”；中西太平洋—“71”；

中东太平洋—“77”；西南太平洋—“81”；东南太平洋—“87”。

南大洋：

南大西洋—“48”；南印度洋—“58”；南太平洋—“88”。

三、世界内陆水域资源及其渔业类型

1. 内陆水域面积

对内陆渔业重要的全球湖泊、水库和湿地总面积约为780万km^2（表3-2）。东南亚、北美洲、非洲东部、非洲中西部、亚洲北部、欧洲和南美洲有相对高比例的土地被表层水覆盖。

表 3-2　各大洲和国家主要表面淡水资源分布

洲和国家	表面积/km²								所占比例/%
	湖泊	水库	河流	冲积平原	淹没林区	泥炭地	间歇湿地	总计	
亚洲	898000	80000	141000	1292000	57000	491000	357000	3316000	42
南美洲	90000	47000	108000	422000	860000	—	2800	1529800	20
北美洲	861000	69000	58000	18000	57000	205000	26000	1294000	17
非洲	223000	34000	45000	694000	179000	—	187000	1362000	17
欧洲	101000	14000	5000	53000	—	13000	500	186500	2
澳大利亚	8000	4000	500	—	—	—	112000	124500	2
大洋洲	5000	1000	1000	6000	—	—	100	13100	0
总计	2186000	249000	358500	2485000	1153000	709000	685400	7825900	100

资料来源：Lehner B，Doll P. 2004. 湖泊、水库和湿地全球数据库的确立和确认. 水文地理学期刊，296（1-4）：1-22. 澳大利亚单独列出。

2. 内陆水域渔业类型

内陆水域渔业领域极端多样，使用的捕捞技术非常广泛，从简单的手持网具到商业渔船经营的小拖网或围网。内陆水域渔业包括商业和工业化渔业、小型内陆渔业和休闲渔业，每种渔业都具有不同的经济和社会结构。

（1）商业和工业化内陆渔业

许多渔民的主要动机是收入，包括从事小型渔业的渔民。因此，现代小型渔业可以生产高附加值产品，也向国际市场供应产品，这个组别不限于商业和工业化渔业。

商业内陆渔业在局部地点生产大量水产品。这些产品往往需要专门保存和销售，通常涉及高资本投入的网具，以及经常投入大量专业劳力。商业渔业通常出现在资源可获得性和市场准入条件被证明有理由进行重大投资（财政、人力资源和/或网具建造）的地方，以及入渔被控制的地方。关键的捕捞地点或机会往往通过完善的许可及由拍卖系统分配。商业和工业化内陆渔业主要包括发达国家的湖泊渔业、非洲的大湖渔业，以及里海的鲟鱼渔业。然而，东南亚也有令人印象深刻的一些商业和工业化河流渔业，如柬埔寨的“捕鱼区”和袋网渔业，缅甸的捕鱼旅店和水库销售特许；在拉丁美洲，如在亚马孙河捕捞洄游鲶鱼，以及在柏拉特河捕捞巴西鲷的工业化渔业。

（2）小型内陆渔业

这些由充满活力和不断发展的领域构成的产业，利用密集劳力捕捞、加工和销售技术来开发渔业资源。这些活动由全职、兼职渔民进行，往往将鱼和渔业产品供应当地市场，或偶尔到国内市场。偶尔从事捕捞的渔民组成复杂。有机会时他们捕鱼挣钱，以及将其作为家庭生存消费；他们的人数往往多于全职和兼职的渔民。由于在最小的渔业中过剩产品将被出售，或交换为其他产品或服务，纯粹的生计渔业罕见。生存捕鱼意味着更多的以家庭为中心的活动，而不是商业活动。即使不卖鱼，在当地消费也具有价值，因为这类产品有助于家庭、当地或区域福利和粮食安全。

（3）休闲渔业

为乐趣或比赛而捕鱼，捕鱼的可能目的是自己消费。在许多发达国家，休闲钓鱼是一种流行的活动和消遣（如在西欧某些国家或地区、澳大利亚、加拿大、新西兰和美国），其也会出现在阿根廷、博茨瓦纳、巴西、智利、墨西哥、南非和泰国等发展中国家（其中一些是最近开始发展的）。按定义，休闲渔业不是商业活动，捕捞的产品通常不出售。钓到的鱼可能会放回水中、作为纪念品、吃掉或者卖掉，但吃掉或者卖掉不是钓鱼的主要动机。不过，该分领域可以通过在辅助领域的就业大大促进当地和国民经济。

第三节 世界渔业生产的演变与结构变化

一、世界渔业生产的演变

长期以来，世界渔业生产的主体是海洋捕捞业。20 世纪 90 年代以来，国际上开始重视水产养殖业的发展，世界渔业总产量中，海洋捕捞年产量的比重在逐渐小幅度下降。国际社会也已经认识到，具有发展前途和潜在力量的不是海洋捕捞，而是水产增养殖。

渔业生产是随着社会经济的发展和科学技术的进步而发展的。为了便于分析研究，现就第二次世界大战结束后的世界渔业生产的演变，其大体可以分为以下几个阶段：第二次世界大战至 20 世纪 50 年代的恢复和发展阶段，60 年代的大发展阶段，70 年代的徘徊阶段，80 年代的公海渔业与水产养殖业发展阶段，90 年代以来的渔业进入管理和结构调整阶段。

1. 第二次世界大战后至 20 世纪 50 年代的恢复和发展阶段

第二次世界大战于 1945 年结束。在此期间，沿海国的大量渔船遭到破坏，无法从事海洋捕捞作业，相对来说其海洋渔业资源比较丰富。战后绝大部分国家，无论是战胜国还是战败国，都急需解决粮食和食品的短缺问题。只要条件允许，沿海国就积极恢复和发展沿岸和近海捕捞业。相对来说，捕捞业投入比农业、畜牧业要少，见效较快。1950 年世界渔业总产量已达到 2110 万 t，超过了战前 1938 年的 1800 万 t 的水平。1959 年增加到 3690 万 t。在这 10 年期间，世界渔业平均年增长量为 158 万 t，年增长率为 7.48%。

2. 20 世纪 60 年代的大发展阶段

科学技术的发展会促进渔业生产力的提高。在这期间，首先，船舶工业的发展不仅提高了渔船的适航性和适渔性，还可建造大型渔船，船上还装有鱼品加工设备，渔获物可在船上直接进行处理，大大扩大了作业渔场范围。其次，利用第二次世界大战期间的探测声呐技术，发明了超声波的水平和垂直的探鱼仪器，可以在大海中直接测得鱼群所栖息的水层，并可以估计其数量。最后，普遍采用合成纤维材料，代替棉麻等天然纤维材料，大大提高了网渔具、钓渔具和绳索的牢度，延长了使用时间。为此，当时渔业发达国家积极地向远洋拓展，大力开发新渔场和新资源。到 1969 年，世界渔业总产量已达到 6270 万 t。在这 10 年期间，世界渔业平均年增长量为 225 万 t，年增长率为 4.24%。

3. 20 世纪 70 年代的徘徊阶段

事实上，渔业发达国家在 20 世纪 60 年代发展的远洋渔业实际上是在他国的近海发展起来的。当时一般沿海国的领海仅为 3nmi，3nmi 外便是公海。按传统的海洋法规定，公海捕鱼自由，不受沿海国的约束。为此，从 60 年代后期起，广大的发展中国家为了防止发达国家依其科学技术能力大肆开发利用公海海底的矿产资源和沿海国的近海渔业资源，要求联合国召开第三次联合国海洋法会议，制订新的海洋法公约。联合国大会于 1971 年决定于 1973 年召开第三次联合国海洋法会议，直至 1982 年签订了《联合国海洋法公约》。在这期间，不少亚洲、非洲、拉丁美洲沿海国纷纷单独宣布其海洋的管辖范围，有 30nmi、

50nmi、70nmi、110nmi，最大的为 200nmi。沿海国对擅自进入其管辖水域的外国渔船可采取扣押、罚款或判刑等处罚。这给远洋渔业国家带来了重大的打击，直接制约远洋渔业生产。同时，70 年代初秘鲁捕捞的秘鲁鳀资源状况受由南向北的秘鲁海流（即温堡寒流）和太平洋的厄尔尼诺现象影响很大，1970 年曾达 1200 万 t，次年下降至 200 万 t，直接引起了世界渔业总产量的波动。70 年代的世界渔业总产量徘徊在 7000 万 t 左右。

4. 20 世纪 80 年代的公海渔业与水产养殖业发展阶段

1982 年第三次联合国海洋法会议通过了《联合国海洋法公约》，规定了沿海国有权建立宽度从领海基线量起不超过 200nmi 的专属经济区制度后，其他国家只要经沿海国同意，遵守有关法规，交纳入渔费等就可以进入该区内从事捕鱼活动。由此，缓解了沿海国和远洋渔业国的矛盾。

有关远洋渔业国家考虑到进入沿海国专属经济区捕鱼会受到限制，从而转向大力发展大洋性公海渔业，促进渔业生产的发展。同时，20 世纪 80 年代中后期起，中国实施了“以养殖为主，养殖、捕捞、加工并举，因地制宜，各有侧重”的渔业生产方针，尤其是重视了内陆水域的养殖，不仅中国的渔业产量出现了空前的增长，还促进了世界渔业结构的调整，开始重视水产养殖生产。

相应地，在该阶段期间，世界渔业总产量走出了 20 世纪 70 年代的徘徊阶段，出现了明显增长。1984 年突破了 8000 万 t，1986 年又突破了 9000 万 t，1989 年超越了 1 亿 t。

5. 20 世纪 90 年代以后渔业进入管理和结构调整阶段

1990～1992 年连续 3 年世界海洋捕捞产量低于 1989 年，近海传统经济鱼类和公海渔业的过度发展，多种底层鱼类资源出现衰退现象等，引起了国际社会的关注。1992 年在巴西里约热内卢召开的世界首脑参加的全球环境与发展会议上通过了《21 世纪议程》（*Agenda* 21），提出了可持续发展的新概念，并对保护、合理利用和开发海洋生物资源等问题提出了建议。相应地，FAO 在墨西哥坎昆召开了各国部长会议，讨论负责任捕捞问题，包括联合国大会就从 1993 年 1 月 1 日起在各大洋中禁止使用大型流刺网进行作业做出决议；1995 年 8 月联合国渔业会议通过了《执行 1982 年 12 月 10 日〈联合国海洋法公约〉有关养护和管理跨界鱼类种群和高度洄游鱼类种群的规定的协定》（*Agreement for the Implementation of “United Nations Convention on the Law of the Sea” Relating to the Conservation and Management of Straddling Fish Stocks and Highly Migratory Fish Stocks*，UNIA），为具体执行和完善《联合国海洋法公约》中的跨界鱼类种群和高度洄游鱼类种群的养护和管理做出了具体规定；FAO 于 1995 年通过了《负责任渔业行为守则》等。总的来说，海洋捕捞生产从渔业资源开发型转向渔业资源管理型。另外，世界渔业结构还得到了调整，越来越重视水产养殖业的发展。

1990 年以后，世界渔业产量（含水生植物的产量）出现持续增加态势，从 1990 年的 1.0287 亿 t，增加到 2015 年的 1.997 亿 t，增加来源主要为水产养殖。捕捞产量稳定在 8400 万～9500 万 t；水产养殖产量（含水生植物的产量）从 1990 年的 1685 万 t 持续增加到 2015 年的 10600 万 t。2013 年的水产养殖产量（含水生植物的产量）首次超过了捕捞产量。

二、世界渔业生产结构变化

世界渔业生产结构主要叙述内陆水域渔业与海洋渔业、水产养殖与水产捕捞等的产量结构及其变动趋势，以及海洋捕捞业中的主要捕捞对象，各大洋、主要捕捞国家等的产量结构及其变动趋势。

1. 内陆水域渔业与海洋渔业

内陆水域渔业与海洋渔业都分别由捕捞和养殖两部分组成。在产量上，虽然内陆水域渔业比海洋渔业低，但内陆水域渔业的增长速度高于海洋渔业。从表3-3中的1990～2015年世界内陆水域渔业与海洋渔业等产量的统计中可以看出，在内陆水域渔业中，1995年和2000年的产量分别为2088.59万t和2736.85万t，分别比1990年增长了48.04%和93.98%；相应地，2005年、2010年、2015年的产量分别增加到3560.81万t、4802.26万t和6032.04万t，分别比2000年增长了30.11%、75.47%和120.40%。在海洋渔业中，1995年和2000年的产量分别为10404.29万t、10911.99万t，仅分别比1990年的产量增长了17.21%和22.93%；相应地，2005年、2010年、2015年的产量分别增加到11591.00万t、11885.35万t和13942.08万t，仅分别比2000年的产量增长了6.22%、8.92%和27.77%。上述产量的统计均包括水生植物的产量。

表3-3　1990～2015年世界内陆水域渔业与海洋渔业产量　　（单位：万t）

项目	1990年	1995年	2000年	2005年	2010年	2015年
内陆水域捕捞	644.35	728.66	858.66	943.39	1103.61	1146.95
内陆水域养殖	766.51	1359.93	1878.19	2617.42	3698.65	4885.09
小计	1410.86	2088.59	2736.85	3560.81	4802.26	6032.04
海洋捕捞	7958.08	8640.99	8617.72	8426.40	7781.99	8226.75
海洋养殖	918.53	1763.30	2294.27	3164.60	4103.36	5715.33
小计	8876.61	10404.29	10911.99	11591.00	11885.35	13942.08
合计	10287.47	12492.88	13648.84	15151.81	16687.61	19974.12

从1990～2015年内陆水域渔业与海洋渔业产量的比例上看，内陆水域渔业产量占总产量的比重从1990年的13.71%增长到2000年的20.05%，进一步分别增加到2010年和2015年的28.78%和30.20%；相应地，海洋渔业产量的比重有逐年下降趋势，由1990年的86.29%下降至2000年的79.95%，进一步分别下降到2010年的71.22%和2015年的69.80%（表3-4）。

表3-4　1990～2015年内陆水域渔业与海洋渔业产量的比例（%）

渔业类型	1990年	1995年	2000年	2005年	2010年	2015年
内陆水域渔业	13.71	16.72	20.05	23.50	28.78	30.20
海洋渔业	86.29	83.28	79.95	76.50	71.22	69.80

2. 水产养殖与水产捕捞

水产养殖与水产捕捞都分别由内陆水域和海洋两部分组成。在产量组成上，随着时间的推移，目前水产养殖产量（包括水生植物的产量）高于水产捕捞产量，但在产量增长速度上，1990～2015年水产养殖远高于水产捕捞（表3-5），虽然2013年以前水产捕捞产量高于水产养殖产量，但其稳定性较差：除2002年内陆水域捕捞产量略有下降以外，基本上年年有所增长；但2005年海洋捕捞产量尚未达到2000年的水平。下降幅度最大的是2003年，比2000年减产了503万t。据FAO的报告，这与秘鲁生产的秘鲁鳀受厄尔尼诺现象影响，从而带来的产量波动有关。1998年秘鲁鳀产量仅为170万t，2000年又高达1130万t，以后又出现不同程度的波动现象，2004年又达1070万t。2015年水产捕捞总产量低于历史最高产量，为9373.70万t，但比2010年要高500万t左右，其增量主要来自于海洋捕捞业；内陆捕捞产量出现持续小幅增加趋势，2015年达到1146.95万t，达到历史最高水平。

从水产养殖产量的增长速度进行分析（表3-5），1995年和2000年的水产养殖产量分别比1990年增长了85.35%和147.62%，相应地，2005年、2010年和2015年分别比2000年又增长了38.58%、86.99%和154.06%。其中1995年和2000年的内陆水域养殖产量分别比1990年增长了77.42%和145.03%，而2005年、2010年和2015年分别比2000年又增长了39.36%、96.93%和160.01%；1995年和2000年的海水养殖产量分别比1990年增长了91.97%和149.78%，而2005年、2010年和2015年又分别比2000年增长了37.93%、78.95%和149.11%。水产捕捞产量增长速度远低于水产养殖产量，1995年和2000年水产捕捞产量分别比1990年增长了8.92%和10.16%，相应地，2005年、2010年和2015年分别比2000年下降了1.13%、6.24%和1.08%。

表3-5　1990～2015年世界水产养殖与水产捕捞产量　（单位：万t）

项目	1990年	1995年	2000年	2005年	2010年	2015年
内陆水域捕捞	644.35	728.66	858.66	943.39	1103.61	1146.95
海洋捕捞	7958.08	8640.99	8617.72	8426.40	7781.99	8226.75
小计	8602.43	9369.65	9476.38	9369.79	8885.60	9373.70
内陆水域养殖	766.51	1359.93	1878.19	2617.42	3698.65	4885.09
海洋养殖	918.53	1763.30	2294.27	3164.60	4103.36	5715.33
小计	1685.04	3123.23	4172.46	5782.02	7802.01	10600.42
合计	10287.47	12492.88	13648.84	15151.81	16687.61	19974.12

从1990～2015年水产养殖产量与水产捕捞产量的比例进行分析，水产养殖产量比例由1990年的16.38%增加长到2000年的30.57%，进一步增长到2010年的46.75%和2015年的53.07%，而水产捕捞产量比例由1990年的83.62%下降至2000年的69.43%，进一步下降到2010年的53.25%和2015年的46.93%（表3-6）。由表3-6可知，在世界渔业产量中（包括水生植物的产量），水产养殖产量已经超过了水产捕捞产量，可见水产养殖在世界渔业中的地位日益重要。

表3-6　1990～2015年水产养殖产量与水产捕捞产量的比例（%）

项目	1990年	1995年	2000年	2005年	2010年	2015年
水产捕捞	83.62	75.00	69.43	61.84	53.25	46.93
水产养殖	16.38	25.00	30.57	38.16	46.75	53.07

第四节 世界海洋捕捞业

一、主要海洋捕捞国家

在20世纪80年代中期以前的相当长时期内，在世界上占前3位的海洋捕捞国家是日本、苏联和中国。秘鲁因其秘鲁鳀资源波动很大，个别年份可达到首位。但是，从20世纪90年代起，日本和俄罗斯的地位明显下降。

日本：沿海国建立专属经济区制度和国际上对公海渔业管理日益严格等方面的制约，国内劳动力的缺乏，石油价格的上涨，生产成本的提高，导致整个海洋捕捞业趋于萎缩，生产连续下降。但日本是具有传统食用水产品的国家，其由捕捞生产国向水产品贸易国发展，采取进口渔产品，满足其国内的需求。历史上日本最高产量是，1988年达1200万t，2002年为440万t，2004年为480万t，2014年下降到361万t，2015年仅为343万t。

俄罗斯：20世纪50年代起苏联大力发展远洋渔业，其远洋渔业船队规模巨大，以大型拖网加工渔船为主，主要分布在东北大西洋、中东大西洋、东南大西洋、西印度洋，以及西北太平洋。年产量最高可达800万t。苏联解体后，相应的国有企业纷纷瓦解，年产量连续下降，到1994年仅为370万t，2002年为320万t，2004年为290万t，之后出现了增加趋势，2014年达到400万t，2015年进一步增加到417万t。

中国：20世纪70年代后期至80年代初，全国海洋捕捞年产量保持在300万t左右（全国渔业产量为450万t）。改革开放以后，包括海洋捕捞产量在内的全国渔业产量持续获得增长。1990年海洋捕捞产量为585万t，1991年突破了600万t（645万t），1995年突破了1000万t（1110万t），2009年突破了1300万t（1301万t），2012年进一步突破了1400万t（1413万t），2015年为1531万t。

2002年、2004年和2015年世界前10位海洋捕捞国家见表3-7，各个时间段出现了明显的变化。2002年前10位海洋捕捞国家为中国、秘鲁、美国、印度尼西亚（以下简称为印尼）、日本、智利、印度、俄罗斯、泰国和挪威；2004年前10位海洋捕捞国家为中国、秘鲁、美国、智利、印尼、日本、印度、俄罗斯、泰国和挪威；2015年前10位海洋捕捞国家为中国、印尼、美国、秘鲁、俄罗斯、印度、日本、越南、挪威和菲律宾。从排序上分析，中国始终处于海洋捕捞产量首位，日本从2002年的第5位下降到2004年的第6位，进一步下降到2015年的第7位，而美国和挪威相对比较稳定，美国始终处于第3位，挪威始终处于第9～10位。在世界前10位的海洋捕捞国家中，发展中国家占6～7个。

表3-7　2002年、2004年、2015年世界前10位海洋捕捞国家

2002年		2004年		2015年	
国别	产量/百万t	国别	产量/百万t	国别	产量/百万t
1. 中国	16.6	1. 中国	16.9	1. 中国	15.31
2. 秘鲁	8.8	2. 秘鲁	9.6	2. 印尼	6.03
3. 美国	4.9	3. 美国	5.0	3. 美国	5.02
4. 印尼	4.5	4. 智利	4.9	4. 秘鲁	4.79

续表

2002年		2004年		2015年	
国别	产量/百万t	国别	产量/百万t	国别	产量/百万t
5. 日本	4.4	5. 印尼	4.8	5. 俄罗斯	4.17
6. 智利	4.3	6. 日本	4.4	6. 印度	3.50
7. 印度	3.8	7. 印度	3.6	7. 日本	3.43
8. 俄罗斯	3.2	8. 俄罗斯	2.9	8. 越南	2.61
9. 泰国	2.9	9. 泰国	2.8	9. 挪威	2.29
10.挪威	2.7	10.挪威	2.5	10. 菲律宾	1.95

二、世界海洋捕捞主要对象

1. 基于捕捞产量的分析

根据 FAO 的统计，世界主要海洋捕捞对象可分为鲆鲽类、鳕类、鲱鳀类、金枪鱼类、虾类、头足类等。其中虾类包括对虾和其他小型虾等；头足类包括鱿鱼、乌贼和章鱼等。按 2000～2015 年的捕捞统计分析，鲆鲽类渔获量有一定范围内的波动现象，稳定在 0.86 百万～1.05 百万 t；鳕类的产量变动相对较大，在 6.95 百万～9.39 百万 t 波动。鲱鳀沙丁类等中小型上层鱼类是最重要的捕捞种类，因受秘鲁鳀的影响，年间产量变化很大，最高产量为 2000 年的 24.75 百万 t，最低产量为 2014 年的 15.59 百万 t；2000 年以来，金枪鱼类和虾类渔获量基本上呈稳定的上升趋势，2014 年其渔获量达到 7.48 百万 t，比 2000 年的 5.68 百万 t 增加了 1.8 百万 t；虾类产量也从 2000 年的 2.9 百万 t，增长到 2015 年的 3.37 百万 t。头足类的捕捞产量也呈稳定的增长趋势，从 2000 年的 3.69 百万 t，增长到 2015 年的 4.71 百万 t（表 3-8）。

根据 FAO 的统计，各个年度的世界海洋捕捞主要种类会发生变化，主要是因为过度捕捞、气候变化和渔业管理改善等，这些对渔业资源的减少或者增加起到了作用。如表 3-9 所示，2004 年世界海洋捕捞渔获量占前 10 位的鱼种有秘鲁鳀、狭鳕、蓝鳕、鲣、大西洋鲱鱼、鲐鱼、日本鳀鱼、智利竹荚鱼、带鱼和黄鳍金枪鱼等，捕捞产量为 1.5 百万～9.7 百万 t。与 2002 年相比，只有毛鳞鱼一种排除在前 10 位之外，蓝鳕和鲐鱼的名次分别由第 8 位、第 9 位提升到第 3 位、第 6 位，新增加的黄鳍金枪鱼为第 10 位（表 3-9）。而 2015 年世界海洋捕捞渔获量占前 10 位的鱼种有秘鲁鳀、狭鳕、鲣、大西洋鲱鱼、鲐鱼、蓝鳕、黄鳍金枪鱼、日本鳀鱼、大西洋鳕、带鱼，年捕捞产量为 1.27 百万～4.31 百万 t。

表 3-8　2000～2015 年世界海洋捕捞主要对象渔获量动态　（单位：百万 t）

鱼种	2000年	2001年	2002年	2003年	2004年	2005年	2006年	2007年
鲆鲽类	1.01	0.95	0.92	0.92	0.86	0.90	0.87	0.91
鳕类	8.70	9.30	8.47	9.38	9.39	8.97	8.99	8.35
鲱鱼沙丁鱼类	24.75	20.44	22.14	18.66	23.02	22.28	19.18	20.14
虾类	2.90	2.78	2.73	3.22	3.24	3.13	3.24	3.19
头足类	3.69	3.29	3.26	3.54	3.73	3.82	4.21	4.32
金枪鱼类	5.68	5.64	5.98	6.14	6.35	6.53	6.55	6.63

续表

鱼种	2008 年	2009 年	2010 年	2011 年	2012 年	2013 年	2014 年	2015 年
鲆鲽类	0.95	0.93	0.96	1.00	0.99	1.05	1.04	0.97
鳕类	7.69	6.95	7.44	7.42	7.70	8.18	8.71	8.93
鲱鱼沙丁鱼类	20.39	20.18	17.27	21.17	17.57	17.60	15.59	16.70
虾类	3.05	3.08	3.01	3.21	3.26	3.23	3.30	3.37
头足类	4.26	3.47	3.63	3.78	4.02	4.04	4.86	4.71
金枪鱼类	6.52	6.61	6.64	6.59	7.09	7.22	7.48	7.39

表 3-9　2002 年、2004 年和 2014 年世界海洋捕捞前 10 位的鱼种

排名	2002 年		2004 年		2015 年	
	鱼种	产量/百万 t	鱼种	产量/百万 t	鱼种	产量/百万 t
1	秘鲁鳀	9.7	秘鲁鳀	10.7	秘鲁鳀	4.31
2	狭鳕	2.7	狭鳕	2.7	狭鳕	3.37
3	鲣	2.0	蓝鳕	2.4	鲣	2.82
4	毛鳞鱼	2.0	鲣	2.1	大西洋鲱鱼	1.51
5	大西洋鲱鱼	1.9	大西洋鲱鱼	2.0	鲐鱼	1.49
6	日本鳀鱼	1.9	鲐鱼	2.0	蓝鳕	1.41
7	智利竹荚鱼	1.8	日本鳀鱼	1.8	黄鳍金枪鱼	1.36
8	蓝鳕	1.6	智利竹筴鱼	1.8	日本鳀鱼	1.33
9	鲐鱼	1.5	带鱼	1.6	大西洋鳕	1.30
10	带鱼	1.5	黄鳍金枪鱼	1.4	带鱼	1.27

2. 主要种类开发利用状况及其潜力分析

基于 FAO 已评估的种类分析，处于生物可持续水平内的种类比例显示出下降趋势，从 1974 年的 90%下降到 2013 年的 68.6%（图 3-14）。因此，估计 2013 年有 31.4%的种类在生物学不可持续水平上被捕捞，因此为过度捕捞。在 2013 年评估的所有种类中，58.1%被完全捕捞，10.5%的种类为低度捕捞（图 3-14）。1974～2013 年被低度捕捞的种类比例几乎持续下降，但被完全捕捞的种类比例在 2013 年达到 58.1%之前从 1974~1989 年为下降趋势。相应地，在生物学不可持续水平上被捕捞的种类百分比增加，特别是在 20 世纪 70 年代后期和 80 年代，从 1974 年的 10%增加到 1989 年的 26%。1990 年后，在不可持续水平上被捕捞的种类数量继续增加，尽管增长速度比较缓慢，到 2013 年达到 31.4%。

不同种类的渔业产量变化极大。2013 年 10 个最高产种类的产量占世界海洋捕捞渔业产量的约 27%。这些种类的多数被完全捕捞，因此没有增加产量的潜力，而一些种类被过度捕捞，只有在成功恢复后才有可能增加产量。东南太平洋秘鲁鳀、北太平洋的狭鳕（*Theragra chalcogramma*），以及东北大西洋和西北大西洋的大西洋鲱（*Clupea harengus*）被完全捕捞。

西北大西洋的大西洋鳕（*Gadus morhua*）被过度捕捞，但在东北大西洋为被完全捕捞到过度捕捞。东太平洋的日本鲭（*Scomber japonicus*）被完全捕捞，在西北太平洋被过度捕捞。鲣鱼（*Katsuwonus pelamis*）被完全捕捞或低度捕捞。

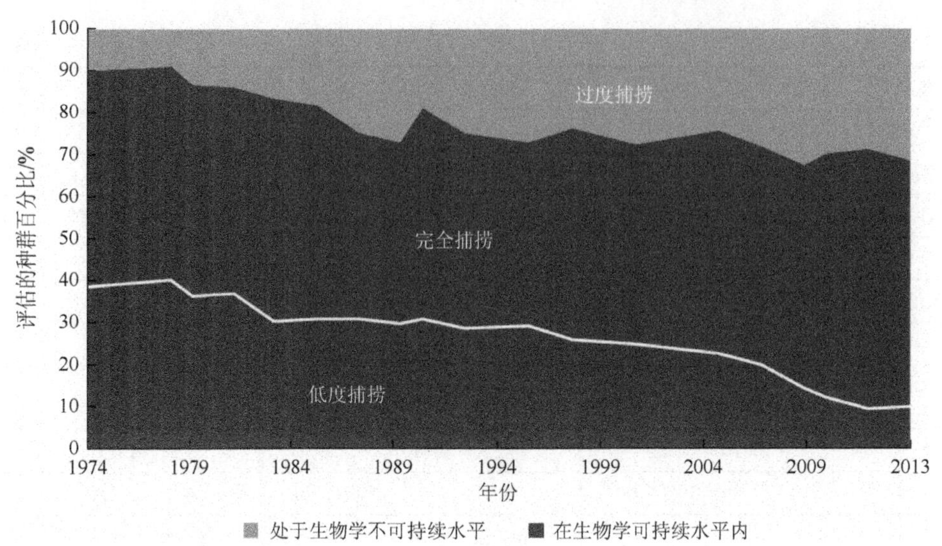

图 3-14　自 1974 年以来世界海洋鱼类种群状况全球趋势

2013 年金枪鱼和类金枪鱼的总产量约为 740 万 t（占全球捕捞量的 9%）。主要上市的金枪鱼有长鳍金枪鱼、大眼金枪鱼、蓝鳍金枪鱼（3 个物种）、鲣鱼和黄鳍金枪鱼，2013 年产量为 510 万 t，这些产量约 70%来自太平洋。鲣鱼是主要上市金枪鱼产量最高的，2013 年约占主要金枪鱼产量的 66%，随后是黄鳍金枪鱼和大眼金枪鱼（分别约为 26%和 10%）。

在 7 个主要金枪鱼种类中，2013 年 41%的种类在生物学不可持续水平上被捕捞，而 59%的种类在生物学可持续水平内被捕捞（完全捕捞或低度捕捞）。鲣鱼上岸量一直在增长，2013 年达到 300 万 t。金枪鱼依然有很高的市场需求，但由于捕捞能力过度，需要有效的管理来恢复被过度捕捞的种群。

三、世界各海区渔业资源开发利用状况

1. 西北太平洋

西北太平洋为 FAO 61 区，位于东亚以东，20°N 以北，175°W 以西，是与亚洲和西伯利亚海岸线相交的区域，还包括 15°N 以北、115°W 以西的亚洲沿 20°N 以南的部分水域。本区包括白令海、鄂霍次克海、日本海、黄海、东海和南海等。主要沿岸国家有中国、俄罗斯、日本、朝鲜、韩国和越南等。

西北太平洋是世界上利用最充分的渔区之一。该海区渔业资源种类繁多，中上层鱼类资源特别丰富，这些特点充分反映了本区的地形、水文和生物的自然条件。该海区有寒暖两大海流在此交汇，它们的辐合不仅影响沿岸区域的气候条件，同时也给该区的生物环境创造了有利条件。黑潮暖流与亲潮寒流在日本东北海区交汇混合，在流界区发展成许多的涡流，海水充分混合。研究表明，除了白令海和鄂霍次克海有反时针环流以外，堪察加东南部的西阿留申群岛一带海区也有环流存在。这些海洋环境条件为渔业资源和渔场形成创造了极好的条件。该海区的主要捕捞对象有沙丁鱼、鳀鱼、竹筴鱼、鲐鱼、鲱鱼、竹刀鱼、鲑鳟鱼、鲣鱼、金枪鱼、鱿鱼、狭鳕、鲆鲽类、鲸类等。

西北太平洋是 FAO 统计区域中海洋捕捞产量最高的区域。20 世纪 80～90 年代海洋

捕捞总产量在1700万～2400万t波动，2010～2014年年捕捞总产量均超过2000万t。其种类组成有中上层鱼类、底层鱼类和甲壳类三大主要捕捞类别。带鱼、狭鳕、日本鲭等是主要捕捞种类，鱿鱼、墨鱼和章鱼也是重要捕捞对象。

2. 东北太平洋

东北太平洋为FAO 67区，位于西北美洲的西部，西界是175°W以东，南界是40°N，东部为阿拉斯加州和加拿大。东北太平洋包括白令海东部和阿拉斯加湾。阿拉斯加湾沿岸一带多山脉，并有许多岛屿和一些狭长的海湾，白令海东部和楚科奇海有比较浅的宽广水区。

在阿留申群岛的南部海域，主要海流是阿拉斯加海流和阿拉斯加环流的南部水系，后者在大约50°N的美洲近岸分叉，一部分向南流形成加利福尼亚海流，其余部分向北流入阿拉斯加湾，再向西转入阿拉斯加海流。

该海区的主要渔业是大鲆、鲑鳟渔业，以及阿拉斯加湾和白令海东部的狭鳕渔场渔业。中上层鱼类主要有鲱鱼类、太平洋沙丁鱼等。此外，白令海和阿拉斯加的鳕鱼、帝王蟹（king crab）和虾渔业也是该海区的主要渔业。

东北太平洋在世界各渔区中，其捕捞产量是比较低的。20世纪70年代，其捕捞产量基本上在250万t以下；80年代最高年产量达到330万t；以后在250万～320万t波动；2013～2014年年产量均超过300万t。在该渔区中，底层鱼类是最重要的捕捞对象；其中，鳕鱼、无须鳕和黑线鳕是产量最大贡献者。约有10%的鱼类种群被过度捕捞，80%为完全开发，另外10%为未完全开发。

3. 中西太平洋

中西太平洋为FAO 71区，位于175°W以西，20°N～25°S的太平洋海域。主要渔场有西部沿岸的大陆架渔场和中部小岛周围的金枪鱼渔场。沿海有中国、越南、柬埔寨、泰国、马来西亚、新加坡、东帝汶、菲律宾、巴布亚新几内亚、澳大利亚、帕劳、关岛、所罗门群岛、瓦努阿图、密克罗尼西亚、斐济、基里巴斯、马绍尔、瑙鲁、新喀里多尼亚、图瓦卢等国家和地区。

该海区主要受北赤道水流系的影响。其北部受黑潮影响，流势比较稳定，南部的表面流受盛行的季风影响，流向随季风的变化而变化。北赤道流沿5°N以北向西流，到菲律宾分为两支，一支向北，另一支向南。北边的一支沿菲律宾群岛东岸北上，然后经台湾东岸折向东北，成为黑潮。南边的一支在一定季节进入东南亚。2月赤道以北盛行东北季风，北赤道水通过菲律宾群岛的南边进入东南亚，南海的海流沿亚洲大陆向南流，其中大量进入爪哇海，然后通过班达海进入印度洋，小部分通过马六甲海峡进入印度洋。8月南赤道流以强大的流势进入东南亚，通常在南部海区，表层流循环通过班达海进入爪哇海，大量的太平洋水通过帝汶海进入印度洋，在此期间南海的海流沿大陆架向北流。

该海区是世界渔业比较发达的海区之一，小型渔船数量非常多，使用的渔具种类多种多样，渔获物种类繁多。中西太平洋也是潜在渔获量较高的渔区。自20世纪70年代以来，其捕捞产量一直呈稳定的增长趋势，从1970年的不足400万t，一直增加到2014年的多于1250万t。在该渔区中，中上层鱼类、底层鱼类等是主要捕捞对象，其中鲣鱼是主要捕捞种类之一。

4. 中东太平洋

中东太平洋为FAO 77区。西界与71区相接，北与67区以40°N为界，南部在105°W以西与25°S取平，而在105°W以东则以6°S为界，东部与南美大陆相接。沿岸国家主要有美国、墨西哥、危地马拉、萨尔瓦多、厄瓜多尔、尼加拉瓜、哥斯达黎加、巴拿马、哥伦比亚等。漫长的海岸线（约 9000km，不包括加利福尼亚湾）大部分颇似山地海岸，大陆架狭窄。加利福尼亚南部和巴拿马近岸有少数岛屿，外海的岛和浅滩稀少，也有一些孤立的岛或群岛，如克利帕顿岛、加拉帕戈斯群岛；岛的周围仅有狭窄的岛架。这些岛或群岛引起的局部水文变化导致金枪鱼及其他中上层鱼类在此集群，在渔业上起到了非常重要的作用。

该海域有两支表层海流，一个分布在北部的加利福尼亚海流，另一个分布在南部的秘鲁海流。还有次表层赤道逆流，也是重要的海流。加利福尼亚海流沿美国近海向南流，由于盛行的北风和西北风的吹送，会产生强烈的上升流，在夏季达到高峰；冬季北风减弱或吹南风，沿岸有逆流出现，近岸的水文结构更加复杂，加利福尼亚南部的岛屿周围有半永久性的涡流存在。加利福尼亚海流的一部分沿中美海岸到达东太平洋的低纬度海域，在10°N 附近转西，并与北赤道海流合并。赤道逆流在接近沿岸时，大多沿中美海岸转向北流（哥斯达黎加海流），最后与赤道海流合并，在哥斯达黎加外海产生反时针涡流，从而诱发哥斯达黎加冷水丘（Costa Rica Dome，中心位置在 7°N～9°N、87°W～90°W 附近），下层海水大量上升。

该海域中，中上层鱼类，如沙丁鱼、鳀鱼、竹筴鱼、金枪鱼等，是主要捕捞对象。其总产量不高，总体上不足 200 万 t。中东部太平洋的渔获量自 1980 年起呈现出典型波动模式，基本上在 120 万～200 万 t 波动，2011～2014 年其捕捞产量基本上稳定在 180 万～200 万 t，2010 年产量约为 200 万 t。

5. 西南太平洋

西南太平洋为 FAO 81 区。北部以 25°S 与 71 区、77 区相邻，东部以 105°W 与 87 区相邻，南界为 60°S，西部以 15°E 与澳大利亚东南部相接。本区包括新西兰和复活节岛等诸多岛屿。该海区面积很大，几乎全部是深水区。该海区的沿海国只有澳大利亚和新西兰。大陆架主要分布在新西兰周围和澳大利亚的东部和南部沿海（包括新几内亚西南沿海）。主要作业渔场为澳大利亚和新西兰周围海域。

对南太平洋的水文情况（特别是远离南美洲和澳大利亚海岸的海区）了解较少。主要的海流，在北部海域是南赤道流和信风漂流，在最南部是西风漂流；在塔斯曼海，有东澳大利亚海流沿澳大利亚海岸向南流，至悉尼以南流势减弱并扩散；新西兰周围的海流系统复杂多变。

西南太平洋的捕捞产量不高，是目前产量最低的渔区，最高不足 90 万 t，主要捕捞种类为底层鱼类等。1998 年捕捞产量达到最高，为 85.7 万 t。2000 年以后，其捕捞产量出现持续小幅度下降趋势，2008～2014 年其捕捞产量为 50 万～60 万 t。新西兰双柔鱼等种类是主要捕捞对象之一。

6. 东南太平洋

东南太平洋为 FAO 87 区。北部以 5°S 与 77 区相接，东部以 105°W 与 77 区、81 区相邻，南部以 60°S 为界，东部以 70°W 及南美洲大陆为界。沿岸国家包括哥伦比亚、厄瓜多尔、秘鲁和智利。该海域有广泛的上升流。主要渔场为南美西部沿海大陆架海域。

该海域主要有秘鲁海流，在其北上过程中形成了广泛的上升流，为渔场形成创造了条件。该海区的主要渔业是鳀鱼，遍及秘鲁整个沿岸和智利最北部。其次有智利竹筴鱼、南美拟沙丁鱼、茎柔鱼、金枪鱼等渔业。

东南太平洋是世界上最为重要的捕捞渔区之一，最高年产量曾达到 2000 万 t。其海洋捕捞产量以 1994 年为最高，超过 2000 万 t，达到 2031 万 t。中上层鱼类是该渔区的主要捕捞对象，因此，其捕捞产量具有较大的年间波动特征，2012～2014 年其捕捞产量在 600 万～800 万 t。

7. 西北大西洋

西北大西洋为 FAO 21 区。东与 27 区相邻，南以 35°N 为界，西为北美大陆。该区国家仅有加拿大和美国。该海区主要是以纽芬兰为中心的格陵兰西海岸和北美洲东北沿海一带海域。该海区的主要部分是国际北大西洋渔业委员会（ICNAF）所管辖的区域。

该海区主要有高温高盐的湾流与拉布拉多寒流，他们在纽芬兰南方的大浅滩汇合，形成世界著名的纽芬兰渔场。该海区的主要渔业是底拖网渔业和延绳钓渔业，两个最大的渔业是油鲱渔业和牡蛎渔业，油鲱主要用来加工鱼粉和鱼油。主要渔获物有鳕鱼、黑线鳕、鲈鲉、无须鳕、鲱鱼，以及其他底层鱼类、中上层鱼类（如鲑鱼等）。

根据 FAO 生产统计，20 世纪 70 年代初期，西北大西洋捕捞产量稳定在 400 万 t 以上，以后出现了持续下降态势，80 年代其捕捞产量稳定在 250 万～300 万 t；2000～2010 年基本上稳定在 200 万 t 左右；2011～2014 年其年捕捞产量不足 200 万 t，其中以中上层鱼类、甲壳类和软体类产量为主。据评估，西北大西洋有 77%的种群为完全开发，17%为过度开发，6%为未完全开发。

8. 东北大西洋

东北大西洋为 FAO 27 区。东界位于 68°30′E，南界位于 36°N 以北，西界至 42°W 和格陵兰东海岸，包括葡萄牙、西班牙、法国、比利时、荷兰、德国、丹麦、波兰、芬兰、瑞典、挪威、俄罗斯、英国、冰岛，以及格陵兰、新地岛等，是世界主要渔产区。该海区是国际海洋考察理事会（ICES）的渔业统计区。该海区的主要渔场有北海渔场、冰岛渔场、挪威北部海域渔场、巴伦支海东南部渔场、熊岛至斯匹次卑尔根岛的大陆架渔场。

该海区主要由北大西洋暖流及其支流所支配。冰岛南岸有伊里明格海流（暖流）向西流过，北岸和东岸为东冰岛海流（寒流）。北大西洋海流在通过法罗岛之后沿挪威西岸北上，然后又分为两支，一支继续向北到达斯匹次卑尔根西岸，另一支转向东北沿挪威北岸进入巴伦支海，两支海流使巴伦支海的西部和南部的海水变暖，提高了生产力。

该海区的渔业，有一些是世界上历史最悠久的渔业。北海渔场是世界著名的三大渔场之一，它是现代拖网作业的摇篮。适合拖网作业的主要渔场有多格尔浅滩和大渔浅滩（Great Fisher Bank）等。冰岛、挪威近海和北海渔场的鲱鱼渔业是最重要的、建立时间最长的渔业。其主要捕捞对象有鳕鱼、黑线鳕、无须鳕、挪威条鳕、绿鳕类、鲱科鱼类、鲐鱼类等。产量最高的是鲱鱼，年产量为 200 万～300 万 t，其次是鳕鱼，年产量高达 200 万 t 以上。

在东北大西洋，1975 年后产量呈明显下降趋势，20 世纪 90 年代恢复，2010 年产量为 870 万 t。据统计，2011～2014 年捕捞产量稳定在 800 万～850 万 t。底层鱼类和中上层鱼类是主要捕捞对象。根据 FAO 的评估，总体上，62%的评估种群为完全开发，31%为过度开发，7%为未完全开发。

9. 中西大西洋

中西大西洋为 FAO 31 区。东与 34 区相接，北与 21 区、27 区连接，南界为 5°N 以北。主要国家为美国、墨西哥、危地马拉、洪都拉斯、尼加拉瓜、哥斯达黎加、巴拿马、哥伦比亚、委内瑞拉、圭亚那、苏里南，该海区还包括加勒比地区的古巴、牙买加、海地、多米尼加等岛国。主要作业渔场为墨西哥湾和加勒比海水域。

该海区的主要海流有赤道流的续流，沿南美洲沿岸向西流，与赤道流一起进入加勒比海区，形成加勒比海流，强劲地向西流去，在委内瑞拉和哥伦比亚沿岸近海，由于有风的诱发，形成上升流。加勒比海流离开加勒比海，通过尤卡坦水道（Yucatan Channel）形成顺时针环流（在墨西哥湾东部）。该水系离开墨西哥湾之后即为强劲的佛罗里达海流，这就是湾流系统的开始，向北流向美国东岸。

该海区主要捕捞对象为虾类和中上层鱼类。据统计，中西大西洋最高年渔获量为216 万 t（1994 年），以后出现下降趋势。1995～2005 年渔获量基本上维持在 170 万～183 万 t。2005 年渔获量进一步下降至 120 万 t 左右，2011～2014 年捕捞产量在 120 万～140 万 t。

10. 中东大西洋

中东大西洋为 FAO 34 区。北接 27 区，南界基本抵赤道线，但在 30°W 以西提升到 5°N，在 15°E 以东又降到 6°S，西以 40°W 为界，仅在赤道处移至以 30°W 为界。本区还包括地中海和黑海。主要国家有安哥拉、刚果、加蓬、赤道几内亚、喀麦隆、尼日利亚、贝宁、多哥、加纳、科特迪瓦、利比里亚、塞拉利昂、几内亚、几内亚比绍、塞内加尔、毛里塔尼亚、西撒哈拉、摩洛哥和地中海沿岸国等。

该海区主要表层流系是由北向南流的加那利海流和由南向北流的本格拉海流，它们到达赤道附近，向西分别并入北、南赤道海流。这两支主要流系之间有赤道逆流，其续流几内亚海流向东流入几内亚湾。在象牙海岸近海，几内亚海流之下有一支向西的沿岸逆流存在。沿西非北部水域南下的加那利海流（寒流）和从西非南部沿岸北上的赤道逆流（暖流）相汇于西非北部水域，形成季节性上升流，同时这一带大陆架面积较宽，所以形成了良好的渔场。

中上层鱼类是主要捕捞对象，主要包括沙丁鱼、竹筴鱼、鲐鱼、长鳍金枪鱼、黄鳍金枪鱼和金枪鱼等。大型底层鱼类包括鲷科鱼类、乌鲂科鱼类等，头足类包括鱿鱼、墨鱼和章鱼，也是主要捕捞对象。

中东大西洋海域是远洋渔业国的重要作业渔区。自 20 世纪 70 年代起，总产量不断波动，并大致呈现出增长的趋势。2010～2014 年捕捞产量稳定在 400 万～450 万 t。据评估，沙丁鱼（博哈多尔角和向南到塞内加尔）依然被认为是未充分开发状态；相反，多数中上层种群被认为是完全开发或过度开发状态，如西北非洲和几内亚湾的小沙丁鱼种群。底层鱼类资源在很大程度上在多数区域为从完全开发到过度开发状态，塞内加尔和毛里塔尼亚的白纹石斑鱼种群依然处于严峻状态。一些深水对虾种类处于完全开发状态，而其他对虾种类则处于完全开发和过度开发状态之间。章鱼和墨鱼种群依然处于过度开发状态。总体上，中东部大西洋有 43%的种群被评估为完全开发状态，53%为过度开发状态，以及 4%为未完全开发状态，因此，急需科学的管理对其进行改善。

11. 西南大西洋

西南大西洋为 FAO 41 区。东以 20°W 为界，南至 60°S，北与 31 区、34 区相接，西接南美大陆及以 70°W 为界，包括巴西、乌拉圭、阿根廷等国。主要作业渔场为南美洲东海岸的大陆架海域。该海区的大陆架受两支主要海流的影响，北面的一支为巴西暖流，南面的一支为福克兰寒流，两者形成了广泛的交汇区。

该海区几乎全部是地方渔业。巴西北部和中部沿岸渔业主要用小型渔船和竹筏进行生产，南部沿岸和巴塔哥尼则使用大型底拖网作业。乌拉圭和阿根廷渔业均以各类大小型拖网为主。捕捞对象均以阿根廷无须鳕、阿根廷滑柔鱼为主，此外，还有沙丁鱼、鲐鱼和石首科鱼类。

西南大西洋海区也是远洋渔业国的重要作业渔区。其渔获量自20世纪70年代以来出现持续增长趋势，到1997年达到历史最高产量，为260多万吨。阿根廷滑柔鱼的年间捕捞量变化导致这个海区捕捞产量年间变化较大。2010年以后，其捕捞产量基本上稳定在170万～250万t。评估认为，捕捞阿根廷无须鳕和巴西小沙丁鱼等主要物种依然被预计为过度开发，尽管后者有恢复迹象。在该区域，监测的50%鱼类种群被过度开发，41%被完全开发，剩余9%被认为处于未完全开发状态。

12. 东南大西洋

东南大西洋为FAO 47区。北在6°S以南，与34区相邻，西界为20°W，南部止于45°S，东以30°E及西南非陆缘。主要作业渔场为非洲西部沿海大陆架海域。该海区的沿海国有安哥拉、纳米比亚和南非。该海区的主要海流为本格拉海流，在非洲西岸3°S～15°S向北流，然后向西流形成南赤道流。本格拉海流沿南部非洲的西岸北上，由于离岸风的作用产生上升流，其范围依季节而异。其南部的主要海流是西风漂流。

东南大西洋也是远洋渔业国的重要作业渔区。主要捕捞对象为中上层鱼类和底层鱼类。东南大西洋自20世纪70年代早期起，产量呈总体下降趋势。该区域在20世纪70年代后期产量为330万t，但2009年只有120万t，2012～2014年稳定在150万t左右。据评估，无须鳕资源依然处于完全开发到过度开发状态。南非海域的深水无须鳕和纳米比亚海域的南非无须鳕有一些恢复迹象。南非拟沙丁鱼变化很大，生物量很大，为完全开发，但现在处于不利环境条件下，资源丰量已大大下降，被认为是完全开发或过度开发状态。南非鳀鱼资源继续得到改善，为完全开发。短线竹筴鱼的状况恶化，特别是在纳米比亚和安哥拉海域，为过度开发状态。

13. 地中海和黑海

地中海几乎是一个封闭的大水体，它使欧洲和非洲、亚洲分开。地中海以突尼斯海峡为界，分为东地中海和西地中海两部分。大西洋水系通过直布罗陀海峡进入地中海，主要沿非洲海岸流动，可到达地中海的东部。黑海的低盐水通过表层流带入地中海。尼罗河是地中海淡水的主要来源，它影响着地中海东部的水文、生产力和渔业。阿斯旺水坝的建造改变了生态环境，直接影响了渔业的发展。苏伊士运河将高温的表层水从红海带入地中海，而冷的底层水则从地中海进入红海。

地中海鱼类资源较少，种类多，但数量少。大型渔业主要在黑海。地中海小规模渔业发达，区域性资源已充分利用或过度捕捞，底层渔业资源利用最充分。中上层渔业产量约占总产量的一半，主要渔获物是沙丁鱼、黍鲱、鲣鱼、金枪鱼等。底层渔业的重要捕捞对象是无须鳕。

据统计，20世纪80年代中期，捕捞产量达到历史最高水平，约为190万t左右；1996～2008年地中海和黑海年捕捞产量稳定在140万～170万t，2012～2014年捕捞产量有所下降，为11万～130万t。分析认为，所有欧洲无须鳕和羊鱼种群被认为遭到过度开发，鳎鱼主要种群和多数鲷鱼也可能如此。小型中上层鱼类（沙丁鱼和鳀鱼）主要种群被评估为完全开发或过度开发。在黑海，小型中上层鱼类（主要是黍鲱和鳀鱼）从20世纪90年代可能因不利海洋条件造成的急剧衰退中得到一定程度恢复，但依然被认为是完全开发或过度开发，多数其他种群可能处在完全开发到过度开发状态。总体上，地中海和黑海有33%的评估种群为完全开发，50%为过度开发，余下的17%为未完全开发。

14. 东印度洋区

东印度洋区为FAO57区。西与51区相邻，南至55°S，东在澳大利亚西北部以12°E为界、在澳大利亚东南部以150°E为界，主要包括印度东部、印度尼西亚西部、孟加拉国、越南、泰国、缅甸、马来西亚等国。该海域盛产西鲱、沙丁鱼、遮目鱼和虾类等。

在印度洋东部海区，主要渔场有沿海大陆架渔场和金枪鱼渔场。其沿海国有印度、孟加拉国、缅甸、泰国、印度尼西亚和澳大利亚等。该海区的渔获量主要以沿海国为主。远洋渔业国在该渔区作业的渔船较少，目前在该渔区作业的非本海区的国家和地区只有中国、日本、中国台湾省、法国、韩国和西班牙，主要捕捞金枪鱼类。

根据统计，在东印度洋海区，捕捞产量保持着的高增长率，从1970年的100多万吨，增长到2014年的近800万t，是所有海区中增长率最高的海域。在捕捞产量中，以中上层鱼类、底层鱼类为主，此外还有相当一部分（约42%）属于“未确定的海洋鱼类”类别。产量增加可能是在新区域扩大捕捞或捕捞新开发物种的结果。孟加拉湾和安达曼海区总产量稳定增长，没有产量到顶的迹象。

15. 西印度洋区

西印度洋区为FAO51区。位于80°E以西、南至45°S以北，西接东非大陆以30°E为界。周边国家主要包括印度、斯里兰卡、巴基斯坦、伊朗、阿曼、也门、索马里、肯尼亚、坦桑尼亚、莫桑比克、南非、马尔代夫、马达加斯加等。本区出产沙丁鱼、石首鱼、鲣鱼、黄鳍金枪鱼、龙头鱼、鲅鱼、带鱼和虾类等。

在印度洋西部，主要渔场有大陆架渔场和金枪鱼渔场。该区渔获量主要以沿海国为主，约占其总渔获量的90.6%。目前在该海域从事捕捞生产的远洋渔业国家和地区有日本、法国、西班牙、韩国、中国台湾省等，主要捕捞金枪鱼和底层鱼类，占其总渔获量的比重不到10%。

根据统计，在西印度洋，其捕捞产量也从1970年的不足150万t，持续增长到2006年，其捕捞产量达到450万t左右，此后稍有下降，2010年报告的产量为430万t。2012～2014年捕捞产量进一步增加，2014年达到460多万吨。评估显示，分布在红海、阿拉伯海、阿曼湾、波斯湾，以及巴基斯坦和印度沿海的康氏马鲛遭到过度捕捞。西南印度洋渔业委员会对140种物种进行了资源评估，总体上，约有65%的鱼类种群为完全开发，29%为过度开发，6%为未完全开发。

16. 南极海

南极海包括FAO 48区、58区、88区。位于太平洋和大西洋西部60°S以南，在大西洋东部以印度洋西部45°S为界，而印度洋东部则以55°S为界。分别与81区、87区、41区、47区、51区和57区相接，为环南极海区。南极海与三大洋相通，北界为南极辐合线，南界为南极大陆，冬季南极海一半海区为冰所覆盖。南极海分大西洋南极区、太平洋南极区和印度洋南极区。盛产磷虾，但鱼类种类不多，只南极鱼科和冰鱼等数种有渔业价值。

南极海的主要表面海流已有分析研究。上升流出现在大约65°S低压带的辐合区，靠近南极大陆的水域也出现上升流。南极海的海洋环境是一个具有显著循环的深海系统，上升流把丰富的营养物质带到表层，夏季生物生产量非常高，冬季生物生产量明显下降。

据调查，南极海域（包括亚南极水域）的中上层鱼类约有60种，底层鱼类约有90种，但这些鱼类的数量还不清楚。另据测定，在南极太平洋海区的肥沃水域（辐合带）中，以灯笼鱼为主的平均干重为0.5g/m^2，辐合带中南灯笼鱼资源丰富，苏联中层拖网每2h产量为5～10t。

南极海域最大的资源量是磷虾。各国科学家对磷虾资源量有完全不同的估算值，苏联学者挪比莫娃从鲸捕食磷虾的情况估算磷虾的资源量为1.5亿～50亿t；联合国专家古兰德（Gulland）从南极海初级生产力推算为5亿t，年可捕量为1亿～2亿t；法国学者彼卡恩耶认为，磷虾总生物量为2.1亿～2.9亿t，每年被鲸类等动物捕食所消耗的量为1.3亿～1.4亿t，而达到可捕规格的磷虾不超过总生物量的40%～50%。近年来的调查估算，磷虾的年可捕量为5000万t。

第五节 世界水产养殖业

一、主要水产养殖国家

20世纪80年代，水产养殖在世界渔业中的地位日益引起各国重视后取得了迅速发展。1985年世界水产养殖总产量（含水生植物，下同）突破了1000万t，达到1106万t。随后持续上升，2012年达到9000万t，2015年为10600万t。世界水产养殖业的快速发展，不仅弥补了因海洋捕捞过度引起的主要经济渔业资源衰退而带来的渔获量波动或下降问题，而且还为人们改善食物结构起着重要作用。世界水产养殖业获得持续发展，在很大程度上与中国大力发展内陆水域和海水养殖有密切关系，有力地推动了发展中国家利用有关水域发展水产养殖，包括长期从事海洋捕捞的发达国家，也逐步重视养殖业，如挪威大力发展大西洋鲑的人工养殖，并取得了明显的经济效益、社会效益和生态效益，从而又推动了其他国家海水养殖的发展。

2000年、2005年、2010年和2015年世界前10位的水产养殖国家见表3-10。其中2000年养殖产量从高到低依次为中国、印度、日本、印尼、泰国、孟加拉国、越南、挪威、美国和智利。2005年世界前10位水产养殖国家排序发生了变化，最为明显的是，日本从第3位下降到第6位，越南从第7位上升到第4位。2010年世界前10位水产养殖国家排序基本上与2005年差不多，比较显著的是孟加拉国从第7位上升到第5位。2015年世界前10位水产养殖国家排序与2010年基本上差不多。

从表3-10中可以看出，一是中国的水产养殖产量不是一般的高产，而是对世界水产养殖业举足轻重，具有决定性的意义；二是世界前10位水产养殖国家的排名基本上在2005～2015年没有变动，在顺次上和产量上有明显的变化，值得注意的是，渔业发达的日本和美国，其水产养殖产量基本上保持不变，分别稳定在110万～130万t、42万～52万t，但是挪威的水产养殖产量出现大幅度增加趋势，从2000年的不足50万t，增加到2015年的138.09万t；三是世界前10位水产养殖国家的产量之和占世界水产养殖总产量的85%～88%，对世界水产养殖具有重大的作用，其他国家产量之和还不到12%；四是世界前10位水产养殖国家中有7个是发展中国家，事实上全世界水产养殖业主要在发展中国家。

表 3-10　2000～2015 年世界前 10 位水产养殖国家　（单位：万 t）

国家	2000 年	2005 年	2010 年	2015 年
孟加拉国	65.71【6】	88.21【7】	130.85【5】	206.04【5】
智利	42.51【10】	73.94【8】	71.32【9】	105.77【8】
中国	2846.02【1】	3761.49【1】	4782.96【1】	6153.64【1】
印度	194.25【2】	297.31【2】	379.00【3】	523.80【3】
印尼	99.37【4】	212.41【3】	627.79【2】	1564.93【2】
日本	129.17【3】	125.41【6】	115.11【7】	110.32【7】
挪威	49.13【8】	66.19【9】	101.98【8】	138.09【6】
泰国	73.82【5】	130.42【5】	128.61【6】	89.71【9】
美国	45.68【9】	51.39【10】	49.67【10】	42.60【10】
越南	51.35【7】	145.23【4】	270.13【4】	345.02【4】
前 10 位国家总产量及其比重	3597.02（86.21%）	4952.01（85.64%）	6657.44（85.33%）	9279.92（87.54%）
世界养殖总产量	4172.46	5782.02	7802.00	10600.42

注：【】中为排名。

二、世界水产养殖主要对象

水产养殖对象随着人工育苗培育和养殖技术的不断进步和发展，养殖种类逐步扩大和增多，由一般常见种类，向名、特、优种类发展。根据 FAO 的有关报告，1950 年水产养殖有 34 科，72 种；2004 年扩大到 115 科，336 种。2004 年各地区的水产养殖种类的分布状况见表 3-11。由此可见，亚洲和太平洋区域的水产养殖种类最多。

表 3-11　2004 年各地区水产养殖种类的分布状况

地区	科	种
全球	245	336
北美	22	38
中欧和东欧	21	51
拉美和加勒比海	36	71
西欧	36	83
撒哈拉沙漠以南的非洲	26	46
亚洲和太平洋区域	86	204
中东和北非	21	36

FAO 2000～2015 年水产养殖对象种类组产量和产值的统计见表 3-12～表 3-14。按产量高低排序，先后（以 2015 年为例）是淡水鱼类、水生植物、软体动物、甲壳类、海淡水洄游鱼类、海洋鱼类、其他水生动物，各年度均相同；按产值高低排序，先后（以 2015 年为例）是淡水鱼类、甲壳类、海淡水洄游鱼类、软体动物、海洋鱼类、水生植物、其他

水生动物；按每吨产值高低排序，先后是甲壳类、其他水生动物、海淡水洄游鱼类、海洋鱼类、淡水鱼类、软体动物，最低的是水生植物，各年度均相同。从表 3-14 中可以看出（以 2015 年为例），甲壳类、海淡水洄游鱼类、海洋鱼类的每吨产值分别相当于淡水鱼类的 3.42 倍、2.64 倍和 2.32 倍。

表 3-12　2000～2015 年水产养殖种类组产量　（单位：百万 t）

种类	2000 年	2005 年	2010 年	2015 年
水生植物	9.31	13.50	18.99	29.36
甲壳类	1.69	3.78	5.59	7.35
海淡水洄游鱼类	2.25	2.87	3.61	4.98
淡水鱼类	17.59	23.68	33.00	44.05
海洋鱼类	0.98	1.44	1.88	2.88
其他水生动物	0.16	0.45	0.88	0.95
软体动物	9.76	12.11	14.07	16.43

表 3-13　2000～2015 年水产养殖种类组产值　（单位：百万美元）

种类	2000 年	2005 年	2010 年	2015 年
水生植物	2909.38	3887.22	5642.44	4846.89
甲壳类	9425.86	14947.18	26825.63	38519.90
海淡水洄游鱼类	6470.99	9497.75	15892.80	20108.61
淡水鱼类	18403.15	24476.61	51070.36	67459.20
海洋鱼类	4223.27	5254.78	8350.29	10238.09
其他水生动物	929.89	1905.13	3314.13	3948.30
软体动物	8712.16	10192.17	14325.52	17853.60

表 3-14　2000～2015 年水产养殖种类组每吨的产值　（单位：美元/t）

种类	2000 年	2005 年	2010 年	2015 年
水生植物	312.63	287.88	297.09	165.07
甲壳类	5573.32	3956.32	4802.64	5239.84
海淡水洄游鱼类	2874.84	3314.17	4398.66	4035.92
淡水鱼类	1046.49	1033.81	1547.58	1531.56
海洋鱼类	4323.05	3653.14	4438.01	3556.12
其他水生动物	5947.70	4275.74	3760.16	4155.16
软体动物	892.86	841.41	1018.45	1086.51

根据 FAO 的统计，1970～2015 年世界不同养殖种类组产量的年平均增长率最高的是甲壳类（20.71%），其次是海洋鱼类和淡水鱼类，年增长率分别为 12.22%和 11.13%。水生植物和海淡水洄游鱼类的年平均增长率分别为 10.27%和 8.82%。不同年代不同养殖种类组产量的平均年增长率也不同，具体见表 3-15。

表 3-15　1970～2015 年世界不同养殖种类组产量的年平均增长率（%）

种类	1970～1980 年	1980～1990 年	1990～2000 年	2000～2010 年	1970～2015 年
水生植物	10.67	3.61	9.47	7.39	10.27
甲壳类	23.94	24.17	8.40	12.69	20.71
海淡水洄游鱼类	6.52	9.53	6.43	4.85	8.82
淡水鱼类	5.88	13.91	9.43	6.50	11.13
海洋鱼类	13.87	5.82	11.52	6.77	12.22
软体动物	5.57	6.99	10.46	3.72	8.12
总产量	7.63	8.88	9.48	6.38	10.26

2015 年年产量超过 200 万 t 的水产养殖对象种类有大西洋鲑（atlantic salmon）、鳙鱼（big-head carp）、鲤鱼（common carp）、草鱼（grass carp）、鲢鱼（silver carp）、南美白对虾（*Penaeus vannamei*）等种类，其养殖产量分别为 238.16 万 t、340.29 万 t、432.81 万 t、582.29 万 t、512.55 万 t 和 387.98 万 t。其中 1990～2015 年年养殖产量增长最快的是南美白对虾、大西洋鲑、草鱼、鳙鱼，分别增长了 42.31 倍、10.56 倍、5.52 倍、5.02 倍（表 3-16）。

表 3-16　1970～2015 年年产量超过 100 万 t 的水产养殖对象种类

（单位：万 t）

水产养殖对象种类	1970 年	1980 年	1990 年	2000 年	2010 年	2015 年
大西洋鲑	0.03	0.53	22.56	89.58	143.71	238.16
鳙鱼	12.49	19.86	67.80	142.82	258.70	340.29
鲤鱼	17.32	24.65	113.43	241.04	342.06	432.81
草鱼	9.26	15.46	105.42	297.65	436.23	582.29
鲢鱼	26.72	41.76	152.05	303.47	409.97	512.55
南美白对虾	0.01	0.84	9.17	15.45	268.82	387.98

三、世界水产养殖发展现状

1. 现状概述

2014 年世界水产养殖产量为 7380 万 t（不包括水生植物产量），预计首次销售值为 1602 亿美元，包括 4980 万 t 鱼、1610 万 t 软体动物、690 万 t 甲壳类，以及 730 万 t 包括鲑类在内的其他水生动物。几乎所有养殖的鱼以食用为目的，副产品可能为非食用。2014 年世界水产养殖鱼类产量占捕捞和水产养殖总产量（包括非食用）的 44.1%，在 2012 年 42.1%和 2004 年 31.1%的基础上有所增长。所有大洲均显示，水产养殖产量在世界鱼类产量中的份额呈增加的总体趋势，尽管过去 3 年大洋洲该份额下降。

从国家层面衡量，有 35 个国家 2014 年的养殖产量超过捕捞产量。这个组别的国家人口为 33 亿，占世界人口的 45%。这一组国家包括主要生产国，即中国、印度、越南、孟加拉国和埃及等。这一组的其他 30 个国家和地区有着相对发达的水产养殖业，如欧洲的希腊、捷克和匈牙利，以及亚洲的老挝和尼泊尔。

除生产鱼类以外，水产养殖生产了相当数量的水生植物。2014 年世界水产养殖的鱼类和水生植物类总产量（活体重）达 1.011 亿 t，其中养殖的水生植物为 2730 万 t。为此，养殖的鱼类约占水产养殖总量的 3/4，养殖的水生植物类约占总量的 1/4，而在水产养殖总产值中，后者所占份额则不成比例地低（不足 5%）。

在全球产量方面，养殖的鱼类和水生植物类产量在 2013 年已超过捕捞产量。在食物供应方面，2014 年水产养殖首次超过捕捞渔业，提供了更多的鱼。

2. 投喂和非投喂类型的水产养殖产量

饲料被广泛认为正成为许多发展中国家水产养殖产量增长的主要限制因素。但 2014 年世界水产养殖产量的一半不需要投喂，包括海藻和微藻（27%），以及滤食性动物物种（22.5%）。

2014 年非投喂动物物种养殖产量为 2270 万 t，占养殖的所有鱼类物种世界产量的 30.8%。最重要的非投喂动物物种包括：①两种鱼类，鲢鱼和鳙鱼，在内陆养殖；②双壳软体动物（蛤、牡蛎、贻贝等）；③海洋和沿海的其他滤食性动物（如海鞘）。

2014 年欧盟生产了 63.2 万 t 双壳贝类，其主要生产国是西班牙（22.3 万 t）、法国（15.5 万 t）和意大利（11.1 万 t）。2014 年中国养殖的双壳类产量约为 1200 万 t，是世界其他区域养殖量的 5 倍。养殖双壳类的其他亚洲主要国家包括日本（37.7 万 t）、韩国（34.7 万 t）和泰国（21 万 t）。

投喂物种的产量增长比非投喂物种快，尽管非投喂物种的养殖生产在食物安全和环境方面有更多利益。通常低成本的非投喂水产养殖生产基本上未在非洲和拉丁美洲得到发展，可能为这些区域提供了潜力，通过物种多样化来改进国家食物安全和营养。在 2014 年世界内陆水产养殖的 820 万 t 滤食鱼类中，中国占 740 万 t，剩余的来自 40 多个其他国家。

3. 养殖产量分布和人均养殖产量分布

世界水产养殖产量在区域间及同一区域内不同国家间不平衡分布的总体模式依然没有改变（表 3-17）。过去 20 年，亚洲占世界水产养殖的食用鱼产量约为 89%，非洲和美洲分别提高了其在世界总产量中的份额，而欧洲和大洋洲的份额稍有下降。

表 3-17 按区域划分的水产养殖产量及其所占世界总产量的比重

区域	单位	1995 年	2000 年	2005 年	2010 年	2012 年	2014 年
非洲	产量/10^3t	110.2	399.6	646.2	1285.6	1484.3	1710.9
	比重/%	0.45	1.23	1.46	2.18	2.23	2.32
美洲	产量/10^3t	919.6	1423.4	2176.9	2514.2	2988.4	3351.6
	比重/%	3.77	4.39	4.91	4.26	4.50	4.54
亚洲	产量/10^3t	21677.5	28422.5	39188.2	52439.2	58954.5	65601.9
	比重/%	88.91	87.68	88.47	88.92	88.70	88.91
欧洲	产量/10^3t	1580.9	2050.7	2134.9	2544.2	2852.3	2930.1
	比重/%	6.48	6.33	4.82	4.31	4.29	3.97
大洋洲	产量/10^3t	94.2	121.5	151.5	189.6	186.0	189.2
	比重/%	0.39	0.37	0.34	0.32	0.28	0.26
世界	产量/10^3t	24382.4	32417.7	44297.7	58972.8	66465.5	73783.7

水产养殖的发展超过了人口增长速度，过去 30 年多数区域的人均水产养殖产量增加。

亚洲作为整体，在提高人均养殖的食用鱼方面，远远领先于其他大洲，但在亚洲内不同地理区域差异巨大。

2014 年有 25 个国家水产养殖产量超过 20 万 t，这 25 个国家生产了世界 96.3%的养殖鱼类和 99.3%的养殖水生植物类。养殖的物种和其在国家总产量中的相对重要性在主要养殖国家之间变化很大。到目前为止中国依然是主要生产国，尽管在过去 20 年中，其在世界水产养殖鱼类中的份额从 65%稍降至不足 62%。

第六节　世界水产加工利用业

一、世界水产加工利用现状

在物种和产品类型方面，渔业和水产养殖产量非常多样化。多个物种可以多种不同方式制作，使得鱼类成为非常多面的食材。但是，鱼类也高度易腐，几乎比任何其他食物更容易腐烂，很快就不能食用，并可能因为微生物生长、化学变化和分解内在酶而危及健康。因此，鱼的捕捞后处理、加工、保存、包装、存储对策和运输要求需要特别谨慎，以便于保持鱼的质量和营养特性，避免浪费和损失。保存和加工技术可以减少腐烂发生的速度，使鱼能在世界范围内流通和上市。这类技术包括降温（冷鲜和冷冻）、热处理（罐装、煮沸和熏制）、降低水分（干燥、盐腌和熏制）及改变存储环境（包装和冷藏）。但是，也可以采用更广泛的其他方法保存、销售和展示鱼类，包括活体，以及以食用和非食用为目的的各种产品。食品加工和包装的技术开发正在许多国家进行，提高效率和对原料的有效利用，并在产品多样化方面进行创新。此外，近几十年来，伴随着鱼品消费的扩大和商业化，人类对食品质量、安全和营养，以及减少浪费方面的兴趣日益增加。在食品安全和保护消费者利益方面，在国家和国际贸易层面采用日益严格的卫生措施。

近几十年来，世界鱼类产量中用于食用的比例在显著增长，从 20 世纪 60 年代的 67%增长到 2014 年的 87%，或超过 1.46 亿 t。2014 年剩余的 2100 万 t 鱼类几乎全部为非食用产品，其中 76%（1580 万 t）用于制作鱼粉和鱼油；其余的主要用于观赏鱼、养殖（鱼种和鱼苗等）、钓饵、制药，以及作为原料在水产养殖、畜牧和毛皮动物饲养中直接投喂。

以 2014 年的 FAO 统计数据为例，食用产品的 46%（6700 万 t）是活鱼、新鲜或冰鲜类型，这些在某些市场往往是最受欢迎和高价的类型。食用产品的其余部分以不同形式加工，约 12%（1700 万 t）为干制、盐腌、熏制或其他加工处理类型，13%（1900 万 t）为制作和保藏类型，以及 30%（约 4400 万 t）为冷冻类型。因此，冷冻是食用鱼的主要加工方式，占食用鱼加工总量的 55%和鱼品总量的 26%。

鱼品利用和更重要的加工方式因大洲、区域、国家的不同而不同，甚至在同一个国家内而有所变化。拉丁美洲国家生产最高百分比的鱼粉。在欧洲和北美洲，超过 2/3 的食用鱼是冷冻，以及制作和保藏类型。非洲腌制鱼的比例高于世界平均水平。在亚洲，商品化的许多鱼品依然是活体或新鲜类型。活鱼在东南亚和远东（特别是中国居民），以及其他国家的小市场（主要是亚洲移民社区）特别受欢迎。中国和其他国家处理活鱼用于交易和利用已有 3000 多年的历史。随着技术发展和物流改进，以及需求的增长，近年来活鱼商业化程度增强。活鱼运输从简单的在塑料袋加过饱和氧气的空气运鱼的手工系统，到特殊设计或改进的水箱和容器，再到安装在卡车和其他运输工具上非常复杂的系统，控制温度、过滤和循环水，以及加氧。但是，由于严格的卫生规则和质量要求，活鱼销售和运输具有挑战性。在东南亚部分区域，这类商品化和交易没有被正式规范，而是沿用传统活鱼的销售方式。但在欧盟市场，活鱼运输不得不遵守要求，还要保障运输期间的动物福利。

最近几十年，制冷、制冰和运输上的重要创新使鲜鱼及其他类型产品的流动更加活跃。结果是，在发展中国家，食用鱼总量中的冷冻类型所占份额从20世纪60年代的3%增加到80年代的11%和2014年的25%。2014年世界渔业产品利用量如图3-15所示。同期，制作或保藏类型的份额也增长了（从20世纪60年代的4%到80年代的9%和2014年的10%）。但是，尽管有技术进步和创新，许多国家，特别是欠发达经济体，依然缺乏适当的基础设施和服务，如卫生的上岸中心、可靠的电力供应、饮用水、道路、制冰厂、冷库、冷藏运输，以及适当的加工和存储设备。这些因素，特别是当其与热带温度相联系时，导致收获后的损失大，甚至会导致品质劣变，鱼品在船上、上岸点、存储或加工期间、在去往市场途中及等待销售时腐烂。有人估计，在非洲收获后损失为20%～25%，甚至高达50%。在全世界，收获后鱼品损失应受到关注，多数发生在鱼品流通渠道过程中，即在上岸和消费之间，预计有27%上岸的鱼品会损失或浪费。在全球，如果包括上岸前的遗弃量，鱼品损失和浪费占35%的上岸量，有至少8%的鱼被扔回海里。

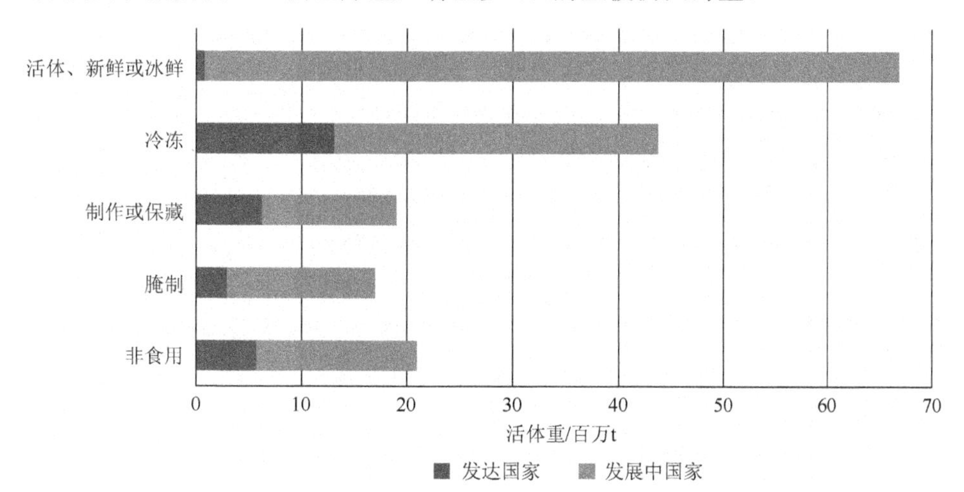

图3-15 2014年世界渔业产品利用量（按量分解）

拥挤的市场基础设施也能限制鱼品销售。上述不足，加上消费者已有的习惯，意味着在发展中国家，鱼在上岸或捕获后很快以主要类型为活体或新鲜方式交易（2014年占食用鱼品的53%），或以传统方式保藏交易，如盐腌、干制和熏制。这些方式在许多国家依然普遍存在，特别是在非洲和亚洲。在发展中国家，腌制（干燥、熏制或发酵）占食用鱼总量的11%。在许多发展中国家，采用不太复杂的方式改变鱼品形态，如切片、盐腌、罐装、干燥和发酵。这些劳力密集型方法为沿海区域的许多人提供了生计，其可能在农村经济中依然是主要部分。但在过去的10年，鱼品加工在许多发展中国家也发生了演化，可能从简单的去内脏、去头或切片，到更先进的有附加值的方式，如外加面包屑、烹调和单体速冻，取决于商品和市场价值。一些此类发展中的情况由以下因素驱动：国内零售产业的需求、转移到养殖的物种、加工外包，以及发展中国家的生产者，越来越多地与位于国外的公司相连接。

在最近几十年，水产食品领域变得更为多样和有活力。超市链和大型零售商在确定产品要求和影响国际流通渠道扩张方面越来越是关键的参与者。加工是更密集、地理上集中、垂直整合，并与全球供应链连接的产业。加工商与生产者结合得更紧密，以提升产品组合，获得更好产出，并回应进口国不断演化的质量和安全要求。在区域和世界层面，加工活动外包值得注意，有更多的国家参与，尽管其程度取决于物种、产品类型，以及劳力和运输成本。例如，冷冻整鱼从欧洲和北美洲市场运到亚洲（特别是到中国，也有其他国家，如印度、印度尼西亚和越南）进行切片和包装，然后再进口。向发展中国家进一步的外包生产，可能受到难以满足的卫生要求和一些国家劳力成本（特别是在亚洲）及运输成本上升的限制，所有这些因素可能会导致流通和加工方式的变化，并会提高鱼价。

在发达国家，大量食用鱼品是冷冻产品，或制作或保藏类型产品。冷冻鱼的比例从20世纪60年代的25%提高到80年代的42%，2014年达到57%的高纪录。制作和保藏类型维持稳定，2014年为27%。在发达国家，通过附加值产品的创新，以及结合饮食习惯变化，主要为新鲜、冷冻、加面包屑、熏制或罐头类型，以即食和/或分量控制统一质量的膳食。此外，2014年发达国家食用鱼品中的13%是干制、盐腌、熏制或其他腌制类型。

世界渔业产量中的一个重要但下降的部分是加工为鱼粉和鱼油，因此，在作为水产养殖饲料和牲畜饲养时对食用有间接贡献。鱼粉是碾磨和烘干整鱼或部分鱼体获得的粗粉，鱼油是通过按压煮熟的鱼获得通常清澈的褐色/黄色液体。这些产品可用于整鱼、鱼碎末或加工时其他鱼的副产品制作。用于制作鱼粉和鱼油的物种有多种，为油性鱼类，特别是秘鲁鳀是利用的主要物种组。厄尔尼诺现象影响秘鲁鳀的产量，更严格的管理措施减少了秘鲁鳀和其他通常用作鱼粉的物种的产量。因此，鱼粉和鱼油产量根据这些种类的产量变化而波动。鱼粉产量在1994年达到3010万t（活体等重）的高峰，此后波动，并总体呈下降趋势。2014年鱼粉产量为1580万t，原因是秘鲁鳀产量下降。因为对鱼粉和鱼油的需求增长，特别是来自水产养殖产业的需求和高价格，利用鱼的副产品加工（以前往往被遗弃）的鱼粉份额在增加。非官方的统计显示，鱼粉和鱼油总量中由副产品制成的有25%～35%。由于预期做原料的整鱼没有额外产量（特别是中上层鱼类），增加鱼粉产量需要回收利用副产品，但对其构成具有可能的影响。

尽管鱼油代表着长链高度不饱和脂肪酸（HUFA）的最丰富来源，对人类饮食有重要作用，但大部分鱼油依然用于水产养殖饲料的生产。由于鱼粉和鱼油产量下降，以及价格高，人类正在开发 HUFA 的替代来源，包括大型海洋浮游动物种群，如南极磷虾等。但是，浮游动物产品的成本太高，无法将其作为鱼饲料中的一般油或蛋白材料。鱼粉和鱼油依然被认为是养鱼饲料中最有营养和最易消化的材料。为抵消高价格，随着饲料需求的增长，鱼粉和鱼油用于水产养殖配合饲料的量呈现下降趋势，更多选择作为战略材料在更低水平使用，以及在生产的特定阶段使用，特别是孵化场、亲鱼和出塘前的饲料。

供应链内鱼品加工程度越高，产生的废料和其他副产品越多，工业化加工后，这类废料和副产品占鱼和贝类的重量高达70%。由于消费者接受程度低，或卫生规则限制利用，鱼的副产品通常不进入市场。这类规则还可能规范着这些副产品的收集、运输、存储、处理、加工和利用或处置。过去，鱼的副产品，包括废料，被认为是低值产品，经常作为饲养动物的饲料或直接被丢弃。过去20年，鱼的副产品逐渐受到重视，因为其代表着营养物的重要额外来源。在某些国家，副产品的利用已成为重要产业，更多地关注对其在可控制、安全和卫生的方式下进行处理。改进的加工技术还提高了利用效率。此外，渔业副产品还用于广泛的其他目的。鱼头、骨架和切片碎料可直接作为食物或变成食用品，如鱼香肠、鱼糕、鱼冻和调味品。鱼肉很少的小鱼骨在一些亚洲国家还作为小吃消费。其他副产品被用于生产饲料、生物柴油/沼气、营养品（甲壳素）、药物（包括油）、天然颜料（萃取后）、化妆品（胶原），以及其他工业制程。鱼的其他副产品还可以作为水产养殖和牲畜、宠物或毛皮动物的饲料，也可以用来制作液体鱼蛋白及做肥料。一些副产品，特别是内脏高度易腐的副产品，应当在依然新鲜时进行加工。鱼内脏和骨架是蛋白水解物的来源，其作为生物活性多肽的潜在来源，正受到越来越多的关心。从鱼内脏中获得的鱼蛋白水解物和液体鱼蛋白正用于宠物饲料和鱼饲料产业中。鲨鱼软骨用于许多药物制剂中，制成粉末、膏和胶囊，鲨鱼的其他部分也这样被利用，如卵巢、脑、皮和胃。鱼胶原蛋白可用于化妆品中，从胶原蛋白中提取的明胶可用于食品加工业。

鱼的内脏是特定酶的极佳来源。一系列鱼蛋白水解酶被提取，如胃蛋白酶、胰蛋白酶、糜蛋白酶胶原酶和脂肪酶。蛋白酶，如消化酶，用于生产清洁剂，以清除斑块和污垢，以及食品加工和生物学研究。鱼骨作为胶原蛋白和明胶的良好来源，也是钙和其他矿物质的极佳来源，如磷可用于食品、饲料，或作为补充品。磷酸钙，如鱼骨中的羟基灰石，可在大的创伤或手术后协助快速修复骨骼。鱼皮，特别是大鱼的皮，可以提供明胶，以及制作皮革，还可以用于制衣、鞋、手包、钱包、皮带和其他商品。通常用于皮革的有鲨鱼、鲑鱼、鲟鳕、鳕鱼、盲鳗、罗非鱼、尼罗尖吻鲈、鲤鱼和海鲈。此外，鲨鱼牙可以制成工艺品。

甲壳类和双壳类的壳是重要的副产品。产量和加工量增加产生的壳的量很大，以及壳自然降解缓慢，有效利用是重要的。从虾和蟹壳中提取的甲壳素显示了广泛的用途，如水处理、化妆品和厕所用品、食品和饮料、农药和制药。将甲壳类废物生产的颜料（类胡萝卜素和虾青素）用于制药业中。可从鱼皮、鳍和其他加工的副产品中提取胶原。贻贝壳能提供工业用的碳酸钙。在一些国家，牡蛎壳作为建材原料，还用于生产生石灰。壳还可以用于加工成珍珠粉和贝壳粉。珍珠粉用于药物和化妆品生产中，贝壳粉（钙的丰富来源）作为牲畜和家禽饲料中的补充品。鱼鳞被用于加工鱼鳞精，是药品、生化药物和生产油漆的原料。扇贝和贻贝壳可用作工艺品和珠宝饰品，以及做成纽扣。

对海绵、苔藓虫和刺细胞动物的研究，发现了大量的抗癌剂。但在发现后，出于养护的考虑，没有直接从海洋生物中提取这些制剂，而是通过化学合成来制药。另一个正在研究的是，为此目的养殖一些海绵物种。

除上述鱼品产量以外，2014 年共生产了约 2850 万 t 的海藻和其他藻类，用于食用或进一步加工为食品（传统上在日本、韩国和中国），或用作肥料，以及制药、制成化妆品和其他目的的应用。长期以来，海藻被用于喂养牲畜和制药，如治疗碘缺乏症和作为杀虫药。工业化加工海藻提取增稠剂，如藻酸盐、琼脂和卡拉胶，或一般以干粉类型用作动物饲料的添加剂。对一些富含天然维生素、矿物质和植物蛋白的海藻物种营养价值的关注在加强。正在出现的海藻口味的许多食品（包括冰淇淋）和饮料，亚洲和太平洋区域是主要市场，但欧洲、北美洲和南美洲也对此越来越有兴趣。但是，海藻的特征是成分高度变化，取决于物种、采集时间和生境。正在进行将海藻作为盐的替代品的更多研究。将鱼的废物和海藻作为生物燃料的工业制备规程正在开发中。

二、渔业副产品利用现状

全球近 7000 万 t 鱼以切片、冷冻、制罐或腌制方式加工。多数加工方式产生了副产品和废弃物。例如，在制作鱼片产业中，产品产量通常占 30%～50%。2011 年全球各类金枪鱼产量为476万t（活体），而罐头金枪鱼产品重量近200万t。金枪鱼罐头产业产生的固体废物或副产品可高达原料的65%，包括头、骨、内脏、鳃、深色肌肉、腹肉和皮。据报道，金枪鱼鱼柳产业约50%的原料成为固体废物或副产品。2011年全球养殖的鲑鱼产量约为193万t，大多作为鱼片，而其中一些鱼片在熏制后进行销售。据报道，鲑鱼鱼片出成率约为55%。养殖的罗非鱼（2011年全球产量约为395万t）有很大比例以鱼片类型销售，鱼片出成率为30%～37%。巨鲶（*Pangasius*）年产量超过100万t，大多以鱼片和冷冻类型销售，鱼片出成率约为35%。因此，鱼加工产生了相当数量的副产品和肉，包括头、骨架、腹肉、肝和鱼卵。这些副产品含有高质量蛋白、长链欧米伽-3脂肪酸油脂、微量营养物（如维生素A、维生素D、核黄素和烟酸）和矿物质（如铁、锌、硒和碘）。

1. 利用副产品作为食物

冰岛和挪威鳕鱼加工业有食用副产品的悠久传统。2011年冰岛出口了11540 t干鳕鱼头，主要出口到非洲；挪威出口了3100 t。鳕鱼卵热处理后可鲜食，或制成罐头，或加工成鱼子胶做三明治酱。鳕鱼肝可做成罐头，或加工成鳕鱼肝油，这是人们在认识长链欧米伽-3脂肪酸的健康价值之前很久就在消费的产品。2010年在挪威鲑鱼产业中开展的一项研究显示，制作鱼片的5家最大的公司产生了45800 t的头、骨架、腹肉和边角料，24%（11000t）用于食用，其余加工为饲料配料。利用鲑鱼碎肉副产品生产的小馅饼和香肠很受欢迎。在供应链终端（如超市）去除鲑鱼内脏和切片时，顾客可购买头、骨架和边角料做汤或其他菜肴。

金枪鱼产业在利用副产品生产食用产品方面有显著进步。泰国是世界上最大的金枪鱼罐头生产国，年出口量约为50万t，利用国内的上岸量和约80万t的进口新鲜或冷冻原料。做罐头的金枪鱼只有原料的32%～40%。其深色肉（10%～13%）做成罐头或袋装作为宠物食物。泰国一家副产品公司年产量约为2000 t金枪鱼鱼油，进一步精炼后可食用。完全精炼的金枪鱼鱼油具有25%～30%的二十二碳六烯酸（DHA）和二十碳五烯酸（EPA），可用于生产强化食品，如酸奶、牛奶、婴儿配方奶和面包。在制作罐头的过程中，在修整和包装进罐前，金枪鱼要预煮。烹调汁有高达4.8%的蛋白，以及化学需氧量为70000～157000mg/L。在泰国，罐头厂水解的烹调汁加上商业酶，并将汁浓缩，用于调味剂，或调味汁，或调味品。

在泰国之后，菲律宾是亚洲第二大金枪鱼罐头生产国。2011年其金枪鱼产量为331661 t（活体重），罐装金枪鱼出成率约为40%。深色肉（约占10%）制成罐头，其中一些出口到其他国家，如巴布亚新几内亚。由于更高含量的长链欧米伽-3脂肪酸，以及包括铁（主要以血红素铁类型为主，具有高度的生物药效率）在内的矿物质和一些维生素，深色肉比浅色肉有更高的营养价值。但是，需要在抗氧化条件下保存深色肉，如做成罐头，原因是多不饱和脂肪酸容易氧化。当地人用鱼头和鳍做鱼汤。内脏，如肝、心和肠是当地美食“杂碎”的配料（传统上由猪头上切块的猪耳、少量猪脑和碎皮制作，在油中加调味料烹制，盛在加热的陶器中享用）。

金枪鱼内脏也是做鱼酱的原料。在菲律宾，金枪鱼卵、性腺和尾巴被冷冻，在国内市场销售以供食用。菲律宾还生产新鲜-冷鲜/冷冻黄鳍金枪鱼和肥壮金枪鱼供出口。副产品，如头、骨、腹、鳍、肋骨、尾和黑肉，占原料的40%～45%。这些在当地市场销售，以供食用。头、骨和鳍是做汤的主料。尾、腹和胫骨被冷冻，一些被真空包装，在遍及菲律宾的食品商店、超市和海鲜餐馆进行销售。消费前，要经过油炸、烤或炖烹制处理。碎肉用于制作香肠、肉排、汉堡小馅饼、金枪鱼火腿、金枪鱼条和当地食物，如“烧卖”和“西班牙香肠”。

用罗非鱼皮制作的休闲食品在泰国和菲律宾很受欢迎，将去鳞的皮切成条，用油炸透，作为开胃菜。在一些国家，来自制鱼片产业的边角料和头用来做汤和酸橘汁腌鱼。有可以去鱼骨的设备，去骨的肉作为鱼糕、鱼香肠、鱼丸和鱼露的基础原料。越南巨鲶加工业的鱼片出成率为30%～40%，副产品主要作为鱼粉，但一些公司还生产巨鲶鱼油，适合人类食用。深色肉和边角料与土豆或切碎的鱼肉及米饭进行烹制，在越南一些地方进行销售。

2. 利用副产品作为饲料

全球对鱼粉和鱼油的需求增长，价格提高，因而其已不再是低价值产品。中上层鱼直接供食用的趋势在增加，而不是制作鱼粉。再加上其他措施，如对作为饲料的渔业的严厉捕捞配额，以及改进的规则和管控，使鱼粉和鱼油的价格提高。因此，鱼粉中来自加工副产品的比例从2009年的25%增长到2010年的36%。

泰国、日本和智利是用副产品生产鱼粉的主要生产国。国际鱼粉鱼油协会预计，水产养殖产业利用了2010年生产鱼粉的73%，从而间接贡献于食品生产。在鱼油方面，预计71%用于水产饲料，26%用于人类食用。

在许多国家，鱼加工场所为中小规模，加工场所产生的副产品的量不足以运行一个鱼粉厂。对这些副产品进行青贮处理是方便和相对便宜的保存方式。在挪威这种方式很普遍，不同的养殖鲑鱼屠宰厂的青贮副产品，会转到集中式加工厂。集中存储的副产品加工为鱼油和液态物，以蒸发得到蛋白水解物，干物质含量至少为42%～44%。这种方法用于生产猪饲料、家禽饲料，以及鲑鱼以外的鱼类饲料所需要的鱼油。一些大型鱼屠宰场加工副产品，利用商业酶获得水解物和高质量的鱼油。

3. 保健营养品和生物活性配料

长链多不饱和脂肪酸、EPA和DHA可能是商业上最成功的来源于鱼油的海洋脂类。尽管其于2000年左右缓慢起步，欧米伽-3的市场快速增长。根据一些市场研究，2010年全球对欧米伽-3配料的需求为15.95亿美元。制药和食品产业利用明胶作为改善性能的配料，如质地、弹性、稠度和稳定性。2011年全球明胶产量约为34.89万t，98%～99%来自于猪和牛的皮和骨，约1.5%来自于鱼和其他来源。鱼胶质市场价格趋向于是哺乳类胶质的4～5倍，但只用于清真和犹太食品。因其具有流变特性（在物理稠度和流动方面），来自于温水鱼类的胶质可以是食物和药品外层的牛胶质替代品。来自于冷水鱼类的胶质用于凝固和冷冻食物。

几丁质和其脱乙酰基类型的甲壳素在食品工艺、制药、化妆品和工业生产中有许多应用。几丁质存在于对虾壳中。产业预计显示，2018年全球几丁质和甲壳素市场为11.8万t。几丁质用于替代化学品作为水处理的凝聚剂，这类应用在日本很普遍，日本是几丁质和甲壳素的最大市场。其第二大应用领域是化妆品产业，如应用在护发和护肤产品中，如洗发液、护发素和保湿剂。葡糖胺为甲壳素的单元结构，用于营养品和药品中。葡糖胺与硫酸软骨素一道用于改进关节软骨健康，以及在食品和饮料产业中使用。在水产养殖生产国中，中国、泰国和厄瓜多尔已经建立了几丁质和甲壳素产业。

许多有营养价值的蛋白/缩氨酸来自于渔业副产品，它具有功能性、抗氧化性。商业缩氨酸产品来自于干狐鲣水解物，具有健康价值，如可以降低血压，现已投入市场使用。来自于水解白鲑的产品也具有健康价值，如降低血糖指数、改善胃肠健康、作为针对氧化的应急药物，以及具有放松效果。一些产品可能来自于鱼片，而不是副产品。2010 年美国市场蛋白配料的价值预计为 4500 万～6000 万美元，但鱼的缩氨酸同时面临来自牛奶蛋白的产品竞争，如酪蛋白、乳清和大豆蛋白。

4. *渔业副产品产业面临的挑战*

渔业副产品高度易腐，因此需要在产出时即保存。但是，许多发展中国家的鱼加工场所规模为中小型，可能不具备保存所产生的少量副产品的设备。因此，在这一领域投资（财政、基础设施和人力资源方面）可能无利可图。在副产品用作人类消费时，需要基于良好卫生操作、良好生产操作及危害分析关键控制点安全管理体系对副产品进行处理和加工。例如，鱼胶质产业面临的主要挑战是原料认证，以及原料参数导致的质量变化，如颜色和气味。此外，鱼胶质在价格方面无法与哺乳类胶质进行竞争。来自于对虾废弃物转为甲壳素的产量，据报告只有 10%，为生产高质量的甲壳素，对虾废弃物的良好保存是关键。另外，生产中使用的腐蚀酸和碱性环境条件要求特殊的设备和工作条件。

在开发副产品用于保健营养品和药物方面有许多科学研究，但商业化应用这些产品还有一些障碍。例如，存在于甲壳类壳体中的虾青素染料必须与合成的虾青素及更为经济的来自于微藻的天然虾青素竞争。转基因微生物用于商业生产酶，如对虾碱性磷酸酶和来自于大西洋鳕鱼肝的鳕鱼尿嘧啶-DNA 糖基酶。这些酶原来分别在对虾和大西洋鳕加工副产品中发现。

对于市场上的保健营养品和健康补充品，其具体的健康声明需要得到监管机构的批准，如美国食品药品监督管理局、欧洲食品安全局，或特定保健用途食品管理机构（日本）。为获得批准，需要提供针对人类研究的积极结果，而此类研究通常十分昂贵。

渔业副产品的最现实利用是作为食物，或加工为饲料配料间接作为食物。利用副产品离析高价值生物活性化合物在许多情况下不现实，但特定来源的长链欧米伽-3 脂肪酸除外。其重要原因是：缺乏现有市场；定期获得高质量副产品的数量十分有限；离析存量不高的具体成分的高成本；为潜在营养食品或健康补充品提供必要文件方面的挑战。

克服上述及其他挑战将会继续保持减少废弃物，并有利于利用鱼副产品的现有趋势，加强经济、社会、养护和环境效益。加工业的科技新发展，以及投资和改进操作，均对此有所贡献。

三、世界水产品加工利用的发展趋势

1. *鲜活水产品销售额还会进一步增长*

鲜活水产品容易变质腐败，在国际市场上的比重较低。随着包装的改进、空运价格的下降、食品连锁店的兴起，以及人们生活水平的提高等，近年来肉类国际市场受到禽流感、疯牛病等动物疫病暴发的严重影响，促使消费者转向水产品等，相应地提高鲜活水产品的销售。目前国际市场上活的水产品价格大大高于鲜品，鲜品又高于冻品。

2. *海洋药物的发展*

以海洋动物、植物和微生物为原料，通过分离、纯化、结构鉴定、优化和药理作用评价等现代技术，将具有明确药理活性的物质开发成药物。其中海洋生物活性肽源自海洋生物，为能调节生物体代谢或具有某些特殊生理活性的肽类。按其生理功能划分可将其分为抗肿瘤肽、抗菌肽、抗病毒肽、降血压肽、免疫调节肽等。海洋生物活性多糖为海洋生物体内存在的，具有调节生物体代谢或某些特殊生理活性的多糖，包括海洋植物多糖、海洋动物多糖和海洋微生物多糖三大类。按其生理功能划分可将其分为抗肿瘤多糖、抗凝血多糖、抗病毒多糖、抗氧化多糖和免疫调节多糖等。现有的海洋药物，如藻酸双酯钠，具有抗凝血、降血脂、降血黏度、扩张血管、改善微循环等多种功能，可用于缺血性脑、心血管疾病的防治；鱼肝油酸钠是以鱼肝油为原料制备的混合脂肪酸钠盐制剂，可作为血管硬化剂，用于静脉曲张、血管瘤及内痔等疾病的治疗，也可作为止血药，用于治疗妇科、外科等创面渗血和出血；多烯酸乙酯的商品名为“多烯康”，是以鱼油为原料制备的多烯脂肪酸的乙酸酯混合制剂，有效成分为二十碳五烯酸乙酯和二十二碳六烯酸乙酯。具有降低血清甘油三酯和总胆固醇的作用，适用于高脂血症；鲎素是从鲎的血细胞中提取的一种由17个氨基酸组成的阳离子抗菌肽，其特点为在低pH和高温下相当稳定，通过和细菌脂多糖形成复合物，在低浓度下即能抑制革兰氏阴性菌和革兰氏阳性菌的生长；角鲨烯也称“鲨烯”，大量存在于深海鲨鱼肝油中，也存在于沙丁鱼、银鲛、鲑鱼、狭鳕等海洋鱼类中，具有抑制癌细胞生长、增强机体免疫力的作用。传统医药中的石决明是以鲍科动物的贝壳为原料干燥制得的一种传统中药，性平、味咸，具有平肝潜阳、明目止痛的疗效，主治头痛眩晕、青盲内障、角膜炎和视神经炎等症；海螵蛸也称“乌贼骨”“墨鱼骨”，是乌贼外套膜内的舟状骨板，由石灰质和几丁质组成，是传统的海洋中药，性微温，味咸，功能为止血、燥湿、收敛，主治吐血、下血、崩漏带下、胃痛泛酸等症。研粉外用，治疮疡多脓、外伤出血等症。

第七节　现代休闲渔业

21世纪最初的几年，全球旅游产业每年增加4%，估计旅游人数到2020年将增加1倍。休闲渔业作为新兴的渔业产业，20世纪末期得到了快速发展。不确定的估算显示，发达国家大约10%的人口从事休闲捕鱼，全世界从事休闲捕鱼的人数或许超过1.4亿。一项研究概述了基于生态系统的海洋娱乐价值，估计2003年从事海洋休闲捕捞的人数为5800万人。数百万个工作取决于休闲渔业和相关的开支，可每年增加数十亿美元。在美国和欧洲国家或地区，休闲捕鱼得到了最高纪录，近年来估计分别有至少6000万和2500万休闲垂钓者；预计欧洲有800万～1000万人在咸水水域从事休闲渔业工作。同样，预计2009年中亚人口约10%从事休闲渔业工作。

“十二五”期间，我国休闲渔业呈现出发展加快、内容丰富、产业融合、领域拓展的良好势头，2015年全国休闲渔业经营主体达到38万家，接待人数超过1.2亿人次，产值超过500亿元。“十三五”期间，国家高度重视休闲旅游产业的发展，市场需求日益旺盛，有专家预计，未来20年，全国旅游休闲市场规模将超过80亿人次，呈爆发性增长态势，将为休闲渔业的发展提供巨大空间。

休闲渔业正在成为渔业产业结构调整和渔业经济可持续发展的新增长点。休闲渔业作为我国现代渔业五大产业之一，被正式列入我国渔业中长期发展规划中，且休闲渔业是推进渔业供给侧结构性改革的重要方向，也是渔民就业增收和产业扶贫的重要途径。

一、休闲渔业的概念

20世纪60年代，休闲渔业活动在美国和日本等经济发达的沿海国家和地区兴起，随着社会进步和经济发展而日益成熟和发展起来。休闲渔业经济活动从最初单纯的休闲、娱乐、健身活动逐渐发展到旅游、观光、餐饮与渔业的第一产业、第二产业与第三产业的有机结合过程中，丰富与充实了渔业生产内容，提升了渔业产业结构。休闲渔业作为渔业活动的产业部门之一，在提高与优化渔业产业结构的过程中，对渔村和沿海岸带的社会经济发展起到了积极的作用。关于休闲渔业的概念或定义，不同学者有不同的观点。在美国，休闲渔业被认为是以渔业资源为活动对象的娱乐项目，或以健身为目的的活动，以及陆上或水上运动垂钓、休闲采集和家庭娱乐等活动。这些活动通常被称为娱乐渔业或运动渔业，以区别于商业捕鱼活动，其内容也不包括渔村风情旅游、渔村文化休闲、观赏渔业等活动。美国和西方国家对休闲渔业的定义范围是非常狭窄的。

根据渔业活动目的的不同，中国渔业经济学家对休闲渔业有以下诸多解释。首先，认为休闲渔业是利用自然资源环境、渔业资源、现代的或传统的渔具渔法、渔业设施和场地、渔民劳动生活生产场景，以及渔村人文资源等要素，与旅游观光、渔业娱乐体验、科普教育、渔业博览等休闲渔业活动有机结合起来，按照市场规律运行的一种产业。其次，认为休闲渔业是一种以休闲、身心健康为目的，群众参与性强的渔业产业活动。最后，认为休闲渔业是通过对渔业资源、环境资源和人力资源的优化配置和合理利用，把现代渔业和休闲、旅游、观光和海洋知识的传授有机地结合起来，实现第一产业、第二产业、第三产业的相互结合和转移，创造更大的经济与社会效益的产业活动。中国台湾省经济学家江荣吉教授在总结中国休闲渔业活动特征与内涵的基础上，对休闲渔业做如下定义："休闲渔业就是利用渔村设备、渔村空间、渔业生产的场地、渔法渔具、渔业产品、渔业经营活动、自然生物、渔业自然环境及渔村人文资源、经过规划设计，以发挥渔业与渔村休闲旅游功能，增进国人对渔村与渔业之体验，提升旅游品质，并提高渔民收益，促进渔村发展"。在中国大陆，休闲渔业活动被视为利用人们的闲暇时间，利用渔业生物资源、生态环境、渔村社会环境、渔业文化资源等发展渔业产业的经济活动。

二、休闲渔业发展概况

休闲渔业活动最早起源于美国。19 世纪初，美国大西洋沿岸地区就出现了有别于商业渔业行为的垂钓组织——垂钓俱乐部。渔业垂钓俱乐部的活动是以会员或家庭为组织形式在湖泊、河流或近海海域进行放松身心、休闲度假的娱乐垂钓活动。直到 20 世纪初，休闲渔业实质上只是垂钓爱好者参与的娱乐活动。20 世纪 50 年代，随着经济腾飞，人们生活富裕，劳动周时缩短，休闲时间延长，旅游或休闲活动日益受到青睐和宠爱，美国的渔业休闲活动快速发展。20 世纪 60 年代，加勒比海兴起了休闲渔业活动，并逐步扩展到欧洲和亚太地区。

日本于 20 世纪 70 年代提出了"面向海洋，多面利用"的发展战略。在沿海投放人工鱼礁，建造人工渔场，大力发展栽培渔业，改善渔村渔港环境，发展休闲渔业。1975 年以后，随着日本国民收入和业余时间的增加，利用渔港周围的沿海作为游乐场所的人数逐年增加，游钓作为健康的游乐活动之一，发展更快。1993 年日本游钓人数已达 3729 万人，占全国总人口的 30%，从事游钓导游业的人数达到 2.4 万人。游钓渔业的发展大大推动了日本渔村经济的发展，优化了日本的渔业产业结构，推动了渔业的可持续发展。1990 年我国台湾省实行减船政策，积极调整渔业结构，在沿海渔业和港口兴办休闲渔业，推动休闲渔业的发展。

由于近海资源衰退、远洋渔业发展受限、船员劳力不足，近年来中国台湾省的渔业发展面临各种困难。我国台湾省渔业局从 1998 年起在基隆等 6 个渔港，强化休闲设施投资，发展海陆休闲中心，促进渔民走向多元化经营。休闲渔业中心的设施包括从事海上观光钓鱼的游艇码头、渔人码头、海鲜美食广场、海钓俱乐部、海景公园、儿童娱乐场，以及相应的旅馆和旅游服务设施。同年下半年全岛有 99 处海港陆续开放休闲渔业，批准从事游乐业的渔船有 700 多艘。为推进休闲渔业的发展，吸引更多游客和城市居民到渔港渔区观光休闲，活跃渔区经济，还在重点渔港开设鱼货直销中心，游人在欣赏渔港风光、观赏渔村风情的同时可以品尝和采购鲜美水产品。我国台湾省集生产、销售、休闲和观光于一体的渔港渔区使“已近黄昏”的台湾沿岸和近海渔业“起死回生”。

我国内陆水域面积约为 17.6 万 km^2，占国土面积（不含海洋）的 1.8%。其中主要江、河总面积占内陆水域总面积的 39%，湖泊总面积占内陆水域总面积的 42.2%，全国建成的水库有 8.5 万多座，总面积为 200.5 万 hm^2。自然分布的淡水鱼类有 700 多种，具有重要渔业价值的经济鱼类有 50 多种，辽阔的水面及丰富的适于垂钓的肉食性名贵鱼类（鲈鱼、鳜鱼、黑鱼和鲶鱼等），尤其是许多江河、湖泊、水库地处风景秀丽的旅游区，为发展内陆休闲渔业提供了条件。我国拥有 300 万 km^2 的管辖海域，大陆岸线 1.8 万多千米，岛屿 6500 多个，岛屿岸线长达 1.4 万多千米；大陆和岛屿岸线蜿蜒曲折，形成了许多优良港湾，为鱼类繁殖、生长的场所，10m 等深线以内的浅海面积为 734.2 万 hm^2，最适于发展休闲渔业。海洋鱼类有 1690 多种，经济价值较高的有 150 多种，鲷科和石斑鱼类等适钓肉食性鱼类种类多。沿海潮间带滩涂栖息有多种藻类和底栖生物，适宜游客滩涂采捕。

我国地处北温带和亚热带，适于休闲旅游的季节较长，尤其是东南沿海，适合海上休闲娱乐渔钓的时间长达 8～9 个月。这些优越的环境与生物资源为发展休闲渔业奠定了良好的基础。20 世纪 90 年代中期，休闲渔业开始在我国大型城市和沿海城市快速发展。北京市郊区的怀柔、房山等区，在发展流水养虹鳟鱼的同时，建立了集观光、垂钓、品尝等于一体的休闲渔业景区，取得了可观的经济效益。河北省廊坊市三河市年生产商品鱼 1100 余吨，其中 1/3 以上为游钓用鱼，游钓收入占全县渔业总收入的 50% 左右。辽宁省大连市长海县利用其地理优势举办钓鱼节，吸引了众多国内外宾客参加钓鱼比赛，带动了经济发展。在西部地区，四川省渠县利用渠江两岸的山水风光发展新型旅游业。东南沿海的福建省漳州市，依山傍水，风景秀丽，海岸线长达 680km，岛屿星罗棋布。

三、休闲渔业的形式

休闲渔业的产业特点是有机地将钓渔业、养殖业、采贝采藻业、水产品交易、鱼类观赏鱼鱼类知识普及和水产品品尝等渔业活动与交通业、旅游业、餐饮业、娱乐业和科普教育事业相结合，因而休闲渔业的形式多种多样。

现代休闲渔业可以划分成以下几种形态。一是以钓鱼为主的体育运动形态；二是让游客直接参与渔业活动，采集贝壳类等的休闲体验与观光形态，以及利用渔业资源特征明显而资源丰富发展的特色游览型休闲渔业；三是食鱼文化形态；四是以水族馆、渔业博览会及各种展览会等为主，带有一定教育性和科技普及性的教育文化形态。

1. 休闲垂钓渔业

休闲垂钓渔业是指一些专业垂钓园和设施完备的垂钓场利用具有一定规模的专业海

水养殖网箱，以及海、淡水养殖池塘，放养各种海、淡水鱼类，配备一定的设施，以开展垂钓为主，集娱乐、健身、餐饮为一体的休闲渔业活动。休闲垂钓可以分为海上垂钓、池塘垂钓和网箱垂钓。

（1）海上垂钓

海上垂钓适合成年人，尤其是 30 岁以上的男性游客。主要有游船钓、岩礁钓和海岸扩展台垂钓三种。

1）游船钓。用于游船钓的渔船吨位要适当大些，稳定性要好，适合游客在海上下饵、在船上体验海钓，也可以在低速行驶的环境下让游客体验海钓的乐趣。海钓渔船上配套有附议酒吧、KTV 等简单娱乐项目，配置烧烤工具，使游客能在船上直接品尝自己钓到的海鲜，更能增加游钓的趣味性。

2）岩礁钓。富饶美丽的大海边既有舒展蔓延的金色沙滩，也有形态奇异的岩礁。美丽的岩礁高高耸立在蔚蓝的大海边，海风拂面、轻抛鱼竿、凝思垂钓能给游人带来无限的遐想。我国许多群岛都有适合垂钓的岩礁，对其稍加改造就能造就成美丽、舒适和安全的垂钓场所，为消费者提供休闲的鱼类活动。

3）海岸扩展台垂钓。很多海岸线也是发展海边垂钓的理想地。利用海岸线蔓延曲折的地理优势，给海上休闲度假的游客们提供便捷的海钓服务有无限的发展空间。在海岸边的别墅或者旅馆附近的海岸线上建造拓展平台，发展休闲游钓渔业，也能引发游客们的消费欲望，推动渔业经济的发展。

（2）池塘垂钓

池塘垂钓是比较普遍的大众化休闲娱乐方式。它主要利用围塘养殖场地和设施增加一些垂钓平台，配置餐饮、烧烤、娱乐、休憩等服务设施，为不同的游客提供休闲娱乐。池塘垂钓休闲渔业主要利用大都市周边的风景秀丽的大型养殖基地。发展池塘垂钓休闲渔业应处理好养殖渔业生产与垂钓活动的关系，处理好垂钓活动可能对环境带来的影响。池塘垂钓有助于为垂钓爱好者提供更为丰富多彩的品种，减小垂钓对野生渔业资源的压力。

（3）网箱垂钓

海水和淡水网箱养殖是发展养殖渔业的重要组成部分。网箱养殖的水域一般都是水面辽阔、风景秀丽的海淡水区域。利用海水和淡水网箱养殖设施并实施必要的改造，放养适合垂钓的水生动物，并增设能提供安全保障的平台，可以发展网箱垂钓休闲渔业。在网箱垂钓区，配套建设餐饮娱乐等设施能进一步提高网箱垂钓渔业的经济效率。

2. 体验与观光型休闲渔业

利用渔港、浅海、岛礁的海洋自然生态资源建立海上旅游基地，组织游客参加海上捕鱼、潮间带采集、海景观光、海上运动。渔家乐就是典型的体验性休闲渔业活动。渔家乐利用渔船、渔具等渔业设施、村舍条件和渔民技能等，让游客直接参与张网、流网、拖虾、笼捕、海钓等形式的传统捕捞方式，和渔民一起坐渔船、撒渔网、尝海鲜、住渔家，亲身体验渔民生活，享受渔捞乐趣，领略渔村的风俗民情。此外，还可以开展海滩拾贝、池塘摸鱼、篝火晚会、编织渔网和鱼塘晒饵等参与性较强的趣味活动。

某些水库和湖泊盛产特色水产品，如太湖银鱼、阳澄湖大闸蟹，往往成为游览型休闲渔业的亮点。某些水域不仅渔业资源有特色，而且颇具特色的渔业生产作业方式也成为吸引游客的项目，如浙江千岛湖，湖面开阔、山清水秀、浮游生物丰富，适宜人工自然放养花鲢、白鲢等鱼类，孕育出了具有特色的鲢鱼头食鱼文化。千岛湖湖水深邃，湖水下层万物丛生，给捕捞生产带来了困难。为发展捕捞生产开发的“拦、赶、刺、张”湖泊捕捞技术，最终孕育出国内外闻名的“巨网捕鱼”特色游览休闲渔业活动。

3. 休闲观赏渔业

休闲观赏渔业是借助于各种渔乐馆、渔民馆、海洋馆、渔业馆、渔船馆、水族馆和渔村博物馆展示鱼类的千姿百态，集科普教育和观赏娱乐为一体的产业活动。休闲观赏渔业产业与水族产业、观赏鱼产业的发展紧密相连，可以提高与优化产业结构，在为公共场所提供观赏水族，满足市场需求的同时，提高渔业产业的经济效率。另外，发展休闲观赏渔业还有助于培养人们热爱自然、珍爱生命的道德观念。

4. 食鱼文化形态

交通相对发达的地区适宜发展水产品交易市场。而规模庞大的市场和优良的服务管理能吸引众多的水产品批发商与供应商。品种繁多的水产品往往像博物馆一样吸引众多游客。而水产品离不开饮食文化，海鲜“鲜、活、优”的特点成为食鱼文化的特色，形成以品尝海鲜、娱乐、采购为一体的滨港食鱼文化产业。为游客提供在滨港纳海风、听渔歌、尝海鲜、饱览渔港夜色，参观水产品展览会、展销会，参与渔业产业发展论坛、海鲜美食节和海洋文化论坛等多种多样的活动。

5. 文化教育型休闲渔业

在历史悠久的渔港渔村，世世代代的渔民在海边织网、出海、猎渔，沉淀了淳厚的渔文化底蕴。例如，我国舟山地区建有的舟山博物馆、中国渔村博物馆、台风博物馆、中国灯塔博物馆、马岙博物馆、舟山瀛洲民间博物馆、岱山海曙综艺珍藏馆和海盐博物馆中的馆藏都可以用于发展文化教育型休闲渔业。

渔文化展示可与博物馆和海洋文化有机融合，按时间、鱼种、相关历史等主题来划分展示区。以时间为主题的展示馆可摆设各个时代的渔具和具有渔村风格的家具。以鱼种为主题的展示馆可陈列各种鱼类标本，并对该鱼种的生物、生态特性、食用价值和文化传说等做渲染，提高游乐者对渔业产业的认识。以相关历史事件为主题时，可按电影院风格来建造，摆放历史性图片和资料，播放资料片和历史电影。渔文化展示观光区应以渔村特色建筑和传统风貌为背景，充分挖掘渔村的文化内涵，适当融合现代渔业技术与民俗风情。

休闲渔业是典型的混合型产业，形式可以多种多样。垂钓、娱乐休闲、渔家乐、海上渔业生活体验、海上产业活动体验、餐饮购物、品尝海鲜、渔货贸易、渔业文化休闲、海岛生态观光、游钓和游艇水上运动等活动都可以纳入休闲渔业产业活动中。因此，21 世纪之初，休闲渔业产业的概念和发展形式都处在不断变化中。除上述对休闲渔业形式的分类以外，有研究者提出休闲渔业类型可分为垂钓娱乐型、涉渔生产生活体验型、湿地渔业生态观光型、综合配套休闲型、游艇云东海岛观光游钓型、渔业文化观光型、水族产业观赏型和渔文化博览休闲型等。

四、案例：美国休闲渔业的发展

美国渔业分为商业渔业和休闲渔业两类，淡水渔业主要为休闲渔业服务。商业渔业比较注重经济效益，休闲渔业既注重经济效益，又注重社会效益。

美国水域资源得天独厚，东临大西洋，西濒太平洋，海岸线长 22680 km。内陆水系密布，湖泊水库众多。但是，美国商业渔业生产成本高，经济效益并不高，而休闲渔业不仅经济效率高，而且十分发达，已成为现代渔业的支柱产业。21 世纪初期，美国每年约有 3520 万钓客，休闲渔业上的支出达 378 亿美元，把休闲渔业当成一个企业来看待，其收入可在美国《财富》杂志 500 强企业排行榜中排名第 13 位。

美国的海洋休闲渔业也十分发达。美国国家海洋渔业局（NMFS）的调查表明，1997 年全国有 1500 万海洋休闲垂钓者在大西洋、墨西哥湾和太平洋沿岸共进行 6800 万航次的海钓，估计渔获约为 3.66 亿尾。但是，其中半数以上的渔获物按照资源保护规定被放归大海。2001 年海洋休闲垂钓者增至 1700 万，海钓航次超过 8600 万次。在美国，海洋休闲游钓鱼类主要有扁鲹（*Pomatomus saltatrix*）、红拟石首鱼（*Sciaenops ocellatus*）、康氏马鲛（*Scomberomorus commerson*）、条纹狼鲈（*Morone saxatilis*）、黄尾平口石首鱼（*Leiostomus xanthurus*）、云纹犬牙石首鱼（*Cynoscion nebulosus*）、大西洋牙鲆（*Paralichthys dentatus*）和美洲黄盖鲽（*Limandn americanus*）等。

为保护海洋渔业资源，美国联邦政府和州政府规定在公共水域垂钓的人，每年都要向政府渔业管理部门申请与购买钓鱼许可证，其收费标准各州不同。垂钓者购买钓鱼许可证所缴纳的费用主要用于渔区建设和资源保护。联邦政府和各州政府都规定，即使是购买了钓鱼许可证的垂钓者也不允许随心所欲地进行垂钓。法律规定，游钓者除被限制为人手一竿、一竿一钩以外，对于许可垂钓的鱼种，渔获量和大小均有规定。得克萨斯州规定可垂钓鱼类包括海鲈鱼和大海鲢等 24 种鱼。在威斯康星州，每次只允许垂钓者带走两条鱼，而在纽约州最多不得超过 25kg，并不得超过 5 尾。

NMFS 有管理全美海洋生物资源及其栖息地的任务。从 1979 年起，美国国家海洋渔业局每年开展全国海洋休闲渔业统计调查（MRFSS），调查目的是评估休闲渔业对海洋渔业资源的冲击。

1995 年 6 月 7 日，时任美国总统的克林顿签署了第 12962 号行政命令，声明休闲渔业对国家社会、文化与经济方面具有重要作用，要求联邦政府改善美国水产资源的数量、机能、可持续产量，以增加休闲渔业的就业机会。

美国为保护和支持休闲渔业的可持续发展所采取的基本政策主要有以下几条。一是保护、提升和恢复重要休闲鱼种资源量及其栖息地。二是鼓励消费者使用包括人工鱼礁在内的工程设施。三是提供大众教育，支持、发展与执行提升消费者海洋资源保护意识及健全休闲垂钓相关内容的教育。四是建立与鼓励政府与民间组织形成伙伴关系，通过双边合作，加强对休闲渔业的管理和资源保护，增加发展休闲渔业的机会。

美国政府曾投入大量资金发展游钓渔业。政府对鱼类资源及其栖息环境的保护工作也极为重视，联邦政府在全国设有庞大的管理和科研机构，从事对鱼类资源生物学、生态学和游钓渔业活动进行广泛、深入的研究。

五、国际上休闲渔业的管理与发展

1. 休闲渔业面临的问题

休闲捕鱼在多数发达国家是发达产业，正在其他地区快速发展。该产业涉及大量个体，在从业人数、产量、社会及经济相关性方面，休闲捕鱼是相当大的产业，这一认识正在提高。但在许多休闲渔业中，这种认识没有伴随着管理方式的改进，休闲捕鱼对全职工作的渔民生计、环境和水生生物多样性影响的关注正在扩散。

休闲捕鱼是捕捞不构成满足营养需求的一种休闲活动，捕捞的水生动物个体一般不出售或出口，也不进入国内市场或黑市。尽管钓鱼是大多数人所认为的休闲捕鱼，不过该活动也包括集鱼、陷捕、鱼叉、射鱼，以及用网捕捞水生生物。休闲捕鱼现在是工业化国家淡水环境中野生鱼类种群最主要的利用方式。高效捕鱼设备供应增加（包括航行装置、探鱼器和改良的船舶）和沿岸区域持续城市化使沿海和海洋休闲渔业持续扩大。

休闲捕鱼对当地经济贡献很大，包括在不发达国家，在一些区域，从休闲捕鱼者开销中产生的收入和就业大于来自商业渔业或水产养殖。休闲捕鱼带来的其他好处是提高了自然生境和清洁水体的价值。

休闲捕鱼已显示其自身有能力作为教育活动提供价值，促进对鱼类种群和其栖息及所有人依附的环境责任概念。休闲捕鱼者经常对捕捞环境有强烈的责任意识，如欧洲理事会关于休闲捕鱼和生物多样性欧洲宪章的伯恩公约所认识的那样（2010 年）。

在一些情况下，水产养殖逃逸的鱼受到游钓渔民的控制。在智利南部，曾经只捕虹鳟和褐鳟的休闲渔业，现在捕捞种类包括逃逸的大西洋鲑（*Salmo salar*）和大鳞鲑鱼（*Oncorhynchus tshawytscha*）。在智利和阿根廷，大鳞鲑鱼成功洄游到海洋，自我持续的大鳞鲑鱼种群给休闲捕鱼者带来了狂热，给环保主义者带来了关切。

但有时休闲捕鱼者在开放入渔区和公共渔场也消极影响专业化小型和手工渔民。对休闲渔业有害的影响也有争论和所发现问题的记录，如在地中海、澳大利亚沿海及红海东部使用鱼叉捕捞石斑鱼的一些物种。此外，休闲潜水捕捞一些物种，如眼斑龙虾，加上商业渔业和其他压力（如污染），会导致一些种群明显衰退。

不过，休闲捕鱼者具有提高鱼类养护、保持或恢复重要生境的潜力。作为利益相关方，通过参与管理和养护努力，他们可以在成功的渔业养护中发挥作用。

休闲捕鱼者逐渐能到达外海渔场并采用一些技术，包括探鱼装置，使其与商业渔民的捕捞能力相近。历史上休闲渔业开发的物种只由商业渔业开发，在一些情况下会导致这些领域的冲突。采用定位捕鱼和同种类型的渔具和设备，如停泊场所，也使休闲捕鱼者与沿岸从事小型商业渔业的渔民产生竞争。经常在特定区域和季节捕捞高度图像化物种的其他特殊休闲渔业，如鲑鱼、枪鱼、旗鱼和剑鱼，在总产量中占相当比例。但应当注意游钓捕鱼积极推动了捕捞-放生活动，钓鱼比赛捕的鱼一般被放生，除非所捕的鱼做了记录。

许多休闲渔业具有高度选择性。休闲渔业往往以种群中的大个体为目标。但是，捕捞寿命长的物种的更大个体对种群繁殖潜力有重要影响。更大的雌鱼产卵量更高、产卵期长（因此，对变化的环境条件适应力更强），产下的幼体成活率更高。持续的两性物种中有同性大个体，捕捞这些大个体影响产卵成功。年龄-规格种群受密度变化和间接相互影响行为调节的影响，从而对食物链产生影响，也会改变生态系统的结构和生产力。在商业和休闲渔业同时开发这些种群时，所有这些因素假定为更为相关。

2. 休闲渔业应考虑的问题

休闲渔业领域的可持续发展取决于其多领域特征的认同，无论休闲渔业利益相关者是否被允许推进成功的养护和管理，急需综合生物和社会科学等多学科，以便提供休闲捕鱼业的整个社会和生态系统动态情况。

负责该领域的人们要认识到休闲渔业的可持续性（包括在捕捞区养护水生动物的生物多样性）与商业渔业的整合要求。负责休闲渔业的政策制定者和管理者需要获得该领域的信息，以及消极影响该领域可能因素的知识（包括沿海发展、鱼类生境修复、污染和极端气候事件）。此外，休闲捕鱼具有重要社会内容，其活动的利益需要与资源保护的投资相称。

休闲渔业绩效和潜力评估需要多范畴和多领域的实践，以便获得该领域社会、经济、环境和教育方面的内容，重要的是确保利益相关方的有效参与。一项研究在这方面做了努力，提出了“欧洲内陆休闲渔业社会经济利益评估方法”的建议，不仅可用于欧洲，而且还可用于其他地方。

休闲渔业的管理需要协调利用野生鱼类的有冲突的需求，同时确保对海洋动物的持续开发，以及养护这类动物为其一部分的海洋生态系统。为此，休闲渔业的管理需要按照多数渔业管理者采用的同样程序，涉及：①明确要管理的资源、系统状况和限制；②确定目标；③评价管理选择；④选择适当行动实现管理目标；⑤实施这类行动并监测结果；⑥评价管理的成功与否，并根据教训调整管理。淡水休闲渔业中选择的手段很广泛。管理手段包括放流、生物修复、猎物增殖、抑制有害鱼类、选择性捕捞、创新和水生植物管理。

但同时，渔业管理者需要认识到淡水休闲渔业与商业渔业和水产养殖的不同，因此，需要以反映这种不同的方式处理问题。主要的不同是，有关于物种引进、水体放生、捕捞-放生实践、潜在选择性的过度开发、休闲捕鱼者在生境和生物多样性养护中的作用。

管理者还需要认识到许多渔业中存在这样的意识，即个体休闲捕鱼者产量很少，对资源只有局部影响，以及休闲捕鱼对世界范围内资源下降的影响不大。但在考虑休闲捕鱼者人数规模和活动时，这一观点通常会发生巨大变化。许多休闲渔业具有开放入渔的特征，特别是海洋，对资源和渔业可持续性有影响。相反，许多内陆和沿岸休闲捕鱼区，特别是欧洲、北美洲和大洋洲，没有应用开放入渔机制，有时具有极端严格的入渔要求。

但传统的管理目标，如产量最大化，可能对休闲渔业不是最合适的目标；休闲捕鱼的主要目标是享受捕捞过程中的快乐，这要求不同的管理战略和手段。支持休闲渔业管理的综合监测系统需要休闲渔业的所有有关信息，包括但不限于以下方面的代表：休闲捕捞者和其协会、设备提供者、商业渔民和其组织、公共机构、公民社会组织、大学、研究机构和旅游业。

可靠数据和可用科学信息有限，就需要采取预防性管理。与任何其他渔业一样，休闲渔业管理要求明确的目标和可操作的运行目标。应采用简单和容易获得的多领域指标和参考点，衡量在资源压力和产生附加值方面的休闲渔业系统状况。这类指标可用来比较休闲渔业和商业渔业。管理休闲捕鱼应当在更广泛的渔业和环境管理战略范围内得到充足资金和支持。可要求休闲捕鱼者为管理休闲捕鱼的开支做贡献；在一些情况下可采用“使用者付费、使用者受益”系统。涉及预计总捕捞量、努力量和影响的问题，以便能以负责任方式管理资源。休闲渔业注册和许可在发挥主要作用；注册作为定量和确定参与的方式，许可作为同样方式并产生收入。建立许可制度考虑的问题是建立的和运行的成本，以及如何确保将收集的许可费收入用于该领域。

以养护种群中更大个体为重点的管理可能需要创立适当的养护区域（物种保护区、海洋保护区或禁渔区）或捕捞-放生的准则和/或规则。

一些休闲渔业以一个以上国家的休闲渔业和商业渔业开发的跨境或洄游鱼类物种种群个体为目标。此外，海洋休闲渔业的一些目标物种（如金枪鱼和枪鱼）在公海和国家管辖区之间洄游。这给国家管理系统带来了国际内容。区域渔业管理组织（RFMO）和区域渔业咨询机构可提供区域框架，要求在区域对话中包括休闲渔业，并对共同关心的休闲渔业确立养护和管理机制。

3. 休闲渔业管理的有关国际行动

欧洲内陆渔业咨询委员会[EIFAC，现在为欧洲内陆渔业和水产养殖咨询委员会(EIFAAC)]（2007～2008 年）确立的《休闲渔业行为守则》（COP）在休闲内陆渔业管理和养护一系列工具方面是重要步骤。《休闲渔业行为守则》包括负责任、环境友好的休闲捕鱼标准，考虑了变化的社会价值和养护关切。其目标是推进休闲渔业最佳操作，在面临扩大的威胁方面，如生境改变和破坏、资源被过度开发和生物多样性丧失方面，推动休闲渔业长期生存。

国家管辖区外的休闲渔业开发和管理正成为区域渔业机构（RFB）的议题，特别是休闲捕鱼发生在国际水域或半闭海时。区域机构可确立长期的共同监测框架，促进区域合作，以便于制定描述渔业的标准准则，以及确定对资源的影响；展示发生在其管辖区的休闲渔业社会和经济状况。

在全球层面，世界休闲捕鱼系列大会是讨论开发和管理休闲渔业进展和问题的主要科学论坛。这类大会的目标是加强对话，增加对休闲渔业多样性、动态和未来前景的了解。

FAO 正在制定负责任休闲渔业技术准则。2011 年 8 月召开了制定 FAO 负责任渔业技术准则（休闲渔业）的专家会。该技术准则包括所有环境（海洋、沿岸和内陆）的所有类型休闲渔业（以捕捞为取向的垂钓、捕捞-放生捕鱼、诱捕、叉鱼等）。准则是全球范围的，与守则一致。

由于休闲渔业的重要性在增强，国家渔业管理将认识已将其纳入整体渔业管理范围，包括渔业领域回顾、管理规划和养护战略。未来渔业管理将以平衡休闲和商业捕鱼发展为目标，包括资源配额，以使当地社区利益和生态系统健康最佳化。休闲渔业对农村社区生计的潜在作用将被评估，并促进其发展。因此，在世界许多部分，休闲渔业和相关旅游活动可以为从事小型渔业的渔民提供替代生计。

第八节 世界渔产品贸易

一、世界渔产品贸易在国际贸易中的地位和现状

贸易作为就业的创造者、食物供应者、收入产生者、经济增长和发展，以及食物和营养安全的贡献者，在渔业和水产养殖领域发挥着主要作用。本节仅阐述鱼和渔业产品贸易的主要趋势。但重要的是强调其在渔业服务中重要的贸易成分。这些包括广泛的活动：管理的专门知识；捕捞和加工；制定政策和船舶监测；使用港口和相关服务；修船和雇佣船员及培训；渔船租赁；建造基础设施；研究、种群评估和数据分析。尚未获得渔业服务产生的价值信息，通常被与服务相关的其他活动一并记录。

鱼和渔业产品是世界食品领域贸易程度最高的领域之一，预计有约 78%的海产品进入国际贸易竞争。对于许多国家，以及大量的沿海、河边、海岛和内陆区域而言，鱼和渔业产品出口对其经济至关重要。例如，2014 年佛得角、法罗群岛、格陵兰、冰岛、马尔代夫、塞舌尔和瓦努阿图的鱼和渔业产品贸易占其商品贸易总值的 40%多。同年，全球渔业贸易占农业总出口值（不含林产品）的比例超过 9%，以及世界商品贸易值的 1%。

最近几十年，鱼和渔业产品贸易有了相当大的扩张，受渔业产量扩大的推动，以及高需求的驱动，渔业领域在一个越来越全球化的环境中运行。鱼可以在第一个国家出产，在第二个国家加工，并在第三个国家消费。这与增加将加工外包到相对低工资和生产成本低

的国家有关，提供了竞争优势，正如“鱼品利用和加工”部分所阐述的那样。持续的需求、贸易自由化政策、食品系统的全球化、改进的运输和物流、技术创新，以及流通和销售的变化显著调整着渔业产品的制作、加工、上市和派送到消费者手中的方式。地缘政治也在推进和强化这些结构趋势方面发挥了决定性作用。这些变化驱动力的混合作用具有多重方向性和复杂性，而且其转化速度快。所有这些因素促进和加快了当地消费转移到国际市场。国际贸易的广泛参与清楚地证明了这种变化。2014 年 200 多个国家报告了鱼和渔业产品的出口和进口。报告表明，贸易的结构和方式在商品范围和分布区域上差异明显。

最近几十年，鱼和渔业产品的世界贸易显著扩大，1976～2014 年贸易量增长超过 245%，如果只考虑食用鱼品贸易，则增长 515%，贸易量是鱼类总产量的重要部分（图 3-16），反映了该领域开放和与国际贸易整合的程度。该比例从 1976 年的 25%增加到 2005 年高峰的 40%。此后，增速放慢，主要原因是产量减少，以及与鱼粉相关的出口。如果只考虑食用鱼的贸易，其占渔业总产量的比例则持续增加，2014 年达到近 29%。世界鱼和渔业产品贸易也按价值显著增长，出口值从 1976 年的 80 亿美元增加到 2014 年的 1480 亿美元，名义年增速为 8.0%，不变价增速为 4.6%。2009 年和 2012 年是例外情况。

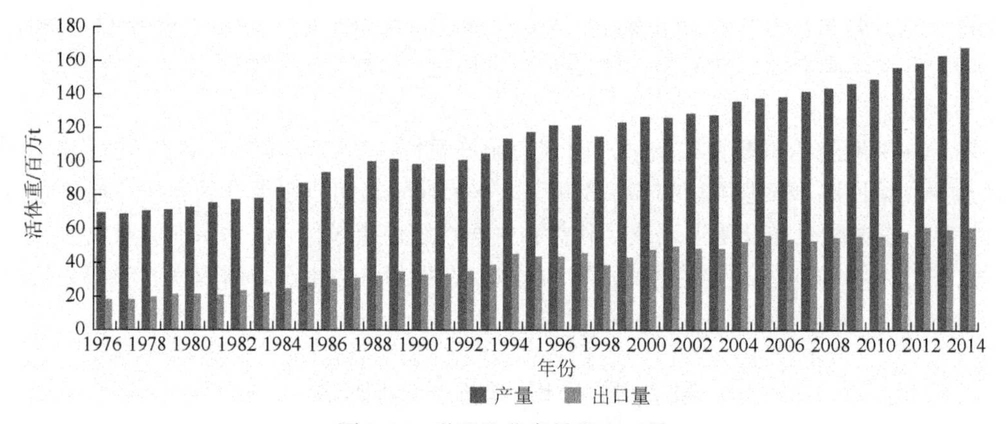

图 3-16　世界渔业产量和出口量

渔业贸易与整体经济形势紧密相关。过去 20 年，世界货物出口经历了强劲增长，攀升到 2014 年的 18 万亿美元，几乎是 1995 年记录值的 4 倍。但这一重要增长不是定期的。在 20 世纪 90 年代后期之前逐渐增长，随后 2002～2008 年强劲增长，全球增长的主要引擎是新兴市场经济体。按贸易值，2012～2014 年年平均增长率为 1%，按贸易量，年平均增长率为 2.4%。2015 年的数据显示，新兴市场进一步放缓，发达经济体恢复更加疲软，贸易规模收缩，主要表现在贸易值方面。2014 年和 2015 年导致贸易值和贸易量停滞的因素包括新型经济体国内生产总值缓慢增长；发达国家经济恢复不平衡；地缘政治紧张加剧；全球投资增长疲软；全球供应链老化；美元升值的影响；汇率的强烈波动；贸易自由化势头减缓。所有这些因素还导致整体渔业增长的最近减速。根据世界银行信息，全球将需要适应新时期大的新兴市场更为适度地增长，以及更低的商品价格和贸易与资本流动减速的特征。

二、世界主要渔业产品贸易国家

表 3-18 显示了渔业产品主要出口国和进口国。中国是主要的渔业产品生产国，自 2002 年起成为渔业产品的最大出口国，尽管只占中国商品出口的 1%。中国渔业产品进口量也在

增长，使其自2011年以来成为世界第三大进口国。中国进口增长是其他国家加工外包的结果，还反映了中国对当地不出产的物种日益增长的国内需求。但是，在持续多年增长之后的2015年，中国的渔业贸易减速发展，按美元计算的出口减少了6%（按人民币减少了4%），而进口按美元计算稍有下降，减速是美元升值和加工领域缩小的结果。

表3-18　前10名渔业产品出口国和进口国统计表

项目		2004年/百万美元	2014年/百万美元	2004～2014年平均增长率百分比/%
出口国	中国	6637	20980	12.2
	挪威	4132	10803	10.1
	越南	2444	8029	12.6
	泰国	4060	6565	4.9
	美国	3851	6144	4.8
	智利	2501	5854	8.9
	印度	1409	5604	14.8
	丹麦	3566	4765	2.9
	荷兰	2452	4555	6.4
	加拿大	3487	4503	2.6
	前10名小计	34539	77802	8.5
	世界其他合计	37330	70346	6.5
	合计	71869	148148	7.5
进口国	美国	11964	20317	5.4
	日本	14560	14844	0.2
	中国	3126	8501	10.5
	西班牙	5222	7051	3.0
	法国	4176	6670	4.8
	德国	2805	6205	8.3
	意大利	3904	6166	4.7
	瑞典	1301	4783	13.9
	英国	2812	4638	5.1
	韩国	2250	4271	6.6
	前10名小计	52120	83446	4.8
	世界其他合计	23583	57169	9.3
	合计	75703	140615	6.4

第二大主要出口国挪威提供多种产品，包括养殖的鲑科鱼类、小型中上层物种和传统的白肉鱼。2015年挪威创造了出口值的新纪录，特别是鲑鱼和鳕鱼。按挪威克朗计算，出口值增长了8%，但按美元计算则下降了16%。2014年越南超过泰国，成为第三大出口国。泰国自2013年起其出口额经历了实质性的出口下降，主要是因为病害降低了对虾产量。2015年其出口额进一步下降（按美元计算为14%），主要因为对虾产量下降，以及对

虾和金枪鱼价格更低。这两个亚洲国家有重要的加工产业，通过创造就业和贸易对经济做出了巨大贡献。

欧盟、美国和日本高度依靠进口渔业产品以满足国内消费。2014 年它们的渔业产品占进口额的 63%和占进口量的 59%。欧盟也是渔业产品进口的最大市场，2014 年进口额为 540 亿美元（如不包括欧盟内部相互的贸易为 280 亿美元）。近些年日本渔业产品进口额出现下降趋势，这是因为疲软的货币使进口渔业产品更昂贵，2015 年其进口渔业产品按美元计算下降了 9%，为 135 亿美元，但按日元计算增长了 4%。2015 年美国渔业产品进口额达到 188 亿美元，比 2014 年下降了 7%。

除上述国家以外，许多新兴市场和出口者的重要性增强。区域流动性继续显著，尽管官方统计往往未充分反映这一贸易，特别是非洲。改进的流通体系，以及水产养殖产量的扩大增加了区域贸易。拉丁美洲和加勒比地区依然是稳固的净渔业出口区域，大洋洲和亚洲的发展中国家也是如此。按价值计算，非洲自 1985 年起（2011 年除外）是净出口区域，但按量计算，非洲是长期以来的净进口区域，反映了进口品更低的单价（主要是小型中上层物种）。欧洲和北美洲是渔业贸易赤字区域。

过去 10 年，国际贸易方式转向有利于发达国家和发展中国家的贸易。发达国家依然主要在它们之间进行贸易，2014 年按贸易量计算，78%的渔业出口为从某个发达国家到另外的发达国家。但是，在过去的 30 年，发达国家出口到发展中国家的比例在增加，这也因为发达国家外包了渔业加工。在发达国家维持其主要市场的同时，发展中国家自身之间的贸易量也在增加，2014 年发展中国家之间的渔业贸易占渔业产品出口额的 40%。

近些年贸易模式中最重要的变化之一是，发展中国家的渔业贸易份额增加，发达经济体的渔业贸易份额相应减少。1976 年发展中的经济体出口值只占世界贸易的 37%，2014 年其在水产品总出口值中的占比上升到 54%。同期，其出口量占水产品的总出口量从 38%增加到 60%（活体重）。该领域除在产生收入、就业、食物安全和营养方面的重要作用以外，渔业贸易对许多发展中国家来说是创汇的重要来源。但是，这种重要性在发展中国家之间有相当大的不同，即便是在一个单一区域内。2014 年发展中国家出口值为 800 亿美元，其水产品净出口收益（出口减去进口）达到 420 亿美元，高于其他农业商品集合（如肉、烟草、大米和糖）（图 3-17）。发展中国家的渔业产业严重依赖于发达国家作为其出口产品的出路，以及当地消费的进口产品的供应者，或其加工业的供应者。比较发展中国家与发达国家之间贸易的单价便可知，发展中国家的进口单价远低于发达国家的

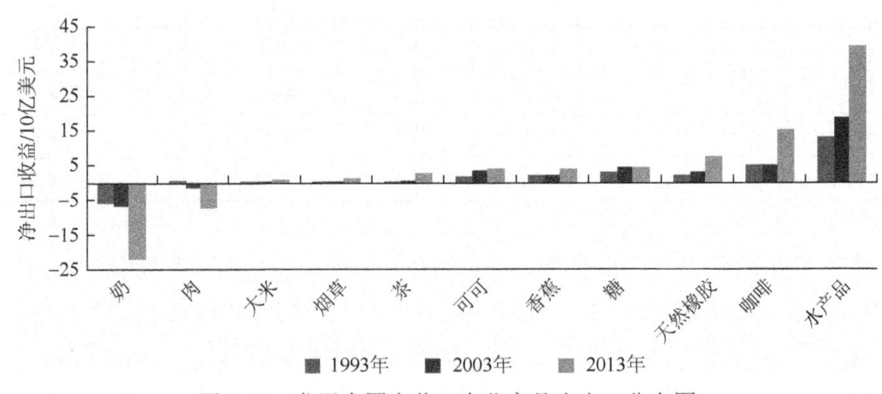

图 3-17　发展中国家若干农业商品净出口分布图

进口单价（2014 年的 2.5 美元/kg 对 5.3 美元/kg），同时在出口单价上相似（同年为 3.8～4.0 美元/kg），原因是发展中国家的出口包括高价值物种和更低价的产品混合。

渔业产品贸易主要由来自于发达国家的需求驱动，其在世界渔业进口方面占主导地位。在进口量方面（活体等重），其份额明显较低，为 57%，反映了其进口产品的更高单价。发达国家进口的捕捞渔业和水产养殖产品原产于发达国家和发展中国家，因为许多生产者有进行生产、加工和出口的动机。

影响水产品国际贸易的一些主要问题是：该领域的渔业管理政策、权利分配和经济可持续性的关系；公众和零售领域对特定鱼类种群过度捕捞日益增加的关切；小规模经营在鱼品产量和贸易中的作用；越来越关注该产业内和供应者的社会和劳工条件；非法、不报告和不管制（IUU）捕鱼，以及对价值链和渔业领域劳工条件的影响；养殖产品进口量飙升对国内渔业和水产养殖领域的影响；供应链的全球化，以及生产外包增加；生态标签显著增加，以及对发展中国家市场准入的可能影响；经济不稳定，以及保护主义增加利用非关税壁垒或高进口关税的风险；水产品国际流动大区域贸易协定的影响；商品价格的总体波动，以及对生产者和消费者的影响；货币兑换波动性和其对水产品贸易的影响；价格及整个渔业价值链利润和利益分配；鱼和水产品商业名称标名的欺诈事件；若干国家难以满足质量和安全的严格规定；鱼品消费对人的健康的感知和实际风险及收益的差距；等等。

三、世界渔业产品的消费

过去 50 年渔业和水产养殖产量显著增长，特别是过去 20 年世界消费多样化和有营养食品的生产能力提高。健康饮食必须包括所有必需氨基酸、必需脂肪（如长链欧米伽-3 脂肪酸）、维生素和矿物质的充分蛋白。作为这些营养物的丰富来源，鱼在营养方面很重要。其富含不同维生素（D、A 和 B）和矿物质（包括钙、碘、锌、铁和硒），特别是完整消费。鱼是易于消化的富含所有必需氨基酸的高质量蛋白的来源。尽管人均鱼品消费可能低，但即使是少量的鱼也会对以植物为主的饮食产生积极的影响，这对于许多低收入缺粮国家（LIFDC）和最不发达国家更是如此。此外，鱼的不饱和脂肪含量较高，特别是长链欧米伽-3 脂肪酸。鱼在防止心血管疾病及协助胎儿和婴儿大脑与神经系统发育方面有作用，专家同意，高水平消费鱼的积极效果远大于与污染/安全风险有关的潜在消极作用。

在全球日均水平方面，鱼产品只提供人均约 34cal[①]。但是，在缺乏蛋白食品替代品，以及始终偏爱鱼的国家（如冰岛、日本、挪威、韩国和几个小岛国），人均可超过 130cal。鱼对饮食的贡献在动物蛋白方面更为显著，150g 鱼提供 50%～60%的成人每日所需蛋白。在总蛋白摄入量可能不高的一些人口稠密的国家，鱼蛋白代表着重要成分。许多这类国家的饮食方式是严重依赖主食，消费鱼在帮助改善卡路里/蛋白比例方面特别重要。此外，对于这些国家的居民来说，鱼往往代表着买得起的动物蛋白来源，不仅比其他动物蛋白来源便宜，而且还受欢迎，以及是当地和传统食谱上的一部分。例如，在一些发展中的小岛国，以及孟加拉国、柬埔寨、加纳、印度尼西亚、塞拉利昂和斯里兰卡，鱼贡献了 50%或更多的总动物蛋白摄入量。2013 年鱼占全球人口消费的动物蛋白的约 17%，以及所有蛋白的 6.7%。此外，鱼为 31 亿多人提供了近 20%的人均动物蛋白摄入量（图 3-18）。

① 1cal（卡路里）= 4.1900J。

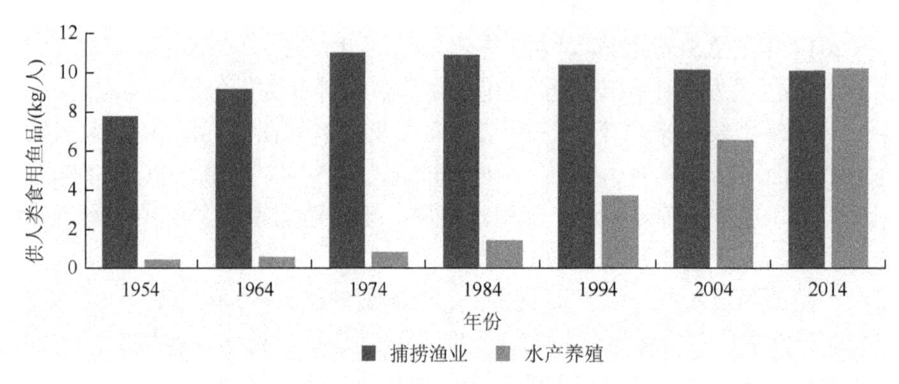

图 3-18　水产养殖和捕捞渔业对供人类食用鱼品的相对贡献

总体上，过去 50 年世界食用鱼供应量增长超过人口增长，1961～2013 年其平均增长率为 3.2%，而世界人口平均增长率为 1.6%，因此，提高了人均可获得性。世界人均表观鱼品消费量从 20 世纪 60 年代的平均 9.9kg 到 90 年代的 14.4kg 和 2013 年的 19.7kg，2015 年的初步估计显示，此值超过了 20kg。只用产量增长不能解释这类扩张，许多其他因素做出了贡献，包括减少损失、更佳利用、改善流通渠道和需求增长，加上人口增长、收入提高和城市化。国际贸易也在为消费者提供更广泛的选择方面发挥了重要作用。

增加的鱼品消费量在各国之间，以及在各国和区域内分布不平衡，人均消费量不同。例如，过去 20 年人均鱼品消费量在撒哈拉以南非洲的一些国家（如科特迪瓦、利比里亚、尼日利亚和南非）和日本（尽管从高水平）停滞或下降。人均鱼品消费量在东亚（从 1961 年的 10.8kg 到 2013 年的 39.2kg）、东南亚（从 1961 年的 13.1kg 到 2013 年的 33.6kg）和北非（从 1961 年的 2.8kg 到 2013 年的 16.4kg）有了实质性的增长。过去 20 年，中国对世界人均鱼品可获得性的增长贡献最大，因为其鱼品产量急剧扩大，特别是水产养殖产量，产量的相当部分出口。中国的人均鱼品表观消费量稳定增长，2013 年达到约 37.9kg（1993 年为 14.4kg），1993～2013 年年均增长率为 5.0%。过去几年，受家庭收入和财富增长的刺激，中国的消费者经历了鱼品类型的多样化，因为一些渔业出口产品转向国内市场，以及增加了渔业产品的进口。例如，不包括中国，2013 年世界其他国家和地区年人均鱼品供应量约为 15.3kg，高于 20 世纪 60 年代（11.5kg）、70 年代（13.4kg）和 80 年代（14.1kg）的均值。20 世纪 90 年代，不包括中国，世界人均鱼品供应量相对稳定在 13.1～13.6kg，低于 80 年代，因为人口增长比食用鱼品供应量的增长快（年增长率分别为 1.6%和 0.9%）。但是，自 21 世纪头 10 年的早期起，供应量增长再次超过人口增长（年增长率分别为 2.5%和 1.4%）。2013 年在 1.408 亿 t 食用鱼品中，亚洲占总量的 2/3，为 9900 万 t（人均 23.0kg），其中 4650 万 t 在中国之外（人均 16.0kg），大洋洲（尽管人均消费高）和非洲的鱼品供应量很低。

在国家和区域之间和之内，鱼对营养摄入量的贡献在人均消费量和种类方面变化很大（表 3-19）。这种消费量的不同取决于鱼和替代食物的可获得性和成本，以及邻近水域渔业资源的可利用性、可支配收入和社会-经济及文化因素，如食物传统、饮食习惯、口味、需求、季节、价格、销售、基础设施和通信设施。年人均表观鱼品消费量可从一个国家的不足 1kg 到另一个国家超过 100kg 变化。在国家内的差异也可能明显，沿海、沿河和内陆水域区域通常消费更高。

表 3-19 2013 年按大洲和经济族群的合计和人均食用鱼供应量

地域范围	合计食用供应量/百万吨活体等重	人均食用供应量/(kg/a)
世界	140.8	19.7
世界（不含中国）	88.3	15.3
非洲	10.9	9.8
北美洲	7.6	21.4
拉丁美洲及加勒比地区	5.8	9.4
亚洲	99.0	23.0
欧洲	16.5	22.2
大洋洲	1.0	24.8
工业化国家	26.5	26.8
其他发达国家	5.6	13.9
最不发达国家	11.1	12.4
其他发展中国家	97.6	20.0
低收入缺粮国家	18.6	7.6

较发达与欠发达国家之间的鱼品消费也存在差异。尽管年人均渔业产品消费在发展中国家或区域（从 1961 年的 5.2kg 到 2013 年的 18.8kg）和低收入缺粮国家（从 1961 年的 3.5kg 到 2013 年的 7.6kg）稳定增长，但其依然被认为比发达国家或区域低。2013 年工业化国家人均鱼品消费为 26.8kg，而估计所有发达国家为 23.0kg。发达国家消费的鱼品进口份额还在增加，原因是稳定的需求和国内渔业产品停滞或下降。在发展中国家消费中，鱼品消费倾向于当地和季节可获得的产品，鱼品链由供应驱动，而不是由需求驱动。但是，因国内收入和财富提高，新型经济体消费者正经历着因渔业进口增加而可获得的鱼品多样化的局面。

发达国家与发展中国家之间的差异依然存在，还涉及鱼对动物蛋白摄入量的贡献。尽管发展中国家和低收入缺粮国鱼品消费相对水平更低，但与发达国家和世界总体平均数相比，鱼品蛋白在其饮食中的份额更高。2013 年鱼品在发展中国家约占 20%的动物蛋白摄入量，以及其在低收入缺粮国家约为 18%。这一份额以前在增长，但近些年停滞，原因是其他动物蛋白消费增长。在发达国家，1989 年前鱼在动物蛋白摄入量中的份额持续增长，但从 1989 年的 13.9%下降到 2013 年的 11.7%。而其他动物蛋白的消费量继续增长。

过去 20 年，水产养殖产量的急剧增长促进了全球层面平均消费鱼和渔业产品水平的提高。2014 年是一个里程碑，养殖产量首次超过野生捕捞产量，这代表水产养殖的鱼占总供应量的份额大幅度提升，从 1974 年的 7%增加到 1994 年的 26%和 2004 年的 39%。在这一增长中，中国发挥了主要作用，因为其占世界水产养殖产量的 60%多。但是，不包括中国，估计 2013 年水产养殖的鱼占食用鱼的份额约为 33%，而 1995 年只有约 15%。这进一步证明水产养殖领域给所有区域带来了显著的影响，为当地、区域和国际市场提供有营养和吸引人的产品。

对虾、鲑鱼、双壳贝类、罗非鱼、鲤鱼和鲶鱼（包括巴丁鱼）等种类是驱动全球需求和消费的主要养殖种类，因为主要从野生捕捞向水产养殖生产转移，因此，价格下降，商品化趋势增长强劲。水产养殖还将一些低价淡水物种的养殖用于国内消费，这对于食物安全来说是很重要的。对虾、明虾和软体动物水产养殖产量增加，价格会相对降低，如年人均甲壳类获得实质性增长，从1961年的0.4kg增长到2013年的1.8kg；同期软体动物（包括头足类）从0.8kg增长到3.1kg。鲑鱼、鳟鱼和若干淡水物种产量增加使淡水和海淡水洄游物种的人均消费量显著增长，从1961年的1.5kg增长到2013年的7.3kg。

当然，许多物种依然基本上来自于捕捞，如底层鱼类等。目前，2013年人均消费底层和中上层鱼类物种分别稳定在约2.9kg和3.1kg，底层鱼类依然是北欧和北美消费者喜爱的主要物种（2013年人均分别消费9.2kg和4.3kg）。头足类主要在地中海和东亚国家受到青睐。在2013年19.7kg的人均可获得消费鱼品中，约74%为鱼类；贝类占近25%（或约人均4.9kg，再分为甲壳类1.8kg、头足类0.5kg和其他软体动物2.6kg）。目前，海藻和其他藻类未包括在FAO渔业产品的食品平衡表中。但在若干国家，海藻产量的重要部分作为食物消费，主要在亚洲。例如在日本，传统上紫菜（*Porphyra*）用来包寿司，并用来做汤。此外，养殖裙带菜（*Undaria pinnatifida*）、海带（*Laminaria japonica*）和海蕴（*Nemacystus* spp.）作为食物。

过去20年，渔业产品消费还通过加工、运输、流通、销售，以及食品科技的创新和改进，极大地影响着食品系统的全球化，这些因素带来了显著的效率提升、成本降低、更广泛的选择，以及更安全和改进的产品。由于鱼易腐烂，长途冷藏运输的开发，以及大型和更快速的航运促进了种类扩大和产品类型的贸易与消费，包括活鱼和鲜鱼。消费者从多样选择中获益，进口提升了国内市场的渔业产品的可获得性。尽管全球饮食方式的差别依然很大，但更加同样化和全球化，趋势是从主食（如根和块茎）到更多的蛋白食品，特别是肉、鱼、奶、蛋和蔬菜。总体上蛋白可获得性提升，但分布仍不均匀。工业化和其他发达国家的动物蛋白供应依然显著高于发展中国家。但是，在达到了动物蛋白消费的高水平后，更多发达经济体已到饱和水平，对收入增长和其他变化的反应低于低收入国家。

消费者的习惯也在变化，如极度偏爱、方便、健康、伦理、多样化、等值、可持续性和安全问题更加重要。健康和福祉正越来越多地影响着消费决定，鱼在这方面特别突出，有大量证据证明吃鱼有利于身体健康。总体上食品领域正面临结构性变化，这是收入增加、新的生活方式、全球化、贸易自由化和出现新市场的结果。世界食品市场变得更加灵活，有新产品进入，包括消费者更容易制作的有附加值的产品。鱼品消费的提升进一步促进了现代零售渠道的增多，如超市和大型超市，在许多国家有超过70%～80%的海产品零售采购在那里进行。这与几十年前相比发生了主要转移，那时鱼贩和城市市场是多数国家这类采购的主要零售出路。零售链、跨国公司和超市也越来越多地驱动着消费方式，特别是发展中国家，为消费者提供了更多选择，减少可获得性的季节波动，以及往往是更加安全的食品。若干发展中国家，特别是亚洲和拉丁美洲的发展中国家，经历了超市数量的快速扩张。

日益增长的城市化也明显影响着消费方式，并影响着对渔业产品的需求。城市化刺激了销售、流通、冷链和基础设施的提升，以及随后的更广泛食品选择的可获得性。此外，与农村区域的居民相比，城市居民更倾向于花费更多的收入用于食品，以及消费多种技术生产的富含动物蛋白和脂肪的食品。此外，他们一般更频繁地在外吃饭，消费大量的快餐和方便食品。联合国统计，自1950年起城市人口快速增加，从7.46亿增加到2014年的39亿，或从世界人口的30%上升到54%，预计到2050年这一比例会达到66%。世界上各国和区域之间的城市化水平不一致。2014 年城市化水平最高的区域包括北美洲（82%的人口居住在城市区域）、拉丁美洲、加勒比地区（80%）和欧洲（73%）。相反，非洲和亚洲人口依然大多数生活在农村，其分别有 40%和 48%的人口居住在城市区域，非洲和亚洲共有世界近 90%的农村人口。但是，亚洲尽管城市化水平低，但居住着世界城市人口的 53%，随后是欧洲（14%）、拉丁美洲和加勒比地区（13%）。尽管有迁移到城市居住的趋势，但自 20 世纪 50 年代起，世界农村人口缓慢增长，预测在未来几年达到高峰。目前全球农村人口近 34 亿人，到 2050 年预计下降到 32 亿人。印度拥有最多的农村人口（8.57 亿），随后是中国（6.35 亿）。

绝大多数食物不足的人口居住在发展中国家的农村地区。尽管人均食品可获得性改善，以及营养标准的积极长期趋势，营养不足（包括蛋白丰富的动物源性食品消费的不足水平）依然是重要和持续的问题。根据《2015 年世界粮食不安全状况》，许多人依然缺乏有效和健康生活需要的食物。该报告显示，2014～2016 年约 7.95 亿人（10.9%的世界人口）食物不足，其中生活在发展中国家或区域的有 7.80 亿人。这说明在过去 10 年，减少了 1.67 亿人口，以及比 1990～1992 年减少了 2.16 亿。减少更多的是在发展中国家或区域，尽管其人口增长显著。近些年，在抗击饥饿中取得的进展被更缓慢和较少包容性的经济增长，以及一些区域的政治不稳定所掩盖，如中非和西亚。作为整体的发展中国家或区域，食物不足人口占总人口的比例从 1990～1992 年的 23.3%下降到 2014～2016 年的 12.9%。区域间不同速度的进展导致世界上食物不足人口的分布发生变化。世界上多数食物不足的人口依然在南亚，随后是撒哈拉以南的非洲和东亚。同时，世界上许多人，包括发展中国家人口，受到肥胖症和饮食等有关疾病的困扰。这个问题由过度消费高脂肪和加工的产品，以及不适当的饮食和生活方式选择所引起。鱼具有营养价值，可在纠正不均衡饮食方面发挥主要作用。

四、世界贸易中的主要渔产品

1. 世界渔业产品贸易的组成

渔业产品贸易正变得更复杂、有活力和高度分段，物种和产品类型更加多样化，这反映了见多识广的消费者在展示其口味和喜好，并且市场提供了从活体水生动物到种类广泛的加工产品的更多样的选择。渔业贸易的重要份额包括高价值物种，如鲑鱼、对虾、金枪鱼、底层鱼类、鲈鱼和鲷鱼。但是，一些量大但相对价值低的物种不仅大量地在国内交易，也在区域和国际层面交易。例如，小型中上层种类交易量大，主要出口到发展中国家的低收入消费者手中。但是，发展中国家的新型经济体也在进口更多的、价值更高的物种供国内消费。

准确和详细的贸易统计对监测渔业领域至关重要，并帮助提供适当渔业管理的基础。尽管国家贸易统计有所改善，但许多国家依然在其国际鱼品贸易报告中提供完全不细化到物种的信息。2012 年起，由于发起了国际贸易的海产品更合适的分类计划，这种情况有所改善。预计这些发展将提高渔业产品国际贸易数据的准确性。

最近几十年，水产养殖产量的急剧扩大对增加以前主要靠野生捕捞的物种的消费和商品化有显著贡献，养殖产品在国际鱼品贸易中的份额在增加。尽管最近贸易中的分类有所改善，但国际贸易统计还是不能区分产品是野生的还是养殖的。因此，国际贸易中捕捞渔业和水产养殖产品的具体细化存在解释的可能性。估计显示，按贸易量计算，水产养殖产品占比在 20%～25%，按贸易值计算为 33%～35%，表明该产业重要部分是出口导向型，以及是面向国际市场相对高价值产品的生产者。如果只考虑食用的鱼品，该份额按量增加到 26%～28%，按值则为 35%～37%。

水产养殖的崛起还对物流和流通有深远影响。大量养殖产品需要新的运输解决办法，但相关的运输成本因规模经济的更大量产品减少了流通成本而抵消，因此，与其他食品和蛋白来源相比，养殖产品的竞争力有所增强。这使得养殖的海产品在全世界创建新的市场，并拥有新的消费者。新鲜、冰鲜和熏制就是这类特别的情况，即用卡车进行区域流通和空运进行区域间和国际的流通，特别是鱼片，推进了定期供应的养殖产品进入市场和提供给消费者。冷冻水产养殖产品的派送也急剧扩大，数量增大和大大降低运输成本促进了这类扩大。一个例证是，亚洲冷冻整条罗非鱼和鲶鱼成功，此技术已经进入了世界各区域的新市场。

由于渔业产品高度易腐，进入国际贸易的渔业产品主要为加工的产品（即不含活鱼和新鲜的整鱼），2014 年这一比例占 92%（活体等重）。越来越多的鱼品以冷冻类型进行国际贸易（2014 年占总量的 40%，1984 年为 22%）。在过去的 40 年中，制作和保藏的鱼，包括许多有附加值的产品，在总贸易量中提高了两倍的份额，从 1984 年的 9%到 2014 年的 18%。尽管其容易腐烂，但因消费者需求，以及冷藏、包装和流通技术的创新，活鱼、新鲜和冰鲜鱼贸易增加，2014 年占世界鱼品贸易的约 10%。活鱼贸易还包括观赏鱼，按价值计算其贸易量高，但按重量计算，几乎可以忽略不计。2014 年总出口量产品中的 78%为食用产品。大量进行的鱼粉和鱼油贸易一般是因为主要生产者（南美洲、斯堪的纳维亚半岛和亚洲）远离主要消费中心（欧洲和亚洲）。

2014 年渔业产品有 1480 亿美元的出口额，不包括额外的 18 亿美元的海藻和其他水生植物（62%）、非食用鱼的副产品（27%），以及海绵和珊瑚（11%）的出口。水生植物贸易从 1984 年的 1 亿美元增长到 2014 年的超过 10 亿美元，印度尼西亚、智利和韩国为主要出口国，中国、日本和美国是主要进口国。由于鱼粉和来自加工的渔业残留物的其他产品产量增加，非食用的鱼副产品贸易量也飙升，从 1984 年的只有 9000 万美元到 2004 年的 2 亿美元和 2014 年的 5 亿美元。

2. 主要贸易种类

（1）鲑鱼和鳟鱼

鲑鱼和鳟鱼在世界贸易中的份额在近几十年增长强劲，2013 年成为按价值计算最大的单一商品。总体需求稳定增长，特别是养殖的大西洋鲑，以及通过加工新类型产品开发了新市场。养殖的鲑鱼价格在过去两年有波动，但总体维持高位，特别是挪威鲑鱼，预计在主要市场占比提高。相反，在第二大生产和出口国的智利，鲑鱼产业面临着价格下跌的境况，以及比多数其他生产国有更高的生产成本，2015 年智利水产养殖公司遭受实质性损失。除养殖的产量以外，野生太平洋鲑鱼的产量在 2015 年特别好，尤其是在阿拉斯加州，野生总捕捞量为历史第二高位。大量的捕捞量使所有野生捕捞的物种价格下跌。有趣的是，要重点说明，美国食品和药物管理局批准了转基因鲑鱼养殖，这是全世界公众辩论的题目。

（2）对虾和明虾

在几十年作为国际贸易最多的产品之后，对虾现在按贸易值计算排在第二位。对虾和明虾主要在发展中国家养殖，产量中的大部分进入国际贸易。但是，这些国家的经济形势改善和国内需求增加，导致出口降低。近些年，尽管全球养殖对虾产量增加，但主要生产国，特别是亚洲某些国家，经历了由对虾病害造成的产量下降。

但是，泰国作为对虾的主要生产国和出口国，2015 年是自 2012 年以来首次恢复了养殖对虾产量增长的一年。全球对虾价格同比显著下降，尽管 2014 年达到了高纪录。2015 年上半年与 2014 年上半年相比，对虾价格跌落 15%～20%，原因是美国、欧盟和日本供需不一致。更低的价格冲击着出口收益，消极影响着许多发展中国家或区域生产者的利润。

（3）底层鱼类和其他白肉鱼

底层鱼类市场广泛多样化，如鳕鱼、无须鳕、绿青鳕和狭鳕，目前其市场表现与过去的情况不同。总体底层鱼供应量在 2014 年和 2015 年更高，原因是良好的管理使若干种群恢复。但物种之间有差异，如鳕鱼供应丰富，绿青鳕和黑线鳕短缺。总体上，过去两年底层鱼价格坚挺，鳕鱼依然是底层鱼中最昂贵的物种，尽管价格稍有下降，而黑线鳕、绿青鳕和无须鳕则价格坚挺。

底层鱼类曾经主导世界白肉鱼市场，但现在经历着来自于水产养殖物种的强烈竞争。养殖的白肉鱼物种，特别是不贵的替代品，如罗非鱼和巴丁鱼（Pangasius），已经进入传统白肉鱼市场，并使得该领域实质性地扩大，来接近新的消费者。巴丁鱼是国际贸易中相对新的物种，但目前其出口到越来越多的大量国家，越南是最大的出口国。预计全球对这一价格相对低的物种的稳定需求会推动其他生产国的发展，特别是亚洲国家。过去两年，最大的市场——美国，以及亚洲和拉丁美洲的需求维持强劲。相反，进口到另一主要市场的欧盟，需求则呈现下降趋势。

罗非鱼依然是该物种最大市场——美国零售领域受欢迎的产品，亚洲国家（冷冻产品）及北美洲和南美洲中部国家（新鲜产品）是主要供应国。2015 年欧洲对该物种的需求依然有限，进口量稍有下降。罗非鱼生产正在亚洲、南美洲和非洲扩大，越来越多的产量进入主要生产国的国内市场。但在 2015 年，主要生产国的中国经历了生产停滞，并减少了加工，反映了减速的市场。总体上，由于稳定供应，主要市场进口品价格下跌。2015 年鲷鱼的供应量更低，价格更高，而鲈鱼供应量总体平缓，只在一些市场末端价格上涨。

（4）金枪鱼

日本是世界金枪鱼生鱼片最大的市场，而且需要高级的蓝鳍金枪鱼。近年来，蓝鳍金枪鱼人工养殖的发展带来了一定的影响。一般金枪鱼和鲣鱼主要由泰国、印度尼西亚、菲律宾等国加工成罐装品，出口至欧盟。过去 20 年，金枪鱼市场因金枪鱼上岸量大幅波动而不稳定，以及随之发生了价格波动。2014 年因金枪鱼产量更低，全球金枪鱼价格上涨，尽管需求稳健。作为传统上最大的金枪鱼生鱼片市场的日本，近年来活力降低。2015 年美国空运进口的鲜金枪鱼的量历史上首次超过日本。日元疲软对金枪鱼进口量有负面影响，与 2014 年相比，2015 年鲜金枪鱼进口量下降。在超市贸易中，来自于更便宜和有销路的鲑鱼产品的竞争也是强劲的，看来超市销售的鲑鱼量超过了金枪鱼生鱼片的销售量。金枪鱼罐头市场经历了包括美国、意大利和法国等一些主要市场进口量降低的情况，尽管原料价格更低。这导致进口到泰国（世界最大的金枪鱼罐头生产国）的冷冻原料进口量显著下降。相反，对金枪鱼罐头的需求在近东、东亚和非传统市场得到了改善，特别是因价格下降的亚洲和拉丁美洲。更低的价格还导致了欧盟罐头加工商对金枪鱼熟鱼柳的强劲需求。

（5）头足类

近些年，对头足类（墨鱼、鱿鱼和章鱼）的需求及其消费量稍有增长。西班牙、意大利和日本依然是这些物种最大的消费国和进口国。泰国、西班牙、中国、阿根廷和秘鲁是鱿鱼和墨鱼最大的出口国，而摩洛哥、毛里塔尼亚和中国是章鱼的主要出口国。东南亚、越南正在扩大其头足类市场，包括鱿鱼。其他亚洲国家，如印度和印度尼西亚也是重要的供应国。2014～2015 年主要市场记录了章鱼的增加，而不是鱿鱼和墨鱼。在放慢一些时间后，墨鱼市场在 2015 后期显示恢复迹象，也回应了鱿鱼供应量的减少。2015 年章鱼价格因为改进了供应状况而下跌，鱿鱼价格也下跌了，主要因为需求低。

（6）观赏鱼

观赏鱼在国际渔产品贸易中日显重要。全球观赏鱼年贸易批发值已超过 10 亿美元；零售交易量每年约 15 亿尾，价值为 60 亿美元；整体产业年产值超过 140 亿美元。全球观赏鱼市场约有 1600 种观赏鱼，淡水鱼超过 750 种。观赏鱼市场可分为 4 种，最大的为热带淡水鱼种，占市场的 80%～90%，其余部分为热带海水及半咸水鱼种、冷水性（淡水）鱼种、寒带海水及半咸水鱼种。在淡水观赏鱼中，90%为养殖，10%为野外采捕。在海水观赏鱼中，95%为野外采捕，5%为人工繁殖。一般而言，观赏鱼的价值远高于食用鱼，是食用鱼的 100 倍左右。而海水观赏鱼的单价又高于淡水观赏鱼。亚洲是全球观赏鱼最大的出口地区，占全球出口量的 59.1%。按该地区观赏鱼出口国所占的份额进行排位，从大到小依次为新加坡、马来西亚、印度尼西亚、中国、日本、菲律宾、斯里兰卡、泰国、印度。其他重要的出口地区占全球的出口量情况为，欧洲约为 20%，南美为 10%，北美为 4%。饲养观赏鱼大多是工业化国家民众的嗜好。美国、日本及西欧等工业化国家是观赏鱼的主要进口国。

首先，美国是最大的进口国，进口值约占全球的 1/4。其次为日本，约占全球的 1/10。其他主要进口国包括德国、英国、法国、新加坡、比利时、意大利、荷兰、中国、加拿大。新加坡和中国的香港是观赏鱼的主要转运站。主要供应国是新加坡、泰国、菲律宾、马来西亚和巴西。近年来饲养观赏鱼极大地吸引了美国的民众，尤其是年轻水族玩家对饲养海水鱼更感兴趣。西欧是最大的观赏鱼贸易区，观赏鱼产品进口量占全球的 40%，其中淡水鱼种占 9/10，其余为海水鱼、无脊椎动物和活岩石。

五、世界渔产品贸易的趋势

1. 世界渔产品贸易的趋势是进出口量和进出口值都有增长的可能

由于发达国家相应地受劳动力的限制和生产成本不断上涨等的影响，直接从事渔业生产的规模可能还会逐步压缩，而渔产品需求量还会递增。发展中国家在渔业生产技术上不断提高，为了解决求业和创汇的需要，鱼产量都有可能持续增长，推动世界渔产品贸易的发展。

2. 技术壁垒

随着人们生活水平的提高，对渔产品的安全质量要求越来越严格。有关国家各自规定了渔产品质量标准，由此造成了世界渔产品贸易中的技术壁垒。尤其是对水产养殖产品的渔药残留和饲料添加剂等大大提高了有关检验标准，凡是不符合标准的就退货或就地销毁，对某些产品实施标签管理措施，如法国的“红标签”、爱尔兰和加拿大的“有机养殖鱼标签”等。

3. 实施可追溯制度

实施可追溯制度即对于零售商出售的渔产品，可逐级追溯其批发、分包装、加工和养殖场，或捕捞渔船的全过程，以保证渔产品的质量和责任。一旦发现渔产品质量有问题，通过追溯查出其生产环节和原因，也可以依此采用可追溯标签。

4. 实施生态标签制度

实施生态标签制度是为实施可持续开发，利用渔业资源和保护生态环境而采取的措施，目的是标明该渔产品属于非过度捕捞产品，或有损于其他海洋动物的产品，如海洋哺乳动物、海龟、海鸟等，依此推动改进渔业管理体系。FAO 已制订了《海洋和内陆捕捞业生态标签指南》，以为国际认同的协调生态标签计划做参考，对认证和委派具有指导作用。

国际渔产品贸易中尚有倾销和反倾销等问题日益出现。

第九节　国际渔业管理现状与趋势

一、国际渔业组织性质、类别和职能

国际渔业组织是两个或两个以上国家或其民间团体基于渔业发展、管理与合作目的，以一定协议形式而建立的机构的总称。但其一般调整国家之间或有关国家的民间团体之间的渔业活动关系，并不调整某些渔业企业之间或渔业者之间的渔业活动关系。

原则上国际渔业组织可分为政府间的渔业组织和非政府间的渔业组织。前者必须由有关国家政府参与，后者可由有关国家的民间渔业团体参与，但不代表其政府。

按地区划分可将国际渔业组织分为全球性、区域性和分区域性三类。例如，FAO 的渔业委员会、国际捕鲸委员会都属于全球性国际渔业组织，如印度洋及太平洋渔业理事会属于区域性国际渔业组织，如中东大西洋渔业委员会（CECAF）属于分区域国际渔业组织。但区域和分区域国际渔业组织是相对的，有时难以区分。

国际渔业组织也可以分为隶属 FAO 的和非隶属 FAO 两大类。现隶属 FAO 的国际渔业组织有亚太渔业委员会（APFIC）、中东大西洋渔业委员会（CECAF）、中西大西洋渔业委员会（WCAFC）、地中海渔业总委员会（GFCM）、印度洋渔业委员会（IOFC）、印度金枪鱼委员会（IOTC）、欧洲内陆水域渔业咨询委员会（EIFAC）、拉丁美洲内陆水域渔业委员会（COPESCAL）。其他的都是非隶属 FAO 的，如南太平洋常设委员会（SPPC）、南太平洋论坛渔业局（SPFFA）、国际捕鲸委员会（IWC）、西北大西洋渔业组织（NAFO）、东北大西洋渔业委员会（NEAFC）、大西洋金枪鱼国际养护委员会（ICCAT）、美洲间热带金枪鱼委员会（IATTC）、南方蓝鳍金枪鱼保护委员会（CCSBT）、国际太平洋庸鲽国际委员会（IPHC）等。

根据参加国的多少，国际渔业组织又可分为多边国家渔业组织和双边国家渔业组织。前者如由中国、美国、俄罗斯、日本、韩国、波兰 6 国组成的“中白令海狭鳕资源养护委员会”等；后者如“中日渔业联合委员会”等。

二、国际渔业组织职能

各国际渔业组织的任务根据其签订的协议或章程而定。一般可分为：一是调查研究，即从事有关渔业资源的调查研究，向成员方提供调查报告；二是咨询，根据需要向成员方提供咨询意见；三是管理，通过成员方共同商定的养护渔业资源和渔业管理措施进行管理，包括共同执法等。

20 世纪 80 年代之前，国际渔业组织的任务偏重于咨询方面。总体上是在其管辖水域范围内，主要是：①讨论或研究渔业资源状况；②拟订有关调查方案；③审定有关渔业资源的保护措施；④交流渔获量统计资料；⑤出版刊物。

20 世纪 90 年代以来侧重于加强渔业管理，日益发挥其在实施管理措施中的监督作用和开展执法上的国际合作。由研究、咨询性质向管理监督方向转移，以管理为主。将区域性渔业机构（Regional Fisheries Bodies，RFB）改为区域性渔业管理机构（Regional Fisheries Management Organization，RFMO）。其主要职能有：①制订养护和管理措施；②制订总可捕捞量和成员国的捕捞配额；③促进和规范国家渔业管理；④处理有关捕捞问题；⑤采取措施实施有关国际法的规定等；⑥制订监控措施等；⑦通过登临、检查等有关联合执法和执法程序。

三、国际渔业管理发展现状

国际渔业管理的发展过程是不断认识渔业资源特性和完善渔业管理的过程，同时也是不断解决渔业管理中新出现的问题的过程。渔业管理中出现的新概念和新观念就是为了解决这些新问题，以确保渔业资源的可持续和合理利用。例如，“公海自由原则”“领海”“专属经济区”和“毗邻区”等概念的出现，都是各个时期海洋管理和经济发展的需要。20 世纪 80 年代后期，世界渔业资源的开发和利用达到了顶峰，一些传统性渔业资源出现了严重衰退现象，正是在这样的背景下，为确保渔业资源的可持续利用，出现了许多新的渔业管理概念和新的措施。新概念产生本身也反映出国际渔业管理的发展方向和趋势。

（1）负责任捕捞（渔业）

《坎昆宣言》提出了负责任渔业的观念，指出“这个观念包括以不损害环境的方式持久利用渔业资源；使用不损害生态系统、资源或其质量的捕捞和水产养殖方法；通过达到必要的卫生标准的加工过程增加这些产品的价值；使用商业性方法使消费者能够得到优质产品”。负责任捕捞（渔业）本质上要求人们以负责任的态度从事渔业的一切有关活动，以确保渔业资源的可持续利用。这一精神在《跨界和高度洄游鱼类养护与管理协定》和《公海渔船遵守协定》两个国际性文件中得到了充分的体现。

（2）预防性措施

预防性措施是在 1992 年 9 月举行的“公海捕捞技术咨询会议”中提出的。预防性原则是在“不确定性”下所产生的一种“结果”。预防性措施要求任何新渔业的发展或既存渔业的扩张，均应在对目标鱼种及非目标鱼种的潜在影响进行评估后才能做出决定。预防性措施的采用说明，渔业资源的管理与利用已从维持其最适利用的目标，转变为资源持续利用的目标，从资源的利用转变为资源的预防性利用。

（3）船旗国责任

在传统国际法中，船旗国对悬挂其旗帜的船舶享有“专属管辖”权，这在 1958 年的《公海公约》和 1982 年的《联合国海洋法公约》中得到了体现。公约规定，国家与船舶之间必须有真正的联系，国家尤其对悬挂其国旗的船舶在行政、技术和社会事宜方面确实行使管辖和控制。在国际社会讨论公海渔业资源管理时，船旗国责任的落实已成为渔业资源养护与管理措施中的主要手段之一。船旗国责任均成为《公海渔船遵守协定》等 3 个国际渔业协定的主要内容。

（4）执法机制的设计

渔业管理的关键在于如何建立和设计执法机制。在《跨界和高度洄游鱼类养护与管理协定》中，强调区域或分区域的渔业管理组织应合作，以确保区域或分区域跨界和高度洄游鱼类的养护与管理措施的遵守和执法。区域性的渔业管理将作为今后世界公海渔业资源管理的主要方式。这在《跨界和高度洄游鱼类养护与管理协定》《负责任渔业行为守则》和《罗马宣言》等内容中均得到了体现。

（5）区域渔业机构

区域渔业机构在共享渔业资源的治理方面发挥着关键作用。世界上约有 50 家区域渔业机构。区域渔业机构只有在成员国允许的前提下才能有效发挥其作用，而其表现如何直接取决于成员的参与度和政治意愿。

从《21 世纪议程》发展到《负责任渔业行为守则》，已将渔业资源养护和管理与自然资源环境保护相结合，将渔业发展与世界贸易体系及人类健康、安全、福利相结合。同时，国家渔业政策与法规的制定必须要考虑沿岸地区综合管理、世界贸易组织的需求和规定。渔业资源的持续利用已成为国际渔业管理的最高目标。

在今后一段时间内，世界渔业管理的发展趋势，将主要根据《负责任渔业行为守则》的内容和可持续渔业的目标，进一步完善渔业管理的具体措施和方法。例如，1999 年 2 月通过的国际渔业行动计划，就是负责任渔业的具体行动，并正在落实之中。其中捕捞能力管理问题正在引起越来越多的关注。过剩能力实质上导致了捕捞过度、海洋渔业资源衰退、生产潜力下降和经济效益降低等问题。渔业行动计划要求各国和区域性组织在世界范围内建立严格有效、公平、透明的捕捞能力管理机制，并通过各国政府间或各区域性渔业管理组织的合作来分阶段实施。

第十节　当前世界渔业存在的主要问题和发展趋势

一、当前世界渔业存在的主要问题

1. 捕捞过度和捕捞能力过剩

当前反映捕捞能力的指标已不仅是渔船数量增加，随着科学与技术的发展，在捕捞业中，还包括船上的航行、探鱼和捕捞技术等有关装备的不断完善、技术的更新等。因此，捕捞能力过剩可理解为捕捞能力超过了渔业资源的再生能力。其结果是导致渔业资源衰退，尤其是生活在底层的主要经济鱼类资源更为明显。有人认为捕捞能力过剩的主要原因之一是投资过大或政府补贴。根据 FAO 2016 年的报告，估计有 31.4%的种群处于生物学不可持续状态，遭到过度捕捞；58.1%为已完全开发状态；10.5%为低度开发状态。

2. 兼捕和废弃物问题

兼捕是指捕捞某一鱼类或水产经济动物时，误捕或混入的其他种类，有的称为非目标种。这与捕捞工具，即渔具的选择性有关。也就是所捕获的非目标种的种类和数量越少，该渔具的选择性越高。按有关渔具分析，其兼捕情况为，虾拖网约占 62%、金枪鱼延绳钓占 29%、定置网占 23%、底拖网占 10%。废弃物是指已经捕获的渔获物被重新抛弃海中，主要是因为船上渔舱容量不足，对捕获的低值种类，或因当地习惯而不愿食用的种类进行抛弃。前者主要是指远洋捕捞为确保经济种类的配额，放弃低值的种类。后者如有的民族不吃无鳞的鱼类等。根据 FAO 的调查，估计 1988～1990 年废弃物为 1790 万～3950 万 t，经过几年的努力，1992～2001 年已减少到 690 万～800 万 t。无论是兼捕，还是废弃物，都会导致渔业资源衰退和资源浪费。

3. 公海渔业 IUU 捕捞问题

由于公海渔业通过区域性渔业管理组织实施有关养护渔业资源措施，有的限制捕捞渔船数量和渔获物的配额制度等，对允许捕捞作业的渔船应按规定报告其作业渔场的船位和渔获量等。公海渔业 IUU 捕捞是指在公海中未经国家许可的本国和外国渔船从事捕捞活动的行为，或经许可但从事违法捕捞活动的行为；违反区域性渔业组织的养护和管理措施或国际法有关规定的，或不按规定程序报告渔获量和船位等的，甚至不报，或有意错报的；不向国家报告渔获量和船位等，或有意错报的；非区域性渔业管理组织成员的渔船进入该组织管辖水域内从事捕鱼活动等。以上会导致公海捕捞能力失控，公海渔业资源衰退。FAO 于 2001 年通过了《防止、阻止和消除非法、不报告、不受管制捕捞的国际行动计划》，要求各国和国际渔业组织采取措施对其加以实施，保护渔业资源。

4. 濒危动物和生态系的保护问题（包括兼捕、海鸟、海龟、鲨鱼）

生态系的保护是指在水生生物系统中防止某一物种的盛衰影响其他物种的生存。20 世纪 90 年代以前，在渔业科学领域内渔业资源的养护已得到重视，但侧重于针对某一种类，为防止其衰退，而对某一物种采取有关措施，如禁渔区、禁渔期、限制网目大小、鱼体最小长度等。事实上，生态系中物种之间的互为影响十分明显。其中包括兼捕、误捕海鸟、海龟和鲨鱼等，导致目前较多海洋和内陆水域的生态系统严重恶化或破坏。由此 20 世纪 90 年代提出了以生态系为基础的渔业资源养护问题。FAO 于 2002 年 10 月 1～4 日在冰岛雷克雅未克召开的海洋生态系统负责任渔业会议上通过了《海洋生态系统负责任渔业的雷克雅未克宣言》（简称《雷克雅未克宣言》）（*Reykjavik Declaration on Responsible Fisheries in the Marine Ecosystem*）。确认将生态系统纳入渔业管理目标，确保生态系统及其生物资源的有效保护和可持续利用。

5. 水域生态环境保护问题

水域生态环境问题有：大量的陆地排污、船舶排污等造成的赤潮等水环境污染；大气污染和地球空气升温带来的酸雨、厄尔尼诺和拉尼娜现象等，直接影响水生生物生存和渔业生产，而且情况越来越严重。同时，随着水产养殖的大量发展，直接投放鱼虾类为饲料，为防治病害而使用撒渔药从而导致其在水体中残留，排放养殖场的废水等会造成自身污染，也十分严重。

6. 水产品质量和安全，包括养殖产品的残留物等

因为渔业水域被污染，在水产养殖过程中会使用含有添加剂的饲料或渔药等，以及在渔获物处理和加工过程中使用不允许的防腐措施等，造成水产品质量和安全问题时有发生，有的直接影响人们的身体健康等严重后果，引起了国际社会的重视。

二、今后渔业发展趋势

1. 国际社会日益重视可持续开发利用渔业资源和渔业的可持续发展

20 世纪 90 年代以来，国际社会日益重视可持续开发利用渔业资源和渔业的可持续发展。1992 年联合国在巴西里约热内卢召开的全球环境与发展峰会上通过的文件《21 世纪议程》（Agenda 21），提出了当今世界在环境与发展中迫切需要解决的问题，以及全球在 21 世纪中对此合作的意愿和高层次的政治承诺。其中第 2 部分第 17 章专门叙述保护大洋、闭海、半闭海和沿海区域，以及保护、合理利用和开发海洋生物资源等问题，并要求各国政府、政府间或非政府间的国际组织共同实施。

FAO于1992年5月6～8日在墨西哥坎昆召开的国际负责任捕捞会议上通过了《坎昆国际负责任捕捞宣言》（简称《坎昆宣言》）（*Cancun Declaration*）。明确了“负责任捕捞”概念为：渔业资源的可持续利用和环境相协调的观念；使用不伤害生态系统、资源或其品质的捕捞及水产养殖方法；符合卫生标准的加工，以提高水产品的附加值；为消费者提供物美价廉的产品等。要求FAO依此拟订《负责任捕捞行为守则》。后经FAO COFI讨论，于1995年通过了《负责任渔业行为守则》（*Code of Conductor for Responsible Fisheries*），成为渔业管理的国际指导性文件。要求各国从事捕捞、养殖、加工、运销、国际贸易和渔业科学研究等活动，应承担其责任的准则要求。主要包括：①在环境协调下持续地利用渔业资源；②采用不损害生态环境和渔业资源状况的负责任捕捞和负责任养殖，并确保其渔获质量；③水产品加工方法应符合卫生标准，提高鱼产品附加值；④让消费者获得物美价廉的水产品；⑤各国应支持开展渔业科学研究工作等。

联合国大会为保护海洋生态，防止误捕海洋哺乳动物、海龟和海鸟等，分别于1989年、1990年和1991年的第44届、第45届和第46届大会，先后通过了第44/225号、第45/197号和第46/215号《关于大型大洋性流刺网捕鱼活动及其对世界大洋和海的海洋生物资源的影响》的决议，规定从1993年1月1日起，在各大洋和海的公海区域，包括闭海和半闭海，全面禁止大型流刺网作业。

联合国继1992年在巴西召开的联合国环境与发展峰会，于2002年8月在南非约翰内斯堡召开的世界可持续发展首脑会议上通过的文件《全球可持续发展峰会执行计划》（World Summit on Sustainable Development Plan of Implementation，WSSDPOI），根据《21世纪议程》的实施措施，为实现可持续渔业采取的主要行动有：2015年前使渔业资源恢复到最大持续产量水平；执行《负责任渔业行为守则》和其有关执行计划；加强国际渔业组织的管理；消除“IUU捕捞”等。

2. 世界渔业产量的预测

FAO于2002年组织了有关方面对2010年、2015年、2020年和2030年的世界渔业产量进行预测，主要依据是近年来FAO的渔业统计、不同渔业生产的潜力的推测、人口增长趋势等。在2006年版的《渔业与水产养殖状况》中做了部分修正。由表3-20可以看出，SOFIA 2002、FAO研究、IFPRI研究3个方面的结果有明显的区别。其中，SOFIA 2002明确认为今后2010年、2020年和2030年期间，无论是海洋捕捞，还是内陆水域捕捞的产量，原则上不可能有明显增长，会稳定在9300万t。但FAO研究和IFPRI研究未分海洋捕捞和内陆水域捕捞，认为捕捞产量仍有所增长，在1.05亿～1.16亿t。对于水主产养殖产量的发展趋势，SOFIA 2002、FAO研究的结论基本上相似，都认为有较大的增长，FAO研究认为2015年可达7400万t，而SOFIA 2002认为2010年、2020年和2030年分别可增长到5300万t、7000万t和8300万t；但IFPRI研究认为2020年仅略有增长，可达5400万t。这些预测都可为我们研究有关问题做参考。

表3-20 2010年、2015年、2020年和2030年的世界渔业产量的预测（单位：百万t）

项目	2000年	2004年	2010年	2015年	2020年	2020年	2030年
	FAO统计数	FAO统计数	SOFIA 2002	FAO研究	SOFIA 2002	IFPRI研究	SOFIA 2002
海洋捕捞	86.6	85.8	86		87		87
内陆捕捞	8.8	9.2	6		6		6

续表

项目	2000年	2004年	2010年	2015年	2020年	2020年	2030年
	FAO统计数	FAO统计数	SOFIA 2002	FAO研究	SOFIA 2002	IFPRI研究	SOFIA 2002
捕捞小计	95.4	95.0	92	105	93	116	93
水产养殖	35.5	45.5	53	74	70	54	83
总产量	131.1	140.5	146	179	163	170	176
食用	96.9	105.6	120		138	130	150
食用所占比例/%	74	75	82		85	76	85
非食用	34.2	34.8	26		26	40	26

注：IFPRI为国际食物政策研究所。

3. 世界渔业发展趋势

根据世界渔业现状和今后渔业生产的预测，世界渔业发展趋势主要如下。

（1）海洋渔业资源由开发转向管理，海洋捕捞的区域性管理日益加强

20世纪90年代起，国际社会日益明确海洋渔业资源已由开发利用时代进入管理时代。海洋捕捞的区域性管理也日益强化。区域渔业组织（Regional Fishery Organization，RFO）的名称大多被改为区域渔业管理组织（Regional Fishery Management Organization，RFMO），在促进养护和管理渔业资源，以及国际合作方面发挥了独特的作用。组织机构普及到各大洋，1995年联合国渔业大会通过了《执行协定》后，新建了西南大西洋渔业组织（SEAFO）和中西太平洋渔业委员会（WCPFC），2004年FAO理事会决定建立西南印度洋渔业委员会（SWIOFC）。FAO也明确，今后只能发展渔业的内涵、加强对渔业的管理才有可能进一步发展渔业生产，提高效益。

（2）积极发展水产养殖是今后发展渔业的主要途径

中国渔业生产执行“以水产养殖为主，养殖、捕捞、加工并举，因地制宜，各有侧重”的方针，现中国海水和淡水养殖产量不仅在国内超过水产捕捞，而且占世界水产养殖总产量的70%，大大推动了世界渔业生产结构的调整，普遍重视发展水产养殖。典型的是挪威，其长期以来是海洋捕捞国家，现已成为养殖大西洋鲑的大国，而且还带动其他国家。FAO曾在2006年的有关报告中认为，目前可供世界食用的水产品中有50%来自于水产养殖。上述对2015年、2020年、2030年的世界渔业产量的预测，也说明积极发展水产养殖是今后发展渔业的主要途径。随着抗风暴海洋网箱养殖的发展和完善，其重点有可能是海水养鱼。

（3）越来越重视生态渔业的发展

无论是水产捕捞，还是水产养殖，都必须根据生态渔业的要求从事渔业和发展生产。《海洋生态系统负责任渔业的雷克雅未克宣言》中明确指出，应制订有关生态系统纳入渔业管理的行为技术守则，依此推进生态渔业的发展，确保生态系统及其生物资源的有效保护和可持续利用。

（4）观赏鱼养殖的发展

观赏鱼养殖属于非食用鱼类水产养殖，国际上已一致公认为其是具有良好未来的产业。除海水、淡水观赏鱼以外，还包括水族馆的水生活体动物的养殖。有关国家已采取积极措施，加大力度推进其养殖和贸易力度，依此增加农村就业和收入，以及增

强其创汇能力。但在发展过程中应注意病害防治问题，否则会引起全球性蔓延传播的严重后果。

（5）生态旅游的发展

生态旅游是当前正在兴起的新兴产业，并有可能在各国获得发展和普及。许多国家主要推进与水产养殖相关的生态旅游。中东欧的俄罗斯、乌克兰、白俄罗斯、摩尔多瓦、波罗的海周边国家普遍利用湖泊和水库的网箱养殖和池塘，进行垂钓与旅游等相结合的生态旅游。有的海洋国家已以外海大型抗风暴网箱或平台型网箱为基地开展生态旅游，以及组织与潜水运动相结合的珊瑚礁探险等。

（6）发展深加工水产品，提高附加值

以海洋动物、植物和微生物为原料，通过分离、纯化、结构鉴定和优化，以及药理作用评价等现代技术，将具有明确药理活性的物质开发成药物。关于提高水产品加工过程中有关废弃物的利用，现在国际上发展较快的有：利用养殖的大西洋鲑鱼内脏加工成有关药物；利用罗非鱼鱼皮制成皮革；利用蟹、虾壳加工成甲壳素；利用绿贻贝加工成抗关节炎的合成物等，变废为宝，减少了污染，提高了水产品的附加值。

思考题

1. 世界主要渔业资源和FAO对世界各大洋渔区的划分。
2. 世界渔业发展现状，以及渔业资源开发状况。
3. 世界渔业生产发展各阶段的特征。
4. 国际贸易在渔业和水产养殖业中的作用。
5. 国际渔业组织的性质、作用和主要职能。
6. 世界渔业生产的演变，以及渔业生产结构变化。
7. 世界水产养殖发展现状。
8. 世界水产加工利用现状，以及渔业副产品利用。
9. 休闲渔业的概念及其形式与发展趋势。
10. 世界渔业发展的趋势和主要面对的挑战与主要问题。

第四章　中 国 渔 业

从总体上说渔业属于第一产业，或称为“初级生产产业”。但是，渔业中的水产捕捞业，尤其是商业性捕捞具有工业属性；大规模的工厂化水产养殖业不仅具有工业属性，有的已列入高新技术产业，水产加工业属于第二产业。因此，有关国家的渔业在其国民经济部门的归属差别甚大，有的独立成立部，如挪威的渔业部；有的与农业、林业和渔业一起设立部，如日本的农林水产省；也有的与海洋一起成立一个部门，如韩国的海洋水产部等。按中国国民经济部门划分，渔业归属于农业。

中国渔业具有悠久的历史，海域辽阔，内陆水域分布面广，拥有丰富的渔业资源，为发展渔业提供了有利的条件。经过改革开放，中国渔业获得了迅速发展，年产量连续几十年居世界首位，是世界最大的渔业生产国。但是，我国还不是渔业强国，在渔业科学、生产技术和渔业管理上尚有大量工作有待于研究和开发。

第一节　中国渔业在国民经济中的地位和作用

一、中国渔业在国民经济中的地位

虽然中国渔业历史悠久，海洋和内陆水域广阔，但在旧中国时代，渔业一直得不到应有的重视，在国民经济中层次很低。中华人民共和国成立后，渔业才获得发展，其在国民经济中的地位不断提高。1978 年中国渔业总产值占大农业的约为 1.6%。到 1997 年提高到 10.6%，从根本上解决了城市“吃鱼难”的问题。渔业已成为促进中国农村经济繁荣的重要产业，发展渔业，尤其是发展水产养殖业，是农民脱贫致富、奔小康的有效途径之一。渔民年人均收入，1978 年仅为 93 元，到 1997 年已提高到 3974 元，比农民人均收入高出约 90%。据统计，2015 年我国（按当年价格计算）全社会渔业经济总产值为 22019.94 亿元。其中渔业产值为 11328.70 亿元，渔业工业和建筑业产值为 5096.38 亿元，渔业流通和服务业产值为 5594.86 亿元；全国渔民年人均收入为 15594.83 元。随着人口的增长和人们生活水平的改善，以及需要维护国家海洋权益，发展渔业具有重大的现实意义和战略意义。

二、中国渔业在国民经济中的作用

发展渔业在国民经济中，对满足人们生活的需求、促进经济发展都有十分重要的作用。

（1）有利于改善人们的食物结构，提高全民族的健康水平

水产品是人类食物中主要蛋白质来源之一。鱼、虾、蟹、贝、藻等水产品含有丰富的蛋白质和人们必需的氨基酸。现选一般常见的代表性鱼类，如海水的带鱼和淡水的鲢鱼，与瘦猪肉、牛肉、羊肉、鸡蛋中每百克蛋白质含量做一简单比较（表 4-1）。例如，平均每 100g 带鱼和鲢鱼内分别含有蛋白质 18g 和 18.6g，都高于瘦猪肉、牛肉、羊肉、鸡蛋。一般情况下，水产品蛋白质相对容易被人们食用后所吸收。

表 4-1 有关鱼类和其他动物等蛋白质的比较

种类	带鱼	鲢鱼	瘦猪肉	牛肉	羊肉	鸡蛋
蛋白质含量/（g/100g）	18.1	18.6	16.7	17.7	13.3	14.8

鱼类等水产品还含有一种高度不饱和脂肪酸，对预防脑血栓、心肌梗死具有特殊作用，一般称为 DHA。目前国际上都公认“吃鱼健康”“吃鱼健脑”，为了增强体质，要求人们食物结构有所调整，提倡多吃鱼。在国际上，“鱼”是广义性的，包括其他水产品。

（2）有利于调整农村经济结构，合理开发利用国土资源

中国人口众多，耕地面积少。中国人口占世界人口的 22%，耕地面积只占世界的 7%。但是内陆水域面积和浅海滩涂面积总计约 2684 亿 hm^2，其中内陆水域面积为 1754.4 万 hm^2，可供养殖的面积为 564.2 万 hm^2；全国滩涂面积为 191.7 万 hm^2，浅海滩涂面积（水深 10m 以内）为 733.3 万 hm^2。其超过了耕地面积，如能合理利用，发展水产增养殖，既不与种植业争耕地，又不与畜牧业争草原，对调整农村生产结构和经济结构具有重要的现实意义。例如，采取渔农结合、渔牧结合、渔盐结合等措施，还有利于陆地和水域生态系统更加合理，实现良性循环，且能获得更大的经济效益、生态效益和社会效益

（3）有利于增加国家财政收入、外汇储存，扩大国际影响

中国是水产品生产和出口大国，同时也是水产品进口大国（为其他国家提供水产品加工外包服务），而国内对非国产品种的消费量也在不断增长。2015 年我国水产品进出口总量为 814.15 万 t、进出口总额为 293.14 亿美元。其中，出口量为 406.03 万 t、出口额为 203.33 亿美元，出口额占农产品出口总额（706.8 亿美元）的 28.77%；进口量为 408.1 万 t、进口额为 89.82 亿美元。贸易顺差为 113.51 亿美元。

（4）有利于安排农村剩余劳动力就业

随着中国农村经济体制改革的不断深入，农业劳动力不断地从土地中解放出来。有计划地因地制宜发展渔业，无疑是安排农村剩余劳动力的有效途径之一。据统计，1987 年从事渔业的专业和兼业的劳动力已达 798 万人，比 1979 年增长了两倍。1997 年全国专业渔业劳动力已达 573 万人，兼业劳动力约为 648 万人，总计为 1221 万人。2005 年全国专业渔业劳动力为 710 万人，兼业劳动力为 580 万人。2015 年渔业人口为 2093.31 万人，其中传统渔民为 678.46 万人，渔业从业人员为 1414.85 万人。但是，农村剩余劳动力不能过多地转移至渔业，否则对渔业的可持续发展是不利的。

（5）有利于促进和加速其他产业的发展

渔业的产前、产中、产后和有关服务行业同步发展，包括修造船业、动力机械业、渔网绳索制造业、导航与助渔仪器制造业、化纤业、制冷设备业、食品机械设备业等，推动了新材料、新技术、新工艺、新设备等高新技术的发展。水产品除食用以外，还为医药、化工等提供了重要原料，也相应地推动了有关产业的发展。

（6）发展渔业对维护国家海洋权益具有重大的现实意义和战略意义

海洋渔船数众多，作业分布面广，在海上持续时间长，对捍卫国家管辖范围内的海洋权益具有重大的现实意义。在国际上，各国在遵守有关国际法原则下，在公海上拥有公海

捕鱼的自由权利。为此，在可持续开发利用公海渔业资源的前提下发展我国远洋渔业，也对维护国家海洋权益具有重大的战略意义。

第二节 中国渔业在世界渔业中的地位

一、中国渔业对世界渔业的贡献

历史上中国渔业对国际渔业的发展起到过重要作用。在水产养殖方面，尤其是淡水养鱼，对国外的影响很大。中国的海洋捕捞技术，如拖网类、围网类、光诱集鱼等生产技术早就流传到国外，推动了国际渔业技术的发展。近年来，随着中国渔业的迅速发展，水产品总量、养殖水产品总量、水产品出口、水产品国际贸易总额、渔船拥有量、渔民总数和渔业从业人员数量、远洋渔业水产品产量等连续多年居世界第一位，在世界粮食安全方面发挥了重要的作用，在国际渔业中的地位和作用也日益提高。

1. 中国渔业产量直接关系到世界渔业总产量的高低

中国渔业年产量于2000年已超过4200万t，占世界总产量的1/3，20世纪90年代以来，世界渔业产量年年有所增长的主要原因是中国产量年年增加，尤其是淡水渔业（内陆水域）的产量更为显著，全球水产养殖产量中，中国几乎占2/3。为此，FAO每年出版的《中国渔业统计年鉴》，每隔两年出版的《世界渔业和水产养殖现状》等书刊中，对有关世界鱼产量的统计分为中国除外和包括中国在内的两种鱼产量，以揭示中国渔业的重要地位。

2. 中国渔业发展以水产养殖为主，推动了世界渔业生产结构的调整

中国自1979年起逐步调整渔业生产发展方针，重点由海洋转向淡水，由水产捕捞转向水产养殖，尤其是利用内陆水域发展淡水养殖，从根本上改变中国传统渔业生产面貌。2005年其渔业产量突破了5000万t，2013年突破了6000万t。客观上打破了长期以来世界渔业以海洋捕捞为主的发展方针，为世界渔业发展开创了新的途径，尤其是对广大发展中国家具有重大的现实意义。FAO为此于1980年在中国无锡建立淡水养殖培训中心，培养亚非地区的淡水养殖技术干部，推广中国淡水养殖模式。

3. 在有关国际组织中，中国的地位和作用日益重要

中国是FAO的理事国。中国在发展国内渔业的同时，积极发展远洋渔业，与有关国家进行合作，共同开发利用有关海域的渔业资源，并参加相应的国际渔业组织和有关工作，承担了国际上规定的有关责任和义务，获得了国际信誉。

4. 建立了国际渔业信息网络

FAO下设的有关信息网络组织有：全球性的“GLOBFISH”；区域性网络，包括亚太地区的“INFOFISH”，拉美地区的“INFOPESCA”，非洲地区的“INFOPECHE”，阿拉伯国家的“INFOSAMAK”，东欧国家的“EASTFISH”。由于中国是渔业大国，为了互通信息，FAO在中国单独建立了“INFOYU”，与全球联网，发挥我国的作用。

二、中国渔业与世界渔业产量的比较

2014年全世界捕捞和养殖产量为1.96亿t（鲜重），包括鱼类、甲壳类、软体动物、蛙类、水生龟类、鳖、其他可食用水生动物（如海参、海蜇、海胆和海鞘等）和藻类。2014年中国的捕捞和养殖产量为7615万t（鲜重），占世界总量的38.9%。中国在国际水产养殖方面

有举足轻重的地位，海水养殖和淡水养殖分别占世界产量的 54%和 62%，而海洋捕捞和淡水捕捞则相对较低，分别为 18%和 19%。

1. 世界渔业生产总量及中国的贡献

根据 FAO 发布的世界渔业统计和 2015 年的《中国渔业统计年鉴》，2014 年全世界捕捞和养殖产量为 1.96 亿 t（鲜重），包括鱼类、甲壳类、软体动物、蛙类、水生龟类、鳖等其他可食用水生动物（如海参、海蜇、海胆和海鞘等）和藻类，不包括鳄鱼、水生哺乳动物和非食用产品（珍珠、贝壳、海绵等）。2014 年中国的捕捞和养殖产量为 7615 万 t（鲜重），占世界总量的 39%，超过排在中国后面的 9 个国家的水产品产量之和（占世界的 33%）。排在中国后面的依次是印度尼西亚、印度、越南、美国、缅甸、日本、菲律宾、俄罗斯和智利（图 4-1）。

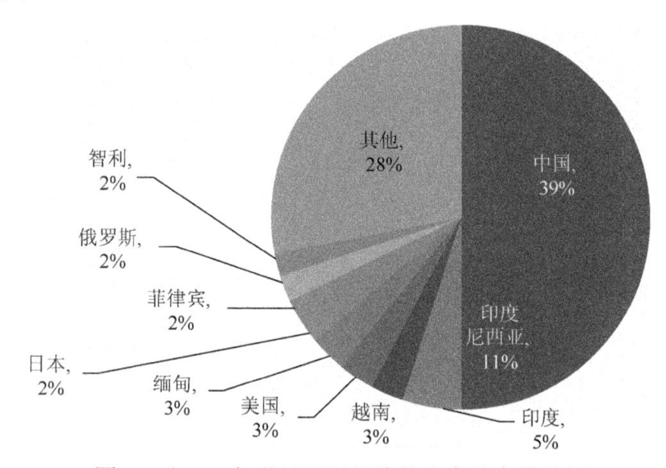

图 4-1 2014 年世界不同经济体水产品产量份额

1950 年中国的水产品总产量占世界的比例不到 5%，1990 年占 14%，2000 年占 31%，2010 年占 37.7%，最近几年的变化不大，基本稳定在 38%左右。这从侧面说明渔业生产已经从过去的追求总量转变到量质并重，再到以提高质量为主的供给侧改革方向上来（图 4-2）。

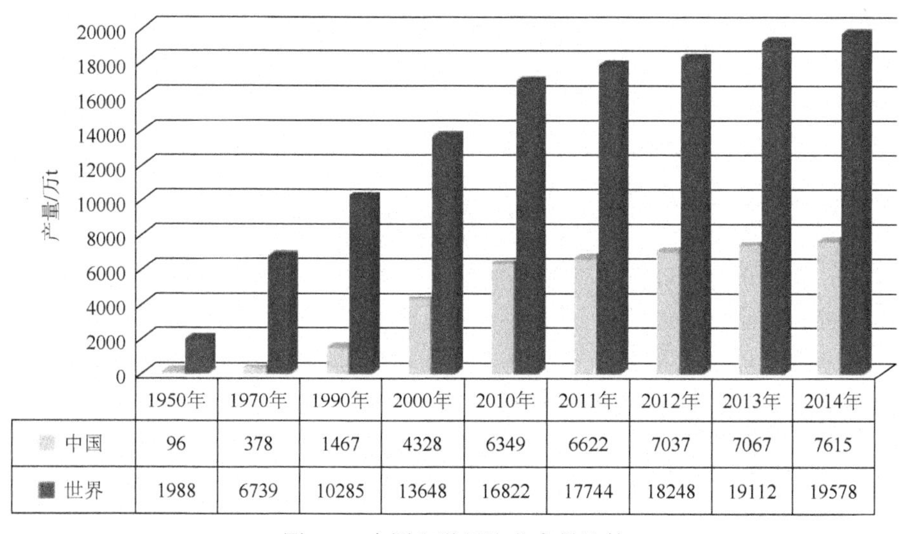

	1950年	1970年	1990年	2000年	2010年	2011年	2012年	2013年	2014年
中国	96	378	1467	4328	6349	6622	7037	7067	7615
世界	1988	6739	10285	13648	16822	17744	18248	19112	19578

图 4-2 中国和世界渔业产量比较

除去海藻和非食用产品以后的世界水产品总产量为1.67亿t，中国为6257万t，中国占世界的比例为37.5%。在不包含海藻和非食用的水产品之后，秘鲁和挪威进入了前10名，而智利和菲律宾则掉出了前10名之列。

由中国和全世界的渔业生产结构可以看出，中国的渔业生产集中在养殖上，海水养殖和淡水养殖一共占总产量的77%，海洋捕捞和淡水捕捞仅占总产量的23%，而全世界的渔业生产中捕捞和养殖几乎各占一半（图4-3和图4-4）。世界海洋捕捞占总产量的比例高达42%，而中国海洋捕捞比例仅占总产量的20%。中国侧重于养殖生产的结构对于世界海洋渔业资源的保护起到了重要的作用。

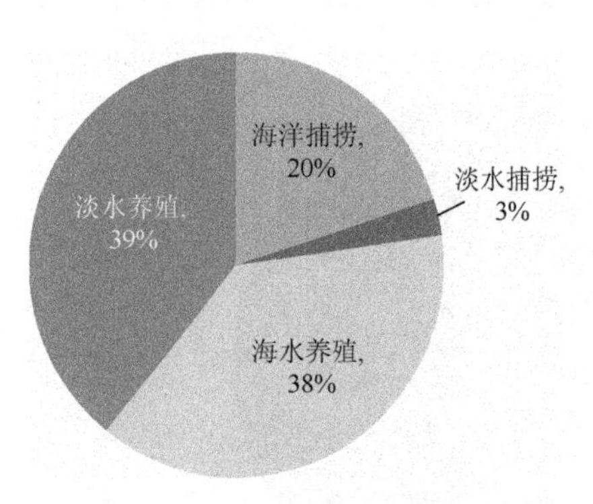

图4-3　2014年中国渔业生产结构

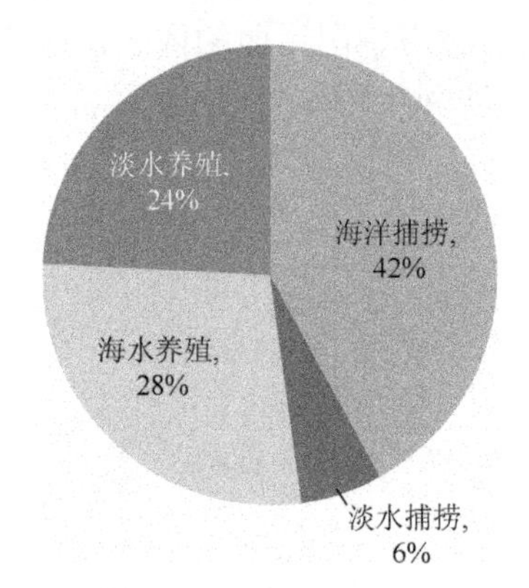

图4-4　2014年世界渔业生产结构

2. 世界海洋捕捞产量

2014年世界海洋捕捞产量达到8275万t，中国为1505万t，占比为18%。中国海洋捕捞产量包括近海捕捞产量1280万t，远洋捕捞产量202万t，另外，还有22万t是藻类折算的误差。世界除去藻类和非食用水产品的产量为8155万t，中国除去藻类和非食用水产品的产量为1481万t，占比为18%。在海洋捕捞方面，不仅发展中国家，发达国家，如美国、日本也是海洋捕捞大国，分别位于世界第三位和第五位。这与发达国家长期的生产优势和海洋文化传统分不开。2014年世界海洋鱼类捕捞产量为6728万t，中国为1023万t，占比为15%。中国的鱼类产量包括近海捕捞881万t和远洋捕捞142万t。这说明中国远洋捕捞产量的202万t中，鱼类只有142万t。鱼类捕捞前10名国家包括发达国家美国、日本和挪威。

2014年甲壳类海洋捕捞产量为634万t，中国为245万t，占比为38%。中国甲壳类海洋捕捞产量包括近海捕捞239万t和远洋捕捞近6万t。2014年世界捕捞贝类产量为255万t，中国为55万t，占21.6%。在贝类捕捞上面，中国与美国、日本的差距很小。美国、日本这样的经济发达国家也很重视贝类的捕捞，说明他们捕捞的品种中很多是经济价值较高的品种，如鲍鱼、牡蛎、扇贝等水产品。在前十大捕捞国家中，发达国家占了6个席位。

2014年世界头足类产量为478万t，中国为138万t，占比为28.9%。中国近海捕捞产量为68万t，远洋捕捞产量为70万t。中国头足类捕捞产量一直在增长，不过近几年增长的趋势在逐渐放缓。美国、日本分别位于第五位和第十位。2014年世界藻类产量为118万t，中国为24万t，占比为20.3%。排在第一位的智利的产量接近于中国的两倍。前10位国家里发达国家有6个。海洋哺乳动物的捕捞只有日本一个国家的记录，2014

年日本海洋哺乳动物产量为600t。其他动物（包括蛙、鳄鱼、乌龟、海参等）的产量为60万t，中国为19万t，占比为33%。2014年中国的产量比较稳定，但是由于其他国家产量的增加，中国在世界中的占比在逐年下降。2014年其他水生动物制品（主要是指珍珠、海绵、珊瑚等非食用制品）的世界总产量为1.47万t，中国只有13t，排在世界第22位。

3. 世界海水养殖产量

2014年世界海水养殖产量达到5395万t，比2013年增长了3%。中国的产量达到2936万t（藻类和贝类产量为2641万t，占海水养殖产量的90%），比2013年增长了1%。中国占全世界海水养殖产量的54%。

FAO公布的中国海水养殖产量与《中国统计年鉴》中的数字（1812万t）相差1124万t，这一差异主要是由藻类的差异造成的。FAO和中国对藻类统计的标准不一致，中国按干重对藻类进行统计，而FAO按湿重统计。中国的海藻干重是200万t，干湿折算比大致是1∶6.5，所以FAO公布的中国海藻产量为1324万t。

20世纪70年代中国海水养殖产量占世界的比重就达到了32%，充分说明中国政府和民众对海水养殖的重视。根据统计，可以认为中国海水养殖产量占世界的比重在2010年左右达到了高峰——59%。虽然中国海水养殖产量在增加，但由于一些国家，如智利、越南、印度尼西亚和挪威的产量增长较快，相比较而言，近几年中国海水养殖产量占世界的比重一直在下降。

需要注意的是，在海水养殖的生产上，韩国、挪威、日本、西班牙、英国、美国和法国等发达国家占有重要的地位（后5个国家排在11～20位）。发达国家的海水养殖在品种、技术和资金投入上与发展中国家之间存在一定的差距，因此，产量不能全面反映各国的海水养殖优势和地位。

从分类上看，中国在其他动物养殖产量中所占的比重为89.30%，排第一位。但从世界范围看，其他动物产量仅有27万t，占世界的比例仅为0.6%。藻类和贝类的世界产量高达2722万t和1584万t（合计为4306万t），中国分别为1324万t和1317万t（合计为2641万t），中国藻类和贝类产量分别占世界的48.60%和83.10%。在高价值的海水鱼类养殖方面，中国的产量仅为119万t，低于挪威的133万t，占世界的比重为18.90%，排在第二位。鱼类养殖中排在前10位的国家和地区有挪威、日本、英国和中国台湾。在海水养殖中，鱼类的单位价值最高。因此，未来中国海水养殖的发展方向是大力增加对海水鱼类养殖的投入，以此来增加渔民的收入，同时满足大众不断提高的消费需求。2014年中国甲壳类产量为143万t，占世界的34.40%，排第一位。从事甲壳类海水养殖的主要有印度尼西亚、越南、泰国等发展中国家。中国的贝类养殖产量为1317万t，以83.10%占世界的绝对比例。在海水贝类养殖中，排在前10位的国家中，发达国家日本、美国、西班牙、意大利、法国、韩国占有重要地位。一方面说明发达国家对贝类海水养殖非常重视；另一方面说明海水贝类养殖产品也是经济价值较高的水产品。中国在开展海水养殖时应当在高卫生标准、高经济价值的贝类产品上进行投入。

4. 世界内陆捕捞产量

在内陆捕捞方面，世界总产出为1190万t，中国为229.70万t，占19%。229.7万t与中国公布的229.50万t相差2000t，主要是藻类折算多出的。排在前10名的国家都是发展中国家和欠发达国家，主要原因是这些国家的国民对蛋白质和收入的需求还依赖于湖泊和内河野生环境捕捞。

近几年中国的产量较为稳定。随着中国经济的发展和国民生活水平的提高，预计中国的内陆捕捞产量会逐步下降。中国在鱼类、甲壳类、贝类和藻类上的捕捞产量是比较稳定的，2014 年的产量分别为 1099 万 t、32 万 t、26 万 t 和 0.25 万 t，占世界产量的 15.20%、62%、76.10%和 100%。其他水生动物的产量一直在下降，从 2010 年的 5 万 t 下降到 2014 年的 3 万 t 左右。一方面是因为近年来中国加强了环境保护和对野生动植物资源的保护，人们的环保意识和保护野生动物的意识逐渐增强；另一方面则是渔民通过发展蛙、乌龟等特色养殖来增加收入，满足人们的消费需求，就不需要再到野生环境中去捕获。

5. 世界淡水养殖产量

2014 年中国的淡水养殖产量达到 2943 万 t，占全世界产量的 62%，排在中国后面的 19 个国家的淡水养殖产量总和仅占世界总产量的 35%。由此可见，中国的淡水养殖对世界淡水养殖的发展具有重要作用。淡水养殖产量前 20 位国家中只有美国是发达国家，其他均为发展中国家。从这个意义上讲，称淡水养殖是“发展中国家的养殖”也不为过。究其原因是，淡水养殖的种类主要以低值水产品为主，这满足了发展中国家国民的基本蛋白质需求。从资源禀赋来看，发达国家具备发展淡水养殖的条件，但他们没有这样的传统，也没有这样的需求。他们的需求是以海水捕捞和海水养殖产品为主。

在淡水养殖产品分类方面，无论是在鱼类，还是在甲壳类、贝类、藻类和其他动物的产量上，中国的排名都在第一位。甲壳类、贝类、藻类和其他动物的产量占世界的比重均超过 90%。甲壳类的虾、蟹养殖是中国的传统养殖品类，虾、蟹的消费受到中国广大民众的喜爱。

三、世界渔船和渔民与中国的比较分析

2014 年世界渔船达到 460 万艘，其中机动渔船 292 万艘，非机动渔船 168 万艘，占比分别为 63%和 37%。世界渔船总数相比于 1995 年增加了 14%，主要是由机动渔船增加了 33%所导致的。非机动渔船数量相比于 1995 年下降了 8.7%。可以看出世界渔船的发展方向是更侧重于机动渔船的发展，减少非机动渔船的建造。

2014 年中国的渔船数为 106 万艘，其中机动渔船 68 万艘，非机动渔船 38 万艘。近几年中国的渔船总数保持在 106 万艘左右，相比于 1995 年的 95 万艘增长了 11.5%。这主要是由机动渔船增加所致，机动渔船相比于 1995 年增长了 58%，而非机动渔船则减少了 27%。

2014 年中国渔船占世界渔船的比例为 23%。机动渔船相比于 2009 年下降了近 3 个百分点。非机动渔船占世界的比重相比于 1995 年下降了近 6 个百分点。这与中国渔业部门实施的“转产转业”政策有关。需要注意的是，这里的渔船数量只能表明一个国家参与渔业生产的程度，并不能表明一个国家参与渔业生产的强度。

中国的渔民统计不仅包括养殖渔民和捕捞渔民，而且还包括专业渔民、兼业渔民和临时人员。FAO 统计的数据仅包括捕捞渔民，不包括养殖渔民。

FAO 发布的 2014 年世界捕捞渔民的总人数是 3787 万人，中国的捕捞渔民人数是 916 万人，占全世界的比重为 24%。这一比例与中国渔船占世界渔船的比例大致相当，但高于中国海洋渔业捕捞产量占世界产量的比例 18%，这一方面说明中国海洋渔业的生产效益还有待于提高，另一方面也说明中国的海洋渔业资源禀赋相比于世界其他国家和地区要差。

2014 年《中国统计年鉴》发布的渔民人数是 1429 万人，其中捕捞渔民 181 万人，养殖渔民 512 万人，其他人员 87 万人。如果 FAO 得到的数据是用渔民总人数 1429 万人减去养殖渔民人数得到 916 万人的话，这一数字没有考虑到专业渔民和兼业渔民的区别。考虑到中国是世界上最大的水产养殖国，对渔民人数的统计应该要考虑养殖渔民。未来的工作需要进一步与 FAO 的统计部门进行沟通，在世界范围内把渔民人数的统计区分为捕捞渔民和养殖渔民，在此基础上的比较才是科学的。

第三节　中国渔业的自然环境

一、海洋渔业的自然环境

中国大陆东、南面临渤海、黄海、东海和南海，都属于太平洋的边缘海。大陆岸线从鸭绿江口到北仑河口，全长 18000 多千米，岛屿 5000 多个，岛屿岸线 14000 多千米。全年沿海河流入海的径流量约为 1.5 万亿多立方米。4 个海域的总面积为 482.7 万 km^2，大陆架面积约为 140 万 km^2。

（1）渤海

渤海是中国的内海。以老铁山西角为起点，经庙岛群岛和蓬莱角的连线为界，该界线以西为渤海，以东为黄海。渤海面积为 7.7 万 km^2。水深 20m 以内的面积占一半，仅老铁山水道的水深为 85m。底质分布情况是，沿岸周围沉积物颗粒较细，细砂分布很广，向中央盆地颗粒逐渐变粗。

（2）黄海

黄海与渤海相通，南界以长江口北角与韩国济州岛西南角的连线为界，与东海相通，面积为 38 万 km^2。黄海分北、中、南 3 个部分，即山东成山头与朝鲜长山串连成线，以北为黄北部，以南至 34°N 线之间为黄海中部，34°N 以南为黄海南部。整个黄海海域处于大陆架上，仅北黄海东南部有一黄海槽。苏北沿海沙沟纵横等，深浅呈辐射状分布。底质以细砂为主。

渤海、黄海、东海的自然条件概况见表 4-2。

表 4-2　渤海、黄海、东海的自然条件概况

海域	面积	水深	底质	水文条件
渤海	7.7 万 km^2，大陆架面积为 7.7 万 km^2	20m 水深以内面积占一半，最大水深为 85m（老缺山水道）	周围质细砂，中央盆地颗粒变粗	水文条件受气候和沿岸河流径流量影响较大
黄海	大陆架面积为 38 万 km^2	最大水深为 103m	苏北沿海为沙沟，底质以细砂为主	黄海水团和沿岸水相互影响
东海	77 万 km^2，大陆架面积为 57 万 km^2	大部分水深为 60～70m，大陆架外缘转折水深为 140～180m，冲绳海槽为 2719m	60～70m 等深线以细软泥、泥质沙、粉沙为主，东侧以细砂为主，台湾海峡以南为砾石	黑潮分支和沿岸水相互影响

（3）东海

东海北与黄海相连，东北通过对马海峡与日本海相通。南端以福建省诏安县和台湾鹅銮鼻的连线为界与南海相连，总面积为 77 万 km^2，其中大陆架面积约占 74%，为 57 万多平方千米，为四大海域中最大、最宽的地带，呈扇状。大部分水深处于 60～140m，大陆架外缘转折水深为 140～180m，冲绳海槽最深处为 2719m。台湾海峡平均水深为 60m，澎湖列岛西南的台湾线滩水深为 30～40m，最浅处为 12m，构成一海槛，对东海和南海的水体交换带来一定的影响。东海大陆架的底质一般以水深 60～70m 为界，西侧为陆源沉积，以软泥、泥质砂、粉砂为主，东侧为古海滨浅海沉积，以细砂为主。台湾海峡南端开阔区域为细砂区、中粗砂区和细中砂区，近岸伴有砾石，澎湖列岛西南为火山喷出物、砾石、基岩等。

（4）南海

南海面积最大，达 350 万 km^2，北部大陆架面积为 37.4km^2。地形是周围较浅，中间深陷，呈深海盆型，南部除南沙群岛等岛礁以外，还有著名的巽他大陆架。北部湾最深处为 80m，大多处于 20～50m，海底平坦。在底质分布上，北部大陆架大致与东海相似，北部湾东侧以黏土软泥为主，周围有粗沙砾砂（表 4-3）。

表 4-3　南海的自然条件概况

海域	面积	水深	底质	水文条件
南海	350 万 km^2，大陆架面积为 37.4 万 km^2	周围较浅，南北为大陆架，中央为深海，北部湾最大水深为 80m	除岛礁以珊瑚礁为主以外，其他以泥、砂为主	以黑潮为主，北部大陆架有沿岸水的影响

上述 4 个海域都属于半封闭海性质，其海洋水文与大洋性海洋有明显区别，受大陆的天气、水系，以及其外海海流和潮流等的影响。其各水层的等温线和等盐线的分布一般外高内低，南高北低，季节变化明显。构成中国海洋环流的主要是中国大陆沿岸流和黑潮流两个系统。前者一般都沿岸由北向南流动，除南海分支以外，黑潮流是终年向偏东北方向流动。相互消长和地形等的影响，直接关系到渔业资源的移动和洄游。《联合国海洋法公约》生效以后，上述 4 个海域中，除渤海是中国内海以外，黄海、东海和南海都与周边国家存在关于专属经济区或大陆架划界的问题。

二、内陆水域渔业的自然环境

中国内陆水域辽阔，总面积约为 2.64 亿亩，占国土面积的 1.84%，其中河流 1 亿多亩，湖泊 1.1 亿多亩，水库 3000 多万亩，池塘 2000 多万亩。河流流程在 300km 以上的有 104 条，其中 1000km 以上的有 22 条。湖泊面积在 1 km^2 以上的有 2800 多个，在百万亩以上的有 18 个，主要有鄱阳湖、洞庭湖、太湖、洪泽湖、巢湖、呼伦湖、纳木错、兴凯湖、南西湖、博斯腾湖等。大小水库有 8.7 万座，大型的有 328 座，中型的有 2333 座，小型的有 8.4 万座。由于中国国土面积广大，纵贯 49 个纬度，横跨 62 个经度，5 个气候带，因此，其地理、气候、水文等自然条件差异巨大，内陆水域渔业资源纷繁复杂，丰富多彩。全国内陆水域大致可分为：

（1）黑龙江、辽河流域

黑龙江、辽河流域地处寒温带，降水量分布不均匀，11 月至次年 4 月为封冻期，5～11 月为明水期，周年月平均水温为 7～24℃，水面大多分布在北部，结冰期不一。全流域水面积约占全国的 9%。

（2）黄河、海河流域

黄河、海河流域地处南温带，降水不丰富，日照较长，周年月平均水温为3～28℃，水面主要分布在河流下游的平原地区。全流域水面积约占全国的11%。

（3）长江流域

长江流域地处南温带和亚热带之间，降水丰富，气候温和，周年月平均水温为6～29℃。该流域的中、下游各省的平原地区河川纵横，湖泊密度大，水网交织，全流域水面积约占全国的46%。

（4）珠江流域

珠江流域地处亚热带，降水特别丰富，周年月平均水温为 13～30℃。全流域水面积约占全国的7%。

（5）新疆、青海、西藏地区

新疆、青海、西藏地区属于高原地区，是我国，也是世界上最大的高原湖泊群分布区，其水面积占全国的 25%。有的是陆封微碱性的水面，如青海湖等。上述各流域的自然条件见表 4-4。

表 4-4　全国主要河流流域和新疆高原、青藏高原水域的自然条件概况

流域	位置	周年月平均温度等	流域面积占全国的百分比/%
黑龙江、辽河流域	寒温带	5～11 月为明水期，周年月平均水温为 7～24℃	水面多在北部，流域面积占全国的 9%
黄河、海河流域	南温带	周年月平均水温为 3～28℃，日照时间长	水面主要在河流下游平原地区，流域面积占全国的 11%
长江流域	南温带和亚热带之间	周年月平均水温为 6～29℃，降水丰富，气候温和	流域中下游水网交织，流域面积占全国的 46%
珠江流域	亚热带	周年月平均水温为 13～30℃，降水特别丰富	流域面积占全国的 7%
新疆、青海、西藏地区	高原地区	水温差别很大	高原湖泊群为世界之最，流域面积占全国的 25%

根据上述全国主要河流流域的自然条件，黄河流域、长江流域和珠江流域比较适合从事水产养殖业，尤其是长江流域中下游水网交织，水面积几乎占全国水面总面积的一半。但值得引起注意的是，新疆、青藏高原拥有大量高原湖泊，是发展冷水性鱼类养殖的独特的有利条件。

第四节　中国渔业资源

一、海洋渔业资源

根据多年的调查数据，可知中国海洋渔业资源种类繁多。海洋鱼类有 2000 多种，海兽类约 40 种，头足类约 80 种，虾类 300 多种，蟹类 800 多种，贝类 3000 种左右，海藻类约 1000 种。这些种类中有的缺乏经济利用价值，有的数量过少，渔业统计和市场销售名列上的种类大约有 200 种。

1. 渔业资源类型划分

（1）按有关渔业资源栖息水层、海域范围和习性划分

中上层渔业资源：是主要栖息在中上层水域的渔业资源，如鲐鱼、鲹鱼、马鲛鱼等。

底层或近底层渔业资源：是主要栖息在底层或近底层水域的渔业资源，如小黄鱼、大黄鱼、带鱼、鮟鱇、鳕鱼等。

河口渔业资源：是主要栖息在江河入海口水域的渔业资源，如鲻鱼、梭鱼、花鲈，以及过河性的刀鲚、凤鲚等。

高度洄游种群资源：一般生长在大洋中，并做有规律的长距离洄游的鱼类资源，如金枪鱼类、鲣鱼、枪鱼、箭鱼等。

溯河产卵洄游鱼类资源：在海洋中生长，回到原产卵孵化的江河中繁殖产卵的鱼类资源，如大麻哈鱼、鲥鱼等。

降河产卵洄游鱼类资源：与溯河产卵洄游鱼类资源相反，其是在江河中生长，回到海洋中繁殖产卵的鱼类资源，如鳗鲡。

（2）按捕捞种类的产量高低进行划分

根据 FAO 的统计，全球海洋捕捞对象约为 800 种。按实际年渔获量划分产量级单一种类为：超过 1000 万 t 的为特级捕捞对象；100 万～1000 万 t 的为 I 级捕捞对象；10 万～100 万 t 的为 II 级捕捞对象；1 万～10 万 t 的为III级捕捞对象；0.1 万～1 万 t 的为IV级捕捞对象；小于 0.1 万 t 的为V级捕捞对象（表 4-5）。

表 4-5　全球海洋捕捞对象产量级

产量级	实际年渔获量/万 t	捕捞对象	渔业规模
特级	＞1000	秘鲁鳀（1970 年年产量为 1306 万 t）	特大规模渔业
I 级	100～1000	狭鳕、远东拟沙丁鱼、日本鲐等十多种	大规模渔业
II 级	10～100	黄鳍金枪鱼、带鱼、鳀、中国毛虾等 60 多种	中等规模渔业
III级	1～10	银鲳、三疣梭子蟹、曼氏无针乌贼等 280 多种	小规模渔业
IV级	0.1～1	黄姑鱼、鮸鱼、口虾蛄等 300 多种	地方性渔业
V级	＜0.1	黑鲷、大菱鲆、龙虾等 150 多种	兼捕性渔业

根据我国开发利用海洋渔业资源的统计数据，我国尚无特级捕捞对象，实际年渔获量曾经超过 100 万 t 的只有鳀鱼一种。实际年渔获量超过 1 万 t 的有 40 多种，主要是带鱼、绿鳍马面鲀、蓝圆鲹、大黄鱼、日本鲐、太平洋鲱鱼、银鲳、蓝点马鲛、多齿蛇鲻、长尾大眼鲷、棘头梅童鱼、皮氏叫姑鱼、白姑鱼、马六甲鲱鲤、绒纹单角鲀、金色小沙丁鱼、远东拟沙丁鱼、青鳞鱼、班鰶、黄鲫、乌鲳、海鳗、绵鳚、鳓鱼、竹荚鱼、鳕鱼、真鲷、日本枪乌贼、中国枪乌贼、中国对虾、鹰爪虾、中国毛虾、三疣梭子蟹、海蜇、毛蚶、菲律宾蛤仔、文蛤等。由于资源波动，目前实际年渔获量超过 1 万 t 的只有 30 多种。

（3）按捕捞对象的适温性划分

按捕捞对象的适温性划分，可将其分为冷温性种、暖温性种和暖水性种。暖水性种约占 2/3。鱼类是我国海洋渔获物的主体，占总渔获量的 60%～80%。各海域不同适温鱼类的种类数和比例见表 4-6。

表 4-6　各海域不同适温鱼类种类和比例

区域	暖水性		暖温性		冷温性		合计	
	种类数	占比/%	种类数	占比/%	种类数	占比/%	种类数	占比/%
南海诸岛海域	517	98.9	6	1.1	0	0	523	100.0
南海北部大陆架	899	87.5	128	12.5	0	0	1027	100.0
东海大陆架	509	69.6	207	28.5	14	1.9	730	100.0
渤海・黄海	130	45.0	138	47.8	21	7.2	289	100.0

资料来源：《中国渔业资源调查和区划》编委会，1990 年《中国海洋渔业资源》。

（4）按栖息水深进行划分

水深 40m 以内的沿岸海域　因受大陆河流入海的影响，盐度低，饵料生物丰厚，为多种鱼虾类的产卵场和育肥场，既有地方性种群资源，也有洄游性种群资源。渤海有小黄鱼、带鱼、真鲷、马鲛、鲈鱼、梭鱼、对虾、中国毛虾、梭子蟹等的产卵场。黄海沿岸海域有带鱼、小黄鱼、鳕、高眼鲽、牙鲆、鲂𩾌、太平洋鲱鱼、马鲛、对虾、鹰爪虾、毛虾等。

南黄海还有大黄鱼、银鲳等，东海沿岸海域有大黄鱼、小黄鱼、带鱼、乌贼、鲳鱼、鳓鱼、虾蟹类的产卵场和育肥场，南海沿岸海域有班鲦、蛇鲻、石斑鱼、鲷类、乌贼等。

水深 40～100m 的近海海域　是沿岸水系和外海水系交汇处，是有关鱼虾类的索饵场和越冬场。近海海域渔业资源南北差异显著。34°N 到台湾海峡，温水性种类占优势，如大黄鱼、小黄鱼、带鱼、海鳗、鲳鱼、鳓鱼等。台湾海峡以南的南海近海海域以暖温性和暖水性种类为优势，如蛇鲻、金线鱼、绯鲤、鲷类、马面鲀等。

水深 100～200m 的大陆架边缘海域　这与上述海域的种类不同。东海外海有鲐鱼、马鲛、马面鲀；南海外海有鲐鱼、深水金线鱼、高体若鲽和金枪鱼类等，台湾以东的太平洋有金枪鱼、鲣鱼、鲨鱼等。

2. 我国海洋渔业资源主要种类介绍

海洋渔业资源主要种类如图 4-5～图 4-22 所示。

白斑星鲨（*Mustelus manazo*）属于软骨鱼类。一般体长在 1m 以内。主要分布在渤海、黄海和东海北部。但资源量有限（图 4-5）。

孔鳐（*Raja porosa*）俗称劳板鱼。属于软骨鱼类。体盘宽度一般为 15～26cm。尾部无毒刺。主要分布在渤海、黄海和东海近海，随季节变化有浅水和深水之间的游动（图 4-6）。

图 4-5　白斑星鲨

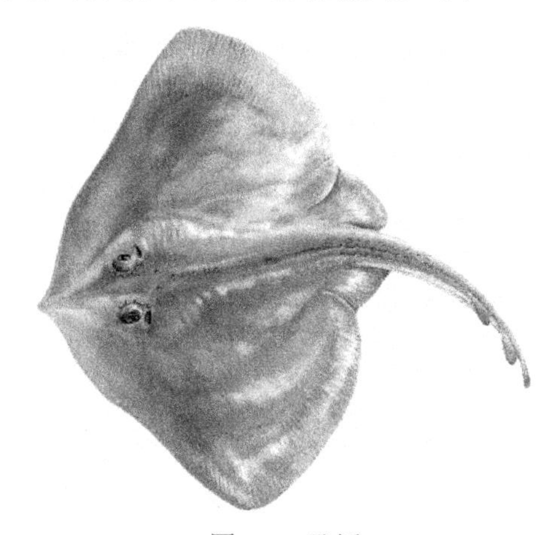

图 4-6　孔鳐

光魟（*Dasyatis laevigatus*）俗称黄鲼、黄虎、虎鱼。体盘宽度可达 35cm。分布在东海、黄海和渤海。数量不多。其肝脏的维生素 A、维生素 D 含量较高。尾部有毒刺，但具有治癌等功能，经济价值很高（图 4-7）。

海鳗（*Muraenesox cinereus*）南方俗称牙鳝、门鳝。一般体长为 40～75cm，大的可超过 90cm。是我国渤海、黄海、东海和南海沿海常见的鱼类（图 4-8）。

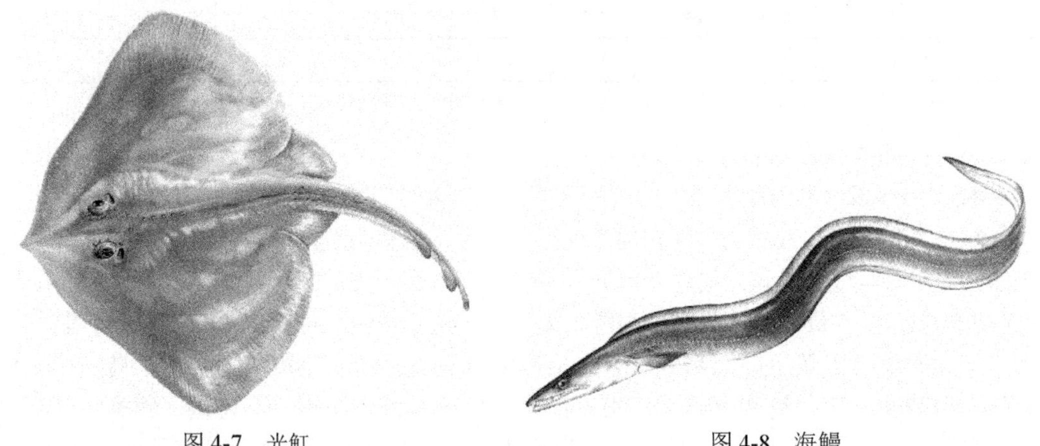

图 4-7　光魟　　　　图 4-8　海鳗

大黄鱼（*Pseudosciaena crocea*）体长一般为 30～40cm，体重为 400～800g。但目前渔获体长大部分小于 20cm。主要分布在黄海南部和东海，硇洲岛以东的南海海域也有分布，但数量相对较少（图 4-9）。

图 4-9　大黄鱼

小黄鱼（*Pseudosciaena polyactis*）体长一般为 14～16cm，体重为 50～100g。但目前渔获体长大部分小于 10cm。主要分布在渤海、黄海和东海（图 4-10）。

棘头梅童鱼（*Collichthys fragilis*）俗称梅子。体长一般为 7.5～14cm，体重为 15～30g。主要分布在渤海、黄海，是兼捕对象（图 4-11）。

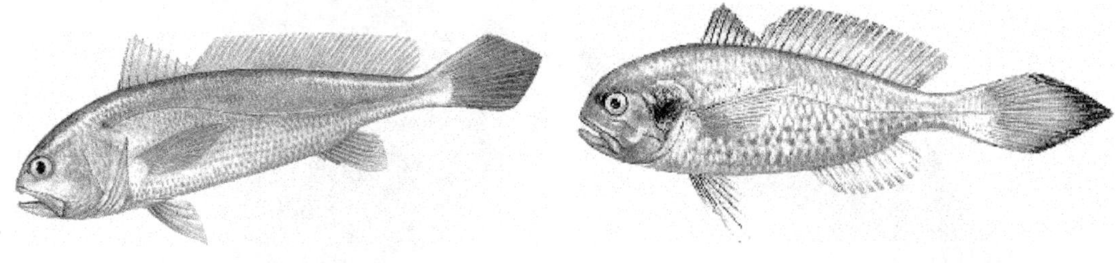

图 4-10　小黄鱼　　　　图 4-11　棘头梅童鱼

带鱼（*Trichiurus lepturus*）北方俗称刀鱼。体长一般为 15～200cm，体重为 55～150g。为我国周边海域常见鱼类，也是渔获量较高的鱼类（图 4-12）。

鲐鱼（*Pneumatophorus japonicus*）俗称鲐巴、青占、油桶鱼。体长一般为35～40cm，体重为520～550g。为我国周边海域常见鱼类（图4-13），主要分布在黄海和东海。也有一部分进入渤海产卵。是围网、刺网作业的主要捕捞对象。

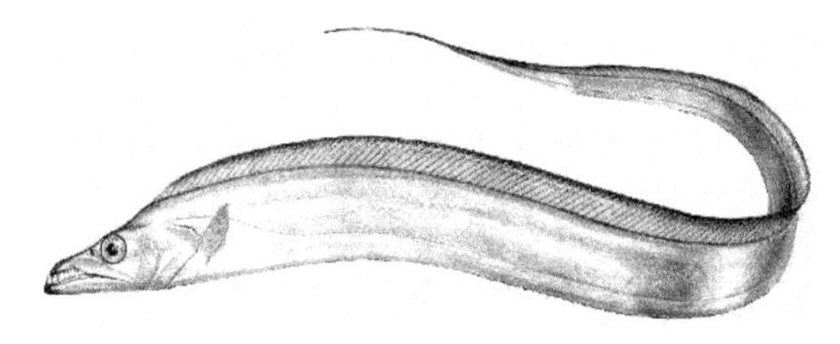

图4-12 带鱼

图4-13 鲐鱼

二长棘鲷（*Parargyrops edita*）俗称红立。体长一般为13～23cm。主要分布在南海和东海南部。是我国南海常见鱼种（图4-14）。

金线鱼（*Nemipterus virgatus*）体长一般为19～31cm。主要分布在南海和东海南部。黄海南部偶有发现。是我国南海常见鱼种（图4-15）。

黄带绯鲤（*Upeneus sulphureus*）俗称双线。体长一般为9～17cm。在我国仅产于南海。是广东沿海常见鱼种（图4-16）。

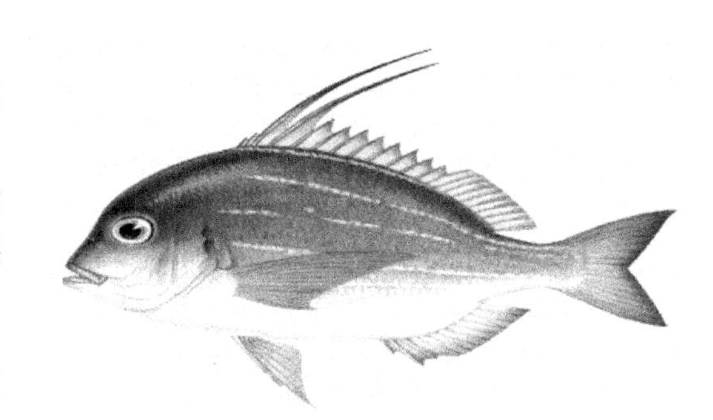

图4-14 二长棘鲷

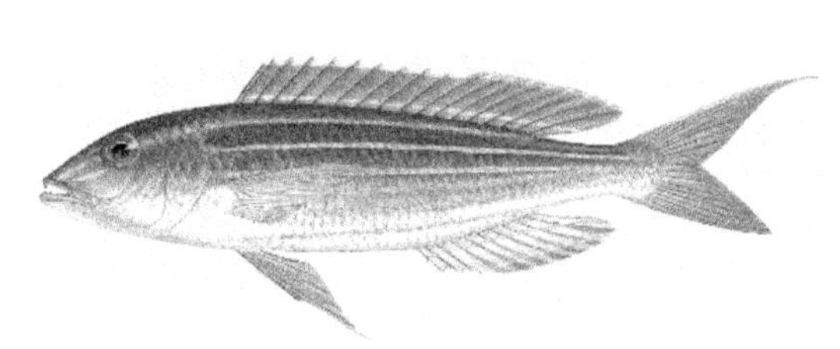

图4-15 金线鱼

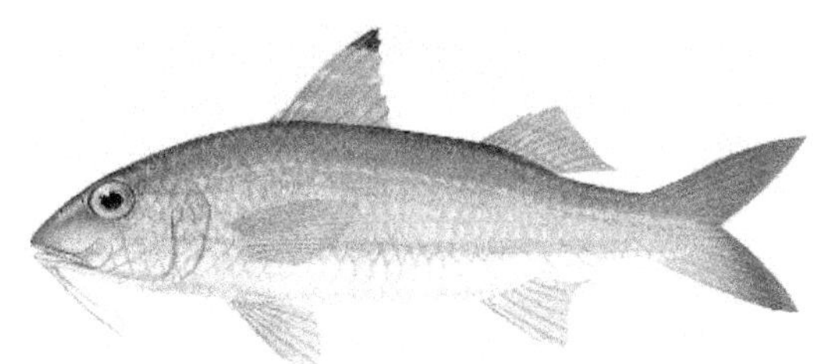

图4-16 黄带绯鲤

宽体舌鳎（*Cynoglossus robustus*）俗称牛舌、舌鳎。体长一般为23～36cm，体重为65～280g。主要分布在渤海、黄海和东海（图4-17）。

牙鲆（*Paralichthys olivaceus*）俗称牙片、片口。体长一般为18～22cm，体重为100～170g。主要分布在渤海和黄海。现已可人工养殖（图4-18）。

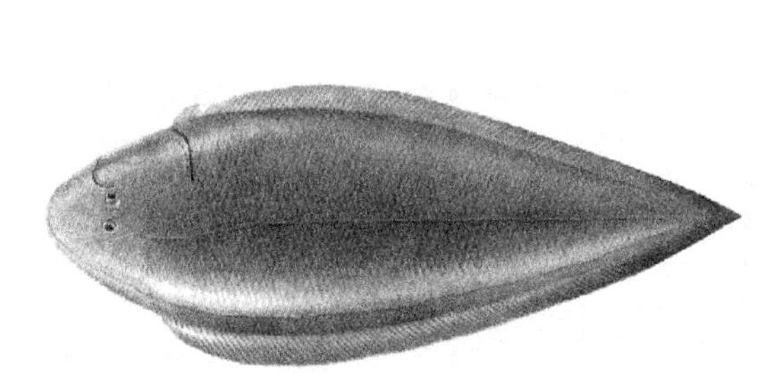

图4-17 宽体舌鳎

图4-18 牙鲆

高眼鲽（*Cleisthenes herzensteini*）体长一般为15～18cm，体重为14～100g。主要分

布在渤海和黄海（图 4-19）。绿鳍马面鲀（*Navodon septentrionalis*）俗称橡皮鱼。体长一般为 12～20cm，体重为 100～170g。主要分布在黄海和东海。曾是拖网作业的主要捕捞对象（图 4-20）。

图 4-19　高眼鲽

图 4-20　绿鳍马面鲀

布氏三刺鲀（*Tripodichthys blochi bleeker*）体长一般为 8～15cm。在我国仅产于南海。是广东沿海常见鱼种（图 4-21）。

东方鲀（*tetraodon fluviatilis*）俗称艇巴。体长一般为 15～25cm。在我国沿海均有分布。是常见有毒鱼类（图 4-22）。

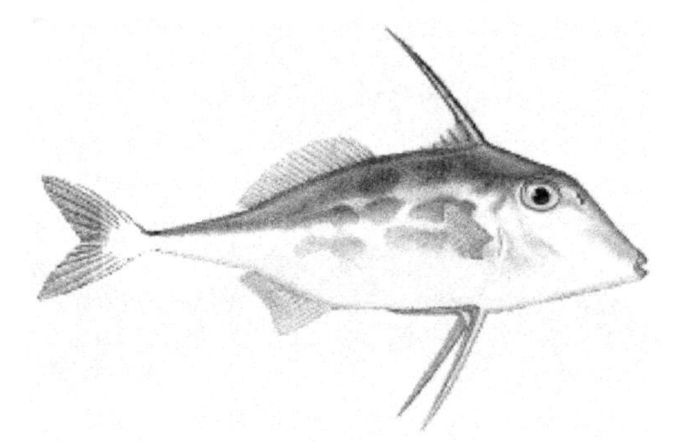

图 4-21　布氏三刺鲀

图 4-22　东方鲀

二、海水养殖资源

由于中国沿海海域南北跨距很大，以及海水养殖技术不断提高，南北之间海水养殖种类差别很大，而且种类也不断增加。

1. 渤海区

渤海属于半封闭的内海，沿岸有辽河、海河、滦河、黄河等河流入海。河口附近多浅滩，当地毛蚶、文蛤、杂色蛤等贝类资源十分丰富，渤海各湾内多泥沙底质，又是鱼虾的产卵场，幼苗集中，对养殖和增殖对虾、梭鱼等十分有利。近年来在渤海口的长岛已发展了养殖鲍鱼、扇贝等名特优品种产业。

2. 黄海区北部

黄海区北部沿岸多岛屿和山脉，岸线曲折，海带、裙带菜、紫贻贝、牡蛎、鲍鱼、扇贝等资源丰富，尚可培育真鲷、牙鲆等经济鱼类的增养殖，南部多沙丘，贝类资源丰富，尤其是文蛤为优势，吕泗到连云港一带的条斑紫菜栽培颇有特色。沿岸河口的鲻鱼、梭鱼和蟹类幼苗资源也相当丰富。

3. 东海区

沿岸多山和岛屿，底质以岩礁和沙砾为主，适于紫菜、贻贝、鲍鱼等附着生长。滩涂以贝类为主，有泥蚶、缢蛏、文蛤、牡蛎、杂色蛤等（图 4-28），各湾口内是鱼类养殖的最佳场所，主要有黑鲷、石斑鱼、大黄鱼等。

4. 南海区北部

除河口附近为泥沙和砂的底质以外，大多是沙砾、岩礁等。这里除可以养殖石斑鱼、鲷类以外，还有马氏珍珠贝百蝶珍珠贝翡翠贻贝、华贵栉孔扇贝、麒麟菜等特有品种。

三、内陆水域渔业资源

我国内陆水域渔业资源相当丰富。据调查，全国鱼类有 800 多种，其中纯淡水鱼类有 760 多种（包括亚种），洄游性鱼类 60 多种。近年来，从国外引进移植的有十多种。

全国内陆水域流域或地方鱼类资源种类数见表 4-7，即珠江流域 381 种、长江流域 370 种、黄河流域 191 种、黑龙江等流域 175 种、西部高原更少，如新疆有 50 多种，西藏 44 种，总体上种类分布呈东至西，南至北递减的趋势。

表 4-7 全国内陆水域流域或地方的鱼类资源种类数

流域或地方	珠江	长江	黄河	黑龙江	新疆	西藏
种类数	381	370	191	175	多于 50	44

在鱼种方面，鲤科鱼类比例最高，全国各水系中平均为 50%～60%。河口地区还有相当数量的洄游性鱼类，包括溯河产卵鱼类和降河产卵鱼类。除鱼类以外，还有大量的虾蟹类，如沼虾、青虾、长臂虾、中华绒螯蟹（大闸蟹）、螺类、蚌类（如三角帆蚌和皱纹蚌都是淡水育珠的母蚌）。列入国家珍稀保护动物的有白鳍豚、江豚、中华鲟、白鲟、大鳃、扬子鳄、山瑞等。应对濒临绝种的松江鲈、大理裂腹鱼等专门加以保护。

第五节 中国渔业的发展简况和现状

中国地处亚洲温带和亚热带地区，水域辽阔，水产资源丰富，为渔业的发展提供了有利条件。早在原始社会，捕鱼就成为人们谋生的一项重要手段。以后随着农业的发展，渔业在社会经济中的比重逐渐降低，但在部分沿海地区和江河湖泊密布区域，仍存在着以渔为主或渔农兼作的不同状况。在漫长的历史时期中，中国渔业经历了原始渔业、古代渔业、近代渔业、现代渔业的发展阶段；其生产规模、渔业技术随着时代的前进得到了不断的发展；水产教育和科学研究自近代以来也有长足的进步。

一、原始渔业（从远古到公元前 22 世纪）

原始社会生产力低下，人们为寻找食物而奔波。狩猎和采集不足以维持生活，人类开始把生产活动从陆地扩展至水域，利用水生动植物作为食物，出现了原始的捕捞活动。1933～1934 年在北京周口店龙骨山的山顶洞穴内发掘到的地下文物证明，18000 年前居住在那里的人们，其谋生手段除采集植物和猎取野兽以外，还在附近的池沼里捕捞鱼类和贝类。山顶洞人遗址内有一块钻有小孔并涂了红色的草鱼上眶骨，那是他们食用鱼以后留作装饰品的明证。据推算，这条草鱼约有 80cm 长，说明水产品已深入到了他们的日常生活之中。

到了新石器时代，人类发明了粮食的种植和家畜的饲养，扩大了食物来源，出现了以采集、渔猎为主，以种植兼营畜牧为辅的多种经济类型。由于粮食种植和家畜饲养尚处于原始阶段，满足不了人们的生活需求，捕捞仍然占有重要地位。在一些自然条件对渔业生产有利的地区，发展成专业性的生产部门。随着渔业生产的发展，捕捞工具也在不断进步。由地下出土文物可知，新石器时代主要使用如下几种渔具：①鱼镖。出现于7500年前。早期鱼镖用动物长骨磨制而成，两侧各有几个倒钩，以后则发展成为多种形式，有的将镖头直接捆绑在镖杆头上，有的用绳子一端系在镖头铤部，另一端系在镖杆头上，成为带索鱼镖。②渔网。有关渔网的起始年代尚在探索中，在6000年前的半坡时期就已经使用了。在半坡出土的陶器上绘有方形、圆锥形渔网，反映出半坡人已根据不同的水域利用不同形状的渔网捕鱼。另外，在各地新石器时期的遗址内，出土有大量石质和陶质的网坠，说明渔网在原始社会是一种广泛使用的渔具。原始社会的渔网在中国早期的古籍中也有记载，《易·系辞下》："古者包牺氏之王天下也，……作结绳而为网罟"。③鱼钩。最早也出现于半坡时期。早期鱼钩都用骨、牙料磨制而成，分有倒刺和无倒刺两类。④鱼筍。早在4600年前，浙江吴兴钱山漾人已经使用，是用竹篾或荆条编织而成的，呈圆锥形，开口处装有倒须式漏斗，置于鱼类洄游通道上，鱼能进而不能出。此外，弓箭和鱼叉也是原始社会常用的渔具。7000年前，居住在今浙江省余姚市的河姆渡人，开始用木舟捕鱼，将生产扩展到更开阔的水域。5000年前，居住在今山东胶县的三里河人，开始大量捕捞海鱼。三里河人有很高的捕鱼技术，能捕获长约50cm、游泳快速的蓝点马鲛。6000～4000年前，居住在东部沿海地区的人主要以采拾贝类为生。在他们的贝丘遗址内还发现了箭镞、网坠、鱼钩和石斧，说明贝丘人兼事渔业和农耕。

二、古代渔业（公元前21世纪～1840年）

中国古代渔业是以风力和人力为动力，以手工操作的小生产产业。这一时期渔业发展的主要标志是，除了利用天然水域的水产资源以外，还开始进行人工养殖。在生产技术上也有不少创新。

1. 水产捕捞的发展

古代水产捕捞经历了内陆水域捕捞和沿岸捕捞两个阶段。宋代以前，捕捞主要在内陆水域进行；宋代以后，开始较大规模地捕捞海洋鱼类。

夏代，中国进入奴隶社会，生产以农业为主，但渔业仍占一定的比重。夏文化遗址出土的渔具有制作较精良的骨鱼镖、骨鱼钩和网坠，反映了当时的捕捞生产状况。《竹书纪年》载，夏王芒"狩于海，获大鱼"，说明海洋捕鱼也是受重视的一项生产活动。

商代的渔业区主要在黄河中下游，捕鱼工具有网具和钓具等。殷墟出土甲骨文"渔"字，有象征双手拉网捕鱼的和象征用手持竿钓鱼的象形文字。1952年河南偃师二里头早商宫殿遗址出土有青铜鱼钩。这枚鱼钩钩身浑圆，钩尖锐利，顶端有一凹槽，用以系线。这是中国出土的最早的金属鱼钩。商代捕捞的水产品有青鱼、草鱼、鲤、赤眼鳟、黄颡鱼和鲻等。商遗址还出土有龟甲、鲸骨和海贝，这些产于东海和南海，可能是交换或贡献来的。

周代是渔业的重要发展时期。捕捞工具已趋于多样化，有罛、九罭、汕、罜、罶、钓、笱、罩、罶等多种。此外还创造了一种叫作罧的渔法，是将柴木置于水中，诱鱼栖息其间，围而捕取，这成为后世人工鱼礁的雏形。到了春秋时代，随着铁器的使用，鱼钩开始用铁制。由于铁质坚固，同时来源较多，铁鱼钩的出现推动了钓渔业的发展。随捕捞工具的改进，捕鱼能力也有相应的提高。据《诗经》记载，当时捕食的有鲂、鳢、鲶、鲨、鲤、鰋、鳣、鲔、鲦、鳟、嘉鱼等十余种。《尔雅·释鱼》记载的更多，达20余种。这些鱼分别生活在水域的中上层和底层。近海捕鱼也有很大发展，位于渤海之滨的齐国，原先地瘠民贫，吕尚受封齐地后，兴渔盐之利，人民多归齐，齐成为大国。周代开始对渔业设官管理，渔官称人。《周礼·天官》记载，人有“中士四人、下士四人、府二人、史四人、胥三十人、徒三百人”，已形成一支不小的管理队伍。人的职责除捕取鱼类供王室需用以外，还执掌渔业政令并征收渔税。为保护鱼类资源，周代还规定了禁渔期，一年之中，春季、秋季和冬季为捕鱼季节，夏季鱼类繁殖，禁止捕捞。周代对渔具、渔法也做了限制，规定不准使用密眼网，不准毒鱼和竭泽而渔。

汉代捕鱼业比前代更昌盛，班固《汉书·地理志》记载，辽东、楚、巴，蜀、广汉都是重要的鱼产区，市上出现大量商品鱼。捕捞技术也有进步，徐坚《初学记》引《风俗通义》说，罾网捕鱼时用轮轴起放，说明当时已过渡到半机械操作。东汉时还创造了一种新的钓鱼法。王充《论衡·乱龙篇》记载，当时钓鱼用一种真鱼般红色木制鱼置于水中，引诱鱼类上钩，这成为后世拟饵钓的先导。近海捕鱼也形成了一定规模，西汉政府设海丞一职，主管海上捕鱼生产；汉宣帝时大臣耿寿昌曾提议增收海租（海洋渔业税）3倍，以充裕国库。

魏晋、南北朝至隋朝的三四百年间，黄河流域历经战乱，渔业生产力下降；在长江流域，东晋南渡后，经济得到开发，渔业在继续发展。郭璞《江赋》描述长江渔业盛况说：“舳舻相属，万里连樯，溯洄沿流，或渔或商”。在捕鱼技术上，出现了一种叫鸣根的声诱渔法。捕鱼时用长木敲击船板发出声响，惊吓鱼类入网。东海之滨的上海还出现了一种叫沪的渔法。渔民在海滩上植竹，以绳编连，向岸边伸张两翼，潮来时鱼虾越过竹枝，潮退时被竹所阻而被捕获。这时对鱼类的洄游规律也有了一定认识：“鳗鮆顺时而往还”（郭璞《江赋》）。

唐代主要渔业区在长江、珠江及其支流。这时除承袭前代的渔具、渔法以外，还驯养禽兽捕鱼。766～768 年诗人杜甫在夔州（今四川奉节县）居住时看到当地居民普遍豢养鸬鹚捕鱼。7世纪末，通川（今四川达县）出现水獭捕鱼。唐末，诗人陆龟蒙对长江下游的渔具渔法做了综合描述，写成著名的《渔具诗》，作者在序言中对所述渔具的结构和使用方法做了概述，并进行分类。

宋代，随着东南沿海地区经济的开发和航海技术的提高，大量海洋经济鱼类得到开发利用，浙江杭州湾外的洋山成为重要的石首鱼渔场。每年三四月，大批渔船竞往采捕，渔获物盐腌后供常年食用，有的冰藏后远销至今江苏南京以西。马鲛、带鱼也成为重要捕捞对象。使用的海洋渔具有莆网和帘。莆网是一种定置张网。帘即刺网，长数十寻，用双船布放，缒以铁，下垂水底，刺捕马鲛。淡水捕捞的规模也较前代为大，马永卿《懒真子》载，江西鄱阳湖冬季水落时，渔民集中几百艘渔船，用竹竿搅水和敲鼓的方法，驱赶鱼类入网。长江中游出现空钩延绳钓，其钓钩大如秤钩，用双船截江敷设，钩捕江中大鱼。竿钓技术也有进步，邵雍《渔樵问对》称竿钓由钓竿、钓线、浮子、沉子、钓钩、钓饵 6 个部分构成，这与近代竿钓的结构基本相同。这一时期，位于中国东北的辽国，已有冬季冰下捕鱼。

明初和明代后期，政府为加强海防，多次实行海禁，出海捕鱼受到限制，但海禁开放后，渔业很快得到恢复和发展。明代大宗捕捞的海鱼仍是石首鱼，生产规模比宋代更大。王士性的《广志绎》说，每年农历五月，浙江省宁波市、台州市、温州市的渔民，以大渔船往洋山捕石首鱼，宁波港停泊的渔船长达 5km。这时渔民已观测到石首鱼的生活习性和洄游路线，利用石首鱼在生殖期发声的特性，捕捞时先用竹筒探测鱼群，然后下网截流张捕。明代中叶，沿海因倭寇侵扰，政府实行罟棚制度，以八九或十余艘渔船为一，组织渔民下海捕鱼。这时出现大对渔船，其中一艘称网船，负责下网起网，另一艘称煨船，供应渔需物资、食品及储藏渔获物。用两艘船拖网可使网口张开，获鱼较多，发展成为浙江沿海的重要渔业。与此同时，东海出现饵延绳钓，钓捕海鱼，渐次发展成这一海区的重要渔业。随着海洋渔业的发展，明代出现了记述海洋水产资源的专著。屠本畯的《闽中海错疏》，记载了福建沿海的 200 余种水生生物，成为中国最早的水产生物区系志。

清代海洋捕捞的对象进一步扩大，大宗捕捞的除石首鱼以外，还有带鱼、鳓鱼、比目鱼、鲳鱼等经济鱼类数十种。捕捞技术也有进一步提高。清初，广东沿海开始用围网捕鱼。屈大均《广东新语・鳞语》记载，这种网具深八九丈、长五六十丈，上纲和下纲分别装有藤圈和铁圈，贯以纲索以为放收。捕鱼时先登桅探鱼，见到鱼群即以石击鱼，使惊回入网。围网的出现为开发中上层鱼类资源创造了条件。在沿海其他地区也因地制宜，创造了种类繁多的渔具。当时的海洋渔具有拖网、围网、刺网、敷网、陷阱、掩网、抄网、钓具、耙刺、笼壶等类。内陆水域使用的渔具也基本相同，其捕捞规模也在继续扩大，太湖渔船多至六桅。在边远地区，一些特产经济鱼类开始大量开发利用，主要有乌苏里江的鲑鳟，云南抚仙湖的鱇白鱼。

2. 水产养殖的起始和发展

中国古代的水产养殖，在唐代以前以池塘养鲤为主；宋代以后以养殖草鱼、青鱼、鲢、鳙为主，并在鱼苗饲养和运输、鱼池建造、放养密度、搭配比例、分鱼、转塘、投饵、施肥、鱼病防治等方面形成了一套成熟的经验，对世界养鱼业的发展起到了积极的作用。

中国养鱼起源很早，有关它的起始年代，目前有两种说法：一种说法认为始于殷代后期。殷墟出土的甲骨卜辞有“贞其雨，在圃鱼（渔）”“在圃鱼（渔），十一月”的记载，应该是指在园圃内捕捞所养的鱼。据此，中国养鱼始于公元前 13 世纪。另一说法认为始于西周初年。《诗经・大雅・灵台》是一首记述周文王建灵台的诗，诗中说到周文王在灵囿中养鸟兽，在灵沼中养鱼，认为这是中国人工养鱼的最早记载。据此，中国养鱼始于公元前 11 世纪。

到战国时代，各地养鱼生产普遍展开。《孟子・万章上》记载，有人将鲜活鱼送给郑国的子产，子产使管理池塘的小吏养在池塘里。常璩《华阳国志・蜀志》记载，秦惠王二十七年，张仪和张若筑成都城，利用筑城取土而成的池塘养鱼。这时的养鱼方法较为原始，只是将从天然水域捕得的鱼类投置在封闭的池塘内，任其自然生长，至需要时捕取。

汉代是中国池塘养鱼的起始时期，开始利用小水体（人工挖掘的鱼池、天然形成的池塘等）进行人工饲养。西汉开国后，经 60 多年的休养生息、发展生产，社会经济有了较大的恢复和发展，至武帝初年，养鱼业开始进入繁荣时期。《史记・货殖列传》记载，临水而居的人，以大池养鱼，一年有千石的产量，收入与千户侯等同。主要养鱼区在水利工程发达、人口稠密、经济繁荣的关中、巴蜀、汉中等地，经营者有王室、豪强地主，也有平民百姓。这时开始选择鲤鱼为主要养殖对象。鲤鱼具有分布广、适应性强、生长快、肉味鲜美，以及在鱼池内互不吞食等特点，同时可以在池塘内产卵孵化。鱼池通常有数亩面积，池水深浅有异，以适应所养大小鲤鱼不同的生活习性。在养殖方式上，常与水生植物兼作，在鱼池内种上莲、芡，以增加经济收益，并使池鱼获得食料来源。在鱼池四周，常植以楸、竹，以美化养殖环境。

汉代还从池塘养鱼发展至湖泊养鱼和稻田养鱼。湖泊养鱼主要在西汉时期的京师长安。葛洪《西京杂记》说，汉武帝在长安筑昆明池，用于训练水师和养鱼；所养之鱼除供宗庙、陵墓祭祀用以外，多余的在长安市上出售。稻田养鱼始于东汉汉中地区，当地农民利用两季田的特性，把握季节时令，在夏季蓄水种稻期间放养鱼类。另一种养殖方式是利用冬水田养鱼。这种冬水田靠雨季和冬季化雪储水，常年蓄水，一年只种一季稻子，人们利用冬季休闲期间养鱼。稍后，巴蜀地区也开始稻田养鱼。曹操《四时食制》有："郫县子鱼，黄鳞赤尾，出稻田，可以为酱"。在汉代养鱼业发达的基础上，中国出现最早的养鱼专著《陶朱公养鱼经》。该书的成书年代有不同的看法，有人认为是春秋末年范蠡所作，一般认为写成于汉代。原书已佚。从《齐民要术》中得知其主要内容为，以选鲤鱼为养殖对象、鱼池工程、选优良鱼种、自然产卵孵化、密养、轮捕等。

自三国至隋朝，变乱相承，养鱼业一度衰落，至唐代其又重新得到发展。唐代仍以养鲤鱼为主，大多采取小规模池养方式。养殖技术主要沿袭汉代，但已知人工投喂饲料，以促进池鱼快速生长。随着养鲤业的发展，鱼苗的需求量增多，到唐代后期，岭南（今广东省、广西壮族自治区等地）出现以培育鱼苗为业的人。至昭宗（889～904 年在位）时，岭南渔民更从西江中捕捞草鱼苗，出售给当地耕种山田的农户饲养。刘恂《岭表录异》说，新州（今广东省新兴县）、泷州（今广东省罗定市）的农民以荒地垦为田亩，等到下春雨田中积水时，就买草鱼苗投放田内，一两年后，鱼儿长大，将草根一并吃尽，获鱼稻丰收。由于大江中草鱼、青鱼、鲢、鳙等的繁殖期大致相同，渔民捕得草鱼苗时，也会捕得其他几种鱼苗，从而成为中国饲养这 4 种著名养殖鱼类的起始。

北宋时期，长江中游的养鱼业开始发展。范镇《东斋记事》说，九江、湖口渔民筑池塘养鱼苗，一年的收入，多者几千缗，少者也有数十百千。到南宋，九江成为重要的鱼苗产区，每逢初夏，当地人都从长江中捕捞草鱼、青鱼、鲢、鳙等鱼苗出售，以此图利。鱼苗贩者将鱼苗远销至今福建省、浙江省等地，同时形成鱼苗存放、除野、运输、投饵及饲养等一套经验。会稽（今浙江绍兴）、诸暨以南的大户人家，都凿池养鱼，购买九江鱼苗饲养，动辄上万。养鱼户这时将鲢、鳙、鲤、草鱼、青鱼等多种鱼苗放养于同一鱼池内，出现最早的混养。

宋代还开始了中国特有的观赏鱼金鱼的饲养。金鱼起源于野生的橙黄色鲫鱼，早在北宋初年，有人将它放养在放生池内。到南宋进入家养时期。宋高宗赵构建都杭州后，在德寿宫中建有养金鱼的鱼池。在赵构的倡导下，杭州的达官贵人养金鱼成风，多凿石为池，置之簷牖间，以供玩赏。当时出现了以蓄养金鱼为生的人。在池养过程中，开始培育出最早的金鱼新品种。

随着养鱼业的发展，宋代开始进行鱼病防治。苏轼《物类相感志》记载，"鱼瘦而生白点者名虱，用枫树叶投水中则愈"。

明代主要养鱼区在长江三角洲和珠江三角洲。养殖技术更趋于完善，在鱼池建造，鱼塘环境，引起泛塘的原因，定点、定时喂食，轮捕等方面，都积累了丰富的经验。鱼池通常使用两三个，以便于蓄水、解泛和卖鱼时去大留小。池底通常北部挖得深些，使鱼常聚于此，多受阳光，冬季可避寒。明代后期，珠江三角洲和太湖流域渔民利用作物、家畜、蚕、鱼之间在食物上的相互依赖关系，创造了果基鱼塘和桑基鱼塘。同一时期，江西出现畜基鱼塘，养鱼户在鱼塘边做羊圈，每日扫羊粪于塘内，以饲养草鱼。混养技术也有所提高，开始按一定比例混合放养多种鱼类，以充分利用水层和池塘里的各种不同食料，并发挥不同种鱼类间的互利作用，以提高单位面积产量。

河道养鱼也始于明代。这种养殖方式的特点是将各河道和它总汇处的宽广水面用竹箔拦起，放养鱼类，依靠水中天然食料使鱼类长大。嘉靖十五年（1536年），绍兴三江闸建成，河道的水位幅度变小，为开展河道养鱼创造了条件，以后不久，利用河道养鱼的事业开始兴起。

海水养鱼也始于明代。范蠡《养鱼经》记载，松江（今属上海市）渔民在海边挖池养殖鲻鱼，仲春在潮水中捕寸余的幼鲻饲养，至秋后即长至尺余，腹背都很肥美。

明代后期，中国东南沿海渔民开始养殖贝类。主要养殖对象有牡蛎、缢蛏和泥蚶。成化（1465～1487年）年间，福宁州（今福建省霞浦县、宁德市）开始插竹养殖牡蛎。至明末清初，广东东莞、新安渔民改用投石法，将烧红的石块在牡蛎繁殖季节投置海中，以利于牡蛎苗的附着，一年间两投两取，产量有明显提高。缢蛏养殖主要在广东省、福建省沿海地区，泥蚶养殖在今浙江省宁波市。

清代养鱼仍以长江三角洲和珠江三角洲为最盛。养殖技术主要继承明代的，但在鱼苗饲养方面有一定的发展。屈大均《广东新语・鳞语》记载，西江渔民将捕得的鱼苗置于白瓷盆内，利用各种鱼苗在水中分层的习性，将鱼苗分类撇出，出现了最早的撇鱼法。在浙江省湖州市菱湖，渔民利用害鱼苗对缺氧的忍耐力比养殖鱼苗小的特点，以降低水中含氧量的方法，将害鱼苗淘汰，创造了挤鱼法。

三、近代渔业（1840～1949年）

19世纪下半期，西方工业国家的渔业发生了一场技术革命，将工业革命以来出现的动力机器应用于渔业生产中，推动渔业向工业化迈进。同一时期，近代兴起的自然科学，包括力学、物理学、化学、海洋学、湖沼学、生物学等，也开始应用于渔业技术，出现了一门新的应用科学——水产科学。它包括水产资源学、捕捞学、水产养殖学和水产品保鲜加工学等。清代末年，政府中一些思想开放的知识分子开始引进这些新技术和新知识，使中国渔业从传统的手工生产方式走向动力化。这一时期还出现了新兴的水产教育、水产科学试验和渔业管理。

1. 机船渔业的起始和发展

利用机动渔船进行捕鱼生产，1865年首先出现于法国。这对海洋捕捞生产规模的扩大和作业海区的开拓都有重要作用，并很快盛行于欧美。清光绪三十一年（1905年），翰林院修撰、江苏南通实业家张謇，看到这种渔业的巨大生产力，会同江浙官商，集资在上海创办江浙渔业公司。同年，公司向德国购进一艘蒸汽机拖网渔船，取名“福海”，每年春、秋两季，在东海捕鱼生产，成为中国机船渔业的起始。1921年山东烟台商人从日本引进另一种以柴油发动机为动力的双船拖网渔船（也叫手缲网渔轮），取名“富海”“贵海”，在烟台外海生产。单船拖网渔船一般总吨位为二三百吨，钢壳，主要根据地在南方的上海市，1905～1936年约有15艘，经营者多是小企业主。双船拖网渔船多为木壳，一般吨位为30～40t，主要根据地在山东省烟台市。由于它投资少、获利厚，引进后发展很快，至

1936年，进出烟台港的双船拖网渔轮在190艘左右。1937年抗日战争爆发以后，沿海各省相继沦陷，机动渔船损失殆尽。抗日战争胜利以后，机船渔业得到了恢复和发展，当时的中国国民政府在上海市成立中华水产公司，在青岛成立黄海水产公司，在台湾成立台湾水产公司，另外，国民政府行政院善后救济总署、农林部也成立了渔业善后物资管理处。这些机构共拥有机动渔船100艘左右。在大连成立的中苏合营渔业公司，有双拖渔船20余对。当时民营公司也有数十家，有机动渔船一百几十艘。

从1911年起，日本为保护其近海水产资源，规定并不断扩大本国沿海的禁渔区域，鼓励日本渔船向包括中国在内的外海、远洋发展。日本长崎、佐贺、福冈等县在中国沿海捕鱼的拖网渔轮曾多达1200艘，此外，还对中国沿海进行系统、全面的渔业资源调查，向中国倾销鱼货。1928年倾销至大连、旅顺的鱼货价值达429万多元。抗日战争期间，中国沦陷区的渔业更为日本所垄断。日本的这些侵略活动使中国近海渔业资源遭到了严重破坏。例如，1925年以前名贵鱼类真鲷占黄海渔获量的10%，而至1937年下降至仅0.37%。

2. 水产养殖业的发展

近代淡水养鱼业有进一步发展，养鱼区主要在江苏省的苏州市、无锡市、昆山市、镇江市、南京市，浙江省的湖州市吴兴区菱湖镇、嘉兴市、绍兴市、杭州市萧山区、诸暨市、杭州市、金华市，广东省的肇庆市、南海区、佛山市等地；其他如江西省、湖北省、福建省、湖南省、四川省、台湾地区等，也都有一定的养殖规模。所养的主要是青鱼、草鱼、鲢、鳙、鲤、鲫、鳊等商品鱼。20世纪30年代，陈椿寿等对长江和珠江水系的鱼苗进行了科学调查，摸清了中国天然鱼苗资源，并著有《中国鱼苗志》。同一时期，广西鱼类养殖实验场利用性腺成熟的亲鱼，人工繁殖鱼苗获得成功，成为中国全人工繁殖养殖鱼苗的先导。混养技术包括品种搭配、放养比例等，也均有很大改进。40年代以来开始运用近代科学技术管理鱼池、治疗鱼病，使养鱼技术从传统的方法向近代化发展。1927年大连沿岸首次发现自然生长的海带，不久即进行绑苗投石的自然繁殖，1946年开始进行人工采苗筏式养殖，为中国1949年以后海带养殖业的大发展打下了基础。

3. 水产品保鲜、加工的发展

19世纪80～90年代，西方国家开始用冷冻压缩机制冷以冻结鱼类，成为近代水产品保鲜的起始。1908年以后，中国大连市、塘沽市、青岛市、上海市、舟山市定海区、烟台市等沿海城市的港口出现小型制冰厂，供应机船用冰以保藏渔获物。1930年山东省威海市建有民营的冷冻制冰厂。1936年上海鱼市场建有制冰厂和储冰库。抗日战争胜利后，当时的中国政府接收了日商在上海的制冰厂，由中华水产公司经营。1946年渔业善后物资管理处先后接收了联合国善后救济总署调拨的制冰设备多套，在上海复兴岛修建了有一定规模的制冰池、储冰库和冷藏制冰厂，但直至1949年尚未投产。

中国近代水产罐头生产也始于清末，最早生产的是江苏省南通市的颐生罐头合资公司，生产鱼、贝类罐头。1919年河北省昌黎县建成新中罐头股份有限公司，生产对虾、乌贼、鲤等罐头。此后，天津市、烟台市、青岛市、舟山市、上海市等地陆续兴建了一批罐头厂。中国近代罐头制造业发展缓慢，主要是机械设备、铁筒、玻璃瓶等全靠进口，同时产品成本高、质量差，加之人民购买力低，无法大量发展。

中国近代传统的水产品加工技术也进一步提高，大宗产品有产于浙江沿海的黄鱼鲞、螟蛸鲞、鳗鲞等，著名海味有产于南北沿海的海参、鱼翅、鱼肚、干贝、干鲍等许多种类。

4. 水产教育的兴起和发展

清末，政府开始派人去欧美和日本考察水产和水产教育，以筹备创建水产学校。1911 年直隶水产讲习所在天津成立，成为中国近代水产教育的开端。该所后几经改名，1929 年改成河北省立水产专科学校，设渔捞、制造两科，成为当时中国北方的主要水产学校。1912 年上海成立江苏省立水产学校，培养捕捞、航海和水产加工人才，成为南方的一所主要水产学校。1911～1936 年成立的水产学校还有浙江省立水产学校、集美水产航海学校、江苏省立连云水产职业学校、奉天省立水产学校、广东省水产学校等。抗日战争开始后，一部分学校内迁，一部分学校毁于战火中。抗战胜利以后，恢复和重建了一批水产学校。这一时期的主要水产学校有河北水产专科学校、吴淞水产专科学校、国立高级水产职业学校、江苏省立水产职业学校等多所。1946 年山东大学设立水产系，分渔捞、养殖、加工 3 个专业，学制 4 年。这是中国第一个大学本科水产系。早期的水产教育是按日本模式兴办的，多数学校负责人和教师也是日本留学生。1950 年以后，培养对象逐步转向高层次，专业设置也相应增多。

5. 水产科学研究的起始和发展

清末，西方近代水产科学知识开始传入中国。1898 年《农学报》最早译载日本的水产著作。中国正式建立水产试验机构是在 21 世纪初。1917 年山东省立水产试验场最早在山东省烟台市成立。该场设渔捞、养殖、制造三科，从事测定潮汐、制作网具模型、制造水产品等试验。此后，广东省、江苏省、浙江省相继成立水产试验场。这些试验场在渔业试验方面均做出了一定成绩。由于经费短缺、军阀骚扰，以及日本的侵略战争，1937 年以上试验机构全部停办。抗日战争胜利以后，国民政府农林部于 1947 年在上海市成立中央水产实验所，设渔业生物、水产养殖、水产制造、渔业经济 4 个系。1949 年该所迁至青岛，以后改建为中国水产科学研究院黄海水产研究所。

6. 渔业行政管理

清末，政府设立了商部，渔业归其下属农务司管辖；各省劝业道也设有水产股。“中华民国”初年在实业部设渔业局。1925 年国民政府成立，在农矿部设渔牧科，1946 年在农林部设渔业司。1946 年起，沿海地区先后建有东北、冀鲁、江浙、闽台、广海 5 个渔业督导处。

辛亥革命以后政府颁布的渔业法规有《渔轮护洋缉盗奖励条例》《公海渔业奖励条例》（1914 年）；《公海渔船检查规则》和前述两法规的实施细则（1915 年）；《中华人民共和国渔业法》《渔会法》（1929 年）；农矿部颁布《渔业法施行规则》《渔业登记规则》及《渔业登记规则施行细则》（1930 年）；《海洋渔业管理局组织条例》（1931 年）等，实际上大多未能实行。

四、现代渔业（1949 年以来）

中华人民共和国成立以来，我国现代渔业获得了迅速发展，大致可分为以下几个时期。

1. 1949～1957 年的渔业恢复和初步发展时期

1949 年中华人民共和国成立至 1957 年的渔业发展可分为两个阶段：一是 1949～1952 年的恢复阶段；二是 1953～1957 年全国第一个五年计划的建设阶段。

（1）1949～1952 年的恢复阶段

1949 年中华人民共和国成立，党和国家十分重视渔业生产。渔业和其他行业一样都处于恢复阶段。在渔业生产方针上明确“以恢复为主”。主要包括国家发放渔业贷款、调拨渔民粮食和捕捞生产所需的渔盐等措施，支持渔民恢复生产。在渔村进行民主改革。由于沿海有关岛屿尚未解放，还有海盗的干扰，特制定有关法令，派出解放军护渔，保护渔场，维护生产秩序。经过 3 年的努力，1952 年全国渔业产量已达 166 万 t，超过了历史最高水平 150 万 t。

（2）1953～1957 年全国第一个五年计划的建设阶段

1953～1957 年全国第一个五年计划的建设阶段，在渔村通过互助组、初级渔业生产合作社、高级渔业生产合作社等渔业生产组织，以及对私营水产业进行社会主义改造，实施公私合营，创建了国有渔业企业等，大大推动了渔业生产的发展。这一时期渔业发展的主要特点是：水产品总产量逐年递增；水产养殖从无到有，养殖产量逐年有所增长，其中淡水养殖发展比较快，养殖面积增幅较大，海水养殖发展缓慢；捕捞渔船有所增加；水产品人均占有量呈明显上升趋势。渔业基础设施建设取得了重大进展，仅“一五”时期，国家对水产业基本建设投入的资金就达 1.25 亿元，超过原计划投资额的 41.2%。1957 年水产品总产量达到 346.89 万 t，是 1949 年的 6.6 倍，年均递增 26.6%，水产品人均占有量约为 5kg。

2. 1958～1965 年的渔业徘徊时期

1958～1965 年的渔业徘徊时期可分为 1958～1960 年的“大跃进”和 1961～1963 年的恢复调整两个阶段。

（1）1958～1960 年的“大跃进”阶段

1958 年在急于求成的“左”的思想指导下，出现了“力争上游、多快好省地建设社会主义”的总路线和生产高潮。将高级渔业生产合作社推行“一大二公”的人民公社，政企合一。同其他行业一样，渔业在生产上出现了高指标、浮夸风，在分配上出现了平均主义的“共产风”。在渔业生产上违背了自然规律，所谓“变淡季为旺季”，冲破了长期以来夏秋季鱼类繁殖生长盛期实施的有关禁渔、休渔制度。在捕捞方式上盲目地“淘汰”了选择性较强的刺网、钓渔具等作业，单纯发展高产的拖网作业，造成资源衰退。1958 年预计产量为 352 万 t，至当年 10 月已虚报完成了 715 万 t，最终核实全年产量仅为 281 万 t，比 1957 年减产了 10%。

（2）1961～1965 年的恢复调整阶段

1961～1965 年的恢复调整阶段着重解决了渔业购销政策，规定了购留比例，允许国有企业和集体渔业都有一定的鱼货进入自由市场，到 1965 年年产量恢复到 338 万 t，但仍低于 1957 年的水平。

虽然在这期间渔业生产受“左”思想的严重影响，遭到破坏，但是值得引起注意的是，在渔业科学技术上仍有几项重大的突破，主要有：一是全国风帆渔船基本上完成了机帆化。可以做到有风驶帆，无风开机。对保障渔民的生命和生产安全，以及实现作业机械化减轻劳动强度，为以后的提高生产率和扩大生产区域等都具有深远意义；二是鲢鳙鱼人工繁殖孵化技术获得成功，相继青鱼、草鱼人工繁殖孵化技术也取得了突破，这为水产养殖业的发展打下了扎实的基础，养殖的苗种不再受自然条件的限制；三是海带南移和人工采苗的成功为藻类栽培拓宽了水域和自然条件的限制。这些成就在国际上也都具有重大的影响。

3. 1966～1976 年的渔业在曲折中前进时期

此时期也是“文化大革命”时期。大致可分为 1966～1969 年“文化大革命”的高潮和 1970～1976 年“文化大革命”的后期两个阶段。

（1）1966～1969 年“文化大革命”的高潮阶段

1966 年渔业年产量曾达到 345 万 t，到 1968 年下降到 304 万 t。

（2）1970～1976 年“文化大革命”的后期阶段

1970～1976 年社会逐步趋向于稳定，党政机关和企事业单位逐步恢复工作。在渔业生产政策上做了部分调整，其中集体渔业和渔村推广了“三定一奖”制度，即定产量、定工分、定成本、超产奖励，有力地推动了生产。1976 年产量已恢复到 507 万 t。

此期间全国渔业生产上出现的主要问题有：一是捕捞过度，近海经济鱼类资源衰退。二是片面强调“以粮为纲”，淡水渔业遭受了极大损害。主要有围湖造田、填塘种粮，致使池塘、湖泊的水面大大减少，破坏了水域生态系统和淡水渔业生产。

此期间在全国渔业上也抓了几件大事，主要如下。

一是发展了灯光围网船组，填补了中国渔业上的空白。从 20 世纪 60 年代中期起，日本在东海、黄海发展了大量的灯光围网船组，从事中上层鱼类资源的开发，其年产量可达 30 万～40 万 t，这给我国渔业带来了一定的影响。中央 11 个部委组成建造灯光围网船组领导小组，由中央投资，各省、市落实造船计划。于 1973 年完成了 70 组造船计划，并投入生产，取得了较好的成绩。该项计划促进了我国渔船设计和建造等水平的提高，而且为提高我国围网捕鱼技术水平，发展远洋灯光诱集鱼群和围网技术奠定了基础。

二是基本完成了全国淡水捕捞的连家船改造，在岸上安置住家。历史上，淡水捕捞渔民大多是一户一船，渔船既是生产工具，也是家庭住所。渔民子女随船生活。这对稳定生产、安定生活、培养渔民子女、提高渔民素质等都具有重大的历史意义。

三是以国营海洋渔企业为主体的海洋渔业生产基地的建设成就显著。1971～1979 年我国投资 6.5 亿元，先后在烟台市、舟山市、湛江市等地建设了中央直属和地方所属的海洋捕捞企业和拥有 50 艘以上渔轮的渔业基地（码头及配套设施）、万吨级水产冷库，以及渔轮修造厂等大中型项目 11 个，并购置了一批渔轮。初步形成了以 17 个国营海洋渔业公司为主体的国营海洋捕捞生产基地。

四是城郊养鱼获得发展。据不完全统计，到 1975 年有 135 个城市实现城郊养鱼，养鱼水面达到 23 万 t，占全国淡水养鱼面积的 7%，产鱼 75 万多吨。经过多年的努力，一批精养高产的商品鱼基地得以建成。为缓解城市吃鱼难的重大问题做出了贡献，为今后池塘精养奠定了良好基础。

4. 1977 年以来的渔业大发展时期

在渔业方面大致可分为以下 4 个阶段。

（1）1977～1979 年的恢复调整阶段

该阶段的重点是整顿党各级政府组织，恢复各项工作，加强集体渔业的领导，进一步明确水产品购销政策，调动各方面的积极因素。在渔业生产上注意力集中到渔业资源的保护和合理利用、大力发展水产养殖、改进渔获物的保鲜加工 3 个方面。

（2）1980～1986 年的确定渔业生产发展方针和购销政策调整的渔业大发展阶段

在该阶段中，根据党的十一届三中全会的改革开放精神，渔业生产和渔业科学技术发展进入了崭新的历史时期，渔业生产结构得到了调整，对经济体制和流通体制进行了改革，渔业生产获得飞跃发展。其中最主要的是：

一是把长期以来的“重海洋，轻淡水；重捕捞，轻养殖；重生产，轻管理；重国营、轻集体”等思想扭转过来，1985 年中共中央、国务院颁布《关于放宽政策、加速发展水产业的指示》，确定我国的渔业生产发展方针为“以养殖为主，养殖、捕捞、加工并举，因地制宜，各有侧重”。尤其是应充分利用内陆淡水水域发展淡水养殖，有力地调整了我国渔业的生产结构。1986 年《中华人民共和国渔业法》的制订，将渔业生产发展方针用法律方式加以确定。

二是开放水产品市场，取消派购，发展议购议销，实行市场调节。这极大地提高了渔民的生产积极性。市场供应得到根本改善，渔业经济发生了深刻的变化。

三是在海洋捕捞作业方面，除对内采取保护、增殖和合理利用近海渔业资源，控制捕捞强度，实施许可制度以外，1985 年开始走出国门，大力发展远洋渔业。目前，我国在三大洋中都有渔船投入生产，总船数已超过千艘。

（3）1987～1998 年的渔业大发展阶段

随着 1986 年《中华人民共和国渔业法》的颁布和实施，渔业生产结构得到了调整，渔业生产发生了根本性变化，年产量大幅增长。

从表 4-8 中可以看出，1987 年全国渔业年产量已达 955 万 t，居世界首位。1988 年超过了 1000 万 t，比 1976 年的 506 万 t 几乎增长了一倍。1994 年超过了 2000 万 t，1996 年超过了 3000 万 t，2000 年超过了 4000 万 t，2005 年超过了 5000 万 t，约占世界渔业总产量的 1/3，又是国际上唯一的水产养殖产量高于捕捞产量的国家。

（4）1999～2015 年为了我国渔业的可持续发展，再次调整了渔业生产结构

近海渔业资源不仅未获得恢复，而且尚有恶化的趋势，同时《联合国海洋法公约》于 1994 年起生效，我国与周边国家日本、韩国、越南分别按专属经济区制度签订新的渔业协定。为此，农业部于 1999 年提出了控制捕捞强度，明确了海洋捕捞产量应零增长，甚至负增长的规定。尤其是进入 21 世纪以来，在贯彻科学发展观的基础上，渔业生产增长方式由数量型转向质量型。传统渔业转向现代渔业，渔业发展将进入新的时代。由此，全国捕捞产量与水产养殖产量之比由 1994 年的 47.11∶59.89，到 2005 年的 33.00∶67.00，2010 年进一步下降到 28.70∶71.30，2015 年再次下降到 26.30∶73.70（表 4-9）。

表 4-8 1987～2015 年全国渔业年产量变动

年份	产量/万 t	年份	产量/万 t
1987	955	2002	4565
1988	1061	2003	4700
1994	2146	2004	4901
1996	3288	2005	5101
1998	3800	2006	5250
2000	4276	2010	5732
2001	4382	2015	6700

表 4-9 1994 年、2002 年、2005 年、2010 年、2015 年全国捕捞产量与水产养殖产量之比

年份	捕捞产量：水产养殖产量
1994	47.11∶59.89
2002	36.32∶63.68
2005	33.00∶67.00
2010	28.70∶71.30
2015	26.30∶73.70

（5）2015 年以后实现以生态渔业为主的发展阶段

“十三五”期间，牢固树立创新、协调、绿色、开放、共享的发展理念，以提质增效、减量增收、绿色发展、富裕渔民为目标，以健康养殖、适度捕捞、保护资源、做强产业为方向，大力推进渔业供给侧结构性改革，加快转变渔业发展方式，提升渔业生产标准化、绿色化、产业化、组织化和可持续发展水平，提高渔业发展的质量效益和竞争力，走出一条产出高效、产品安全、资源节约、环境友好的中国特色渔业现代化发展道路。其中，国内捕捞产量实现“负增长”，国内海洋捕捞产量控制在 1000 万 t 以内。新建国家级海洋牧场示范区 80 个，国家级水产种质资源保护区达到 550 个以上，省级以上水生生物自然保护区数量为 80 个以上。

5. 改革开放以来的渔业大发展时期我国渔业发展中的主要成就

1）确立了以养殖为主的渔业发展方针，走出了一条具有中国特色的渔业发展道路。长期以来，我国传统渔业的生产结构是以捕捞业为主，直至 1978 年捕捞产量仍占水产品总产量的 71%。这种以开发天然渔业资源作为增产主要途径的不合理的资源开发利用方式限制了渔业的发展空间，也导致天然渔业资源日趋衰退，严重制约了渔业经济的发展。改革开放以后，以养殖为主的渔业发展方针得到确立，推动了海淡水养殖业的迅猛发展。20 年来，我国丰富的内陆水域、浅海、滩涂和低洼的宜渔荒地等资源得到了有效的开发利用，水产养殖业成为渔业增产的主要领域。这一时期渔业产量增加的绝对量中 61%来自养殖业。1999 年全国水产养殖面积已达 6291 千 hm^2，养殖产量达到 2396 万 t，占水产品总产量的 58.13%。2015 年全国水产养殖面积为 8465 千 hm^2，其中海水养殖面积为 2317.76 千 hm^2，淡水养殖面积为 6147.24 千 hm^2，养殖总产量为 4937.90 万 t，占总产量的 73.70%。同时，养殖品种也向多样化、优质化方向发展，名特优水产品占有较大的比例。我国成为世界主要渔业国家中唯一的养殖产量超过捕捞产量的国家。

2）综合生产能力显著提高，水产品总量大幅度增长。尤其是 20 世纪 80 年代中期至今，水产品产量连续 14 年（1985～1999 年）保持高增长率，年均增长率达 12.4%，成为世界渔业发展史上的一个奇迹。同时，中国渔业在世界渔业中的地位也随之提升。20 余年来，在世界水产品增加的总量中，中国占了 50%强，中国水产品产量在世界中的排位从 1978 年的第 4 位逐渐前移，从 1990 年起至今居世界首位。

3）水产品市场供给有了根本性改观，全国人均水产品占有量逐年提高。20 多年来，我国的水产品总量大幅增加，1999 年人均占有量达到 32.6kg，2015 年达到 48.73kg，超出世界平均水平。1985 年党中央、国务院提出的用 3～5 年时间解决大中城市“吃鱼难”的奋斗目标，早已如期实现。市场上的水产品不仅数量充足，而且品种繁多、质量高、价格平稳，成为我国城乡居民不可缺少的消费品。渔业的发展不但改善了人们的食物结构，增强了国民体质，而且对中国乃至世界粮食安全做出了重要贡献。

4）渔业成为促进农村经济繁荣的重要产业，渔民率先进入小康水平。改革开放 20 年来，渔业是农业中发展最快的产业之一，为我国渔区、农村劳动力创造了大量就业和增收的机会。1999 年全国渔业总产值比 1978 年增加了 80 多倍，占农林牧渔业的份额从 1978 年的 1.6%提高到 1999 年的 11.6%。2015 年渔业从业人员有 1414.85 万人，大批渔（农）民通过发展渔业生产，率先摆脱贫困进入小康水平，生活质量发生了重大变化。同时，渔业作为我国农业中的一个重要产业，带动和形成了储藏、加工、运输、销售、渔用饲料等一批产前产后的相关行业，从业人数大量增加，对推动我国农村产业结构优化和农村经济全面发展发挥了重要作用。

5）渔业产业素质有了较大提升，科技含量增加，生产条件明显改善，大大加快了现代化进程。一批水产良种原种场建成投资：集中连片的精养鱼池、虾池和商品鱼基地得到了大规模的开发，工厂化养殖已形成规模化生产；水产冷藏保鲜能力大幅提高；渔港建设取得了较大进展，新建和改造的国家一级群众渔港近 100 个，渔船防灾和补给能力也有所改善与提高。渔业产业化进程加快，一批与生产、加工、运销相配套的水产龙头企业不断发展，市场竞争力不断增强。20 年来，水产科研工作也取得了重大成果，从中央到地方，从基础、应用、开发到技术推广，已基本形成一支学科门类比较齐全的渔业科技队伍。全国现有县级以上水产科研机构 210 个，直接从事科研的工作者有 7000 多人；初步建成了由国家、省、市、县、乡五级组成的水产技术推广体系，拥有推广机构 1.85 万个，从业人员 4.6 万人；高等水产院校的广大教师也活跃在科研和推广的第一线。科技进步使渔业劳动生产率大幅提高，对加快我国渔业发展、促进产业结构升级发挥了巨大作用。

6）渔业法治建设取得了一定成效，促进了渔业的可持续发展。执法队伍从无到有，从小到大，一支专业化的渔业执法队伍已初具规模，全国现有渔业执法人员 3 万多人，执法力量和执法水平显著提高。渔业立法取得了突破性进展，以 1986 年的《中华人民共和国渔业法》的颁布实施为标志，我国的渔业进入了加强法治建设及管理的重要历史时期。经 2000 年和 2004 年的修改，更加符合国内社会主义市场经济的发展和国际渔业管理的需要。目前，我国的渔业法律、法规的建设方面，已初步形成了以《中华人民共和国渔业法》为基干的、具有中国特色的渔业法律体系，在渔业生产管理、水生野生动植物和渔业水域环境保护及渔业经济活动等方面基本上可做到有法可依，有章可循。为保护我国近海渔业资源，实现可持续发展，经国务院批准，我国从 1995 年起相继在黄海、渤海、东海、南海实施伏季休渔制度，2002 年起对长江主干流实施春季休渔制度，保护渔业资源和生态效益是十分有利的。从 1999 年起，农业部提出海洋捕捞“零增长”目标，向全社会、全世界表明了我国保护渔业资源的决心。

7）我国在水产品国际贸易和远洋渔业方面迅速发展，已成为世界水产贸易和远洋渔业大国。长期以来，我国渔业始终处于一种封闭的状态。改革开放以后，我国渔业在这一领域取得了突破性进展。水产品国际贸易迅速发展，1999 年水产品进出口量达 265.32 万 t，进出口额达 44.3 亿美元。2015 年进出口总量为 814.15 万 t，进出口总额为 293.14 亿美元，为世界出口总额的首位。远洋渔业从零起步，经过 30 多年的艰苦创业，至 2015 年年底已有 2600 艘各种作业类型的远洋渔船分布于世界三大洋从事远洋捕捞作业，渔获量达 210 多万吨，成为我国境外投资最成功的产业项目之一。我国与世界渔业界的合作日益广泛，目前已与 60 多个国家和国际组织建立了渔业经济、科技、管理方面的合作与交往关系。

根据我国渔业发展简况进行分析，发展渔业应基于本国国情，确定渔业发展方针和相关政策。政策是否稳定直接关系到渔民和企业的切身利益。国家在发展农业问题上，多次提出一靠政策，二靠科技。在渔业方面也是如此，两者缺一不可。

第六节 中国渔业发展的基本方针和今后的工作

根据国际渔业发展的实际情况，各国的渔业重点大多是海洋捕捞业。虽然从 20 世纪 90 年代初以来，国际社会和世界主要渔业国家已十分重视发展水产养殖业的重要性，但至今世界渔业年产量中 70%仍是海洋捕捞的渔获量。我国在相当长的时期内同样是以海洋捕捞为主。为此，我国渔业发展的基本方针大致可分为以下若干不同时期。

一、1977 年前基本上是以海洋为主，以海洋捕捞为主的渔业发展方针

1958 年曾有过“养殖之争”的讨论，虽然对海淡水养殖的认识有所提高，客观上当时的近海渔业资源比较丰富，一般都认为近海捕捞是投入少、产出高。尤其是在 60 年代的经济困难时期，食物供应不足的情况下，更加吸引人们造船出海捕鱼，增加副食品，改善生活。事实上，在无节制增船添网和一些“变淡季为旺季”“早出海、勤放网、赶风头、追风尾”“造大船、闯大海、发大财”等的错误口号影响下，近海资源遭到严重破坏。到 70 年代中期，东海和黄海海域内小黄鱼、大黄鱼、乌贼等底层资源都先后衰退。水产品供应日益紧张，产量一直徘徊在 300 万～400 万 t。

二、1977～2000 年逐步明确了以养殖为主的方针

1977 年到“九五”期间的渔业发展指导思想如下。

（1）1977 年的全国水产工作会议提出了渔业生产方针

在总结历史经验和教训的基础上，在 1977 年的全国水产工作会议上首次提出的渔业生产方针是：“充分利用和保护资源，合理安排近海作业，积极开辟外海海场，大力发展海、淡水养殖”。但在执行上，既有认识问题，也有客观发展外海渔业和水产养殖的条件还不充分等问题，仍然以近海海洋捕捞为主。

根据党的十一届三中全会精神，渔业工作需要调整和重点转移。1978 年年底，根据党的十一届三中全会精神，研究了渔业工作的调整和重点转移，提出了：①资源的保护、增殖和合理利用是维持产量和进步发展的可靠保护；②大力发展水产养殖是提高产量的主要来源；③改进保鲜加工、提高产品质量，是改善市场供应的有效措施。这对全国渔业工作具有一定的影响和积极作用。到 1982 年，有关地方都重视了淡水养殖。

1985 年确定我国的渔业发展方针为：“以养殖为主，养殖、捕捞、加工并举，因地制宜，各有侧重”。通过长期的工作，中共中央、国务院于 1985 年 3 月 11 日颁发的《关于放宽政策、加速发展水产业的指示》中，明确了我国的渔业发展方针为：“以养殖为主，养殖、捕捞、加工并举，因地制宜，各有侧重”，有力地推动了我国渔业的各项工作，同时把这个方针写入 1986 年颁布的《中华人民共和国渔业法》中。

（2）“九五”期间渔业发展的具体指导思想

“九五”期间渔业发展的具体指导思想为：“加速发展养殖、养护和合理利用近海资源，积极扩大远洋渔业，狠抓加工流通，强化法制管理”。根据上述发展方针和指导思想，总的要求应使渔业资源可持续利用，渔业才能获得可持续发展，确保经济效益、生态效益和社会效益的最佳水平。

三、“十五”（2001～2005 年）渔业发展的指导思想与主要成效

指导思想：《中华人民共和国国民经济和社会发展第十个五年计划纲要》中对渔业发展的要求是：“加强渔业资源和渔业水域生态保护，积极发展水产养殖和远洋渔业”。对整个海洋产业的要求是：“加大海洋资源调查开发、保护和管理力度，加强海洋利用技术的研究开发，发展海洋产业”。

主要成效："十五"期间，在"以养为主"方针的指导下，我国水产养殖业以市场为导向，不断改革养殖方式，已成为渔业发展的主要领域和渔民增收的重要来源。水产养殖业的发展不仅改变了中国渔业的面貌，也影响了世界渔业的发展格局。其成就主要体现在以下几个方面。

1）渔业经济较快发展对农业和农村经济发展发挥了重要作用。"十五"时期，我国渔业经济保持较快发展，成为农业经济的重要增长点。2005 年全国水产品总产量达到 5101.65 万 t，水产品人均占有量为 39.02kg，水产蛋白消费占我国动物蛋白消费的 1/3；渔业经济总产值达 7619.07 亿元，渔业产值达 4180.48 亿元，渔业增加值为 2215.30 亿元，约占农业增加值的 10%；全国水产品出口额为 78.9 亿美元，占我国农产品出口总额的 30%；渔民人均收入为 5869 元，比"九五"末增加了 1140 元，比农民人均收入高 2614 元。渔业在保障国家粮食安全、促进农民增收和农村经济稳步发展中发挥了重要作用。

2）外向型渔业发展成效显著，世界渔业大国地位进一步凸显。"十五"期间我国外向型渔业快速增长，水产品出口贸易规模不断扩大，2005 年水产品出口额比"九五"末增加了 40.6 亿美元，增长了 106.0%，年均增长率达 15.56%，连续 4 年居世界水产品出口贸易首位；公海大洋性渔业资源开发利用能力增强。外向型渔业的发展提高了我国渔业的国际竞争力，促进了国内水产养殖、加工等产业的发展。目前，我国水产品总量已占全球渔业总产量的 40%，连续 15 年居世界首位，养殖水产品产量占世界养殖总产量的 70%。

3）渔业经济结构进一步优化，资源利用趋向于合理。"十五"期间，我国渔业加快了结构调整步伐，产业结构进一步优化。近海捕捞产量实现了"负增长"，2005 年全国国内海洋捕捞产量为 1309.49 万 t，较"九五"末减少了 81.44 万 t；养殖产品在水产品总产量中的比重从"九五"末的 60%提高到"十五"末的 67%；渔业第二产业、第三产业产值占渔业经济总产值的比重由"九五"末的 31%提高到"十五"末的 46%。优势品种区域布局成效明显，对虾、罗非鱼、鳗鲡、河蟹等养殖品种优势区域形成，带动了我国水产品出口贸易的快速增长；水产品加工能力显著增强，我国成为世界水产品来（进）料加工贸易的主要基地，在国际市场分工中占据了重要地位。

4）渔业体系建设逐步完善，支撑保障能力显著增强。"十五"期间，各级政府加大了对渔业的投入，仅中央财政投入就达 45.5 亿元。各地积极推进水产原良种、水生动物疫病防控、水产品质量检验检测和渔业环境监测体系建设，建立了渔政管理指挥系统，改善了渔政执法装备，为渔业经济稳步发展提供了有力的支撑。渔业科研和水产技术推广体制改革取得了进展。渔业应急处置机制得到完善，制定并发布了《渔业船舶水上安全突发事件应急预案》《水生动物疫病应急预案》，积极参与重大水域污染事故的调查处理，渔业应对突发事件的能力增强。

5）重大管理措施得到强化，渔业依法管理水平逐步提高。启动了全国养殖证制度建设；制定和公布了《中国水生生物资源养护行动纲要》；巩固和完善了海洋伏休制度，全面实施了长江禁渔制度，沿海 11 个省（自治区、直辖市）、沿江 10 个省（自治区、直辖市），以及香港、澳门近百万渔民实行了休渔禁渔政策；广泛开展了渔业资源增殖放流活动，积极促进资源养护，"十五"期间，全国累计放流水产苗种 442 亿尾（粒）、国家重点保护水生野生动物 100 多万尾（头）；2002 年起实施沿海捕捞渔民转产转业政策，拆解报废近海渔船 1.4 万艘，培训转产转业渔民 8 万人；首次开展了全国渔港、渔船和水产苗种场普查工作，规范了渔业行政审批和监督管理；加强了海域、界江、界河巡航检查，中国渔政积极参与了双边协定水域和北太平洋渔业联合执法，树立了我国负责任渔业大国的形象，专属经济区渔业管理体制初步建立。

四、“十一五”（2006～2010 年）渔业发展的指导思想与主要成效

指导思想：《中华人民共和国国民经济和社会发展第十一个五年规划纲要》期间的全国渔业发展指导思想是：“以邓小平理论和‘三个代表’重要思想为指导，坚持以科学发展观统领渔业发展全局，紧紧围绕社会主义新农村建设的重大历史任务，以渔民增收、保障水产品质量、提高资源可持续利用为目标，坚持以市场为导向、以制度创新和科技创新为动力、以依法管理为保障，加快转变渔业增长方式，优化产业结构，提升水生生物资源养护水平，努力做强水产养殖业和远洋渔业，合理发展捕捞业，做优做大水产品加工业和休闲渔业，加快推进现代渔业建设，促进农村渔区和谐发展”。

主要成效如下。

1）渔业经济平稳较快发展，为保持农业农村经济好形势发挥了重要作用。5 年来，渔业克服了自然灾害严重、国际金融危机冲击和国内经济环境复杂多变等不利因素，保持了平稳较快发展，成为农业农村经济中重要的支柱产业和富民产业。2010 年水产品总产量为 5373 万 t，年均增长 4.1%；渔业经济总产值为 1.29 万亿元，渔业产值为 6751.8 亿元，分别年均增长 11.0%和 10.6%；水产品出口额为 138 亿美元，连续 11 年居国内大宗农产品出口首位；质量安全水平稳步提升，产地抽检合格率连续 5 年保持在 96%以上；水产品市场供给充足，价格年均涨幅为 4.9%，为丰富城乡居民“菜篮子”供给、稳定农产品价格发挥了重要作用；渔民人均纯收入为 8963 元，年均增长 9.8%。

2）渔业产业结构进一步优化，发展水平和产业竞争力显著提升。“十一五”末，水产品总产量中的养捕比例由“十五”末的 67∶33 发展为 71∶29；渔业第二产业、第三产业产值比重达到 48%，水产品加工业稳步发展，企业规模不断壮大，加工能力提高了 30%；渔业发展方式转变步伐加快，以“两带一区”为代表的优势水产品养殖区域布局基本形成；水产健康养殖全面推进，累计改造标准化养殖池塘 1000 多万亩，创建标准化健康养殖示范场（区）1700 多个，工厂化循环水养殖、深水抗风浪网箱养殖等集约化养殖方式迅速发展；国内捕捞业发展平稳有序，作业渔船结构有所改善；远洋渔业结构继续优化，大洋性公海渔业比重由 46%提高到 58%，成功启动实施南极海洋生物资源开发项目；休闲渔业蓬勃发展，成为带动渔民增收的新亮点。

3）资源养护事业迈上了新台阶，增殖放流等养护措施取得了历史性突破。2006 年国务院发布《中国水生生物资源养护行动纲要》，养护水生生物资源成为国家生态安全建设的重要内容。中央和地方财政大幅度增加增殖放流投入，全国累计投入资金为 21 亿元，放流各类苗种 1090 亿尾，增殖放流活动由区域性、小规模发展到全国性、大规模的资源养护行动，形成了政府主导、各界支持、群众参与的良好氛围。启动并建立国家级水产种质资源保护区 220 个，国家级水生生物自然保护区数量达到 16 个；人工鱼礁和海洋牧场建设发展迅速；渔业生态环境监测体系逐步健全，涉渔工程资源生态补偿制度初步建立，累计落实补偿经费超过 37 亿元；海洋伏季休渔和长江禁渔期制度得到进一步巩固和完善，珠江禁渔期制度得到国务院的批准；国务院批准确定的 2003～2010 年海洋捕捞渔船控制目标基本实现。

4）强渔惠渔政策力度不断加大，产业基础和民生保障能力不断增强。5 年来，各级财

政加大了对渔业的投入，仅中央财政投入就达370亿元，比“十五”增长了7倍，渔业基础设施条件得到明显改善。启动实施公益性农业行业科研专项和现代农业产业技术体系建设，落实渔业经费约7亿元；渔业重点领域的科技创新和关键技术的推广应用取得了成效，共获得国家级奖励成果22项，制定国家和行业标准382项；基层水产技术推广体系改革稳步推进，公共服务能力不断增强。《水域滩涂养殖发证登记办法》发布实施，从制度上强化了渔民生产权益的保障；启动渔业政策性保险试点，5年累计承保渔民323万人、渔船25万艘；推动解决困难渔民最低生活保障和“连家船”渔民上岸定居；渔业柴油补贴、沿海捕捞渔民转产转业等惠渔政策效果显著。

5）渔业综合管理能力逐步增强，海洋维权护渔职能和作用凸显。渔业部门职能不断拓展和强化，管理、指挥调度和应急处置能力不断提高。渔业水域滩涂规划和养殖证发放工作深入推进，开展水产品质量安全和水产养殖执法，有力保障了渔民权益和渔业发展空间；强化渔业统计工作，建立渔情信息采集网络，建成并广泛应用中国渔政管理指挥系统和全国海洋渔业安全通信网，大大提高了渔业管理信息化水平；国务院办公厅下发《关于加强渔业安全生产工作的通知》，“平安渔业”建设扎实推进，成功应对地震、低温冰冻雨雪和台风等一系列自然灾害，渔业防灾减灾能力不断提升；累计救助遇险渔船4683艘、渔民22232人，挽回经济损失约13.9亿元，渔业船舶水上安全事故发生起数和死亡人数呈“双下降”趋势；渔业执法队伍的装备水平和管理能力不断提升，与外交、边防等多部门间的涉外渔业管理机制不断成熟，中国渔政在维护国家主权、海洋权益和渔民生命财产安全中发挥了不可替代的作用。

五、“十二五”（2011～2015年）渔业发展指导思想与取得的成效

指导思想为：以邓小平理论和“三个代表”重要思想为指导，深入贯彻落实科学发展观，坚持走中国特色农业现代化道路，按照在工业化、城镇化深入发展中同步推进农业现代化的要求，以加快推进现代渔业建设为主导方向，以加快转变渔业发展方式为主线，以强化水产品质量安全、渔业生态安全和安全生产为着力点，始终把确保水产品安全有效供给和渔民收入持续较快增长作为首要任务，始终把深化改革开放和加强科技创新作为根本动力，不断完善现代渔业发展的政策和体制机制，着力增强渔业综合生产能力、抗风险能力、市场竞争力和可持续发展能力，统筹各产业、各区域协调发展，着力构建现代渔业产业体系和支撑保障体系，努力实现渔业经济又好又快发展，为全面实现渔业现代化打下坚实基础。

主要成效：“十二五”是我国渔业快速发展的5年，也是渔业发展历史进程中具有鲜明里程碑意义的5年。渔业成为国家战略产业。国务院出台《关于促进海洋渔业持续健康发展的若干意见》（国发〔2013〕11号），召开全国现代渔业建设工作电视电话会议，提出把现代渔业建设放在突出位置，使之走在农业现代化前列，努力建设现代化渔业强国。渔业综合实力迈上新台阶。养殖业、捕捞业、加工流通业、增殖渔业、休闲渔业五大产业蓬勃发展，现代渔业产业体系初步建立。水产品总产量达到6700万t，养捕比例由“十一五”末的71∶29提高到74∶26。全国渔业产值达到11328.7亿元，渔业增加值达到6416.36亿元，渔民人均纯收入达到15594.83元，水产品人均占有量为48.65kg，水产品进出口额达到203.33亿美元，贸易顺差为113.51亿美元。强渔惠渔政策力度加大。“十二五”期间，中央渔业基本建设投资达157.51亿元，财政支持资金达1290.52亿元，分别比

“十一五”期间增长了4.15倍和1.54倍。启动实施“以船为家渔民上岸”安居工程和渔船更新改造工程。渔业油价补贴政策改革取得了重大突破。渔业生态文明建设成效明显。渔业生态环境修复力度不断加大，人工鱼礁和海洋牧场建设得到加强，增殖放流效果显著。新建国家级水产种质资源保护区272个，总数达到492个。新建国家级水生生物自然保护区8个，总数达到23个。海洋伏季休渔和长江、珠江禁渔期制度顺利实施。渔业科技支撑不断增强。渔业科技与推广投入大幅增加，渔业科技创新、成果转化能力增强。“十二五”期间，渔业科技共获得国家级奖励11项，省部级奖励300余项，审定新品种68个，发布实施渔业国家和行业标准291项。渔业科技进步贡献率达58%。依法治渔能力显著提升。清理整治“绝户网”和打击涉渔“三无”船舶专项行动取得了积极进展，取缔涉渔“三无”船舶1.67万艘、违规渔具55万张（顶）。渔业法治建设得到进一步加强，《中华人民共和国渔业法》启动修订。渔业安全保障水平逐步提高。“平安渔业示范县”和“文明渔港”创建活动深入开展，水产品质量安全持续稳定向好，产地水产品抽检合格率稳定在98%以上，没有发生重大水产品质量安全事件。渔业“走出去”步伐加快。2015年全国远洋渔船达到2512艘，远洋渔业产量为219万t，船队规模和产量居世界前列。国际合作成果丰富，积极参与国际规则制定，加入南太平洋、北太平洋等区域性公海渔业资源养护和管理公约，国际渔业权利得到巩固；周边渔业关系和渔业秩序保持稳定，中日、中韩、中越周边协定继续顺利执行；双边渔业合作进一步拓展。

六、“十三五”（2016～2020年）渔业发展的指导思想与发展目标

指导思想：深入贯彻落实党的十八大和十八届三中、四中、五中、六中全会精神及习近平系列重要讲话精神，牢固树立创新、协调、绿色、开放、共享的发展理念，以提质增效、减量增收、绿色发展、富裕渔民为目标，以健康养殖、适度捕捞、保护资源、做强产业为方向，大力推进渔业供给侧结构性改革，加快转变渔业发展方式，提升渔业生产标准化、绿色化、产业化、组织化和可持续发展水平，提高渔业发展的质量效益和竞争力，走出一条产出高效、产品安全、资源节约、环境友好的中国特色渔业现代化发展道路。

发展目标：到2020年，渔业现代化水平迈上新台阶，渔业生态环境明显改善，捕捞强度得到有效控制，水产品质量安全水平稳步提升，渔业信息化、装备水平和组织化程度明显提高，渔业发展质量效益和竞争力显著增强，渔民生活达到全面小康水平，沿海地区、长江中下游和珠江三角洲地区率先基本实现渔业现代化，提质增效、减量增收、绿色发展、富裕渔民的渔业转型升级目标基本实现，养殖业、捕捞业、加工流通业、增殖渔业、休闲渔业协调发展，以及第一产业、第二产业和第三产业相互融合的现代渔业产业体系基本形成。

到2020年，主要目标如下。

1）产业发展目标。近海过剩产能得到有效疏导，内陆重要江河捕捞逐步退出，近海和内陆大水面养殖强度逐步降低，结构性过剩品种有效调减，名特优品种适度发展，养殖结构更加优化。产业链不断延长，价值链逐步提升，渔业比较优势和综合效益日趋凸现。水产品总产量为6600万t。国内捕捞产量实现“负增长”，国内海洋捕捞产量控制在1000万t以内。远洋渔业产量为230万t。渔业产值达到14000亿元，增加值为8000亿元，渔业产值占农业总产值的10%左右。

2）绿色发展目标。海洋渔业资源总量管理制度全面实施，近海捕捞强度逐步压减，

全国海洋捕捞机动渔船数量、功率分别压减2万艘、150万kW，渔业资源衰退趋势得到初步遏制。重要渔业水域得到有效保护，重点渔场生态功能逐步恢复，部分经济鱼类和珍稀濒危水生野生动物保护取得了阶段性成效，新建国家级海洋牧场示范区80个，国家级水产种质资源保护区达550个以上，省级以上水生生物自然保护区数量达80个以上。工厂化和池塘循环水养殖水平不断提高，养殖废水逐步实现达标排放，渔业可持续发展水平不断提高。

3）质量效益目标。区域布局基本匹配资源承载能力，产品结构基本满足消费升级需求，产业结构更加适应转型升级需要，要素配置基本符合产业发展方向，渔业生产组织化和产业化水平不断提高，规模经营主体基本实现标准化生产，新创建水产健康养殖示范场2500个以上、健康养殖示范县50个以上，健康养殖示范面积达到65%。水产品质量安全追溯体系逐步建立，水产品质量安全水平稳步提升，产地水产品抽检合格率在98%以上。重大水生动物疫情得到有效控制。

4）富裕渔民目标。支渔惠渔政策力度日益加强，渔业保险覆盖范围得到扩展，渔民人均纯收入比2010年翻一番。渔民上岸安居工程顺利完成，长江“退捕上岸”启动实施，贫困渔民全部建档立卡，综合保障程度显著提高，现行标准下渔业贫困人口全面脱贫，贫困地区渔民人均可支配收入增长幅度高于全国平均水平。

七、中国渔业发展的原则及需要解决的主要问题和重点任务

1. 主要原则

1）坚持生态优先，推进绿色发展。妥善处理好生产发展与生态保护的关系，将发展重心由注重数量增长转到提高质量和效益上来。以渔业可持续发展为前提，严格控制捕捞强度，养护水生生物资源，大力发展生态健康养殖，改善水域生态环境。

2）坚持创新驱动，实现科学发展。全方位推进渔业科技创新、管理创新、制度创新、体制机制创新。以体制机制创新为动力，统筹推进渔业各项改革。着力提升渔业科技自主创新能力，推动渔业发展由注重物质要素向创新驱动转变。

3）坚持“走出去”战略，推进开放发展。深入实施渔业“走出去”战略，规范、有序地发展远洋渔业，延长和完善产业链，大力推进水产养殖对外合作，提高利用“两种资源、两个市场、两类规则”的能力。加强双多边渔业合作，参与国际渔业规则的制定，提高我国的国际话语权，不断提升我国渔业的国际竞争力。

4）坚持以人为本，推进共享发展。将渔业安全放在更加突出的位置，保障人民的生命财产安全。以维护渔民权益与增进渔民福祉为工作的出发点和落脚点，尊重渔民经营自主权和首创精神，激发广大渔民群众的创新、创业和创造活力，培育渔业新型经营主体，让渔民成为渔业现代化的参与者与受益者。

5）坚持依法治渔，强化法治保障。完善渔业法律法规体系，用法治破解渔业发展管理中的难题。加强渔政执法队伍建设，严格渔政执法，不断提高依法行政水平，维护渔业生产的秩序和公平正义，为渔业稳定、健康发展提供强有力的法律保障。

2. 需要解决的主要问题

中国渔业在近几十年中取得了迅速发展，走出了一条具有中国特点的渔业发展道路。改革开放的不断深入和扩大，社会主义市场经济体制的不断完善，国际海洋制度的大幅度调整，都直接影响着中国渔业今后的发展方向。为此，中国渔业在今后的发展过程中需要重视和解决的主要问题如下。

1）加快渔业科技创新和技术推广体系建设。提高水产养殖、水产品精深加工与综合利用技术、现代远洋渔业综合配套技术、水域环境修复等重点领域的自主创新能力。强化国家级水产科学研究机构和渔业高校在渔业科技创新方面的引领功能，形成产、学、研相结合的新型科技创新体系。强化推广机构的公益性职能，积极、稳妥地推进水产技术推广体系改革。

2）推进资源节约、环境友好型渔业建设。促进水产养殖增长方式的转变。科学确定养殖容量，制定合理的水域滩涂资源利用方案；按照资源节约、环境友好和循环经济的发展理念，提升水产养殖综合生产能力；提高水资源利用率，改善渔业水域环境。压缩捕捞强度，强化渔船管理，实施近海渔民转产转业工程，合理开发利用近海渔业资源。

3）调整产业结构，促进渔业经济产业优化升级。推广健康养殖技术，建设现代水产养殖业。完善养殖配套管理制度和运行机制，努力做到资源配置市场化、区域布局科学化、生产手段现代化、产业经营一体化，加快产业优化升级，提高水产养殖集约化发展水平。构建发达的水产品加工物流产业。拓展发展领域，提升渔业附加值。重点引导发展渔业第二产业、第三产业，特别是要扶持水产品深加工和物流业，促进渔业产业链向产前、产后延伸，提高渔业附加值和整体效益；进一步拓展渔业的粮食安全保障功能、水生生态修复功能、休闲娱乐和生物保健功能，重点发展集观赏、垂钓、旅游为一体的都市休闲渔业，培育面向国际市场的观赏鱼产业，打造人与自然和谐、都市与乡村融合的多功能、市场化、精品化的渔业产业群，实现渔业的全面发展。

4）坚持对外开放，发展外向型渔业。积极扩大水产品对外贸易。围绕日本、美国、欧盟等发达国家的水产品市场需求，按国际标准组织生产与管理，完善养殖、加工、出口的产业链条，培育主导出口水产品，发展具有自主知识产权的自主品牌的水产品加工产业；建立水产品质量安全的长效管理机制，努力提高应对各类贸易壁垒的能力；积极参与国际贸易谈判和国际贸易公约的制定，争取国际贸易的主动权。继续推进远洋渔业结构的战略性调整，积极发展过洋性渔业，加快开拓大洋性渔业。

5）全面实施水生生物资源养护行动计划。实施渔业资源保护与增殖行动；实施水生生物多样性和濒危水生野生动植物保护行动；实施水域生态保护与修复行动。

6）构建平安渔业，提高渔业安全保障水平。健全法律法规体系，强化渔业安全培训；落实渔业安全生产责任制；建立渔业安全应急救援体系；建立渔业政策性保险制度。

3. 重点任务

（1）转型升级水产养殖业

1）完善养殖水域滩涂规划。科学划定养殖区域，明确限养区和禁养区，合理布局海水养殖，调整优化淡水养殖，稳定基本养殖水域，科学确定养殖容量和品种。

2）转变养殖发展方式。压减低效、高污染产能，大力发展节水减排、集约高效、种养结合、立体生态等标准化健康养殖。优化养殖品种结构，调减结构性过剩品种，发展适销对路的名特优品种、高附加值品种、低消耗低排放品种。加强品种创新和推广，构建现代化良种繁育体系，培育一批育、繁、推一体化的育种企业，提高良种覆盖率。积极推广全价人工配合饲料，逐步替代冰鲜幼杂鱼。引导和鼓励养殖节水减排改造，制定养殖生产环境卫生条件和清洁生产操作规程，逐步淘汰废水超标排放的养殖方式。

3）推进生态健康养殖。深入开展健康养殖示范场、示范县创建活动。积极发展工厂化循环水养殖、池塘工程化循环水养殖、种养结合稻田养殖、海洋牧场立体养殖和外海深水抗风浪网箱养殖等生态健康养殖模式。大力推广工厂化循环水养殖设施设备，加强深远海大型养殖平台、养殖废水净化设备、浅海滩涂养殖采收机械等的研发和推广应用，提升水产养殖精准化、机械化生产水平。

（2）调减控制捕捞业

1）优化捕捞空间布局。调减内陆和近海，逐步压缩国内捕捞能力，实行捕捞产量负增长，逐步实现捕捞强度与渔业资源可捕量相适应。优化海洋捕捞作业结构，逐步压减“双船底拖网、帆张网、三角虎网”等对渔业资源和环境破坏性大的作业类型。积极推进长江、淮河等干流、重要支流、部分通江湖泊捕捞渔民退捕上岸。

2）严格控制捕捞强度。切实加大捕捞渔民减船转产力度，执行海洋渔船“双控”制度，严厉打击涉渔“三无”船舶，逐步压减海洋捕捞渔船数量和功率总量。创新渔船管理机制，加强渔船分类分级分区管理，进一步完善捕捞作业分区管理制度。积极推动渔具准用目录的制定，严厉打击“绝户网”等违法违规渔具。

（3）推进第一产业、第二产业、第三产业融合发展

1）推进水产加工业转型升级。积极发展水产品精深加工产业，加大低值水产品和加工副产物的高值化开发和综合利用，鼓励加工业向海洋生物制药、功能食品和海洋化工等领域延伸。推进水产品现代冷链物流体系平台建设，提升从池塘、渔船到餐桌的水产品全冷链物流体系利用效率，减少物流损失，有效提升产品品质。稳定并发展来料加工产业，提高水产品的附加值。

2）加快水产品品牌建设。加强渔业品牌建设，积极推进公共品牌认定，加大品牌保护，提升渔业品牌的竞争力。建立和完善水产品品牌评价认定、品牌促进、品牌保护和品牌推广体系，制定科学合理的评价标准和认定办法，组织开展一系列品牌宣传、推广和保护活动。鼓励水产品企业全方位、多层次地推动自主品牌建设，开展水产品国际认证，培育一批国际竞争力强的自主品牌，提升水产品外贸企业的形象和竞争力，扩大出口市场份额。鼓励和支持企业积极参加国内外举办的各种水产品贸易博览会，扩大中国水产品的影响。

3）发展新型营销业态。鼓励发展订单销售、电商等销售模式。加强方便、快捷的水产加工品开发研究，拓展水产品功能，引导国内水产品市场消费，推动优质水产品进超市、进社区、进学校、进营房。

4）积极发展休闲渔业。加强渔业重要文化遗产开发保护，鼓励有条件的地区以传统渔文化为根基，以捕捞和生态养殖水域为景观，建设美丽渔村。加强休闲渔业规范管理和标准建设，深入开展休闲渔业品牌示范创建活动。大力发展休闲渔船及装备，加强和规范休闲渔船及装备的检验和监督管理。积极培育垂钓、水族观赏、渔事体验、科普教育等多种休闲业态，引导带动钓具、水族器材等相关配套产业的发展，推进发展功能齐全的休闲渔业基地，促进休闲渔业产业与其他产业融合发展。

（4）大力养护水生生物资源

1）强化资源保护和生态修复。建立和实施海洋渔业资源总量管理制度，开展限额捕捞试点。完善并严格执行海洋伏季休渔、长江禁渔、珠江禁渔等制度。加强渔业水域生态环境监测网络建设，建立健全渔业资源生态补偿机制，监督落实补救措施。积极推进水生生物自然保护区和种质资源保护区建设，强化和规范保护区管理，切实保护产卵场、索饵场、越冬场和洄游通道等重要渔业水域。

2）加强长江水生生物保护。实施中华鲟、江豚拯救行动计划，修复中华鲟、江豚的关键栖息地与洄游通道，建立迁地保护基地和遗传资源基因库。开展长江流域捕捞渔民转产转业工作，推进渔民“退捕上岸”，逐步减小捕捞强度，推动长江全面禁渔。加快划定长江重要渔业水域生态红线，加强生态红线内涉水工程和水域污染事故查处。

3）发展增殖渔业。制定增殖渔业发展规划，科学确定适用于渔业资源增殖的水域滩涂。加大增殖放流力度，加强增殖放流苗种管理，开展增殖放流效果评估，强化监管，确保增殖放流效果。积极推进以海洋牧场建设为主要形式的区域性综合开发，建立以人工鱼礁为载体，以底播增殖为手段，以增殖放流为补充的海洋牧场示范区。推进以鱼净水，促进湖库渔业转型升级和生态环境修复协调发展。

4）加强水生野生动植物保护。建立救护快速反应体系，及时对水生野生动植物进行救治、暂养和放生。制订重点濒危水生生物保护计划，加大中华白海豚、斑海豹等极度濒危水生野生动物的保护力度，实施专项救护行动。强化水生野生动植物栖息地保护，科学开展繁殖增殖，规范合理利用，严厉打击破坏水生野生动植物资源的行为。

（5）规范、有序发展远洋渔业

1）优化远洋渔业产业布局。控制远洋渔船总体规模，稳定公海捕捞，巩固提高过洋性渔业，积极开发南极海洋生物资源。

2）提升远洋渔业竞争力。鼓励远洋渔业企业通过兼并、重组、收购、控股等方式做大做强，提高企业的规范化管理水平和社会认知度，培育壮大一批规模大、实力强、管理规范、有国际竞争力的现代化远洋渔业企业。促进远洋捕捞、加工、物流业的相互融合和一体化发展，构建远洋渔业全产业链和价值链。加大市场开发力度，培育和打造远洋渔业的知名品牌。加强远洋渔业综合基地建设，夯实远洋渔业后勤保障能力。

3）积极开展水产养殖国际合作。发挥我国水产养殖的技术优势，引导产业化龙头企业、远洋渔业企业，通过租赁水域、援建水产养殖设施、开展渔业技术合作等方式，加强与东南亚、中南美、非洲等地区及“一带一路”沿线国家的合作，建设水产养殖基地。鼓励科研院所、大专院校积极开展对外水产养殖技术示范推广，完善技术输出服务体系。

（6）提高渔业安全发展水平

1）加强安全生产管理。按照“安全第一、预防为主”的方针，全面落实安全生产责任制。完善渔业安全“网格化管理”办法，建立健全纠纷调解机制。深入开展“平安渔业示范县”“文明渔港”创建和渔业安全生产大检查活动，逐步推行渔业安全社会化管理。加强渔业安全应急管理体系建设，完善渔业安全应急预案，开展渔业海难救助演练。积极引导渔船编队生产，鼓励渔船开展相互支援和自救互救。加快建设渔船信息动态管理和电子标识系统，尽快普及配备渔船救生筏、船舶自动识别系统、卫星监控系统、渔船通信设备等安全设施。

2）确保水产品质量安全。坚持产管结合，推动属地管理责任、部门监管责任和生产经营者主体责任落实。加强水产品质量安全源头保障，严格饵料投入品管理，规范养殖用药行为，推行水产健康养殖和标准化生产，推进“三品一标”认证工作。严打违禁药物使用，继续开展产地水产品质量安全监督抽查，就突出问题开展专项整治行动。强化水产品质量安全风险评估、监测预警和应急处置工作，推进水产品质量安全可追溯体系建设。

3）加强水生生物安全。强化水生动物防疫体系建设，加快建立渔业官方兽医制度，推进水产苗种产地检疫和监督执法。做好渔业乡村兽医备案和指导工作，壮大渔业执业兽医队伍。加强重大水生动物疫病监测预警，完善疫情报告制度。推进创建无规定疫病水产苗种场。加强病死水生动物无害化处理，提高重大疫病防控和应急处置能力。

思 考 题

1. 中国渔业在国民经济中的地位和作用，以及其在世界渔业中的影响。
2. 中国周边海域的自然环境特点和其与渔业资源分布的关系。
3. 中国主要内陆河流流域自然环境特点和其与渔业资源分布的关系。
4. 中国渔业的发展简况。
5. 中国渔业生产发展方针和中国渔业现状。
6. 中国渔业在今后发展中应重视和解决的主要问题。
7. 中国渔业为什么要向生态渔业转变？

第五章　主要渔业学科概述

第一节　捕捞学概述

一、捕捞学学科组成和捕捞业的重要性

渔捞业是渔业的重要组成部分。捕捞是最古老的生产活动，伴随着人类的自然资源的狩猎活动，就产生了对鱼类的捕捞。现代渔业中的捕捞业主要是直接捕获自然界中的鱼类等水生生物资源，由于它具有经济特点，其作为一种产业将会长期存在。

捕捞业作为生产活动，涉及捕捞工具的设计制造、对渔业资源与渔场的了解和把握、需要渔船设计制造、冷冻冷藏等许多工程技术的支持，还涉及船队管理和市场营销等经济管理等活动。因此，捕捞业的科技支撑，从学科的角度来分析有捕捞学、渔业资源学和水产品加工冷藏学等。图 5-1 表示了捕捞业涉及的相关产业与部门，包括渔业资源、捕捞工

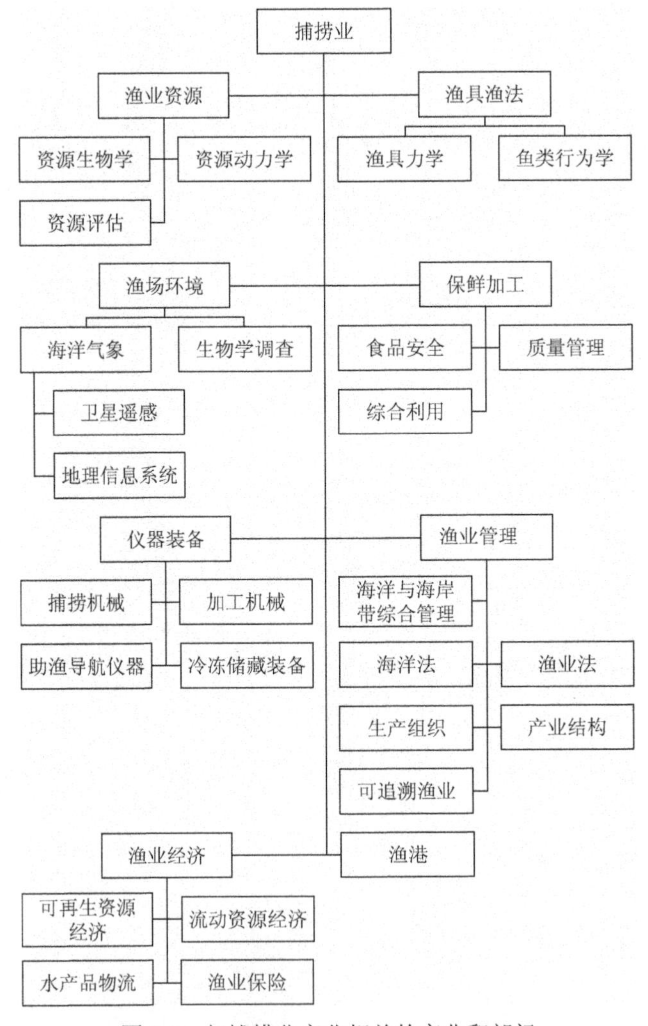

图 5-1　与捕捞业产业相关的产业和部门

具、渔场环境、渔船和仪器装备，以及渔业经济管理和渔港等。图 5-2 表示了捕捞学的学科组成和相互关系。

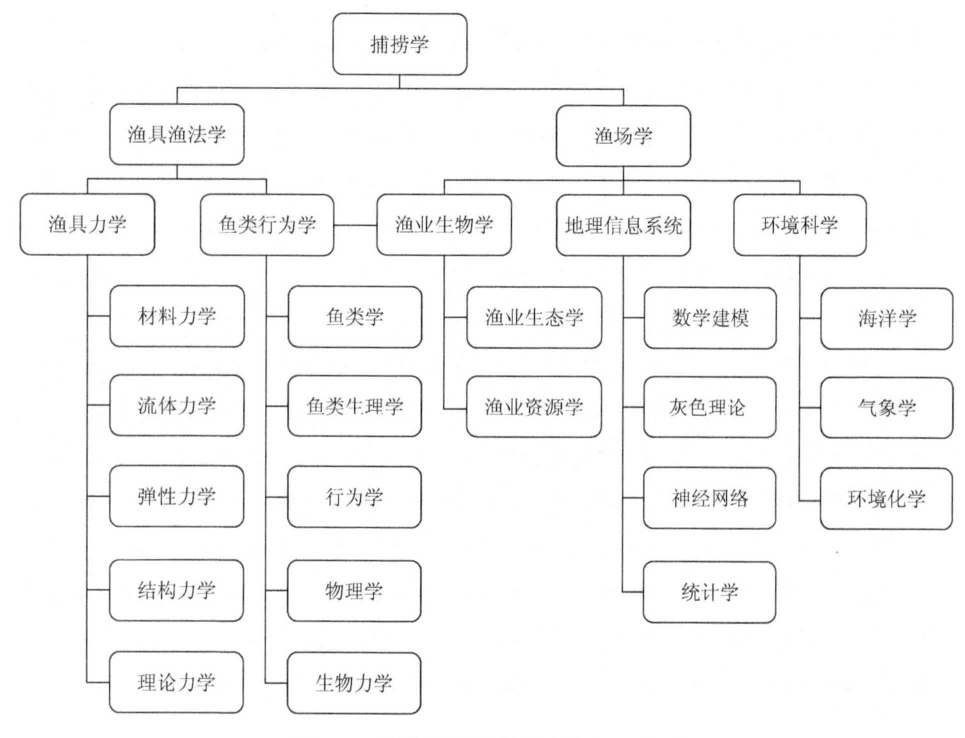

图 5-2　捕捞学的学科组成和相互关系

捕捞学（piscatology）根据捕捞对象种类、生活习性、数量、分布、洄游，以及水域自然环境的特点，研究捕捞工具、捕捞方法的适应性、捕捞场所的形成和变迁规律的应用学科，是渔业科学分支之一。按研究内容可分为渔具学、渔法学和渔场学。

渔具学研究捕捞工具设计、材料性能、装配工艺等。其可分为：研究渔具原材料和有关构件的物理、机械特性的“渔具材料学”；研究渔具装配工艺设计与技术的“渔具工艺学”；研究渔具及其构件的静力和水动力特性的“渔具力学”；研究渔具设计和选择性的“渔具设计学”。

渔法学研究鱼群探索技术、诱集和控制群体技术、中心渔场探索、渔具作业过程中的调整技术、捕鱼自动化等。

渔场学也称为“渔业海洋学”，是研究渔场形成和变迁机制，以及渔况变动规律的应用学科。其涉及海洋环境与鱼类行动之间的关系，鱼群侦察和渔情预报等。

从学科关系来看，渔具学和渔法学以鱼类行为学、渔具力学为基础。而渔具力学是以理论力学、材料力学、流体力学、弹性力学和结构力学等为基础。鱼类行为学涉及鱼类学、鱼类生理学、行为学和许多现代科学。渔场学涉及鱼类生理学、环境科学、气象学、海洋学、鱼类行为学和统计学等。

二、捕捞业的重要性和可持续发展

捕捞业是全球渔业的主要组成部分，尽管在近十年中，水产养殖业产量迅速增加，但至今为止，捕捞产量约为 9500 万 t，占总产量 1.35 亿 t 产量的 70%左右。捕捞产量主要来自于海洋。海洋渔业为人类提供了大量的、优质的、廉价的蛋白质，创造了可观的经济效益和社会效益。但是，由于经济和管理等方面的原因，全球的捕捞能力增强很快，过量的捕捞能力给渔业资源带来了沉重的压力，加上气候变动，大多数经济鱼类资源衰竭。严酷的现实迫使人们对渔业资源的生物特点和渔业经济规律进行研究，探求科学的管理办法和技术支撑，合理利用水生生物资源，实现海洋渔业的可持续发展。

21 世纪，“资源、环境、人口”及“粮食安全”是全球各国政府、部门、组织和公民关注的热点问题。而渔业与这类问题密切相关，受到了各方的关注。为了满足人类对粮食和蛋白质的需要，又要做到合理利用渔业资源，唯一的出路还是依靠科技，依靠对渔业可再生资源的生物经济规律的认识，依靠科学管理，走可持续发展之路。

三、捕捞学与科学技术

渔业发展的历史表明，科技进步对海洋渔业产生过广泛而深刻的影响。例如，造船工业的发展和船舶动力化使海洋渔业的活动范围逐渐由沿岸水域，向近海、外海，以及远洋深海拓展。与此同时，海洋渔业产业结构、生产方式的内涵也发生了深刻变化。从依靠人力或风力的小船、在沿海水域进行日出晚归的捕捞作业，发展到在远离基地港的深海远洋进行周年生产。目前，代表现代渔业的是大规模工业化生产的、专业化分工的、组织管理复杂的远洋渔业船队。例如，大型拖网加工船、大型光诱鱿鱼钓船、超低温金枪鱼钓船和金枪鱼围网船船队等。远洋渔业的生产活动体现了科学技术的高度集成。而这种生产活动在 20 世纪 50 年代以后，在科学技术的发展下才得以实施。

1. *主要渔具渔法*

按海洋渔业产量来划分，主要作业方式有拖网作业、围网作业、钓渔业、张网和笼壶等定置渔具作业，以及流刺网作业等（图 5-3）。

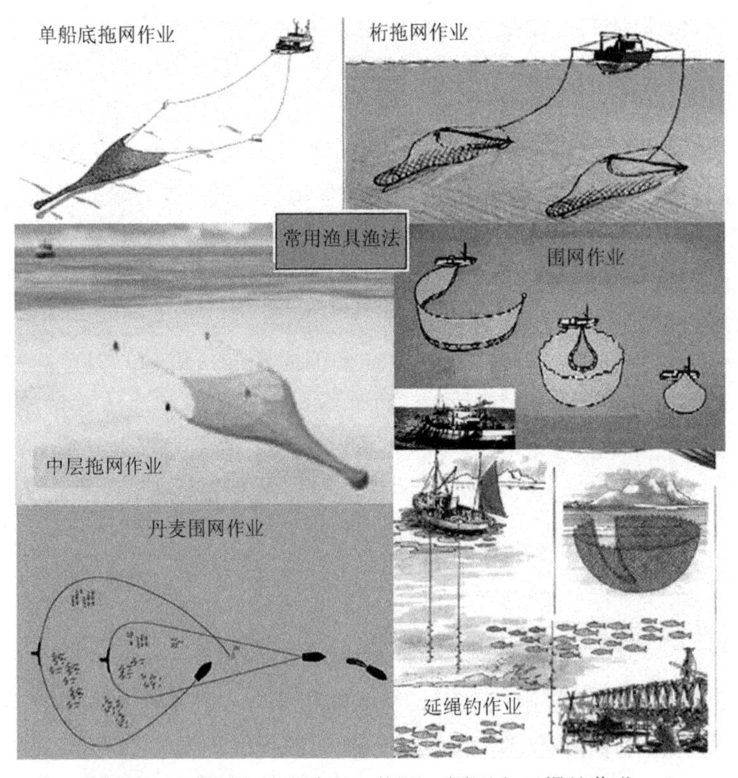

图 5-3　常用渔具渔法——拖网、围网和延绳钓作业

拖网是目前最为普遍使用的渔具，由渔船拖曳滤水的袋型网具，鱼虾类等水生生物被网片滞留在网囊中而被捕获。拖网属于主动性渔具，具有较高的生产效率。其作业方式有单船和双船拖曳一顶网具，在底层或中水层进行捕捞作业。大型中层拖网的网口面积近 $1000m^2$，作业时每小时过滤水体可达 500 万 m^3，网次产量可达几十吨。大型中层拖网加工船舶适应无限航区，可以全年在海上连续进行作业。

围网是一种空间尺度大的渔具，网长为 800～1200m，网具作业高度为 100～200m。作业时，网衣在水体中先形成圆柱状，而后因底部纲索被绞收，整个网衣呈碗状，围捕水体达 2200 万 m^3。围网主要捕捞集群性鱼类，如鲐鱼、鲱鱼等，一网可达围捕几百吨渔获。

延绳钓是钓渔业中的主要渔具，主钓线可以长达几千米，悬挂许多支线，可挂有几千个钓钩。一般采用自动化装饵投钓机和起钓机进行作业。主钓线以水平方向进行投放作业的主要有金枪鱼延绳钓。此外，还有垂直延绳钓，如鱿鱼钓，许多钓钩串接在主钓线上，作业时，钓钩垂直投入水体并下降到一定水层，而后连续上下运动。运动的钓钩能引诱鱿鱼上钩。大型钓船往往装备几十台自动鱿鱼钓机，配有几十盏 2000W 的诱鱼灯，光线穿越水体，形成光场。利用鱿鱼喜光的习性，诱集成群，提高捕捞效率。

大型流刺网是利用鱼类穿越网目时，被网目限制或网衣钩挂而捕获。网长达十几千米。一般配备流网起放网机等专门机械，可进行连续作业。刺网有定置刺网和流刺网之分。定置刺网一般用锚或重物固定在海底，保持在一定水层进行作业，多半在浅水区作业。流刺网则通过带网纲与渔船相连接，一起随波逐流。刺网属于被动式渔具。定置网中有张网、陷阱网、落网、扳缯网等。基于鱼类的习性和运动能力，渔具的设计会使捕捞对象“自投罗网”，属于被动式网具。

2. 对现代捕捞业带来革命性影响的三大科技发明

捕捞业作为一种商业性生产活动，众多的科技成果对它的发展起到了促进作用。综观科技对捕捞业的影响，尤其是 18 世纪工业革命以来，有三项科技发明对现代海洋渔业产生了革命性影响，使捕捞业获得了空前的发展。它们是蒸汽机与机械化、超声波探鱼仪和探测仪器，以及人造合成纤维。现分述如下。

（1）蒸汽机与机械化

1796 年英国瓦特发明蒸汽机后，引起了第一次工业革命。各个领域迅速推进机械化和动力化，生产效率迅速提高，产业得到飞速发展。其中，蒸汽机使铁路交通成为现实，大大开拓市场，促进消费和经济发展，也促进了对水产品的消费和需求。

1787 年世界上出现了第一艘钢壳渔船，20 年后，美国率先在船舶上安装蒸汽机作为动力。1836 年瑞典发明了螺旋桨推进器。船舶和运输业获得了迅速发展。但是，直到 19 世纪末，也就是经过近百年的滞后，渔船上才安装了蒸汽机和蒸汽机驱动的绞机。

尽管如此，蒸汽机的出现对渔业捕捞生产产生了重大影响。

1）扩大生产作业海区、范围，延长了作业时间。由于渔船装备了动力，生产作业范围由沿岸水域迅速扩大到近海、外海，直到深海远洋。同时，渔船有了动力，可以迅速到达渔场或返港，还可以在较恶劣的气候海况条件下坚持作业，延长了有效生产作业时间。

2）机械化和动力化促进了渔具改革，被动式捕捞工具被主动式捕捞工具所替代，大大提高了捕捞效率。例如，在风帆渔船时代，主要生产工具是流刺网和定置网等被动式渔具，随波逐流，等待鱼虾自投罗网，生产效率较低。自从渔船装备了蒸汽机动力，不再依赖于风和海流的被动式漂流，而是主动追捕鱼群。科技人员又研发了单船尾拖网渔具和水动力网板，替代了固定框架的桁拖网，扩大了拖网的网口和扫海面积。船舶具有动力推进，提高了拖网作业时的拖曳速度，并且能更好地控制拖曳方向和航线，扩大单位时间捕捞作业面积和滤水体积，大大提高了作业效率。

3）为实现机械化生产提供动力。机械化为使用大规格的渔具和缩短操作时间创造了条件。现代大型拖网长达 2500m，网口水平扩张在 40m 以上，网具拖曳时的阻力达 400t。每网次作业时间为 2～3h，可以连续作业。如果没有机械化，这些作业就不可能实现。

4）铁路运输可以使货物迅速从沿海港口运到内地城市和乡村，扩大水产品的销售范围和市场。商业发展、消费量的增加又促进渔业生产进一步扩大发展。

由此可知，蒸汽机和机械化是对现代渔业产生革命性影响的科技进步。

（2）超声波探鱼仪和探测仪器

1939 年以前，回声测声仪已装备在商船和北欧大型拖网渔船上。当时仅用于测量水深。第二次世界大战期间，超声波探测仪器被改进，用来探测潜水艇。战后，科技发展使超声波探测仪器小型化，价格降低，使大多数大中型渔船都能安装，用于测量水深和探索鱼群。

1）超声波探鱼仪对渔业作业的影响。首先，其能使渔民准确掌握鱼群的位置和栖息水层。使得中层拖网作业，或称变水层拖网作业的瞄准捕捞成为可能。如果说，过去在大海中进行捕捞是“瞎子摸鱼”，在超声波探鱼仪诞生以后，就像盲人重获光明，渔船船长可以主动搜索鱼群，了解鱼群在海洋中的位置和相对渔船的方位，通过精确地调整网具的作业水层，实现瞄准捕捞，极大地提高捕捞生产效率。其次，其还便于渔船船长了解、掌握作业海区的海底情况，避开障碍物，大大减少网具损坏等作业事故，实现安全生产。最后，减少海上寻找鱼群的时间，增加有效作业时间。例如，以往拖网作业要花 50%的作业时间，围网作业要花 80%的作业时间用于寻找鱼群，利用超声波探鱼仪和超声波声呐可迅速地、准确地发现鱼群。所以，20 世纪 50 年代，超声波探鱼仪迅速获得普遍使用。当今，如果渔船没有超声波探鱼仪，船长就不愿意出海生产，超声波探鱼仪已成为渔船的必备设备（图 5-4）。

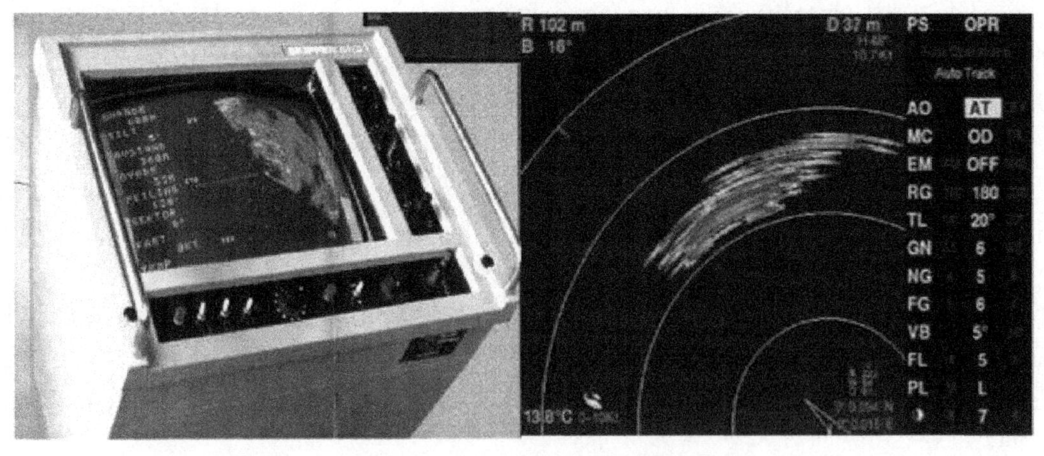

图 5-4　声呐及显示屏上的鱼群

2）超声波探鱼仪工作原理。超声波是振动频率高于人类听觉上限 5 万 Hz 的声波。

在温度为15℃的水中，超声波的传播速度约为1500m/s。声波在前进中遇到物体会反射，计算从发射声波到接收到回波的时间，就可以了解物体与声源的相对方位和距离。超声波繁荣回声原理在渔船上得到了广泛的应用，可以探测鱼群和海底障碍物等。

超声波探鱼仪主要由以下部分组成。①发射器：振荡器、功率放大器、调制器、换能器。振荡器产生频率高于2万Hz的电信号，经调制器和功率放大器的处理后，成为有一定间隔的脉冲信号。换能器将该电信号转换成机械振动的声波，向水中发射和传播。其中换能器是超声波探鱼仪特有的设备。它在水下工作，利用某些材料的磁致伸缩或电致伸缩，将电能与声能相互转换。常见的有金属镍、高碳酸铅和碳酸钡等陶瓷晶体。②接收器：换能器、放大器。超声波在水中传播时，遇到海底、鱼群和浮游生物、礁石等物体后，被反射形成回波。该回波通过换能器转换电能，经放大器放大和处理后，送到记录器和显示器等。③记录器和显示器。通过对声波进行发射和接受，计量其传播的时间，转换为空间的距离和位置，并通过记录器或显示器表示。为了用图形表示渔船、鱼群、海底和障碍物的影像及相对位置，一般用单笔式、三笔式和多笔式进行记录。根据记录电压，记录纸有干式和湿式之分。20世纪80年代以来，彩色显像管被大量采用，用来显示上述关系和图像。还利用图像处理技术和数据处理技术发展了智能化仪器。

3）渔用超声波探测仪器的种类和功能。由于超声波在水中传播距离远，因此其被广泛应用于水下测量和信息传递。在捕捞作业中，渔用超声波探测仪器用来探测鱼群的位置、水下障碍物和海底地形，测量网具所处的水层，传递作业状态的信息和控制信号等。在现代计算机技术的支持下，可以对渔业资源进行定量调查，分辨鱼种和数量等。

利用超声波在水中传播的特性，现已开发出多种超声波助渔仪器，协助捕捞作业时探寻鱼群或测量渔具的作业状态，通过水体传递信息。这些仪器主要如下。

超声波探鱼仪：有垂直发射超声波的测深探鱼仪，以及可以向不同角度发射声波的水平探鱼仪，又称声呐。声呐又有单波束、多波束之分。超声波频率一般在20～200Hz，随着探索的目标尺度和所需的分辨率而定。

网位仪：安装在拖网网口，浮子纲中央的超声波发生器，向上、下和渔船方向发射超声波，探测网具与水面、海底的距离，以及鱼群在网具的位置，并将该信息同步传递到渔船上，供瞄准捕捞作业用（图5-5）。20世纪90年代研究开发了网口声呐，使用频率较高的超声波，对拖网或围网四周进行全方位的扫描探测，掌握鱼群与网具的相对位置。

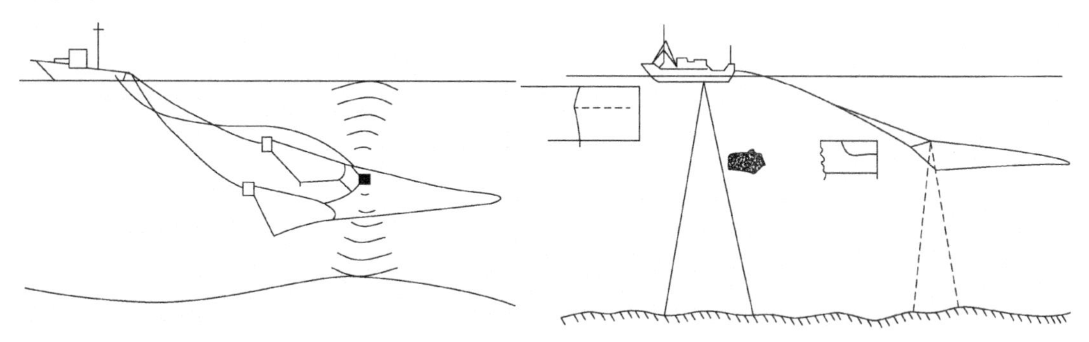

图5-5　中层拖网的探鱼仪、网位仪和瞄准捕捞示意图

20 世纪中叶，超声波助渔仪器的出现使精确的瞄准捕捞成为可能，大大提高了捕捞效率，它的出现对现代渔业有革命性影响。

（3）人造合成纤维

20 世纪中期，美国发明了以尼龙为代表的人造合成纤维后，由于合成纤维具有优良的特性，它在各个领域中得到了广泛的应用。渔业中最重要的合成材料是尼龙、聚乙烯、聚丙烯等。用它们制成的网线和绳索已成为主要的渔具材料（图 5-6）。

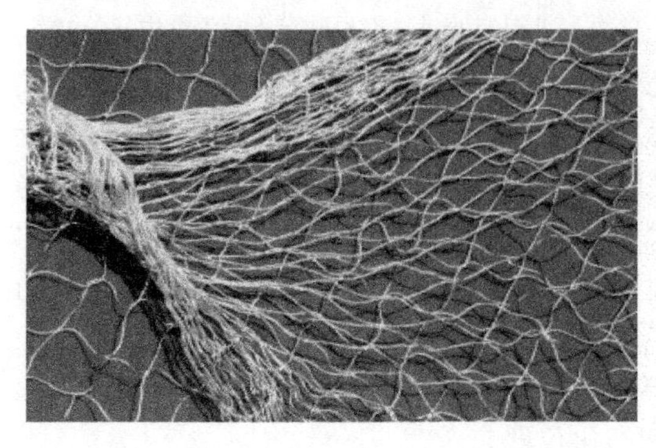
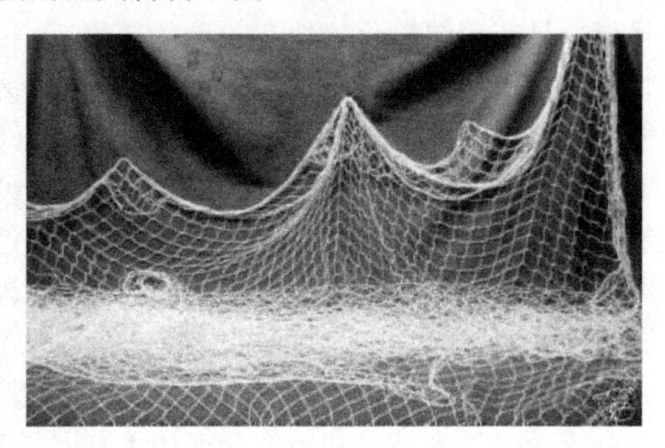

图 5-6　合成纤维渔网

合成纤维的分类：在渔业上广泛使用的塑料和合成纤维材料有尼龙 PA、聚乙烯 PE、聚丙烯 PVC 等。因为加工方法不同，材料的性质有很大差异。

合成纤维的主要特点：破断强度高、延伸性较大、柔挺性好、耐磨性强、耐腐蚀性高、抗老化性较差等。

合成纤维对渔业生产的影响：①因为其强度高，网线可用得细些，不仅节省材料，又因网线细，不易被鱼发现，提高了渔获率，如尼龙单丝流刺网。由于该作业消耗的动力较少，所以在发展中国家得到了广泛应用。网线可以制成无色透明状，用于刺网或钓线，有利于提高捕捞效率。②因为网线细，并且表面比棉线光滑，所以水阻力小，有利于网具规格扩大。例如，拖网从 560 目×11.4cm 扩大到 1040 目×11.4cm，以及超大网目拖网和绳索网，扩大了驱集鱼群的空间范围，提高了捕捞能力。③因为其经久耐用、防腐蚀、耐磨，渔具不易损坏，大大降低了在海上作业时修补渔具的时间，增加了有效作业时间。又因为减少晒网晾干的时间等，提高了生产率。④水生生物不易附着，有利于防止生物污染，适用于海水养殖网箱。⑤相比于传统的天然纤维，如棉线，合成纤维材料的吸水性小，制作的网具在起网时，排水快，重量较轻，所以省力。⑥人造模拟饵料，如浸渍天然或人造鱼油的人造海绵，制成适当的形状和颜色，挂在钓钩上，可多次长期使用，提高延绳钓的钓捕率，降低装饵的劳动量。

历史资料表明，1950～1970 年全球的渔获量每年增产 20 万～60 万 t，主要是因为发展中国家实现了机械化、广泛使用合成纤维材料和多种科技成果。

3. 其他科技进步对捕捞业的影响

海洋捕捞业发展也促进了造船、电子、机械、化工工业、冷冻工程、食品加工等工业的发展。长期的密切配合已形成了相互关联的产业链，形成了专业化领域，如渔船建造、渔业电子和机械仪器、水产品化学和冷藏、水产品加工等，这又进一步支持了海洋捕捞业的发展。历史经验表明，积极、主动地将先进的科技成果引进到渔业中，是促进渔业发展的重要途径。除了上述引起海洋渔业革命性发展的三大科技成果以外，还有许多重要的科技成果对海洋渔业和捕捞业的发展产生积极的作用，举例如下。

（1）大型工厂化加工拖网船与平板速冻机

大型双甲板尾滑道拖网加工船是现代渔业中的一项重要发明，它是将捕捞作业、加工生产、冷冻储藏、运输航行等功能集成在一艘船上，成为海上加工工厂。船舶的性能被设计成无限航区，续航力大大延伸，可以周游全球各海区，进行全年作业。海上补给加油、海上过载等，可使捕捞渔船长时间地在海上连续作业。这些活动又需要结构合理的船队支持，以及发达的通信技术和海上装卸手段，以适应各种气候海况，保证安全作业。

19 世纪曾有人提出在海上进行捕捞作业的同时，在船上进行渔获加工的概念。但是，由于当时的科技水平和管理能力所限，直到 20 世纪 40 年代末这都未能成为现实。第二次世界大战以后，尤其是 50 年代科技大发展后，电子通信导航设备、超声波探鱼设备液压动力起网机械尾滑道拖网船的出现，才使大型拖网加工船的建造和作业方式成为可能。实践表明，完备的通信技术和网络、市场信息和后勤供应、有效的生产组织管理，使大型拖网加工船队在远离基地港的渔场进行长时间连续生产，大大提高了产品的质量，获得了可观的经济利益和社会效益。

a. 结构与功能

大型拖网加工渔船的主要技术特点是：渔船具有双甲板、尾滑道的结构。在上层甲板进行捕捞作业，而下层甲板设有鱼片加工，以及鱼油和鱼粉加工生产系统。一般安装了电子助渔导航通信系统、平板速冻机、遥控液压或电动绞机等装备，具有很高的机械化和自动化生产能力。在 2h 左右的时间里，能将捕获的渔获物分类进行加工处理和速冻储藏。

b. 大型拖网加工船队对渔业的影响

这种船舶和作业方式的主要优点是：适航性好、续航时间长，大大延长了海上作业时间，并且能开发出远离大陆的新渔场，实现全年全球作业；通过海上速冻提高鱼品质量和保藏时间；在海上直接将渔获加工成成品或半成品，并实现综合利用；可将加工好的产品直接运送到消费地点上市，或将产品储藏在冷库中，按市场需求调节供应，降低渔业生产季节性影响，提高了经济效益和社会效益。

（2）通信导航仪器装备

20 世纪 50 年代起，电子工业迅速发展，为助渔导航仪器的发展提供了良好的条件。电子仪器的小型化适应海上较恶劣的环境，价格低廉，使助渔导航仪器在小型渔船上得以推广。完善的通信导航设备使渔船航行和作业安全得到了保障；通信技术的发展为组织管理复杂的、大规模的渔业生产提供了良好的条件；定位和通信技术有利于中心渔场控制，提高作业效率。

导航定位仪器的工作原理和用途如下。

双曲线无线电定位系统的基本原理是，应用与两定点的距离差为定值的动点轨迹，其是以该定点为焦点的双曲线，则由一个主台和两个副台组成的无线电信号台组发射信号。船舶通过分别测量两个台组信号的时差值或相位差等来代表距离差，即可在双曲线海图上查到两条曲线的交点，即获得接收者的位置。应用此基本原理设计的仪器有劳兰 A、C，台卡，欧米伽和全球定位系统等（图 5-7）。

劳兰（Loran）是远程导航（long range navigation）的缩写，是利用测量位置已知的主副台信号的时差进行定位的系统。

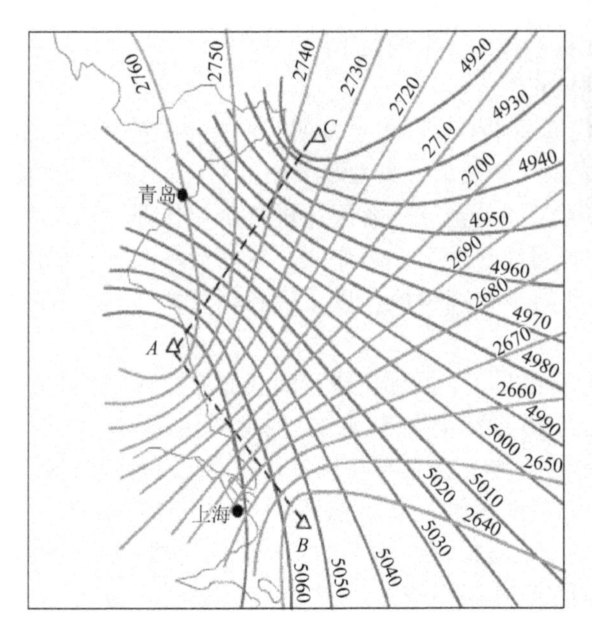

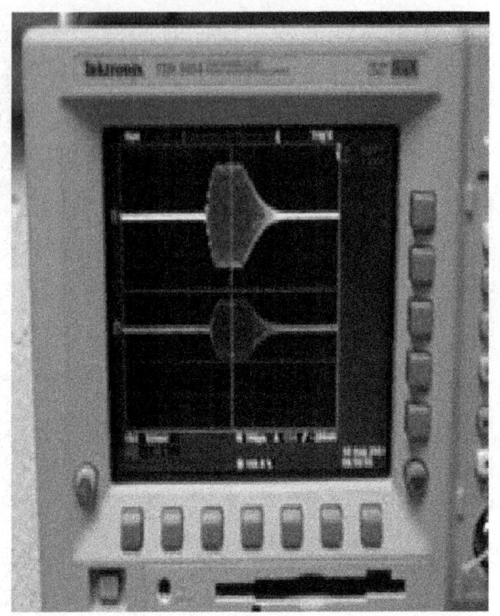

图 5-7　双曲线导航定位仪

台卡（Decca）是利用连续波测定电波的到达相位差而求得距离差从而进行定位。

欧米伽（Omega）利用测量电波的相位差进行定位。与台卡不同的是，其发射的是10200Hz 的甚低频波，即超长波。其具有传播特性和相位稳定的优点，并能向水下（约几米深）传播。8 个发射台即可覆盖全球。

全球定位系统（GPS）的原理是，有多颗卫星在约 1000km 的高度，大致在南北极的圆形轨道上运行，并且每隔 2min 各自发出持续 2min 的信号，其中包含时间和卫星位置等信息。当在地球上测定这种电波的频率时，因多普勒效应，卫星接近测量者时收到的信号频率增大，远离时，频率下降。对此频率的偏移进行积分，可以计算出卫星与测量者的距离。同理，应用一定的距离差是双曲面，它与地平面的交线是双曲线的原理，可以定位出测量者的位置。

卫星跟踪监督系统的工作原理是：当卫星经过渔船上空时，安装在船上的卫星应答器将被激发和向卫星发出一组信号，卫星在经过卫星数据处理中心基地时，将信号数据传递到中心，计算出该渔船的编号和位置（经纬度）。定时的通信接收可绘出渔船的航迹，以便于进行监控。其用途是，提供对渔船作业监督管理有效的工具，特别是在公海和专属经济区等水域中，可以对渔船的入渔和作业状态进行监控。其是国际通用的船舶监控系统（vessel monitoring system，VMS）的基本设备之一。

小型雷达是 radio detection and ranging 的略语 Radar 的谐音，是以电波探测和测距为目的的装置。雷达从发射台（船）向某方向发射无线电脉冲波，再接收电波在传播途中的物体反射波，在荧光屏上显示周围物体的位置和运动趋向。通过回波的强弱还可以分析、了解物体的性质。随着计算机数据处理技术的发展，数据雷达（ARPA）可以自动跟踪几十个目标、模拟航线和自动报警。渔船雷达的主要用途是提高航行安全；控制渔船间距，安全作业，防止渔具作业事故（图 5-8）。

雷达脉冲电波的特性是，电波具有直线性传播（方位）的特性；其在空气中的传播速度为 3×10^{8}m/s；波长越短，方向性越强。

图 5-8　渔船雷达

雷达的性能和影响因素：①雷达的性能指标主要有探测能力、方位辨别能力、距离辨别能力、最小探测距离和图像的清晰度等。②探测能力是指雷达能够探测的最大距离。影响探测距离的因素有雷达的发射功率、接收灵敏度、波导管的微波传输损耗、天线增益、波长、物标的种类和高度、天线高度和环境条件等。③方位分辨能力是指，判断在某距离内，横向排列的两个物标的能力，用两个物标连接扫描天线中心而成的角度来表示。该分辨能力主要受雷达波的水平波束宽度的影响。④距离分辨能力是指能够判断同一方位的两物标的能力，用两物标之间的距离表示。该能力受脉冲的宽度影响。⑤最小探测距离是指能够探测物标的最短距离。它受脉冲宽度、波束的垂直宽度、扫描天线高度、物标的性质、环境条件等的影响。最小探测距离与雷达盲区有关。⑥图像清晰度与接收器的灵敏度、显像管的特性、脉冲重复频率、天线的旋速度等有关。

甚高频无线电电话（VHF）是利用甚高频（very high frequency）进行无线电通话。在渔业生产调度中，普遍使用单边带 VHF 的无线电电话。这是一件非常有效的通信工具，传递信息；方便生产组织和调度；大大提高安全生产。

（3）机械化及自动化装备

液压装备利用液体的特性，如油的不可压缩性，传递压力和能量，达到做功或信号传递和控制的目的。其主要部件有油泵、油马达、管路、油开关、油缸与活塞等。

液压技术应用主要有渔业机械动力化。其主要应用于液压绞机，普遍用于拖网、围网和延绳钓等作业渔船；液压动力滑车主要用于围网作业中，起吊围网网衣；三滚柱式起网机 TRIPLEX 主要用于围网作业。其作业重心低，有利于渔船的稳定性和安全（图 5-9）。另一种应用是液压遥控技术。利用管路内的液压油传递压力信号，对可变螺距推进器、液压绞机、起重机等工作部件进行遥控。

液压技术的优点是：①功率大；②过载能力强，适应作业时的波动载荷和冲击载荷；③安全，相对电力电路不会产生触电事故；④不易腐蚀，零件简单，维修保养容易，尤其是适应海上工况。

捕捞作业监测系统一般由多种仪器设备构成，对渔具各部分的作业状态进行连续监测。常用的仪器如下（图 5-10）。

曳纲张力长度仪：通过监测曳纲上的张力可知网具的阻力和渔获物的数量，包括监控

图 5-9　三滚柱式起网机和液压绞机

图 5-10　渔船用裂缝式雷达

网具是否遇到障碍物，提高作业的安全和效率。同时，通过调整曳纲的长度来精确控制网位，或当曳纲载荷突然增加时，自动释放一定长度的曳纲来缓冲载荷，降低事故发生率。曳纲张力仪有弹簧式、应变仪式、液压式、单滑轮式、三滑轮式等。

网位仪：用于拖网作业时监视拖网所处的水层。一般安设在拖网上纲，通过压力传感器测量水压，进而推算水深，同时还有超声波发射器，通过声波的回波测量下纲与上纲的距离，即网口高，以及上纲与海底的距离或与水面的距离。通过电缆或超声波信号与作业渔船联系。

网口声呐：其基本原理与网位仪相同，安装在拖网上纲上的声呐，能进行三维立体扫描，将网口前后鱼群相对渔具的影像、网板的位置和网口扩张程度等信息传递回作业渔船，采用类似于雷达的显示器提供网口四周平面的情况，方便地了解鱼群对网具的反应和运动趋向，以提高捕捞效率。

渔获物充满度仪：拖网网囊在充满渔获时，网目会受渔获挤压而张开，所以利用传感器测量网囊网衣的张力，或在网囊网口到网末端设置几个超声波发射器/接收器，通过测量渔获物存在的位置推算渔获量，并自动将信息通过电缆或超声波信号送到渔船上。

拖网作业控制系统：是多种捕捞辅助仪器的综合，由网位仪或网口声呐、网板间距测量仪、网板倾角姿态测量仪、渔获物充满度仪、曳纲张力仪和曳纲长度仪等组成。可实时、同步测量拖网作业系统各部分的作业状态参数，供调整控制参考。在现代仪器中，还储存有渔具最佳作业状态的数据库，供比较用或自动调节，又称智能化监控系统或最佳参数专家系统。该系统专门用于中层拖网瞄准捕捞作业。中层拖网作业状态监测系统与传感器如图5-11所示。

网板扩张度仪：测量两网板的间距，有的还测量网板的内外倾角。通常应用超声波测距原理进行。

网口高度仪：其基本原理同网位仪。但是也会利用安装在上下纲的传感器测量压力差，推算网口高度。

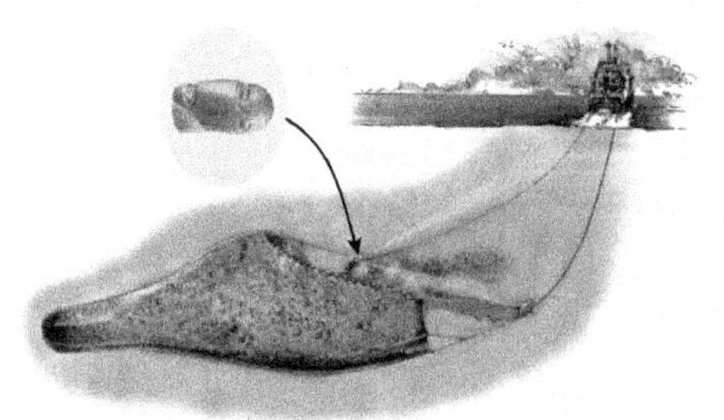

图 5-11　中层拖网作业状态监测系统与传感器

大型建网渔况遥测监控装置：将多个超声波探测仪与无线电信号发射接收系统相结合，构成对建网的网口、集鱼部等处的鱼类状态进行实时遥测监控。

流网无线电浮标：为了防止流网因纲绳断裂而丢失，在流网上安装几个无线电浮标，以便于测量流网的位置，及时回收，避免“幽灵网”事故产生。

（4）卫星遥感技术

通过装载在卫星上的遥感仪器，对海水表面温度、水色、叶绿素、浮游生物量等进行测量，提供多种数据资料的等值线图和彩色分布图，以及海况和参数的分布图。例如，Sea SAR 系统提供实时的海况信息。

卫星遥感信息可以用来进行渔场测报，通过海况测报的数据资料，结合鱼群的习性、洄游规律和渔场形成条件，预报渔场产生的空间位置和时间信息。此外，在上述资料的基础上，将历年同期或系列资料进行对比分析，结合渔船作业信息和观察员收集的资料，较系统地提供有关渔业生产管理所需的资料。

（5）生产管理指挥系统

为了进行渔业生产的科学管理，需要对多种资料进行综合分析，因为捕捞作业的海况和生产的多个环节等许多因素变化大，而且比较复杂，因此，在进行生产管理和指导时，需要实时地处理各种星系。随着计算机技术的发展，人们开发了许多实用的管理软件，图 5-12 是渔船监控系统示意图，其他还有如下。

渔船调度系统：建立渔船作业数据库，包括船位、渔获量、单位网次产量等，用渔业作业状态图表示中心渔场和渔船分布，结合鱼汛和海况等进行调度，制订生产作业计划。

渔船生产数据自动收集系统：通过渔船与基地之间的通信系统，将渔船的生产数据发送到基地，并自动生成数据库和有关表格、图片，以供分析用。电子渔捞日志可以将数据资料发给管理部门，实现即时监督。

渔船航行资料库：通过收集各渔船的航行资料，并应用地理信息系统表达所有渔船的位置和动向。

渔况分析测报系统：通常将上述系统进行综合，对渔场状态进行分析，预测渔场和渔情的发展趋势，建立系统的渔业服务系统，以便于指导和组织生产。

灾害警报系统：将海洋天气形势、海况预报和警报等资料，与渔船分布及其航行资料相结合，向作业渔船提供灾害警报，并向可能处于危险的渔船提供防灾建议。通常结合生产调度系统对渔船进行安全调度。

渔船生产状况分析和优化系统：在渔船生产数据自动收集系统的基础上，将每条渔船的生产状况与船队的平均生产水平进行比较，找出优劣，分析原因，提出改进方案，提高船队的整体生产水平。

全球海上遇难求救安全系统 GMDSS：由船载求救信号发生器、卫星监察和定位系统、岸台等组成的综合自动求救系统。

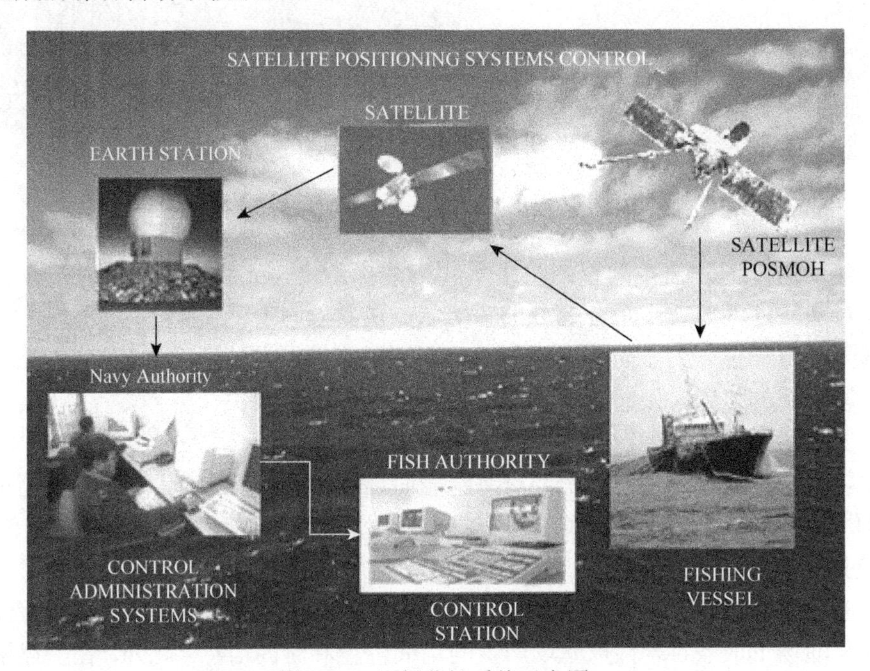

图 5-12　渔船监控系统示意图

经过多年的努力，一些国际组织和政府机构建立了渔业信息数据库，提供了市场供求信息，如 FAO 组建的 INFORFISH，以及在中国建立的分支机构 INFORYU、CHINFISH。上海海洋大学建立了 CHINA-FISHERY（http://www.china-fishery.net）等，提供专门的分类信息服务。

（6）观察装备和技术

在渔业生产和渔业科学研究中，需要对渔具作业状态、鱼群行动和行为反应等进行观察，但是，要在浩大且深邃的海洋中进行观察不是一件容易的事。对观察技术进行分类，其可以分为在生产作业现场进行的空中观察和水下观察，以及在实验室进行的观察。

飞机空中侦察或对鱼群进行观察是利用飞机进行的，而适用于渔业观察的航空飞行器是上翼展、飞行速度较慢的螺旋桨式飞机。由观察员直接进行观察，或使用遥感仪器航测和航拍，实时或事后进行影像处理和分析。在金枪鱼捕捞中，直接由驾驶员进行金枪鱼鱼群的空中侦察，并及时将情况报告给渔船，以便于进行围捕。

关于水下观察，由于渔具是在水下作业，鱼类栖息的水层在几十米到几百米，甚至达千米。对水下观察技术和装备的要求较高。

主要使用的观察记录设备如下。

水下照相机。可以采用普通的相机，但需要解决水密问题和控制问题。同时，由于水下焦距调整受水密度的影响较大，需要采用水镜或清水箱等技术措施。此外，在水深 50m 以下处，一般需要有水下光源进行照明。在更深的水层进行拍摄时，安装在渔具或观察仪器上的水下照相机的拍摄控制方法有定时自动连续摄影或遥控摄影。用这种方法仅可以获得静止的相片，但不能反映动态过程。

水下微光摄像机。其主要应用于水下照度低的环境里，为了避免人造光源对鱼类行为产生影响，一般不采用照明，因此，在几乎黑暗的条件下进行鱼类行为观察时，需要解决摄像管在低照度时的灵敏度和在高照度环境中的自动保护功能。同时，采用摄像机可以获得动态的连续过程记录，记录和反映鱼类行动的过程和趋势。

相机或摄像机可以由潜水员携带，或安置在专门的运载装置上通过遥控进行。

运载设备和观察方式主要如下。

自带呼吸装置的轻潜器 SCUB 供潜水员使用。优点是：潜水员可以自由行动，方便进行水下观察。但是，作业水深一般不超过 70m，并且作业时间较短，受天气和海况的影响和限制。在水流较急或需要观察的范围较大时，可以为潜水员配置水下运载摩托，以节省潜水员的体力。进行水下观察时，一般需要 3 人小组进行协同工作，提供安全保障。

拖曳式载人潜水橇。该装置靠船舶拖曳向前运动，潜水员可以通过改变舵角控制潜水橇相对观察目标，如拖网的上下、左右的相对位置。由于潜水橇与网具同时拖曳，潜水员处于相对静止的位置，有利于进行网具作业状态和鱼类行为观察。但是，观察人员是使用轻潜设备，因此，连续水下观察时间会受到一定的限制。

拖曳式遥控潜水橇属于无人驾驶类型，是可以对其相对位置和观察设备进行遥控的运载装置。其一般可以长时间地进行连续观察，受天气和海况的影响较小。

自航式潜水艇与自航式无人遥控潜水橇。该设备又称为水下机器人，可通过预先设置的程序，按预定路线对海底地形等进行自动观察和记录。

除了在海上或生产现场进行观察以外，还可以在实验室中对渔具和鱼类进行观察研究。例如，将渔具、渔船等按特定的准则（几何相似、运动相似和动力相似）、按比例缩小制成模型，在水槽或风洞里测量它们的几何和力学性质，取得各种参数及相互关系。为海上实测提供参考，并减少实测的工作量和盲目性。渔具和渔船模型试验的主要设备有：静水槽，模型由拖车沿轨道拖曳匀速运动，进行观察和力学测量。一般用于拖网和渔船的观察试验。为了保证运动的匀速性，在轨道铺设技术和拖车运动方面的要求较高；动水槽，应用运动的相对性，将渔具，如拖网、流刺网或延绳钓等，固定在测量柱上，水流以匀速、无旋流过，可以测量渔具在各种流速下的几何形状和变化过程，同步或不同步测量各种力学参数，便于长时间进行观察，特别有利于培训教学。流速一般不大于 1m/s，对水流的速度和整流要求较高，耗能和运行费用较高。

英国于 1978 年在哈尔渔业训练中心，建成观察段为 5m 宽、2.5m 高、15m 长的大型动水槽，并设有活动海底，适用于底层拖网、中层拖网、网箱等渔具动态实验。水流在垂直面里循环，即回流从水槽下半部通过，避免试验段水平倾斜的问题。在该水槽成功地研发了许多现代拖网和改进作业性能。该水槽成为现代渔具专用动水槽的代表，它的技术参数成为最基本的要求。由于效益明显，各渔业大国，如丹麦、加拿大、澳大利亚、日本，相继建造成了型号更大的动水槽。丹麦的北海渔业中心的动水槽的宽度为8m，水深为4m，水流速度为1～1.0m/s可控（图5-13）。

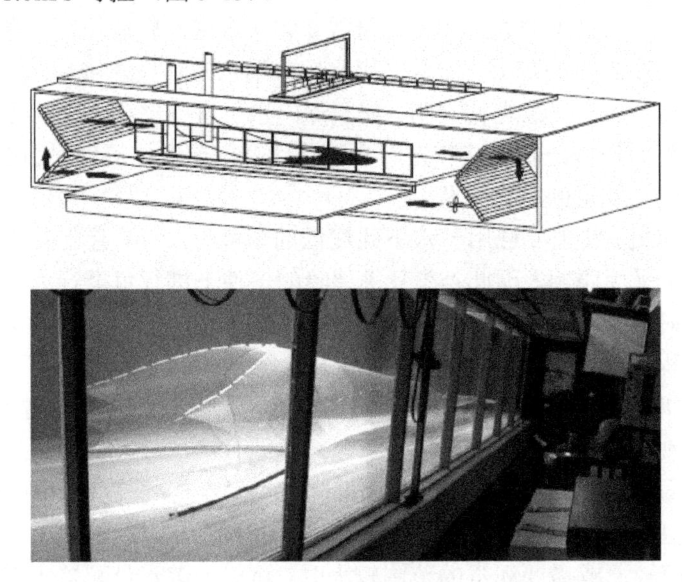

图5-13　大型动水槽

上图为英国哈尔渔用动水槽示意图；下图为丹麦北海渔业中心渔用动水槽

（7）计算机技术应用

计算机技术中的仿真系统、模拟技术、地理信息系统、可视化技术等都在渔业上获得了应用。举例如下。

一体化驾驶作业控制系统。渔船驾驶台上有多种助渔导航仪器，同时还有许多控制器和记录器，信息随时变化，有分别显示，给及时综合处理带来了困难。因此，将安装在驾驶台的各种助渔导航仪器的数据进行集中处理以后，在少数几个显示器上显示，并且与储存在计算机数据库中的各种方案进行比较选择，实现智能化管理。这涉及计算机技术、数据库、接口技术和伺服机构等。这种一体化系统的优点是，提高仪器的综合使用效率；减少仪器的重复设置，节约资金；为智能化作业提供基础。

电子海图，航海海图的电子版。已在航海中普及使用。便于检索、放大、标注、预设、报警和储存等。也是其他控制和管理系统中的重要组成部分。

渔捞电子海图。采用地理信息系统、可视化技术等。海图中除了包括与航海有关的资料以外，还包括与渔业作业有关的海底底质和障碍物、鱼类栖息地、鱼汛和渔场资料。20世纪70年代英国白鱼局就以向渔船船长收集各种渔业信息的方式，将信息标注到普通海图上，为捕捞作业提供了非常有用的信息，受到了船长们的欢迎。

捕捞航海模拟训练器。是利用仿真技术和模拟技术，提供人造的、各种常见的或罕见的作业环境，便于进行专题或综合训练，进行反复训练。是进行捕捞航海作业的各种案例，是在各种工况下进行训练的有效设备。与海上实况训练相比，模拟器训练是既安全又成本低的方法。因此，其现在被广泛应用于航空、航海和汽车驾驶等训练中。此外，还可以利用模拟器对一些事故或操作方案进行模拟，以便对参数和对策进行研究和调整，进行优化设计或优化方案。模拟器被用于军事战略和战术模拟中（图 5-14）。

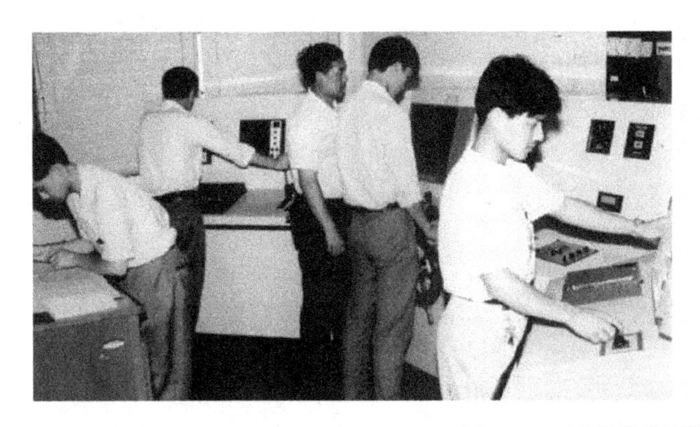

图 5-14　捕捞航海模拟训练

按照模拟器的原理进行分类主要有原理型模拟器、仿真型模拟器和仿真原理型模拟器。原理型模拟器主要用于战术研究，如离靠码头解缆和带缆模拟器。注重数学模型的科学性和严密性，硬件价格较低，也可用于战术方案的分析。仿真型模拟器主要用于操作性训练。要求逼真度高，多数用于军事训练，注重环境、视觉、听觉、反应速度等的逼真性，要求训练器中的仪器装备与实际使用的装备相同，如要求训练室（模拟驾驶室）能摇晃、有立体三维的雾号、有仿真的视景等，因此其造价较高。仿真原理型模拟器介于前两者之间，主要用于教学训练，既能说明某项教学要点，又能使学员获得实际操作的体会和经验。这种模拟器可以模拟多种性能的仪器设备，具有适应仪器更新快、型号多的优点，广为教学训练所应用。

（8）船舶设计制造

可变螺距推进器是渔船上特有的推进器。一般的螺旋桨推进器是整体浇注的，桨叶角度固定，按船舶航行进行最优设计。但是，渔船在航行时和拖网作业时的负荷差异很大，如果通过调整主机转速来适应，则主机功率和效率都不能处于最佳状态。如果通过调整螺旋桨桨叶的角度，即螺距，而使主机转速保持稳定，则可使主机发挥最高效率。特别是在拖网作业中，可变螺距推进器在各种工况下，既能适应渔船在巡航速度下运行，如 12 节，又能适应渔业作业时拖曳网具的速度，如 2～3 节，达到最佳效率和节能的目的。螺距控制通常用液压技术使桨叶旋转，从而改变角度。

导流管通过在螺旋桨外的两端各自加上一个带喇叭口形状的圆管状导流管，提高螺旋桨的效率和有效推力。在渔船传统的螺旋桨外加设了导流管后，不仅可以增大船舶推力，达到节能的目的，而且还可以保护螺旋桨，防止其撞击损坏（图 5-15）。

多用途渔船、专用渔船和渔业辅助船介绍如下。

20 世纪曾盛行使用多用途渔船，即一条渔船可以适用于两种或多种作业方式，如拖围、拖钓、流钓兼作渔船。设计制造此类渔船是为了捕捞不同的鱼种，达到全年生产的目的，可以减少改装的时间和费用。但是，其在作业性能上比专用渔船的效率低一些。当今，渔业资源受到了过大的捕捞压力，同时为了方便管理，国际上不提倡使用多用途的兼作渔船。

专用渔船，如光诱鱿钓渔船、金枪鱼围网船和金枪鱼延绳钓船、大型流网船、尾滑道拖网渔船、臂架式拖网船、蟹工船等。渔船的高度专业化是现代捕捞业的发展趋势。专业化不仅针对作业方式，而且还针对捕捞对象和渔场，市场和需求的产品形式，加工方式等进行专门的设计和建造。例如，专门用于捕捞狭鳕、竹筴鱼、南极磷虾等的拖网加工船。由于捕捞对象和渔场不同，船型和加工能力有很大区别。

图 5-15　渔船导流管与可变螺距推进器

渔业辅助船，如专用灯光船、冷冻运输船，可以使船队的结构合理，提高船队的整体效率。例如，在远洋光诱鱿鱼钓作业船队中配置专门的加工冷冻船，可以减少捕捞船来回返航的路程，大大增加有效作业时间，以及节约燃油，提高效益。

4. 基础理论研究

为了提高捕捞生产的效益，或对捕捞对象进行选择性捕捞，达到渔业资源可持续利用的目的，捕捞生产工具必须适应鱼类的行为反应和生产环境，同时，为了研究、开发出对生态友好的渔具渔法，渔具力学和鱼类行为学成为渔具设计技术的基础。

（1）渔具力学

渔具力学研究渔具构件，网片、网线，绳索、渔具构件等在水流和各种载荷的作用下的张力分布和空间形状等，以及相应的水动力和阻力等形成的机理，为渔具设计提供数据。渔具力学研究的主要内容有：渔具设计与计算；模型试验原理与方法；渔具形状和作业性能数学力学模型、计算机模拟和实时控制；拖网扩张装置设计；渔具系统的空间位置与运动学；渔具作业系统监测与数据处理等。

（2）鱼类行为学与选择性渔法

在进行渔业生产时，不论是捕捞，还是养殖，都有必要了解生产对象的行为习性。在水产养殖中，需要了解鱼类的摄食、生殖等行为习性，渔业资源工作者需要了解鱼群的洄游规律，而在捕捞生产时，需要了解鱼类或鱼群对渔具作业的反应，行动规律，进行选择性捕捞，以达到资源保护和提高生产效率的目的。

鱼类感觉器官的功能、感觉范围和阈值等的测定方法。研究表明，在鱼类的各种感觉器官中，视觉是重要的感觉器官。因此，鱼类行为能力中与渔具作业关系最为密切的是游泳能力和视觉。其次是对声波和振动波的感觉。研究成果应用于渔具选择性、渔具设计和捕捞作业中。为了保护经济鱼种的幼鱼和濒危鱼种，渔具选择性提供了技术支持，举例如下。

1）提高或降低渔具的可见性，提高捕捞效率。根据鱼类的视觉能力和背景条件选择渔具的颜色，如无色透明的流刺网，黑白网线并线编织的围网。

2）采用较长的手纲等，增加驱集鱼的作用范围，达到提高捕捞效率的目的。

3）根据鱼类的游泳速度和耐久力研究成果，采用合理的渔具作业运动速度，提高捕捞效率，节约能量。

4）鱼虾分离装置，选择性地捕虾，而不捕或少捕混在一起的小鱼，达到保护资源的目的。

5）分隔式拖网。在拖网作业过程中，利用不同鱼类遇到障碍物时，规避运动方向不同，从而达到对渔获物进行自动分类处理的目的，减小劳动强度和保护资源。

（3）声光电辅助渔法

声光电辅助渔法是指利用鱼类对声光电等物理刺激的行为反应，设计各种辅助设备，提高捕捞的效率。常见的如下。

a. 电渔法（electronic fishing）

鱼虾在电场里受到电的刺激时，会受到惊吓，从而逃离电极附近的强电场，或游向阳极，呈现趋阳反应，或被电流所麻痹或杀伤。据此设计了各种基于上述反应的助渔设备。在合理使用助渔设备时可以提高捕捞的选择性和效率，节省能量。但是，捕捞效率过高和监督管理困难会对渔业资源造成过大的压力和损害，而且会发生事故，因此，《中华人民共和国渔业法》规定，除科学研究以外，禁止使用电渔法。

实用的电渔法辅助工具如下。

电脉冲惊虾器。利用电脉冲的刺激使潜伏在海底泥沙中的虾类连续弹跳，离开海底，达到捕捞的目的。

电钓、电铦。在捕鲸或金枪鱼钓捕等作业中，将电流通过炮铦或钓钩送到渔获身上，击昏鱼获，以减少挣扎的强度和时间，提高生产效率和渔获质量。

光电泵无网捕鱼和自动化捕鱼作业平台。利用鱼类趋光的习性，使用光在大范围里诱导鱼类，使之聚集，再进一步利用鱼类在电场中的趋阳反应，使鱼类游向设置了阳极的吸鱼泵，被抽送从而被捕获。在实践中，利用废旧的石油平台设立光电泵捕捞系统，对连续捕获的鱼类进行自动分理、干燥加工。

电泵取鱼技术。在围网捕鱼的取鱼阶段，渔获密度过大，流动性差。采用设置阳极的鱼泵吸取鱼时，鱼类自动游向鱼泵口，提高抽取的效率。

b. 声渔法

因为鱼类会受到不同频率和强度声响的刺激，会产生聚集、逃避反应，以及发生被杀伤等情况，设计制造的助渔仪器举例如下。

放声集鱼装置。向水下发送单频声波，或录制的鱼类摄食声、游泳声，或被捕食对象的声响等，诱集鱼类的同类或掠食者，以利于捕捞。

气泡幕拦鱼装置。利用气泡的声响和视觉效果引导鱼群运动，或起到阻拦的效果。

声响赶鱼装置。利用高强度的突发声响，或录制的凶猛鱼类及海洋动物的声响，恐吓和驱赶鱼类到特定方向，提高捕捞效率，或保护水工装备。

敲鼓作业。是利用某些鱼类，如石首科鱼类，对声响的敏感性进行作业。用一群围成圈的小木船敲打船板或船帮，通过船体向水下发送低频声波，惊吓鱼类向水面聚集，使其昏迷，或引起鱼类内脏共振，从而导致其受伤或死亡，渔船聚拢和捞取漂浮在水面的鱼类的作业。因为该作业方式对渔业资源的破坏性极大，所以为我国的渔业法所禁止。

c. 光渔法

利用某些鱼虾喜光的习性进行光诱集鱼，提高捕捞效率。

考虑到不同波长的光在海水中的衰减不同，集鱼灯多半采用发白光或蓝绿光的灯。诱鱼的灯又有水面灯和水下灯两大类。水上集鱼灯的结构较为简单，通常使用白炽灯、卤素灯，配有反光罩，通常多个水面灯成组使用。但水面反射使入水的光线损失较多。水下集鱼灯可以悬挂在水下发光，提高了光的效率。在工艺上要具有防水、耐压和防撞击等性能。一般单个使用。

鱼类对光的行为反应、光强和光色，以及其在水中形成的光场都是研究的内容，以获得最佳诱集效果，又节约能量。光诱鱿鱼钓渔业中使用的水上灯功率为 500～3000W/个，悬挂在船舷上方，利用船体的遮挡，在水中形成明暗交界的光场，以控制鱼群的位置（图 5-16）。

图 5-16　光诱鱿鱼钓作业

四、均衡捕捞的提出及其实践

1. 均衡捕捞问题的提出

均衡捕捞一词由“balancing/balanced exploitation”“balanced harvest”“balanced fishing”

翻译而来，由于捕捞涉及资源、渔场、作业方式等方面的内容，不同研究领域对“均衡捕捞”有不同的理解。“balancing/balanced exploitation”和“balanced harvest”是从生态学角度出发，研究重点是在海洋生态资源的开发利用对象，强调的是对生物资源的开发和收获。而“balanced fishing”是从渔具角度出发，强调的是开发利用生物资源的方式，以及如何使用合适的渔具渔法来充分利用所有渔获（包括兼捕和误捕），而不再出现死后丢弃或丢弃后死亡的现象，以免造成资源的大量浪费。

“均衡捕捞”理念是指将捕捞压力（死亡率）分散到所有营养层次，以确保维持不同物种、不同个体大小之间的营养关系的一种管理战略。均衡捕捞往往用营养金字塔来表示，说明捕捞活动应在不同营养层次上进行，以便与相应的生产力水平保持正比。

渔业活动往往具有选择性，因为其目标通常是能产生最高经济收益的物种。此外，任何渔具都具有选择性，选择方式取决于其技术特性和配置方式。选择性出现在不同层次，如在捕捞作业中可以使用特定渔具类型来瞄准最想要的物种和个体大小，或者通过选择特定的个体大小和特定物种所在的渔场来达到这一目的。有选择性的捕捞行为可能会导致群落或生态系统中个体大小和/或物种的构成出现变化。一些渔业活动以某一特定营养层次的物种（如磷虾、小型上层鱼类或顶层捕食者）为目标，因此，会在不考虑对依附物种产生阶梯式影响的前提下取走生态系统中的一个组成部分，这也可以被视为生态系统层次上的一种选择性捕捞形式。有证据表明，捕捞的种类和个体大小越分散，产量就越高，相反，如果渔业活动无法均衡地影响不同的营养层次，就可能会改变生态系统的结构，导致产量下降。

在过去几十年里人们已经认识到，如果捕捞策略不能考虑某一特定生态系统中的营养关系，其所产生的影响会令人担忧，而大量科学文献也证明这可能会给水生生态系统的结构和运转带来负面影响。

早在20世纪70年代，对捕捞南部海洋南极磷虾的不断增长的兴趣已经引起了各方的担忧，因为南极磷虾在南极食物链中具有关键作用，且磷虾捕捞可能会对捕食性物种产生负面影响。国际市场对磷虾、沙丁鱼、鳀鱼和鲱鱼等处于较低营养层次物种的需求在不断增加，最近对这些物种的捕捞已引发了人们的担忧。这些物种不仅对粮食安全有重要作用，又是重要的动物饲料（包括作为水产养殖饲料），而且还在从浮游生物到较大型捕食性鱼类和海洋哺乳动物及海鸟的转换生产过程中发挥着关键的生态作用。为了给海洋捕食者留下足够的食物，人们已提出了大大低于最大可持续产量的更保守、更可持续的收获率。

渔业在均衡捕捞范畴内引发担忧的另一个实例就是热带捕虾业。捕虾通常采用网囊网目尺寸极小的各类底拖网（包括桁拖网），因此，类拖网的选择性很低，被视为有害方法，它们往往会导致大量兼捕，兼捕一些比虾类更易破坏的物种。适合捕捞虾的工具可能会对伴生物种产生更大的影响，因为这些物种往往具有较低的生产力（即生育率低、生长速度慢），且与虾相比有着更长的生命周期（即替换率低），因此，更容易被破坏。这可能还会导致鱼类群落结构改变，同时给虾以外的物种带来负面影响，而这些物种又是其他渔业活动的目标。

“均衡捕捞”理念最近被用于评估捕捞活动对较大型个体和物种（通常处于营养金字塔较高层，并具备较高的经济价值）产生的影响。人们已经认识到，传统渔业管理战略通常以选择性捕捞方法为主，如规定最小网目尺寸要求（试图保护未达到初次性成熟的鱼类），这种做法可能会改变食物链结构，导致生产力和水生生态系统的恢复能力下降，并且表型变化会使鱼类生长速度加快，最终出现成熟个体变小和早熟的现象。此外，这些做法要求有严格的监管工作，而监管则需要人力、财力支持，因此，监管的实施往往面临难度大、成本高的问题。因此，有人提出，放宽上文所述的监管是一种成本效益较高的战略。为此，有人建议应该放弃以个体大小为标准进行选择性捕捞的管理方式，这样才能实现均衡捕捞，以维护生态系统结构和运作，同时减少用于管理工作的交易成本。此方式已引发辩论，被视为可能会颠覆世界各国多数现行渔业立法的一种法规。

制订更加均衡的捕捞策略才能最好地维护生态系统结构和运作的理念，从直观上看十分合理，且具备科学依据。人们也普遍认为有必要超越单一物种管理模式，转向更具有全局性的理念，认识到捕捞活动对水生生态系统带来的“附带损害”。更大的问题是，要找到成本低、实用性强的渔业管理战略和方法，确立理想的捕捞方式，同时考虑相关的社会、经济含义和限制因素。

2. 可能的解决方案

传统渔业管理侧重于物种和/或种群层面的优化生产力，最常见的方法就是避免生长型捕捞过度和补充型捕捞过度。避免生长型捕捞过度的典型做法一直是采用网目尺寸或其他渔具限制性措施来减少对幼鱼的影响。而对于补充型捕捞过度而言，通常是通过设置禁渔期或渔获量配额的做法，将产卵种群生物量维持在某一目标水平。以上措施也会和其他措施搭配使用（投入产出控制、定时定点禁渔等），但都属于单一物种管理范畴。在过去10 年的时间里，人们开始更加关注制订全新的管理战略，考虑捕捞活动对整个大生态系统带来的影响。

渔业生态系统方法明确认识到，有必要在渔业管理过程中考虑不同物种之间的相互依赖关系和水生生态系统的运作。这意味着在选择具体措施时，要认识到不仅应该关注一系列目标物种，还应该保护生态系统的健康与完整性。

在管理捕捞活动对营养关系产生的生态系统影响时，可利用各种生态系统模型来获取相关的知识基础，目前也存在多项有用的相关工具。虽然这些模型往往都存在较高的不确定性，但它们有助于了解各项关键营养的关系。复杂性较高的模型对数据量要求较高，在很多情况下很难满足，而采用复杂性中等的多个模型相互搭配使用的办法可能更为现实。

渔业生态系统方法中提出的管理方式并非新事物，相反，它们都以上文提及的传统渔业管理方法为基础，对目标和非目标物种的捕捞活动实施监管。在渔业生态系统方法中，所有监控手段都着眼于实现更大范围的生态系统相关目标（如维护食物网）。渔获量管控的目的在于直接降低目标物种的捕捞死亡率，这种管控手段依然能得到重视。但从渔业生态系统方法的角度看，在混合物种渔业中，应考虑不同物种的不同易危性和生产力，这意味着有必要针对不同目标物种和兼捕物种实施一套协调一致的渔获量限制措施，以便充分反映这种差异性。此外，对不同营养层次、不同物种的配额分配（包括兼捕配额），也应考虑它们在营养网中的对应作用。多数情况下，与单一物种管理方式相比，这种做法能使配额的分配更加保守。

处理捕捞活动的生态系统影响时有两种主要方法。一种较为“务实”，在现有的单一物种管理模式基础上增加单项要求，如捕食性物种对饵料物种的要求。另一种侧重于由营养关系和生态系统模型所代表的生态系统的整体结构和运作情况。

以上两种方法，或者是二者的混合，都有助于实现更加均衡的捕捞战略。但更大的挑战似乎在于如何选择最合理的管理战略和/或法规组合，真正实现食物网中的最佳捕捞死亡率，而同时又能考虑生态系统中所有不同的渔业活动（而非只顾及某一捕捞船队，而忽略生态系统中的相互联系）。图 5-17 简要介绍了有助于实现均衡捕捞目标的初步步骤。

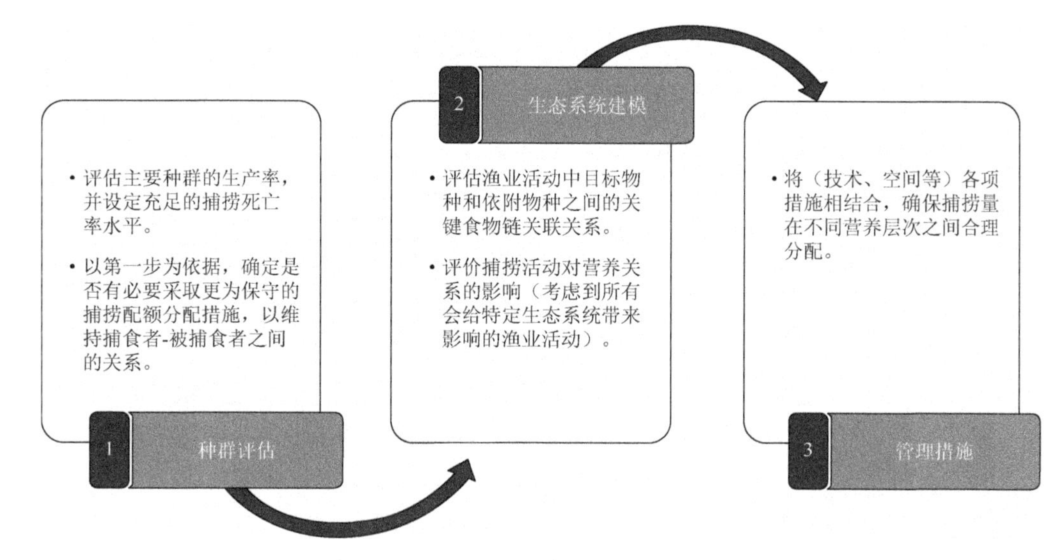

图 5-17　实现均衡捕捞的管理流程中初步步骤总结介绍

要通过确定合理的管理措施对均衡捕捞在操作层面上进行诠释可能是一项巨大的挑战。海洋生态系统错综复杂，而系统中不同物种之间的互动关系也同样复杂。很多物种在生命周期不同阶段占据着不同的营养层次，而同一营养层次的物种和/或个体大小往往又占据着不同的栖息地和生态位，因此，不一定在空间和/或时间上同时出现。捕捞活动的影响往往与自然环境的变动交织在一起，而有时自然环境变动才是自然系统中导致变化的主要原因。海洋生态系统的地理界线难以严格划分，而虽然其存在空间结构，但各种界线之间可能存在很大差异，不一定与渔业管理主管部门感兴趣的管理区域相互对应。在这种情况下，“无选择性地开展捕捞活动将有助于实现更加均衡的捕捞”这一理念就显得过于简单。此外，由于多数捕捞活动和渔具类型都具有选择性，因此，放宽对兼捕的规定不一定有助于在生态系统层面实现均衡捕捞。然而，生态系统的开发利用通常采用多种多样的工具，会对生态系统的不同组成部分产生作用，并在个体大小和物种方面展现出多种多样的选择性特征（图 5-18）。基于以上原因，均衡捕捞可能需要以对生态系统及其空间、时间动态的充分了解为基础，而渔业管理应通过将各种措施相互结合的办法，确保在生态系统层面确立理想的总体捕捞方式。

另外，如何考虑不同渔业活动和不同生态系统所特有的具体问题？可能只能针对每个具体案例寻找解决方案，但同时还要考虑哪些做法成本效益更高，更容易被社会所接受。例如，上升流生态系统的特点是高生产力和较低物种多样性。大型渔业活动往往将小型上层鱼类和大型底层鱼类区分开作为捕捞目标。在这种情况下，均衡捕捞的首要目的就是通过有目标的捕捞活动，考虑不同营养层次被捕捞走的鱼类数量。饵料物种的参考点是，必须考虑依附物种的需求。在热带和多样化程度较高的生态系统中，渔业活动的特点是多物

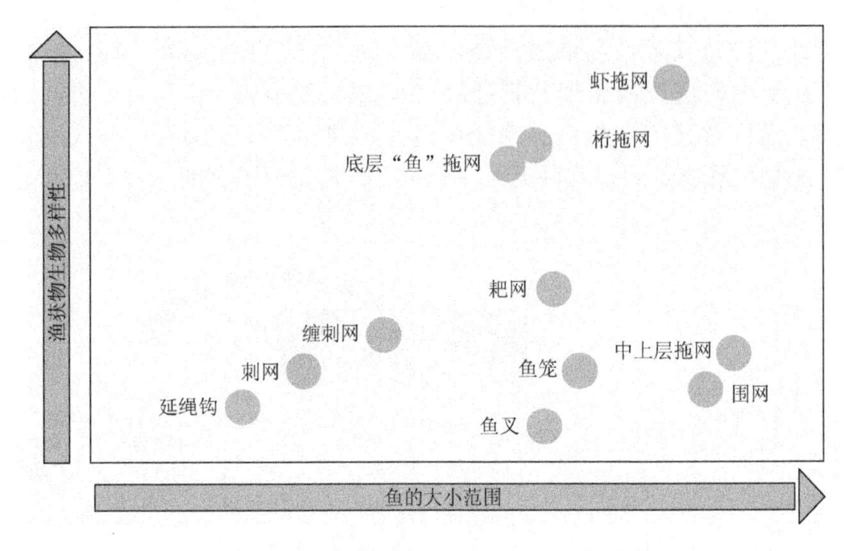

图 5-18　不同类型渔具渔获中鱼的大小和多样性分布情况

种和多渔具，因此，较为合理的战略是在某个鱼类群落中考虑与渔具类型相对应的各种物种的易危性，并在制订战略时考虑这些因素。考虑不同类型的渔业、均衡捕捞相关的问题类型和潜在的未来方向，目的就是以务实的方式向均衡捕捞迈出最初的步伐，即不一定涉及水生食物网的整体复杂性。

如果所选定的战略是允许渔获物更加多样化，那么就应该配套一些技术和拟采取的措施，对所有渔获物加以利用，如对目前被丢弃的鱼品进行加工，从而提高上岸渔获物的价值。

3. 国际行动与展望

目前，人们认识到以“均衡”的方式开发利用海洋生态系统对于基于生态系统的渔业管理和渔业生态系统方法的发展均有着重要意义。人们也已经认识到有必要维持各营养层次的物种生物量，或在不同营养层次维持不同个体大小的丰度，并就此开展讨论。目前面临的主要挑战是将这些理念转化为渔业管理实践。

此外，我们也看到在一些渔业管理实践中，人们已经开始考虑有目标的渔业对营养关系的影响。20 多年来，南极海洋生物资源保护委员会一直在为磷虾等饵料物种确定参考点的过程中考虑捕食需求。

早在 20 世纪 90 年代，美国就建议各渔业管理区域在制订渔业生态系统计划时，要包括有关渔业和渔业活动所处生态系统的结构和运作情况的详细信息。因此，阿拉斯加州已逐步开始实施一系列管理措施来扩大渔业管理目标，并将生态系统方面的考虑纳入其中。具备的措施包括：对从生态系统中捕捞的总量设定上限、禁止捕捞饵料鱼类、设定保守的允许捕捞总量、在确定允许捕捞总量时对生态系统进行评估、依照允许捕捞总量来计算兼捕量、确定禁止使用拖网区、针对多数允许捕捞总量相关规定实施由企业供资的观察员制度。在评估这些措施的累计效应时，还应该考虑生态系统的极限和动态变化。

巴伦支海毛鳞鱼捕捞业由挪威-俄罗斯联合渔业委员会负责管理，在确定配额时明确考虑到多物种之间的互动关系。毛鳞鱼是鳕鱼等捕食动物的重要饵料物种，因此，对该种群的管理要考虑捕食动物。自 1991 年以来，这种做法一直在延续，今后还将考虑格陵兰海豹对毛鳞鱼的捕食，以及毛鳞鱼的主要食物——浮游动物等。另一项尚未完成建模的重要事项，是毛鳞鱼捕捞和毛鳞鱼幼鱼的主要捕食者挪威春季产卵鲱鱼幼鱼期之间的关系。

已取得全球共识的一点是，仅注重目标物种的可持续性是不够的，还必须考虑捕捞活动给更大范围生态系统带来的影响。一些区域已经开始采取措施，也有一些管理案例已切实考虑到物种之间的互动关系。然而，此类案例依然为数不多，要想更加系统地从种群层面上升到生态系统层面，仍在技术和管理上面临巨大的挑战。由于预测生态系统对不同管理战略的反应存在高度不确定性，因此，管理方式应该因地制宜，并配备有良好的监测系统，其中包括充足、有效的生态系统指数，并将其纳入具有明确生态系统目标的一个管理框架中。在气候变化背景下，要求采取更为保守的方式开展管理，以加强这些系统的恢复能力，应对不断变化的环境。

不可持续捕捞行为背后的推动因素众所周知，包括捕捞船队能力过剩；非法、不报告、不管制捕捞；很多渔业活动开放准入权；发展中国家沿海社区面临贫困，将捕捞作为最终应对手段；栖息地和资源退化造成的部门内和部门间冲突；缺乏治理结构。与这些推动因素并存的是，人口增长及国内、国际市场需求不断上升在不断推高对鱼品的需求。

作为影响最大的一个部门，捕捞渔业部门可以通过消除过度捕捞和捕捞船队能力过剩现象做出自己的一份贡献，这将是最有效的方法之一，不仅能解决目标物种过度捕捞问题，还能在生态系统范畴内解决渔业面临的多数问题。消除过度捕捞现象也是均衡捕捞方式奏效的一个前提。随后，可利用与常规渔业管理工具类似的管理工具来实现均衡捕捞，但在应用中必须注意不仅要针对目标物种，还要考虑生态系统层面更广义的可持续性。

第二节　渔业资源学概述

一、渔业资源学的概念及其研究内容

渔业资源学也称“水产资源学”，是水产学的主要分支之一。在《中国农业百科全书》中，渔业资源学是指“研究可捕种群的自然生活史（繁殖、摄食、生长和洄游），种群数量变动规律、资源量和可捕量估算，以及渔业资源管理保护措施等内容，从而为渔业的合理生产、渔业资源的科学管理提供依据的科学”。《大辞海》（农业科学卷，2008 年出版）认为：“水产资源学是研究水产资源特性、分布、洄游，以及在自然环境中和人为作用下数量变动规律的学科。为可持续开发利用水产资源提供依据。主要包括研究水产资源生物学特性的水产资源生物学，研究评估水产资源开发利用程度的水产资源评估学，研究渔业资源开发利用与社会经济发展、资源最佳配置规律的渔业资源经济学等”。随着学科的发展，渔业资源学的内涵也在不断延伸，因此可以认为，渔业资源学研究鱼类等种类的种群结构、繁殖、摄食、生长和洄游等自然生活史过程；研究鱼类等种类的种群数量变动规律，以及资源量和可捕量估算，不同管理策略下种群数量变动规律及其不确定性；研究鱼类等种类的资源开发利用与社会经济发展、资源优化配置规律；以及研究渔业资源管理与保护措施等内容，从而为渔业的合理生产、渔业资源的科学管理提供依据。

渔业资源学通常包括渔业生物学、渔业资源评估与管理、渔业资源经济学、渔业资源增殖学等内容。

二、渔业资源学的研究现状

本节从渔业生物学研究、渔业资源评估、渔业资源经济学等方面对其学科研究现状进行分析和介绍。

1. 渔业资源生物学研究现状

渔业资源生物学是研究鱼类资源和其他水产经济动物群体生态的一门自然学科，是生物学的一个分支。通常渔业资源生物学是指："研究鱼类等水生生物的种群组成，以及以鱼类种群为中心，研究渔业生物的生命周期中各个阶段的年龄组成、生长特性、性成熟、繁殖习性、摄食、洄游分布等种群的生活史过程及其特征的一门学科"。

（1）国内渔业资源生物学的发展现状

我国渔业历史悠久，距今 5 万多年前，就有采食鱼、贝的记录。中华人民共和国成立以后，国家有关部门和水产研究机构有组织地开展内陆水域和近海渔业资源调查工作。例如，1953 年以朱树屏等为首的渔业资源专家首次系统地开展了烟台-威海附近海域鲐鱼渔场的综合调查，研究了鲐鱼生殖群体的年龄、生长、繁殖和摄食等生物学特性及其与环境因子的关系。进入 21 世纪之后，类似近海渔业资源专项调查较少，更多地被近海渔业资源日常监测所替代。沿海海区研究所在国家和有关部门的统一协调与组织下，开展了长时间序列、覆盖面较广的近海渔业资源监测计划，这为全面掌握近海主要渔业资源生物学变化和资源状况提供了第一手资料。

与此同时，1985 年我国开始发展远洋渔业。远洋渔业资源调查工作也同步开展，但多数是与生产渔船相结合进行的。例如，1993～1995 年上海海洋大学与舟山海洋渔业公司、上海海洋渔业公司、烟台海洋渔业有限公司、宁波海洋渔业公司等联合，对西北太平洋海域的柔鱼资源进行探捕调查。2001 年至今，国家有关部门每年组织渔业企业和科研单位，联合开展公海渔业资源探捕，对大洋性鱿鱼、金枪鱼、深海底层鱼类、秋刀鱼和南极磷虾等资源进行了探捕调查，对其捕捞种类的生物学、资源渔场分布、栖息环境等有了初步的了解，为我国远洋渔业的可持续发展提供了基础。

（2）国外渔业资源生物学的发展

有记载的渔业资源生物学研究历史可追溯到 1566 年。Robert Hooke 利用刚刚问世的显微镜观察鱼类鳞片的结构，在以后的很长时间里，鱼类鳞片鉴别一直是渔业资源生物学的主要研究内容。

随着研究手段和科学技术的日益进步，学科交叉不断深入，微化学和微结构技术得到应用，鱼类等年龄的鉴定采用微小的耳石等材料，可以通过耳石逐日跟踪耳石"日轮"生长，通过观察这些轮纹的分布，可帮助人们分析鱼类早期发育过程的日、周与季节生长的规律。同时利用耳石等硬组织的微量元素，分析其不同生长阶段的含量变化与水温等海洋环境因子的关系，以此来推测鱼类等的生活史过程和种群组成等。

与此同时，人们在渔业资源生物学的各个方面都进行了深入研究，以及与分子生物学、生理学、生物能量学和环境科学等进行交叉渗透，促进了渔业资源生物学的发展，也形成了一些新兴学科和研究领域的发展，如鱼类分子系统地理学，鱼类繁殖策略及其环境因子影响，气候变化对鱼类种群的影响，等等。

种群是渔业资源生物学研究的重要内容，也是研究的基础和难点，因此，有关种群鉴定与判别的技术发展迅速。近期主要经典著作有：①由 Miriam Leah Zelditch，Donald L.

Swiderski 和 H. David Sheets（2012 年出版）共同编著的 *Geometric Morphometrics for Biologists*，该书系统阐述了几何形态学及其在鱼类等种群鉴别方面的应用。②由 Steven X. Cardrin，Lisa A. Kerr 和 Stefano Marianl（2014 年出版）共同编著的 *Stock Identification methods: Applications in Fishery Science*，该书比较系统地介绍了目前世界上对种群鉴定的研究方法，特别是一些新技术和新方法的发展，如分子生物学、微化学、图像识别技术、标志放流技术等的最新研究成果，多学科的交叉促进了种群鉴别技术的发展，丰富了渔业资源生物学的研究内容和技术体系。

2. 渔业资源评估发展现状

渔业资源评估基于科学调查、渔业捕捞等数据，利用渔业资源评估模型，估算渔业与种群相关参数，以回溯种群和渔业捕捞历史，评估渔业活动、渔业管理对资源的影响，并对渔业资源发展趋势进行预测和风险分析。因此，渔业资源评估是渔业资源科学管理的基础。

随着计算机能力的提高，以及在多学科交叉的推动下，渔业资源评估模型在过去 30 多年来得到了快速发展。评估模型不断被拓展，其能利用各种数据源更真实地描述种群动态。参数估计方法更加多样化，参数估计的不确定性量化更加完善，管理策略的效果评估也更加全面。随着渔业资源评估模型日益复杂、多样化，模型选择及其使用难度也相应增大了，而模型的不恰当运用则可能导致渔业资源管理的失误。

大多数渔业资源评估模型通常由 4 个子模型构成：①种群动态模型（population dynamics model），即根据种群生活史特征与渔业过程，模拟种群动态变化；②观测模型（observation model），即建立观测数据（如渔获量、资源指数等）的预测模型；③目标函数（objective function），根据观测变量的误差结构假设与先验信息定义目标函数，通过对目标函数的最小化或最大化来获得参数估计；④投影或预测模型（projection model），即利用参数值及相关管理控制规则，分析一定期间内种群的动态变化，以评估管理效果和风险。不同评估模型的种群动态模拟、观测模型构建、参数化方式和参数估计方法等存在差异。

主要渔业资源评估模型包括单物种渔业资源评估模型、多物种渔业资源评估模型、基于生态系统的渔业资源评估模型等。目前，用于渔业资源评估与管理的模型仍以单物种模型为主。但随着计算机能力的提升与相关软件的开发，该类模型日益多样化、复杂化。由于各模型的假设与数据需求不同，模型评估效果的差异并不一定说明模型本身的优劣。因此，应研究各模型的评估对象和数据需求特点，总结使用经验、教训，以提高使用评估模型和方法的能力，并进一步完善模型，确保研究者能使用最恰当的模型为渔业资源的评估与管理提供建议。同时，应利用多物种评估模型，基于生态系统的渔业资源评估模型提供的数据、知识或理论，提高单物种评估模型的评估、管理质量，并结合渔业数据、假设等方面的不确定性，对管理规则等进行管理策略评价，以规避管理风险。

随着基于生态系统的渔业资源管理日益成为渔业管理的方向，掌握种间关系，理解环境、气候变化及人类活动对渔业生态系统的影响，是今后渔业资源评估模型所要研究的重要内容，是建立基于生态系统的渔业资源管理的基础。通过海洋物理-生物过程的耦合，可以了解鱼类早期的生命史及其对补充的影响；通过建立栖息地模型，利用海洋遥感等海洋观测数据及物理海洋模型同化数据，可分析海洋环境变化对种群空间分布的影响；通过建立基于食物网的数量、能量平衡模型，可理解或预测生态系统中的能量转化过程，以及不同营养级种群间的捕食和竞争等营养关系；而物理—生物—渔业过程的耦合将进一步促进基于生态系统的渔业资源评估模型的发展。这类模型将是未来渔业资源评估模型的发展方向，并随着多学科交叉及日益丰富的观测数据的发展，该类模型在渔业资源评估与管理中的应用将会不断深入。

3. 渔业资源经济学发展现状

渔业资源经济学研究的客体是渔业资源及其开发利用。但渔业资源经济学并不研究渔业资源系统及其开发利用中的自然规律和技术体系，而是研究资源及其开发利用过程中，人与渔业资源之间的相互关系，并阐明这些相互关系的客观规律，即渔业资源经济规律。因此，渔业资源经济学定义为："利用经济学的基本原理，研究人类经济活动的需求与渔业资源的供给之间的矛盾过程，渔业资源在当前和未来的优化配置及其实现问题规律的一门学科。"

渔业资源经济学整个学科的发展，特别是在可持续发展理论提出以后，已经达到一个较为完善的阶段。但是，渔业资源经济学学科的研究仍处在一个发展与完善的阶段，渔业资源往往作为一般资源经济学中"可再生资源"或"共享资源"的一个典型案例进行分析。一方面，总体上对渔业资源问题及其经济问题的研究起步要比土地经济学、资源经济学等学科要晚；另一方面，渔业资源本身具有特殊性，如流动性、共享性等方面的特性，使得对渔业资源经济问题的研究变得极为复杂。

根据渔业资源经济学的发展历史，可将其发展过程分为 4 个阶段，即古代社会到前资本主义时代、20 世纪 50 年代以前、20 世纪 50 年代至 80 年代和 20 世纪 90 年代以后。①第一阶段为古代社会到前资本主义时代。这一时代为朴素的渔业资源经济学思想产生时期。②第二阶段为前资本主义时代至 20 世纪 50 年代以前，这一阶段为从纯生物角度来研究的渔业资源经济学理论，其特点是渔业资源过度开发的问题不明显，渔业资源问题及其经济问题不突出。③第三阶段为 20 世纪 50 年代至 80 年代的渔业资源经济学产生与发展阶段，1954 年 H.S.Gordon 在渔业资源开发利用和管理中首次引入经济效益与成本的概念，将生物的自然生态过程和资源开发中的经济过程联系起来，提出了"生物经济平衡"和最大经济产量（maximum economic yield，MEY）概念及其方法，创立了开放式或公共渔业的经济理论。这一理论可以作为对渔业资源经济学研究的一个里程碑。④第四阶段为 20 世纪 90 年代以后渔业资源经济学迅速发展与完善阶段，这一阶段的渔业资源经济学有了新的发展，特别是在生物经济模型方面。

渔业资源开发是一个非常复杂的系统工程，不仅涉及渔业资源本身，而且还包括经济效益、社会效益、市场供给、管理规则和海洋环境等方面，因此，构建一个综合的渔业资源生物经济模型，需要综合考虑渔业资源本身、渔业资源管理者和渔业资源开发者，以及渔业资源开发和管理过程中的不确定因素等（图 5-19）。渔业资源本身包括：①鱼类种群在整个生命周期内的生物学参数变化，如繁殖、补充、生长和死亡等；②影响渔业资源量变动和种群时空动态分布的环境因素；③种类之间的竞争、共生（symbiotic type of ecology）、共存（coexistence）、寄生（parasitism），以及捕食与被捕食等生态关系。渔业资源管理者包括渔业管理部门制定的各种管理措施、执行标准和管理策略评价等。渔业资源开发者包括捕捞努力量、船队类型与渔民数量、渔具选择性、作业成本、渔获物价格和加工利用等。渔业资源开发和管理过程中的不确定因素来源于：①渔业资源丰度动态变化；②模型结构；③模型参数；④资源开发者的渔业行为；⑤未来的海洋环境状况；⑥未来的经济、政治和社会条件等。为了能更好地分析这些不确定性，有学者建议利用贝叶斯和非贝叶斯决策理论、极限和目标参考点理论来管理渔业。近年来，越来越多的证据表明，气候变化对渔业资源变动的影响也增大了渔业资源管理中不确定性的复杂程度。

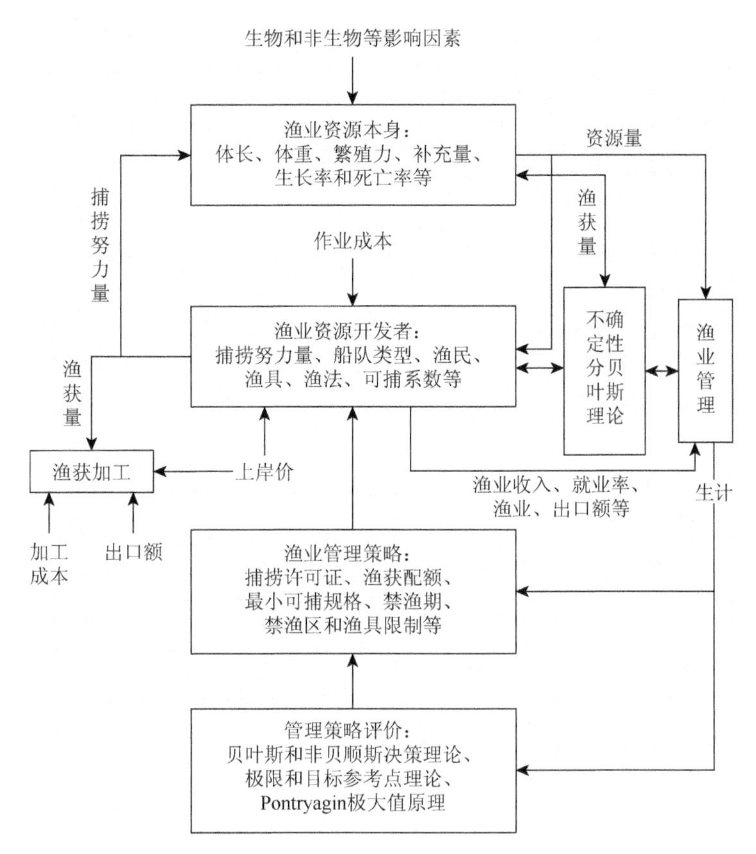

图 5-19　渔业资源生物经济综合模型的建立示意图

三、多学科交叉与应用促进了渔业资源学科的发展

1. *以头足类为例分析渔业生物学的研究进展*

（1）头足类种群鉴定研究进展

研究头足类的种群结构，对于保护、合理开发头足类资源有着相当重要的意义。目前研究头足类种群结构的研究方法主要有形态学方法、生态学种群鉴定方法、生物化学方法和分子生物技术方法等。

a. 形态学方法

形态学方法为鉴别种群的传统方法，它通过对分节特征、体型（度量）特征和解剖学特征进行测量和鉴定，依据这些特征的差异程度来划分种群。在头足类种群鉴定中，其耳石、内壳、齿舌、外套膜等形态学特征均得到了一定程度的应用。但种类不同，其适宜的形态学特征鉴定材料也可能不同。例如，Clarke（1998）、Nixon（1998）等利用内壳、耳石、齿舌及其他外部形质（外套膜花纹、腕长和体形等），配合解剖学和胚胎发育学的特性来分析乌贼属（*Sepia*）的系统分类；Khromov（1998）按照外形特征将乌贼属分为 6 个种。

硬组织（如耳石等）是较好的生物分类材料之一，利用耳石的生长轮纹宽度、清晰度、标记轮有无、微量元素含量、同位素的比率等，可以较为方便地鉴别头足类的不同种群。Argüelles 等（2001）利用胴长、耳石的日增长量及其亮纹带，对秘鲁海域的茎柔鱼（*Dosidicus gigas*）种群结构进行了分析，认为可分为胴长小于 490mm 和大于 520mm 的两个种群，它们的最大年龄分别为 220 天和 354 天；根据推算，一个种群大约在秋冬季产卵，并于春夏季补充到渔业中；另一个种群约在春夏季产卵，在秋冬季补充到渔业中。

利用形态的度量特征及其比例的变动，并结合数学统计模型，来研究头足类的种群结构也得到了一定程度的应用。例如，陈新军等（2002）根据胴长、鳍长、鳍宽、眼径、右 1 腕长、右 2 腕长、右 3 腕长、右 4 腕长和右触腕穗长 9 个形态特征指标值，利用变权聚类法，将西北太平洋 165°E 以西海域的柔鱼（*Ommastrephes bartrami*）划分为两个种群，其形态特征值差异显著。

b. 生态学种群鉴定方法

生态学种群鉴定方法通常包括不同生态条件下种群的生活史及其参数的差异性比较，如生殖指标、生长指标、年龄指标、洄游分布、寄生虫和种群数量变动等。这些生态离散性和差异性产生于时间和空间的不均匀性，其中生殖及分布区的隔离往往成为判别种群的最重要标志。

根据头足类性成熟时的产卵特性、产卵季节和性成熟时的个体大小等，Segawa 等（1993）根据产卵模式对冲绳浅海海域莱氏拟乌贼（*Sepioteuthis lessoniana*）种群结构进行了研究，认为该海域的莱氏拟乌贼不只存在一个种群。

此外，还根据地理分布的不同进行种群的鉴定与划分。Allmon（1992）认为在不同区域中，孤立的头足类物种产生至少包括形成、持续和分化 3 个阶段，才能产生不同的地理种群。分布在新西兰周边海域的双柔鱼被划分为两个地理种群：南部海域为新西兰双柔鱼，新西兰北部和澳大利亚南部海域为澳洲双柔鱼，分析认为这两个种群是由地理分布隔离所造成的。

c. 生物化学方法

生物化学方法包括同工酶电泳技术和染色体多态性等的研究。同工酶标记可以从蛋白质水平上反应生物的变异情况，目前在头足类种群鉴定中得到了一定的应用，主要运用同工酶电泳技术比较基因表达产物——蛋白质的异同，来探讨物种的遗传变异情况，从而进行种群的鉴定。例如，研究认为，真枪乌贼（*Loligo vulgaris*）和好望角枪乌贼（*Loligo reynaudi*）分别生活在非洲南部和西北部，在形态学上虽无差异，但同工酶分析表明彼此间的差别是亚种水平的，认为南部非洲的西部存在寒冷且溶解氧缺乏的水域可能是造成地理隔离的原因。

d. 分子生物技术方法

DNA 分子标记大多以 DNA 片段电泳图谱形式表现出来。按其多态性检测手段，可将其分为以 Southern 杂交技术为核心的分子标记和以 PCR 扩增技术为核心的分子标记；按其在基因组中的出现频率，可将其分为低拷贝序列和重复序列标记等。近年来，随着 DNA 分子标记的迅速发展，相继建立了限制性片段长度多态性（RFLP）、随机扩增多态性（RAPD）、DNA 指纹、微卫星 DNA、线粒体 DNA、单链构象多态性（PCR-SSCP）等专门研究物种遗传多样性和种群结构的方法。例如，有学者利用同工酶电泳技术、微卫星等微基因技术和线粒体细胞色素氧化酶III（cytochrome oxidase III）基因核苷酸序列测定相结合的方法对澳大利亚海域的伞膜乌贼（*Sepia apama*）种群结构进行研究，认为澳大利亚海域东海岸至西海岸存在两个独立的地理种群。

（2）头足类年龄与生长研究进展

年龄与生长是渔业生物学的重要研究内容。了解头足类的年龄和生长特性有利于掌握其生活史、估算种群数量及其资源变动，从而为头足类资源的可持续利用和开发提供科学依据。在过去的几十年中，人们对头足类的年龄与生长进行了大量的研究，现对其研究方法做一总结和评述。

a. 长度频度分析法

长度频度分析法是用于研究鱼类年龄和生长的一种传统方法。国外学者根据枪乌贼（Loligo chinensis）的生物学特性和生长数据，利用 ELEFAN 软件模拟分析得出渐进式生长的 von Bertalanffy 模型，并推断其生命周期大于 35 个月，而实际上其生命周期只有不到 200 天。

b. 利用角质颚研究年龄和生长

用于头足类年龄和生长研究的主要为角质颚的长度及其轮纹。国外学者以分布在新西兰南部海域的新西兰双柔鱼（*Nototodarus sloanii*）为研究对象，对其上角质颚长（upper rostral length，URL）、下角质颚长（lower rostral length，LRL），以及其体长（ML）和体重（*W*）进行了回归分析，发现取对数值后的 URL 和 LRL 与 ML、*W* 关系显著，可通过对角质颚的长度来了解新西兰双柔鱼的生长情况。

角质颚轮纹位于角质颚内侧，并呈同心圆分布，中心在角质颚的顶端。但顶端的一些轮纹在生长过程中经常被腐蚀，第一轮通常看不到，顶端部分的轮纹不连续且不清晰，而分布在边缘附近的轮纹色素沉积少，清晰可见。头足类的角质颚反映了其活动的规律和内源节律。例如，在真蛸（*Octopus vulgaris*）角质颚中也发现了生长纹。研究发现，在真蛸的研究样本中，有 48.1%的仔鱼角质颚轮纹与其生长天数相等，22.2%和 29.6%分别稍微多于或少于生长天数，因此，孵化后角质颚的轮纹基本是“一日一轮”，轮纹数与 ML 和 *W* 的相关系数 R^2 分别达到 0.858 和 0.766，统计检验显著。

c. 耳石轮纹用作年龄和生长的研究

头足类的耳石日生长轮纹类似于鱼类，是一种很好的信息载体，具有信息输入稳定和信息输入储存良好的特点。Young（1960）最先在真蛸的研究中发现耳石的轮纹结构，Clarke（1966）对鱿鱼类的耳石结构进行了分析与描述。Lipinski（1986）则提出了“一轮纹等于一天的假说”。最先利用头足类耳石研究其年龄和生长的种类有滑柔鱼、乳白枪乌贼（*Loligo opalescens*）和鱰乌贼等。利用耳石的生长轮纹，估算科氏滑柔鱼、褶柔鱼（*Todarodes sagittatus*）、阿根廷滑柔鱼、安哥拉褶柔鱼（*Todarodes angolensis*）等种类的生命周期为 1 年。

由于头足类的年龄和生长受到生物因素（饵料、敌害、空间竞争等）、非生物因素（温度、光照、盐度等）等多方面的影响，因此，基于耳石的年龄鉴定所得的生长模型有多种，如符合线性生长模型的种类有滑柔鱼、褶柔鱼、阿根廷滑柔鱼，符合指数生长模型的有安哥拉褶柔鱼，符合幂函数生长模型的有福氏枪乌贼（*Loligo forbesi*），符合 Logistic 生长模型的有夜光枪乌贼科的夜光尾枪乌贼（*Loliolus noctiluca*）和芽形火乌贼（*Pterygioteuthis gemmata*），符合 Logarithmic 生长模型的有大西洋武装乌贼（*Abraliopsis atlantica*）等。线性生长模型通常适合生长初期的个体，曲线生长模型则适合年龄覆盖范围广的个体。

d. 利用内壳研究年龄和生长

在内壳中能够观察到周期性的生长纹，但在利用枪乌贼科和柔鱼科的内壳生长纹来研究年龄时应十分谨慎。与内壳生长纹相比，内壳长度用来研究头足类整个生命周期的生长可能较为合适。

（3）头足类分子系统地理学研究进展

头足类大概起源于 5.3 亿年前，其在 4.16 亿年前分化为鹦鹉螺亚纲和鞘亚纲。它广泛分布于世界各大洋和各海域（波罗的海和黑海除外），极少数种类能够在河口低盐度水域生活。全球头足类呈不对称分布，如美洲海域无乌贼科种类分布，在各大洋东部海域生活的种类明显比西部少；某些种类全球均有分布，或在环热带、亚热带、温带等海域分布，而有些种类仅限于某一特定海域，如低温海域。因此，全面开展头足类分子系统地理学研究将有助于促进对头足类物种分布格局及其形成机制的理解。

a. 头足类的种群遗传结构

群体的遗传变异在时间和空间上的分布情况即种群遗传结构，准确确定种群遗传结构是检测头足类系统地理格局的基础。根据头足类群体遗传变异的研究结果，头足类种群遗传结构模式可归纳为 3 类：由于存在物理、环境、行为学上的障碍，物种在其分布范围内被分割为若干个独立的群体，群体间缺乏基因交流，从而形成显著的遗传结构。国外学者认为西北非沿岸存在两个主要的真蛸作业海域——撒哈拉西海岸与毛里塔尼亚沿岸。该海域缺乏显著的地理障碍，而通过 SSR 标记却检测出两个地理群体存在显著的遗传分化，这很可能与该海域存在的上升流系统有关。②物种在其分布范围内存在显著的遗传分化，但没有形成完全的隔离，各地理群体间存在有限的基因交流。这种遗传结构通常符合“距离隔离”（isolation by distance）模式。例如，我国沿海长蛸（*Octopus variabilis*）与短蛸的种群遗传结构也属于这种模式。③物种在其分布范围内不同地理群体间的个体可以随机交配，充分发生基因交流，被视为单一随机交配群体（single panmictic unit）。头足类通常在非常广阔的分布范围内表现出很低的遗传分化。一方面，海洋环境缺乏显著的物理障碍，不能有效地阻止群体间进行广泛的基因交流，而全球普遍存在的环流系统也促进头足类卵、营浮游生活幼体的扩散。另一方面，某些头足类，特别是大洋性种类，具有较强的游泳能力及长距离的洄游生活史，不同地理群体在生殖洄游过程中可能发生基因交流。国外学者对分布于北美洲西海岸的乳光枪乌贼遗传变异进行微卫星分析，结果表明，在长达 2500km 的海岸线分布范围内，乳光枪乌贼在时空分布上的遗传差异不显著，群体间存在较高水平的基因交流。

b. 头足类系统地理格局

通过大量的分子系统地理学研究，总结出 5 种种群系统地理格局，现对头足类常见的 3 种系统地理格局做阐述：①在系统发育上具有较大分化的类群，在空间上是异域分布的。长期的地理隔离导致不同地理群体间基因交流中断，以及那些群体间基因交流较弱的广布种的中间过渡类型逐渐消失，均可形成这类系统地理格局。具有这类系统地理格局的物种在遗传结构模式上属于上述第一种类型，即具有显著的遗传结构。Aoki 等（2008）对日本及中国东部和南部海域的莱氏拟乌贼（*Sepioteuthis lessoniana*）mtDNA 非编码区核苷酸序列进行比较分析。核苷酸多样性与单倍型差异结果显示，莱氏拟乌贼日本海域群体具有较低的遗传多样性，但它与中国东部和南部海域群体的遗传差异显著。②系统发育上具有较大分化的类群，在空间上是同域分布的。例如，国外学者研究分布在东大西洋与地中海的短柔鱼（*Todaropsis eblanae*）系统地理格局时，检测到东大西洋短柔鱼 3 个地理群体存在显著的遗传分化，因此，在渔业管理上建议将东大西洋短柔鱼至少划分为 3 个管理单元进行开发利用。③系统发育上连续的类群在空间上的分布也是连续的。这类系统地理格局通常在单一随机交配群体中出现，群体间的遗传差异不显著，基因谱系结构简单。例如，分布于日本沿海的 6 个长枪乌贼（*Loligo bleekeri*）群体具有较低水平的遗传多样性，单倍型分布频率在各地理群体间的差异不显著，不存在与地理分支相对应的单倍型类群。

c. 系统演化关系——从系统进化的角度探讨头足类的分布格局

分子系统地理学融合了其他学科，特别是群体遗传学与系统发育学（phylogenetic），将种内水平的微进化（microevolution）与种上水平的大进化（macroevolution）有机地结合起来。在分子系统发育水平上探讨物种的分类地位，为研究近缘生物类群分布格局的成因奠定了基础。柔鱼类分为柔鱼亚科、滑柔鱼亚科与褶柔鱼亚科，广泛分布于太平洋、印度洋与大西洋。例如，Nigmatullin（2005）基于形态-功能及生态学观点，认为柔鱼类的进化经历了 3 个阶段：大陆坡/大陆架种类（滑柔鱼亚科）—大洋性浅海类（褶柔鱼亚科）—大洋性种类（柔鱼亚科）。

2. 基于个体生态模型的种群动力学研究进展

鱼类巨大的资源量、广泛的空间分布和难以准确采样等特点，使生态学家很难进行种群动力学的研究，为此动力学模型在鱼类资源研究中扮演了重要的角色。生态学家越来越多地使用基于个体模型（individual based model，IBM）来解决生态动力学的问题，在过去的十多年中，IBM 在鱼类早期生活史上的应用发展很快，尤其是在鱼类种群动态研究中，已成为研究鱼类补充量和种群变动的一个必要工具，被认为可能是研究鱼类生态过程唯一合理的手段。IBM 考虑了影响种群结构或内部变量（生长率等）的大多数个体，能够使生态系统的属性从个体联合的属性中显现出来，IBM 有助于我们加深对鱼类补充过程的详细理解。

传统的鱼类种群动力学模型基于一些资源补充关系的补偿模型来研究整个资源种群的动态，但自从建立了补充量动力学总体架构后，人们清楚地认识到环境因素不能被忽视，所以Deangelis等（1980）第一个提出IBM及其在鱼类中的应用，20年代80年代末期Bartsch（1988）开发了第一个鱼类物理-生物耦合模型，他将个体作为基本的研究单元，重点考虑了环境对个体的影响。

传统的种群动力学模型是在一个种群内综合个体作为状态变量来代表种群规模，忽略了两个基本生物问题，即每个个体都是不同的和个体会在局部发生相互作用，实际上每个体在空间和时间上都存在差异，都有一个独特的产卵地和运动轨迹，IBM 能够克服传统种群模型的缺点，这也是促进 IBM 发展的原因之一。IBM 的发展在很大程度上也得益于 20 世纪 80 年代至 90 年代计算机硬件和软件系统具有很强的处理能力和运算速度，从而允许充分模拟更多个体和属性。目前 IBM 模型在国内近海渔业中的应用还很少见。

（1）基本理论

理论上，当用一套参数化的方程来模拟一个特定生态系统的种群动力学时，就是IBM。IBM 以个体为对象，主要通过参数化描述足够多的过程，如年龄、个体生长及移动、捕食和逃避等，以求提高模式的可预报能力，而不是追求在生态过程模拟上的深入。

目前，建立 IBM 有两种基本方法：个体状态分布（i-state distribution）方法和个体状态结构（i-state configuration）方法。个体状态分布方法是将个体作为集体看待，所有个体都经历相同的环境，所有具有相同状态的个体都会有相同的动力学。个体状态结构方法是将每一个个体作为独特的实体看待，个体遭遇不同的环境，使用这种方法的 IBM 可以包含许多不同的状态变量，在不同的时间和空间尺度上捕捉种群动态，探索更加复杂的过程。最近大多 IBM 都使用个体状态结构这种方法，但这种方法需要大量的生物数据，经常被迫使用在种群水平上估计参数，甚至使用简单的平均。

（2）研究方法

大部分海洋生物在海洋环境中都有一个漂浮的生命阶段，在此阶段其没有游泳能力去反抗海流，在很大程度上受海流的控制。IBM 主要专注生物、生态耦合水动力，研究物理环境（流、温度、盐度、紊动、光等）变化对海洋生物分布、生长和死亡的影响，即把种群看成是个体的集合体，每个个体用它自身的变量（年龄、大小、重量等）表示，某一期的个体又受其他个体和环境的影响，这种模型与物理模型相耦合，计算量大，通常被用来模拟某一种类的形态、生长和发展的变化，也可以模拟物理条件影响下的运动轨迹，有的增加了其他生物种类，用于研究不同种类之间的相互捕食等关系。

渔业 IBM 一般由物理-生物模型耦合而成（图 5-20），由两部分组成：鱼类早期生活史的生物模型和三维水动力模型。生物模型使用参数化方法描述海洋鱼类早期生活阶段的生长和生存动力学；水动力模型要能较好地再现中尺度或大尺度海洋环流，并且能够提供温盐等重要物理参数的空间分布。耦合后模拟个体和非生物环境之间的相互作用，使每个个体在时空上都有独特的轨迹、生长和死亡等。

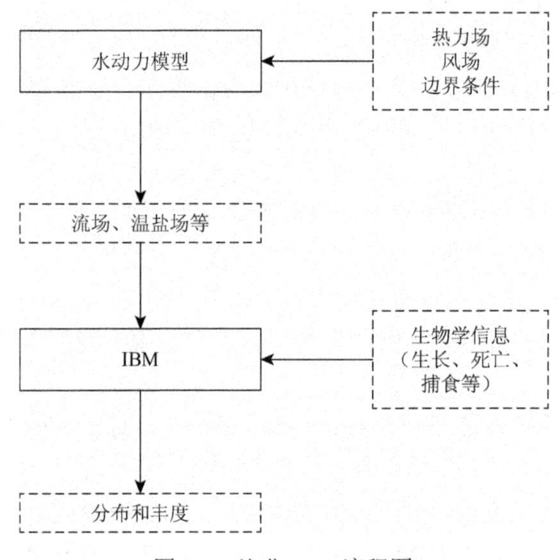

图 5-20 渔业 IBM 流程图

（3）模型应用现状及发展

过去的十多年中，使用 IBM 研究早期鱼类的生活史已证明在很多方面非常有用，主要研究龙虾、贝类、石鱼等这些早期幼体具有很强的被动漂移性、成体基本不移动的种类，其随着海流漂移到的地方基本上就是它们一生的栖息地，再结合幼鱼的生长发育可以直接研究连通性和补充量的问题。对于游泳能力强的鱼类，主要是模拟早期的生长阶段，利用鱼卵仔鱼的被动漂浮特性来研究其输运方向和进入育肥场的情况，间接地研究补充量和连通性问题。

从表 5-1 中可以看出，虽然 IBM 在世界范围内被广泛应用，但研究的鱼类大部分是商业价值高的鳕鱼、鲱鱼，主要研究区域集中在阿拉斯加陆架、美国东北岸和欧洲北部沿岸 3 个海域。IBM 在渔业上应用的目标是寻求解释和预测渔业种群的补充量，按其应用侧重点的不同，分为鱼卵与仔稚鱼输运、鱼类生长死亡、鱼类捕食 3 种类型，前两类研究在渔业生态学上都有很长的历史。这些研究中有的包含很少或没有生物过程；有的则结合大量的仔幼鱼生物学特性，但空间分辨率不高；当然还有一些研究是将两方面结合来进行研究。在这三大类的许多研究中一般都引入了物理场，意味着渔业 IBM 都考虑物理因素，所以相对粗糙的生物数据，到目前为止，IBM 应用最多的是在鱼卵与仔稚鱼运输相关的研究上。

表 5-1 部分渔业 IBM 研究应用类型（余为等，2012）

类型	重点研究	海域	鱼种
输运相关	从产卵场到育肥场输运	北海，欧洲	鲱鱼
		北极东北	比目鱼
		罗弗敦群岛，挪威	鳕鱼
		北海，欧洲	鳕鱼
		比斯开湾，欧洲	鳀鱼
		阿兰瑟斯帕斯湾，墨西哥湾	鲑鱼
		波罗的海	鳕鱼
	滞留研究	本吉拉北部，安哥拉	沙丁鱼
		温哥华西南，加拿大	—
		乔治湾，美国	鳕鱼
		乔治湾，美国	鳕鱼
		新斯科舍，加拿大	鳕鱼
	物理因素的影响	乔治湾，美国	扇贝
		乔治湾，美国	鳕鱼
		雪利可夫海峡，阿拉斯加州	狭鳕 鲱鱼
		奥克拉科克，北卡罗来纳州	
	鉴别产卵地	切萨皮克湾，美国	鲱鱼
		美国东海岸	鲱鱼
		美国东海岸	鲱鱼
		东南澳大利亚	鳕鱼
	种群连通性	加勒比海	岩礁鱼类
		乔治湾，美国	扇贝
生长死亡相关	温度、食物相关生长	北海，欧洲	鳕鱼
		新斯科舍，加拿大	鳕鱼
		乔治湾，美国	鳕鱼
		东北大西洋	鲐鱼

续表

类型	重点研究	海域	鱼种
生长死亡相关	生物能量消耗和转化	阿拉斯加湾	鳕鱼
		乔治湾，美国	鳕鱼
	温度、体重、体长相关死亡率	本吉拉南部，安哥拉	鳀鱼
		本吉拉南部，安哥拉	鳀鱼
		布朗斯湾，美国	鳕鱼
	饥饿死亡率	波罗的海	鲱鱼
		阿拉斯加海域	狭鳕
		波罗的海	鳕鱼
捕食相关	觅食选择性	—	太阳鱼，鳀、鲐、鲱鱼
		乔治湾，美国	鳕鱼
	湍流对仔幼鱼捕食的影响	乔治湾，美国	鳕鱼
		雪利可夫海峡，阿拉斯加	鳕鱼
		实验室	鳕鱼
		—	鳕鱼

近年来，我国 IBM 在渔业上的应用不多，原因是，首先渔业和海洋学科交叉不够、合作不够，渔业学家获取不到物理场，这就遏制了渔业 IBM 的应用；其次我国对近海鱼类早期生活史的研究不够深入，这对应用 IBM 中的参数化过程是一大阻碍。为此，建议我国应该开展多学科的跨领域合作，海洋生物学、物理海洋学、计算机技术等学科的合作，渔业资源调查、海洋观测、计算机模拟等领域相结合，以较完整的物理过程为基础，从简单的生物过程开始，一步一个脚印地研究近海物理场与海洋生物场的耦合关系，同时利用充足的实验和观测数据，提高 IBM 的实用性，使 IBM 能够在我国近海鱼类早期生活史研究中尽快发展起来，增进我们对鱼类种群早期生态过程和补充量过程的了解，为开展基于生态系统的渔业资源评估与管理提供基础。

3. 渔业生态系统方法的提出与实践

1982 年颁布的《联合国海洋法公约》提供了一个海洋资源管理的新框架，然而世界渔业资源的过度开发，导致社会经济的大量损失，加之在渔业贸易和管理中，国家间的冲突加剧，这些都严重影响着渔业的可持续发展。1991 年 FAO 渔业委员会认为急需发展一种新的渔业管理方法，以保证渔业的可持续发展，由此催生了 FAO 于 1995 年颁布的《负责任渔业行为守则》。2002 年的《雷克雅未克宣言》要求 FAO 构建一个更好的渔业管理框架，考虑把对生态系统的研究添加其中，于是渔业生态系统方法（EAF）框架于 2003 年被 FAO 提出。EAF 是落实《负责任渔业行为守则》众多条款的一种方法，为实现渔业的可持续发展提供了一条途径。

EAF 的重要发展就是，把对生态系统的考虑添加到渔业管理中，这主要是考虑到生态系统对渔业资源的重要影响，表现在对目标资源的丰度、生产力、种群大小及构成的影响，对非目标物种，如濒危物种、副渔获物、丢弃物的影响，以及对关键栖息地的影响。因此，对生态系统产生影响的人类活动也应纳入渔业管理的范畴。在渔业管理中加入对生态问题的关注并不是一种新做法，早期的内陆渔业、野生动物和林业管理，甚至是小型渔业社区中的传统渔业管理中都有生态意识的存在。近期，渔业管理对生态系统的重新关注出现在澳大利亚对渔业生态可持续发展概念的应用中，同时也出现在北太平洋、北大西洋、北海和南极的渔业生产和管理中。

（1）EAF 的主要理论渊源

虽然 EAF 提出的时间不长，但是它并不是一个新概念，过去 30 年中许多国际文书和会议都对 EAF 的出现有重要影响，其中有 1971 年的《拉姆萨尔公约》；1972 年联合国的《人类环境宣言》；1973 年的《濒危野生动植物物种国际贸易公约》；1979 年的《保护迁徙野生动物物种公约》（波恩公约）；1982 年的《联合国海洋法公约》；1992 年联合国环境与发展会议通过的《里约宣言》《21 世纪议程》《生物多样性公约》，《联合国海洋法公约》中的《有关养护和管理跨界鱼类种群和高度洄游鱼类种群的规定的协定》；FAO 的《负责任渔业行为守则》；2002 年 FAO 的《海洋生态系统负责任渔业的雷克雅未克宣言》；2002 年的世界可持续发展峰会。这些国际会议和文书给 EAF 的发展提供了原则和目标。

a. 生态系统管理

生态系统管理的概念在 1949 年被作为一个环境伦理方面的理论提出，它从野生动物管理理论发展而来，然后加入对栖息地、物种分布和年龄结构的控制，以及对人类活动的空间、实践和结构的研究，以达到资源供人类长期利用的最优化。生态系统管理的目的在于在一个可持续的状态下维护生态系统并达到预期的社会收益。虽然有很多关于生态系统管理的定义，但被全世界公认的定义还未出现。生态系统管理（ecosystem based management，EBM）包括了 3 个方面的基本要素：①EBM 是综合管理，管理行动中综合考虑了生态、经济、社会和体制等各方面的因素；②管理对象是对生态系统造成影响的人类活动，而不是生态系统本身；③管理的目标是维持生态系统健康和可持续利用。

b. 渔业管理

渔业管理始于 20 世纪 40 年代早期，是一个建立在生态系统理论基础上的管理体系，主要关注渔业活动和目标渔业资源，本书称为渔业管理。渔业管理的发展作为陆地上野生动物管理的扩展，包含对栖息地、物种构成的直接干预等实质性内容。然而，在水域生态系统中，由于对生态系统直接干预的可能性有限，管理主要集中于控制人对水域的干预（如捕捞）活动。它被定义为一个关于信息收集、分析、计划、决策、资源分配，以及渔业规则和实施的综合过程，通过对渔业权的管理控制，使当代人和后代人从渔业获取利益的组织行为，以确保生物资源生产力的可持续发展。其目标在于优化利用作为人类生存、食物、休闲的渔业资源，动态地规划渔业活动，尤其要建立符合与资源相关的目标或者限制。渔业管理虽然建立在科学的基础上，但是其在管理实践中的效果并不尽如人意。

c. 对 EAF 的形成与发展提供理论支撑

了解影响生态系统的各种因素，以及生态系统变化对渔业资源的影响，从生态、经济、社会和体制等方面，综合管理对生态系统产生影响的人类活动，以达到人类长期利用渔业资源的最优化。因此，生态系统管理为渔业生态系统方法提供了一个新视角。

EAF 继承沿用了渔业管理中被实践反复检验的方法，传统的渔业管理机制和体制不是被推翻，而是从综合管理的角度被重新整合。EAF 增加了对生态系统及其利益相关者的关注，并引入了实现这些目标的新机制。EAF 不是从旧的渔业管理范畴中分离出来的新方法，而是对传统渔业管理的扩展。因此，渔业管理为发展 EAF 提供了理论基础，EAF 是渔业管理发展的新方向。

（2）EAF 基本框架

a. EAF 基本内涵

EAF 的目标是契合社会多方面的需求和期望，在不损害后代人从水生生态系统中获得整体产品和服务等收益的基础上，对渔业生产进行规划、开发和管理。FAO 在 EAF 准则中给出的定义为，渔业生态系统方法在对生态系统中的生物、非生物和人文因素及其相互关系的知识不完全掌握的基础上，在具有生态意义的范畴内对渔业采取综合的管理方法，以实现多种社会目标的平衡。从定义中可以看出渔业生态系统方法改变了传统的渔业管理，管理对象从关注单一目标鱼种，扩展到关注渔业资源生存所依赖的生态系统；管理范围从渔业部门内部，扩展到对生态系统可能产生影响的各部门；管理目标从渔业最优系统产量变为依赖生态系统的各种社会目标的平衡，因此，管理措施和方法也更加多样。

渔业生态系统方法遵循的原则分为 5 点：①应确保人类和生态系统的福祉和平等；②最大限度地降低渔业对生态系统的影响；③目标资源及其所依赖的资源，以及与这些资源相关物种之间的生态过程应得到维持；④管理范围应与渔业资源的整体分布相适应，即渔业资源存在的整个区域，必要时应包括跨区管理；⑤由于有关生态系统知识不完备，因此，应采用预防性方法。原则进一步表明，EAF 在承认人类与生态系统的依存与平等关系的基础上，重视目标渔业资源所生存的生态系统，以及在生态系统中与目标资源有关的复杂的内部联系。渔业生态系统方法把传统上的侧重“鱼和渔船”的做法进行了扩展，以遵循渔业“系统”方法的方式把渔业置于 3 个主要要素之中，即生物、非生物和人文因素（图 5-21）。渔业系统是一个社会生态系统，由人与环境之间的联系构成，而这种联系在实际捕捞活动之外也存在。

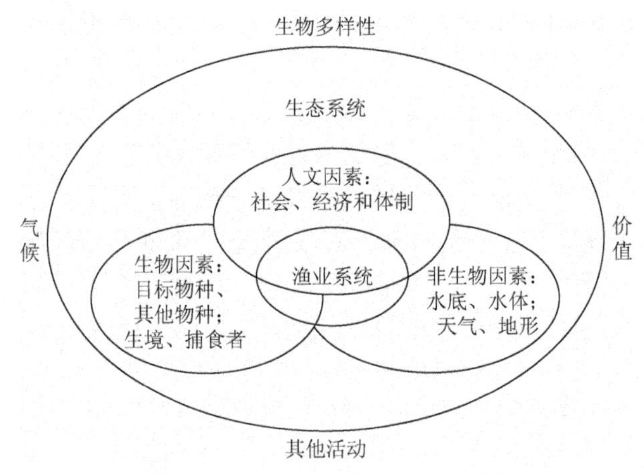

图 5-21 渔业生态系统方法各要素

b. EAF 范式

依据 EAF 目标的描述，可以发现该方法意在扩展传统渔业的管理框架，改进其管理效果，加强生态相关性，实现渔业的可持续发展。因此，EAF 范式是传统渔业管理范式的扩展。

EAF 的扩展较为复杂，EAF 关注生态系统的组成部分及其相互影响，黑色实线部分表示传统渔业的管理方式，灰色和虚线部分表示EAF增加的部分（图5-22）。生态系统由4个要素组成：①生物要素，包括目标渔业资源、相互依赖的其他物种和栖息地等；②非生物要素，有地貌、海底类型、水质和气候等；③渔业要素，包括渔业生产和加工活动发生的区域及技术特点；④机构要素，包括渔业管理所需的法律、法规和组织机构。要素间的相互作用受下列因素的影响：①非渔业活动；②全球气候；③其他生态系统，通常为相邻生态系统相互间的物质和信息交换；④社会经济环境，包括市场、相关政策和社会价值观。EAF关注的不仅限于渔业内部，其范围扩展到目标鱼种所在生态系统及其相关的生态系统中，以及对生态系统造成影响的因素，以生态系统的整体状态作为渔业可持续发展的基础，维持生态系统和人类的共同福利水平。

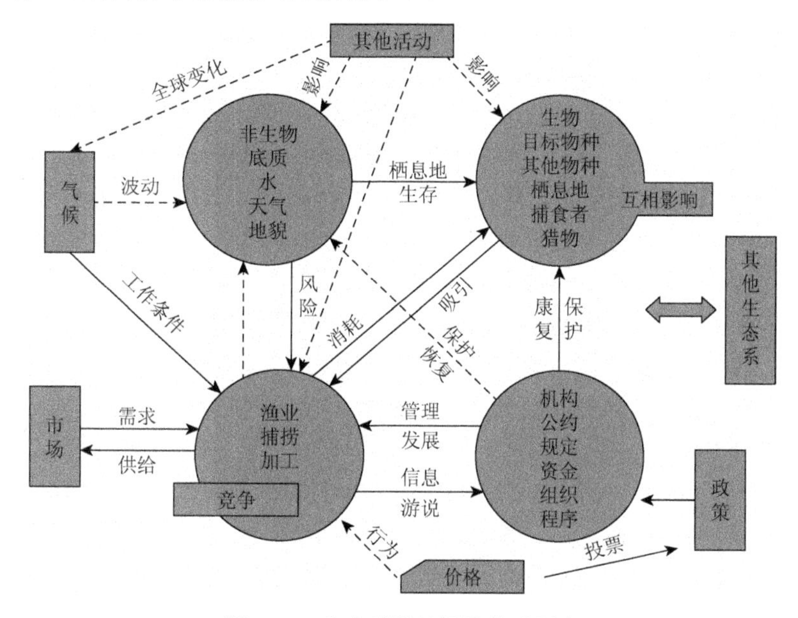

图5-22 生态系统简图及构成要素

（3）EAF实施的制度和法律安排

a. 体制安排

从常规渔业管理转向EAF，可能需要对现有体制和法律框架做一些变更，这些变更包括：在规划过程和实施中，在渔业领域内外有关机构和资源利用者团组内和之间协调、合作和交流；关于生态系统和影响因素的信息；将不确定性纳入决策；利益相关者参与决策和管理的更广泛定义的方法。

b. 法律框架

明确和便利的法律安排、支持性，以及一致的政策和体制框架将加强应用EAF的长期前景。支持性的法律框架通过以下方面提供实施EAF的法律支柱和相关原则和政策：为渔业行政管理和负责生态系统维护和利用的其他机构之间的协调和整合提供机制；明确界定作用和责任，包括负责的机构管理和制定规章的权力；为冲突管理提供法律机制；为利益相关者参与决策提供机制；确立或确认管理和利用者的权利；决策和管理责任权力下放，以及建立联合管理机制；在空间和时间上控制捕鱼活动。

法律框架还应当提供确立EAF的管理规划，明确指定负责实施和执行这类规划的机构。在这方面，法律应当明确：不同管辖层的决策实体；EAF政策覆盖的地理区域；

按政策的利益相关者范围；负责实施和执行该管理规划的机构；如何解决机构和管辖权争议。

2001 年 FAO 提出在渔业管理方法中增加对生态系统方面的考虑，并采用 EAF 这一表达方式，2003 年 FAO 正式颁布 EAF 准则，提出了 EAF 的含义及其研究范式。随后对 EAF 的研究和实践不断增加，EAF 被越来越多的国家所关注并实践。EAF 使渔业管理的视角从过去只关注单一目标渔业资源，扩展到可能对资源所在生态系统产生影响的各要素，从渔业部门内部管理扩展到跨部门的综合管理。EAF 是对传统渔业管理框架的扩展，为渔业实现可持续发展提供了一个途径。虽然目前 EAF 的目标、内涵和研究范式已经较为明确，但是由于实现生态目标需要的时间较长，因此，EAF 在实践经验方面的研究目前比较缺乏。

4. 渔业管理策略评价研究进展

管理策略评价（management strategy evaluation，MSE）是使用计算机模拟的方法来检验数据收集、数据分析方法、管理策略制定和实施的各种组合方案是否能够有效地达到管理目标。MSE 可以在多种管理备选方案中定义出“最佳”管理策略，也可以检验现行的管理策略在多大程度上能够达到管理目标。MSE 能否很好地帮助决策者做决定，很大程度上依赖于渔业系统中的不确定性是否很好地在模型中得到了表达，以及模拟的统计结果有没有以比较清楚的方式展现给决策者。所以，有效应用 MSE 的关键挑战在于准确地理解和描述管理目标和不确定性，给合理的方案赋予不同权重，并很好地展示 MSE 的结果给决策者，目前其已在世界渔业资源管理中得到了较好的应用。

（1）MSE 的提出

20 世纪 60 年代前后，基于 Beverton 和 Holt 的开创性工作，渔业资源管理进入了模型化和定量化的时代。在此之前，渔业资源管理仅仅基于技术性的测量（鱼体长、体重、网目大小等）和临时性的规定（规定最小网目、渔获物体长等）。Beverton 和 Holt 进行了艰苦的工作，将各种渔业生物学理论（鱼类生长、自然死亡、捕捞死亡、繁殖等）集合成一个综合的方法来模拟鱼的种群动态，他们提出了“yield-per-recruit”模型，将渔业资源管理的科学发展带到了一个新阶段。至今，管理者们仍然在使用或简单或复杂的模型来计算预防性的生物参考点，通常管理者们利用已知的一个最好模型和最新数据，对渔业的短期状况做出预测，依据模型结果来设置管理策略，如总可捕捞量（TAC）或限制捕捞努力量。

MSE 的想法由国际捕鲸委员会（International Whaling Commission，IWC）于 20 世纪 80 年代第一次提出后，管理策略评价在 IWC 得到了广泛的应用，IWC 应用 MSE 计算商业化捕鲸产量的上限，以及决定当地捕鲸生计渔业的“strike limit”（攻击鲸鱼的数量限制，因为部分鲸鱼遭到攻击后死伤，但是没有被捕捞上岸，未被记录为产量）。MSE 的广泛使用促成了 1998 年国际海洋考察理事会（ICES）关于“评价和实现渔业管理系统时面临的不确定性”的研讨会，会议提交的论文描述了 MSE 的基本理论方法和当时已有的应用，这是 MSE 发展历史上的一次重要会议。1994 年，Beverton 在伍兹霍尔指出北海在 19 世纪 80 年代至 90 年代的渔业管理的困境，并将其归咎于来自不同国家的渔业科学家们无法对产量做出一致的肯定的预测，即使大家基于的管理目标都是 MSY。另外，有学者指出，传统的资源评估方法对于提供预防性的管理策略并不是理想方法。原因如下：①面对提出的多个管理策略，只能选择其中“最好的”一个，将其余管理策略丢弃，何为“最好的”缺乏标准。②传统方法只能对资源状况做短期的预测并提出短期的管理策略。③传统方法容易使得 TAC 的设定受到系统噪声的影响，而并非与资源的真实状况变动相关。④传统方法很难判断管理策略是否真正达到了管理目标，传统的方法不仅很难平衡各个不同的管理目标，而且很难说明管理策略真正实现了管理目标。

1996 年，FAO 渔业捕捞预防性方法技术咨询会提出，使用确定性规则如收获率控制规则（harvest control rules，HCRs）是渔业管理中预防性方法发展的关键。然而，由于 HCRs 系统内在的不确定性，如果没有一个评价 HCRs 在多大程度上完成了管理目标的方法，不能保证管理策略真正在实际中起到了预防性的效果。效果评价可以通过大尺度的实验来进行，可是这在实际操作中由于受到成本的限制而变得很困难，而且，实验本身造成的破坏会影响实验结果，真实世界不能控制变量和重复实验。于是，学者们很自然地想到用计算机模拟的方法来代替空间实验。Smith 等在国际海洋考察理事会关于“评价和实现渔业管理系统时面临的不确定性”的研讨会中将这种计算机模拟方法命名为 MSE，也被其他学者称为“Management Procedure Approach”。FAO 于 1996 年提到：“一个管理计划必须表明需要实施哪些管理措施，在什么条件下管理措施需要变更，管理计划应该包括判决性的规定（decision rules），这个规定应该在采取行动前就明确好，当某些渔业目标或限制在管理过程中被观测到，就应当采取事先约定好的行动。一个预防性的方法要求管理策略的可靠性和可行性接受评价，只有一个管理计划能显示出它可以有效避免不想出现的结果，这个管理计划才能被接受”。这段话被解读为 FAO 支持计算机模拟，也就是 MSE 的使用和发展。

（2）MSE 的构架

管理策略评价系统是一个用于决定管理行为的计算机模拟测试系统，在这个系统中，数据、分析数据的方法，以及 HCR 都是事先确定好的。模拟测试的目的是知道管理过程中的不确定性在多大程度上是稳健的，在管理策略评价测试中，那些有较大可能性能够实现管理目标的管理策略通常会被选为备选管理策略。

图 5-23 展示了 MSE 的框架图，计算机模拟包括 3 个部分，操作模型、数据观测模型，以及资源评估和管理过程。操作过程模拟的是整个渔业的真实动态，包括鱼类种群、相关环境因素、渔民的捕捞，以及管理措施实施后对渔业的影响。数据观测模型是“真实”渔业和管理过程之间的一个桥梁，它模拟了从渔业中获得数据的过程，在模拟中加入了在实际操作中可能会引起的数据收集的不确定性。统计数据展示是评价管理过程的表现对应管理目标的结果，通常用数据或图表的方式来做清晰的说明。

使用 MSE 系统的过程一般需要以下几个步骤：①在概念上确定管理目标，并且把这些目标通过量化的方式表达出来。②定义范围较大的不确定性，这些不确定性与生物、环境、渔业、管理系统等相关，较好的管理策略应该对这些真实存在的不确定性有较稳健的结果。③开发一组模型，用以模拟渔业系统。模型不仅包含整个渔业过程，也要加入不确定性。模型一般包括管理系统中鱼类的生物学部分、渔业捕捞、渔业数据如何收集，以及数据如何与模拟的渔业相联系（包括观测噪声的影响）；另外，还包括可以反映管理规则在实际中如何执行的模型，需要注意的是，为了能够覆盖真实渔业中的不确定性，操作模型一般不止一种。④模型中参数的选择和参数不确定性的量化，可以通过真实数据来获得不确定性。⑤定义几个备选的管理策略，这些策略可以在系统中实现。⑥模拟每一个备选策略在各个操作模型中的应用。⑦整理和展示数理统计结果，这一部分需要管理者提炼出不同管理目标的权重，权衡有冲突的管理目标。

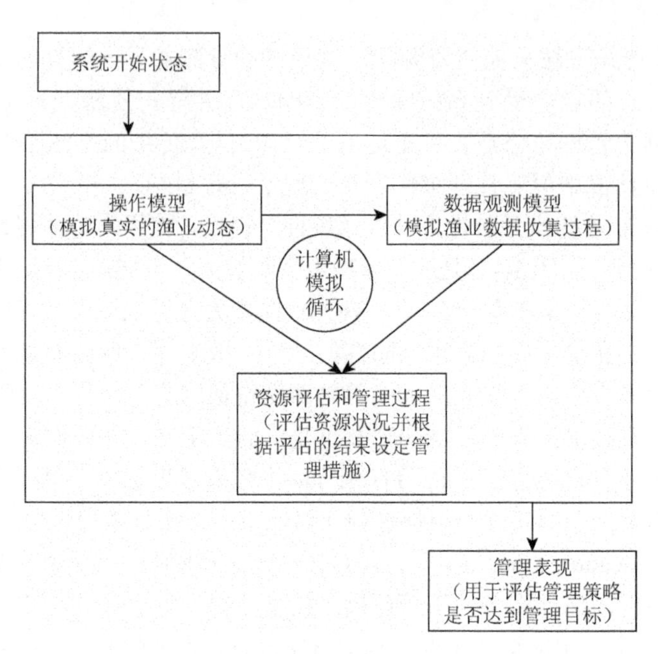

图 5-23　管理策略评价过程

（3）不确定性来源

MSE 中不确定性的来源可以分为以下几个方面：①过程不确定性。种群动态模拟过程中的不确定性，如自然死亡率、未来补充量、资源补充量关系、选择性等，这些误差一般被假设为随机的，但有些时候会表现出自相关性。②参数不确定性。对模型参数的估计会产生误差，即使模型的结构较好地迎合了数据，模型的参数估计会带来不确定性。③模型不确定性。操作模型中的模型形式的不确定性，如亲体补充量模型是符合 Beverton-Holt 模型，还是符合 Ricker 模型，捕捞选择性模型是符合渐近线模型，还是符合倒钟模型，对任意模型的选择都会带来不确定性。此外，还有更复杂的模型不确定性来源，如气候变化对亲体补充量模型的影响，生态系统对模型结构的影响等。④观测不确定性。与数据收集相关的不确定性，包括采样误差、测量误差等。⑤执行不确定性：学者很早就意识到渔民和其他渔业参与者的行为会在管理系统中产生影响。这类不确定性中最常见的是渔民的实际捕捞数量与 TACs 不一致，一般来说，实际捕捞数量很可能会超过 TACs。当涉及休闲渔业和管理渔业丢弃时，执行误差是很常见的，在某些渔业管理的例子里，执行不确定性比其他不确定性来源对结果的影响更加显著。对于不同渔业来说，最大的不确定性来源是不同的，对于大型鲸鱼渔业，过程不确定性对其产生的影响并不明显，而对于短生命周期的鱼类来说，如太平洋沙丁鱼，过程不确定性对其产生的影响很大。

（4）MSE 的应用

应用 MSE 是为了选择合适的管理策略，以达到生态系统的平衡等众多目标，另一个应用 MSE 的原因是，当管理策略可能失败时，它能够对新获取的数据进行鉴定，并对管理策略进行修整。

MSE 现被广泛应用于了解管理策略之后的预期行为，但是更多地应用于对真实渔业管理策略的选择。最早运用 MSE 进行选择的是南非，他们通过控制规则来设定鳀鱼的 TACs，之后又运用到沙丁鱼渔业中。MSE 在南非也被应用于狗鳕、岩龙虾、竹荚鱼管理策略的选择中，MSE 在南非的主要渔业中已经被应用了二十多年；MSE 也被南方黑鲔保育委员会（CCSBT）应用于对南方蓝鳍金枪鱼管理策略的选择；在澳大利亚，MSE 应用于以下渔业：南部和东部的有鳞鱼和鲨鱼、昆士兰州的扳手蟹、北方对虾、澳大利亚岩龙虾和塔斯马尼亚的鲍鱼产业；在新西兰，利用 MSE 对南岩龙虾渔获限制提供建议；MSE 还被应用于兼捕海鸟的控制规则；在欧洲，MSE 仅被广泛地在理论上应用，很少得出实际的管理策略；在北美，1998～2012 年对北太平洋沙丁鱼亚种群制定基于 MSE 的管理规则，2014 年又对该管理规则进行了修整；加拿大也将 MSE 应用到裸盖鱼、鳕鱼类的渔业中。

MSE 主要被应用于单一鱼种的渔业中，但是它也可以完成多物种或生态系统的目标。例如，MSE 曾被用于澳大利亚东南部的多种类、多渔具的渔业，并且跨越了巨大的不同的地理范围。

ISC 北太平洋金枪鱼和类金枪鱼国际科学委员会运用复杂结构（stock synthesis，SS）种群评估作为操作模型对太平洋蓝鳍实施管理策略评估。贝叶斯种群评估模型在 SS 中用来调节操作模型和得到的数据；R 代码用于操作模型、评估模型和捕捞法则之间的交流，在不同的自然状态下循环；引导程序（bootstrap produce）产生的随机观测值通常包括未来数据观测的不确定性，用于捕捞控制规则。运用 SS 有一些好处，如 SS 对大部分种群都能够进行评估，而且很容易转换成基于 SS 的操作模型来实施 MSE；SS 不需要知道生产函数，如自然死亡率、亲体-补充量关系；SS 包括更多模型结构和参数化的选择，允许先验值，使得自然状态下的不确定性能够更好地得到表达。MSE 得到了两个管理建议，第一个管理策略：预测当补充量水平较低时种群数量不会上升，除非对幼鱼的捕捞减少 25%～50%。那么在未来 10 年，假设每年的补充量一样，其生物量很有可能达到未开发生物量的 10%；第二个管理策略：根据应用于 CPUE 数据的渔获率设定渔获量，也能达到策略一的效果，但是生物量水平较低。

MSE 系统已经被证明是一个强有力的工具，它可以发展对各种不确定性较为稳健的管理策略，可以满足多种管理目标的需要，并且可以兼容预防性方法。MSE 的应用解决了很多个渔业问题，包括南非渔业的管理过程，确定澳大利亚渔业合适的 HCRs，评估了欧洲渔业平衡多种管理目标后的结果。使用 MSE 的一大好处是，它迫使人们提出准确的管理目标，并允许多种管理目标的加入，这让政策决定者以更加全面和长远的眼光来看待资源利用。

大部分 MSE 的应用都集中在单鱼种的评估和管理上，事实上，MSE 可以达到多鱼种和生态系统层面的管理目标，但是，目前在这方面的应用非常少，主要原因是计算机能力有限，其很难承受过于复杂的模型的计算要求。我们相信，计算机能力的发展可以快速推动 MSE 的快速发展。

MSE 除了可以挑选出最佳的管理策略以外，其另一个重要功能是它可以检验渔业当中的不确定性对管理结果带来的影响，当我们通过 MSE 明确了渔业过程中哪个环节的不确定性会显著影响结果后，我们可以在今后的调查设计中重点关注这个环节，收集信息和数据，降低这个环节的不确定性，以提高管理策略的稳健性。MSE 可以指导科研工作者的渔业调查工作，让我们的资源调查更有目标性，可以更高效地理解真实的渔业系统。

第三节　水产增养殖学概述

一、水产增养殖业与水产增养殖学

水产增养殖业是利用适宜的内陆水域和浅海滩涂开展水产养殖和增殖（包括天然水域苗种人工放流增殖、养殖环境保护和自然增殖等）的产业。

1. 水产养殖业的特点

（1）养殖技术容易掌握，属于“短、平、快”项目

世界各地的水产养殖业均选用生长快、肉味美、食物链短、适应性强、饲料容易解决、苗种容易获得、经济效益高的水产品作为主要养殖对象，其养殖技术容易被掌握；养殖的成本低；投资省，收入高，经济效益显著；不仅合理利用了资源，提高了能量利用率，而且还能循环利用废物，保持了增养殖业的生态平衡，也大大增加了水产品及其他动植物蛋白质的供应量，降低了成本，提高了生态效益。因此，在世界各地，水产养殖业发展很快。

（2）在大农业中，养殖业比例增加是社会发展的必然趋势

纵观世界经济发展史，在大农业中，养殖（包括畜牧和水产）业与种植业的比例可衡量一个国家的经济发展水平。通常在发达国家，其养殖业产值＞种植业。例如，美国养殖产值占60%以上；而发展中国家正好相反，是种植业产值＞养殖业。

（3）粮食不富有的国家应优先发展低耗粮的养殖对象

在动物饲养业中，畜牧业的发展对粮食的依赖性极强。例如，中国畜牧业的主体是生猪，其次是家禽等。而水产养殖，其自然资源的利用率高，对粮食的依赖性远低于生猪和家禽。2007年中国配合饲料总产量为1.3亿t，其中水产配合饲料仅占养殖总饲料的10%左右，而应用水产配合饲料养殖的产量已接近水产养殖总产量的1/2。

鱼类等水产品均为冷血动物，不必消耗大量的能量维持其体温，所以饵料报酬低，饲料利用率高（表5-2）。因此，对于粮食不富有的国家来说，优先发展水产品养殖应是粮食安全的重要国策之一。

表5-2　不同养殖对象的饲料利用率

养殖对象	饲料报酬	养殖对象	饲料报酬
生猪	2.7～3.5	肉鸭	2.5～3.0
肉鸡	2.1～3.1	鱼	1.0～1.5

欧美发达国家的动物蛋白质重点是牛肉。1kg牛肉需要7kg谷物来换取。中国发展淡水渔业可大大减少谷物以换取动物蛋白质的数量，这是世界上最有效的技术。

半个世纪以来对世界渔业资源的跟踪研究表明，全球渔业资源处于衰退状态，然而，随着全球人口增长，人均水产品年消费量稳步增加，从1961年的9.0kg增加到2003年的16.5kg，为填补人类对水产品需求量的缺口，发展水产增养殖业是重要的途径，具有重要的经济和社会意义。实践表明，在最近的30年里，水产养殖产品是全球动物性食品生产中增长最快的一项。

2. 我国的水产养殖业

我国的海淡水水域幅员辽阔，有3.2万km的海岸线，水深15m以内的浅海、滩涂面

积达 2 亿亩；内陆水域总面积约为 2.64 亿亩，其中河流一亿多亩，湖泊一亿多亩，水库 3000 多万亩，池塘 3000 多万亩。这些水域绝大部分地处亚热带和温带，气候温和，雨量充沛，适合鱼类增殖和养殖。

我国的水产增养殖业历史悠久，技术精湛，是世界上养鱼最早的国家。从发展历史看，早在殷商时代，我国就开始在池塘中养鱼。在公元前 460 年左右的春秋战国时代，我国养鱼史上的始祖范蠡就著有《养鱼经》，成为世界上最早的一部养鱼著作。

中华人民共和国成立以后，我国鱼类增养殖业得到了蓬勃的发展，改革开放以后 30 年来，我国的水产养殖业发生了突飞猛进的变化，主要表现如下。

（1）创造了同期世界最高发展速度

改革开放后，我国水产品年平均增长率约为 10%，较世界渔业增长率（3%）高出 7%；中国水产品占世界总产量的比重从 1978 年的 6.3%提高到目前的 33%以上。自 1989 年起至今，连续 20 年居世界首位；2008 年我国水产品总产量达 4896 万 t。约占世界渔业总产量的 1/3。

（2）改变了传统的资源开发模式

世界上水产品的增长大部分依靠海洋；而我国根据中国国情大力发展养殖业，形成了我国渔业生产的特色，即水产品产量以养殖为主。水产养殖业已成为我国渔业生产的主体。2008 年我国水产养殖产量达 3412.82 万 t，占水产品总产量的 69.7%，占世界水产养殖总产量的 70%以上。

尽管我国水产品总产量每年都有变化，但其基本格局不变：大致来看，全球生产的 3 条“鱼”中，有 1 条是中国生产的；全球养殖的 3 条“鱼”中，有两条是中国生产的；中国生产的 3 条“鱼”中，有两条是养殖生产的；养殖生产的 3 条“鱼”中，有两条是淡水生产的；淡水生产的 3 条“鱼”中，有两条来自于池塘养殖。

（3）从根本上改变了水产品的市场供应，为解决我国人民的“吃鱼难”问题做出了重要贡献

改革开放以前，我国人均水产品占有量为 4.3kg，2008 年人均占有量为 36.3kg，是世界人均水平的 1 倍以上，超出世界平均水平十多千克。

（4）水产养殖业已成为促进农村经济发展的支柱产业

我国人多地少、资源匮乏，农业发展、农民增收的空间受到很大制约。而水产养殖具有如下特点：①不挤占耕地农田，而是利用低洼盐碱荒地、浅海滩涂和各种天然水域发展养殖产业；②在大农业中，比较效益高。2006 年渔民人均纯收入达 6176 元，高于农民人均纯收入，30 年来，渔业共吸纳了近 1000 万人就业，其中约 70%从事水产养殖产业；③水产养殖产业的发展还带动了水产苗种繁育、水产饲料、渔药、养殖设施和水产品加工、储运物流等相关产业的发展，不仅形成了完整的产业链，还创造了大量的就业机会；④水产养殖产业向种植区延伸，将水稻种植和水产养殖有机结合起来。发展稻田种养新技术，实施稻鱼（蟹、小龙虾）共生，稻谷不仅不减产，还增产、增收，稻田的综合效益增长 1 倍以上。不仅提高了土地和水资源的利用率，还稳定了农民种粮的积极性；不仅降低了生产成本，减少了化肥、农药的使用，还提高了河蟹和水稻的品质；不仅社会效益、经济效益明显提高，而且生态效益显著。“水稻＋水产＝粮食安全＋食品安全＋生态安全＋农民增收＋企业增效”，1＋1＝5。该项技术对于确保我国基本粮田的稳定、确保粮食安全战略有重要意义。

因此，当前，水产养殖业已成为农村经济新的增长点和重要产业，对调整农业产业结构、扩大就业、增加农民收入、带动相关产业发展等方面发挥了重要作用。

（5）在提供食物蛋白的同时，也为保护水生生物资源和生态系统，改善环境条件发挥了作用

水产养殖业的发展彻底改变了长期以来主要依靠捕捞天然水产品的历史，缓解了水生生物资源，特别是近海渔业资源的压力，有利于渔业资源和生态环境的养护。另外，我国的水产养殖业都是利用低洼地、湖泊、海湾、滩涂等水域进行增养殖生产，从生态学角度看，均属于湿地范畴（按国际标准，凡水位在 6m 以内的均属于湿地），湿地具有保水、调节环境因子等生态和社会功能。这些湿地发展水产生态养殖可循环利用水资源，提高水资源的利用率。

我国的淡水养殖大多采用多品种混养的综合生态养殖模式，通过“以鱼净水、以渔保水”等措施，生物修复水环境。例如，采用水生植物种植、混养滤食性（鲢、鳙）、草食性鱼类、增殖贝类等措施，一方面可以节约大量人工饲料，另一方面可以消耗利用水体中的其他浮游生物，从而降低水体的氮、磷总含量，不仅水质可以得到明显改善，水域的经济效益也会明显提高，而且有利于保持湿地的生态平衡，美化环境。据研究，只要水体中鲢鱼、鳙鱼的量达到 46～50g/m^3，就能有效地遏制蓝藻。在海水养殖中，占养殖产量的近 90%，约合 1300 万 t 的藻类和贝类在吸收二氧化碳（据统计，可减排 120 万～150 万 t 碳）、释放氧气、改善大气环境方面也发挥了相当重要的作用。因此，对各类水体发展生态养殖，对美化家园、保持农村环境和谐友好、保持渔业可持续发展发挥了重要作用。

（6）水产养殖产品对外贸易稳定增长，加快了我国渔业经济全球化进程

自 2002 年起，我国水产品出口跃居世界首位，约占世界水产品贸易总额的 10%。2007 年我国水产品进出口贸易达 652.8 万 t、贸易额为 144.6 亿美元。其中出口 306.4 万 t、出口贸易额为 97.4 亿美元。我国水产品占农产品出口额的 26.4%，在我国农产品出口额中居首位。

改革开放 30 年来，水产养殖业一直是农业和农村经济中发展最快的产业之一。目前，其依然保持着快速发展的势头和活力，在资源、市场、科技等方面仍然具有较大的发展潜力和空间。当前农业部渔业局提出的发展渔业的总体方针为：“抓好紧缩捕捞，主攻养殖，扩大远洋，狠抓水产品深加工”。未来 15～20 年中，水产养殖产量在全国渔产业的比例中将进一步提高到 75%左右。

3. 我国的水产增养殖学

水产增养殖学是研究海水、淡水经济水产品的生物学特点及其与养殖水域生态环境关系的科学。该学科以研究养殖对象的生态、生理、个体发育和群体生长为基础，以保护环境、提供合适的养殖水域和工程设施为前提，在人工控制的条件下，研究经济水产品的人工繁殖、苗种培育、养殖和增殖技术等。

我国水产养殖业的历史悠久，但其作为一门学科，是中华人民共和国成立以后发展起来的。中华人民共和国成立 60 多年来，我国水产增养殖学的主要成果表现在以下几个方面。

1）以鱼类繁殖专家钟麟为首的研究人员于 1958 年 5 月首先在世界上突破了鲢鱼、鳙鱼在池塘中人工繁殖的技术难关，孵化出了鱼苗。这一成果对我国鱼类苗种生产乃至于整

个鱼类增养殖业的发展起到了重要作用，为就地大量供应鱼苗奠定了基础。然后，我国水产工作者又利用相同的原理和方法解决了草鱼、青鱼、鲮，以及团头鲂、胡子鲶、中华鲟、长吻鮠、鲈鱼、牙鲆、大黄鱼等几十种增养殖鱼类和珍稀鱼类的人工繁殖难题，使多种鱼类的混养、套养和生产的大发展成为可能，为我国鱼类增养殖事业的发展奠定了扎实的基础。

2）1958 年人们总结了渔民群众丰富的养殖经验，可以概括为“水、种、饵、混、密、轮、防、管”8 个技术关键，简称“八字精养法”，从而建立起了我国水产养殖业完整的技术体系。经过 50 多年的努力，我国的水产工作者对各类水域的高产高效理论、方法和养殖制度进行了深入研究，探索出了不同水域系列的生态养殖高产高效技术体系，并在较短的时间内在全国大面积推广应用，取得了明显的社会效益、经济效益和生态效益。

3）人类对催产剂的作用机制和鱼类的繁殖生理等进行了较为深入的研究，在国际上首先大规模将催产剂应用于鱼类人工繁殖，并首先合成了促黄体激素释放激素类似物——LRH-A，从而提高了鱼类催产效果和鱼类人工繁殖的生产效率。

4）人类通过引种驯化、遗传育种、生物工程技术等方法，开发了大量的鱼类增养殖新对象。特别是自 20 世纪 90 年代起，名特优水产品养殖的掀起促进了增养殖对象的扩大。主要有中华鲟、史氏鲟、杂交鲟、俄罗斯鲟、虹鳟、银鱼、鳗鲡、荷沅鲤、建鲤、三杂交鲤、芙蓉鲤、异育银鲫、彭泽鲫、淇河鲫、胭脂鱼、露斯塔野鲮、大口鲶、革胡子鲶、长吻鮠、斑点叉尾鮰、黄鳝、鳜鱼、鲈鱼、大口黑鲈、条纹石鮨、尼罗罗非鱼、奥利亚罗非鱼、福寿鱼、鳗鲡、河鲀、大黄鱼、真鲷、牙鲆、石斑鱼、中华乌塘鳢等，成为鱼类增养殖业获得高产高效的有效保证之一。

5）人类对我国的几种主要养殖鱼类的营养生理需求进行了研究，探索它们对蛋白质、各种必需氨基酸、脂肪、碳水化合物、维生素及各种矿物质的需求，为生产鱼类配合饲料提供了理论依据。近年来，人们已开始将配合饲料与我国传统的综合养鱼方法结合起来，加速了鱼类生长，提高了饵料利用率和经济效益。

6）人类加强了养殖生态系统的研究，通过营造水底森林、应用微生态制剂、改革养殖模式等生态养殖措施，修复和保护养殖水环境，保持养殖水体能量流动和物质循环的平衡。采用健康养殖技术，不仅提高了水产品的质量和安全，而且还发展了保水渔业、低碳渔业，保持了水产养殖的可持续发展。

7）人类对我国主要养殖对象的常见病、多发病的防治方法进行了长期的研究，取得了可喜的成绩，基本上控制了疾病的发生。近年来，病害防治的重点又着眼于改善养殖对象的生态条件，推广生态防病，实行健康养殖，从养殖方法上防止病害的发生，取得了较大的进展。

8）以名特优苗种生产为中心的设施渔业蓬勃发展。自 20 世纪 80 年代起，我国名特优水产品增养殖业掀起了狂潮，对苗种的需要量急增。而名特优水产苗种对不良环境的适应能力差，要求生态条件好。因此，采用人工控制小气候的育苗温室便芸芸丛生。目前育苗温室设施包括以下几个系统：催产系统、系列育苗池系统、水处理系统、饲料与活饵料供应系统、供热保温系统、增氧充气系统、供电系统和环境监测控制系统等。

9）国家和各地行政、科研、教育、技术推广部门采取多种途径、多种渠道、多种形式，进行了中、高等水产科技教育和技术培训，培养了一大批水产增养殖科技人才。

10）初步建立起了水产增养殖业的服务体系。例如，苗种产销体系（包括原、良种场、养殖场等）、水产技术推广服务体系、饲料供应体系和产品流通服务体系。实践证明，这些服务体系的建立保证了我国水产增养殖的顺利、健康发展。

二、我国水产养殖业的制约因子

制约我国水产养殖业可持续发展的因素，可从以下 6 个方面展开分析。

1. 资源环境问题

水产养殖业发展与资源、环境的矛盾进一步加剧。一方面各种养殖水域周边的陆源污染、船舶污染等对养殖水域的污染越来越重，严重破坏了养殖水域的生态环境，有些海域赤潮频发，突发性污染事件越来越多，对水产养殖构成了严重威胁，造成了重大损失。水产养殖成为环境污染的直接受害者。另一方面，传统养殖（非生态养殖）自身的污染问题在一些地区也比较严重，引起了社会的广泛关注，对养殖业健康发展带来了负面影响。传统养殖自身污染主要与养殖品种结构、养殖容量、饲料和投喂方式、药物使用等密切相关，残饵、消毒药品、排泄物等，特别是残饵产生的氮磷等营养元素，是导致养殖水域富营养化的原因之一。受环境污染、工程建设和过度捕捞等因素的影响，水生生物资源遭到严重破坏，主要表现为：水生生物的生存空间被挤占、洄游通道被切断、水质遭到污染、栖息地遭到破坏，生存条件恶化；水生生物资源严重衰退，水域生产力下降，水生生物总量减少；水生生物物种结构被破坏，低营养级水生生物数量增多；处于濒危的野生水生动物物种数目增加，灭绝速度加快；赤潮、病害和污染事故频繁发生，渔业经济损失日益增大。因此，生态安全已经严重影响了我国水产养殖业的可持续发展。

2. 水产养殖病害问题

近 30 年来，水产养殖病害不断发生，已经对养殖业的健康发展构成了重大威胁。例如，1993 年中国对虾和 1997 年海湾扇贝分别遭到暴发性病害的侵袭，造成大量死亡，产量急剧下降，产业发展受到严重打击。中国对虾最高年产量曾达到 20 万 t，1993 年后一蹶不振，到 2005 年才恢复到 5 万 t 左右。近几年，水产养殖病害有进一步蔓延的趋势。目前监测到的水产养殖病害已有 120 多种，几乎涉及鱼类、甲壳类、贝类、鳖类等所有养殖品种和所有养殖水域。病害的大量发生，与养殖水质和环境、养殖方式、苗种质量和病害防控能力等很多方面都有关系。病害使养殖产量和效益受到了很大影响，据测算，每年因病害造成的经济损失约 150 亿元。而发生病害以后，不合理和不规范用药又进一步导致养殖产品药物残留，影响到水产品的质量安全消费和出口贸易，反过来又制约了养殖业的持续发展。

3. 质量安全和市场监管问题

我国是世界水产品主要生产国和消费国，同时也是出口大国，水产品质量安全问题至关重要。目前存在的主要问题有：一是传统养殖方式和管理理念与现代消费理念不相适应，不顾环境容量和技术条件，盲目追求高产，导致病害频发，滥用乱用药物成为普遍现象。二是科技创新能力不足，高效、安全、低残留的新型渔药和疫苗研发滞后，此外，种质退化、饲料技术落后等也影响水产品的质量安全；三是受外部不可控因素的影响，一些开放式的养殖场所对外源环境污染难以控制，造成水产品，尤其是贝类中有毒有害物质残留超标；四是执法监管手段有限，面对千家万户的分散养殖和千军万马的产品流通经销，监管难以完全到位；五是我国水产品质量安全标准数量不足，技术要求尚未完全与国际标准接轨，外方设置的技术性贸易壁垒使我国养殖水产品在出口贸易中遭遇了一些不公正的待遇。因此，从根本上提高我国水产养殖质量安全管理水平，从制度、科技、监管、服务到执法等各方面综合采取措施，解决突出矛盾和问题，是促进我国水产养殖业持续健康发展的保证。

4. 科技支撑问题

虽然我国水产科技成绩显著，但科技制约问题仍较为突出. 基础性研究严重滞后，迄今为止，人工选育的良种很少、占水产养殖总产量 70%以上的青、草、鲢、鳙等主要养殖种类仍依赖未经选育和改良的野生种；渔用药物研发，特别是禁用替代药物和疫苗的开发滞后，缺乏对鱼类的药效学、药代动力学、毒理学，以及养殖生态与环境的影响等基础理论的研究，未能对药剂量、用药程序、休药期等提出科学意见，给予规范指导，导致滥用乱用药物的情况极为普遍，水产品药物残留问题十分突出；水产品加工技术，特别是大宗产品加工综合利用技术尚不成熟和配套，直接影响了水产养殖业的快速发展；科研、教学与推广脱节，科技成果转化率低。水产推广网络和推广方式已经不适应生产的需要，科技推广与养殖户生产脱节问题尚未完全解决。

5. 水域滩涂确权问题

随着经济社会的发展和各地建设用地的不断扩张，很多地方的可养或已养水面滩涂被不断蚕食和占用，内陆和浅海滩涂的可养殖水面不断减少，养殖水面开发利用遇到了更多的困难和阻力。这种状况不但涉及养殖水面的减少和养殖开发潜力的问题，还涉及渔民权益保障和生产生活安置问题。最近几年，养殖渔民的合法权益得不到有效维护，渔业权益得不到法律的有效保障，渔民因养殖水域被占用又得不到合理补偿而引发的集体上访事件明显增多，已成为社会不稳定的因素之一。究其原因是，水面确权发证工作没有完全到位，水面承包经营权不稳定，这些都不利于养殖权益的保障、基础设施的建设维护和养殖业的可持续发展。

6. 投入与基础设施问题

近年来，中央财政加大了对渔业的投入，促进了渔业各项工作的开展，但在支持力度上还不够，表现为明显的“一少两低”现象：国家财政支助总量少；渔业在国家财政支持农业中的比重低，不足 3%，与渔业占农业总产值比重的 10%不相称；养殖业在国家财政支助中的比重低，不到 10%，而养殖产量占渔业总产量的比重将近 70%。由于缺乏财政资金，引导性投入和财政支持力度较小，养殖业面临着基础设施老化失修的现状，良种繁育、疫病防控、技术推广服务等体系不配套、不完善，影响养殖业健康发展的问题越来越突出。一般来讲，养殖基础设施既包括池塘及其配套的水电路桥闸等附属设施，也包括陆地工厂化养殖车间土建及其配套设施等。此外，辅助养殖生产的大型机械设备也属于基础设施的范畴。以池塘养殖为例，池塘养殖既是我国水产养殖的传统方式，也是当前我国水产养殖的主要方式，在我国水产养殖业发展中占有举足轻重的地位。2007 年全国内陆池塘和海水池塘产量分别占淡水养殖和海水养殖产量的 68%和 11%。但我国的池塘大多数是 20 世纪 80 年代初通过发展商品鱼基地而建设的。由于长期以来缺乏再投入，年久失修，加之农村劳动力向城镇转移，形成了农村劳动力短缺和承包机制的短期行为的局面，目前我国的池塘普遍出现严重淤积、塘埂倒塌、排灌不通的情况，以及病害频发、用药增多等问题。这些已经严重影响到水产养殖综合生产能力的增强；影响到养殖效益的提高、农渔民收入的增加和产品竞争力的提升；影响到村容村貌、生态与环境改善，以及社会主义新农村建设；不利于健康养殖的稳步推进和现代渔业建设，因此，必须进一步改造和加强养殖基础设施建设，使其能够承担起水产养殖的主体任务。

三、世界水产养殖业的发展趋势

目前，世界各国的渔业发展普照面临着两大问题：一是如何恢复、保护和持续利用天然渔业资源；二是如何保证养殖业的可持续发展。同世界主要渔业国家相比，我国是唯一的养殖产量超过捕捞产量的渔业大国。虽然我国在一些养殖技术方面领先，但在某些科研领域、经营管理、信息技术方面与发达国家还有明显差距。因此，了解和把握世界水产养殖业发展的趋势、方向，吸收、借鉴国外的成功经验，对于加快我国的现代渔业建设十分必要。当前世界水产养殖业发展的趋势概括起来主要有 3 个方面。

1. 更加关注水生生物资源养护、生态与环境保护

随着人类对水生生物资源和水域开发利用步伐的加快，水生生物资源养护、水域生态与环境的保护问题越来越受到重视。一是将近海渔业资源增殖作为渔业资源养护的一项重要措施，并对增殖放流的方法、取得的经济效益和生态效益进行评估。FAO 专门提出了“负责任的渔业增养殖”概念，要求增养殖计划的实施必须依据海域的资源状况和环境，对生物多样性的潜在影响，以及对增养殖放流的可能替代方案进行评估，以实施负责任的渔业资源增殖。二是在浅海滩涂开发利用中重视环境效益和生态效益，要求在开发利用之前，必须分别对环境容纳量、最大允许放流量、放流种群在生态系统中的作用，以及养殖自身污染、生态入侵可能造成的危害等因素进行论证。鉴于大水面养殖和水环境质量之间存在相互影响、相互制约的复杂关系，一些发达国家非常重视水库湖沼学和水利工程对环境的影响及其对策方面的研究和应用。三是 1992 年通过的《21 世纪议程》，将各大洋和各海域，包括封闭和半封闭海域，以及沿海地区的保护，海洋生物资源的养护和开发等列为重要议题。不仅对发达国家工业和生活废水的排放量有严格控制，对水产养殖业也有限制，制定了养殖业废水排放标准、渔用药物使用规定、特种水产品流通，以及水生野生动植物保护等要求，形成了一系列法律体系。在渔场生态与环境修复与保护、养殖场设置和养殖废水处理、减少污染物的扩散或积累等方面都取得了实效。

2. 不断研发推广高效集约式水产养殖技术

高效的集约式养殖技术，如深水抗风浪网箱养鱼、工厂化养鱼等蓬勃兴起，而且技术日臻成熟、品种不断增加、领域不断拓展、范围不断扩大，成为现代水产养殖业发展的方向。在海水网箱养殖方面，日本最先兴起，以养殖高价值的鱼类为主，并能够利用网箱完成亲鱼产卵、苗种培育、商品鱼养殖和饵料培养等一系列生产过程，同时将网箱养鱼向外海发展。近十多年来，挪威、芬兰、法国、德国等致力于大型海洋工程结构型网箱和养殖工程船的研制。网箱样式多、材料轻、抗老化、安装方便，采用自动投饵和监控管理装置，能承受波高为 12m 的巨浪。同时，太阳能、风能、波能、潮汐能和声光电诱导等技术均在网箱养鱼中得到了应用。目前，网箱养殖系统正在向抗风浪、自动化、外海型方向发展，具有广阔前景。工厂化养殖是利用现代工业技术与装备建立的一种陆地集约化水产养殖方式，具有养殖密度高、不受季节限制、节水省地、环境可控的特点，得到了一些国家的重视，并从政策、立法、财政等方面对其予以了支持，积极推进其发展。在这方面较发达的国家有日本、美国、丹麦、挪威、德国、英国等。较为成功的有英国汉德斯顿电站的温流水养鱼系统、德国的生物包过滤系统、挪威的大西洋鲑工厂化育苗系统和美国的阿里桑纳白对虾良种场等。目前，工厂化养殖的主要方式是封闭式循环水养鱼、养殖品种多样化，主要是优质鱼虾和贝类等品种。

3. 将现代科学技术和管理理念引入水产养殖业中

挪威的大西洋鲑养殖管理是这方面较具有代表性的案例。大西洋鲑养殖遍布欧洲、北美洲和澳大利亚等许多国家或地区，产业竞争十分激烈，而挪威的大西洋鲑产业持续快速发展，多年稳居世界前列，成为挪威的第二大支柱产业。其成功主要取决于两点：一是政府的严格管理；二是完善的技术体系。

在管理方面：政府部门严格按照保护环境、科学规划、总量控制等原则和理念，实施养殖许可证制度，对养殖地点、养殖密度、养殖者专业培训背景和管理经验、养殖运营中的病害传播、污染风险等都提出了具体甚至苛刻的要求。在全球建立完善的营销网络，通过政府资助不断拓展国际市场。在技术方面：通过改造网箱，使养殖环境得到改善，网箱由大型向超大型发展，网箱周长由过去的 50m 发展到目前的 120m；实现种质与饲料标准化，选育出生长快、抗逆性好、抗病力强的良种，并成为养殖的主体，目前80%的产量来源于一个优良品种的支撑，饲料配方也不断改进和完善，饲料的营养更加平衡；饲料投喂精准化，可通过计算机进行操纵，精确地定时、定量、定点进行自动投喂，并根据鱼的生长、食欲，以及水温、气候变化、残饵多少，通过声呐、电视摄像和残饵收集系统，自动校正投喂数量，还可自动记录每日投喂时间、地点和数量；积极研制和推广应用疫苗，4 种常见病疫苗已广泛应用于生产，并可以混合注射，一次注射可终身免疫，疫苗的普遍采用不但控制了疾病，减少了抗生素使用量，还从根本上保证了产品质量安全。

四、新时期我国水产养殖业的发展战略

1. 战略目标

经过 30 多年的持续快速发展，我国已成为世界第一水产养殖大国。在未来的 10～20 年，我国水产养殖业发展的总体目标是：把水产养殖大国建设成为现代化的水产养殖强国。基本任务是：确保水产品安全供给，确保农民持续增收，促进养殖业可持续发展，促进农村渔区社会和谐发展。发展方向是：更新发展理念，转变发展方式，拓展发展空间，提高发展质量，努力构建资源节约、环境友好、质量安全、可持续发展的现代水产养殖体系。战略步骤：一是全面改善生产条件，提高技术装备水平，增强综合生产能力。按照“园林化环境、工业化装备、规模化生产、社会化服务，企业化管理”的标准，规划养殖区域，建设现代养殖场和养殖小区，逐步实现养殖生产条件和技术装备现代化，为水产养殖可持续发展、确保水产品安全供给和农民增收奠定坚实基础。二是全面推进健康、生态养殖，大力发展生态型、环保型养殖业。按照资源节约、环境友好和可持续发展的要求，推广节地、节水、节能、节粮养殖模式，普及标准化养殖技术，提高良种覆盖率，加强水生动物防疫和病害防治，提高养殖产品质量安全水平。三是建立现代水产养殖科技创新体系。以水产养殖发展需求为导向，重点围绕良种培育、健康养殖、疫病防控、资源节约和保护等领域开展科学研究和科技攻关，增强科技创新与应用能力，提高科技成果转化率和科技贡献率。四是建设水产养殖现代管理体系，保障现代水产养殖业发展。按照市场经济基本规律和依法行政的要求，进一步健全水产养殖管理法律法规，完善养殖权保护制度，创新水产养殖业管理体制和机制，提高管理的科学化和现代化水平。

2. 战略定位

要继续坚持“以养为主”的渔业发展方针，充分发挥水产养殖业在提供有效供给、保障粮食安全、改善生态与环境和增加农民收入、促进新农村建设方面的重要作用。

由于养殖水产品种类繁多，产品特性差异很大，消费对象层次不同，产品既有食用药用功能，也有娱乐观赏、文化传承方面的特点。因此，从多样化的目标要求出发，考虑不同消费群体、国内外不同市场，以及满足人民群众日益增长的物质、文化需求，我们根据各养殖种类所具有的不同特性和战略定位，将现代水产养殖业划分为 4 个产业体系，即大众产品生产体系、名优珍品生产体系、出口优势产品生产体系和都市渔业生产体系。根据各体系的战略定位，并按“一条鱼一个大产业”的理念，分类指导、重点推进、全面发展，建成“科、养、加、销”一体化的现代产业链。

（1）大众产品生产体系，作为大众化的水产品养殖，主要起稳定市场供应，为国民提供充足的物美价廉的大宗水产品的保障作用

这类产品数量众多，包括传统养殖的青、草、鲢、鳙、鲤、鲫、鳊等大宗鱼类，一些虾、蟹、贝、藻类，以及开发、引进多年并形成规模养殖的新品种。这类产品在提供水产品有效供给、保障粮食安全方面起到了基础性作用，是食物构成中主要的动物蛋白质来源之一，在我国人民的食物结构中占有重要的地位，是水产养殖业的重中之重。其最大的特点是供给量和需求量大，但经济效益一般。保证大众食物产品的稳定生产，就是对粮食安全保障体系的重要贡献。

（2）名优珍品生产体系，作为特色产品或高档珍品养殖，主要满足国民日益增长的多样化消费需求

这类产品主要是某些地方特色种类、名贵种类（如海参、优质鲍鱼、珍珠等），以及开发、引进时间较短，尚未形成规模生产的一些新品种。随着我国人民生活水平的日益提高，名优珍品越来越受到市场的青睐，成为水产养殖新的增长点。这类产品的最大特点是生产区域受自然条件的限制严格，生产量小，消费群体有局限性，市场价格高，经济效益好。在水产品供给中起到了重要补充作用。加大对这些养殖品种的研究和开发力度，提升其产业化水平，不仅可以提供更多的优质水产品，丰富不同消费阶层的需求，而且在调整品种结构、提高养殖效益、增加农民收入等方面也将发挥重要的作用。

（3）出口优势产品生产体系，作为具有出口优势的水产品养殖，主要通过出口拓展国际市场，带动国内生产和加工、物流等相关产业的发展

由于水产品消费习惯具有差别，我国养殖的水产品只有一部分种类具有出口潜力。近年来，具有出口优势的养殖种类的生产快速发展，使我国很快成为第一水产品贸易大国，我国出口额连续 6 年居世界首位。多年的实践证明，发展养殖产品出口贸易有利于拓展我国水产养殖业的发展空间，提高养殖效益，促进渔农民增收；有利于促进产业结构优化，提升产业化发展水平，加快我国渔业现代化进程；有利于学习国际先进技术和管理经验，提高产品质量安全水平，提升我国渔业整体的竞争力；有利于拉动相关产业的一体化发展，创造更多的就业机会。例如，在《出口水产品优势养殖区域发展规划（2008～2015 年）》中，将鳗鲡、对虾、贝类、罗非鱼、大黄鱼、河蟹、斑点叉尾鮰和海藻确定为优势出口养殖品种。2015 年通过优势区域的辐射带动，全国优势品种出口量和出口额可望达到 140 万 t 和 60 亿美元，年均递增 5%和 6%；养殖水产品出口量和出口额可望达到 175 万 t 和 74 亿美元，年均递增 5%和 6%。

（4）都市渔业生产体系，作为休闲和传承鱼文化的载体，主要满足人民群众对精神文化生活的需求

都市渔业包括水族馆渔业、观赏渔业、游钓渔业、“农家乐”等众多形式。由于水产养殖业具有观赏休闲功能，都市渔业正在迅速发展成为世界渔业产业中的第四大产业（即海洋捕捞业、水产养殖业、水产品加工流通业和都市渔业）。在一些发达国家，如美国，都市渔业（游钓渔业和观赏渔业）的产值在渔业总产值中已占到首位。随着我国经济发展、社会稳定和人民生活水平提高，以满足精神文化需求为主体的都市渔业从20世纪90年代起步并迅速发展，目前已经形成了一定规模，在全国大中城市具有广泛的市场。特别是伴随着观赏鱼养殖的发展，水族装饰演出已进入居民社区和百姓家庭。水产养殖是发展都市渔业的物质基础。在有条件的地方，可将水产养殖业引入大中城市，加强景观生态学、水族工程学、观赏水族繁殖生态研究，发展都市渔业，丰富人民群众的文化生活。

3. 战略重点

（1）在突出重点生产的同时，做到全面发展

以大众产品消费种类的生产为重点，在满足国内大众水产品消费需求、保障粮食安全的前提下，积极发展名优珍品养殖、水产品出口贸易和都市渔业。青、草、鲢、鳙、鲤、鲫、鳊是大众消费的最普通品种，是我国淡水养殖发展的保障性主导品种，必须保证生产和供应。对这些常规品种的发展，主要是提高产品质量、增加市场供应。名优珍品和都市渔业的发展要遵循自然规律和价值规律，主要通过市场化运作的途径来加以推进。按照规模化、标准化和产业化的要求，形成多次增值，提高效益。为适应水产品出口环境的需要，必须在提高产品质量、创立自主品牌、协调行业自律等方面下功夫，不断提升国际市场竞争能力。采用产品多元化和市场多元化的发展战略，满足不同地区、不同市场、不同品种的多样化消费需求，降低市场风险。

（2）大力发展环保型渔业，保护生态与环境

正确处理水产养殖与环境保护的关系，大力发展环保型渔业。一是科学规划近海和湖泊、水库中的投饵性网箱养殖规模。凡是属于生活用水水源的大中型水域要逐步退出水产养殖。退出后的水域可以通过人工增殖放流提高捕捞产量，同时改善水质。二是要全面停止湖泊、水库等大中型水体化肥养鱼，畜禽粪便养鱼和沼渣沼液养鱼也要制定限制标准，防止水体富营养化。三是要在天然淡水水域中栽培和保护水草资源，移植和增殖贝类，限制或禁止放养草食性鱼类，合理搭配滤食性鱼类（鲢、鳙）和食腐屑性鱼类（细鳞斜颌鲴、中华倒刺鲃），增强减排能力，控制水体富营养化，保护生态与环境。四是在近海推广贝藻间养模式，达到净化水质的目的，以及减少环境污染对养殖水质和贝类品质的影响。五是改造养殖池塘，配套水处理设施装备，提高产量，减少排放，承担水产品市场供应的主体责任。

（3）抓好加工流通业，提高市场信息化水平

一是大力发展水产品加工业。水产品加工产品要着眼于未来，开发出适合工薪阶层、白领阶层、“80后”、“90后”消费的不同系列产品，如厨房食品、微波炉食品和超市食品，推动消费转型，确保水产品拥有合理、稳定的消费群体，以及消费量稳定增加。二是要高度重视水产品市场的开拓与流通工作，既要注重国际市场的开发，更要注重国内市场的开发，做到既有多元化的产品，又有多元化的市场。要创新营销理念，加快发展现代物流业。鼓励和引导企业发展新型流通业态，发展电子商务、连锁、专卖、配送等现代物流业态，

扩大产品销售。三是要加快水产品销地区发交易市场和产地专业市场建设，完善市场检验检测和信息网络、电子结算网络等系统。加快建设水产品网上展示购销平台，完善水产品从产地到销区的营销网络。

（4）加快发展水产饲料工业

我国水产养殖规模大，需要大量的水产养殖饲料。近年来，水产饲料工业在我国发展迅猛，一跃成为我国饲料工业中发展最快、潜力最大的产业，其年产量已突破 1300 多万吨，年均增长率高达 17%，远高于配合饲料 8%的平均增速。实践证明，饲料与营养的研究是推动饲料工业与养殖业发展的理论基础。要围绕提高质量、降低成本、减少病害、提高饲料效率和降低环境污染等目标，深入研究水生动物的营养生理、代谢机制，特别是微量营养元素的功能，为评定营养需要量，配制各种低成本、低污染、高效实用的饲料，以及抗病添加剂和免疫增强剂提供可靠的理论依据，为水产健康养殖创造良好的条件。

（5）加快发展装备业，提高水产养殖效率

无论是从提高增产潜力，还是从提高劳动生产率来看，未来养殖业发展必须更多地依靠先进、适用的养殖设施的装备和运用。加快发展水产养殖装备业，一是要把无污染、低消耗、保证食用安全和高投资回报作为装备科技发展的主要目标；二是要注重设施设备与生态的有机结合，使设备的使用达到节能、节水和达标排放的要求；三是设施设备要满足养殖生产者在操作方便、符合安全生产规范、减轻劳动强度、提高生产效率方面的要求；四是要通过多种形式在有条件的地区建立设施渔业示范基地，以推广多种新型的养殖装备和技术。

五、科学技术与水产增养殖业

从科学技术对水产增养殖发展的影响和水产养殖学科的发展历史来看，主要环节有水域环境控制、遗传育种、营养与饲料等。养殖水域的水质调控、水生态系统的修复和保护，是确保水产品质量安全和水产养殖可持续发展的基础；育种与苗种培育和饵料是养鱼的物质条件。水环境、育种、饵料 3 个基础环节（俗称“水、种、饵”）已成为水产养殖学科高等教育和研究工作的核心环节。

1. 养殖水环境

（1）养殖生态系统

一个养殖水环境就是一个养殖生态系统，主要包括消费者（水生动物）、分解者（水生微生物）、生产者（水生植物），其核心就是能量流动和物质循环。按养殖工艺划分，可将它分为传统养殖和生态养殖两个系统。

a. 传统养殖的生态系统

传统水产养殖生产工艺是片面强调消费者，忽视分解者和生产者，这种生态系统是极为不平衡的。

消费者——水产养殖对象是整个生态系统的核心，其数量多，投饵量大，产生大量的排泄物和残饵。

分解者——微生物的数量和种类少，经常处于超负荷状态。

生产者——水生植物以藻类为主体，能量转化效率低下，造成水体富营养化。

这种“一大二小”的结构，使其物质循环和能量流动存在两处“瓶颈”（图 5-24）：因为分解者少，大量的有机污染物无法及时分解，导致水质恶化，使池底产生大量氧债。

因为生产者效率低下，无法将水中的营养盐类转化为绿色植物，导致 NH_3-N 和 NO_2^--N 等有害物质积累，对养殖生物产生危害。其后果是：水体富营养化，养殖病害严重。采用大量药物治疗病害的后果是：水产养殖的外环境失衡；有机体内的微生态失衡。

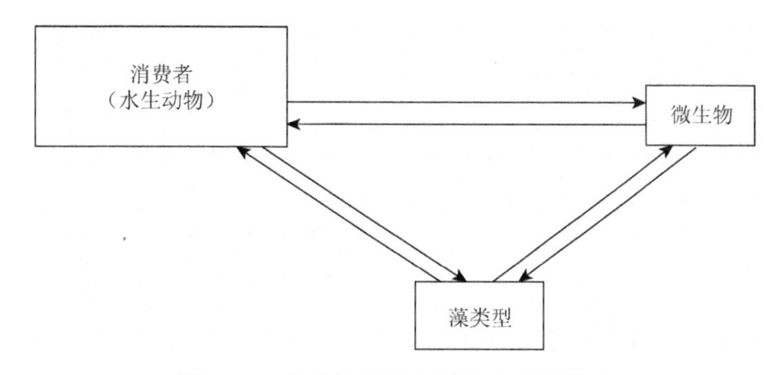

图 5-24 传统养殖的水域生态系统模式

b. 生态养殖的生态系统

生态养殖就是以生态学原理为依据，建立和管理一个能在生态上实现自我维持低输入、经济上可行的养殖生态系统，以确保在长时间内不对周围环境造成明显不利影响的养殖方式。生态养殖以保持和改善系统内部的生态动态平衡为主导思想，合理安排养殖结构和产品布局，努力提高太阳能的利用率、促进物质在系统内的循环利用和重复利用，以尽可能减少燃料、肥料、饲料和其他原料的投入，取得更多的渔产品，并获得生产发展、生态与环境保护、能源再生利用、经济效益四者相结合的综合性效果。

生态养殖要求生产者、分解者和消费者之间不存在“瓶颈”（图 5-25），即它们的能量流动和物质循环要保持平衡。其主要措施如下。

强化分解者——通过改善水体溶氧、pH 条件和利用微生态制剂，使水体和底泥中的有益微生物数量大大增加，将大量的有机物分解成无机盐。

促进生产者——栽培和保护水生维管束植物（海水中为高等藻类），通过光合作用，将无机盐转化为绿色植物。

改革消费者——坚持“以鱼净水，以渔保水”的观念，改革养殖对象和养殖模式，发展名特优养殖，实施混养、稀养、轮养。

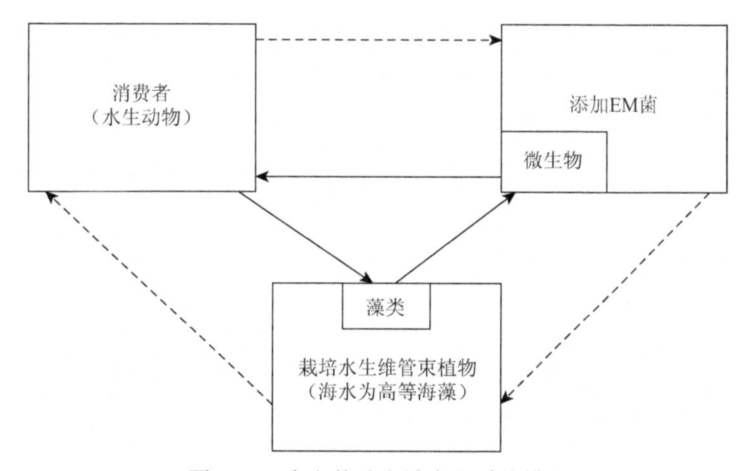

图 5-25 生态养殖水域生态系统模式

改善养殖水体的水环境必须打破传统养殖生态系统存在的“瓶颈效应”。只有改善养殖的水环境，水中和水底溶氧高，有益微生物生长繁殖迅速，有机物分解快，营养盐类的利用率高，NO_2^--N和NH_3-N就不易于大量积累，水中的有害细菌就不易滋生。由于水质好，有机体新陈代谢快，对不良环境的抵抗力强，也不易患病。采用生态养殖工艺，才能从根本上解决养殖水体的病害问题。

（2）水环境修复方式

生态养殖的目标是修复养殖水环境，重点是防止养殖水域富营养化，以保持“两个平衡”（养殖水环境平衡和养殖对象的内环境平衡），保持养殖水域的可持续发展。水环境的修复有以下3种方式。

a. 物理修复

主要包括疏挖底泥、机械除藻、引水冲淤等，但这种方法治理费用非常庞大，但治理效果却不太明显，往往治标不治本。

b. 化学修复

主要通过一些化学方法来达到修复的目的，如加入化学药剂杀藻、杀菌、沉淀等，但易造成二次污染，且要经常不断加入，费用较大。

c. 生物修复

该项技术兴起于20世纪70年代，发展于90年代，以日本、美国最为领先，被广泛应用于海面溢油、河流和湖泊的富营养化、土壤有机污染、地下水系污染等环境修复工程中，在大面积污染治理领域被普遍认为是最有效、最经济、最具有生态性的高新技术。

（3）富营养化水体的生物修复技术

富营养化水体的生物修复技术通常分为微生物修复、水生动物修复和水生植物修复3种类型。

a. 微生物修复

微生物修复是通过微生物的作用，清除土壤和水体中的污染物，或使污染物无害化的过程。它包括在自然和人为控制条件下，利用微生物降解污染物，或使污染无害化过程。

用于微生物修复的微生物主要包括土著微生物、外来微生物和基因工程菌（指采用基因工程技术，将降解性质粒转移到一些能在污水和受污染土壤中生存的菌体内，定向地构建高效降解难降解污染物的工程菌，以解决土著菌不能对人工合成的化合物很好地降解的不足）。但微生物修复技术尚存一定的局限性：①微生物不能降解所有进入环境的污染物，污染物的生物难降解性、不溶性，以及其与土壤腐殖质或泥土结合在一起，常常使微生物修复难以进行。②特定微生物只降解特定类型的化学物质，结构稍有变化的化合物就可能不会被同一微生物酶破坏。③微生物活性受温度和其他环境条件的影响。④在某些情况下，微生物修复不能将污染物全部去除，因为当污染物浓度太低，不足以维持降解一定数量的细菌时，残余的污染物就会留在土壤中。

b. 水生动物修复

水生动物的摄食作用可把水体中的营养成分吸收到水生动物体内，作为其身体组织的组成部分，再通过水生生态系统中食物链的作用，把营养物质转移到价值较高的高等水生动物体内，再通过人为捕捞，把营养物质从水体中去除。

水生动物通过摄食活动影响水体的生物密度和生物结构，进而影响水体营养物的流向和流速，以达到水体生态修复的目的。

刘建康和谢平（1999）在武汉东湖，投放鲢、鳙，通过鲢、鳙对浮游动物与浮游植物的摄食作用，以降低水中浮游生物和腐屑的数量，使得东湖的水质有明显的改善，蓝藻水华也消失。软体动物（如贝类等）通过过滤、吸收和富集等作用来净化水质。但水生动物修复的问题是：水生动物生长需要一定的条件，而且其本身是消费者，也要向水体中排氮、排磷，特别是对一些无法捕捞出的水生动物，只能起到一定的作用，不能起到根本性作用。

c. 水生植物修复

水生植物主要包括水生维管束植物、水生藓类和高等藻类三大类。在污水治理中应用较多的是水生维管束植物，它具有发达的机械组织，植物个体比较高大，按生态划分，其可分为挺水、浮叶、漂浮和沉水 4 种类型。水生植物修复的机理：①物理作用。水生植物的存在减小了水中的风浪扰动。降低了水流速度，并减小了水面风速，这为悬浮固体的沉淀去除创造了更好的条件，同时减小了固体重新悬浮的可能性。②吸收作用。有根的植物通过根部摄取营养物质，某些浸没在水中的茎叶也从周围的水中摄取营养物质。水体环境中的亲水性有机污染物和重金属也可以被水生植物吸收，被植物体矿化或转化为无毒物质。水生植物产量高，大量的营养物被固定在其生物体内，在收割以后，营养物质就能从系统中被去除。③富集作用。许多水生植物有较高的耐污能力，能富集水中的金属离子和有机物质。例如凤眼莲，其线粒体中含有多酚氧化酶，多酚氧化酶可以通过对外源苯酚的羟化和氧化作用而解除酚对植物株的毒害，所以其对重金属和含酚有机物有很强的吸收富集能力。④与微生物的协同降解作用。水生植物群落的存在为微生物和微型动物提供了附着基质和栖息场所，其浸没在水中的茎叶为形成生物膜提供了广大的表面空间。植物机体上寄居着稠密的光合自养藻类、细菌和原生动物，这些生物的新陈代谢能大大加速有机胶体或悬浮物的分解。⑤气体传输与释放作用。水生维管束植物通过植株枝条，以及根系的气体传输和释放作用，能将光合作用产生的氧气或大气中的氧气输送至根系，一部分供植物呼吸，另一部分通过根系向根区释放，扩散到周围缺氧的环境中，在还原性的底泥中形成了氧化态的微生态环境，加强了根区微生物的生长和繁殖，促进了好氧微生物对有机物的分解。⑥对藻类的生物他感作用。他感作用是指植物生长在一起存在着相互之间的作用，水生维管束植物的大量存在可抑制水体中单胞藻类的生长，增加水体的透明度，这就是水生维管束植物对藻类的生物他感作用。⑦维持生态平衡作用。水体中的水生植物为鱼类、甲壳类、螺类等水生动物提供了优良的生存环境，也为它们提供了丰富的天然饵料和躲避敌害的天然环境，提高了水域环境的生物多样性，使得水域环境中的各食物链协调发展，保持水域环境的生态平衡。

（4）养殖水环境的修复与控制

在我国，当前对于养殖水环境的修复和控制主要采取以下技术措施。

a. 改“管渔”扩大为“治水”

当前，我国水产养殖业可持续发展的限制因子是水体污染，这已成为不争的事实。防止和治理水域富营养化或“荒漠化”，已成为各地水产养殖业的重要任务。因此，必须将水体污染治理看作水产养殖的维生系统。水产养殖业的目标应当从渔业产业扩大为水环境保护，以保障水产养殖产业的可持续发展。

b. 改水域局部整治为流域整体治理

必须清醒地看到，我国的农业和生活发展水平决定了向水体中输入氮和磷产生的影响还将在很长一段时期内存在。污染治理最重要的是削减污染源的排放。目前，不少湖泊、河流的污染主要是外源污染物的流入，单整治内源污染效果不大。必须强调指出，湖泊拆除过多养蟹网围是正确的。但反过来，将湖泊水质改善寄托在减少网围面积上，甚至将网围全部拆除，这种观点是错误的。2008 年上海海洋大学对阳澄湖（21 个采样点）各月的水质测定表明，阳澄湖的主要污染源是外源来水，其总氮占全湖总氮的 77.7%，而水产养殖的总氮占 18.7%，外源来水的总磷占全湖总磷的 62.7%，水产养殖的总磷占 33.0%。由此可见，养殖水体的治理必须坚持内源与外源同时治理的原则。要明确控制污染源是第一位的，生态系统的修复是第二位，即首先必须控制养殖水体的外源污染，其次才是去除内源污染负荷、工程修复和生物修复等，而且如果网围养蟹都采用生态养殖，不仅不会污染水环境，而且还可以改善水质。

必须强调指出，水域的富营养化问题不是渔业管理部门一家能办到的，水域的治理涉及环保、农林、水利、消防、城建、航运、旅游等单位。因此，水域的富营养化治理是一个系统工程。水体的富营养化治理不仅需要统一认识，更需要统一管理、统一指挥、统一行动，通过各个环节、各部门，各自分工负责，从整体上优化治理措施，通过综合平衡，使治理措施达到最佳状态。

c. 改笼统的水环境修复为针对性的降氮、降磷

改善养殖水环境的目标不是降低水中的有机物（COD）、增加透明度，而是要降低水中总氮和总磷的浓度。通常，当天然水体中总磷的浓度大于 0.02mg/L、无机氮浓度大于 0.3mg/L 时，就可以认为水体处于富营养化状态。试验结果显示，1mg 氮可合成 10mg 藻类（干重），1mg 磷可产生约 100mg 藻类（干重）。富营养化水体中的氮、磷促使水中的藻类急剧生长，大量藻类的生长消耗了水中的氧，使鱼类、浮游生物因缺氧而死亡，从而它们腐烂的尸体会使水质受到污染。因此，控制外源性和内源性的氮、磷营养盐，是治理水体富营养化的根本。

因此，养殖水环境的生物修复要以降低养殖水体的总氮、总磷为目标，以生物修复为手段；以自然发生的浮游生物（包括水华）和人工种植水草为氮和磷富集的载体；进一步完善两大资源化利用技术体系，即浮游生物利用体系和水生植物利用体系，才能有效地降低水体中总氮和总磷的含量。

d. 改陆地绿化扩大为水域绿化，成为生态修复的重点

国内外的实践表明，湖泊水生植物的栽培和保护是治理内源污染的重要手段。但这方面往往被大多数人所忽视。因此，农林部门必须将湿地的绿化看作与陆地的绿化同样重要；渔业主管部门必须将以动物饲养为主体的传统养殖方式转为以动物饲养与植物栽培相结合的生态养殖方式，以保持养殖水域的生态平衡，从根本上改善水环境。因此，大搞水底“生态林”和“经济林”建设是养殖水域生物修复的重点。水生植物的生物修复主要有以下几种：①漂浮植物。以凤眼莲（水葫芦）为最佳，它是脱氮、脱磷最高的水生植物。在太湖流域，每公顷水葫芦可年产鲜草 450～750t，干重 35～50t，吸收氮 750～1000kg、磷 120～180kg。但漂浮植物的致密生长可使湖水复氧受阻，水中的溶解氧含量大大降低，水体的自净能力并未提高，且造成二次污染，影响航运。②挺水植物。以菖蒲和香蒲的处理能力较好，其对总氮、总磷的去除率分别达到了 72.46%、90.36%和 69.82%、91.32%；芦苇的处理效果略次于菖蒲和香蒲，其总氮、总磷的去除率分别为 58.84%、74.60%。而挺水植物则必须在湿地、浅滩、湖岸等处生长，即合适深度的繁衍场所，具有很大的局限性。③浮叶植物。以菱、芡实（鸡头米）等的脱氮、脱磷能力较强。但除了菱角、鸡头米取出食用外，大量的茎叶遗留在水中，不易清除。它们腐烂后，氮和磷等营养物质又返回水体

中，达不到净化效果，而且浮叶植物也容易引起水体沼泽化。④沉水植物。沉水植物则通过根部吸收底质中的氮和磷，从而具有漂浮植物更强的富集氮、磷的能力。沉水植物有巨大的生物量，与环境进行着大量的物质和能量的交换，形成了十分庞大的环境容量和强有力的自净能力。在沉水植物分布区内，COD、总磷、氨氮的含量都普遍远低于其外无沉水植物的分布区；而且沉水植物不易引起水体沼泽化。通常每吨沉水植物（湿重），约可脱 280g 氮、21g 磷。但不同的沉水植物均有差异，其总氮去除速率按能力大小顺序依次为：伊乐藻＞苦草＞狐尾藻＞篦齿眼子菜＞金鱼藻＞菹草。

必须强调指出，水生植物是氮和磷的载体，只有利用这些水生植物才能达到脱氮、脱磷的目的。例如，它们被鱼、蟹摄食后捕出，或者直接将水草捞出水体利用。否则，冬季水生植物死亡，其尸体腐烂后，氮、磷等营养盐类又重新回到水中，达不到水体净化的效果。例如，可将大量的水葫芦捞出，生产沼气。水葫芦每千克干物质可产沼气 0.344m^3，甲烷含量达 60%以上。如果在湖泊周边放养 20 万亩水葫芦，并用来发酵沼气，相当于 40 万亩玉米生产酒精的能值。

e. 改微生物致病为微生物防病

长期以来，人们往往只看到微生物的致病作用，而忽视了微生物的生理作用。近年来，现代医学的发展终于使人们意识到微生物具有普遍性、必要性和重要性。在所有微生物中，95%左右是有益的，4%左右是条件致病微生物，仅 1%左右是有害微生物。因此，要充分发挥微生物的生理功能。除水体中大量存在有益微生物以外，可再接种和培养有益微生物——微生物制剂（又称 EM 菌），发挥有益微生物的生理功能。

与抗生素的不同之处是：抗生素是抗菌，而微生物制剂是促菌。抗生素是直接杀灭病原体，但同时也可避免地消灭了大量生理性的有益菌。而微生物制剂促菌则是促进生理性的有益菌大量繁殖，通过生物拮抗作用，抑制和间接消灭病原菌。这与中医的“扶正祛邪”观点相符合。

f. 改“以水养鱼，养鱼污水”为“以鱼净水，以渔保水”

要将养殖对象作为水生动物修复和改善环境的重要组成部分。天然水域要禁养草食性鱼类（草鱼、团头鲂）；改养滤食性鱼类（鲢鱼、鳙鱼）、贝类（河蚌、螺蛳）、杂食性鱼类（异育银鲫）、腐屑食物链鱼类（细鳞斜颌鲴、中华倒刺鲃）和小型肉食性鱼类（河川沙塘鳢、黄颡鱼、江黄颡鱼），以代替草食性鱼类。做到以鱼类来净化水质，以发展生态渔业来保护水环境。

其原理是：①禁养草食性鱼类，保护“生产者”——水生维管束植物。通过建设草型水域提高水体生产力，利用水草来脱氮、脱磷，改善水质；利用水草为河蟹、鱼类、青虾、螺蚬等提供栖息环境和天然饵料，以保持养殖水域的生态平衡。②利用滤食性鱼类降低水中浮游生物的数量，使其转为鱼体蛋白质。生产 1kg 的鱼，可脱 25g 氮、2g 磷。增放河蚌等贝类，滤食蓝绿藻类的效果极佳。据试验，在单位水体内，24h 的藻类去除率为 67.74%。河蚌的寿命一般为 5～7 年，把河蚌放入湖泊后，只要管理跟上、捕大留小，河蚌就会一代代地繁衍下去，从而实现对蓝绿藻的有效治理。③放养杂食性鱼类——鲤、鲫。它们是以植物性饵料为主的杂食性鱼类，可清除残饵、腐屑，改善水质。④增放腐屑食物链的鱼类——细鳞斜颌鲴、中华倒刺鲃。它们主要以有机碎屑、腐泥和丝状藻类为食，草型水体，腐烂的草屑越多，对养殖水体的水质改良的积极作用越明显，其常被人称为“环保鱼”。⑤适当放养小型肉食性鱼类——河川沙塘鳢、黄颡鱼、江黄颡鱼。其原理来源于“下行效应”（20 世纪 80 年代至 90 年代，水域生态学家采用了另一种研究途径，即探讨食物链上层生物的变化对下层生物、初级生产力和水质的影响）。其中，研究的热点就是，鱼类如何通过对浮游生物的影响，进而对水体的水质产生影响。放养河川沙塘鳢、黄颡鱼、江黄颡鱼，就是通过它们摄食小型野杂鱼，从而增加浮游动物的数量，以降低水中浮游植物的生物量，达到改善水质的目的。

g. 改药物防治为生态防治，完善 HACCP 质量管理体系建设

以往在研究病害防治时，都是以研究病原学为指导思想的，即病害防治“三部曲”：首先确定病原；其次筛选药物；最后制定防治对策。导致在实际生产中把药物防治作为唯一的手段。例如，在育苗过程中，将各种药物罗列起来，每天轮流使用，成了不少单位用以防病治病的“绝招”。其结果是，不分青红皂白，将微生物全部杀死，导致养殖水体生态，以及虾、蟹幼体内生态的微生态平衡被破坏。特别是滥用抗生素，由于没有考虑过量抗生素对微生态平衡产生的影响，微生物会产生耐药性。近年来，对水产动物病原菌进行研究的结果表明，水体中微生物的耐药性正在不断增强，而且滥用药物，轻则造成水产品品质下降，重则影响人体健康。因此，必须将生物安全观念逐步应用于集约化养殖中。对于水生动植物病害，应以预防、控制为中心，疾病预防真正落实在养殖主体、水环境和病原 3 个环节上。

为确保水产品的质量安全，要及时提供产品安全的信息，适应水产品进入国内外市场的需要，我国已开始建立水产品质量标准——HACCP 质量管理体系。目前，该体系的重点就是水产品的质量安全。

早在 20 世纪 60 年代末，美国为确保太空人的膳食安全，保证其执行太空任务，在宇航食品的制造过程中设计了一套新的质量管理体系——HACCP 体系。HACCP 是 Hazard Analysis Critical Control Point 的缩写。中文意思是：危害分析的临界控制点。现在，HACCP 质量管理体系已成为国际公认的食品安全标准。HACCP 质量管理体系的概念是，从原料来源、生产工序、成品直至销售市场等一系列过程中的每一个环节确定潜在的危害，并采取有效的预防措施，指定关键的临界值，进行及时的控制和纠偏。

h. 改对抗性生产为适应性生产

自然是不可征服的，人类不能主宰世界。人类与地球上其他生物的关系是共存共荣的关系，是和睦相处的关系。在大自然无情的报复和惩罚面前，我们现在应该清醒了：转变养殖方式就是转变经济发展方式，改对抗性生产为适应性生产，改传统养殖为生态养殖。

一个水域的富营养化缘于其生态系统的破坏，是患生态病。从自然规律看，生态恢复本身往往需要十分漫长的过程，不能指望在短期内能看到实际效果。特别是湖泊，它的富营养化不是一两天形成的，寄希望于在短期内解决也是不现实的。

养殖水体的治理是一项复杂的系统工程，需要一个长期的认识和实施过程。应从源头入手，经过细致的调查研究和多方论证才能进行决策，通过各行业的紧密配合，综合治理、整体优化，才能求得较理想的效果。切忌“头痛医头，脚痛医脚”。

养殖水体的富营养化是可控制的，是能够改善的，但任重而道远，要防止浮躁情绪，既要充满信心，又要有打持久战的准备。

2. 水产苗种培育

（1）人工繁殖

1）繁殖生物学研究与家鱼人工繁殖。青、草、鲢、鳙是我国特有的养殖鱼类，统称为家鱼，在长期的养鱼生产实践中，养鱼的技术有了提高。但是，在生殖季节，池塘里养

殖的雄鱼能够产生成熟的精子，雌鱼不会产卵，家鱼的鱼苗都是从江河里捕捞获得的，每年的生产季节都要到长江、珠江捕获天然鱼苗，然后运到各地的养殖场中，经过长途运输，鱼苗的成活率很低，因此，淡水养殖的区域也局限在长江三角洲、珠江三角洲，限制了淡水养殖业的发展。

为了探索池塘养殖的雌性家鱼为什么不能产卵，进行了家鱼繁殖生物学的研究，经过多年的研究，终于揭示了鱼类卵巢发育的规律及其生理、生态调控机理，从而突破了家鱼人工繁殖的技术，从此结束了几千年单纯依靠自然江河捕捞鱼苗的养殖历史。

a. 鱼类卵巢的发育规律

鱼类的卵巢发育分为6期。第Ⅰ期卵巢内以卵原细胞为主，还有部分由卵原细胞分裂而成的早期初级卵母细胞，在鱼类的个体发育中，Ⅰ期卵巢只有1次。第Ⅱ期卵巢呈浅肉红色，肉眼看不清卵粒，卵巢内的初级卵母细胞处于小生长期，是细胞核和细胞质的生长阶段，细胞体积增大，细胞外有单层的卵泡细胞。第Ⅲ期卵巢内的初级卵母细胞进入大生长期，初级卵母细胞内的营养物质卵黄发生并大量积累，卵母细胞的体积显著增大，细胞外包的卵泡细胞为双层，肉眼可以看见卵粒。第Ⅳ期为卵巢大生长期的后期，卵巢的体积大，卵巢内的卵粒饱满，初级卵母细胞内充满卵黄，初级卵母细胞经过第一次成熟分裂（减数分裂）成为次级卵母细胞。Ⅳ期卵巢又可以分为初期、中期和末期，初期的卵核位于卵母细胞中央，中期的卵核开始偏位，后期的卵核已偏向动物极。第Ⅴ期为卵巢成熟期，卵巢内的次级卵母细胞经过第二次成熟分裂成为成熟的卵细胞，这时的成熟卵细胞脱出滤泡，游离在卵巢腔内，完成排卵。一个初级卵母细胞必须经过两次成熟分裂才能产生一个成熟的卵细胞，在合适的条件下鱼产卵，将成熟卵细胞自动排出体外。第Ⅳ期产卵后不久，卵巢内有少量的卵和空卵泡，残留卵的部分卵黄会胶液化，经退化吸收后，卵巢可恢复至第Ⅱ期或第Ⅲ期的状态，会继续发育。由于池塘里养殖的雌鱼卵巢只能发育到第Ⅳ期，卵细胞不能成熟，因此，鱼不会产卵。

b. 卵巢发育的调节

池塘里雌鱼的卵巢为什么只能发育到第Ⅳ期？这是因为鱼类卵巢中的卵细胞成熟、排卵、产卵活动受到神经系统和内分泌激素的调节，主要是下丘脑—腺垂体—卵巢轴的调节。下丘脑能合成和分泌促性腺激素释放激素和促性腺激素释放抑制因子，促性腺激素释放激素作用于腺垂体，促进其合成和释放促性腺激素，促性腺激素释放抑制因子既能抑制腺垂体释放促性腺激素，又有抑制促性腺激素释放激素分泌的作用。腺垂体能够合成和释放促性腺激素，鱼类的促性腺激素有促卵黄生成素，前者在性腺发育早期作用于卵巢，促进卵巢合成和分泌雌激素；后者在性腺成熟时大量分泌，刺激卵巢合成和分泌孕激素，同时促进卵母细胞的成熟，刺激卵的排放。腺垂体的分泌活动不仅受到下丘脑所分泌的调节性多肽的调节作用，还受到雌激素的反馈调节作用。在卵巢发育的不同阶段，雌激素对腺垂体的反馈调节作用也不同，在性未成熟期，雌激素对腺垂体是正反馈调节，促进腺垂体分泌促性腺激素，在性成熟期，雌激素对腺垂体具有负反馈调节作用，抑制腺垂体分泌促性腺激素。卵巢分泌的雌激素能够刺激肝脏合成卵黄蛋白原，其由肝脏分泌进入血液循环，由卵母细胞吸收和生成卵黄蛋白原。卵细胞的成熟是因为促性腺激素大量释放，卵巢分泌的孕激素与卵膜的特异性受体相结合，产生成熟的促进因子，从而诱导卵细胞的最后成熟。

鱼类卵巢的发育还受到环境生态条件的影响。在自然条件下，家鱼长期生活在江河的生态环境中，形成了与江河相适应的繁殖习性。在鱼的生殖季节，暴雨、山洪使江河水位上涨，水流加快，自然条件的变化刺激了鱼的鱼眼、侧线及皮肤的接触感受器，信息由传入神经传到中枢，通过中枢神经系统的分析，促使下丘脑合成和分泌促性腺激素释放激素，其作用于腺垂体，使之释放促性腺激素，后者作用于卵巢，最终促进卵的成熟、排卵和产卵。

在池塘里，人工养殖的家鱼由于没有适宜的生态条件刺激，因此，下丘脑不能合成和分泌促性腺激素释放激素，继而使腺垂体合成和释放的促性腺激素不足，影响卵巢的发育，使其只能发育到第Ⅳ期，鱼就不能产卵。

c. 人工繁殖技术的突破

1953 年中国水产科学研究院珠江水产研究所钟麟研究员等勇挑家鱼人工繁殖的重担，以培育鲢亲鱼、鳙亲鱼的性腺成熟为突破口，实地调查珠江中上游的产卵场和珠江的鱼苗捕捞点，了解家鱼产卵的条件和规律，又用生理学和生态学的方法进行试验。1958 年分别对鲢亲鱼和鳙亲鱼注射鲤鱼的脑垂体提取液，然后将鱼放入 $60m^2$ 的产卵池中，产卵池用砂铺底，池中有流水，可以提高水位，终于得到了发育正常的受精卵，受精卵经过 17h 的发育，获得了第一批人工繁殖的鲢鱼苗和鳙鱼苗，家鱼人工繁殖首次获得成功。1960 年又孵化出草鱼苗，此后中山、佛山又相继成功地孵化出青鱼苗和鲮鱼苗。

d. 催产技术的发展

20 世纪 70 年代中期，鱼类的催产技术有了提高，催产的药物除了鱼垂体提取物和绒毛膜促性激素以外，还有抗雌激素药物，如可罗米芬、塔莫辛芬等，其主要作用是抵消雌激素对垂体的反馈抑制，从而诱导促性腺激素的分泌。另一类是促性腺激素释放激素及其类似物。再有一类是卵巢激素，如 17α、20β 双羟孕酮、前列腺素等，这些激素能够直接刺激卵母细胞的成熟和排卵。与鱼类的垂体提取液相比，这些药物均为小分子，没有种族的特异性，可以人工合成，价格低，已经商品化，容易得到，因此，不需要大量杀鱼取垂体。

家鱼人工繁殖的成功是我国水产科学史上的一项重大成就，从此结束了长期以来依靠捕捞江河天然鱼苗的被动局面，而是能够人工控制，有计划地进行苗种生产，将我国水产增养殖业推向一个新的历史时期，同时也保护了我国江河的鱼类资源。不仅如此，家鱼人工繁殖技术的基本原理和技术对于其他海、淡水鱼类的人工繁殖也具有指导意义。

2）海水养殖鱼类的人工繁殖。近年来，海水养殖鱼类生殖生理的研究已初步阐明了性腺发育和配子最后成熟的激素调控机理。通过激素诱导，如注射或埋植促性腺激素释放激素高活性缓释剂，能够促使海水养殖鱼类的性腺发育成熟，使其能够在人工蓄养的条件下顺利地排卵和产卵。其次是加强营养，改善精子和卵子的质量，提高亲鱼的生殖能力和子代的成活率。此外，还通过环境调控，尤其是水温和光周期的调控，使海水养殖鱼类在全年都能达到性腺成熟和产卵。现在已有 40 多种海水鱼的人工繁殖获得成功，大黄鱼的苗种量超过亿尾，梭鱼、真鲷、鮸状黄姑鱼、花尾胡椒鲷、花鲈、美国红鱼的苗种量超过了千万尾，黑鲷、斜带髭鲷、断斑石鲈、牙鲆等鱼的苗种量超过了百万尾，还有许多鱼的鱼苗不能达到规模化生产，因此，目前是部分解决了人工养殖海水鱼的种苗问题。

（2）对虾的苗种生产

对虾是名贵的水产品，对虾养殖业的发展虽然与对虾育苗技术的突破、养殖技术的成熟、配合饲料的生产和市场需求等有关，然而，对虾的苗种生产是发展养殖业的前提，只有苗种供应充足，才能进行规模化养殖。虾苗人工繁殖技术的基础是对虾繁殖生物学研究。

日本Hudinaga（1942）报道了对虾的生殖、发育和饲养的研究进展，Hudinaga 和Kittaka（1967）、藤永元作和橘高二郎（1966）研究了日本对虾幼体的变态及其饵料，并建立了日本对虾规模化育苗技术。1959 年刘瑞玉等报道了虾类生活史，1965 年吴尚勤等首次培育出了中国明对虾虾苗，20 世纪 70 年代末到 80 年代我国先后成功地建立了中国明对虾、长毛对虾、墨吉对虾、日本对虾、斑节对虾等主要养殖虾类的工厂化人工育苗。1968 年廖一久等研究斑节对虾的人工繁殖获得了成功。1973 年 David 完成了凡纳滨对虾的孵化、育苗和养成试验。由于对虾苗种生产技术的成功突破，对虾养殖才能从半人工养殖发展到全人工养殖，养殖规模才能不断扩大。1983 年世界养殖对虾产量为十多万吨，1985 年即增加到 21.3 万 t，占虾类总产量的 10%。我国的对虾养殖业起步于 80 年代，以养殖中国明对虾为主，由于普及广、发展快，1988～1992 年养殖对虾的年产量保持在 20 万 t 左右，居全球之首。80 年代爆发了对虾白斑杆状病毒，90 年代初相继蔓延到所有亚洲主要养虾的国家，损失惨重，对虾养殖业进入低谷。1992 年我国的中国明对虾也感染了对虾白斑杆状病毒，虾病暴发，养殖对虾的产量骤降，1994 年低达 5.5 万 t。我国于 1988 年引进凡纳滨对虾，1994 年突破其人工繁殖技术，获得批量虾苗，1999 年开始商业化人工育苗，为养殖凡纳滨对虾奠定了基础。凡纳滨对虾生长速度快，适宜高密度养殖，抗病能力优于中国明对虾，南方地区一年可以养两茬，甚至 3 茬，现在，凡纳滨对虾已成为我国主要的养殖品种，凡纳滨对虾苗种生产的成功是我国对虾养殖业得以恢复和快速发展的原因之一，2004 年我国的养殖对虾产量已达到 93 万 t，占世界养殖对虾产量的 31%，居世界首位。

a. 繁殖习性

对虾为雌雄异体，多为一年成熟。中国明对虾的雄性生殖器官有精巢、储精囊、输精管、精荚囊、前列腺、雄性生殖孔、交接器、雄性附肢等。雌性生殖器官有卵巢、输卵管、雌性生殖孔和体外的一个纳精囊（闭锁型纳精囊）。雌、雄虾性腺成熟的时间不同，雄虾于当年的 10～11 月成熟，其与新蜕壳的雌虾交尾时将精荚送入雌虾的纳精囊内。雌虾的卵巢在交尾时并不成熟，于次年成熟，性腺成熟与饲料、水温等因素有关。水温高、性腺发育快，如厦门地区的亲虾于 3 月下旬开始产卵，广东沿海亲虾于 2 月、3 月初产卵，产卵后的亲虾在较好的条件下可以再次发育产卵。卵产出后，精子能够穿过卵子外面的胶质膜进入卵内受精。受精卵经过胚胎发育（水温 21℃左右、约 1 天）就能孵化成无节幼体。

b. 亲虾的培育

亲虾来源于自然海区捕捞或养殖虾的越冬培育。暂养时水质必须良好，并满足其生态要求，水温先在 14℃以下，然后再逐步升温到 18℃，光照强度约为 500LX，饵料为新鲜的沙蚕、蛤类和鱼肉等。

c. 对虾幼体发育及其饵料

大多数对虾的生命只有一年，其一生要经历多次蜕皮、变态和发育，中国明对虾的幼体阶段包括无节幼体、溞状幼体和糠虾幼体，然后变态到仔虾，再经过幼虾阶段发育成成虾。幼体阶段随着一次次的蜕皮，其形态结构、食性、运动习性有相应的变化。

对虾的食性广，对虾摄入的饵料因其发育阶段而异。中国对虾的溞状幼体至糠虾幼体（体长 1～5mm）以 10μm 左右的多甲藻为主要饵料，其次为硅藻。仔虾（体长 6～9mm）饵料以硅藻为主，也可摄入少量的动物性饵料，如桡足类及其幼体、瓣鳃类幼体等。幼虾以小型甲壳类，如桡足类、糠虾类为主要饵料，还摄食软体动物、多毛类幼虫和小鱼等。人工饲养条件下，对虾的幼体不仅摄食硅藻、扁藻，还可摄食颗粒大小适宜的豆浆、酵母等，幼虾不仅可以摄食动物性饵料，还可以摄食人工饵料。

d. 影响对虾繁殖和幼体发育的水质条件

海水环境的理化因素能够影响对虾的性腺发育、产卵及幼体发育。适宜的温度、盐度和酸碱度范围因虾的种类而异。中国明对虾胚胎期的适宜温度、盐度、酸碱度分别为16～20℃、24～35、7.8～8.6，无节幼体期分别为20～22℃、27～38、7.75～8.65，溞状幼体期分别为22～24℃、25～37、7.8～8.66，糠虾幼体期分别为22～24℃、25～39、7.60～9.00，仔虾期分别为22～25℃、16～39、7.60～9.00。

（3）养殖新品种的培育

品种培育是人为地改造现有品种的遗传结构，培育出具有优良性状的新品种，如具有较高的生长率、较好的饲料利用效率、对不良的环境具有较强的抵抗力，包括抗病、抗寒、耐高温、抗重金属毒性等。鱼、虾、蟹、贝、藻的品种是水产养殖生产的物质基础，优良品种的培育是水产养殖业增产的有效途径之一。

我国水产养殖业虽然有悠久的历史，但是品种培育的起步较晚，鱼类的遗传育种始于1958年，主要是选择育种和杂交育种，以后又相继诞生了诱变育种、倍性育种（包括单倍体育种和多倍体育种）、体细胞杂交、细胞核移植等，20世纪80年代后又发展了基因工程技术，转基因鱼的问世使育种工作从个体水平、细胞水平、染色体水平进入了分子水平。

a. 选择育种

选择育种是在动物个体发育中选择具有优良性状的个体，淘汰不良性状个体的育种技术。牡蛎是重要的养殖水产品，然而，其在养殖过程中的抗病、抗逆性较差，个体趋于小型化，单位产量降低。20世纪50年代和60年代美洲牡蛎因感染尼氏单孢子虫病，死亡率高，使美国东海岸的牡蛎养殖业受到重创，几近崩溃。美国罗格斯大学的Haskin等在60年代开始进行抗尼氏单孢子虫的选育，依据群体内个体的表型值高低选择留种亲本，经过4代选育，选育群体比自然群体对该病的抗性提高了8～9倍，终于选育出几个抗尼氏单孢子虫的牡蛎新品系，大大降低了尼氏单孢子虫对牡蛎产生的感染率和死亡率。

Nell等对欧洲牡蛎进行选育，旨在提高牡蛎的生长性能，以体重为选育指标建立了4个育种品系，第2代选择经过17个月的培养、第3代选择经过18个月的培养，4个育种品系的平均体重比对照组提高了18%。

b. 杂交育种

杂交育种是两个不同种之间或同种的不同品种之间的杂交，杂交种产生优于父、母代的杂种优势时的育种技术。例如，养殖莫桑比克罗非鱼，其个体小，怕冷，适宜生长的水温为22～30℃，其个体年平均生长140g，每公顷年产量为2.5t。红罗非鱼由莫桑比克罗非鱼的红色突变体与尼罗罗非鱼的种内杂交后定向选育而成，其体形大，适温范围为15～38℃，耐低氧，个体年平均生长1000g以上，每公顷年产量可高达600t。又如，杂交鲟由鲟属的*Huso*与*Ruthenus*杂交而成，杂种的生长速度及其对淡水的耐受度均优于父母代。

c. 多倍体育种

“多倍体”一词是Winkler（1916）在诱发植物多倍体成功之后首先提出的。它是指每个细胞中含有3个或3个以上染色体组的个体，是通过增加染色体组改造生物遗传结构的育种技术。目前人工诱导多倍体的方法有3种。一是生物学方法，如杂交、核移植、细胞融合等。二是物理方法，如用水静压休克、温度休克来抑制卵的第二极体的排出，或抑制第二次成熟分裂。林琪等（2001）在水温为 20～26℃的条件下，采用静水压休克对受精后 2min 的大黄鱼受精卵处理 2min，三倍体的诱导率为 65.6%。三是化学方法，如用化学药品细胞松弛素、秋水仙素、聚乙二醇、咖啡因、三氯甲烷处理受精卵。Downing 和 Jr（1987）在 25℃的条件下，用 1ppm[①]细胞松弛素 B 处理受精后 30～45min 的长牡蛎受精卵，诱发三倍体达 88%。

多倍体贝类具有生长快、肉体大、闭壳肌大、成体成活率高和不育等优良性状。例如，大连湾牡蛎的生长，三倍体牡蛎的壳高、壳长均大于二倍体。已经对牡蛎、栉孔扇贝、鲍鱼、珠母贝等动物进行多倍体育种研究，其中牡蛎三倍体培育已达生产规模，与二倍体相比，其产量增加达 15%以上。

鱼类三倍体的研究始于 20 世纪 40 年代，Swarup（1956，1958，1959）首次以低温诱导获得三棘刺鱼的三倍体，以后又对鲽、川鲽、大菱鲆、鲤鱼、尼罗罗非鱼、莫桑比克罗非鱼、奥利亚罗非鱼、虹鳟、大西洋鲑、泥鳅、草鱼等 30 多种鱼类成功地诱导了多倍体，有的已成功应用于生产。我国鱼类多倍体育种开始于 70 年代，进展较快。三倍体鱼类因性腺不能发育至成熟而不能繁殖后代，对于种群控制、延长成鱼生命、促进鱼的生长、改善鱼的肉质比较有效。草鱼因为能够有效地清除水中的杂草而被美国于 1964 年引入，因为美国人的生活习惯是不食用草鱼，所以，美国政府在利用草鱼除草的同时，又担心草鱼进入天然水体后大量繁殖形成优势种，从而破坏当地的生态环境，为了控制草鱼的种群，政府规定，凡是放养到自然水体中的草鱼一定是无繁殖能力的三倍体草鱼。水产养殖场将受精后 4min 的草鱼卵放入高压舱中，施以 5.5×10^7Pa 的压力作用 60s，然后进行正常的孵化，获得的鱼苗一般有 90%～95%是三倍体。养殖场业主把鱼苗育成 150g 以上规格的鱼种后，先从每一条草鱼取血样鉴定，通过三倍体鉴定的草鱼放到暂养池中暂养，然后，环保部门的工作人员再从暂养池中抽 1000 尾进行验收，如 100%为三倍体，则批准放到自然界中，如果发现其中一尾不是三倍体的则整批鱼都要重检。又如，大麻哈鱼产卵后通常会死亡，三倍体的大麻哈鱼因性腺不能成熟、不会产卵而延长生命，香鱼也是如此，香鱼常于晚秋产卵后死亡，若把受精后 5min 的卵浸在 0～0.2℃的水中，就能诱发三倍体 93%左右。由于三倍体不育，营养物质可以用于生长，其个体比二倍体大 30%～40%，而且，其越冬后能够继续生长，因此，香鱼就可以全年上市。至于三倍体鱼类的生长是否全部超过二倍体至今尚无定论，如三倍体鲤鱼没有生长优势（Cherfas et al.，1994），而 8 个月年龄的三倍体斑点叉尾鮰的生长显著高于二倍体（Wolter et al.，1982），泥鳅也有相似的报道。另外，也有报道三倍体虹鳟的肉质较鲜美。

d. 性别控制

鱼类的性别控制在水产养殖生产中具有实用价值，因为许多养殖鱼类的雌、雄鱼生物学特性具有明显的差异，如雌雄罗非鱼的生长有差异，莫桑比克罗非鱼在饲养 127 天后，雄鱼体重的增长速度比雌鱼快 1.74 倍，因此，研究鱼类的性别控制技术，使生产上能够实现全雌或全雄的单性养殖，以达到提高鱼的生长速度、延长有效生长期、控制过度繁殖、提高商品鱼质量的目的。

性别控制有两种方法，遗传控制和激素控制。目前已经成功地利用种间杂交产生全雄

① 1ppm = 1μg /ml。

的罗非鱼，如雌性莫桑比克罗非鱼×雄性霍诺鲁姆罗非鱼、雌性尼罗罗非鱼×雄性霍诺鲁姆罗非鱼、雌性尼罗罗非鱼×雄性巨鳍罗非鱼、雌性尼罗罗非鱼×雄性奥利亚罗非鱼这4种种间杂交组合均能获得雄鱼，杂交一代雄性率最高可达到97%，这种方法成本低，技术简单，已广泛用于生产，实现全雄罗非鱼的单性养殖。这种养殖方式能够提高养殖产量的原因，除了雄鱼生长较快之外，还能控制罗非鱼的过度繁殖，因为罗非鱼性成熟早、生殖周期短，以莫桑比克罗非鱼为例，3～4月年龄的鱼就可以性成熟，其生殖周期又短，25～40天可产卵一次，若不控制，池塘养殖的鱼会因为过度繁殖而使其密度过大，鱼的个体过小，以至影响养殖鱼的商品价值及经济效益。除此之外，还可以通过雄性激素处理将遗传上的雌性转化为雄性表现型，一般在鱼个体发育的早期处理，雄性化的比例较高。例如，将雄性激素甲基睾丸酮拌入鱼饲料，如果连续给罗非鱼鱼苗饲喂含50mg/kg甲基睾丸酮的饲料，日投喂量为体重的3%～6%，雄性鱼苗的比例会随着摄食激素时间的延长而提高，给激素30天，雄鱼苗达到96%；给激素40天，雄鱼苗达到100%。这种方法可用于科研，在生产中已很少采用。

e. 基因转移

基因转移是将有用的外源基因，如生长激素、干扰素、抗寒、抗病、耐盐等基因通过生殖细胞早期胚胎导入动物体的染色体上，含有转基因的动物称为转基因动物。利用这种转基因技术能够改造和重建动物细胞的基因组，从而使其遗传性状发生定向的变化，培育出高产、优质、抗逆的新品种。

20世纪80年代国际上兴起了研究基因转移的热潮，鱼类是脊椎动物系统发育较为原始的类群，对接受外源基因和外源基因的表达均较为有利。在鱼类转基因研究中，我国朱作言院士用显微注射法将人生长激素基因序列的重组DNA片段注入鲫鱼的受精卵中，在国内外首次成功地获得转基因鲫鱼，之后又相继报道了转人生长激素基因泥鳅、转牛生长激素基因鲤鱼。生长激素是动物腺垂体分泌的多肽激素，通过浸泡、注射、埋植、投喂等方式将天然的或由生物工程技术产生的生长激素注入鱼体，均能促进鱼的生长，如135日龄转人生长激素基因泥鳅的生长比对照组快3～4.6倍，208日龄转人生长激素基因银鲫的体重增加比对照组快78%，转人生长激素基因鲤鱼的最大个体比对照组最大个体大7.7倍。试验已证明，外源基因可以通过生殖细胞传递给子代，子代也具有表达该基因的能力。

利用转基因技术培育养殖新品种的前景较好，但是，今后还需要进一步研究鱼类的功能基因，在转基因鱼的研究中最初所用的目的基因基本上是非鱼类基因，从生物安全考虑，克隆鱼类的基因，尤其是克隆与筛选出鱼类的抗病、抗逆的功能基因，生产转鱼类基因的鱼，将对水产养殖生产更有意义。现在已经能够克隆20多种鱼的生长激素基因，已有报道，采用显微注射法将纽芬兰大洋条鳕抗冻蛋白基因注入金鱼受精卵中，获得转抗冻蛋白基因的金鱼。另外，转基因鱼的食用安全，也是转基因鱼进入市场所需要考虑的问题。转基因鱼是人工制造的生物，其相对于自然界的天然物种是外物种，其可能会对物种多样性、生物群落与生态环境类型多样性产生不同程度的胁迫，因此，还需要研究转基因鱼的遗传和生态安全。

以上新品种的培育技术并不孤立，可以相互结合培育新品种。例如，上海海洋大学李思发教授自1985年开始研究团头鲂的选育，采用系统选育和生物技术相结合的方法，于2000年培育出团头鲂的优良品种浦江1号，其生长速度快，比原种的生长速度加快了30%，体型较高，体长和体重比为2.1～2.2，遗传性状稳定。又如，将基因转移技术与克隆技术相结合，可以缩短获得纯系转基因鱼类的时间，将基因转移技术与多倍体诱导技术相结合，可以获得转基因鱼类三倍体，由于三倍体不育，大规模养殖三倍体转基因鱼就不会导致“基因的污染”。

3. 营养与饲料

饲料是水产养殖的重要因素，为养殖动物的正常生长和良好的生产性能提供必要的物质基础，饲料在水产养殖生产成本中所占的比例最高，一般高达50%～70%，因此，提高动物对饲料的利用效率对水产养殖的经济效益有重要作用。

（1）配合饲料的研制

以日本鳗鲡饲料为例（表5-3）。日本早期的养鳗业（1912～1926年）以蚕蛹为主要饲料，然而，饲喂蚕蛹会使鳗鲡失去原有的风味，因此，改喂冰冻鲜鱼，直至20世纪60年代中期。第一，鲜鱼饲料的使用存在许多缺点，如鲜鱼的质量不稳定，由于渔获时间及储存的方法不同，鱼的鲜度不一致，若运输、储存不良或冰冻储存3个月以上，鲜鱼的质量会下降。第二，需要大规模的冷冻冷藏设施，增加了养殖设备的投资。第三，饲料鱼体的油脂会残留在池中和循环过滤槽中，水质容易变坏。第四，投喂不便，劳动强度大。第五，鲜鱼可能会带病菌。因此，鳗鱼的生长较慢，从放养鳗苗到收获成鳗的平均养殖时间为24个月。

表5-3　日本养鳗技术发展的时期（代）及特点

发展时代		第一代	第二代	第三代	第四代
特点		投喂生鱼类饵料	投喂配合饵料，进行露天池塘养殖	投喂配合饵料，养殖池加温	适合亚热带露天养殖
年代		1950～1962年	1963～1975年	1976～1985年	1986年
驯养饵料		鱼肉、贝类、红虫	红虫	鳗线投喂配合饵料、搭配红虫	鳗线投喂配合饵料、搭配红虫
成鳗饵料		鱼肉	配合饵料	配合饵料	配合饵料
养殖时间	开始放养至成鳗收获	平均24个月	平均18个月	平均12个月	平均10个月
	出口最盛期	第二年6～10月	第二年5～9月	当年7～10月	当年7～8月
养殖技术种类		静水式	半流水式	半流水式	流水式

美国于1950年首先研究鱼类的营养需求，McLaren、Wolf和Harlver用精饲料饲养鲑鳟鱼类，研究其营养需求。20世纪50年代日本引进了美国的鱼类营养研究成果及配合饲料加工技术，使日本的鱼饲料有了划时代的改变，1963年以后开始使用配合饲料投喂鳗鲡，该时期采用半流水式养殖鳗鲡，由于对鳗鲡营养需求的基础研究不够，饲料配方简单，鳗鲡获得的营养不均衡，以致鱼的生长速度虽有提高，但是，从放养到收获的养殖时间仍然需要18个月，鳗鲡也较容易生病。

1975年开始进入养鳗的第三时期，生物化学、仪器分析的发展提高了鱼类营养学研究的技术，研究鳗鲡在不同生长阶段的营养需求，改进了饲料的适口性和氨基酸平衡，考虑到鱼的防病，生产适合白仔、黑仔、稚鱼、成鳗的系列配合饲料，使鳗鲡能够得到较为均衡的营养，此时期虽然也采用半流水式养殖，鳗鲡的平均养殖时间可缩短到12个月。

1986 年以后进入养鳗的第四时期，将养殖的方式改为流水式养殖，使鳗鲡的平均养殖时间再一次缩短到 10 个月。

随着鳗鲡饲料质量的逐步提高，鳗鲡的养殖时间在缩短，养殖的成本在降低，养殖的效益在提高。由此说明，在研究鱼类对饲料营养需求的基础上生产配合饲料的营养价值高，不仅能够满足鱼类在生长发育时对营养物质的需求，提高鱼类的生长速度，还能提高鱼类对饲料的利用率，增强鱼类对疾病的抵抗力，因此，配合饲料的质量是水产养殖业能否获得高产、获得经济效益的关键之一。

（2）廉价饲料蛋白源的开发利用与饲料成本

1）鱼类对饲料蛋白的需求量。鱼、虾对饲料碳水化合物的利用能力较低，动物从饲料中摄入的蛋白质除了构成体蛋白以外，部分还作为能源物质被氧化从而提供能量，因此，水产动物对饲料蛋白的需求量较高，一般是畜禽的 2～4 倍。肉食性鱼类对饲料蛋白的需求量较高，如虹鳟在鱼苗期对饲料蛋白的需求量为 45%、鱼种期对饲料蛋白的需求量为 40%～45%、养成期对饲料蛋白的需求量为 35%～40%。黑鲷在仔稚鱼期对饲料蛋白的需求量为 50%、幼鱼期对饲料蛋白的需求量为 45%、养成期对饲料蛋白的需求量为 40%。青鱼的鱼苗对饲料蛋白的需求量为 41%、鱼种期对饲料蛋白的需求量为 35%、养成期对饲料蛋白的需求量为 30%。杂食性鱼类对饲料蛋白的需求量稍低些，如罗非鱼是以植物性饲料为主的杂食性鱼类，鱼苗期对饲料蛋白的需求量为 40%、鱼种期对饲料蛋白的需求量为 30%、养成期对饲料蛋白的需求量为 28%。又如，中华绒螯蟹的蟹苗对饲料蛋白的需求量为 45%、蟹种对饲料蛋白的需求量为 34%、养成蟹对饲料蛋白的需求量为 30%。日本对虾为肉食性动物，其幼虾对饲料蛋白的需求量为 52%；斑节对虾为杂食性动物，其幼虾对饲料蛋白的需求量为 40%～46%；凡纳滨对虾为草食性动物，其幼虾对饲料蛋白的需求量为 30%。因此，水产饲料的成本因其蛋白质水平较高而比较昂贵。

2）水产饲料成本。水产饲料成本较高的另一个原因是饲料原料的成本较高。饲料蛋白源有动物蛋白、植物蛋白和单细胞蛋白。动物蛋白有来自鱼、虾、贝的副产品和畜禽副产品，如鱼粉、肉粉、肉骨粉、血粉、羽毛粉、蚕蛹等，其中以鱼粉为最佳，其蛋白质含量高、氨基酸平衡好、消化吸收率高、适口性好，是水产饲料的主要蛋白源。然而，鱼粉的价格较高，鱼粉工业又是一个高度依赖资源的产业，其受到原料鱼资源的限制，另外，近年来我国水产饲料工业发展快，如 1999 年水产饲料产量为 400 万 t，2005 年产量即达到 1100 万 t，由于对鱼粉的需求剧增，鱼粉的供需矛盾突出，鱼粉价格攀升，饲料成本也相应地提高，因此，水产饲料业迫切需要解决利用价格低廉、来源丰富的其他蛋白源替代鱼粉，而又不影响动物生产性能的问题。植物性蛋白源有豆类（大豆、蚕豆等）和油粕类（豆粕、棉籽粕、花生粕、菜籽粕等），其价格低廉，但是，适口性较差，会影响动物的摄食；其氨基酸不平衡、消化吸收率较低，会影响动物对饲料蛋白的利用，如豆粕的蛋氨酸含量低，棉籽粕除了精氨酸、苯丙氨酸含量较多之外，其余的氨基酸含量都低于鱼、虾的需求，尤其是赖氨酸的含量和利用率较低，菜籽粕与棉籽粕相似，其蛋氨酸、赖氨酸的含量和利用率均较低。另外，植物性蛋白还含有抗营养因子，如豆粕中含有抗胰蛋白酶、血凝素、植酸等，棉籽粕含有有毒的棉酚，菜籽粕含硫代葡萄糖苷、单宁、芥子碱、芥酸等，花生粕含有胰蛋白酶，因此，水产动物对植物蛋白的利用能力较低，限制了其在水产饲料中的应用。单细胞蛋白有单细胞藻类（小球藻、螺旋藻等）、酵母类（海洋酵母、啤酒酵母等）和细菌类，其价格较低，其中的海洋酵母、啤酒酵母已用于配合饲料。

饲料成本主要受饲料蛋白源的影响，尤其受鱼粉在饲料中使用量的直接影响，如何合理、科学地利用廉价蛋白源替代鱼粉是降低饲料成本和养殖成本的关键，为了配制低鱼粉或无鱼粉饲料，饲料的适口性、氨基酸平衡、消化吸收率和抗营养因子等研究成了热点，研究成果应用于生产实践已取得了较好的效果。

a. 饲料的氨基酸平衡

蛋白源的氨基酸平衡是决定其营养价值的关键之一，廉价蛋白源中某些必需氨基酸相对不足，不能满足水产动物的需求，因此，改善饲料蛋白源的氨基酸平衡是提高廉价蛋白源利用率的关键。解决这一问题的方法有两种。一是将不同饲料蛋白源合理配伍。各种饲料蛋白源中的氨基酸含量和比例不同，如果将多种饲料蛋白源合理配伍，饲料蛋白中必需氨基酸的互补作用就可以提高饲料蛋白的营养价值。例如，血粉含有丰富的赖氨酸，虹鳟饲料使用喷干或烤干的血粉，其赖氨酸的生物利用率略高于合成的盐酸赖氨酸。二是添加合成的氨基酸。通过多年的研究，已经了解了不同植物性蛋白源中相对不足的氨基酸是哪些，如豆粕的限制性氨基酸是蛋氨酸，谷类的限制性氨基酸是蛋氨酸和赖氨酸，因此，在廉价蛋白源替代鱼粉的饲料中添加合成的氨基酸以弥补其氨基酸的不足，是最为直接的方法。例如，采用豆粕和次粉配制鲤鱼饲料，依据鲤鱼的营养需求，在饲料中添加 0.135%的羟基蛋氨酸钙，结果表明，鲤鱼的生长及饲料利用与饲喂鱼粉、豆粕、次粉饲料没有显著差异；在虹鳟的植物性蛋白饲料中添加赖氨酸可以显著提高鱼的生长速度；以尼罗罗非鱼肌肉的氨基酸组成为依据，在其无鱼粉饲料中添加蛋氨酸、赖氨酸和苏氨酸，鱼的生长和饲料利用与添加鱼粉组的相同。

b. 植物蛋白源的抗营养因子

植物性蛋白源中的抗营养因子限制了其在饲料中的用量，为了有效地利用植物蛋白源，已利用挤压膨化、发酵、遗传育种等技术去除其抗营养因子，使其能安全地用于水产饲料中。去除饲料源中的抗营养因子的方法因饲料源的种类而异。对于不同蛋白源，需要采用不同的处理方法，如蓖麻粕中的蓖麻毒素和植物血凝素是遇热不稳定的蛋白，100℃下加热 30 分钟，或 125℃下加热 15 分钟就可去除这两种因子，挤压膨化能使蓖麻粕有较好的脱毒效果。挤压膨化还能显著降低棉籽粕中游离棉酚的含量。木薯叶含有氢氰酸、单宁等有毒物质，木薯叶和根经过发酵等处理，能够显著降低木薯粉中有毒物质的含量，如木薯粉在吉富品系尼罗罗非鱼饲料中的用量高达 40%时，也不影响鱼的生长和饲料利用。热处理豆粕可以破坏其抗胰蛋白酶。发酵豆粕不仅可以破坏抗胰蛋白酶、寡糖等多种抗营养因子，还可以破坏细胞壁，使内容物释放，利于消化吸收。现在已有利用遗传育种技术选育出双低菜籽粕的技术，其芥酸的含量低于 0.61%，硫代葡萄糖苷含量低于 30μmol/g。脱酚棉籽蛋白的游离棉酚含量小于 400mg/kg。

3）廉价蛋白源的利用效果。水产动物对廉价蛋白源的利用能力不同，替代鱼粉的蛋白源在饲料中的适宜用量因动物的种类而异，随着水产饲料中替代鱼粉研究的深入，目前已取得了较好的成果。例如，虹鳟饲料中用 27%的家禽副产品替代 50%的鱼粉、日本沼虾饲料中用肉骨粉替代 50%的鱼粉、鮸状黄姑鱼饲料中用肉骨粉替代 30%的鱼粉或用鸡肉粉替代 50%的鱼粉、虹鳟饲料中用 24%的浸出豆粕替代 30%的鱼粉、凡纳滨对虾饲料中用发酵豆粕替代 1/3 的鱼粉、牙鲆饲料中用发酵豆粕替代 45%的鱼粉蛋白、莫桑比克罗非鱼饲料中用 35%的压榨加浸出棉籽粕替代 50%的鱼粉、西伯利亚鲟幼鱼饲料中用脱酚棉籽粕替代 40%的鱼粉蛋白、凡纳滨对虾饲料中用脱酚棉籽蛋白替代 20%的鱼粉蛋白、在花鲈饲料中用脱酚棉籽蛋白替代 25%的鱼粉蛋白等均不影响鱼虾的生长和饲料利用。由此可见，用价格低廉、来源丰富的动植物蛋白源和单细胞蛋白源部分或完全替代鱼粉是可行的，可以解决鱼粉资源的紧缺问题，降低水产饲料成本，提高水产养殖的经济效益。

（3）饲料添加剂

饲料添加剂是为了需要而添加在饲料中的某种或某些微量物质。有营养性和非营养性添加剂，前者有氨基酸、维生素和无机盐，后者有诱饵剂、促生长物剂、防霉剂、黏合剂、酶制剂、免疫增强剂和着色剂等，其主要作用是能够补充配合饲料中营养成分的不足，提高动物的生长率和抗病能力，提高饲料的适口性和饲料效率，提高饲料品质和水产品的品质等。

a. 诱饵物质

诱饵物是能够将水生动物诱集到饲料周围、促进动物摄食和吞咽的物质。在饲料中添加诱饵物质就能提高饲料的适口性，增加水生动物的摄食量，减少饲料在水中的流失量，达到提高饲料效率、减少饲料对环境的污染的目的。对诱饵物质的筛选是将鱼、虾、蟹所嗜好的天然物质提取物分离成不同的组分，然后，可以对天然物质提取物的各组分，或人工合成该提取物的各组分进行鱼、虾、蟹的摄食行为试验和电生理试验，也可以对某些天然物质进行鱼、虾、蟹的摄食行为试验和电生理试验，综合分析试验结果才能确定哪些组分具有诱饵活性。多年的研究表明，对动物味觉敏感的物质具有诱饵活性，动物的味觉敏感性具有种族特异性，因此，诱饵物质因动物的种类而异，如氨基酸混合物能促进虹鳟的摄食，甜菜碱能促进鳗鱼的摄食，目前诱饵物质已商品化，已在生产实践中取得了良好的效果，如用脱脂大豆粉替代银大麻哈鱼饲料中 15%的鱼粉，饲料的适口性下降，鱼的摄食量减少，生长减慢，死亡率提高，在脱脂大豆粉替代鱼粉的饲料中添加磷虾粉或鱿鱼粉就能改善饲料的适口性，鱼的摄食量恢复正常，说明正确使用诱饵物质能够改善饲料蛋白源的适口性。目前生产的凡纳滨对虾、鳗鲡等饲料中均已添加了诱饵剂，饲料的适口性较好，饲料的利用率较高。

b. 着色剂

鱼类的体色主要依赖于皮肤中的色素细胞，其含有类胡萝卜素、黑色素、喋啶和嘌呤 4 类色素，影响鱼体色泽的主要天然色素是类胡萝卜素，类胡萝卜素为脂溶性物质，由于其在鱼体组织中沉积，因而其肌肉、皮肤、性腺和鳍呈现固有的色泽，如鲑鳟鱼类的黄、橘黄、粉红、深红等体色均由类胡萝卜素沉积而成。鱼的体色，尤其是观赏鱼的体色非常重要，体色变化能够影响其商品价值。然而，鱼类体内不能合成类胡萝卜素，必须从饲料中摄取，如野生鲑鱼从摄入的浮游动物中获得虾青素，因而其肌肉、皮肤和鳍的色泽能够保持红到橙色。黄条鰤和真鲷可以将饲料中大部分虾青素转化为金枪鱼黄色素，并沉积于鱼的皮肤上。红鲤鱼能够将饲料中的玉米黄色素转化为虾青素，使鱼呈红色。在人工养殖条件下，鱼类摄食全人工配合饲料，如果饲料中缺乏类胡萝卜素，鱼的体色就会褪色，观赏鱼会失去其艳丽的体色，如金鱼的红色逐渐变淡。又如，鲑鳟鱼摄食植物性饲料，其所含的类胡萝卜素主要是叶黄素和玉米黄色素，叶黄素呈黄色，玉米黄色素呈橙色，所以，植物性的类胡萝卜素并不能使鲑鱼获得满意的体色，现在，鲑鳟鱼的饲料中已添加类胡萝卜素，以保持其肌肉的色泽，养殖较为名贵的观赏鱼（如龙鱼）时也使用含有类胡萝卜素的增色饲料。

c. 免疫增强剂

随着水产养殖品种的增多、养殖规模的扩大、集约化养殖模式的推广，水产养殖业发展迅猛，然而，养殖密度、饲料的质和量、养殖水体污染等因素，增加了水产动物感染疾病的概率，水产动物因病害造成的损失呈上升趋势，2006 年 30%以上的养殖水面受到疾病的侵袭。我国对疾病的防治主要为化学药物和疫苗，抗生素及其他化学药物不合理的大量使用会导致耐药菌株增多，以及药物在水产品中的残留，威胁水产品的安全，危及人类的健康，另外，药物或其代谢产物进入养殖水体，会在水体和底泥中蓄积，还会污染养殖水体，破坏水体的生态平衡，目前对抗生素在饲料中的使用已有严格规定。疫苗对水产动物疾病的防治效果较好，我国已有草鱼出血病疫苗，免疫接种后草鱼成活率达到 85%以上，除此以外，还有淡水鱼类的嗜水气单胞菌疫苗，其能够有效地控制该细菌性疾病，然而，疫苗的特异性强，2006 年我国养殖水产动物发生的疾病有 180 种，目前还不能有效防治水产动物疾病的暴发。于是以防为主，从研究水产动物营养免疫学入手，通过营养提高水产动物的免疫功能，研制水产饲料免疫增强剂成了热点。免疫增强剂能够提高动物的免疫功能，提高动物对疾病的抵抗力，但是不能产生免疫记忆。经过多年的研究，免疫增强剂有化学合成物（左旋咪唑、弗氏完全佐剂等）、多糖（葡聚糖、肽聚糖、脂多糖、壳聚糖、黄芪多糖、海藻多糖等）、寡糖、益生菌、中草药等，部分产品已经商品化。

d. 多糖

多糖有 β-葡聚糖、壳聚糖、羊栖菜多糖、海藻多糖、虫草多糖、云芝多糖等。β-葡聚糖是酵母、真菌细胞壁的主要结构多糖。用含有 200ppm β-葡聚糖的饲料饲喂斑节对虾，虾在感染弧菌后的成活率从 0%提高到 90%以上；用含有 0.1%的酵母的 β-葡聚糖的饲料饲喂大西洋鲑，其对鳗弧菌、杀鲑弧菌的抵抗力显著提高；给凡纳滨对虾饲喂 β-葡聚糖 21 天，可以显著提高其对白斑综合征病毒的抵抗力；用含有 0.2%的 β-葡聚糖的饲料饲喂草鱼，可以提高鱼对嗜水气单胞菌的抗感染能力。

壳聚糖是甲壳素脱乙酰基后的多糖。用含有 40mg/kg 的壳聚糖的饲料喂虹鳟幼鱼，能够显著提高其对嗜水气单胞菌的抗感染能力，分别用含有 0.5%的壳聚糖的饲料喂草鱼、异育银鲫，能够显著提高鱼对嗜水气单胞菌的抗感染能力。

e. 益生菌

益生菌是含有活菌及其死菌、代谢产物的微生物制剂。Kozasa（1986）最早将从土壤中分离出的芽孢杆菌用于鱼饲料中，能够降低日本鳗鲡的死亡率。用含有烟草节杆菌的饲料饲喂中国明对虾能够提高其对白斑综合征病毒的抗感染能力。用含有烟草节杆菌的饲料饲喂凡纳滨对虾，能够提高虾对副溶血弧菌的抗感染能力。

f. 低聚糖

由 1～10 个单糖通过糖苷键形成的聚合物有甘露寡糖、低聚果糖等。对大西洋鲑饲喂含有甘露寡糖的饲料，能够提高其对叩疮病毒的抗感染力。对虹鳟鱼苗饲喂含有甘露寡糖的饲料，能够提高其对杀鲑气单胞菌的抗感染力。

（4）环保型水产饲料的研发

长期以来，水产饲料在水产养殖中的应用主要关注动物的生长、饲料的利用和饲料成本，很少考虑饲料对环境的影响。生产实践中采用人工饲料养殖水产动物虽然能够保证动物生长发育所需要的营养，然而，饲料中的氮、磷有可能污染水环境。来源于饲料的氮、磷对环境的污染有 3 个方面。一是由动物摄入的饲料不能完全被动物消化和吸收，其中不能被消化吸收的氮、磷以粪便形式排放到水体中。水产动物对动植物饲料源中磷的利用率低，它们主要以粪便的形式排出体外。植物性饲料源中的磷主要以植酸磷形式存在，占总磷的60%～80%，植酸磷不能被动物利用，所以，水产动物对植物性饲料源中磷的利用率很低。动物蛋白源，如鱼粉中磷的含量虽然较高，但是，因为其成分主要为磷酸三钙，所以，利用率也不高，在虹鳟、鲑科等有胃鱼类中，鱼粉在胃中被分解，其中部分磷变为可利用磷，鱼粉中约 20%的磷可被利用，其余约 80%的磷将从粪便中排出，无胃鱼类几乎不能利用鱼粉中的磷。水产动物需要的磷主要从饲料中添加的无机磷中获得，然而，动物对不同磷酸盐的利用率也不同，一般磷酸二氢钠、磷酸二氢钾、磷酸二氢钙的利用率高于磷酸氢钙和磷酸钙，如果过量添加或磷源选择不当，则未被利用的磷也将随粪便排入水体中。二是已被吸收的氨基酸除了可以用于合成体蛋白以外，部分氨基酸将作为能源物质被氧化从而提供能量，其代谢产物为含氮化合物，通过鳃、尿排出体外。三是来源于残饵，如果过量投饵，水中的残饵会被水底微生物分解，释放出游离态的氮和磷。

饲料中的氮、磷被大量排放到水环境中，造成水体的富营养化，浮游生物大量繁殖，水环境的生态平衡遭到破坏，pH 降低，溶解氧降低，氨氮升高，浮游细菌量增加，水产动物的疾病发生概率成倍提高。

近年来由于对养殖水环境的保护，环保型水产饲料的研制备受关注。一是在设计饲料配方时注意合理的蛋白能量比，尽量减少饲料蛋白作为能源物质被利用的情况，以减少蛋白质分解产物含氮化合物的排泄。二是使饲料蛋白水平合理和提高饲料蛋白的营养价值，要依据被养殖动物的营养需求确定饲料蛋白水平。此外还要提高饲料蛋白的消化吸收率、饲料蛋白必需的氨基酸平衡，以及饲料蛋白的可利用率。三是提高饲料磷的利用率。另外，好的饲料除了有好的配方之外，还必须有好的饲料加工工艺；有了好的饲料，还必须有合理的投喂技术，这样才能够提高饲料的利用率，减少饲料对环境的污染。

（5）生物工程技术与微藻的利用

微藻作为人们的食物已有悠久的历史，墨西哥的印第安人和非洲乍得湖边的居民食用螺旋藻，20 世纪 50 年代微藻作为蛋白质、液体燃料和精细化工品的潜在资源而备受关注。我国曾在 50 年代大规模培养小球藻，以期作为人们的食物，尤其是作为一种蛋白质的来源，现在，微藻已经作为生物饵料广泛应用于水产动物的苗种生产中。然而，微藻在化学组成上是具有多样性的一类生物，由于生物工程技术的发展，培养微藻不仅能够保证生物饵料的质和量，而且还能利用其所含有的生物活性物质。

1）微藻的生物活性物质。

a. 类胡萝卜素

在类胡萝卜素中，β-胡萝卜素和虾青素是最令人关注的。有的微藻富含 β-胡萝卜素，如盐生杜氏藻中的β-胡萝卜素含量高达藻干重的 14%，有的微藻富含虾青素，如虾青素在雨生红球藻的厚壁不动孢子中的含量为干重的 1%～2%。类胡萝卜素是天然色素，对水产动物具有很好的着色功能，还具有抗氧化、抑制脂质过氧化、增强免疫功能的功能，如虾青素的抗氧化能力是维生素 E 的 100 倍，斑节对虾的饲料中添加 71.5mg/kg 虾青素，对其饲喂 8 周，斑节对虾对弧菌的抗感染能力显著提高。另外，还能促进鱼类的性腺成熟，改善卵的质量，在鲑鳟繁殖期间，对其饲喂添加了类胡萝卜素的饲料，能够提高卵的孵化率和仔鱼的成活率；β-胡萝卜素对某些癌症具有预防作用，尤其是对上皮癌的预防作用较为明显，因此，可以用它制备着色剂、免疫增强剂、抗癌或抗自由基氧化作用的药品或保健品。

b. 高度不饱和脂肪酸

高度不饱和脂肪酸中的 EPA、DHA 和花生四烯酸（AA）对人体和动物的健康很重要，也是海水鱼的必需脂肪酸，是合成前列腺素的前体，能促进脑细胞的发育。目前高度不饱和脂肪酸主要来源于鱼油，然而，鱼类合成高度不饱和脂肪酸的能力有限，微藻却具有合成高度不饱和脂肪酸的能力，某些微藻含有较多的 EPA、DHA 和 AA，如巴夫藻的 EPA、DHA 和 AA 含量分别为总脂肪酸的 44.18%、8.35 和 1.77%，又如，微绿球藻的 EPA 和 AA 含量分别为总脂肪酸的 20.8%和 11.43%，因此，微藻是 n-3 高度不饱和脂肪酸的重要资源。

c. 抗肿瘤活性物质

螺旋藻含有的多糖具有抗肿瘤和提高免疫功能的作用，前沟藻含有前沟藻内酯，其具有体外抗肿瘤作用，小球藻和栅状藻所含的糖蛋白经过淀粉酶处理后的产物可抗肿瘤，Moore 等曾对 1000 余种蓝藻品系的提取物进行抗肿瘤活性试验，结果表明，67 个品系的蓝藻提取物具有抗肿瘤活性。

d. 动物细胞的促生长剂

某些微藻的提取物能够促进动物细胞的生长，因此，在细胞培养时可以使用微藻提取物取代或减少培养基中的动物血清。例如，使用小球藻、螺旋藻和栅状藻的热水提取物，可以使动物细胞培养基中的牛血清用量减少 10%左右。又如，将聚球藻的渗析物加入细胞培养基中，比加胰岛素、铁传递蛋白、乙醇胺磷酸转移酶、硒酸盐混合物更能促进人体细胞的生长。

2）微藻化学成分的定向控制。对微藻的研究表明，微藻的营养成分除了因藻的种类而异之外，还受到培养条件的影响，培养液的成分、温度、光照、盐度等因素均能影响微藻的化学成分，因此，通过改变培养微藻的理化条件，如光照、温度、盐度、培养液成分等，就能使微藻按照预定目标合成更多的生物活性物质，从而达到定向培养其生物活性物质的目的。

a. 微藻的蛋白质含量

培养液的氮水平和氮源能影响微藻的蛋白质含量，如螺旋藻和小球藻的蛋白质含量随着培养液中氮水平的提高而升高。分别用等氮的硝酸钠和脲培养微绿球藻，用硝酸钠培养的蛋白质含量高于用脲培养的蛋白质含量。光照时间的延长有利于微藻蛋白质的合成，如小球藻、球等鞭金藻和新月菱形藻的蛋白质含量随着光照时间的延长而提高，而且，在 19℃下培养时，蛋白质含量最高。

b. 微藻的脂肪和脂肪酸组成

培养液的氮水平和氮源能够影响微藻的脂肪含量和脂肪酸的组成，如高氮培养液不利于微绿球藻的脂肪积累，但是，有利于 EPA 的合成；以硝酸钠为氮源，球等鞭金藻的 EPA、DHA 含量随着硝酸钠水平的提高而升高；分别以等氮的硝酸钠、尿素、氯化铵培养微绿球藻，硝酸钠培养的脂肪含量最高；分别以等氮的硝酸钠、尿素、氯化铵培养三角褐指藻，用硝酸钠或尿素培养其时的 EPA 含量较高。

光照强度和光照周期也能影响微藻的脂肪酸的组成，如青岛大扁藻在光照强度为 10000LX、光照周期为 12L∶12D 时培养，适宜其合成 18∶3n-3，若在光照强度为 4000LX 时培养，则适宜其合成 18∶2n-6。

培养温度影响藻细胞合成脂肪酸，如微绿球藻在 25℃下培养时，适宜合成 EPA，青岛大扁藻和亚心型扁藻在20℃下培养时，适宜合成18∶3n-3，纤细角刺藻的EPA含量随着培养温度的升高而提高，在25℃时达到最高，球等鞭金藻在15～30℃下培养时，其EPA含量变化不大，而DHA在15℃下培养时含量最高，并随着温度的升高而减小。

盐度能改变微藻的脂肪和脂肪酸组成，绿色巴夫藻在盐度为20时培养，脂肪含量最高，盐度高于或低于20时，脂肪含量均下降。盐藻细胞内的甘油浓度与培养液盐度呈正相关关系，盐度为80时，盐藻内含有2mol甘油；盐度为160时，盐藻内含有4mol甘油；盐度接近饱和时，盐藻内甘油达到7mol，相当于盐藻干重的56%。

c. 盐藻的β-胡萝卜素含量

盐藻的β-胡萝卜素含量因培养液的盐度而异。将盐藻从盐度为150的培养液中转移到盐度为250的培养液中，盐藻会暂停细胞分裂，但是，β-胡萝卜素含量从10mg/g提高到260mg/g，在盐度低于300时，β-胡萝卜素含量与盐度呈正相关关系，一般情况下，强光、高盐和低氮培养有利于盐藻合成β-胡萝卜素。

3）微藻的培养。最早的生产性培养微藻是利用开放式大池，在室内或室外的水泥池进行单种培养。我国在鱼虾苗种生产中将微藻作为生物饵料，仍然应用这种方式培养微藻。开放式培养虽然造价低，技术要求不高，但是，占地面积大，培养效率低，如微藻对光能的利用率只达到18%，微藻的光合效率仅为1%，藻液的浓度低，采集成本高，而且，影响微藻质量的因素，如光照、温度、pH等难以控制，易受环境中有害昆虫、其他藻类的污染，也受地区性和季节性的限制，因此，微藻的质量和微藻生产不稳定。然而，目前国内外培养螺旋藻基本上都在开放式的水泥大池中培养，因为螺旋藻适宜在高温、强光、较高的碱性条件下培养，其适宜pH为8.5～9.5。培养生产β-胡萝卜素的盐藻也采用大型水泥池培养，因其在高盐度条件下培养，不易受到污染。

自20世纪80年代开始研制封闭式光生物反应器，反应器的光源有内部和外部两种，如管道式光生物反应器和平板式光生物反应器，由透明的管道或玻璃板、有机玻璃板制成，利用外部光源进行工厂化生产微藻。光纤生物反应器的光能通过光纤进入聚丙烯圆柱体（呈上下垂直交错排列）成为反应器的光发射中心，混合系统采用气升循环式，通过多管流量计将氧气、氮气、二氧化碳等气体按比例经气体交换装置均匀混合后压入反应器中，藻液在压缩气体的作用下循环流动。无论是外部光源，还是内部光源，培养过程中的各项参数，如温度、光强、光照时间、pH、溶解氧、营养盐、气体交换等，均能通过电极或传感器由计算机自动控制。光生物反应器的研制发展速度很快，关键是提高光效，降低能耗，提高藻细胞对光能的利用，降低成本。

封闭式光生物反应器的问世使微藻的培养能够达到单种、大量的高密度定向培养，不仅使水产养殖苗种生产提供的生物饵料在数量上和质量上得到保证，而且使微藻在食品、生物燃料、医药、化工原料等方面的应用具有广阔的前景。

第四节　水产品加工利用概述

水产品加工历史悠久，加工方式多样，一般可分为传统加工和现代加工两大类。传统加工主要指腌制、干制、熏制、糟制和天然发酵等，随着中国经济的高速发展和科学技术的不断进步，以及一些先进设备的引入，加工的方法和手段有了根本性的改变，产品的技术含量和附加值有了很大的提高，已形成了一大批包括鱼糜制品加工、紫菜加工、烤鳗加工、罐装和软包装加工、干制品加工和冷冻制品加工在内的现代化水产品加工企业，成为推动渔业生产可持续发展的重要动力。

随着科学的发展和技术的进步，水产原料除了可加工水产食品外，许多水产资源和水产食品加工中的废弃物还可用来生产鱼粉、鱼油、海藻化工产品、海洋保健食品、海洋药物、皮革制品、化妆品和工艺品等产品。尤其值得一提的是，海洋医药保健食品的发展迅速，目前，已从海洋生物中分离出数百种生理活性物质，这对人体保健有重要作用，并且在治疗某些疾病方面将掀开新的一页。

一、水产加工原料

1. 水产加工原料的种类和特点

水产加工原料主要是指具有一定经济价值和可供利用的生活于海洋和内陆水域的生物种类，包括鱼类、软体动物、甲壳动物、棘皮动物、腔肠动物、两栖动物、爬行动物和藻类等。由此可见，首先，水产加工原料覆盖的范围非常广，不仅有动物，而且还有植物，无论是在体积上，还是在形状上都千差万别，这就是水产加工原料的多样性；其次，由于原料种类多，其化学组成和理化性质常受到栖息环境、性别、大小、季节和产卵等因素的影响而发生变化，这就是原料成分的易变性；再次，水产动物的生长、栖息和活动都有一定的规律性，受到气候、食物和生理活动等因素的影响，即在其生长过程中，在不同的季节都有一定的洄游规律，因此，对水产原料的捕捞具有一定的季节性；最后，水产原料一般含有较高的水分和较少的结缔组织，极易因外伤而导致细菌的侵入，另外，水产原料所含与死后变化有关的组织蛋白酶类的活性都高于陆产动物，因而水产原料一旦死亡后就极易发生腐败变质现象。

水产加工原料的这些特点决定了其加工产品的多样性、加工过程的复杂性和保鲜手段的重要性。对于水产品而言，没有有效的保鲜措施，就加工不出优质的产品。因此，原料保鲜是水产品加工中最重要的一个环节。

2. 水产原料的一般化学组成和特点

鱼虾贝类肌肉的化学组成是水产品加工中必须考虑的重要工艺性质之一，它不仅关系到其食用价值和利用价值，而且还涉及加工储藏的工艺条件和成品的产量和质量等问题。

鱼虾贝类肌肉的一般化学组成大致是水分占 70%～80%，粗蛋白质占 16%～22%，脂肪占 6.5%～20%，灰分占 1%～2%，值得注意的是，其化学组成常随着种类、个体大小、部位、性别、年龄、渔场、季节和鲜度等因素的变化而发生变化。

藻类属植物类，根据其形态结构和组成特点，可以将其分为褐藻类（如海带、昆布、裙带菜、马尾藻等）、红藻类（如紫菜、江篱等）、绿藻类（如小球藻、浒苔、石莼等）和蓝藻（螺旋藻、微囊藻等）。其化学组成因种类不同而有较大的差异，一般而言，水分占 82%～85%，粗蛋白质占 2%～8%，脂肪占 0.15%～0.5%，灰分占 1.5%～5.2%，碳水化合物占 8%～9%，粗纤维占 0.3%～2.1%。藻类化学组成的特点是脂肪含量极低，一般只占干物质重量的 0.5%～3.7%，然而碳水化合物的含量较高，占干物质重量的 40%～60%，其主要成分是多糖类，根据种类不同，主要包括琼胶、卡拉胶、褐藻胶、淀粉类、糖胶和纤维素等成分，而无机盐成分也高达干重的 15%～30%，并以水溶性无机盐成分居多，素有“微量元素宝库”之称，尤其值得一提的是，藻类含碘量特别高，在海带和昆布的个别品种中高达 0.4%～0.5%。

（1）水分

水是生物体一切生理活动过程所不可缺少的，也是水产食品加工中涉及加工工艺和食品保存性的重要因素之一。

关于水分在原料或食品中存在的状态，通常有两种表示方法，一种是用自由水和结合水的方法，另一种则是以水分活度（A_{W}）表示。水产原料中鱼类的水分含量一般在75%～80%，虾类为76%～78%，贝类为75%～85%，海蜇类在95%以上，软体动物为78%～82%，藻类为82%～85%，通常比畜禽类动物的含水量（65%～75%）要高。水分活度是指溶液中水的逸度与纯水的逸度之比，一般用食品原料中水分的蒸气压对同一温度下纯水的蒸气压之比来表示，通俗地讲，就是指这些物质中可以被微生物所利用的那部分有效水分。新鲜水产原料的A_{W}一般为0.98～0.99，腌制品为0.80～0.95，干制品为0.60～0.75。而A_{W}低于0.9时，细菌不能生长；低于0.8时，大多数霉菌不能生长；低于0.75时，大多数嗜盐菌生长受到抑制；而低于0.6时，霉菌的生长完全受到抑制，这两种水分的表示方法各有特点，两者之间的关系则可以通过等温吸湿曲线来表示。

（2）蛋白质

鱼虾贝类肌肉中的蛋白质根据其溶解度性质可分为3类：可溶于中性盐溶液（$I \geqslant 0.5$）的肌原纤维蛋白（也称盐溶性蛋白），可溶于水和稀盐溶液（$I \leqslant 0.1$）的肌浆蛋白（也称水溶性蛋白），以及不溶于水和盐溶液的肌基质蛋白（也称不溶性蛋白）。通常所说的粗蛋白除了上述这些蛋白质以外，还包括存在于肌肉浸出物中的低分子肽类、游离氨基酸、核苷酸及其相关物质，氧化三甲胺、尿素等非蛋白态含氮化合物。

鱼肉的肌原纤维蛋白质占其全蛋白质量的60%～70%，以肌球蛋白和肌动蛋白为主要成分，是支撑肌肉运动的结构蛋白质，其中，以肌球蛋白为主构成肌原纤维的粗丝，以肌动蛋白为主构成肌原纤维的细丝。肌浆蛋白由肌纤维细胞质中存在的白蛋白和代谢中的各种蛋白酶及色素蛋白等构成，有一百多种，分子量在1万～10万，其含量为全蛋白含量的20%～35%。肌基质蛋白由胶原蛋白、弹性蛋白和连接蛋白构成的结缔组织蛋白构成，占全部蛋白质含量的2%～10%，远远低于陆产动物，这也是水产原料蛋白质构成的一个特点之一。

（3）脂肪

鱼体中的脂肪根据其分布方式和功能可分为蓄积脂肪和组织脂肪两大类，前者主要是由甘油三酯组成的中性脂肪，储存于体内，用以维持生物体正常生理活动所需要的能量，其含量一般会随主客观因素的变化而变化；后者主要由磷脂和胆固醇组成，分布于细胞膜和颗粒体中，是维持生命不可缺少的成分，其含量稳定，几乎不随鱼种、季节等因素的变化而变化。

鱼贝类脂肪中除含有畜禽类中所含的饱和脂肪酸及油酸（18∶1）、亚油酸（18∶2）、亚麻酸（18∶3）等不饱和脂肪酸以外，还含有高度不饱和脂肪酸。值得一提的是，鱼油中的不饱和脂肪酸和高度不饱和脂肪酸的含量高达70%～80%，远远高于畜禽类动物，研究证明这与水产类动物生长的环境温度有一定的关系，环境温度越低，脂肪中不饱和脂肪酸的含量就越高，而二十碳五烯酸（EPA）和二十二碳六烯酸（DHA）也是在海水鱼中含量最高，淡水鱼次之，畜禽类中最少。海豹油脂中还含有丰富的二十二碳五烯酸（DPA）。

鱼虾类中的磷脂含量较低，软体动物，特别是贝类中的含量略高；鱼类中所含的甾醇几乎都是胆固醇，而胆固醇的含量在头足类的章鱼、墨鱼和鱿鱼中最高，在虾类和贝类中次之，在鱼类中含量较少。

（4）无机物

食品中的无机物总量占全部质量的 1%～2%，其中包括钾、钠、钙、镁、磷、铁等成分。鱼类褐色肉中的含铁量较多，海参和鱼贝类肉中的钙含量大多数高于畜产动物肉中的钙含量，如银鱼、远东拟沙丁鱼、黄姑鱼可食部分中的钙含量分别为每 100g 含 258mg、70mg、67mg，而猪肉、牛肉仅为每 100g 肌肉钙含量为 5mg 和 3mg。此外，锌、铜、锰、镁、碘等在营养上必需的微量元素在鱼贝类肉和藻类中的含量都高于畜禽类动物的肉，尤其是藻类，海带和紫菜中碘的含量比畜禽类动物高出 50 倍左右，由于某些鱼类和贝类的富集作用，一些重金属，如汞、镉、铅等也常会经过食物链在鱼贝类肉中进行浓缩积蓄，而且其浓度有随着成长或年龄增长而增大的趋势。

（5）浸出物

从广义上讲，肌肉浸出物是指在鱼贝类肌肉成分中，除了蛋白质、脂肪、高分子糖类以外的那些水溶性的低分子成分，而从狭义上讲，这些水溶性的低分子成分主要是指有机成分。这些成分除了参与机体的代谢外，也是水产品特有的呈味物质的重要组成成分，一般鱼肉中浸出物的含量为 1%～5%，软体动物中其含量为 7%～10%，甲壳类肌肉中其含量为 10%～12%。此外，红身鱼类中的浸出物含量多于白身鱼类，相对而言，浸出物含量高的水产品比浸出物低的风味要好。

水产原料肌肉浸出物包括非蛋白态含氮化合物和无氮化合物，非蛋白态含氮化合物主要是游离氨基酸、低分子肽、核酸及其相关物质、氧化三甲胺（TMAO）、尿素等，其中，肌肽、鹅肌肽、氨基酸、甜菜碱、氧化三甲胺、牛磺酸、肌苷酸等物质都是水产品中重要的呈味物质。海产的虾、蟹、贝、墨鱼、章鱼肌肉中含有较多的牛磺酸，鳗鲡含有较多的肌肽，鲨、鳐类含鹅肌肽多，板鳃类鱼、墨鱼、鱿鱼含氧化三甲胺多，章鱼、墨鱼、鱿鱼则含有较多的甜菜碱，而红身鱼类的组氨酸含量较高。贝类含有较多的琥珀酸，含糖原量较高的洄游性鱼类的肌肉中，其相应的乳酸含量也较高，这与这类鱼在长距离洄游中糖原的分解有关。

（6）其他成分

a. 维生素类

鱼贝类的维生素含量不仅因种类而异，而且还随其年龄、渔场、营养状况、季节和部位而变化，无论是脂溶性维生素，还是水溶性维生素，其在水产动物中的分布都有一定的规律，即按部位来分，肝脏中最多，皮肤中次之，肌肉中最少；按种类来分，则红身鱼类中多于白身鱼类，多脂鱼类中多于少脂鱼类，而值得一提的是，鳗鲡、八目鳗、银鳕鱼的肌肉中含有较多的维生素 A，南极磷虾也含有丰富的维生素 A，而沙丁鱼、鲣鱼和鲐鱼的肌肉中则含有较多的维生素 D。

b. 色素

水产原料的体表、肌肉、血液和内脏等不同的颜色，都是由各种不同的色素所构成的，这些色素包括血红素、类胡萝卜素、后胆色素、黑色素、眼色素和虾青素等色素，有些色素常与蛋白质结合在一起而发挥作用，虾青素与蛋白质的结合将因蛋白质的变性而导致虾蟹壳的颜色发生变化。

3. 水产原料的死后变化

由上述水产原料化学组成的特点可以发现，水产动物在死后比陆产动物更容易腐败变质，为了防止水产原料鲜度的下降，生产出优质的水产品，就必须了解鱼贝类死后变化的规律，以创造条件延缓其死后变化的速度。

（1）死后僵硬

鱼体死后肌肉发生僵直的现象称为死后僵硬，导致这一现象的主要原因是，糖原在无氧条件下酵解产生乳酸，使三磷酸腺苷（ATP）的生成量急剧下降，而 ATP 又不断分解产生磷酸，并释放一定的能量，乳酸和磷酸的生成会导致鱼肌 pH 下降，而当 ATP 下降到一定程度时，肌原纤维发生收缩而导致肌肉僵硬，当 ATP 消耗完，能量释放完以后，肌肉僵硬也就结束。在肌肉僵硬期间，原料的鲜度基本不变，只有在僵硬期结束以后，才进入自溶和腐败变化阶段。由于鱼肌僵硬出现的时间和持续的时间均比畜禽类动物要快和短，因此，如果渔获后能推迟鱼开始僵硬的时间，并能延长其持续僵硬的时间，便可使原料的鲜度保持较长时间。

（2）鱼体的自溶作用

鱼体经过一定时间的僵硬期后就会解僵变软，在鱼体内组织蛋白酶的作用下，鱼肌中的成分逐渐发生变化，蛋白质分解成肽，肽又分解成氨基酸，所以，非蛋白氮含量明显增大，游离氨基酸可增加 8 倍之多，此时，肌肉组织变软，失去弹性，pH 比僵硬期有所上升。这些特点为细菌的生长繁殖提供了良好的条件，鱼体的鲜度也就随之下降，因此，必须采取有效的保鲜措施，否则其将很快进入腐败阶段。

（3）腐败

随着自溶作用的进行，黏着在鱼体上的细菌已开始利用体表的黏液和肌肉组织内的含氮化合物等营养物质而生长繁殖，至自溶作用的后期，pH 进一步上升，达到 6.5～7.5，细菌在最适 pH 条件下生长繁殖加快，并进一步使蛋白质、脂肪等成分分解，使鱼肉腐败变质，所以，腐败与自溶作用之间并无明确的分界线。腐败阶段的主要特征是，鱼体的肌肉与骨骼之间易于分离，并且会产生腐败臭等异味和有毒物质，因而在食品卫生上必须予以特别重视。

二、水产冷冻食品加工技术

水产冷冻食品加工技术是将水产品在低温条件下加工、保藏的技术。水产品的低温加工技术能在低成本、大规模的条件下有效地保持水产品原有的品质。

1. 水产品低温保藏原理

鱼类经捕获致死后，其体内仍然进行着各种复杂的变化，这种变化主要是由鱼体内存在的酶和附着在鱼体上的微生物不断作用的过程及由非酶促反应引起的变质。

随着水产品储藏温度不断降低，微生物和酶的作用也就变得越来越小。水产品在冻结时，生成的冰结晶使微生物细胞受到破坏，使微生物丧失活力而不能繁殖，酶的反应受到严重抑制，水产品的化学变化就会变慢，因此，它就可以做较长时间的储藏而不会腐败变质。

2. 水产食品的冷却、冷藏

鱼类的冷却是将鱼体的温度降低到接近组织液的冰点而又不冻结的加工工艺。鱼类组织液的冰点依鱼的种类而不同，在–2～–0.5℃的范围内，一般平均冰点可采用–1℃。方法有碎冰冷却保鲜法和冷海水（冷盐水）保鲜法。鱼类捕获后必须快速冷却，因为鱼类死后，经过死后僵硬、自溶作用后，即进入腐败阶段，且这一过程的发生明显快于畜禽类产品，冷却、冰藏虽然不能使这些变化停止，然而可以延缓这些过程。而冷却保鲜的时间一般为1～2周。

3. 水产品的微冻保鲜

把鱼体温度冷却到低于其冰点 1～2℃的低温条件下进行保鲜的方法称为微冻保鲜。在此微冻条件下，鱼体中有相当量的水分转化为冰，同时使组织液的浓度增加，介质 pH 下降 1～1.5。例如，鲤鱼在–2℃微冻时约有 52.4%的水转化为冰，在–3℃时则为 66.5%，所有这些因素对微生物都有不良的影响。因而，动植物食品在微冻条件下储藏，其储藏期比在 0℃条件下延长 2～2.5 倍，从而使微冻保鲜方法得到广泛的应用，适用于所有的鱼类、虾类、贝类和藻类的保鲜。

微冻保鲜法有冰盐混合微冻保鲜法、低温盐水微冻保鲜法和鼓风冻结器中微冻保鲜法。

4. 水产品的冻结、冻藏

水产品的冻结、冻藏是采用冻结或冻藏手段来保藏和运输水产品的一种方法。一般而言，水产品在冻结点以上的冷却状态下，只能储藏 1～2 周，如果温度降至冻结点以下，则可以进一步延长保藏期，国际上推荐在–18℃以下冷冻，在冻结状态下，可做长期储藏，并且温度越低，品质保持越好，实用储藏期越长。

（1）一般冷藏加工工艺

一般冻整条鱼的冷加工工艺流程如下。

新鲜原料鱼→清洗→放血、去鳞、去鳃、去内脏→清洗→分级→过秤→摆盘→冻结→脱盘→包冰衣和包装→冻藏

一般把原料鱼从捕捞后至冻结前的一系列加工处理过程称为冻前处理或预处理。从鱼品冻结后到进库冻藏前的一系列处理过程称为冻后处理或后处理。

（2）冻前处理

冻前处理必须在低温、清洁的环境下迅速、妥善地进行。一般来说，前处理包括原料鱼捕获后的清洗、分类、冷却保存、速杀、放血、去鳃、去鳞、去内脏、漂洗、切割、挑选分级、过秤、装盘等操作。为防止品质降低，需要对某些鱼种进行特殊的前处理，主要包括盐水处理、加盐处理、加糖处理、脱水处理等。

（3）冻结

a. 冻结速度

时间划分：水产品中心从—1℃降到—5℃所需的时间，在 30min 之内谓快速，超过 30min 即谓慢速。之所以定为 30min，是因为在这种冻速下，冰晶对肉质的影响最小。

距离划分：单位时间内—5℃的冻结层从水产品表面伸向内部推进的距离。时间以小时（h）为单位，距离以厘米（cm）为单位。冻结速度为 V= cm/h。根据此种划分把速度分成三类：快速冻结时 V＞5～20cm/h；中速冻结时 V= 1～5cm/h；缓慢冻结时 V= 0.1～1cm/h。根据上述划分，所谓快速冻结，对厚度或直径为 10cm 的水产品，中心温度必须在 1h 内降到—5℃。一般来讲，冻结速度越快越好，必须快速通过–5～–1℃的温度区域。

b. 冻结温度曲线

随着冻结的进行，水产品温度在逐渐下降。图 5-26 显示了冻结期间水产品温度与时

间的关系曲线。不论何种水产品，其温度曲线在性质上都是相似的。曲线分 3 个阶段。

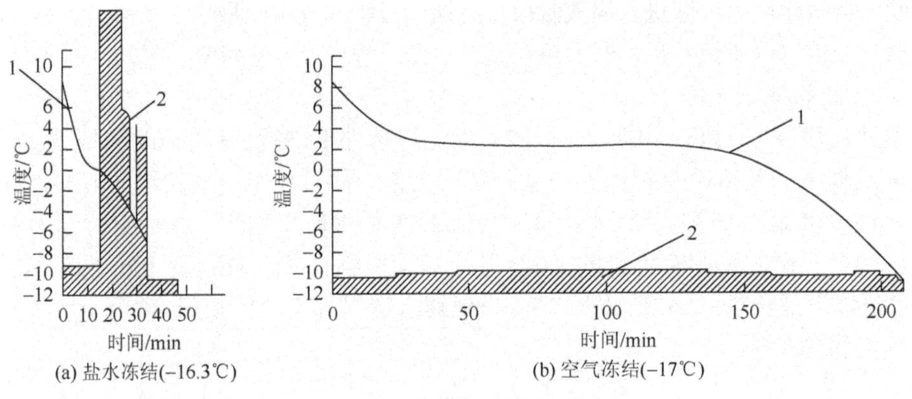

图 5-26　冻结温度曲线

初阶段：从初温到冰点，这时放出的是显热。此热量与全部放出的热量相比，其值较小，所以降温快，曲线较陡。

中阶段：此时水产品大部分水结成冰。由于冰的潜热大于显热 50～60 倍，整个冻结过程中绝大部分热量在此阶段放出。降温慢，曲线平坦。

终阶段：从成冰到终温，此时放出的热量一部分是冰的降温，一部分是余下的水继续结冰。冰的比热容比水小。按道理曲线应该更陡，但因为还有残留的水结冰，其放出的热量大于水和冰的比热，所以曲线不及初阶段那样陡。

一般温度降至—5℃时，已有 80%的水分成为冰结晶。通常把食品冻结点至—5℃的温度区间称为最大冰晶生成带，即食品冻结时生成冰结晶最多的温度区间。

c. 冻结率

食品温度降至冻结点后，其内部开始出现冰晶。随着温度继续降低，食品中水分的冻结量逐渐增多，但要食品内含有的水分全部冻结，温度要降至—60℃左右，此温度称为共晶点。要获得这样低的温度，在技术上和经济上都有难度，因此，目前大多数食品冻结只要求食品中绝大部分水分冻结，食品温度在−18℃以下即达到冻结储藏要求。食品在冻结点与共晶点之间的任意温度下，其水分冻结的比例称为冻结率（$\omega_{。}$），其近似值可用 Heiss 式计算：

$$\omega_{。} = 1-\theta_f/\theta$$

式中，θ_f 为食品冻结点温度；θ 为食品冻结点以下的实测温度。

d. 水产品冻结方法

鱼类的冻结方法有很多，一般有空气冻结、盐水浸渍、平板冻结和单体冻结 4 种。我国绝大多数采用空气冻结法，但随着经济的发展，我国和其他发达国家一样，越来越多地使用单体冻结法。

（4）冻后处理

冻后处理主要指脱盘、镀冰衣和包装等操作工序。

a. 脱盘

采用盘装的水产品在冻结完毕后依次移出冻结室，在冻结准备室中立即进行脱盘。脱盘方式分为两种——手工脱盘和机械脱盘。

b. 镀冰衣

脱盘后应紧接着给冻鱼块镀冰衣。镀冰衣就是冻结后迅速把产品浸在冷却的饮用水中，或将水喷淋在产品的表面而形成冰层。镀冰衣时水温控制在0～4℃，时间为3～8s。

这层冰衣的作用与紧密包装一样，去除空气，并隔绝外界空气与冻鱼块的直接接触，防止空气的氧化作用。冻藏期间，冰衣比鱼体内的水分先行升华，减少鱼品的干耗。同时，可以增加产品的光泽，外观平整美观，增加产品的商品价值，也可在镀冰衣的清水中加入糊料等添加物，如羧甲基纤维素（CMC）、聚丙烯酸钠（PA·Na）等，然后镀冰衣。

c. 包装

目前国内外对冻鱼制品普遍使用的包装有收缩包装、气调包装、真空包装和无菌包装4种，以便能有效地防止干耗和氧化作用，更好地维护冻结鱼产品的品质。

（5）冻藏

冻鱼制品一般于—18℃冷藏室内进行较长时间的储藏，根据对不同原料品质要求的不同，也可采用低于—18℃的冷库，甚至是超低温冷库保藏。即使在最佳的冷藏条件下，冻鱼制品的质量下降也不可能完全阻止，并随着时间的积累而增加。堆垛方式和冷藏条件等因素都会对冻鱼制品质量产生重要的影响，直接关系到鱼品的冷藏寿命。我国每年冷冻水产食品的产量达600万t，占整个水产加工食品产量的60%左右。

三、水产干制食品

食品干制保藏是最古老的食品保藏方法之一，早在人类进入文明时代之前，就存在着利用食品自然晒干或风干而进行保藏等的现象，其方法简单、经济，以至于在世界上许多地方，至今仍沿用日光干燥法和风干法。

水产原料直接或经过盐渍、预煮后，在自然或人工条件下干燥脱水的过程称为水产品干制加工，其加工的成品称为水产干制品。干燥（drying）就是在自然条件下促使食品中水分蒸发的工艺过程；脱水（dehydration）则是在人工控制条件下促使食品水分蒸发的工艺过程。脱水食品不仅应该达到耐久储藏的要求，而且要求复水后基本上能恢复原状，因此，其食品品质变化最小。食品干藏就是脱水干制品在它的水分降低到足以防止腐败变质的水平后，始终保持低水分进行长期储藏的过程。

1. 水产食品干燥保藏原理

简单来说，干制加工及保藏的原理就是除去食品中微生物生长、发育所需要的水分，防止食品变质，从而可以使食品长期保存。除微生物以外，食品原料中的各种酶类（蛋白质、脂肪和碳水化合物的分解酶）也会由于水分减少而活性被抑制；此外，食品中的氧化作用也与水分含量有关。但是对这些影响因素起决定性作用的并不是食品的水分总含量，而是它的有效水分，即食品中的水分活度。

（1）水分活度

水分活度（A_w）表示食品中的水分可以被微生物利用的程度。其定义为，溶液中水蒸气分压（p）与纯水蒸气压（p_0）之比，对于纯水来说，因为p和p_0相等，所以A_w为1，对于不含任何水分的食品来说，p等于零，所以A_w为0，而一般食品均含有一定量的水分，且水中溶有盐类及其他物质，所以p总是小于p_0，因而食品中的A_w在0～1。

（2）水分活度与微生物繁殖的关系

食品的腐败变质通常是由微生物作用和生物化学反应造成的，任何微生物进行生长繁殖和多数生物化学反应都需要以水作为溶剂或介质。干藏就是通过对食品中的水分进行脱除，进而降低食品的水分活度，从而限制微生物活动、酶的活力和化学反应的进行，达到长期保藏的目的。

不同微生物在食品中繁殖时，都有它最适宜的水分活度范围，细菌最敏感，其次是酵母和霉菌。一般情况下，A_w低于0.90时，细菌不能生长；A_w低于0.87时，大多数酵母受到抑制；A_w低于0.80时，大多数霉菌不能生长，但也有例外情况。当水分活度高于微生物发育所必需的最低A_w时，微生物的生长繁殖就可能导致食品变质。

（3）水分活度与酶促反应的关系

水分在酶反应中起着溶解基质和增加基质流动性等作用，酶反应的速度随水分活度的提高而增大，通常在水分活度为0.75～0.95的范围内酶活性达到最大，超过这个范围酶促反应速度就会下降，因为高水分活度会对酶和底物起稀释作用。当食品中的水分活度极低时，酶反应几乎停止，或者反应极慢，一般控制食品的A_w在0.3以下，食品中的淀粉酶、酚氧化酶、过氧化酶等受到极大的抑制，而脂肪酶在极低的水分活度（$A_w = 0.025～0.25$）下仍能保持活性。

（4）水分活度与生物化学反应的关系

水分活度是影响食品中脂肪氧化的重要因素之一，当水分活度在很高或很低时，脂肪都容易发生氧化作用，水分活度在0.3～0.4时，脂肪氧化作用最小。对于多数食品来说，如果过分对其干燥，不仅会引起食品成分的氧化，还会引起非酶褐变（成分间的化学反应），要使食品具有最高的稳定性所必需的水分含量，最好将水分活度保持在结合水范围内，即最低的A_w，这样既可以防止氧对活性基团的作用，也能阻碍蛋白质和碳水化合物的相互作用，从而使化学变化难以发生，同时又不会使食品丧失吸水性和复原性。

2. 水产食品干制

无论采用何种干制方法，将热量传递给食品，并促使食品组织中的水分向外转移，是食品脱水干制的基本过程。在干燥初期，单位时间内物料水分的蒸发速度在不断增加，此时称为快速干燥阶段，主要表现为物料表面温度上升和水分蒸发，随着干燥的进行，物料表面的水分蒸发量与内部水分向表面扩散量相等时，此时蒸发速率均一，称为等速干燥阶段，此阶段主要表现为水分蒸发，而物料表面的温度不再上升，当干燥到某一程度时，物料的肌纤维收缩，且相互间紧密连接，使水的通路受堵，再加上此时物料表层肌肉变硬，导致水分向表面扩散，以及从表面蒸发的速率下降，此时便进入了减速干燥阶段，这时主要表现为水分蒸发减少，物料的温度又开始上升。至减速干燥结束时，物料中的水分已很难再蒸发，假如要进一步除去物料中的水分的话，可将已干燥的物料堆积在室内，蒙盖一层厚布，放置1～2天，停止水分蒸发，促进水分由内向外扩散，使表面水分略增，有助于次日再行日晒时，其内部水分继续向外扩散，以支撑表面蒸发，这一操作称为罨蒸。此时，干制品的水分含量更低，而水分在内部的分布也更均匀。

延长恒速干燥的时间有利于食品的脱水干燥，假如强行急速干燥，则会造成内部水分向表面的扩散速度跟不上表面水分的蒸发速度，从而造成食品表面的干燥效应，形成表层硬壳，此时，内部的水分已很难再通过表面蒸发出来，而这时食品内部的水分含量仍很高，不易久藏，在水产品的干制中，一般要避免这种情况。

3. 食品在干制过程中的主要变化

食品干燥时，水分由物料内部向表面迁移时，可溶性物质也随之向表面迁移，当溶液到达表面后，水分气化逸出，溶质的浓度增大，随着干燥进行，食品会变硬，甚至发生干裂，而各种挥发性物质也将受到不可恢复的损失。

食品干制时蛋白质会变性，组成蛋白质的氨基酸还会与还原糖发生作用，产生美拉德反应而产生褐变。脂肪也会在一定程度上发生氧化作用，为了抑制干制时的脂肪氧化，常在干燥前添加抗氧化剂。碳水化合物在高温长时间干燥时易分解焦化，特别是葡萄糖和果糖。各种维生素在加温干燥中损失的比例最大，水溶性维生素，如抗坏血酸易在高温下氧化，硫胺素对热很敏感，核黄素还对光敏感等。

4. 水产品的干制方法

干制方法可分为天然干燥法与人工干燥法两类，天然干燥法主要是晒干和风干；人工干燥法较多，用于水产品干制的主要有热风干燥法、冷冻干燥法等。

（1）日光干燥法

日光干燥法是利用太阳的辐射热使原料中的水分蒸发，并通过风的流通使原料周围的湿空气除去的干燥方法。在渔区选择一个适当的场地，将被干原料平摊在竹帘、草席上，或用绳子吊挂起来就可以进行干燥。这一方法的优点是无须设备投入，方便易行，成本较低；缺点是易受气候条件的限制，产品质量不易控制。

（2）热风干燥法

将加热后的热空气进行循环，当它流经原料表面时，就加速原料中水分的蒸发，并同时带走其表面的湿空气层，而达到干燥目的的一种方法。水产品干制中最常见的就是隧道式干燥设备，在加工中，将湿原料平摊在网片上，再将网片一层一层插入托盘烘车上，然后将烘车顺次推入通有热风的烘道内，在从隧道的一端移动到另一端的过程中进行干燥。其特点是可以大规模连续化生产，干制速度快，产品质量易受控制。

（3）冷冻干燥法

冷冻干燥法又称升华干燥。将物料中的水分冻结成冰后，在高真空条件下使冰不经过液态直接升华的一种干燥方法，也可以直接在真空干燥室内迅速抽真空而使食品冷冻，这一方法对食品的组织结构和营养成分破坏较小，复水性良好。但设备费用较贵，操作周期长，产品成本较高。

（4）冷风干燥法

冷风干燥法是一种以除湿冷风代替热风进行干燥的方法。将温度调节到 15～20℃，相对湿度调节到 20%左右，以 2.5m/s 的风速进行干燥。由于温度低，不易出现脂肪氧化和美拉德反应引起的褐变，所以适合小型多脂鱼的干燥，产品的色泽良好。

（5）冻干法

冻干法是利用冬天昼夜温差进行干制的一种方法，即在晚上将物料置于室外进行冻结，白天随着气温上升，物料解冻流出水分，如此反复直至物料干燥。但这一方法很少在鱼贝类的干制中使用，而在从海藻中提取琼脂的生产中使用此法。

（6）焙干法

焙干法是一种利用燃烧木柴、炭火、电热、煤气等热源以较高温度进行干燥的方法。由于温度高，易引起食品表面干燥，所以相对而言，这类干制品水分含量较高，不易久藏。

5. 水产干制品种类

按干燥之前的前处理方法和干燥方法的不同，可以将水产干制品分为生干品、盐干品、煮干品、冻干品、熏干品、烘干品等。著名的加工产品有风鳗、鱿鱼干、螟蜅鲞、鱼肚、紫菜干、虾米、虾皮、海蛎干、鱼翅、淡菜、烤鳗、调味鱼片干、香甜鱿鱼丝等多种产品，由于产品种类多，风味各异，可加工成各种休闲食品，携带方便，因而深受消费者的欢迎，目前年加工产量达 65 万吨左右。

（1）生干品

生干品又称素干品或淡干品，是指原料不经盐渍、调味或煮熟处理而直接对其进行干燥的制品，不经其他杀菌过程，仅利用脱水干燥来抑制细菌繁殖和酶的分解作用，不能使附着的微生物及存在的酶被完全杀灭和破坏。主要的生干品有鱿鱼干、鳗鱼干、鱼翅等。

（2）煮干品

煮干品又称熟干品，是将原料煮熟后进行干燥而成的成品。蒸煮的有脱水作用，兼有杀菌作用，同时破坏食品组织中的消化酶类。煮干品具有味道好、质量佳、食用方便和便于储藏等特点。主要的煮干品有熟干沙丁鱼、虾干、虾米干、熟干贝、海参、鲍鱼等。

（3）盐干品

盐干品是将原料经过适当的处理，盐渍后干燥而成的产品。一般多用于不宜进行生干和煮干的大中型鱼类的加工，以及来不及进行生干和煮干的小杂鱼加工。主要的盐干品有黄鱼干、鳗干、盐干带鱼、盐干小杂鱼等。

（4）冻干品

冻干品是先冻结后解冻干燥而得到的产品。主要的冻干品有明太鱼干和琼脂等。

（5）调味干制品

调味干制品是指原料经调味料拌和，或浸渍后干燥，或先将原料干燥至半干后浸调味料再干燥的制品。干制的方法主要是烘烤，这种产品不仅能够保存，而且还是一种营养丰富、鲜香味美的方便食品。主要的调味干制品有五香鱼脯、五香烤鱼、香甜墨鱼（鱿鱼）、调味海带、调味紫菜等。

（6）熏干品

熏干品中最有名的是干松鱼，又称鲣节，是鲣鱼肉经加工后成为像木质的硬块，所以也称木鱼或柴鱼，能久藏不腐，食用时刨成的薄片似刨花，放在汤内，滋味鲜美。其制作工艺主要包括分切、煮熟、去骨、脱水、熏干、日晒、削修、日晒与生霉，得成品。

四、水产品腌制品加工

水产品腌制加工是保藏水产品的有效方法之一，腌制的目的有增加风味、稳定颜色、改善质地、有利保存。其特点是生产设备简单、操作简易，还可与干制、熏制、发酵和低温等方法相结合，形成多种加工方式和制品品种及风味。

著名的水产腌制品有咸带鱼、咸黄鱼、咸鳓鱼、咸鲱鱼和海蜇等。

1. 腌制加工原理

按照腌料的不同，食品的腌制可分为盐渍、糖渍、酸渍、糟渍和混合腌渍。在食品腌制过程中，不论是盐或糖，还是其他酸味剂，总是形成溶液后，扩散进入食品组织内，使溶质增加，而组织内的水分渗透进入盐溶液，从而降低了肌肉组织中的游离水含量，提高了渗透压，对于微生物而言，脱水将导致细菌质壁产生分离现象，从而影响其正常的生理代谢活动，在这一条件下，酶的活力也因蛋白质变性而失活，氧的含量也大大减少，从而有效地抑制了微生物的生长繁殖，使食品的保质期延长。

影响腌制的因素包括食盐的浓度和纯度、温度、腌制的方法和鱼体大小等。

2. 腌制方法及对食品品质的影响

（1）腌制剂

一般在腌制中使用腌制剂。腌制剂除了食盐以外，还有硝酸盐（硝酸钠、亚硝酸钠），可以使腌制品产生诱人的颜色；抗坏血酸（烟酸、烟酰胺）可帮助发色；而磷酸盐则可以提高鱼肉的持水性；选用糖和香料还可以起到调节风味的作用。

（2）腌制方法

按照使用腌制剂的方式，可以将水产品的腌制方法分为干腌法、湿腌法、动脉注射法或肌肉注射法、混合腌制法。

a. 干腌法

干腌法是将食盐或其他腌制剂干擦在原料表面，然后层层堆叠在容器内，先利用食盐的吸水性，在原料表面形成具有极高渗透压的溶液，使得原料中的游离水分和部分组织成分外渗，在加压或不加压的条件下在容器内逐步形成腌制液，成为卤水。反过来，卤水中的腌制剂又进一步向原料组织内扩展和渗透，最终均匀地分布于原料内。虽然干腌的腌制过程较为缓慢，但腌制剂与食品中的成分，以及各成分之间有充分的接触和反应，因而，干腌产品一般风味浓烈、颜色美观、结构紧密、储藏期长。我国许多传统名特优类腌制品均用此法制作。这类产品往往有固定的消费群体。

b. 湿腌法

湿腌法就是用盐水对原料进行腌制的方法。盐溶液配制时一般是将腌制剂预先溶解，必要时煮沸杀菌，冷却后使用。然后将食品浸没在腌制液中，通过扩散和渗透作用使原料组织内的盐浓度与腌制液浓度相同。根据不同产品选择不同浓度和成分的腌制液，腌鱼时常用饱和盐溶液。

c. 动脉注射法或肌肉注射法

动脉注射法是腌制液经过动脉血管被输送到肌肉组织中的腌制方法。肌肉注射法可用于各种肉块制品的腌制，无论是带骨的，还是不带骨的；自然形状的，还是分割下的肉块。此法使用针头注射，有单针的，也有多针的。除针头上有针眼以外，侧面也有多个小孔，以便于注射时使腌制液从不同角度和层次注入肌肉。

d. 混合腌制法

混合腌制法是将干腌渍法和湿腌渍法结合起来使用的一种复合方法。

（3）腌制对食品品质的影响

腌制过程包括盐渍和成熟两个阶段，而盐渍就是食盐和水分之间的扩散作用和渗透作用。在盐渍中，由于鱼肌细胞内的盐分浓度与食盐溶液中的盐分浓度存在浓度差，这就导致了盐溶液中的食盐不断向鱼肌内扩散和鱼肌内水分向盐溶液中渗透，从而最终使鱼肌脱水的作用，这一作用在整个盐渍过程中一直在进行，直至肌细胞膜内外两侧的浓度达到平衡，浓度差消失，渗透压降至零，此时便达到盐渍平衡，可让腌制品在卤水中再放置一段时间，以便其继续成熟。成熟是指在鱼肌内所发生的一系列生物和化学变化，这主要包括以下几个方面。

1）蛋白质在酶的作用下被分解为短肽和氨基酸，非蛋白氮含量增加，风味变佳。

2）在嗜盐菌解脂酶作用下，部分脂肪分解，产生小分子挥发性醛类物质，具有一定的芳香味。

3）肌肉组织大量脱水，一部分肌浆蛋白质失去了水溶性，肌肉组织网络结构发生变化，使鱼体肌肉组织收缩并变得坚韧。

4）加入的腌制剂中存在部分硝酸盐和亚硝酸盐，可使肌肉有一定的发色作用。

3. 水产腌制品加工工艺

水产腌制品主要包括盐腌制品、糟腌制品和发酵腌制品。盐腌制品主要用食盐和腌制剂对水产原料进行腌制，可采用干腌法、湿腌法或混合腌制法进行，用盐量为原料重量的25%～30%或饱和食盐水溶液，具体使用量及腌制时间一般视产品的要求和季节而定。糟腌制品是以鱼类等为原料，在食盐腌制的基础上，使用酒酿、酒糟和酒类进行腌制制成的产品，也称糟醉制品或糟渍制品。中国的糟腌制品多以米酿造的酒酿和酒加入适量的白砂糖和花椒等作为腌浸材料。制法是以青鱼、草鱼、鲤鱼、鲳鱼和海鳗等为原料鱼，经剖割洗净，加20%～23%的食盐腌渍7～10天，然后取出晒干或风干，装入小口缸内，再加入配好的腌材，密封储藏1～3个月成熟后，分装玻璃瓶或陶罐出售。这种腌制品肉质结实红润，香醇爽口。发酵腌制品为盐渍过程自然发酵成熟，或盐渍时直接添加各种促进发酵与增进风味的辅助材料加工而成的水产制品，多为别具风味的传统名产品，其中有盐渍中依靠鱼虾等本身的酶类和嗜盐菌类对蛋白质分解制得到的制品，如中国的酶香鱼、虾蟹酱、鱼露，日本的盐辛，北欧的香料渍鲱等。添加辅助发酵材料的制品有鱼鲊制品、糠渍制品，以及其他一些使用油酿、酒糟、米醋、酱油等材料腌制发酵的制品。

五、水产品的熏制加工

熏制品是原料经调理、盐渍、沥水、风干，通过与木材产生的烟气接触，赋予其特有风味和保藏性的一类制品。烟熏法也是人类在远古时代就掌握的一种鱼、肉加工方法。烟熏保藏不仅可以形成具有特殊烟熏风味的产品、增添花色品种；还可以使食品带有烟熏色，并有助于发色；也是防止腐败变质、预防氧化的重要方法之一。随着食品工业的发展和饮食要求的变化，熏制技术也得到了进一步的提高和发展。

1. 熏制加工原理

熏烟是由熏材的缓慢燃烧或不完全燃烧氧化产生的蒸气、气体、液体（树脂）和微粒固体的混合物。熏烟中含有有机酸、酚、醛、酮等成分。其中，酚与醛赋予制品特有的香味，酚溶于鱼体的皮下脂质，防止脂质氧化。另外，有机酸、酚和醛具有抑制微生物发育、增强制品储藏性的作用。烟熏的时间影响杀菌的效果。不产芽孢的细菌熏制3h可致死，芽孢对熏烟有抵抗性，芽孢形成后经过的时间越长，抵抗性越强。病原菌，如白喉杆菌、葡萄球菌，接触熏烟1h左右即死亡。熏烟有较强的杀菌效果，但不能渗入制品的内部，因而其防腐作用只限于制品的表面。熏烟是多种成分的混合物，现已有两百多种化合物被分离出来，这并不意味着熏制品中存在着所有这些化合物。熏烟的成分常受燃烧温度、燃烧室的条件、木材的种类、熏烟的发生方法（包括木片的大小）、燃烧方法和熏烟收集方法等的影响。熏烟中有不少成分对制品风味和防腐来说并不重要，一般认为熏烟中最重要的成分为酚类、醛类、酮类、醇类、有机酸类、酯类和烃类等。熏制就是利用熏材不完全燃烧而产生的熏烟，将其引入熏室，赋予食品储藏性和独特的香味。

2. 熏制方法

熏制品的生产一般经过原料处理、盐渍、脱盐、沥水（风干）、熏干等工序制得。熏制设备有熏室和熏烟发生器，以及熏烟和空气调节装置等。根据熏室的温度不同，可将熏制分成冷熏法、温熏法和热熏法。另外，还有液熏法和电熏法。

（1）冷熏法

冷熏法是将熏室的温度控制在蛋白质不产生热凝固的温度区以下（15～23℃），进行连续长时间（4～14 天）熏干的方法，这是一种烟熏与干燥（实际上还包括腌制）相结合的方法，制品具有长期保藏性。产品盐分含量为 8%～10%，制品水分含量约为 40%，保藏期为数月。鲑鳟类和鲱、鰤、鳕类及远东多线鱼等常被加工成冷熏品。

（2）温熏法

使熏室温度控制在较高温度（30～80℃），进行较短时间（3～48h）熏干的方法，目的是使制品具有特殊的风味。在 60℃以上的温度区加热时，原料肉的蛋白质将产生热凝固。制品的水分为 55%～65%，盐分为 2.5%～3.0%，保存性略差，可低温保藏，或在低温下再熏制 2～3 天，以熏干。主要原料有鲑、鳟、鲱、鳕、秋刀鱼、沙丁鱼、鳗鲡、鱿鱼、章鱼等。

（3）热熏法（调味熏制）

热熏法也称焙熏，在 120～140℃的熏室中进行短时间（2～4h）熏干。制品水分含量高，储藏性较差。由于热熏时蛋白质凝固，以致制品表面很快形成干膜，阻碍了制品内部的水分渗出，延缓了干燥过程，也阻碍了熏烟成分向制品内部渗透，因此，其内渗深度比冷熏浅，色泽较淡。

热熏法在德国最为盛行，产品水分含量高，所以储藏性差，生产后一般要尽快消费食用。

（4）液熏法

液熏法一般采用液态烟熏剂：按柠檬酸（醋）：水 = 20～30∶5∶65～75 比例；将原料鱼放在其中浸渍 10～20h，也可用熏液对原料鱼进行喷洒，然后进行干燥即可，也可将液熏剂置于加热器上蒸发，对原料进行熏制，这些都称为液熏法。根据产品的需要，可对以上方法组合使用。熏液中的酸性成分在生产去肠衣的肠制品时，有促进制品表面蛋白质凝固、形成外皮的作用；有利于上色和保藏。使用液态烟熏剂可降低产品被致癌物污染的机会，使用十分方便、安全。

（5）电熏法

将食品以每两个组成一对，通以高压电流，食品成为电极产生电晕放电。带电的熏烟被有效地吸附于鱼体表面，达到熏制的效果。但由于食品的尖突部位易于沉淀熏烟成分，设备运行费用也过高，所以尚难实用化。

3. 水产烟熏制品加工工艺

烟熏制品生产的国家很广，主要有俄罗斯、德国、丹麦、荷兰、法国、英国、波兰、加拿大、日本、菲律宾、印度尼西亚，以及非洲的一些国家。各国都以自己独特的方式生产制品，品种繁多。原料鱼种有鲑、鲱、鳕、鲐、带鱼、沙丁鱼、金枪鱼，以及柔鱼类、贝类等。

烟熏制品一般根据产品的要求而采用不同的加工工艺。下面以红鲑的棒熏为例介绍其加工工艺。

（1）加工工艺

原料处理→盐渍→修正→脱盐→风干→熏干→罨蒸→包装→冷藏

（2）工艺要求

a. 原料处理

选新鲜红鲑，取背肉和腹肉两块，充分洗净血液、内脏等污物。

b. 盐渍

在盐渍时先给背肉和腹肉抹上食盐，然后逐条按皮面向下、肉面向上的方式整齐地排列在木桶中，每层再撒盐渍，对盐渍后的鱼肉注入足够的25°Bé食盐水。

c. 修整

盐渍后的鲑鱼肉切除腹巢就算完成，但注意切片部位容易发生色变和油脂氧化，所以这些部位需要进行人工修整。

d. 脱盐

洗净鱼片后，在其尾部打一细结吊挂在木棒上，置于脱盐槽内吊挂脱盐。根据盐渍时盐水的浓度和水温等调整脱盐时间。一般盐水浓度为22°Bé～23°Bé、水温为44℃时，需脱盐 120～150h。大约经 100h 脱盐后，烤一片鱼肉尝试一下鱼的盐分，直到盐分略淡时为止。

e. 风干

将脱盐后的鱼片悬挂在通风好的室内，沥水风干 72h，直至表面充分沥水风干，鱼体表面出现光泽为止。风干不足有损于制品的色泽，但干燥过度，表面出现硬化干裂，不利于加工高质量的产品。

f. 熏干

熏干温度一般根据大气温度、原料情况做适当调整。常规标准如下。

3.6m 见方，高度 6m，吊挂 4 层，气温为 10℃，熏室温度为 18℃。

上述条件适宜在最初的 3～5 天内烟熏，5 天以后应增加火源，温度最高控制在 24℃，大约再熏干 15 天。在此期间，要上下翻动吊挂的鱼，或头尾交替吊挂，以使烟熏均匀。夜间加火源，白天风干，使鱼体水分均一。顶部的门开启 1/3 左右烟熏。白天停止烟熏期间，打开下部通风门和顶部窗。最初的 4～5 天，如果温度过高，表面会发硬，对产品不利，因此需逐渐升温。

g. 罨蒸

熏制结束后，拭去表面的尘埃，放在熏室或走廊内，堆积成 1～1.3m 的高度覆盖好后罨蒸 3～4 天，使鱼块内外干燥一致，色泽均匀良好。

h. 包装与储藏

用塑料袋进行真空包装。产品可在常温下流通，若需要长期保藏，则可采用低温储藏。

（3）其他调味熏制品

有时在鱿鱼、章鱼、贝柱、河豚、狭鳕等中加入食盐、砂糖、味精等调味料进行调味，甚至煮熟后再进行温熏。调味烟熏后的贝柱还可以再油浸、真空包装。用同样方法处理过的鲐鱼、河鳗、牡蛎常被制成油浸烟熏罐头。

六、水产罐头食品加工

我国水产资源非常丰富。水产罐头在加工中占有重要地位。随着生活水平的提高和生活方式的改变，水产罐头食品加工将会得到更快的发展。

水产原料品种很多，但受各种条件的限制，我国用于罐藏加工的水产原料品种仅有70多种。鱼类是水产罐头中处理量最大的一种原料，其中淡水鱼罐头制品的原料多为活、鲜原料，而海产鱼类由于捕获、运输等原因必须冷藏，在加工前再解冻。

1. 原料处理

鲜、活原料或经解冻后的原料需要经过一系列预处理加工，包括去内脏、去头、去壳、去皮、清洗、剖开、切片、分档、盐渍和浸泡等。预制条件直接影响产品的产量和质量，因此，要对其进行严格的控制和管理。

2. 水产罐头保藏原理

（1）水产罐头食品的微生物

水产原料的表皮和内脏附有大量细菌，罐装的目的就是通过加热或结合使用其他保存方法，杀灭食品中的微生物。其中 D 值的概念是，在规定的温度下杀死90%的细菌数（或芽孢数）所需要的时间。F 值表示在一定温度下杀死一定浓度细菌（或芽孢）所需要的时间，常为121.1℃或100℃时的致死时间。Z 值是指加热致死时间，或 D 值按1/10或10倍变化时所对应的加热温度的变化，它是加热致死曲线斜率的倒数。另一常用术语是杀菌值（F_0 值）。F_0 值是指当 Z 值为18°F时，在121℃下，杀死一定浓度的参比菌种所需要的时间。F_0 值可用下式表示：

$$F_0 = m \times \text{antilg}\frac{T-121}{18} \tag{5-1}$$

式中，m 为加热致死时间（min）；T 为加热杀菌温度（℃）。

（2）加热处理强度概念 F_0 值计算

确定杀菌条件一般有两种方法。一种是计算法，即根据容器的热传递及指标微生物的耐热性试验数据通过计算求得；另一种是试验法，即将指标微生物接种到食品中去，根据食品是否败坏来确定杀菌条件。一般情况下，先通过计算确定杀菌条件，再用指标微生物做接种试验，以验证其条件是否可靠。

用罐头温度测定仪测定罐内的冷点温度，查表获得相应的 L_i 值，累积起来，乘以测定的间隔时间，即为杀菌值（F_0 值），也可将罐内测得的温度与相应时间和 L_i 值标绘在坐标纸上，然后计算时间-L_i 曲线下的面积，将其和 $F=1$ 的单位面积相比，即为该罐头的杀菌值。

罐装水产品的 F_0 值一旦确定，厂家就必须采取措施，确保所有罐头都得到正确的热处理，使影响罐头热传递率的各种因素都能得到控制。在控制热处理程序实施方面，采用的最普遍的技术是拟订一个加热处理程序表。

3. 水产食品硬罐头生产工艺

水产罐头产品是将水产品装入马口铁罐、玻璃瓶等容器内，经排气、密封、杀菌等过程的产品。所用的罐藏容器不同，生产工艺也有所不同。

（1）水产食品硬罐头加工的一般工艺流程

水产食品硬罐头加工的一般工艺流程如下。

原料保藏和预处理→食品的装罐→排气→密封→杀菌和冷却→保温、检验、包装→储藏

（2）水产食品硬罐头加工的工艺要求

a. 装罐

水产食品硬罐头的罐装容器主要是镀锡薄板罐和玻璃罐。装罐前必须对容器进行清洗和消毒。将加工处理后的原料及时、迅速地装入清洁的镀锡薄板罐和玻璃罐中，装罐时要保持罐头一定的顶隙度，质量要求基本一致，严格防止夹杂物混入罐内。水产原料多为易碎的块状物品，大都采用手工装罐和加汤汁，加汤汁也可以用液体加汁机进行。

b. 排气

罐头的排气是食品装罐后，在密封前排除罐内空气的技术措施。某些产品在进入加热排气之前，或进入某种类型的真空封罐机之前要进行罐头的预封，预封是将罐盖钩与罐身钩稍稍弯曲勾连，其松紧程度以能使罐盖可沿罐身筒旋转而不脱落为合适，便于密封时卷封操作和防止加热排气后至密封工序过程中罐内温度下降过多而使罐头在加热排气或真空封罐过程中，罐内的空气、水蒸气和其他气体能自由地逸出。

常用的排气方法有加热排气、真空封罐排气、蒸气喷射排气和气体置换排气等。将食品装罐后，经过预封或不预封罐头送入排气箱中，在工艺规定的排气温度下，经过一定时间的加热，使罐头中心温度达到70～90℃，排气后的罐头应迅速密封。

c. 密封

密封是使罐内食品与外界完全隔绝的处理，采用封罐机将罐身和罐盖的边缘紧密卷合，称为罐头的密封。镀锡薄板罐的密封是通过封罐机的头道和二道卷封滚轮，将罐身的翻边部分（即身钩）和罐盖的钩边部分（即盖钩），包括密封填料胶膜，进行牢固、紧密的卷合，形成完好的二重卷边结构。罐头玻璃瓶的罐盖为镀锡薄板，它是依靠镀锡薄板卷边和密封填圈滚压在罐头瓶口边缘而形成密封的。目前国内采用的密封方法有卷边密封法（卷封密封法）、旋转式密封法（螺旋式密封法）、揿压式密封法等。

d. 杀菌和冷却

罐头加热杀菌处理一般为商业杀菌，杀菌过程表示如下：

$$t_h\text{–}t_p\text{–}t_c/\theta_s \tag{5-2}$$

式中，θ_s为杀菌锅内介质的规定恒温杀菌温度，一般用℃表示。t_h为杀菌锅内的介质由初温升高到规定的杀菌温度θ_s时所需要的时间（min）。蒸气杀菌是指从进蒸气开始至达到杀菌温度θ_s时的时间；热水杀菌是指通入蒸汽使热水达到沸腾（100℃）时所需要的时间，通常称为升温时间。t_p为杀菌锅内的介质达到规定的杀菌温度θ_s，在该温度下所维持的时间（min），通常称为恒温杀菌时间。t_c为杀菌锅内的介质由杀菌温度θ_s降低到出罐时的温度所需要的时间（min）；若是蒸气杀菌，该时间就是指降压冷却时间，通常称为冷即时间。

水产罐头常用的杀菌和冷却方法有高压水杀菌和冷却，多用于大直径扁罐和罐头玻璃瓶。此方法的特点是杀菌时能较好地平衡罐内压力，适于水产罐头这类低酸性食品的杀菌；空气反压杀菌和冷却用于那些容易变形的空罐。

e. 保温、检验

用保温储藏方法给微生物创造生长繁殖的最适宜温度，并且放置到微生物生长繁殖所需要的足够时间，观察罐头是否膨胀，以鉴别罐头质量是否可靠，杀菌是否充分，这就是

罐头的保温检验。水产类罐头采用37±2℃保温7昼夜的检验法，要求保温室上下四周的温度均匀一致。如果罐头冷却至40℃左右即进入保温室，则保温时间可缩短至5昼夜。

将保温后的罐头或储藏后的罐头排列成行，用敲音棒敲打罐头底盖，由其发出的声音来鉴别罐头的好坏。发音清脆的是正常罐头，发音混浊的是膨胀罐头。

除了保温检验和敲音检验，罐头出厂前还必须经过外观、真空度的开罐检验等。

4. 水产食品软罐头生产工艺

生产蛋白质含量较高、水分活度较大的水产品软罐头需要较复杂的工艺，对专用设备和包装容器的要求很高。国内的传统软罐头生产一直采用加压加热高温杀菌的工艺，软包装生产新技术有欧洲和美国的真空包装-巴氏杀菌工艺（Sous vide）和日本的气体置换包装-阶段杀菌工艺（新含气调理杀菌工艺）。

（1）加压加热高温杀菌水产食品软罐头加工的工艺流程

加压加热高温杀菌水产食品软罐头加工的工艺流程如下。

原料验收及选择→加工处理（清洗、预煮、调味等）→装袋→抽真空（或充入氮气）→热熔封口→高温加压加热杀菌→反压冷却→擦袋、检袋→保温检验→成品包装

（2）加压加热高温杀菌水产食品软罐头加工工艺要求

a. 装袋

装袋操作的要点：一是成品限位，软罐头成品的总厚度最大不得超过15mm，太厚会影响热传导，降低杀菌值。二是装袋量，装袋量与蒸煮袋容量要相适宜，不要装大块形或带棱角和带骨的内容物，否则会影响封口强度，甚至刺透复合薄膜，造成渗漏，从而导致内容物败坏。三是真空度，装袋应保持一定的真空度，以防袋内食品氧化、颜色褐变、香味变异。袋内空气排除方法有抽真空法、蒸气喷射法、压力排气法和热装排气法。

b. 热熔封口

一般封口采用热熔密封，即电加热和加压冷却使塑料薄膜之间熔融而密封，蒸煮袋最适宜封口温度为180～220℃，压力为0.3MPa，时间为1s。

c. 加热杀菌

软罐头食品杀菌时，升温阶段的系数必须得到修正，在相同加工工艺条件下，软罐头的杀菌值比马口铁罐头和玻璃瓶大，因此，可以用比同类罐头更短的杀菌时间而达到同样的杀菌效果。

5. 气体置换包装——阶段杀菌水产食品软罐头

气体置换包装——阶段杀菌在日本主要由小野食品兴业株式会社、小野食品机械株式会社及日本含气调理食品研究所研制，被称为新含气调理食品加工技术（new technical gas cooking system），是针对目前普遍使用的真空包装、高温高压灭菌等常规软罐头加工方法存在的不足而开发的一种软罐头食品加工新技术，同样适用于水产品。它是食品原料经预处理后，装在高阻氧的透明软包装袋中，抽出空气，注入不活泼气体并密封，然后在多阶段升温、两阶段冷却的调理杀菌锅内进行温和式灭菌。经过灭菌后的食品可在常温下保存和流通长达6～12个月；较完美地保存食品的品质和营养成分，食品原有的口感、外观和色香味几乎不会改变。这不仅解决了高温高压、真空包装工艺带来的品质劣化问题，而且也克服了冷冻、冷藏食品的货架期短、流通领域成本高等缺点。

新含气调理食品加工工艺流程可分为初加工、预处理、气体置换包装和调理灭菌4个步骤。

七、冷冻鱼糜和鱼糜制品加工

鱼经采肉、漂洗、精滤、脱水、搅拌和冷冻加工制成的产品称为冷冻鱼糜，将其解冻再经擂溃或斩拌、成型、加热和冷却工序就制成了各种不同的鱼糜制品。

鱼糜制品在我国已有悠久的历史，久负盛名的福建鱼丸，云梦鱼面，江西的燕皮，山东等地的鱼肉饺子等传统特产，便是具有代表性的鱼糜制品。我国于 1984 年开始进入较大规模的工业化生产，至 2008 年底为止，冷冻鱼糜和鱼糜制品的产量已达 80 多万吨，已形成了鱼丸、虾丸、鱼香肠、鱼肉香肠、模拟蟹肉、模拟虾肉、模拟贝柱、鱼糕、竹轮和天妇罗等鱼糜制品系列产品，以及鱼排、裹衣糜制品等冷冻调理食品。

1. 鱼糜制品加工的基本原理

（1）鱼糜制品的凝胶化

鱼糜肌肉在加热后形成的具有弹性凝胶体的蛋白质主要是盐溶性蛋白质，即肌原纤维蛋白质，它是由肌球蛋白、肌动蛋白和肌动球蛋白所构成的，是形成弹性凝胶体的主要成分。

1）凝胶化过程。在加工鱼糜制品时，在鱼糜中加入 2%～3%的食盐，经擂溃或斩拌，能形成非常黏稠和具有可塑性的肉糊，这是因为食盐使肌原纤维的粗丝和细丝溶解，在溶解中其肌球蛋白和肌动蛋白吸收大量的水分，并结合形成肌动球蛋白的溶胶。这种溶胶在低温下缓慢地，而在高温中却迅速地失去可塑性，形成富有弹性的凝胶体，即鱼糜制品。鱼肉的这种特性叫作凝胶形成能力，由于生产鱼糕的鱼肉都要求具有很强的凝胶形成能力，所以也叫鱼糕生成能力，这是衡量原料鱼是否适宜做鱼糜制品的一个重要标志。

在鱼糜制品生产上，一般低温长时间的凝胶化会使制品的凝胶强度比高温短时的凝胶化效果要好些，但时间太长，为此，生产中常常采用二段凝胶化以增加制品的凝胶强度。

2）凝胶形成能的鱼种差异性。凝胶形成能是判断原料鱼是否适合做鱼糜制品的重要判断标准，不同鱼种的凝胶形成能是不一样的。这种不同表现在两个方面：一方面是凝胶化速度，另一方面是凝胶化强度。

a. 凝胶化速度（凝胶化难易速度）

不同的鱼种凝胶化速度是不一样的，根据不同的鱼种在相同的温度条件下形成某一强度凝胶所需的时间不同，大致可分为以下三类。

凝胶化速度极快的鱼种：狭鳕、长尾鳕、远东拟沙丁鱼、远东多线鱼等冷水性鱼。

凝胶化速度一般的鱼种：飞鱼、马面鲀、竹荚鱼、蛇鲻、鮸和金线鱼等。

凝胶化速度较慢的鱼种：鲨鱼、罗非鱼等热带鱼，金枪鱼、带鱼、鲐鱼、海鳗、秋刀鱼、马鲛鱼等暖水性鱼类，以及鲤、鲫、白鲢等淡水鱼类。

b. 凝胶化强度（潜在凝胶形成能）

各种鱼类在最合适的条件（食盐 3%、pH 为 6.8、水分 82%）下形成的凝胶强度差异相当大，这除了与不同鱼类肌肉中肌原纤维的含量不同有关以外，还与肌球蛋白在形成网状结构中吸水能力的强弱有关。

盐擂鱼糜的凝胶化强度和凝胶化速度之间无相关性。鮸、油鲟、蛇鲻、飞鱼等易凝胶化，而且能形成很强的凝胶。远东拟沙丁鱼和远东多线鱼等能迅速凝胶化，但其凝胶强度差。旗鱼、细鳞鯻凝胶化速度慢，但其凝胶强度较好。

3）鱼糜制品的弹性。鱼体肌肉作为鱼糜加工原料经绞碎后其肌纤维受到破坏，在鱼肉中添加 2%～3%的食盐进行擂溃，肌纤维进一步被破坏，促进了鱼肉中盐溶性蛋白（肌球蛋白和肌动蛋白）的溶解，它与水发生水化作用，并聚合成黏性很强的肌动球蛋白溶胶，在加热中，大部分呈现长纤维的肌动球蛋白溶胶凝固收缩，并相互连接成网状结构固定下来，其中包含与肌球蛋白结合的水分。加热后的鱼糜便失去了黏性和可塑性，而成为橡皮般的凝胶体，因而富有弹性。

还在擂溃中加入了淀粉、水和其他调味料。这除了增加鱼糜的风味以外，淀粉在加热中，其纤维状分子能加强肌动球蛋白网状结构的形成，因而可起到增强制品弹性的作用。

（2）影响鱼糜制品弹性的因素

不同鱼种，或者同一种鱼经不同的加工工艺会使制品产生不同的弹性效果，影响鱼糜制品弹性效果的因素如下。

a. 鱼种对弹性的影响

由于鱼种不同，其肌动球蛋白的含量和热稳定性就不同，因而鱼糜的凝胶形成能就有很大的差异。就大部分鱼类来讲，小型鱼加工成的鱼糜制品的凝胶形成能比大型鱼要差些。大部分淡水鱼比海水鱼的弹性要差，软骨鱼比硬鱼骨的弹性要差，红肉鱼类比白肉鱼类要差。

b. 盐溶液性蛋白的影响

鱼糜制品在弹性上的强弱与鱼类肌肉中所含的盐溶性蛋白，尤其是肌球蛋白的含量直接有关。一般来讲，白色肉鱼类肌球蛋白的含量较红色肉鱼类的含量高，所以制品的弹性也就强些，如飞鱼、带鱼、蛇鲻、马面鲀和真鲷等。另外，即使在同一种鱼类中也存在这种盐溶液性蛋白含量与弹性强弱之间的正相关性，一般而言，肌肉中的盐溶液性蛋白含量较高，肌动球蛋白 Ca-ATPase 活性越大，则其相应的凝胶强度和弹性也越强。

c. 鱼种肌原纤维 Ca-ATPase 热稳定性的影响

热稳定性就是指鱼体死后，在加工或储藏过程中肌原纤维蛋白质变性的难易和快慢，稳定性好表明蛋白质变性速度慢，Ca-ATPase 失活少。不同鱼种由强至弱依次为非洲鲫鱼＞鳗鲡＞鲤鱼＞鲫鱼＞虹鳟＞鲟鲉＞狭鳕。Ca-ATPase 的热稳定性与这些鱼类栖息环境水域的水温有很强的相关性。作为肌原纤维蛋白质变性指标的 Ca-ATPase，活性有明显的种特异性，且与栖息水温有密切关系，生活在热带水域的鱼种 Ca-ATPase，其热稳定性要高于在冷水性环境中生活的鱼种，而且 Ca-ATPase 失活速率较慢，这种差异也可通过凝胶形成能表现出来。

d. 捕获季节弹性的影响

鱼类在产卵后 1～2 个月内，其鱼肉的凝胶形成能和弹性都会显著降低。例如，4 月下旬至 5 月产卵后的狭鳕凝胶形成能力很弱，6～7 月肉质慢慢恢复，到 8 月可恢复到原状，凝胶形成能逐渐增强，弹性恢复。

e. 鱼肉化学组成对弹性的影响

一般白色肉鱼类蛋白质变性速度比红色肉鱼类等要慢，因而用鲐鱼、沙丁鱼、竹荚鱼和兰园鲹等红色肉鱼类做鱼糜制品的原料时，常由于蛋白质的迅速变性而影响到制品的弹性。红色肉鱼类蛋白质容易变性的原因是，其肌肉的 pH 偏低和水溶性蛋白质含量较高。

为使红色肉鱼糜制品弹性提高，一般采用清水和淡碱盐水溶液对红色肉鱼糜进行漂洗，这样既达到了提高鱼糜的 pH 的目的，又达到了除去水溶性蛋白质而相对提高盐溶性蛋白含量的目的，从而提高了鱼糜制品的弹性。

f. 鱼鲜度对弹性的影响

鱼糜制品的弹性与原料鱼的鲜度有一定的关系，随着鲜度的下降，其凝胶形成能和弹性也就逐渐下降。这主要是因为随着鲜度下降，肌原纤维蛋白质的变性增强，肌动球蛋白溶解度下降，从而失去了亲水性，即在加热后形成包含水分少或不包含水分的网状结构而使弹性下降。

g. 漂洗对弹性的影响

鱼糜漂洗与否直接影响制品的弹性，对红色肉鱼类的鱼糜或鲜度下降的鱼糜尤其如此。鱼糜经过漂洗后，其化学组分发生了很大的变化，主要表现在经过漂洗后，其水溶性蛋白质、灰分和非蛋白氮的含量均大量减少。漂洗可将水溶性蛋白质等影响因素除去，同时又起到提高肌动球蛋白相对浓度的作用，可提高鱼糜制品的弹性。

h. 冻结储藏对弹性的影响

鱼类经过冻结储藏，凝胶形成能和弹性都会有不同程度的下降，肌肉在冻结中，由于细胞内冰晶的形成，会产生很高的内压，导致肌原纤维蛋白质发生变性，一般称之为蛋白质冷冻变性。一旦发生蛋白质冷冻变性的情况，盐溶性蛋白质的溶解度就下降，从而导致制品弹性下降。

2. 鱼糜制品加工的辅料和添加剂

在鱼糜制品中添加的辅料包括鱼糜用水、淀粉、植物蛋白、蛋清、油脂、明胶、糖类等，而添加剂包括品质改良剂、调味品、香辛料、杀菌剂、防腐剂和食用色素等。

为了改善和提高鱼糜制品的弹性、食味、外观、保藏期、营养价值等，除了在制品中添加上述辅料以外，还可以根据产品的要求，添加乳化稳定剂、抗氧化剂、辅助呈味剂、保水剂、pH 调节剂、发色剂、防腐剂和抗冻剂等。

3. 冷冻鱼糜生产技术

冷冻鱼糜又称生鱼糜，是指经采肉、漂洗、精滤、脱水过程，并加入抗冻剂冻结之后得到的糜状制品，按生产场地分，其可分为海上鱼糜和陆上鱼糜，海上鱼糜的弹性和质量更好。根据是否添加食盐，其又可分为无盐鱼糜和加盐鱼糜。在狭鳕、拟沙丁鱼类容易凝胶化的鱼类中采用无盐鱼糜的方式较稳定；加盐鱼糜在鲐鱼和鲨鱼等不容易凝胶化的鱼类中使用，并且在只需短时期储藏时采用，需长期储藏则用无盐鱼糜冷藏较合适。

（1）冷冻鱼糜生产工艺流程

原料鱼→前处理→水洗（洗鱼机）→采肉（采肉机）→漂洗（漂洗装置）→脱水（离心机或压榨机）→精滤（精滤机）→搅拌（搅拌机）→称量→包装（包装机）→冻结（冻结装置）

（2）冷冻鱼糜生产工艺要求

a. 鱼种的选择

可以用作鱼糜制品的鱼类品种有很多，有 100 余种。考虑到产品的弹性和色泽，一般选用白色肉鱼类，如用白姑鱼、梅童鱼、海鳗、狭鳕、蛇鲻和乌贼等做原料。但在实际生产中，红色肉鱼类，如鲐鱼和沙丁鱼等中上层鱼类的资源较丰富，仍是重要的加工原料，此外，还必须充分利用丰富的淡水鱼资源，如鲢鱼、鳙鱼、青鱼和草鱼等。

b. 原料鱼的处理和洗净

目前，原料鱼处理基本上还是采用人工方法。先将原料鱼洗涤，除去表面附着的黏液和细菌，然后去鳞、去头、去内脏，切割后，再用水进行第二次清洗，以除清腹腔内的残余内脏或血污和黑膜等，清洗一般要重复2～3次，水温应控制在10℃以下，以防止蛋白质变性。

在国外，尤其是在渔船上加工，鱼体的处理已采用切头机、除鳞机、洗涤机和剖片机等综合机器进行自动化加工，国内一些以生产鱼糜和鱼糜制品为主的企业也已开始陆续配备这些设备，从而大大提高了生产效率。

c. 采肉

鱼肉的采取方法是，自20世纪60年代开始使用采肉机，即用机械法将鱼体的皮骨除掉而把鱼肉分离出来的过程。采肉机的种类分为滚筒式、圆盘压碎式和履带式3种。目前使用较多的是滚筒式采肉机，在采肉时升温要小，以免蛋白质热变性。

d. 漂洗

漂洗指用水或水溶液对所采的鱼肉进行洗涤，以除去鱼肉中的水溶性蛋白质、色素、气味和脂肪等成分。对鲜度差的或冷冻的原料鱼以漂洗方式来改善鱼糜的质量很有效果，弹性和白度都有明显提高。

漂洗的方法是，用3～5倍量的清水漂洗，水的用量为鱼∶水＝1∶5～10，根据需要，按比例将水注入漂洗池与鱼肉混合，慢速搅拌8～10min，使水溶性蛋白等成分充分溶出，静置10min使鱼肉充分沉淀，洗去表面的漂洗液，如此重复3～5次。最后一次可用0.15%的食盐水溶液进行漂洗，以使肌球蛋白收敛，脱水容易。

e. 脱水

鱼肉经漂洗后水量较多，必须对其进行脱水处理，脱水的方法有3种：①用过滤式旋转筛脱水；②用螺旋压榨机压榨；③用离心机脱水，在2000～2800r/min下离心20min即可，量少时可将鱼肉放在布袋里绞干脱水。脱水后要求鱼糜水分含量在80%～82%。

f. 精滤、分级

精滤、分级由精滤机完成，根据鱼体肉质的差异，用两种不同的工艺。采中上层红色肉鱼类，如沙丁鱼、鲐鱼等经漂洗、脱水后，通过精滤机将细碎的鱼皮、碎骨等杂质除去。白色肉鱼类，如狭鳕、海鳗、鲨鱼等的精滤工艺稍有不同，它们是在漂洗后脱水、精滤、分级、再脱水。经漂洗后的鱼糜用网筛或滤布预脱水，然后用高速精滤分级机分级。

g. 搅拌

搅拌的目的是将加入的抗冻剂与鱼糜搅拌均匀，以降低蛋白质冷冻变性的程度，由搅拌捏和机完成。目前应用较多的标准抗冻剂配方为：蔗糖4%、山梨醇4%、三聚磷酸钠0.15%、焦磷酸钠0.15%、蔗糖脂肪酸酯0.5%，有效地降低了蛋白质冷冻变性的程度。

h. 称量与包装

将鱼糜输入包装充填机中，由螺杆旋转加压，挤出厚4.5～5.5cm×宽3.5～3.8cm×长55～58cm的条块，每块切成10kg，用聚乙烯塑料袋包装。

i. 冻结和冻藏

将袋装鱼糜块用平板冻结机冻结，然后以每箱二块装入硬纸箱中，运入冷库中冷藏。冷藏时间以不超过6个月为宜。

整条冷冻鱼糜生产的工艺设备流程图见图5-27。

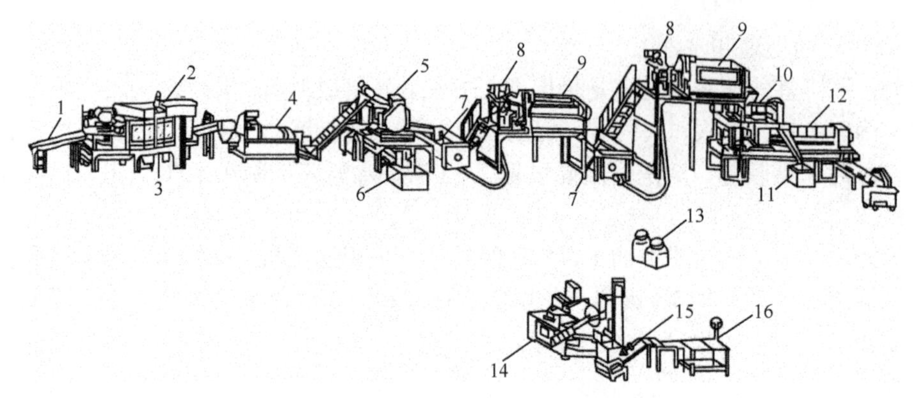

图 5-27　冷冻鱼糜生产的工艺设备流程图

1-原料鱼；2-预处理机；3-鱼头内脏；4-洗鱼机；5-采肉机；6-皮和骨；7-漂洗槽；8-泵；9-旋转塞；10-精滤机；11-筋和鳞；12-旋转压缩机；13-抗冻剂；14-混合调配机；15-充填机；16-计量器

4. 鱼糜制品生产

鱼糜制品的主要种类包括鱼丸、鱼糕、鱼香肠、鱼肉火腿、鱼卷、鱼面、燕皮、模拟蟹肉、模拟虾仁、模拟干贝、鱼排、海洋牛肉等。

（1）鱼糜制品一般加工工艺

1）鱼糜制品一般加工工艺。

冷冻鱼糜→解冻→擂溃或斩拌→成型→凝胶化→加热→冷却→包装→储藏

2）鱼糜制品加工工艺要求。

a. 解冻

从冷库取出冷冻鱼糜，采用 3～5℃空气或流水解冻法，待鱼糜制品温度回升到—3℃易于切割时即可，注意切勿使其完全解冻，以免影响鱼糜的功能性和切割处理的效率。经解冻和切割处理之后，鱼糜制品温度为–1～0℃，此外，加盐冷冻鱼糜因冻结点较低，解冻速度较慢。

b. 擂溃或斩拌

擂溃分为空擂、盐擂和调味擂溃 3 个阶段。

空擂：将鱼肉放入擂溃机内擂溃，通过搅拌和研磨作用使鱼肉的肌纤维组织进一步被破坏，为盐溶性蛋白的充分溶出创造良好的条件，时间一般为 5min 左右。

盐擂：在空擂后的鱼肉中加入鱼肉量为 1%～3%的食盐继续擂溃的过程。擂溃使鱼肉中的盐溶性蛋白质充分溶出，鱼肉变成黏性很强的溶胶，时间控制在 15～20min。

调味擂溃：在盐擂后，再加入砂糖、淀粉、调味料和防腐剂等辅料，并使之与鱼肉充分均匀，一般可使上述添加的辅料先溶于水再加入，另外，还需加入蔗糖脂肪酸酯，使部分辅料能与鱼肉充分乳化，从而促进盐擂鱼糜凝胶化的氯化钾、蛋清等弹性增强剂应该在最后加入。

擂溃所用的设备主要是擂溃机。近几年，许多加工企业开始使用斩拌机代替擂溃机，用于生产鱼糜制品。斩拌机能使未解冻的鱼糜迅速解冻，盐擂时间可缩短至 10min 左右，辅料的加入和擂溃后的取肉都很方便，而且制品的弹性、光泽等质量指标也不亚于使用擂溃机的效果，其使用已越来越普遍。

为提高鱼糜制品的质量，可使用真空擂溃机和真空斩拌机，以便把在擂溃等加工中混入鱼糜的气泡驱走，使其对质量的影响降低到最低限度。

c. 成型

经配料、擂溃后的鱼糜具有很强的黏性和一定的可塑性，可根据各品种的不同要求，加工成各种各样的形状和品种，再经蒸、煮、炸、烤、烘和熏等多种不同的热加工处理，即成为鱼糜制品。

鱼糜制品的成型一般采用成型机来进行加工，如鱼丸成型机、三色鱼糕成型机、鱼卷成型机、天妇罗万能成型机、鱼香肠自动充填结扎机、各种模拟制品的成型机等。

d. 凝胶化

鱼糜在成型后加热之前，一般需在较低的温度条件下放置一段时间，以使鱼糜制品凝胶化。

e. 加热

加热方式包括蒸、煮、焙、烤、炸五种。加热设备包括自动蒸煮机、自动烘烤机、鱼丸和鱼糕油炸机、鱼卷加热机、高温高压加热机、远红外线加热机和微波加热设备等。

f. 冷却

加热完毕的鱼糜制品大部分都需要在冷水中急速冷却。以鱼糕为例，加热完成后迅速放入10～15℃的冷水中降温，使鱼糕吸收加热时失去的水分，防止发生皱皮和褐变现象，并能使鱼糕表面柔软和光滑。加工鱼香肠时，加热后将其投入0～10℃的冷水中急速冷却30min后再取出。急速冷却后的制品的中心温度仍然较高，通常还要放在冷却架上使其自然冷却。

g. 包装与储藏

对鱼糕、鱼卷和模拟制品等均需要进行包装，一般都采用自动包装机或真空包装机，包装好制品再装箱，放入冷库（0±1℃）中储藏待运。

（2）加工产品

鱼糜制品种类繁多，鱼丸（鱼圆）是我国产量最高的一种鱼糜制品，包括福州鱼丸、鳗鱼丸、花枝丸、夹心鱼丸和油炸鱼丸等；鱼糕，如单色、双色和三色鱼糕，方形、圆形和叶片形鱼糕，板蒸、焙烤和油炸鱼糕等；鱼香肠，包括鱼肉香肠、藻类鱼香肠等。

鱼卷是一种串状焙烤鱼糜制品，也称竹轮；模拟蟹肉和模拟虾肉，是以狭鳕鱼糜为原料，辅以淀粉、砂糖、蟹味调料液等配料，经斩拌、蒸煮、火烤等诸多工序加工而成的产品，又称仿蟹腿肉、蟹足棒。

八、水产品加工 HACCP 安全保障体系

1. HACCP 体系

（1）HACCP 体系的概念

HACCP 体系是基于科学的原理，通过鉴别食品危害、采用重点预防措施，来确保食品安全的一种食品质量控制体系。国际食品法典委员会（Codex Alimentarius Commission，CAC）对 HACCP 体系的定义是：鉴别和评价食品生产中的危险与危害，并采取控制的一种系统方法。HACCP 体系由两部分程序组成，一是食品的危害分析（HA），要求识别食品安全危害中重要的危害；二是建立关键控制点（CCP）这一措施，以减少、防止或剔除影响食品安全的重要危害。有关于 HACCP 体系的细节并无一致的看法，但总体有以下 7 项原则：进行危害分析；确定关键控制点；设定关键限值；建立监控程序；制定纠偏措施；确认验证程序；建立记录保存系统。

（2）HACCP 体系的产生和发展

HACCP 体系始于 20 世纪 60 年代，当时美国在实行阿波罗计划，由美国 Pillsbury 公司与美国国家航空航天局（NASA）和美国军事 Natick 实验室合作研制航天食品，它们采用“零缺陷”方法，致力于建立防止沙门氏菌等有害微生物污染宇航员食品的控制体系，来确保航天食品的微生物安全，HACCP 作为预防性微生物安全控制体系，由此应运而生。

1971 年在美国国家食品保护会议上，HACCP 体系的概念首次正式发表。1989 年 11 月，美国食品微生物标准顾问委员会（NACMCF）制定并批准了第一个 HACCP 体系的标准版本，题为《用于食品保护蛋黄酱、盒饭、冻虾、罐头、牛肉食品、糕点的 HACCP 原则》。20 世纪 80 年代以来，FAO 和世界卫生组织（WHO）都致力于向发展中国家介绍推广 HACCP 体系。1991 年 6 月，由 FAO/WHO 组成的食品法典委员会（CAC）起草一个推行 HACCP 计划的文件。1997 年 10 月，CAC 公开采用了最新的修订本，全球化的 HACCP 文本被命名为《HACCP 体系及其应用指南》，该指南得到了国际上的广泛接受和普遍采纳，已经成为世界范围内生产安全食品的准则。在 HACCP 体系指导下，对食品中的微生物、化学和物理三方面危害加以分析和评估，有力地保障了食品安全性的生产，有效地强化了食品安全性的管理。

（3）HACCP 在各国的推广和应用

HACCP 作为食品安全保障体系获得了广泛的接受，目前是国际公认的能确保食品安全的有效控制管理体系之一。美国是世界上最早应用 HACCP 原理的国家，并在部分食品加工制造业中强制性实施 HACCP 的立法和监督工作，1999 年 FDA 将 HACCP 写入其《食品法典》（Food Code）中。加拿大在 20 世纪 90 年代推出一个食品安全强化计划（food safety enhancement program），要求在所有农业食品中推行 HACCP 原理，企业建立自己的 HACCP 计划，农业部门对 HACCP 计划的实施情况进行评估。欧盟于 1993 年对水产品的卫生管理实行新制度，逐步实施 HACCP 管理。在 2000 年 7 月 17 日的布鲁塞尔会议上，欧盟在公布的 4 个法规提案中谈到，应在食品行业中强制推行 HACCP 体系，并对实施 HACCP 体系企业的有关记录进行监控。澳大利亚食品业已经与本国贸易联盟理事会签订了正式协议，要把 HACCP 引入各种食品企业中。

中国于 20 世纪 80 年代中后期开始关注应用 HACCP 体系，原国家商检局、农业部分别在 1990 年、1997 年和 1998 年派遣专家赴 FDA 和 FSIS 参加 HACCP 培训交流，并多次邀请国外专家来华讲课。HACCP 逐步开始在部分出口食品加工企业的注册卫生规范中得到应用。从 1997 年 12 月 18 日起，我国主管部门要求在输美水产品企业中强制实施 HACCP 认证。目前，在罐头类、禽肉类、茶叶、冷冻类等食品加工领域中正在试点性应用 HACCP 体系。

（4）HACCP 体系的优点

HACCP 体系作为当今国际上推崇的食品安全保障体系，其优点如下：①HACCP 克服了传统食品质量控制方法的缺点，从过去仅仅过分依赖终端产品的检验转变为建立起一套科学的、有效的、预防性的针对食品安全的质量保证体系；②HACCP 是一种具有预见性而非反应性的控制方法，通过事前预防措施，可以显著减少产品的损失，而且体系运行成本较低，具有良好的经济效益；③HACCP 已得到国际权威机构 FAO/WHO 共同组建的 CAC 的推崇和认可，被认为是当今控制食品中食源性疾病的最有效的方法；④HACCP 增进了食品生产商自身对食品安全的责任感，增强了产品质量安全可靠的信心，帮助企业积极参与到国际市场的有效竞争中；⑤HACCP 可与其他质量管理体系一同运作，它主要针对涉及从土地到餐桌全程食品链的食品安全的各个方面，是对其他 QM 体系的补充；⑥HACCP 也是有关食品生产的一种检查方法，它使政府职能部门有可能更有效和更高效地进行食品安全质量的监督管理。

2. HACCP 体系的实施步骤和前提基础条件

（1）HACCP 体系的实施步骤

HACCP 体系是识别、评估并控制食品安全性危害的一种系统方法。它的应用必须根据实施食品对象的不同而具体分析，不同产品在各个细节方面存在差异，但总体上可以按照下列步骤依次具体实施（图 5-28）。

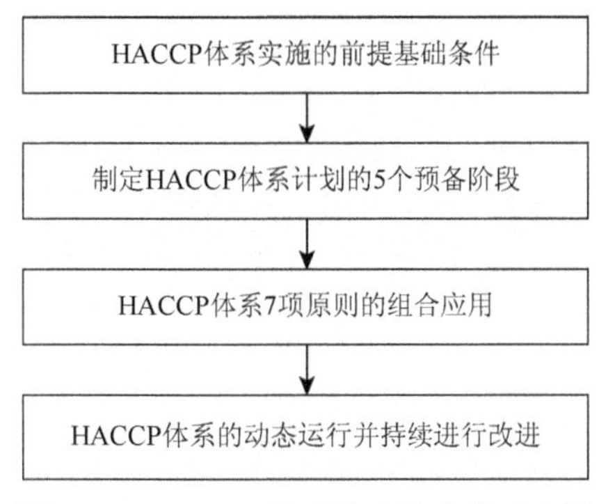

图 5-28　HACCP 体系的实施步骤示意图

（2）HACCP 体系实施的前提基础条件

HACCP 体系实施的前提基础条件可分为以良好操作/作业规范和卫生标准操作规范为框架的两个条件。

a. 良好操作/作业规范

良好操作/作业规范（Good Manufacturing Practice，GMP）又称优良制造规范。GMP 是一种特别注重制造生产过程中产品质量与卫生安全的自主性管理制度，当用于食品的生产管理时就称为食品 GMP。

GMP 最早诞生于美国，1963 年美国食品药品监督管理局（FDA）首先制定了药品的 GMP，目的在于确保药品的质量，并于第 2 年，即 1964 年，强制实施药品 GMP。1969 年美国公布食品 GMP 基本法，即《食品制造、加工、包装储存的现行良好制造规范》，日本、加拿大、新加坡、德国、澳大利亚、中国台湾等都在积极推广食品 GMP，我国于 1998 年发布了《膨化食品良好生产规范》和《保健食品良好生产规范》两部中国版的食品 GMP，这也是我国首批食品 GMP 标准。

食品 GMP 的基本出发点是建立健全食品质量管理体系，将人为过失降至最低限度，防止食品在制造过程中遭受污染及出现品质劣化现象。GMP 强调从事后把关变为工序控制，从管结果变为管因素。目的是保证食品在卫生状态下制造、加工、包装、储藏和运输，保证食品可以安全食用，保证食品有正确而且必要的标示。食品 GMP 的管理要素可归纳为 4 个“m”：①人员（man）：要由合适的人员来制造和管理；②原料（material）：要选用优良的原材料来制造；③设备（machine）：要采用标准的厂房和合格的机器设备来制造；④方法（method）：要遵循既定的最适方法来制造。GMP 的重点是确保食品生产过程的安全性；防止异物、毒物、有害微生物污染食品；它具备双重检验制度，防止人为过失；它建立完善的生产记录、报告存档的管理制度和标签管理制度。

b. 卫生标准操作规范

卫生标准操作规范（sanitation standard operation procedure，SSOP）是关于食品生产企业如何满足卫生条件和如何按卫生要求进行生产的条例。它是 HACCP 实施的基础之一，是建立在现代 GMP 的基础上，为食品加工企业生产者编写符合卫生条件和操作的程序。

我国政府历来重视食品的卫生管理，1999 年 4 月正式执行的《中华人民共和国食品卫生法》中第八条就规定食品生产经营过程必须符合卫生要求，20 世纪 80 年代中期我国政府开始食品企业质量管理规范的制定，从 1988 年起，先后制定了一批食品企业卫生规范，这些规范的指导思想和 SSOP 类似，规范主要围绕预防和控制各种有害因素对食品的污染，保证食品安全卫生这一目的要求而相应制定。

3. 制定 HACCP 计划实施的 5 个预备阶段

HACCP 计划的原理逻辑性强，简明易懂。但由于食品企业生产的产品特性不同，加工条件、生产工艺、人员素质都不同，因此，在 HACCP 体系的具体建立过程中，在有效地应用 HACCP 七大原则之前，可采用 CAC 中食品卫生专业委员会的 HACCP 工作组专家推荐的 5 个预备步骤，以一种循序渐进的方式来制定 HACCP 体系。

第一步：组建 HACCP 小组。

HACCP 小组的主要工作职责是负责从 5 个预备步骤开始一直到七项原则实施的 HACCP 计划全过程。HACCP 小组成员必须由掌握相关专业知识的人员构成，他们应熟悉并具备相关专业内容，因此，小组成员应包括微生物学专家、食品加工工艺专家、质量控制负责人、食品工程设备专家、包装专家和原料采购等人员。

第二步：进行产品描述。

HACCP 小组建立以后，应首先开始对 HACCP 计划所覆盖的产品进行充分的描述，它通常包括如下内容：产品的名称；产品的原材料和成分；产品的重要物理、化学特性（如 pH、A_w 等）；产品的加工步骤；产品的储存、包装和销售方式等。

第三步：确定产品用途及使用方式。

实施这一步骤时，HACCP 小组必须考虑产品的消费人群，特别应关注老人、婴儿、孕妇、营养失调者这些脆弱人群食用产品时存在的潜在危害。除此以外，还必须确定产品的使用方式，即食品是直接食用，还是需要烹饪加热后才能食用等。

第四步：绘制产品生产工艺流程图

HACCP 小组必须确定食品加工中的每一个工序，绘制出完整的工艺流程图，原料选择、接受、生产、分销、消费者的反馈意见等都应反映在流程图中。流程图上的每一个步骤要简明扼要，但必须清晰细致，这一步为 HACCP 小组进行危害分析打下了基础。

第五步：现场确认流程图

HACCP 小组此时需要参观加工现场，在充分理解加工流程图的基础上，将已完成的流程图与实际生产操作过程进行比对和审核，并在不同时间操作阶段检查生产工艺，确保流程图的真实有效性。

4. HACCP 体系的七项原则

HACCP 作为当今国际上最具有权威的食品安全保障体系，其原理经过实践的应用和修改，已被 CAC 确认，由以下七项原则组成。

（1）建立危害分析（hazard analysis）

这一步是对某一食品生产链（包括原材料的生长、收获、接收、食品加工、储存、运输、销售，一直到烹饪和消费者食用等所有阶段）中有关的各种微生物、化学和物理性因素对人所造成的危害和其危险性逐一进行详细的阐述和评估，确定可能出现的高风险性危害，并考虑、制定控制这些危害应该采取的各种预防保护措施。

危害分析有两个基本要素：①鉴别可对消费者健康带来危害或引起产品腐败变质的物质；②详细了解这些危害是如何产生的。危害分析必须是定量的，需要评估危害的严重性和风险性。一般不对低风险的危害做进一步的考虑。

（2）确定关键控制点（critical control points，CCP）

CCP 是指可实施控制手段以使危害能被防止，消除或减少到可接受水平的一个点、工序或步骤。CCP 这一加工工序一旦失去控制，就会导致不可容忍的健康危害。CCP 是保证食品安全的有效控制点，其本身不能执行控制，需要建立相对应的防止措施或手段，以确保危害能正确、及时地得到控制。

在 HACCP 体系的危害分析控制过程中，应根据危害的风险与严重性仔细确定 CCP。生产中可能会有很多控制步骤，这其中有些是与安全控制无直接相关的控制步骤，而可能是产品的法定属性或是质量的控制点，它们就不能算作关键控制点，一般可称为加工控制点。

典型的 CCP 例子有巴氏灭菌、蒸煮加热、冷却、腌制和包装等步骤。

（3）建立确保 CCP 得到控制的极限标准

这一步骤包括制定 CCP 的各项预防措施必须达到的极限值。判断某一环节的 CCP 是否得到了真正的控制，就必须有一个可衡量的标准，它是区分可接受和不可接受的准则。CCP 预防性措施的极限标准可以是定性的，如感官属性的判定一般采用描述性文字；也可以是数字定量的，通常使用较易控制的物理、化学参数，如时间、温度、湿度、pH、有效氯含量等。这是 HACCP 中最重要的部分，它保障了最终产品的安全和质量。

（4）建立监控 CCP 的具体措施

当 CCP 和控制限定标准建立之后，就需要对其实施有效的监控措施。监控是指以设定的频率对每个 CCP 的工序和加工过程进行检查的行动，并将监测结果与已制定的标准相比较，评估 CCP 是否在控制之中。监控是判定加工过程管理和维持控制管理的技术程序。

监控内容可总结为 4W1H，即监控什么（what）、监控哪里（where）、谁监控（who）、何时监控（when）和如何监控（how）。监控时应根据关键限制值的性质、方法的可行性、实际的时间和操作的费用，采用连续/间隔方式进行观察或测量。所有的观察或测量结果必须记录在检查表或控制图上，并有监控人员和公司负责检查的认可人员的签名，这也是监控程序的组成部分。

（5）制定纠偏行动

HACCP 体系在实际运行过程中，难免会有偏差发生。因此，一旦偏差出现，即监控结果与已制定的 CCP 对应的极限值不符时，表明操作失控，必须采取补救和纠正措施。纠偏行动是一套行动预案，是文件化的书面程序，可有效保证偏差发生时食品得到合理的处置。

（6）确认验证程序

这一步涉及两个内容：确认和验证。确认是指除通过监控来测定是否符合 HACCP 计划之外，还可应用其他方法、程序、测试进行评估。确认能证明 HACCP 计划是否得到切实执行。确认的形式有仪器校准、样品分析、记录检查、HACCP 计划检查等。

验证是收集证据证明 HACCP 计划行之有效，证明计划的有效性。验证过程是在维持 HACCP 系统和确保其工作连续有效的基础上进行的，内容包括对 CCP 极限值的验证、核实记录等，其中关键极限值的验证是重点。验证方法有：随机抽样分析；对经灭菌处理的产品做细菌培养实验；产品是否符合预期或标示的保质期实验；成品检验实验等。

（7）保存记录和文件

整个 HACCP 计划中必须建立完整的文档记录，这一步骤是建立 HACCP 体系有效的档案保管制度。这不仅要求准备并保存一份书面的 HACCP 计划，计划中应包括危害分析、预防措施、CCP 和极限值、监控的程序和形式、纠正行动计划，以及确认和验证的程序及形式等，同时还要求保存计划运行过程中产生的所有记录。完整的记录是 HACCP 体系成功运行的关键之一。

已批准的 HACCP 计划方案和有关记录应存档，由专人负责保管，所有文件和记录均应装订成册，以便管理监督部门的检查。良好的作业规范和 HACCP 体系的实施可以减少危害的产生。

5. ISO9000 标准

ISO9000 标准是国际标准化组织（ISO）为企业科学经营管理以保证产品质量制定的国际标准。用于证实组织具有提供满足顾客要求和符合法规要求的产品的能力，可以提高产品的信誉、减少重复检验、削弱和消除贸易技术壁垒；可以公正、科学地对产品和企业进行质量评价和监督；可以作为顾客对供方质量体系审核的依据。而 HACCP 体系是预防性食品安全质量控制体系。其不同点是：ISO9000 标准适用于各类行业，HACCP 体系目前主要应用于食品行业；实行 ISO9000 标准是企业的自愿行为，而实施 HACCP 体系则逐渐由自愿向强制过渡。ISO9000 标准与 HACCP 体系虽然有差别，但它们的很多要求和程序是相互兼容的，如记录、培训、文件控制、内部审核等。实践证明二者结合有利于企业的管理和生产向更加科学、规范和有效的方向发展。2001 年 ISO 将 HACCP 原理引入 ISO9000 标准中，形成新的标准，即 ISO15161：2001（E）-ISO9001：2000 在食品和饮料工业中的应用指南。

第五节　渔业信息技术概述

一、渔业信息技术的概念与内涵

1. 渔业信息技术的概念

信息技术是指在信息的产生、获取、存储、传递、处理、显示和使用等方面能够扩展人的信息器官功能的技术，随着经济的发展、科学技术的进步，现代信息技术已发展成为一门综合性很强的高新技术群。它以现代信息科学、系统科学、控制论为理论基础，以通信、电子、计算机、自动化和光电等技术为依托，已成为产生、存储、转换、加工图像、文字、声音和数字信息的所有现代高新技术的总称。20 世纪末，信息技术在世界各国国民经济各部门和社会各领域得到了广泛应用，不仅改变了人们的工作、学习及生活方式，也促使人类社会产业结构发生了深刻变革。

现代渔业信息技术是现代信息技术和渔业产业相结合的产物，是计算机、信息存储与处理、电子、通信、网络、人工智能、仿真、多媒体、3S、自动控制等技术在渔业领域移植、消化、吸收、改造、集成的结果，是发展渔业现代化和信息化的有效手段。

现代渔业信息技术与其他各种新型渔业技术相结合，与渔业所涉及的资源、环境、生态等基础学科有机结合，并对其进行数字化和可视化的表达、设计和控制，在数字水平上对渔业生产、管理、经营、流通、服务等领域进行科学管理，改造传统渔业，达到合理利用渔业资源、降低生产成本、改善生态环境等目的，从而加速渔业的发展和渔业产业的升级，使渔业按照人类的需求目标发展。

2. *渔业信息技术的内涵*

众所周知，信息技术内涵深刻，外延广泛，其构成至少包括 3 个层次，如图 5-29 所示。第一层是信息基础技术，即有关材料和元器件的生产制造技术，它是整个信息技术的基础；第二层是信息系统技术，即有关信息获取、传输、处理、控制设备和系统的技术，主要有计算机技术、通信技术、控制技术等方面，是信息技术的核心；第三层是信息应用技术，即信息管理、控制、决策等技术，是信息技术开发的根本目的所在。信息技术的这 3 个层次相互关联，缺一不可。

渔业信息技术是信息技术在渔业中的应用，主要属于信息应用技术范畴，因此，我们对渔业信息技术的内涵主要从应用的角度来理解。早期的渔业信息技术主要是指在渔业中应用的计算机技术，此后，随着信息技术的发展，逐渐向综合应用方向发展，涉及许多新的技术，如计算机网络、微电子技术、现代通信技术、数据库、计算机辅助系统、管理信息系统、人工智能与专家系统、仿真与虚拟现实、多媒体、3S 技术、自动控制技术等。

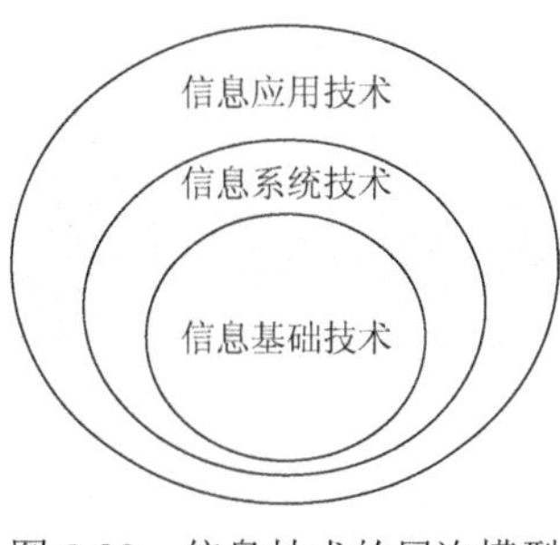

图 5-29　信息技术的层次模型

由此可见，渔业信息技术是一个不断发展的技术领域，渔业信息技术的内涵将随着信息技术的发展而不断丰富，并且，随着时代的进步，信息技术在渔业领域的不断深入应用，渔业信息技术的内容将会越来越丰富，对渔业发展的促进作用也必将越来越显著。

渔业信息技术是一个多维技术体系。从渔业行业内部各产业结构的角度来看，渔业信息技术包括养殖业信息技术、捕捞业信息技术、加工业信息技术，以及渔业装备与工程信息技术等；从渔业经济和管理层面来看，渔业信息技术包括渔业宏观决策信息技术、渔业生产管理信息技术、渔业市场信息技术、渔业科技推广信息技术等；从认识渔业对象发生发展规律来看，渔业信息技术包括渔业对象信息技术、渔业过程信息技术等；从渔业信息自身属性来看，渔业信息技术是渔业信息获取、存储、处理、传输、分布和表达的综合；从渔业信息技术的应用形式来看，渔业信息技术是渔业管理信息系统、渔业资源与生态环境监测信息系统、渔业生产与执法过程管理调度系统、渔业决策支持系统、渔业专家系统、精确渔业系统、渔业电子商务系统、渔业教育培训等系统的综合。

二、发达国家渔业信息技术的发展状况

渔业信息技术的历史是从计算机在渔业中的应用开始的，最早可追溯到美国华盛顿大学（University of Washington）的 L.J.Bledsoe（L.J.贝尔德森）关于北太平洋渔业模型的计

算。在多数发达国家，渔业（尤其是水产养殖业）属于大农业范畴，因此，要了解渔业信息技术的发展历史，就有必要先了解农业信息技术的发展历史。

农业信息技术的历史最早可追溯到1952年美国农业部的Fred Waugh博士在饲料混合方面的工作，在此后的50多年中，大致经历了4个发展阶段：20世纪50～60年代，主要用于解决农业中的科学计算问题，如饲料配比、田间试验统计分析、农业经济中的运筹与规划等；70年代，由于计算机存储设备的改善、软件开发技术的提高，各类农业数据库得到了开发和应用；80年代初，计算机技术崛起，计算机在农业方面的应用逐步发展为一股潮流，应用重点转向知识处理、农业决策支持与专家系统、自动化控制的研究与开发；90年代进入Internet网络化时代，同时，以人工智能、3S技术、多媒体技术为依托的虚拟农业、精细农业初现端倪。

与农业信息技术的发展相比，发达国家渔业信息技术的发展主要经历了3个阶段。

第一阶段：20世纪70年代，主要是科学计算，如当时华盛顿大学的L.J.Bledsoe（L.J.贝尔德森）设计了北太平洋渔业模型，并在计算机上运行，得到了不少运行结果，大大提高了数据处理速度。

第二阶段：20世纪80年代，主要是数据处理和数据库的建设，如采用Basic、Pascal、C语言等编写程序进行数据处理，数据格式主要是文件系统；80年代末期，字处理软件包、Lotus、dBASE等数据库管理系统出现，开发和建立了一些渔业数据库，如美国、加拿大、日本和澳大利亚等国家建立了海洋渔业生物资源数据库、环境数据库、灾病害数据库、文献专利技术数据库等。由于这个时期计算机没有普及，使用计算机的人员大部分是软件编制人员，与渔业专业人员相分离，致使计算机在渔业上的应用仍然局限在很小的范围内。

第三阶段：20世纪90年代，随着以计算机技术为代表的信息技术的迅猛发展，发达国家的渔业信息技术得到了快速发展，许多信息技术应用到政府辅助决策、资源管理和环境保护、水面利用和区划管理方面，气象、海况、渔况预报和鱼群探测、渔船导航和海上生产作业实时指挥等；智能化的专家系统用于水产养殖中的池塘理化参数监制、自动投饵、饲料配制、鱼病诊断等；随着Internet技术的迅猛发展与普及，出现了许多渔业网站，产生了渔业电子商务等。

目前，在国际上，尤其是在美国、欧洲、日本等发达国家或地区，渔业信息技术已经得到了广泛的应用，渗透到了渔业的生产、管理和科研的方方面面。下面简单介绍几个渔业信息技术。

1. 渔业数据库系统

数据库系统（database system，DS）是一种能有组织地和动态地存储、管理、重复利用一系列关系密切的数据集合（数据库）的计算机系统。利用数据库系统可将大量的信息进行记录、分类、整理等定量化、规范化处理，并以记录为单位存储于数据库中，在系统的统一管理下，用户可对数据进行查询、检索，并能快速、准确地取得各种需要的信息。

建立渔业数据库是实现渔业信息共享的基础，因此，发达国家非常重视渔业数据库建设和信息资源的开发利用。渔业中常见的基础数据库有渔业资源信息数据库（种质资源、水资源）、渔业环境信息数据库（水文、气象、病虫害、污染）、渔业生产资料信息数据库（种苗、鱼药、化肥、渔具、饲料及其原料等）、渔业技术信息数据库（新技术、新产品、新品种等）、水产品市场信息数据库（各种水产品的销售数量、价格及各地水产品行情等）、渔业经济数据库（渔业人口、水面、产量、渔民收入、就业等）、渔船及捕捞许可数据库、渔业政策法规数据库、渔业机构数据库等。

世界各国都建立了很多各具特色的渔业基础数据库。世界渔业研究中心（World Fish Center）建立了世界上最大的鱼类种质资源数据库 FishBase，该库收集了 30000 多种鱼类信息，几乎涵盖了全世界鱼类资源的绝大多数信息。FAO 建立了世界范围的渔业资源、渔业环境、市场和人力资源等方面的数据库，如 FiSAT、FISHERS、FISHSTAT plus、FISHERY FLEET 等。美国国家海洋和大气管理局（National Oceanic and Atmospheric Administration，NOAA）国家海洋渔业服务中心（National Marine Fisheries Service，MNFS）编制的《水产科学和渔业文摘》（*Aquatic Sciences & Fisheries Abstracts*）提供完整的海洋和环境科学工程相关主题的信息，包括 7 个子资料库，收录 5000 余种主要期刊、专利、会议论文、图书、报纸等资料，以及非英语期刊和政府报告。水产方面涉及的学科有生物学、生态学、水产养殖、渔业、海洋学、湖沼学、资源和经济、污染、生物技术、海洋技术和工程等。

2. 渔业专家系统

专家系统（expert system，ES）是一种智能的计算机程序，它能够运用知识进行推理，解决只有专家才能解决的复杂问题。换句话说，专家系统是一种模拟专家决策能力的计算机系统。专家系统是以逻辑推理为手段，以知识为中心解决问题。

渔业专家系统是以渔业专业知识为基础，在特定渔业领域内能像渔业专家那样解决复杂的现实问题的计算机系统。它是将渔业专家的经验，用合适的表示方法，经过知识的获取、总结、理解、分析，存入知识库，通过推理机制来求解问题。

国外从 20 世纪 70 年代后期起就把专家系统技术应用于相关生产领域，目前已应用于水产养殖水中理化参数监控、自动投饵、饲料配制、鱼病诊断和渔业经济效益分析、水产品市场销售管理等方面。例如，80 年代初挪威某公司研制出一种由计算机系统控制的鱼类投饵装置，使养鱼生产中的投喂饵料达到全自动化。日本的青田木一郎等开发了包括鱼卵丰度、幼鱼渔获量和黑潮暖流路径等 28 个变量和由这些变量之间的关系构成的 146 条规则的专家系统，以对日本神奈县的鳀鱼渔况进行预测。丹麦学者利用专家系统外壳 AUTOKLAS 开发了分析鱼类与环境之间关系的专家系统。FAO 开发了交互式专家系统，它包含一个专家知识库和一个模型库，可以对包括环境因子的剩余产量模型进行选择和拟合，主要应用于对渔业资源的评估与预测。1995 年罗马尼亚加拉茨大学水产学、计算机和疾病病理学方面的专家组成的研究小组研制出了世界上第一个鱼病诊断专家系统。2000 年以色列研发了一套基于模糊逻辑和推理规则的单 PC 机的鱼病诊断专家系统。日本学者把专家系统应用于鳗鱼渔况的预报中，Karen Hyun 等使用人工神经网络使韩国 30 种鱼的长期渔业数据模式化，Steven Mackinson 使用自适应模糊专家系统预测鲱鱼浅滩的分布结构和动态变化，其能准确评估海洋渔业资源现状，对合理、持续地利用海洋渔业资源有很重要的作用。

3. 渔业管理信息系统

管理信息系统（management information system，MIS）是一个以人为主导，利用计算机硬件、软件、网络通信设备和其他办公设备，进行信息搜集、传输、模拟、处理、检索、分析和表达，以增强企业战略竞争、提高效率和效益为目的，并能帮助企业进行决策、控制、运作和管理的人机系统。

渔业管理信息系统是管理信息系统技术在渔业管理中的具体应用，能够帮助渔业从业人员辅助管理、科学决策、提高效益。目前在发达国家和地区，渔业管理信息系统已经广泛应用于渔业行政管理、渔业生产管理、渔业经营管理、渔业企业管理、渔业产物资源质量管理、渔业科技管理等方面。

4. 3S 技术

3S 技术是遥感（remote sensing，RS）、地理信息系统（geography information systems，GIS）和全球定位系统（global positioning systems，GPS）的简称，是将空间技术、遥感技术、卫星测量定位技术与计算机技术、通信技术和控制技术互相渗透、互相结合的一门技术，已经广泛应用于军事、通信、交通、环境、国土、农业等诸多领域，对社会可持续发展起了极其重要的作用。

在渔业领域，3S 技术最早应用于海洋渔业，始于 20 世纪 80 年代中后期，但在 90 年代才得到发展。目前，3S 技术已经广泛应用于渔况预报和鱼群探测、渔业资源管理、渔场动态监测、环境保护、各种渔业灾害（赤潮、台风、病虫害等）的实时预测与监测、水面利用和区划管理、渔船导航和海上生产作业实时指挥等，并针对不同的应用对象和用途进行研究开发，在渔业生产、科研和管理中起着重要的作用。

在国际上，西方发达国家和地区相对较早地将 3S 技术应用于渔业领域，举例如下。

20 世纪 80 年代中期，美国西南及东南渔业研究中心（WSFSC，ESFSC）将遥感技术应用于加利福尼亚沿岸金枪鱼、墨西哥湾的鲳鱼和稚幼鱼资源分布及渔场调查研究，取得了成功，并且利用 Nimbus27 CZCS 水色扫描仪所获得的信息，定期计算了墨西哥湾的叶绿素和初级生产力的空间分布，并结合利用 NOAA AVHRR 信息计算海面温度及其梯度分布，发现了鲳鱼和稚幼鱼资源渔场分布与上述信息的关系，研究出定量回归模型，此后又将这一成果结合专家系统广泛应用于美国墨西哥湾的渔业生产。

日本农林水产省自 20 世纪 80 年代以来也一直以气象卫星遥感信息为主，为该国海洋捕捞做定期渔场渔情服务，包括每隔 5 天、7 天的整年定期渔海况速报，鱼汛期季节性的定期渔海况速报和全年（每 10 天 1 次）的渔海况速报。Tokai 大学还利用卫星监测夜间在日本附近海域作业的渔船的灯火分布，并将它与遥感反演的海表温度进行叠加分析，发现渔船作业大多在冷暖水边界靠冷水的一边，这就为海洋渔业资源管理提供了依据。目前，日本海渔况速报和预报的品种、预报海域的范围均不断扩大，技术处于国际领先水平。

加拿大建立了海湾地理信息系统（G-GIS）、海洋信息系统（MEDS），用于管理加拿大 200 海里经济专属区的国内外渔船，自动记录捕捞证、配额、捕获量、捕捞努力量等数据；英国综合运用 GIS、DBMS 和 GPS 技术开发了渔业生产动态管理系统 FISHCAM2000，该系统由船载模块和管理模块两部分组成，船载模块安装在船载计算机中，定制的软件系统与全球定位系统相连，数据以自动传送和磁盘两种方式汇集，管理部门用管理模块（ODBMS 与一个 GIS 相连）进行数据处理、分析和输出；德国、芬兰、挪威、苏格兰和瑞典联合开发的 Skagex 电子图集，包括 7 个波罗的海国家海域的物理、水文、化学、生物参数。

5. 计算机网络

计算机网络（computer network）是指利用通信设备和传输介质将地理位置不同、功能独立的多个计算机系统互连起来，以功能完善的网络软件实现网络中资源共享和信息传递的系统。目前世界上发展最迅速、利用最广泛、规模最庞大的计算机网络便是国际互联网 Internet。目前 Internet 已覆盖了全世界大多数国家和地区，联网的主机达到数千万台，上网用户达到数亿。Internet 的信息内容涉及广泛，几乎包括工农业生产、科技、教育、文化艺术、商业、资讯、娱乐休闲等诸多方面，在 Internet 上购物、在线教育、在线股市、远程医疗、点播电影、网络会议、网络展览都已变成现实，成为人类技术和文明的巨大财富，是全球取之不尽、用之不竭的信息资源基地。

国外渔业信息网络建设已较成熟，数量和类型众多，覆盖面广，特色鲜明，信息服务功能多样，交互功能强，网站设计简洁实用。例如，美国大湖地区水产资源网、密西西比水产资源信息网等，还有 FAO 渔业处、世界水产养殖学会、亚洲水产养殖中心网、美国农业部水产养殖信息中心、美国农业部和一些大学的水产养殖学院的网站。除了传统的渔业数据库系统、渔业专家系统、渔业管理信息系统等信息系统由单机转向网络化，还建立了专门的渔业信息网络，提供了专业的渔业信息服务。例如，创建于 1870 年的美国渔业协会于 90 年代初期就发布了其信息服务的网站 http://www.fisheries.org，提供功能强大、内容丰富的渔业信息服务；水产品在线交易市场（http://www.fishmark.com）实现渔业电子商务，提供网上在线交易；美国国家渔业信息网络建设了全国性的、基于 Web 的、统一的渔业信息系统（The Fisheries Information System，FIS），提供美国渔业的准确、有效、及时、全面的数据信息，回答何人、何时、何地、做何事、为何和如何等问题，为决策者提供渔业政策和管理决策依据，为科研人员提供数据资料，为从业人员提供信息服务。

6. 多媒体技术

多媒体技术（multimedia technology）是指把文字、音频、视频、图形、图像、动画等多种媒体信息通过计算机加工处理（采集、压缩、解压、编辑、存储等），再以单独或合成形式表现出来的一体化技术，其本质不仅是信息的集成，也是硬件和软件的集成，同时它通过逻辑链接形成具有交互能力的系统。多媒体技术处理的信息具有两个重要特性，其一是信息呈现的多样性，信息以图文并茂、生动活泼的动态形式表现出来，给人以很强的视觉冲击力，使人留下深刻印象；其二是交互性，人们可以使用键盘、鼠标、触摸屏等输入设备，通过计算机软件控制多媒体的播放，从而提供更有效的控制、使用信息的手段。

多媒体技术丰富了渔业信息技术手段，使渔业信息的表现形式呈现多样化，与其他渔业信息技术综合应用，开发出多媒体的渔业数据库系统、渔业专家系统、渔业管理信息系统，其图、文、声、像并茂，易为渔业从业人员所接受。发达国家早在 20 世纪 90 年代初期就开发和应用了多媒体的水产养殖管理系统、饲料配方专家系统、渔业信息咨询系统等。

三、我国渔业信息技术的发展状况

国内的信息技术在渔业领域的应用起步于 20 世纪 80 年代初期，在短短 20 多年的时间里，我国渔业信息技术经历了起步、发展和提高 3 个阶段，与发达国家的差距正在缩小，在某些地区、某些技术方面的应用已经达到了国际先进水平。

1. 起步阶段（1990 年以前）

在这一阶段，信息技术背景是电子计算机昂贵，局限于科研院所，为专业人员使用，且计算机的功能有限。在渔业领域，主要是利用计算机的快速计算能力，解决渔业领域中的科学计算和数学规划问题，以及简单的渔业数据处理、预测分析等。

1980 年厦门大学的江素菲等应用 TQ-16 电子计算机，对闽南-台湾浅滩渔场带鱼种群进行了研究，解决了长期以来该海域带鱼是否存在两个不同种群的问题；1983 年厦门水产学院的林瑞镛应用 TRS-80 微型计算机，对福建省渔业机械化进行调查统计，有效地减轻了统计分析工作中庞大、烦琐的人工劳动，并使整个统计工作达到国内先进水平；1983 年 4 月黄海水产研究所等单位研制的"渔情测报系统"，首先开拓了微型电子计算机在渔业中应用的新领域，为我国渔情资料快速传递、处理和发布，及时反映海上渔场分布概况，指出中心渔场，反映捕捞对象的全面动态提供了重要手段；1986～1989 年福建水产研究所开展了"微电脑在渔业上的应用研究"课题，采用多元回归分析方法进行了闽南地区灯光围网渔获量预报的研究，用 DBASE2 数据库建立了闽南地区灯光围网渔业统计资料及有关气象水文资料数据库。另外还有，1986 年徐明的"鱼用饲料原料配比的计算机程序初步研究"，1987 年林瑞镛的"船舶推进计算机辅助设计的数值计算"，1989 年的"中小型船舶微机辅助设计 SCAD 系统"，1986 年张秉章的"水产养殖微机数据采集处理的硬件电路与软件设计"，等等。

与此同时，还引进和利用了国外先进的渔业信息数据库系统。1985 年，国家海洋信息中心代表中国加入了联合国水科学和渔业情报系统（ASFIS），并成为 ASFA 中国国家中心。《水科学和渔业文摘》（ASFA）是 ASFIS 系统的主要产品，有联机数据库、数据库光盘、印刷本杂志等几种形式，其收录范围包括海洋、半咸水、淡水环境的科学、技术与管理，生物与资源及其社会、经济、法律问题等，文献覆盖范围包括：海洋、淡水和半咸水环境的生物学、生态学、生态系和渔业；物理和化学海洋学、湖沼学，海洋地球物理学和地球化学，海洋工程技术，海洋政策法规和非生物资源；水环境的污染、影响、监测与防治；水产养殖、管理和有关的社会经济问题；分子生物学和遗传学在水生物领域的应用技术等。

2. 发展阶段（1991～1997 年）

这一阶段，计算机不再是奢侈品，且计算机的功能越来越丰富，计算机的多媒体、网络等方面的功能得到加强，以计算机为核心的信息技术发展迅速，其应用越来越广泛、越来越深入。在渔业领域，主要利用计算机的复杂数据处理能力，以及网络通信、多媒体方面的功能，人工智能、3S 技术也得到了快速应用，不仅开发和建立了各种渔业数据库系统、专家系统、管理信息系统，实现了渔业生产自动化，还应用 3S 技术进行渔业资源环境的监测、高效远洋捕捞。

1991 年中国水产科学研究院渔业综合信息研究中心在《中国水产文摘》基础上，开发和建立了《中国水产文献数据库》。该数据库系统收集了 1985 年以来国内主要水产刊物的文献，是我国水产领域最大的专业数据库，规模超过了 4 万条目信息，涉及渔业的各个领域，包括资源、捕捞、养殖、加工、机械、渔业经济等；1995 年中国水产科学研究院黄海水产研究所利用 PC 机，建立了 1971～1985 年的渔捞产量数据库，进行相关统计分析，揭示马面鲀渔场与东海黑潮的关系，为生产企业单位掌握渔情动态、把握中心渔场、科学地安排生产提供了依据；90 年代以来，国内相关部门还建立了其他数据库，如鱼病防治、工厂化养殖、渔业信息、水产养殖技术等数据库，这些数据库的建立为渔业信息的传播和分享，更好地为渔业科技、教学、生产、经营等部门服务提供了强有力的支撑。

国内把遥感技术应用于海洋渔业的研究始于 20 世纪 80 年代初，但直到 90 年代才得到快速和深入应用。首先对气象卫星红外云图在海洋渔业中的应用进行了探索性的研究，利用外部定标方法提取卫星红外云图中的海面水温信息，在此基础上，结合非遥感源的海况环境信息和渔场生产数据，经过综合分析，手工制作成黄海、东海区渔海况速报图，并定期（每周）向渔业生产单位和渔业管理部门提供信息服务。国内进行的气象卫星海况情报业务系统的研究工作，包括对气象卫星海面信息的接收处理，海渔况信息的实时收集与处理，黄海、东海环境历史资料的统计与管理，海渔况速报图与渔场预报的实时制作与传输，海渔况速报图的应用等，其研究成果的水平基本接近日本同类水平，但在智能化、可视化、应用的广度和深度方面尚存在一定差距。

另外，在渔业信息系统的开发和应用方面也取得了一些成绩，如中山大学进行了“微电脑草鱼饲料配方研究”和“池塘高产电子计算机人工智能咨询系统研究”，厦门水产学院开发的“鱼用饲料原料配比的计算机程序初步研究”，以及“鱼类营养学专家系统”“鱼病诊断专家系统”“全国渔业区划信息系统”“对虾养殖计算机管理系统”等。同时，20世纪90年代中期以来，在经济发达地区和沿海的一些渔场建立了不少工厂化养鱼车间，这些车间以自动化为核心建立，发展了设施渔业。

3. 提高阶段（1998年以后）

这一阶段，计算机价格不断下降，软件开发环境不断完善和提高，计算机逐渐普及，尤其是Internet的出现和普及，使信息技术在渔业领域的应用不仅进一步普及，而且应用水平也得到了很大提高，我国与发达国家或地区的差距缩小，某些领域、地区已经达到或超过国际先进水平。

（1）形成了全国性的渔业信息组织机构体系

农业部已形成了由市场与经济信息司具体组织协调，以信息中心为技术依托，各专业司局和有关直属事业单位共同参与的信息组织机构体系，如东海区渔业信息服务网络，如图5-30所示。全国各省级农业行政主管部门都有负责信息工作的职能部门，有89%的地级市、60%的县、20%的乡镇建立了农村综合经济信息中心和相应的农业信息服务机构及自己的信息服务平台。国家对渔业信息的管理纳入在农业信息的管理之中。

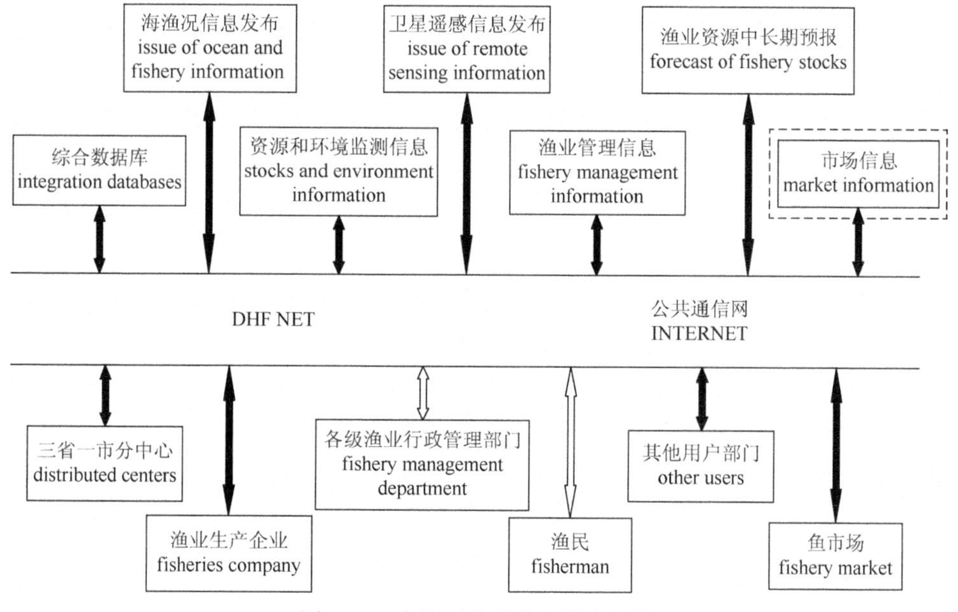

图5-30　东海区渔业信息服务网络

（2）建起了一批较有影响的渔业信息网站

随着 Internet 在国内的普及，渔业网站也得到了迅猛发展，从 1999 年的 20 多家，发展到目前的几百家，参与渔业网站建设的有各级水产行业管理机构、水产科研和教学机构、水产企业，甚至一些个人，在这些不同类型的渔业信息网站中，比较知名的有中国渔业政务网（http://www.cnfm.gov.cn）、中国水产科学研究院（http://www.cafs.ac.cn）、中国渔业网（http://www.zgyy.com.cn/）、中国水产信息网（http://www.aquainfo.cn/）等，这些网站以不同方式为渔业部门和全社会提供渔业信息服务。

（3）开发出一批有较高实用价值的数据库和信息系统

在渔业信息资源开发利用和基础数据库建设方面，经过多年的努力，已建成了一批实用数据库和信息系统，如渔业科技文献数据库、科研成果管理数据库、全国渔业区划数据库、水产种质资源数据库、实用养殖技术数据库、渔业统计数据库、海洋渔业生物资源数据库、海洋捕捞许可证与船籍证管理数据库、远洋信息管理系统等，其中有的已经推广应用，并在渔业生产、管理和科研教学中发挥了重要的作用。

由中国水产科学研究院渔业综合信息研究中心创建的中国水产科技文献数据库收录了由 1985 年以来公开发表的文献资料约 4 万篇，是我国水产行业科研、教学和生产管理的主要检索工具。由中国水产科学研究院创建的我国水产种质资源数据库收录了 3000 多条水生生物种类的基本生物学特征数据，目前也已经通过科技部的验收。

上海海洋大学鱿钓技术组于 1995 年，在原农业部渔业局捕捞处支持下，建立北太平洋鱿鱼渔获量的数据库系统。该数据库收集了 1995～1999 年十多家主要生产单位的渔获量及其分布数据，内容包括了作业日期、生产渔区、各渔区的投入船数、各渔区的投入渔获量和平均渔获量，可以按单位、作业日期、渔区等不同的条件进行查询和统计，并编印出 5 册 1995～1999 年度的北太平洋鱿钓作业的渔场分布图，供渔业主管部门和各生产单位使用。

2001 年为适应当前国际海洋管理制度的变革和我国专属经济区、重点渔业水域管理的需要，切实改变目前我国渔政管理水平不高、执法手段落后、统一综合执法能力不强的局面，提高渔业管理的总体水平，经充分酝酿、论证，农业部渔业局立项开发建设中国渔政管理指挥系统。该系统总投资 7000 万元左右，建设的总体目标为建设国家（农业部）、海区（黄渤海、东海、南海区渔政渔港监督管理局）、省（自治区、直辖市）渔政管理指挥系统中心站，在省级直属渔业行政执法机构和沿海地（市）、县渔业行政执法机构中建立系统工作站，同时为渔政执法船配备船位监测设备，形成完整的全国渔政管理指挥网络系统。通过 3 年多的开发和人员培训，目前已投入运行。

（4）渔业专家系统被推广应用

我国渔业专家系统的开发始于 20 世纪 90 年代初期，最早的渔业专家系统是由国家信息农业工程技术中心开发出的“鱼类病害专家诊断系统”。

在国家“863-306”主题项目的支持下，先后开发了用于农业专家系统的平台 5 个，它们是：北京国家农业工程技术信息中心和国防科技大学合作开发的 Paid4.0，中国科学院合肥智能机械研究所农业信息技术重点实验室开发的 Visaul XF6.2，吉林大学计算机科学系开发的农业专家系统开发平台，中国科学院合肥智能机械研究所开发的农业专家系统开发工具，哈尔滨工业大学计算机系开发的农业专家系统开发平台。

在上述平台的基础上，一些单位先后研制开发出了不同类型的渔业专家系统，如天津水产研究所开发出的"中国对虾养殖专家系统"，北京市水产科学研究所开发出的"水产专家信息系统"，北京农业信息技术研究中心开发出的"淡水虾养殖专家决策系统""青虾专家系统""水产养殖专家决策支持系统"，中国农业大学开发出的"稻田养蟹专家系统""智能化水产养殖信息系统""鱼病诊断与防治专家系统""淡水鱼饲料投喂专家系统"等。

以上成果已经在渔业的科研、生产和管理上发挥出不同程度的作用，但从客观上讲，这些专家系统的准确性、实用性和所采用技术的先进性与国外相比仍有相当的差距。

（5）3S 技术以一种高速发展的态势渗透到渔业的科研和生产之中

近年来，我国有关科研单位利用 NOAA 卫星信息，经过图像处理技术处理得到海洋温度场、海洋锋面和冷暖水团的动态变化图，进行了卫星信息与渔场之间相关性的研究，为实现海况、渔况预报业务系统的建立进行了有益的探索；利用美国 Landsat 的 TM 信息，对十多个湖泊的形态、水生维管束植物的分布、叶绿素和初级生产力的估算进行了研究，为大型湖泊生态环境的宏观管理提供了依据。

上海渔业机械厂等单位研制的"带航迹显示的渔用 GPS"和"渔船航海工作电脑系统"已经广泛应用于我国的渔船导航系统，国内有关单位实施的"我国专属经济区和大陆架生物资源地理信息系统""渤海生物资源地理信息系统""南海海洋渔业 GIS 管理系统"等项目对我国近海渔业资源的养护和管理都起到了重要作用。

"九五"期间，针对我国近海渔业资源可持续利用、外海新渔场开发，以及我国海洋专属经济区、中日和中韩共管区管理等需要高新技术支持的迫切需求，国家"863"计划海洋领域海洋监测技术主题设专题研究项目"海洋渔业遥感信息服务系统技术和示范试验"，以东海为示范研究区，以带鱼、马面鲀、鲐鱼为示范鱼种，开发了可业务化运行的海洋渔业遥感、地理信息系统技术应用服务系统。

"九五"后期又以西北太平洋为研究区域，以鱿鱼为研究对象，进行了大洋渔业信息服务系统技术研究开发。具体包括：西北太平洋遥感信息接收和处理，西北太平洋鱿鱼渔船动态跟踪和管理，西北太平洋鱿鱼中心渔场速报，西北太平洋渔业综合数据库建设和数据库管理系统等。其中，西北太平洋渔业综合数据库中有些数据项的区域范围覆盖了整个太平洋，甚至全球大洋。数据包括：用于提取渔场环境特征的 6 种遥感图像，以及 SST、叶绿素数据，数据量为 350G；国内全部鱿鱼生产 80%的历史渔捞统计数据，以及部分中国台湾地区、日本和朝鲜的鱿鱼统计数据；温度、盐度、含氧量、磷酸盐、硅酸盐、亚硝酸盐、硝酸盐、pH、浮游生物、压力、气温、气压、风速、风向、波高、波浪周期和波谱等全球海洋调查观测数据，数据量为 10G 左右；商船船测数据（流速、流向、气压、水表温、风向、风力、云的形状、云的运动方向等）约 1 亿个记录；西北太平洋 SST 等值线图 1500 多幅，时间分别率为 3 天；海底地形、海底底质、专属经济区、日本 139 总吨线等背景数据；国内所有的鱿鱼、金枪鱼生物学生产调查数据；国内所有的远洋渔船船舶档案；国内外重要渔业法规。在数据库的基础上，处理分析出了深加工信息产品，如大洋渔业海渔况系列信息产品。

（6）促进了设施渔业的发展

设施渔业就是采用现代化的养殖设施（机械化、工厂化、信息化、自动化），以建立人工小气候为手段，在人工控制的最佳环境、最佳饵料条件下，进行高密度、集约化养殖。设施渔业又称为"工厂化渔业"或"环境控制渔业"，广义含义还包括工厂化养殖、网箱养殖、休闲渔业和人工鱼礁等。设施渔业的关键在于现代化的养殖设施，以及高度自动化的管理，而这些都离不开信息技术的支撑。

2001 年江苏省在淮安、南京、吕四等地高起点兴建 5 个现代渔业科技示范园区，大力发展设施渔业。其中淮安示范园区的史氏鲟苗种培育与成鱼养殖项目，年产值超过 500 万元，利税达到 200 万元，育苗和养成技术达到国内先进水平；南京示范园区利用人工养殖的河豚，育成亲鱼进行全人工繁殖，产卵率达到 67%，孵化率为 44%，育苗 16 万尾，达到国内先进水平。

2003 年 9 月一座建筑面积为 2300m^2 的现代化养殖工厂在湖北省宜昌市正式投产，这是上海市政府的援助项目，由上海海洋大学协办和技术支持，总投资 2000 万元，可实现年产值 1 亿元，利税 1100 万元。

四、我国渔业信息技术发展面临的挑战

我国渔业信息技术虽然发展很快，但与国外发达国家和国内其他行业相比，还存在较大差距，面临许多挑战。

1. 基础设施缺乏，地区之间参差不齐

与国外发达国家和国内其他行业相比，我国在渔业信息技术方面，尤其是基础设施建设方面，资金投入相对不足，虽然也启动了一些大的全国性工程项目，加快了渔业信息网络的建设，但对于我们这样一个渔业大国来说，仍远远不足，渔业信息基础设施建设仍是薄弱环节；现代化的设施渔业还很少，即使有一些，但其信息技术含量、自动化程度也不高；渔业生产装备中的信息技术含量有了提高，但总体还不够，以海洋捕捞渔船为例，现代信息技术的装备还很少，大多数中小型渔船甚至还没有。

计算机在渔业系统中的普及率仍然很低，许多基层单位连计算机还没有，而且不同地区发展很不平衡，要在全国范围内达到乡镇、农户、渔民联网，还有很长的路要走。

2. 人才严重短缺，总体素质有待于提高

在渔业信息技术开发与应用过程中，专业人才与用户的素质是两个十分重要的因素。由于渔业行业的限制和特点，无法吸引更多的优秀人才加盟，特别是 IT 技术人才。尽管每年培养了大量的渔业专业人才，但其中相当一部分转移到了其他行业。以经济相对发达的上海为例，每万名农业劳动力中科技人员仅有 15 人，渔业科技人员的比例更少。另外，既懂渔业，又懂信息技术的复合型人才很少，特别是具有一定的经营意识和管理能力的人才是少之又少。

人才的缺乏直接导致信息技术利用落后和创新能力下降，渔业信息产业基本上引用和套用信息产业的技术，制约了渔业信息产业作为一个独立产业而持续、快速地发展。

3. 信息资源建设滞后，难以满足实际需要

虽然国内建设了几十个有一定规模的渔业专业数据库，但总体来看，渔业信息资源的建设规模和覆盖面小，地域和领域分布不均衡，缺乏统一规划，缺乏必要的信息技术规范与标准，已开发出来的信息资源数据库得不到有效的共享和服务，难以满足实际需求。

虽然有几百个渔业信息网站，但是网上综合信息多，专业信息少；简单堆砌的信息多，精心加工的信息少；交叉重复的信息多，有特色的原创信息少；目录数据库多，全文数据库少；自有数据库多，公用共享数据库少。

渔业信息资源缺乏充分和有效的开发，尤其是能提供给渔民利用的有效资源严重不足，与“路况差”相比，“无货可运”的问题更为严重。

4. 基础研究乏力，技术相对落后

渔业信息技术基础研究乏力，低水平重复较为严重，缺乏具有带动全局性和战略性的重大技术、重大产品和重大系统。渔业信息技术属于高新技术范畴，对专业研究人员要求高，开展研究的投资大，应用费用更大，渔业部门和基层单位难以接受，导致基础研究、应用开发和成果转化之间严重脱节。

目前已有的研究成果中，相当一部分是把信息技术作为外围辅助的手段，提供表层的信息服务，信息技术没有作为本质要素真正参与到渔业生产、管理、科研和推广各个环节中。渔业信息技术大都借鉴和使用信息产业的技术，还没有形成渔业产业特点的创新技术。多年来，尽管我国对管理信息系统、数据库、3S 技术、专家系统进行了研究，某些研究成果也有达到或接近国外先进水平的，但仅仅停留在局部、零星范围内的应用，规模很小，应用程度不深入、不全面，没有充分发挥先进信息技术的作用。

5. 产业化程度低，市场机制远未形成

与国内大农业一样，渔业也是小规模分散生产经营，渔业产业化程度低，难以形成信息需求规模，为渔业信息产业化带来了困难。

渔业信息技术研究和咨询主要还是对上服务，而根据市场机制、直接面向渔业生产、服务渔民的技术研究为数不多。研究内容单一，目标分散，适应面窄，缺乏多学科专业综合应用研究等也使得渔业信息产业化难以形成。

6. 缺乏统一管理，统一规划

目前国内信息产业发展速度很快，但对渔业行业总体重视不够，对渔业信息技术和渔业信息化的重要性认识不足，缺乏总体规划和远景目标，发展方向不明确，各自为政。缺乏把信息技术作为生产力中一个重要因素进行系统组织、设计和研究的形式，研究力量和研究目标分散，信息技术对渔业产业的革命性作用远远没有发挥出来。

五、渔业信息技术的发展趋势

渔业信息技术的发展离不开信息技术的发展，根据近年来信息技术的发展，渔业信息技术的发展趋势如下。

1. 网络化

当今网络，尤其是 Internet，已成为世界渔业信息的主要交流和传送平台。资源共享、传播速度快、范围广、交互性强的特点，使网络的应用从普通的电子邮件发展到渔业电子商务，从渔业信息的查询到专家系统等各类公共信息服务平台的使用，几乎遍及渔业的各个方面。对于某一水产养殖技术问题，渔民可以从网络上寻找解决的办法，获得相关的技术指导。

传统单一的渔业数据库系统、专家系统、管理信息系统、地理信息系统等，也逐渐向网络环境中移植，产生更大的社会效益和经济效益。网络环境也由局域网向 IP 广域网发展，由有线向无线方向发展。

2. 多媒体化

高速、大容量存储技术的发展，进一步促进了多媒体技术的发展与应用，为渔业信息的传播提供了图、文、声、像并茂的媒介形式。

近几年来，多媒体网络传输、多媒体数据库、多媒体数据检索、多媒体监控技术、多媒体仿真与虚拟现实等关键技术的实用化程度不断提高，多媒体技术已经在渔业信息领域得到了大量应用，如多媒体的渔业电子出版物、多媒体的专家系统、多媒体的渔业信息咨询系统等。

另外，应用多媒体传播渔业实用技术，进行远程教育和技术推广已成为流行方式。

3. 智能化

渔业信息技术的智能化，一方面表现在各类渔业专家系统的不断开发与应用，另一方面智能技术正在广泛融入其他高新技术中。例如，由天津市水产研究所主持开发的“中国对虾养殖专家决策咨询系统”，依托所建立的基础数据库与知识库，可提供对虾育苗场建设、对虾养殖技术、养殖配种决策、对虾配合饲料使用技术、病害诊断防治等30余项技术的管理决策服务，基本涵盖了对虾养殖中主要的生产管理环节，并将无公害生产技术贯穿其中。

4. 集成化

随着数据库、管理信息系统、专家系统、计算机网络、多媒体技术、微电子技术，以及遥感、全球定位系统和GIS等单项技术在渔业领域中应用的日趋成熟，集成多项信息技术，满足现代渔业的高层次应用的需要，已成为一个主要趋势。例如，目前应用的“精准渔业”技术，就是RS、GIS、GPS、渔业专家系统（ES）和决策支持系统（DSS）等一系列渔业信息技术集成的结果。

5. 虚拟化

虚拟现实技术是一项综合集成技术，涉及计算机图形学、人机交互技术、传感技术、人工智能等领域，在渔业领域主要表现在渔业数字模拟、仿真，以及虚拟渔业技术的发展和进步方面。

虚拟渔业能够综合应用计算机、仿真、虚拟现实和多媒体技术培育虚拟水产品，为水产品的培育和生长提供定向指导；建立虚拟的渔业资源环境，研究水产品的生长环境。

六、信息技术与现代化渔业

1. GIS在海洋渔业中的应用现状及前景分析

GIS是集计算机科学、空间科学、信息科学、测绘遥感科学、环境科学和管理科学等学科为一体的新兴边缘科学。GIS从20世纪60年代开始，至今只有短短的50年时间，但它已成为多学科集成并应用于各领域的基础平台，成为地理空间信息分析的基本手段和工具。目前GIS不仅发展成为了一门较为成熟的技术科学，而且还在各行各业发挥着越来越重要的作用。为了进一步促进GIS技术在我国海洋渔业领域中的应用与发展，本书将根据国内外几十年来海洋渔业GIS技术的发展现状，以及海洋渔业学科发展趋势，对其发展历程、应用现状和前景进行较为系统的论述，为我国海洋渔业学科的发展提供参考。

（1）渔业GIS的发展历程

GIS被定义为是计算机程序、数据及设计人员的集合，用于收集、存储、分析与显示地理参考信息。20世纪60年代初，第一个专业GIS在加拿大问世，标志着通过计算机手段来解决空间问题的开始。经过近半个世纪的发展，GIS已成为处理地理问题多领域的主体。GIS首先在陆地资源开发与评估、城市规划与环境监测等领域中得到应用，20世纪80年代开始应用于内陆水域渔业管理和养殖场的选择，20世纪80年代末期，GIS逐步运用到海洋渔业中。尽管在渔业方面的应用于20世纪90年代扩展到外海，覆盖三大洋，但是与陆地相比，它们的应用仍然受到很大的限制。根据以往的一些参考文献，GIS与渔业GIS各发展阶段的特征和发展动力见表5-4。

阻碍渔业GIS快速发展的主要原因有3个：首先，在资金方面，收集水生生物的生物学、物理化学、地形等方面的数据需要很大的成本，这些高成本阻碍了渔业GIS，特别是海洋方面的发展。其次是水域系统的动态性，水域系统比陆地系统更为复杂和动态多变，需要不同类型的信息。水域环境通常是不稳定的，通常要用三维，甚至四维（3D＋时间）来表示。最后，许多商业性软件开发者通常以陆地信息为基础，并结合先进统计软件功能，特别考虑了其商业性价值。因此，这些软件无法有效地处理渔业和海洋环境方面的数据。

表5-4　GIS与渔业GIS发展历程

阶段	GIS		渔业GIS	
	特征	发展动力	特征	发展动力
20世纪60年代	开拓期：专家的兴趣及政府引导起作用，限于政府及大学的范畴，国家交往甚少	学术探讨、新技术应用、大量空间数据处理的生产需求	—	—
20世纪70年代	巩固发展期：数据分析能力弱，系统应用与开发多限于某个机构，政府影响逐渐增强	资源与环境保护、计算机技术迅速发展、专业人才增加	—	—
20世纪80年代	快速发展期：设计学科增多、应用领域迅速扩大、应用系统商业化	计算机技术迅速发展、行业需求增加	开拓期：初期出现，发展速度缓慢；主要用于内陆水域渔业管理和养殖位置的选择	卫星遥感技术的发展；FAO对GIS工作的支持；陆地GIS技术的应用
20世纪90年代	提高期：用户时代，GIS已成为许多机构必备的办公室系统，理论与应用进一步深化	社会对GIS的认识普遍提高，需求大幅度增加	快速发展期：GIS在渔业上得到了广泛应用，为加速发展期间（沿岸到外海）	计算机技术的发展，以及日益完善的海洋生物资源与环境调查数据
20世纪前十年	拓展期：社会时代，社会信息技术发展及知识经济形成	各种空间信息关系到每个人日常生活所需要的基本信息	巩固拓展期：巩固和扩展到更多领域（外海到远洋渔业）	数据的可利用性和储存，并获得了普遍的认同

尽管海洋渔业GIS技术发展面临着很多困难，但由于计算机技术和获取海洋数据手段的快速发展，以及海洋渔业学科发展的自身需求，近十多年来，海洋渔业GIS技术得到了长足的发展。GIS在渔业中的应用越来越受到科研人员和国际组织的重视。1999年第一届渔业GIS国际专题讨论会在美国西雅图举行，之后每3年举办一次。研讨会内容包括GIS技术在遥感与声学调查、栖息地与环境、海洋资源分析与管理、海水养殖、地理统计与模型、人工渔礁与海洋保护区等海洋渔业领域中的应用，以及GIS系统开发。此外，一些研究机构（或大学）和公司专门开发了海洋渔业GIS系统和软件，比较著名的有：①日本Saitama环境模拟实验室研发的Marine Explorer；②美国俄亥俄州立大学、杜克大学、NOAA、丹麦等研究机构（ESRI）研发的Arc Marine和ArcGIS Marine Data Model；③Mappamondo GIS公司研发的Fishery Analyst for ArcGIS9.1。

（2）GIS在海洋渔业中的应用状况

综合目前国内外GIS技术在海洋渔业中的应用情况，通常可概括为以下几个主要方面：渔海况数据采集与分析、渔业资源与海洋环境关系、水产养殖选择、渔业资源评估与分析、标志放流、海洋生态系统和渔情预报等。

a. 渔海况数据采集与分析

数据主要通过各种方法获取，包括利用声学调查和遥感（卫星或航天飞机等）仪器设备获得数据。近来，卫星图像及其他遥感的数字信息越来越多地被引入 GIS 中，用于海洋生物分布及其与海洋环境关系的动态研究。例如，声学调查的数字信息纳入到 GIS 中，用于现场三维生物量的估计、海底地形测绘等，对鱼类生态学的进一步研究也取得了进展。有学者利用卫星测高数据在渔情分析中的应用探索，通过对卫星测高数据的分析，结合日本和美国在海面高度与渔场关系方面的研究，根据海洋学和渔业资源学的理论进行分析和探讨，为卫星测高数据在渔情分析中的应用提供了理论依据。

浮游植物是渔海况中极为重要的因子之一，也是生态系统食物链中许多高营养级生物的基础，因此，识别浮游植物生物量的分布是了解动态环境和有效管理的第一步。加拿大研究人员英国《自然》杂志上报告说，由于气候不断变暖，全球海洋上层的浮游植物数量在过去一个世纪里大幅减少，这个趋势如果得不到遏制，将对海洋食物链和全球生态系统造成严重影响，许多鱼类目前正遭受食物链两头的挤压，一方面人类过度捕捞，另一方面它们的“主食”——浮游植物又在减少，领导此项研究的专家 Boyce 认为，由于浮游植物减少可能对海洋食物链和全球生态系统造成严重影响，这一令人担忧的下降趋势必须得到足够重视。

渔海况测量技术的提高意味着数据获取的能力上升。有专家指出，如果在目前的数据收集方法上没有根本转变，GIS 在海洋渔业中的潜力将变得很困难。尽管这些数据被 GIS 利用，但仍然存在很大的局限性，如数据标准化、资金短缺等。这些需要科研人员，甚至国际组织加强国际之间的合作，共同努力才能更好地将 GIS 应用于海洋渔业中。

b. 渔业资源与海洋环境关系

海洋环境与海洋渔业资源息息相关，认识海洋环境、分布和资源量是渔业管理中的重要课题。渔业资源空间分布及其环境关系是海洋渔业 GIS 应用的最基础和最普遍的研究领域，通常应用到的是 GIS 制图与建模。GIS 的应用使得自然资源管理更空间化，传统的模型没有将不同的区域及其区别设计进来，GIS 作为一种空间分析工具，用来解释一个地区到另一地区的区别，GIS 聚焦在不同区域间的相互关系，而不是对这些区域取平均值或平滑值。GIS 建模是 GIS 在以空间数据建立模型过程中的应用，GIS 能综合不同数据源，包括地图、DEM、GPS 数据、图像和表格，建立各种模型，如二值模型、指数模型、回归模型和过程模型等，在渔业中常用的是指数模型和回归模型。建立指数模型并不难，但要求 GIS 用户对数字打分和权重加以考究，它常用于栖息地适宜性分析和脆弱性分析。回归模型可在 GIS 中用地图叠加运算把分析所需的全部自变量结合起来，常用于渔业资源的空间分布和资源量大小的估算。

此外，关键鱼类栖息地的适当设计在任何渔业资源管理中是非常重要的空间测量。其特点是存在生物与非生物参数的集合，它适应支持与维持鱼类种群的所有生活史阶段。由于关键鱼类栖息地的时空变化显著，对开发和管理增加了难度，GIS 作为一种高效的时空分析工具，越来越受到管理者的关注与重视，在这方面的研究也与日俱增。

总而言之，GIS 在渔业资源与海洋环境关系方面得到了广泛应用，目的是了解资源分布与环境之间的关系，鉴定鱼类栖息地，进一步掌握资源的动态分布，最终对海洋鱼类栖息地进行评估与管理。

c. 海水养殖及养殖场的选择

养殖场的选择是任何一个水产养殖的关键因素，影响养殖的成功和可持续性。在任何水产养殖经营场所中，正确选择场地是非常重要的，因为它能够通过确定资本支出，以及影响运行成本、生产率和死亡率的因素，极大地影响经济可行性。GIS 主要应用于近岸和外海海水养殖，可分为两大类：①网箱养鱼。大多数例子涉及对相对大的区域的预选址进行研究，结果是对具体区域或 GIS 确定的地点进行潜在进一步详细实地调查的定位标识。②近岸贝类养殖。贝类养殖中应用 GIS 的情况远远多于网箱养鱼，涉及污染、水产养殖活动中的疾病，使用水底传音遥感评价生境、资源、承载能力和季节死亡率。

海水养殖发展和管理的许多问题有着地理或空间背景，早期调查人员充分认识到海水养殖的空间因素和限制。GIS、遥感和制图在海水养殖发展和管理的所有地理和空间方面能发挥作用。利用卫星、空中、地面和水下传感器的遥感，来获取大量近海和外海数据，特别是关于温度、流速、浪高、叶绿素浓度，以及土地和水的使用数据。从本质上说，GIS 用以评估水产养殖发展的适宜性，以及组织水产养殖管理的框架。阻碍 GIS 在海水养殖中应用的主要是数据问题，一个是获得空间数据，另一个是属性数据的可获得性。在空间数据方面，仍然有许多数据差距，分为三类：①地理覆盖率和时间差距；②分辨率；③数据性质差距。海水养殖 GIS 的研究花费的大多时间用于确定、收集、整理和编撰属性数据，明确对养殖生物的环境要求，对养殖结构的最佳和工作限制。

d. 渔业资源分析与管理

GIS 在渔业资源分析与管理上的应用主要包括海洋保护区（MPA）、渔礁、生态系统，评估与预测等。海洋科学家通常评估栖息地以掌握资源的分布和相关丰度，然而，由于自然栖息地的空间和相关时空变化，往往难以使用传统的同化数据分析方法。GIS 为帮助解决空间数据内部分析问题提供了一个有效工具，GIS 能有效地收集、存储、显示、分析和建模时空数据。此外，结合不同的数据类型，如社会和政治界限，底质类型、鱼类分布等，资源管理人员可以利用 GIS 制订管理决策。GIS 也常被用于 MPA 的决策支持工具。为管理影响 MPA 的复杂问题，管理人员往往转向寻求理解和分析其 MPA 的资源和环境的技术。MPA 管理人员和科学工作者正越来越多地利用 GIS 和遥感进行制图和分析其管辖区的资源。世界上许多商业性鱼类正面临着资源衰退、经济下降的情况。目前意识到许多种群已经受到威胁，渔业文化关注的焦点是关闭大量的海洋作业区域，通过海洋保护区（MPAs），或类似的非作业区（No-Take Zones，NTZs），或海洋存储区（marine reserves）对空间问题进行解决，GIS 正在成为全球自然资源管理活动中不可缺少的组成部分。

GIS 是一门对渔业科学与管理很具有潜力的技术。渔业资源分析与评估归根结底是为了有效制定管理决策，GIS 在政策决定和资源分配方面有很大的潜力。政策决定的目的是影响决策者的决策行为，资源分配涉及直接影响资源利用的决定。用于决定政策的 GIS 作为处理模化工具也有潜力，用该工具中可模拟预计的决策行为的空间影响。模拟模型，尤其是包含社会-经济问题的模拟模型，仍处于萌芽阶段。但预期 GIS 将在该领域发挥越来越重要的作用。资源分配决定也是采用 GIS 分析的主要内容。

e. 标志放流

GIS 在海洋渔业标志放流的研究中也得到了应用。主要集中在海洋生物的动态变化与环境信息之间的多尺度时空研究问题，目的是掌握海洋生物各生活史阶段的特性，或其洄游路径。GIS 被用来进行多尺度的 3D 时空分析。但目前很少有利用 GIS 来研究鱼类动态洄游的报道和文章出现。然而，用电子标记方法记录鱼类洄游路径及其生存环境，并结合 GPS、GIS 和遥感技术进行时空分析，已成为备受关注的研究手段。近年来，在北美水域应用 GIS 和遥感技术在海龟研究领域取得了革命性进展，并将其分为三大类：①利用 GIS 和遥感跟踪远距离运动，并迅速建立海龟种群动态；②跟踪短距离海龟运动，分析主要栖息地和评估造成海龟死亡的原因；③分析海龟栖息地，实施健全的养护措施。多尺度时空分析是海洋渔业 GIS 所面临的重要挑战之一，还有待于进一步深入研究。

f. 海洋生态系统

在渔业科学与管理中，生态系统与群落的新的地理学的出现意味着结合不同的数据来源变得越来越重要。将分析集中在地方区域为多目标多标准决策制定提供方法，简言之，这意味着 GIS 的需求。然而，这种需求只有在以下情况下才能实现，即环境的地理数据与知识被收集，并与标准数据实现整合。少数学者以 ArcGIS 为平台，集成了海洋地理空间生态工具（marine geospatial ecology tools，MGET），他们认为，在过去的几十年里，GPS、RS 和计算机在海洋生态建模的空间确定领域得到了快速发展，但是这一领域已经变得越来越复杂，为了跟进发展，生态学家必须精通多个特定的软件包，如利用 ArcGIS 来显示和操作地理空间数据，R 用来统计分析，MATLAB 对矩阵进行处理等，独立运行这些程序负担太重且难以操作，MGET 作为生态地理处理的一种集成框架，在 ArcGIS 平台上集成了 Python、R、MATLAB 及 C++，易于操作和管理。

g. 渔情预报

近 10 年来，随着卫星遥感信息的获取，以及可视化分析与制图技术的提高，对海洋渔业海况的掌握取得了一定的进展，特别是单一鱼类或某一类型渔业的时空分布及其变化和预测的技术手段和方法越来越成熟，并成功运用于渔情预报系统中。渔情预报的主要方法有统计分析预报（如线性回归分析、相关分析、判别分析与聚类分析）、空间统计分析及空间建模（如空间关联表达、空间信息分析模型）、人工智能（如专家系统、人工神经网络）、模糊性及不确定性分析（如贝叶斯统计理论），以及数值计算与模拟（如蒙特卡洛法）等。GIS 依赖所建立的自主数据库，可实现时空数据的一体化管理、空间叠加与缓冲区分析、等值线分析、空间数据的探索分析、模型分析结果的直观显示、地图的矢量化输出等功能，结合各统计学方法和渔海况数据，实现智能型的渔情预报。

（3）前景分析

1）针对信息源多样化，以及获取手段的发展，结合基于生态系统的渔业资源管理，实现资源的可持续利用的渔业资源发展目标，以及多学科发展的趋势，GIS 技术应用将会越来越广泛和深入。渔业资源信息已不再局限于渔业数据及相关环境数据，还应包含与渔民本身相关的社会经济数据，即未来的海洋渔业 GIS 应是一个集自然资源与环境系统、人类系统、社会系统和经济系统为一体的综合系统。其重点应用领域包括：①基础数据库的建立及数据标准化；②关键栖息地的设计；③海洋保护区的定义；④资源的长期监测与管理；⑤渔业资源的洄游及海洋环境的三维化；⑥全球气候与环境变化。

2）建立大洋渔业 GIS 系统的设想。大洋渔业是我国海洋渔业的重要组成部门。建立大洋渔业 GIS 系统将有助于我国对大洋性渔业资源的掌控、中心渔场的掌握等，从而实现依靠信息技术来改造传统海洋捕捞业的目标。建立大洋渔业 GIS 系统应重点做好以下几个方面的工作：大洋渔业信息共享标准的制订；大洋渔业基础底图研制（水深、底形、底质、专属经济区、领海、港口等）；大洋渔业资源信息数据库建立（海洋生物量分布或密度、定量或定性估计，如鱼类、海洋哺乳动物、浮游生物、头足类、贝类等分布）；大洋渔业环境信息数据库建立（遥感资料、栖息地、温度、盐度、水色、叶绿素、海流等）；

大洋渔业生产信息数据库建立（捕捞努力量、渔获量、渔场的分布等）；大洋渔业管理信息数据库建立（国际渔业法规、公约等，渔获量规则，如网目尺寸、捕捞季节等，捕捞权，捕捞配额，总许可渔获量，禁渔区，管理区域等）；发展各种大洋渔业资源、渔场与环境的专家系统。

2. 海洋渔业遥感与海洋渔业

海洋渔业遥感是遥感技术在海洋渔业中的应用。在海洋渔业中，可以采用低空飞机直接对海洋渔场进行观察、预报，因为，有些鱼群的存在会导致出现一定的水色、影像特征，某些类型的浮游植物在鱼群的扰动下会发光，在某些漂浮物下可能会有鱼群等，因此，通过人眼的观察或采用摄像仪器可以从低空飞机上直接获得鱼群的分布信息。另外，海洋环境中的许多因素同鱼类行动关系密切，如水温、海流、光、盐度、溶解氧、饵料生物、地形、底质和气象因素等。而海面反射、散射或自发辐射的各个波段的电磁波携带着海表面温度、海平面高度、海表面粗糙度，以及海水所含各种物质浓度等的信息。传感器能够测量各个不同波段的海面反射、散射或自发辐射的电磁波能量，通过对携带信息的电磁波能量进行分析，人们可以直接或间接反演某些海洋物理量，如海水温度、叶绿素浓度、海面高度等。通过对这些海洋要素进行分析，以及对这些海洋要素与鱼类行为、渔业资源的关系的理解，从而可以利用这些反演的海洋环境要素来评估海洋渔业资源、预测海洋渔场的变动以达到对海洋资源进行合理的开发利用、管理与保护的目的。

卫星遥感技术能够实现对海表生物（叶绿素、荧光、初级生产力）和非生物信息（流、涡、水温、风、波浪、海面高度、透明度等）进行连续的大范围、快速、同步采集，通过这些信息可以对海洋生态资源量和生态环境进行评估，采用高分辨率的卫星数据可以对各海区的作业船只进行监测，以了解实际的捕捞努力量。这些将有利于渔业资源的合理开发与管理。遥感技术能快速、大面积、动态地获取海洋环境数据，遥感技术已成为研究海洋的重要技术手段，其在渔情分析、渔业管理、渔业资源评估和渔业作业安全等方面的应用也得到了快速的发展。由于传感器探测能力的提高，遥感数据在海洋渔业中的应用从最初的单要素，最主要是以水温数据为特征的应用，到多种海洋遥感环境要素的综合应用。由于 GIS 技术具有强大的空间数据可视化和空间分析能力，GPS 具有空间定位能力，从而使得遥感数据和海洋渔业调查数据在 GIS 平台上得到综合，3S 的集成将为海洋渔业研究提供强大的技术平台，促进了渔业数字信息化的发展。同时，GIS 技术同专家系统、人工智能技术结合将促使海洋渔业的分析研究朝智能化方向发展。

20 世纪 60 年代美国泰罗斯（TIROS）系列实验气象卫星的成功发射，为卫星遥感数据在渔业上的应用提供了可能，尽管卫星的观测并不能直接发现鱼群。70 年代前期，少数学者开始应用卫星遥感技术进行渔业研究，70 年代后期到 80 年代，卫星遥感技术在海洋渔业领域中的应用得到了较快的发展，早期的卫星遥感海洋渔业应用研究以卫星遥感反演 SST 信息及应用为主要特征。

从世界范围来看，卫星遥感在海洋渔业中的应用主要以美、日等发达渔业国家为主。1971 年美国第一次根据遥感卫星数据及其他海洋和气象信息，制作出了包括海洋温度锋面在内的渔情信息产品，并通过无线传真发送到美国在太平洋生产的金枪鱼渔船，标志着美国应用卫星遥感技术开展渔场信息分析应用的开始。1980 年后 NOAA 通过其所属的分支机构，包括国家海洋渔业局（National Marine Fisheries Service，NMFS）、国家天气服务中心（NWS）、国家环境卫星和数据信息服务中心（NESDIS）等其他部门，开始进行 SST 锋面分析，并向美国渔民提供每周的助渔信息图。NASA 及其他组织也采用 NOAA 系列、Nimbus-7、Seasat、DMSP、GOES 等卫星及现场观测数据为美国西海岸渔船制作了渔场环境图。这些应用研究表明渔民采用由卫星遥感数据制作出的渔场环境与渔情分析图后，缩小了找鱼范围，节省了寻鱼时间和燃料费用。

20 世纪 80 年代中期，美国西南及东南渔业研究中心（WSFSC、ESFSC）将遥感技术应用于加利福尼亚州沿岸金枪鱼、墨西哥湾鲳鱼和稚幼鱼资源分布和渔场调查研究，并取得了成功，并且利用 Nimbus-7 的 CZCS 水色扫描仪所获得的信息，定期计算了墨西哥湾的叶绿素和初级生产力的空间分布，并结合 NOAA 的 AVHRR 信息计算的海表温度及其梯度资料，发现了鲳鱼和稚幼鱼资源渔场分布与上述信息的相关关系，获得了定量回归模型，此后又将这一成果结合专家系统广泛应用于美国墨西哥湾的渔业生产中。

目前美国提供卫星遥感渔业信息服务的部门除了上述国家部门外，还有许多企业也提供了商业化的信息服务，如 Roffer's 公司、SST 在线、海湾气象服务公司、海洋影像公司、Smart Angler-C2C 系统公司、轨道影像公司、科学渔业系统公司等商业企业。科学渔业系统公司还专门开发了渔情概率分析软件。服务的主要渔业种类有箭鱼、金枪鱼、鲭鱼、鳕鱼等十多种经济鱼类和娱乐渔业，轨道影像公司开发了专门的海洋渔场环境分析软件 Orbimap。

日本海洋渔业遥感研究与应用起步早，1977 年日本科学技术厅和水产厅开展了海洋渔业遥感实验，逐步建成包括卫星、专用调查船、捕鱼船、渔业情报服务中心和通信网络在内的渔业系统。日本农林水产省自 20 世纪 80 年代以来一直以气象卫星遥感信息为主，为其海洋捕捞部门做定期渔场渔情预报。日本的渔情速报、预报主要是通过渔业信息服务中心（JAFIC）进行的，其为了制作短期和长期的速报、预报图，将尽可能多的数据集聚在一起，包括卫星遥感、捕捞等数据，提供给渔业部门。其与渔业有关的各个部门相互合作很紧密，所起的效果也相当好。

世界上除了日本和美国能够提供信息量丰富的渔情信息服务以外，还有其他一些沿海国家也开展了渔情预报与渔场环境分析的研究与应用。例如，澳大利亚联邦科学与工业研究组织应用遥感卫星分析了澳大利亚西南海域的金枪鱼与洋流之间的关系，应用卫星获取的 SST 信息来确定鱼群的可能位置；加拿大的渔业海洋部门与私人公司合作，应用卫星遥感技术来评估中上层鱼类丰度的分布；智利的一些大学应用热红外影像来确定金枪鱼的可能位置以节约燃料费用；20 世纪 90 年代初开始，俄罗斯（包括苏联）应用自己的业务气象卫星，并结合现场观测资料为俄罗斯渔船提供渔情信息产品服务。另外，法国应用获取的 NOAA/AVHRR 和欧洲地球静止气象卫星（METEOSAT）温度信息来制作等温线图，并通过无线传真发送给渔民，葡萄牙于 20 世纪 80 年代后期也开始应用卫星遥感进行渔场环境分析等。近几年来，印度也应用自己的海洋卫星为海洋渔业提供渔况预报、上升流与潮流监测、初级生产力监测和船舶救助等服务。

国内把遥感技术应用于海洋渔业的研究始于 20 世纪 80 年代初。东海水产研究所通过气象卫星红外云图提取海表水温数据，并结合同期的现场环境监测和渔场生产信息，通过综合分析，手工制作成黄、东海区渔海况速报图，定期向渔业生产单位和渔业管理部门提供信息服务。中国水产科学研究院东海水产研究所与上海市气象科学研究所合作开展了气象卫星海渔况情报业务系统的应用研究。在此期间，国家海洋局第二海洋研究所、上海海洋大学等单位与生产企业合作，也进行卫星遥感海况渔况速报的试发试验工作，但均未转入业务化。近年来，在国家的大力支持下，海洋、渔业等领域先后开展了多项海洋渔业遥感信息服务集成系统的应用研究，把卫星海洋遥感、GIS 和人工智能专家系统等高新技术相结合进行渔情信息分析与预报，基本实现了业务化运行。

3. 渔船监测系统与渔业

（1）渔船监测系统概述

渔船监测系统（vessel monitoring system，VMS）是一项于 1991 年由美国提出，世界多国有所参与的渔业监视计划，使用渔船上安装的设备能够提供渔船位置和活动的信息。通常来说，VMS 的组件包括收集信息的船舶终端（如 CLS America、vTrack VMS、北斗终端等），用于将数据进行传输的通信系统（如 GPRS、Inmarsat、北斗等），以及处理这些信息并进行管理的渔业监控中心。VMS 系统可以应用于捕捞控制、科学研究、航行安全和海上执法等多个领域。

《联合国海洋法公约》等协定除对公海捕鱼的限制做了一些规定以外，也对渔船船旗国、沿海国、港口国及区域性或分区域性渔业组织在渔业资源养护与管理中的责任做了规定，其中包括要求船旗国发展与采用卫星通信的渔船监控系统。VMS 可以将渔船船位、船速、船向等资料自动传送到岸上的监控中心，渔船也能通过该系统将渔获信息报告给监控中心，这样就可以使监控中心即时掌握和监督渔船的作业动态。因此，该系统对于渔船的监督及渔业资源的养护与管理具有积极的作用。目前，全球所有主要渔业国家和渔业组织，均使用 VMS 作为渔业管理和监控的手段。例如，欧盟已经将 VMS 系统安装在所有较大的渔船中。我国最早对于 VMS 的研究始于 21 世纪初，在 2005 年农业部开始了全国渔业安全通信网的建设，2006 年我国将北斗卫星导航系统运用在南沙的 VMS 中，至 2012 年中国 60 马力以上的渔船已经基本配备了 VMS 设备。

（2）VMS 数据分析的研究进展

VMS 系统回报的信息包括船舶识别码、时间、船位经纬度、速度与航向、渔获信息、环境资料等；但主要来说，还是提供船舶运行的位置信息。因此，对于 VMS 系统数据的分析主要集中于两个方面：其一是渔船的航行状态，其二是渔船的航行轨迹。

a. 渔船航行状态的分析

VMS 系统回报的信息包括渔船的定位信息和运行状态信息，数据的定位精度多为 10m，但不同通信系统的 VMS 数据间的回报频率有很大差异。远洋船位监控系统 Inmarsat-C 和 ARGOS 的数据回报频率较低，约每隔 4h 发送一次；AIS 数据回报频率与航速呈正比，航行时回报频率在 12s 以内；我国北斗卫星船位监控系统数据回报频率为 3min。通过渔船的定位，就可以对渔船的状态进行分析，这种分析得到的结果是绝大多数研究进一步研究的基础。

对于渔船的航行状态，最简单的判别方法就是根据其航速来进行判别。例如，人们使用 1994 年美国东北地区全年和季节性禁渔区周围的底层鱼类捕捞数据评估拖网渔船捕捞努力量和捕捞产量的空间分布时，就将拖网渔船在海上航行速度为 3～5 节的时候视为处于捕捞状态，并凭此计算捕捞努力量；也有学者使用在印度洋运作的法国热带金枪鱼捕捞数据，基于经验数据和 VMS 采集的正常频率，通过一个改进的贝叶斯-隐马尔可夫模型，从轨迹得到船只速度和方向，然后使用严格量化模型预测渔船的活动，达到了 90%的准确性。

b. 渔船活动轨迹的分析

VMS 回报的数据是一个由点数据组成的数据集。如何将这些点数据转化为渔船的整体运行轨迹的线数据或其他数据种类，对于渔业管理和科学研究来说具有现实意义。目前对于渔船活动轨迹的还原，主要依靠的方法是对 VMS 数据进行插值处理，该方法可以得到精度较高的轨迹。Gloaguen 等（2015）归纳了目前描述渔船运动和活动的自回归模型，并开发了一种使用自回归过程建模，使用期望最大化算法来估计模型参数的具有两种行为状态（航行和捕捞）的隐马尔科夫模型来推断基于 GPS 记录的船只轨迹。

（3）VMS 数据的应用进展

目前的 VMS 数据应用主要集中在 3 个方面。首先，利用 VMS 判定渔船的航行状态，可以用于估算捕捞努力量。其次，根据对 VMS 和渔捞日志数据的综合分析，还能对渔民在海上的行为规律进行统计和分析，并更精确地确定渔场的范围。最后，VMS 数据还能应用于渔业捕捞对象和相关区域内的其他生物，如鲸类和海鸟等，从而进行生态学和生物学研究。

a. 捕捞努力量估算

捕捞努力量是渔业资源评估时应用的主要数据之一，尤其是经过了标准化的单位捕捞努力量渔获量（CPUE）通常被认为和渔业资源的丰度有直接的关系。通过 VMS 数据对渔船状态分析得出的结果，结合渔捞日志的数据和现场观察员数据就能得到精度较高的与现场渔业监测报告基本一致的捕捞努力量数据。一般来说，目前用 VMS 评估捕捞努力量时使用的是点密度分析法。也就是分析单位区域网格内，渔船处于捕捞状态的点的数量，来计算某段时间内某渔区格网内所有拖网渔船的捕捞努力量。

b. 渔场和海上行为分析

确定渔场的范围对于渔业管理、环境保护、海洋资源开发等有相当重要的意义。利用 VMS 系统可以确定渔业作业的集中区域和作业范围，可以从这些区域中确认作业渔场。这些信息可以纳入旨在实现可持续渔业的生态系统管理计划，为量化和管理生态系统干扰提供重要的参考。一般来说，分析渔场的依据是渔船的状态判别，如果一个区域内处于捕捞状态的点数量较多，可以认为这里是鱼类相对集中的位置，也就是渔场。除了渔场范围，渔民在海上的行为也是 VMS 数据分析的一个重点。例如，有学者研究分析了渔民行为特点和鱼群空间分布的关系。

c. 生态学和生物学研究

除了应用在渔业研究中，VMS 还在更广泛的海洋研究中被用作数据来源。通常来说，这些研究关注的是渔业对海洋环境的影响，以及对渔业目标对象和非渔业目标对象的影响。对于海洋环境的影响，学者主要关注的是底层拖网的数据，因为底层拖网会导致海底环境的变化。例如，有学者根据 VMS 数据评估英格兰和威尔士近海捕捞压力对海洋地貌的时空分布的影响。对于非渔业捕捞对象的生物的很多研究也可以应用渔业 VMS 数据。

（4）后续研究与工作

VMS 可以将渔船船位、船速、船向等资料自动地传送到岸上的监控中心，渔船也能通过该系统将渔获信息报告给监控中心，这样就能使监控中心即时掌握和监督渔船的作业动态，能够在监控渔船船位、船向、船速、渔获状况、非法作业等方面起到积极的作用，并可以用于发现可能的错误渔捞日志。

对于我国而言，VMS 数据的主要来源是北斗卫星系统。相比于其他国家广泛使用的 AIS、Inmarsat-C 等系统，北斗卫星系统具有定位快、精度高、回报频率高的特点。这使得在使用以北斗卫星系统为数据源的 VMS 数据进行分析时，不需要通过使用复杂的算法来改善精度不佳的数据，只需要使用较简单的方法就能获取渔船的轨迹和分析渔船的状态，有助于减少运算资源的消耗，提高数据产品的准确度。

VMS 数据的挖掘和应用还只是个新兴学科，对于捕捞数据的研究，目前也较为局限，绝大多数研究都集中在数据处理较为简单的拖网捕捞上，对于延绳钓、围网等其他捕捞方式的研究较少，因此，设计更为合适和精确的 VMS 数据挖掘方法与模型仍是今后研究的重点。

4. 大数据与现代化渔业

随着传感器、互联网、云计算等技术的迅猛发展，人类社会产生的数据量呈“井喷式”增长，“大数据”时代已经到来。我国在渔业领域有大量的数据产生，将这些数据搜集、清洗、整合、分析变为有用的信息，可以为政府决策、企业管理、科学研究提供翔实、可靠的依据。2015 年 9 月 5 日国务院印发了《促进大数据发展行动纲要》，因此，渔业大数据的发展面临着机遇。

（1）渔业大数据的概念

1）渔业信息化。渔业是指人类利用水中生物的物质转化功能，通过捕捞、养殖和加工，以取得水产品的产业。讨论渔业大数据的概念，不得不提到渔业信息化。渔业信息化是指利用信息技术为渔业的生产、供给、销售，以及相关管理和服务提供数据支撑，具体包含水产养殖环境信息化、渔业资源调查信息化、渔业管理信息化、水产品加工流通信息化等。可以说渔业信息化既是粗放型渔业向集约型渔业转变的前提，又是现代渔业对比传统渔业所具备的一个重要特征。

2）大数据。数据（data）一词在拉丁语中的意思是“已知”的意思，在英文中的解释是“论据、事实”。“科普中国”百科科学词条编写与应用工作项目对“数据”给出了这样的解释：数据是事实或观察的结果，是对客观事物的逻辑归纳，是用于表示客观事物的未经加工的原始素材。数据是信息的表现形式和载体，文字、数字、视频、音频等都是数据。数据本身没有意义，只有对实体行为产生影响时才成为信息。

大数据的“大”实际上是指其所占存储器的容量大。随着信息技术的发展、存储设备的普及，每天各个行业产生的数据量难以估算，且数据产生的速度越来越快、越来越多，而存储设备价格越来越低，容量越来越大。

作为一个快速发展的新技术领域，大数据的定义并不明确。研究机构 Gartner 对“大数据”给出了这样的定义：大数据运用新处理模式才能具有更强的决策力、洞察发现力和流程优化能力的海量、高增长率和多样化的信息资产，即大数据是难以使用现有普通的软件技术来存储、读取的海量数据集。维基百科对“大数据”的定义是，难以在可承受的时间范围内用常规软件工具进行捕捉、管理和处理的数据集合。其具备几个特征：①容量（volume）：至少 PB 级；②种类（variety）：数据类型多样性；③速度（velocity）：指获得数据的速度；④可变性（variability）：容易妨碍处理和有效地管理数据的过程；⑤真实性（veracity）：数据的质量真实可靠；⑥复杂性（complexity）：数据量巨大，来源多渠道。

3）渔业大数据。渔业信息化和大数据技术的发展造就了渔业大数据。渔业大数据是利用大数据的理念和相关技术架构，结合数学模型把渔业信息化产生的大量数据加以处理和分析，并将有用的结果以直观的形式呈现给需求者，来解决渔业领域出现的问题。

渔业信息化产生的大量数据包含水产养殖、捕捞、加工、供销、科研、管理等各个环节，以及影响这些环节的各类因素（气象、水质、市场、政策等）所产生的所有数据的集合。

渔业数据处理和分析的过程是对数据进行获取、分类、加工、管理、挖掘、分析的过程，最终，有价值的信息会被提取展示给需求者。总之，“渔业大数据”——数据是根本，分析是核心，利用信息技术提高渔业综合生产力是目的。

因此，渔业大数据是渔业规划、计划、生产、销售、管理、科研等所有环节（包括影响这些环节的所有因素，如地理、气象、水文、环保、政策、市场等）所产生的所有数据的集合，以及对这些数据的获取、分类、存储、管理、挖掘，并提供快捷、有价值服务的各项技术及其应用的总称。目前已经成熟并得到广泛应用的大数据管理和应用技术、应用架构、数据挖掘技术、业务经营模式均可借鉴到渔业大数据的平台上，为渔业规划、生产、销售、管理、科研及相关的服务提供有效的信息支持，显著提高渔业的综合生产力。

（2）渔业大数据的分类和发展现状

1）分类。按照渔业大数据的特征来划分，主要包含以下几类：①按照领域划分，以渔业领域为主体，涵盖了养殖业、捕捞业、加工业，可以扩展到苗种、饲料、渔业机械、环境、运输等方面；②按照地域划分，不仅包括全球的数据，还包括国内数据，省（市、县）数据，从而进行更精准的研究；③按照企业来看，包含经济主体的基本信息、投资者信息、生产信息、坐标信息、人事信息等；④按照学科专业领域划分，可分为气象数据、水环境数据、生物基因数据、市场经济数据等。

2）发展现状。大数据在我国互联网、金融、能源、制造、交通领域已经得到了广泛应用，随着传感器、物联网等信息技术和渔业信息化的发展，渔业领域也具备了发展大数据的可能，但仍然存在很多问题：①近年来，我国食品质量安全包括水产品质量安全受到前所未有的关注，渔业生产涉及养殖、捕捞、运输、加工等多个步骤和环节，包含生态环境、生物分子、社会经济、食品安全等多个方面，影响面也越来越大，单一专业领域的信息难以应对这种复杂的局面，需要从渔业生产的整个产业链的高度来掌握各类渔业信息。但是数据相对分散，没有得到集成利用和有效整合，形成了信息孤岛，不利于各相关主体做出科学决策。②渔业信息资源质量低。渔业属于第一产业，在生产一线的信息站点非常少，科研院所、职能机构远离基层，而一线基层人才缺乏，仪器设备质量和技术水平都普遍较低，数据的搜集非常困难，相关网站多为重复、过时的信息。③渔业信息服务机制有待于完善。经常出现养殖户盲目跟风养殖某种水产，造成供大于求的现象。缺乏水产市场的供求预测，总是做事后分析，没有针对市场的预警机制。大数据技术的目的就是通过大量的现有数据进行分析和预测，渔业市场的监测亟须通过大数据技术来完善。

（3）渔业大数据技术架构

该研究主要介绍以 Hadoop 技术为核心的渔业大数据技术架构。由图 5-31 可知，渔业大数据可划分为 3 层：数据采集层、数据存储计算层和数据应用层。大数据的技术架构有别于传统的信息技术架构，它由适应海量数据管理的分布式文件系统和 NoSQL 非关系型数据库，处理大规模数据集并行运算的 MapReduce 编程模型，进行分布式数据存储、数据处理、系统管理的 Hadoop 框架等各类相关技术组成。

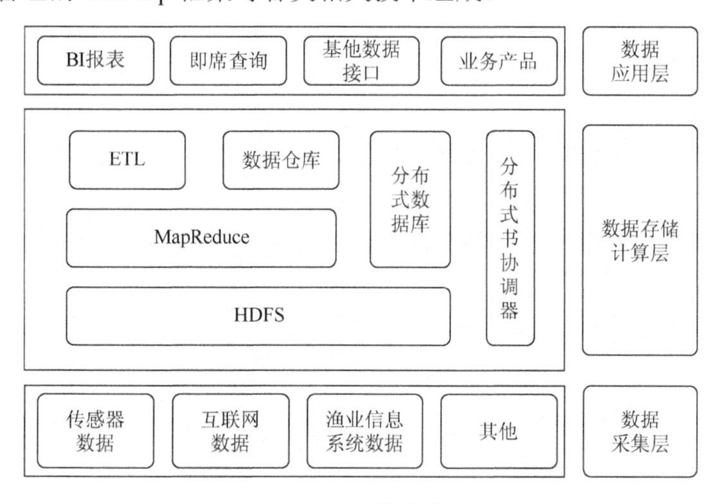

图 5-31　渔业大数据技术架构

1）大数据的采集。数据是根本，渔业数据的采集是整个大数据技术架构后续存储、共享、分析各个步骤的前提。数据的获取主要涉及数据的采集和数据的传输。渔业大数据的采集方式主要有传感器数据、RFID 射频数据、互联网数据、业务信息系统等。

传感器通过光敏元件、气敏元件、湿敏元件、热敏元件、色敏元件等各类感知功能的元件将环境变量转变为数字信号。这些环境变量可以是温度、压力、盐度、视频、音频等。这些数据信息通过有线网络或者无线网络传输到采集节点。

有线传感器网络通过网线（屏蔽双绞线）传输，这种传输方式适合易于部署的环境，对电源、环境都有一定的要求。其传输距离比较短，一般各个网络节点间不超过 90m，否则将有信号衰减。远距离的有线传输需要通过光纤完成。有线网络的传输速率较高，信号稳定，能满足实时视频、图片、音频等数据的高速传输要求，常应用在养殖池塘的视频监控、水产品加工的视频监控、水下生物的图像采集等方面。无线传感器网络（WSN）是由大量静止或移动的传感器以自组织和多跳的方式构成的无线网络，以协作的感知、采集、处理和传输网络覆盖地理区域内被感知对象的信息，并最终把这些信息发送给网络的所有者。近些年无线传感器网络得到了广泛的研究，其在养殖水质监控、生态环境监控等领域也有所应用。但是目前海水理化参数监测探头的价格仍然较高，因此，其没有得到良好的普及。

RFID 射频识别技术是一种无线通信技术，可通过无线电信号识别特定目标，并读写相关数据，而无须识别系统与特定目标之间建立机械或光学接触。随着物联网技术的发展，基于 RFID 射频识别技术，水产品从养殖、加工、配送到销售可实现全程的跟踪与追溯。

互联网数据也是渔业大数据采集的重要方式。很多气象部门、环境监测部门通过互联网发布各类数据，并提供数据接口；也可以通过网页爬虫的方式搜集到大量数据。

近年渔业主管部门、企业、科研单位也都建立了自己的各类业务信息系统，保存着各类渔业数据。例如，中国水产网（www.zgsc123.com），该网站汇集了大量的、实时的全国范围的水产品报价、供求信息、行业咨询，并提供金融服务、数据仓库服务和社交服务；国家水产种质资源平台，此平台整合了多家国家级水产原料场及龙头企业，包含129个数据库，标准化表达了3.5万条水产资源记录。

2）数据的存储计算。HDFS（hadoop distributed file system）和MapReduce是Hadoop体系的核心，前者负责处理海量数据的计算和数据处理，后者负责进行海量数据的存储。

HDFS的基本原理是将大文件切分成相同大小的数据块（一般为64MB），存储在多个数据节点上，并具备校对、负载均衡等功能。HDFS具有以下特性：①良好的扩展性。在集群当前的存储不能满足需求时，可以将一些廉价的机器增加到Hadoop集群中（横向扩展），来达到存储扩展的目的。同时可以借助于HDFS提供的工具，将已有数据进行重新分配存储，均匀地分布到新增的机器节点中。②高容错性：集群中一个或多个节点出现故障，HDFS内部会把数据形成多个拷贝（通过数据冗余实现），从而保证数据不丢失。

MapReduce是一种用于大规模数据并行计算的编程模型，Map（映射）和Reduce（简化）为其核心思想。编程人员可以不用分布式程序设计语言，就可使自己的程序运行在分布式系统的环境下。它具备以下功能：①划分数据块及计算任务调度。可自动将一个JOB分为多个数据块，每个数据块对应一个任务，自动调取相应的计算节点，处理对应的数据块。计算任务调度功能可监控管理各个计算节点的运行状况，分配任务。②数据和程序代码的相互定位。MapReduce主要处理大量的离线数据，因此，计算节点将最大限度地处理其本地存储的数据，这就是程序代码定位数据。而本地无法完成数据处理和计算时，会将数据发送给其他临近的计算节点来完成，这就是数据定位程序代码。③系统优化。基于最大限度地降低通信开销的目的，Reduce节点会合并处理一些数据，多个Map节点会通过策略划分将具有相关性的数据发送至1个Reduce节点进行处理。除此以外，对于较慢的任务，系统会进行多拷贝计算，以最快完成计算的节点作为计算结果，从而提高运算的速度。

ETL（extract-transform-load）是用户对从数据源中调取的数据进行清洗，并按照规定的模型加载到数据仓库中。ETL过程占数据仓库建设50%以上的时间。将数据按照规范的格式转换加载到数据仓库中，实现了渔业大数据的规范化、持久化，并建立了数据分析的长效机制。

3）数据的展示和分析。可以在用户端使用BI（商务智能）工具、Adhoc query（即席查询），以及其他数据接口和产品来直接调取数据库中的数据，进行分析和展示。

BI工具可以迅速、准确地提供调取数据库中的数据产生报表，为企业及时做出经营决策。虽然叫作“商务智能”，但BI技术已经不局限于商业领域中。凡是涉及产生数据报表做分析和展示的都可以借助于BI工具来实现。常见的主流BI工具以国外产品为主，包括SAPBO、Oracle BIEE、MSTR、Qlikview、Tableau等，国内流行的BI工具以FineBI、永洪BI等为主。即席查询技术出现在数据仓库领域，与已编程好的信息系统的查询模块不同，用户可以在经过授权后直接面对数据库，按照自己的要求查询相关数据。现在，很多数据展示工具都提供了即席查询的功能，用户可以通过语义层选择表，建立表间的关联，最终生成SQL语句。它与通常的SQL查询并没有什么不同，只是效率较低，因为数据库的设计难以考虑用户即席查询的需求。各类相关的业务信息系统也可以通过接口访问数据库，进行增删改查的操作。

大数据、云计算、物联网等信息技术在通信业、金融业、交通运输业、互联网行业等第三产业中有了广泛的应用，这些技术已经改变了人们的生活方式，对于农林牧渔业这类第一产业，其工作对象是自然界的物质，因此，在感知和数据搜集方面，现在的技术还有待于完善，很多理化参数需要人工来搜集，但这并不影响渔业大数据平台的建设。数据、技术思维将是新的生产资料、生产工具和生产者，结合数据分析工具，渔业将进入智能决策的时代。

5. 物联网 + 渔业

（1）渔业物联网对促进现代渔业发展的重要作用

《国务院关于推进物联网有序健康发展的指导意见》（国发〔2013〕7 号）指出，实现物联网在经济社会各领域的广泛应用，掌握物联网关键核心技术，基本形成安全可控、具有国际竞争力的物联网产业体系。《国务院关于积极推进“互联网 + ”行动的指导意见》（国发〔2015〕40 号）指出，推广成熟、可复制的农业物联网应用模式，在基础较好的领域和地区，普及基于环境感知、实时监测、自动控制的网络化农业环境监测系统，建设水产健康养殖示范基地，现代渔业物联网正在成为促进我国渔业转型升级的重要支撑。

1）渔业物联网是保障渔业生产安全的重要手段。将物联网技术应用到渔业养殖领域，能够实现渔业养殖监管领域“智能感知，智慧管理”，切实提高安全监管水平。渔业物联网与大数据将传感技术、无线通信技术、智能信息处理与决策技术融入水产养殖的各环节中，实现对养殖环境与养殖设施的智能化监控、养殖过程自动化控制和养殖生产的智能化决策，保障渔业生产安全、可靠。

2）渔业物联网是提高经济效益和渔民增收的重要保障。现代渔业物联网采用物联网实时测控系统实现实时测控水质，根据水质监测结果提前对水质进行改良，降低养殖风险。大数据智能决策技术的应用实现精细投喂和科学用药，从而降低养殖水体的污染，使渔业生产从经验依赖型转向科学决策型。自动控制技术与装备的应用显著降低了渔业生产的劳动强度，循环水自动处理提高了养殖废水的利用效率，大幅度提高了水产品的产量、质量和效益，提高了广大水产养殖户的收入。

3）渔业物联网是促进行业转型升级的重要支撑。现代渔业物联网为我国的渔业发展提供了先进、实用的解决方案和技术手段，实现了水产养殖信息采集便携化、数字化，以及养殖作业自动化、精准化，对于保障渔业生产高产、高效、优质、安全、生态，改变渔业养殖业的生产状态，推动渔业结构调整，促进渔业产业转型升级具有重要意义。

（2）渔业物联网的发展趋势

1）新型材料技术、微电子技术、微机械加工技术等的快速发展有望大幅降低渔业感知技术成本，促进大面积普及。随着新型材料技术、微电子技术、微机械加工技术、光学技术等的发展，水产信息感知技术逐渐从最初的实验室理化分析逐渐过渡到借助于新型敏感材料，使得水产生产各环节信息实时在线获取成为可能。

2）不断成熟的无线传感网络技术、移动通信技术有力地保障了水产信息可靠传输。基于 TCP/IP 协议的互联网、基于移动通信协议的移动通信网被广泛应用到现代水产养殖业的数据采集、远距离数据传输和控制中，成为渔业物联网数据传输的廉价、稳定、高速、有效的主要通道。移动通信与互联网加速深度融合，应用范围越来越广泛，在促进传统水产经济结构调整、改变水产养殖模式等方面发挥着越来越重要的作用，

3）渔业大数据、云计算、移动互联等技术有力地提升了渔业信息服务水平。随着渔业大数据应用的普及，海量数据的存储、搜索和数据分析计算是渔业信息处理技术急需解决的关键技术。渔业大数据应用的研究将有力地促进模式识别、智能推理、复杂计算、机

器视觉等信息处理技术在精细化喂养、养殖设施智能控制、疾病预测预警、管理决策、质量安全追溯等领域中的应用，提升信息化服务水平。

（3）物联网＋渔业的案例介绍——远洋渔船及作业系统物联网智慧服务系统

a. 系统构成及其特征

以远洋渔船及作业系统物联网智慧服务系统为研究对象，以面向服务的架构（service-oriented architecture，SOA）为指导，建立面向服务的新型系统架构。远洋渔船及作业系统物联网智慧服务系统的服务构件来源于两个途径：一是对原有系统功能进行封装，这能有效保护投资，通过 SOAP/WSD/UDDI 系列标准将原有远洋渔船信息管理系统进行封装后发布出来通过网络使用，原信息系统中各业务构件和粗粒度的功能构件，以及各类可共享的计算机资源都能以服务的方式呈现；二是面对新需求开发的全新服务构件，通过扩展的 WebService 包装成的服务构件，不仅可以屏蔽异构的操作系统、网络和编程语言，还可以屏蔽传统中间件之间的异构性，并支持开放、动态的互操作模式。这里，服务构件是独立的、无状态的，而且是可组合的、可重用的，供求双方是松散耦合的。

远洋渔船及作业系统物联网智慧服务系统将包括远程视频监控子系统、北斗星船舶定位子系统、船舶重点设备物联网感知子系统、船舶作业管理子系统、渔获仓储与质量安全溯源子系统、远洋渔船工作文件云传输子系统、船载学习及文化天地子系统和船岸一体化子系统 8 个部分（图 5-32）。该系统具有 3 个方面的主要特征：①该系统将转变为以 SOA

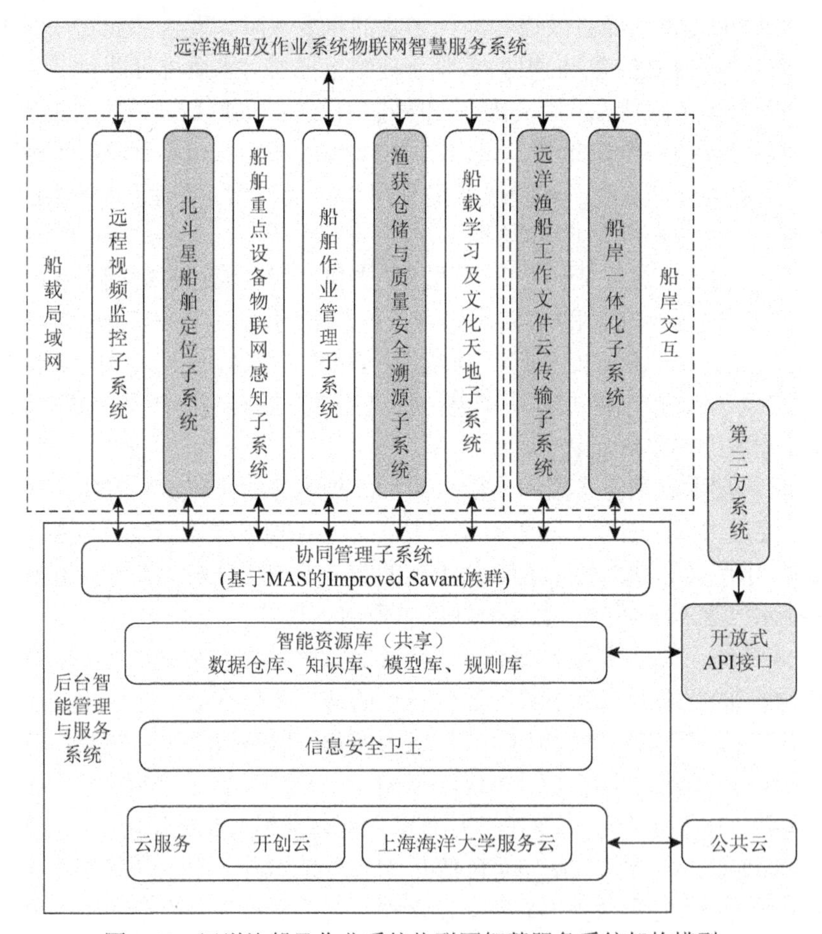

图 5-32　远洋渔船及作业系统物联网智慧服务系统架构模型

为指导，建立面向服务的新型系统架构，为企业提供能够二次开发的平台与软件，随着企业需求的动态更新提供更加灵活的定制服务，这主要体现在云计算服务架构理念上。②该系统中大量传感器的使用，在实现设备互联的同时，数据也将海量汇聚，通过对这些数据进行处理、分析、滤波、挖掘，可以更加精细、有效、动态地管理生产和生活，达到“智慧”的状态；同时，具有动态感知、分层滤波、数据挖掘、共享整合、协同管理的系统，在无人干预的情况下，可实现自适应与自学习的自我控制和智能管理。协助企业更加迅速、准确地对物理世界进行瞬间反映、及时调控，以提高效率，降低成本。③用户将获得更为人性化的体验，系统拥有良好的人机界面和多样化的接入方式，实现无所不在的服务。

b. 各子系统功能

远程视频监控子系统：基于网络流媒体技术，实现局域网或广域网的视频实时监控，并可硬盘录制，以进行视频回放和检索。系统可以实时、全方位、直观地对船舶航行状态及渔船的作业过程进行监控和调度，为现场指挥决策提供有力依据；出现涉外纠纷事件时，实时提供现场场景，为解决海上纠纷提供取证资料。

北斗星船舶定位子系统：利用北斗定位系统对航行的船舶进行实时定位，结合 GPS 辅助定位，采用 GIS 实时显示，实现船队和船只的全天候实时可视化管理，并通过回放航行轨迹，进行历史复查和问题追查。

船舶重点设备物联网感知子系统：基于无线传感技术、有线/无线（ZigBee）结合的组网技术，感知船舶冷库温度和机舱烟雾，能实时显示温度数据，并能显示历史数据曲线，温度和烟雾超出限定值时会发出报警。

船舶作业管理子系统：实现船上各类报表、日志和物料申购的电子化管理，在船岸一体化的基础上，使这些报表、日志和物料申购单信息同步到岸上。

渔获仓储与质量安全溯源子系统：通过 RFID、二维码、网络等技术应用，实现渔获产品仓储的信息化管理，渔获产品源头信息的溯源，并能通过多终端查询保证渔获的质量安全。

船载学习与文化天地子系统：通过该系统，船上人员可以观看电影、聆听音乐、阅读电子书，同时学习技术文件、安全知识，给船上人员提供了一个娱乐、学习的平台。

远洋渔船工作文件云传输子系统：通过互联网云技术建立远洋渔船工作文件云传输子系统，利于船岸两地无缝交换远洋渔船捕捞许可、数字传真、法律文书、资质证明、证照资料等数字文件的传递，实现用户的文件存储和用户间的文件共享。文件云备份，自动同步共享文件快速发布给用户，严格完善的权限控制，确保了便捷安全。

船岸一体化子系统：基于北斗/GPS、3G/GPRS 融合的通信技术，实现船岸数据、文件的定期同步，实现了船岸信息的一体化管理。

c. 应用情况

远洋渔船及作业系统物联网智慧服务系统在上海开创远洋渔业有限公司的“开富号”大型拖网渔船上进行了示范应用。从 2013 年 3 月 17 日船舶离开上海港至 2014 年 8 月底，“开富号”渔船的业务化运行时间为 5 个多月，所开发的系统运行良好，实现了项目预先设定的任务和功能。该系统不仅大大提高了远洋船舶管理的信息化智能水平，提高了船舶作业智慧服务能力和水产品附加值，也为企业智慧管理提供了船岸交互、远程服务、决策支持等新手段；降低了通信成本。远洋渔船及作业系统物联网智慧服务系统关键技术的研究和创新应用，推动了远洋渔业生产的信息化水平，进而会推动远洋渔业的产业化进程，具有潜在的经济效益与应用前景。

第六节　渔业经济学概述

一、渔业经济学的概念与产业特性

渔业经济学以渔业生产活动为研究对象，是研究渔业生产关系及其发展规律的应用经济学。渔业产业活动可以分为渔业生态系统、渔业技术系统、渔业经济系统和渔业社会系统。渔业生态系统和技术系统反映渔业生产的自然属性。渔业经济系统和社会系统反映渔业生产的经济社会属性。渔业经济学研究一般经济规律在渔业生产部门中的特殊表现形式。

渔业经济活动的特点主要表现为以下几点。第一，水产养殖业使用的自然资源是水域资源，产业具有农业生产的性质，但是由于养殖对象生活在水中，养殖方式与种植业和畜牧业又有一定的差异。第二，渔业经济活动的产业跨度大。第三，海洋捕捞生产兼有农业和工业的性质，小规模捕捞渔业的劳动者大多是沿海沿岸的农渔民，而大规模外海和远洋渔业的生产者一般是产业工人，远洋渔业的投资是非常巨大的。第四，海洋渔业生产者的劳动地点是流动的，装备和劳动者随渔业资源的流动而不断转移。第五，渔业生产的产品具有鲜活和易腐性，因此，要求生产、运输、加工、储藏和销售各个环节要专业化协作。

二、国外渔业经济学发展简况

渔业经济学作为一门科学，是随着资本主义商品经济在渔业中的发展形成的。1776年英国古典经济学家亚当·斯密在其巨著《国民财富的性质和原因的研究》中，详尽地分析了海洋、江河和湖泊的地理条件，渔业投资问题、渔业成本等对水产品价格的影响。亚当·斯密列举了1724年英国某渔业公司开始经营捕鲸业的生产，用8次航海捕捞活动中只有一次获利来说明发展渔业的风险，认为发展渔业要有承担风险的精神，同时也要考虑经济效益。19世纪中叶，马克思主义经济学对渔业经济活动也有论述。马克思等高度评价了水产品对人脑的作用、把捕鱼业归类于采掘工业、把渔业劳动看作能创造剩余价值的劳动等都是对渔业经济学发展的贡献。20世纪初期，人类展开了对渔业经济学的系统研究，早期的渔业经济学专著是1933年日本学者蜷川虎三撰写的《水产经济学》。1961年日本学者冈村清造重新编著《水产经济学》，该书到1972年先后再版7次。另外，比较有影响的渔业经济学著作还有日本学者近藤康男1979年编写的《水产经济论》。清光照夫等1982年合著了《水产经济学》，该书在详细渔业生产、水产品流通、消费等过程的基础上，运用经济学理论对生产资料的均衡、市场机制、收入分配、渔业经济结构等进行了经济学分析。

美国、加拿大、俄罗斯等渔业经济较为发达的国家，常常将渔业经济作为采掘业或工业的一个部门经济进行研究。例如，苏联渔业经济学家——琴索耶夫的《苏联渔业经济学》中把渔业经济作为工业经济的一部分进行研究，并就渔业在国民经济中地位和作用、水产资源的经济评价、渔业科技进步、渔业经济管理等理论和方法进行了探讨。北欧的挪威等国着重从渔业资源经济问题方面对渔业经济进行了深入的研究，并在此基础上对捕捞的经济效果进行了评价，提出了对该国的渔船生产实行限制的重大技术经济措施，等等。

三、我国渔业经济学发展历程

在我国，由于养殖渔业更为发达，渔业被视为大农业的重要组成部分，渔业经济管理也因此被视为农业经济管理学科的组成部分。我国的渔业经济学是在总结国内外渔业发展的经验教训的基础上发展起来的一门应用经济学学科，经历了 4 个发展阶段，不同时期的基本任务和主要内容不尽相同，仍有待于发展和完善。

（1）初建阶段

从 20 世纪 50 年代起，我国部分高等水产院校就参照苏联的农业经济学和工业经济学体系，结合我国渔业的具体情况开始讲授渔业经济学，主要研究计划经济体制下的渔业发展状况，侧重于研究海洋渔业，侧重于对计划体制下的政策进行解释。渔业管理侧重于渔业的国民经济计划，或水产企业的生产作业计划学，科学规范的渔业经济学概念和系统的学科体系尚未形成。

（2）起步阶段

改革开放初期，水产品市场率先开放，渔业经济体制改革亟须理论支撑，渔业经济学研究由此空前活跃。1978 年全国渔业经济科学规划会议明确提出要编写《社会主义渔业经济学》，一年之后中国水产科学研究院和沿海主要海区及内陆重点淡水水域的水产研究所相继设立了渔业经济研究机构，全国各地先后成立了渔业经济研究会。20 世纪 80 年代中期，上海海洋大学首先成立经贸学院并设置了渔业经济管理专业，其他水产院校和一些农业院校也都先后开设了相关专业。渔业经济学、渔业企业管理学相关教材也相继出版，如胡笑波的《渔业经济学》教材、毕定邦的《渔业经济学》和夏世福的《渔业生态经济学》等。相关课程结构尽管仍受《苏联渔业经济学》的影响，但已开始以渔业生产力规律为思路，构建具有内在逻辑和部门产业特色的渔业经济学体系。这一时期，从生产力、生产关系及其相互关系的角度，将渔业经济学的学科体系界定为渔业生产关系经济学、渔业生产力经济学和渔业经济管理学 3 个层次。

（3）转型阶段

20 世纪 90 年代，随着社会主义市场经济理论的提出和制度的建立，开始大量引入西方渔业经济学专著和教材。其中，挪威学者 Han-nesson 的《渔业生物经济分析》和日本学者清光照夫、岩崎寿男合著的《水产经济学》，系统、科学地介绍了国外渔业发展的研究成果，对中国渔业经济学研究产生了重大影响。渔业经济研究开始吸收和运用现代经济学的理论和研究方法，在整合苏联渔业经济学和西方经济理论的过程中创新发展。《渔业经济学》《当代中国的水产业》等多种渔业经济教材和专著相继出版。

（4）发展阶段

在 2004 年青岛举办的渔业学科建设研讨会上，渔业经济作为水产专业 7 + 2 学科设置的二级学科，建立了以马克思主义经济理论和社会主义市场经济为指导的渔业经济学科框架。在以上海海洋大学、中国海洋大学、大连海洋大学、浙江海洋大学、广东海洋大学等为主体的水产大学和一些综合性农业高校及个别综合性大学的水产系（学院）中，“渔业经济学”已是水产类专业的重要基础课程，在综合国内外理论和实践的基础上不断发展。

四、渔业经济学学科的性质、体系构成和研究特点

渔业经济学学科归属和体系的结构尚存在争议。部分人仍然认为其是水产科学的重要组成部分，但作为农林经济管理的重要组成部分，渔业经济学应该是应用经济学的范畴。关于其学科体系构成大约有 6 种分类。在较近的两种分类中，一种观点是将渔业经济学划

分为宏观（世界渔业经济和我国的宏观渔业经济）、中观（中观经济的基础理论、研究方法和研究经验）和微观（产业组织经济和渔/农户经济）3 个层次。另一种观点认为，渔业经济学应该包括 4 个层次：研究渔业经济基本理论与方法的渔业经济学，研究宏观渔业经济问题（如水产品贸易、渔业金融、渔村发展）的经济学，研究微观渔业经济问题的水产养殖经济学，以及渔业交叉学科（如渔业技术经济学、渔业资源与环境经济学、渔业制度经济学、渔业生态经济学等）。从广义上看，渔业经济学应该是一个带有交叉学科性质的学科群，涉及水产科学、经济学、制度经济学、资源与环境经济学、数理经济学、计量经济学、管理学、社会学、政治学等众多学科的理论和方法。

发展中的渔业经济学研究呈现出以下特点：一是各分支学科之间的交叉渗透不断加强，分化或细化加快。渔业生产的基本特点是，经济再生产与渔业自然资源再生产相互交织和紧密结合，以“渔业经济活动过程中的渔业、渔村、渔民问题及其运行规律”为研究对象的渔业经济学，因此，涉及水产科学、经济学、资源经济学、管理学等多个学科的交叉，它们之间的相互联系不断深化。二是渔业经济学研究日益呈现多层面性和多角度性。微观与宏观分析、规范与实证分析、定性与定量分析技术等的结合越来越紧密，研究方法也日新月异。三是渔业经济研究范围不断扩展，新的理论和实践要求渔业经济学不断创新，更加全面、系统地研究渔业发展。这些都对渔业经济学学科的设置、传授和研究构成了挑战。

总体上看，渔业经济学已经形成了基本的学科体系和完整的研究团队。但是，正如一些研究所指出的，渔业经济专职研究人员偏少，研究力量仍较为薄弱且参差不齐。相对于快速发展的渔业经济，渔业经济学理论和方法的运用、系统性和连续性的研究有待于加强。

五、改革开放以来中国渔业经济学的研究进展

改革开放促进了渔业发展诸多领域的研究不断深入，成效显著。本书将从渔业增长的经济分析、渔业产业发展与结构调整、水产品贸易与补贴、行业协会与合作组织、渔业保险、渔业现代化、渔业资源可持续利用 7 个方面对研究进展进行综述。

（1）渔业增长的经济分析

我国渔业经济增长的研究进展主要表现在 3 个方面：一是通过建立生产函数或模型，定量分析判断影响渔业经济增长的因素。例如，李文抗等（2003）用增长速度方程测算天津渔业技术进步的贡献率；卢江勇等（2005）通过 CES 模型计算海南省渔业增长要素贡献率和粗放度；包特力根白乙和冯迪（2008）构建捕捞业和养殖业生产函数模型；林群等（2009）用 C-D 生产函数分析山东渔业产量的主要影响因素；张欣（2012）运用广义最小二乘法、分位数回归法和似不相关估计法研究我国沿海地区的渔业经济增长方式等。结果显示，2005 年之前渔业发展的主要贡献是劳动和自然资源，经营相对粗放。但最近 10 年已经出现劳动力过剩和自然资源影响递减的趋势。

二是分析渔业制度对经济增长的作用。例如，姚震和骆乐（2001）分析在中华人民共和国成立 50 年的渔业总要素生产率的变化中制度因素所起的作用，袁新华等（2008）分析了我国渔业发展各阶段经济增长率的变化特点，证明了我国渔业制度变革对渔业经济增长率的明显贡献。

三是探讨渔业增长方式的变化。我国渔业已由传统简单的养殖方法向复杂化、多样化、

模式化方向发展。一些先进的科学技术手段、养殖方式和生态养鱼理论的介入，为发展渔业提供了更广阔的空间和选择余地。研究表明，先进的生产工具和技术进步对渔业经济发展具有长期的推动作用。

（2）渔业产业发展与结构调整

a. 捕捞渔业的管理与控制

由于近海渔业资源衰退加剧，我国加强了捕捞强度控制，提出了捕捞产量零增长的政策目标，并实行了包括捕捞许可证制度、捕捞渔船渔具准入控制制度、禁渔休渔制度等在内的多种管控措施。相关的制度研究也成为渔业经济学讨论的热点问题。

一是准入制度研究。朱玉贵等（2009）认为，渔业资源的自由准入制度是捕捞能力过剩的根源。现有的税收和资源租金措施难以贯彻执行，捕捞许可证制度和渔船回购制度不能从根本上解决捕捞能力过剩问题。余秀宝和李璇（2012）认为，现阶段我国渔业捕捞中存在的问题与渔业捕捞行政许可制度不完善有直接的关系，我国渔业捕捞行政许可的主体、内容、程序和许可证的效力都存在一定的问题。对此，林光纪（2012）提出，应该从准入制度内容、方式和基础条件 3 个方面，从顶层设计建立捕捞准入制度体系，并提出了具体思路。

二是配额制度（TAC）和个人可转让配额制度（ITQ）研究。有限入渔权和“海洋自由”原则的长期对立促进了配额制度和个人可转让配额制度理论的起源与发展。21 世纪初一批学者就在探讨中国引入 TAC、ITQ 的必要性。TAC 需要解决总量确定、配额分配与交易、海上渔获量的监管和统计等诸多问题，我国目前还不具备相关统计和监管条件。ITQ 的本质是在国家管辖权范围内对海洋的共有资源进一步实施“圈海运动”和“私有化运动”。慕永通（2004）认为，中国应该实行个别渔村配额、个别休闲渔业俱乐部配额和个别商业可转让配额三位一体的管理模式。杨正勇（2006）认为，为了降低交易成本，首先应当在大渔区实施 ITQ，并通过转产转业来降低捕捞渔民的数量。

b. 养殖渔业的健康发展

我国水产养殖业的发展很快，海水养殖业也充满了活力，因此，有大量的研究关注特定水产品的市场前景。从增长方式看，养殖渔业已由追求面积和产量转向注重品种结构和产品质量，工厂化、规模化、集约化程度正在逐步提高，这是促进我国渔业可持续发展、水产养殖现代化和渔民增收的要求和必然选择。产业化是实现这种转变的重要方式。常见的养殖产业化模式被归纳为专业合作经济组织带动型、渔业企业带动型和专业养殖大户带动型三种，也可以从内在关联上归纳为产权结合的产供销一体化的综合性企业模式和契约性联合体两种。

养殖水产品的质量安全得到了日益增长的关注。李健华（2006）认为养殖业存在 4 个突出问题：水产养殖病害、水产品药残、对资源环境的影响和养殖渔民权益保障不力，提出了树立科学发展观，发展资源节约型、环境友好型的水产养殖业的建议。更具体的建议强调应合理调整养殖水域的布局和品种结构，靠科技、人才和制度改造传统渔业。例如，完善水产养殖业的相关标准和法律体系、加强基地质量监管体系、无公害水产品生产保障、市场体系和推广体系建设等。

c. 水产品加工业、远洋渔业和休闲渔业

水产品加工业、远洋渔业和休闲渔业的发展是渔业产业结构调整的重要内容。我国水产品加工业占水产品总产量的比例不足 1/3，深加工滞后，尤其是对低值鱼虾的综合利用程度低。研究普遍认为这是由水产品加工企业规模小，生产设备老化，保鲜、加工技术落后等因素造成的，有必要通过引入先进技术和加强宣传提升水产品加工业。

近海渔业资源枯竭，不得不发展远洋渔业。由于投入高、风险高、国际关系和政策复杂，远洋渔业发展遇到了很大的阻力，产量远不及近海渔业。我国远洋渔业研究主要从规划、国际渔业关系、管理和观念等方面探讨，研究认为，作为后来者，中国要与俄罗斯、日本等捕捞渔业强国竞争，资金、人才和技术是关键，提出要加强远洋渔业装备、人才、技术和海外基地建设。

休闲渔业在我国拥有良好的发展前景，观赏渔业是都市型水产业的新增长点。闵宽洪（2006）将休闲渔业分为生产经营型、休闲垂钓型、观光疗养型和展示教育型4类，提出了休闲渔业应增加经营种类、选择合适品种、政府鼓励及协调和规范服务等建议。一些研究还提出要发展负责任休闲渔业。

（3）水产品贸易与补贴

中国是世界水产品出口大国，由出口顺差带来的贸易摩擦和技术壁垒是水产品贸易面临的巨大挑战，有以下4个关注点：一是如何在贸易中利用WTO规则。一些研究强调应充分发挥政府在其中的导向作用。二是技术性贸易壁垒和反倾销的影响和应对。中国水产品出口国基本上都对进口水产品制定了严格的技术性标准，我国的水产品不可避免地要受到这些国家的技术性贸易壁垒的限制和不利影响。三是水产品贸易顺差的影响和应对。市场多元化、外贸增长方式转变、企业做大做强、产业政策调整等被认为可以降低巨额贸易顺差带来的短期冲击。四是补贴制度与WTO制度的相容性。一些研究对比国内外渔业补贴后认为，中国与贸易有关的水产品政府补贴符合WTO的要求，没有扭曲水产品国际贸易。蓝天（2012）认为韩国的援助制度虽然对企业的援助效果不明显，但对人的援助力度突出，或可为中国所借鉴。

（4）渔业保险

中国的渔业保险分为商业性渔业保险和渔船船东互保两种。始于1982年的商业性渔业保险的发展自市场经济改革后就停滞不前，甚至萎缩退出，而始于1994年的渔船船东互保则逐步壮大。自农业政策性保险实施后，渔业政策性保险的必要性和如何推行成为讨论的热点问题。2008年在各地开展政策性渔业保险试点工作的基础上，农业部启动了渔业互助保险中央财政保费补贴试点工作。2012年农业部印发了《全国渔业互助保险“十二五”规划》，提出继续完善和巩固全国一盘棋的渔业互保格局，区分国家协会和地方协会的职能定位，强化中国渔业互保协会行业指导地位的意见。研究认为，政策性渔业保险是发展的主要趋势，渔业保险需要“政府和市场”双驱动，但是，中国当前渔业保险的法律基础、管理体制、政策性扶持、市场均衡水平和发展模式的顶层设计尚有待于完善和深入探索。

（5）行业协会与合作组织

渔业协会成立于1954年，对维护中国海洋渔业权益、执行政府间渔业协定、推动渔业行业发展起到了主要作用。其中渔业协会的作用和组织体系建设获得了较多关注。有的是从政府、市场和行业协会之间的关系阐释，有的是从交易成本的视角进行分析和验证，有的通过对国外行业协会定位、作用的分析进行对比论述。有学者通过对比海峡两岸的渔业协会制度，提出大陆的渔业协会应有选择地借鉴台湾的渔业协会的经验，建立健全渔业协会法律体系、组织机构，扩展渔业协会的职能。在合作组织研究上，李可心等（2012）探讨了国家技术推广机构与合作组织合作的途径。

（6）渔业现代化和技术创新

渔业现代化对于保障粮食安全、拓展就业门路和推进渔业可持续发展都有重要意义。它是一个动态的和区域性的发展概念，在不同国家和地区的不同时间点，其含义是不同的，但是都强调科学的管理方法、先进的生产方式和技术手段。现在的现代渔业概念不仅强调发达的渔业，也强调富裕的渔村和良好的渔业生态环境，强调可持续的现代化。在评价指标方面，以前更多强调的是经济发展能力的现代化，如资源配置、物质装备、生产技术、产品流通和经营管理等方面。现在的研究则纳入了更多的社会和生态因素，经济指标更为丰富。例如，周井娟（2008）将渔业发展组织化水平和休闲渔业的发展纳入对渔业生产能力现代化的衡量中，将渔民的生活状况（收入消费水平、社保和综合素质）和渔村的生态环境纳入到评价体系中。

科技进步促使人类社会进入了工业化和信息化时代，传统产业的现代化发展必须与工业化和信息化并举。作为渔业现代化的重要组成部分和支撑条件，渔业信息化被认为将主导一定时期内渔业现代化的发展方向。

今后渔业的发展主要依靠技术和人才。产学研合作是渔业技术创新的主要方式，一些研究认为，我国渔业的这种联盟存在重复建设、运行机制不完善、组织管理体系不健全，以及政府管理不规范等问题，需要加强宏观调控和管理水平。为了评价各种技术成果的转化效率，很多研究也试图构建综合评价指标体系。此外，GIS 技术在 21 世纪开始在渔业领域得到应用，并获得了关注。周琼等（2012）对其在渔业制图、鱼类栖息地评价、渔业资源分布、水产养殖选点和基础数据库方面的应用进行了概述。

（7）渔业资源可持续利用

渔业资源可持续利用是渔业资源和环境压力下的必然选择。酷渔滥捕、环境污染和气候变化是影响渔业资源可持续利用的主要因素。研究认为，渔业可持续发展需要小到渔具渔法控制、大到各国合作的共同努力。在国家间、地区间和机构间建立有效对话与沟通机制有助于保障渔业资源可持续发展。一些学者提出了缓解资源和经济发展压力的“海洋牧场”的概念。林光纪（2008）则从博弈论的视角提出了合作博弈、产权安排、配额流转、税收与管制、制度与监督 5 点应对策略。在渔业资源可持续利用评价理论和方法上，陈新军和周应祺（2002）运用系统论、灰色相对关联进行分析，构建了以 BP 模型为基础，包括经济、社会和资源环境 3 个方面的渔业资源可持续利用预警系统，提出了渔业资源可持续利用综合评价方法和步骤。梁仁君等（2006）运用非线性理论建立了海洋渔业资源二次非线性捕捞的动力模式，研究了渔业资源生物量增长、增长率与捕捞强度的关系。陈作志等（2010）提出了南海渔业资源可持续利用的评价指标体系，包括渔业资源环境子系统、社会子系统和经济子系统 3 个层次，共 23 个指标。

另外，还有关于海洋循环经济的研究，理论层面关注海洋循环经济的基本含义、循环经济原则，传统经济、循环经济与渔业可持续发展的关系。王奎旗和韩立民（2005）从粮食安全保障角度出发，阐述了发展渔业循环经济是“紧缺资源替代”战略的一个重要组成部分，并提出了我国水产业实施“循环经济”的“社会大循环”“企业间循环”和“企业内循环”3 个可供选择的基本模式。现在提到的海洋环境经济则是期望通过减量化、再利用和资源化探索“低资源能源投入、高经济产出、低污染物排放”的海洋经济增长模式。已经在天津等地开展了“海洋主要产业循环经济发展模式与滨海电厂示范区研究”。除此之外，还有低碳渔业与碳汇渔业的经济学问题。发展碳汇渔业是 2010 年全国渔业专家论坛主题，低碳渔业主要讨论渔业生产节能减排，渔业生态养殖节水、节能、节人力、低排放、可循环、可追溯。“碳贸易”也是研究方向。在我国土地、水资源紧缺情况下，远洋渔业、公海渔业捕捞的产品是国内无碳经济产品，应该提倡。

六、中国渔业经济学研究方向展望

从学科建设方面来看，我国的渔业经济学建立的时间短，人才缺乏，学科体系尚不健全。相对于其较强的水产技术层面的研究，需要加强社会科学研究。需要更多地引入经济学、制度经济学和资源经济学等的理论分析框架和计量技术，关注交叉学科的发展，同时加强相关人才队伍的培养和建设。

从研究方向看，中国渔业经济研究应该重点关注以下方向：一是渔业发展战略和规划研究，如现代渔业发展战略、生态文明背景下的渔业发展战略、海洋渔业发展战略等。二是渔业稳定增长与技术创新。中国渔业增长将面临渔业资源衰退、水环境和水产品安全、劳动力成本走高、国际贸易格局变化等诸多问题，产量增长的瓶颈将主要依靠技术创新突破，因此，产量增长极限与技术创新替代还应是今后研究的重点。三是水产品贸易与补贴政策。世界经济普遍不景气，渔业贸易壁垒和贸易摩擦随着国际形势的发展可能会加剧，应加强水产品的国际竞争力，以及如何利用国际贸易规则扶持水产品产业的发展战略研究。四是资源节约、环境友好、产品安全的健康养殖业发展研究，继续探索可持续的养殖业发展模式。五是捕捞渔业的控制和近海渔民生计。其中，弱势渔民的权益保护、渔业和传统渔区的发展应纳入考虑范畴。六是政策性渔业保险模式的研究。七是中国渔业的公共管理和现代化、信息化建设。八是渔业可持续发展模式研究。此外，还应关注渔业社区管理。作为解决目前我国渔业管理中存在的诸多问题的一种补充，渔业社区管理研究较少。

思　考　题

1. 捕捞学的概念及其学科体系。
2. 捕捞学发展的历史阶段特征与现状。
3. 均衡捕捞提出的背景及其理念。
4. 科学技术对捕捞学的促进作用有哪些方面。
5. 简述助渔导航仪器的种类、工作原理、功能和在渔业生产中的作用。
6. 什么是声、光、电渔法，其共同的特点是什么。
7. 渔业资源学的概念及其学科体系。
8. 科学技术对渔业资源学科的促进作用有哪些。
9. 用案例来说明渔业资源学科的发展趋势。
10. 水产养殖学的概念及其学科体系。
11. 科学技术对水产养殖学科的促进作用有哪些。
12. 用案例来说明水产养殖学科的发展趋势。
13. 水产品加工利用学科的概念及其学科体系。
14. 科学技术对水产品加工利用学科的促进作用。
15. 水产品加工利用学科的发展趋势，以及目前所关注的问题。

16. 渔业信息技术的概念及其内容。
17. 国内外渔业信息技术的研究现状。
18. 大数据、物联网对渔业发展的促进作用主要表现在哪些方面。
19. 渔业经济学的概念及其研究内容。
20. 渔业经济学的发展现状与趋势。

第六章　可持续发展与渔业蓝色增长

第一节　可持续发展理论概述

自20世纪70年代起，人类通过对长期以来传统经济增长战略所引起的人口、资源、环境问题的反思提出了一种崭新的发展模式，即可持续发展，并正在成为全球的社会经济发展战略。发展战略的转变意味着经济增长方式和资源配置机制的转换。

一、从经济增长到经济发展，再到可持续发展

1. 从经济增长到经济发展

自工业革命以来，人们沉迷于对经济增长的追求。经济增长是指一定时期内人均国内生产总值实际水平的提高，有时也指个人收入或实际消费水平的增加。尤其是第二次世界大战以后，经济增长战略主宰着半个世纪的社会经济发展。其特征是，伴随着科技进步，人们不断地增加资源开发利用的广度与深度，通过资源的大量消耗支撑着GNP或人均GNP的快速增长。20世纪50年代至60年代，世界经济增长进入了黄金时代。例如，1963～1968年，世界工业生产总产量的平均增长率是每年7%，人均增长率为5%。人们确实从经济增长战略中得到了许多好处：GNP的快速增长提高了整个世界的经济水平，每个国家的经济和综合国力得到加强；人均GNP的增长使许多国家消除了贫穷，人们的收入和消费水平大大提高，消费方式也向更舒适、更高层次发展。

经济增长战略在使经济水平不断提高、人均收入不断增加的同时，也引起了一系列社会问题，如贫富不均状况严重，由此引起了相当一部分人群受到良好教育和医疗保障的机会在减少，表现为失业、健康状况恶化、犯罪率上升等种种社会矛盾，导致出现社会不稳定的状况。因此，到了20世纪70年代，人们提出了经济发展的概念，并试图用经济发展战略代替经济增长战略。经济发展是指“使一系列社会目标实现的发展”。从此观点出发，一种经济如果随时间的推移不断地使人均收入得到提高，却未能使其社会和经济结构发生变化，就不能称为发展。因为一系列社会目标会随时间的推移而不断变化，所以从某种程度上说，经济发展是一个社会进步的过程，这样一个经济发展过程通常包括三种彼此相联系的提高或改善。

1）个人或社会福利的改善。包括人均收入的提高（尤其是在发展中国家）和环境质量的改善，因为人均收入和环境质量共同决定着个人或社会福利（效用）的高低。

2）教育、健康、总的生活质量等方面的改善。表现为人们的技能、智力、能力等方面的进步。

3）国家的自重与自爱意识增强。一个国家的社会经济发展还应当展示出独立意识的提高。

由此可见，经济发展的内涵与外延要比经济增长广泛得多，它不仅包含了经济增长的内容，而且还涉及其他社会福利的改善或社会进步。从经济增长到经济发展，人们开始摆脱单纯的对经济增长的追求，而把发展的目标逐步转移到对社会和经济结构的改善和变化上来。

2. 从经济发展到可持续发展

尽管经济发展与经济增长相比，前者意识到了经济目标与社会目标的统一，但它与传统的经济增长观念存在相同的缺陷，即忽视了资源与环境对经济发展的作用。正是这种忽视，导致和加速了经济增长过程中资源的耗竭和环境的恶化，主要表现如下。

1）自然资源正在遇到前所未有的破坏，资源日趋枯竭。全球土壤在迅速退化，过去50年间，12亿多公顷（大于中国、印度面积的总和）土地生产力已明显下降，每年大约有600万hm^2的生产土地变为不毛之地，1100多万公顷的森林遭到破坏，仅1980～1990年10年间，森林面积下降了11.6%。森林破坏引起了水土流失、土地沙化和气候反常。而水资源的普遍短缺已成为限制整个世界人类生存与发展的“瓶颈”因素。对非再生资源无节制地开采，使得许多矿产资源面临枯竭。第二次世界大战后，世界资源消耗量每14年就增加1倍，使得当今人类最重要的能源——石油和天然气，将会在50年内完全被耗尽。不仅如此，资源的过度利用和环境的恶化，导致自然群体和生物物种资源（全球最重要的资源库）在以惊人的速度减少或灭绝。1989年著名生物学家爱德华·威尔逊估计，每年有5万个物种灭绝，全世界有10%的高等植物的物种生存受到威胁，3/4的鸟类在逐渐减少且有灭绝的危险。估计到21世纪末，将有50万～100万种生物从地球上消失。物种消失和生物多样性的丧失将人类置于一个非常危险的境地：人类所依赖生存的生物链正在缩小、变短。

2）环境污染现象日趋严重。经济生产和人类消费过程中各类废弃物的大量排放使得世界环境从第一代的区域性大气污染、水污染、固体废弃物及噪声污染扩展为第二代的全球性环境问题：全球气候变暖，臭氧层破坏，酸雨及生物多样性减少。石化燃料的过多消耗使CO_2的排放量急剧增长，引起温室效应，导致海平面升高，足以在21世纪初开始改变现有的农业生产区域，而淹没沿海城市乃至摧毁各沿海国家的国民经济体系。工业废气过量排放导致的平流层臭氧层枯竭，将导致人和牲畜的癌变发病率急剧提高，甚至危及海洋的食物链。另外，世界大多数地区硫氧化物和氮氧化物的排放量呈继续上升趋势，酸雨在全球范围扩展，导致森林死亡，破坏着湖泊水系和土壤，也损害着国家的艺术和建筑遗产。

所有这些都使人们越来越清楚地认识到，资源的破坏与枯竭难以确保未来经济的不断增长，而环境的恶化又阻碍着经济的增长和社会福利的提高，现有的经济发展方式正在侵蚀着人类生存和经济发展所最终依赖的资源环境基础。人们开始担心目前的经济发展能否持续下去。为此，人类不得不开始反思和总结传统经济发展理论的缺陷和不足，努力寻求一种建立在环境和自然资源基础上的长期发展、持续到未来的模式。因而，从20世纪70年代开始，就产生了可持续发展这一崭新的发展理论。

可持续发展理论的产生与发展经历了一个认识不断深化过程。这一理论从思想的产生、理论体系的形成到作为一种发展战略被人们普遍接受，大致经历了4个非常重要的里程碑。

第一个里程碑是1972年在斯德哥尔摩召开的人类环境大会上，提出了人类面临的由资源利用不当而造成的广泛的生态破坏和多方面的环境污染，强调经济与环境必须协调发展。这是人类首次在世界范围内正视经济发展和资源环境之间的相互关系。尽管这次会议并未提出明确的可持续发展思想，但却使人们认识到资源环境对经济发展具有十分重要的作用。可持续发展思想就是在环境和发展关系的讨论之中产生出来的。所以，这次会议被认为是可持续发展思想产生的第一个里程碑。

第二个里程碑是1980年国际自然与自然资源保护同盟（IUCN）和世界野生生物基金会（WWF）发表的《世界自然资源保护大纲》，该大纲呼吁“必须确定自然的、社会的、生态的、经济的，以及利用自然资源过程中的基本关系，确保全球可持续发展”，从而最早在国际文件中提出了可持续发展这一命题。

1987年以布伦特兰夫人为首的世界环境与发展委员会（WCED）《我们共同的未来》研究报告的发表被看作是可持续发展的第3个里程碑。这一研究报告在客观分析了我们全人类社会经济发展成功经验与失败教训的基础上，对可持续发展做出了明确定义，并制定了到2000年乃至21世纪全球可持续发展战略及对策。在这一报告中，可持续发展被定义为“既满足当代人的需要，又不对后代人满足其需要的能力构成危害的发展”。因此，可持续发展首先要求满足全体人民，尤其是世界上贫困人民的基本需要，确保能满足每个人要求较好生活的愿望；其次，可持续发展要求技术状况和社会组织对环境满足当前和将来需要的能力施加限制，至少，经济的发展不应当危害支持地球生命的自然系统——大气、水、土壤和生物。这一可持续发展思想得到了广泛的接受和认可，引发了全球对可持续发展问题的热烈讨论，并极大地促进了可持续发展理论体系的形成和成熟。

第4个里程碑是1992年在巴西里约热内卢召开的联合国环境与发展会议。此次会议通过了《里约宣言》《21世纪议程》和《生物多样性公约》等纲领性文件，并形成了对可持续发展的共识，认识到环境与经济发展密不可分。大会通过的《21世纪议程》则是一个广泛的行动计划，为全球实施可持续发展提供了行动蓝图，并要求每个国家都要在政策制定、战略选择上加以实施。联合国环境与发展会议的召开，作为一个重要的里程碑，标志着可持续发展从思想和理论走向实践，已成为人类共同追求的实际目标。1994年3月中国也发表了相应的《中国21世纪议程》，表明中国正式选择了可持续发展战略。

从经济增长到可持续发展是人类认识上的两大飞跃。如果说从经济增长到经济发展，使人们的认识从单一的经济领域扩展到社会领域，认识到经济目标与社会目标的统一，那么，可持续发展的提出则使人们认识到资源环境在社会经济发展中的作用和地位，认识到资源环境系统与经济系统之间的动态平衡，经济、社会与环境目标的统一，也是对传统经济学的一次突破和发展。

二、可持续发展的概念

人们认识到可持续发展问题之后，对于可持续发展的基本概念进行了长期而广泛的讨论。由于可持续发展涉及社会经济发展的各个方面，从不同角度对此有不同的理解。

1. 几种具有代表性的观点

1）着重从自然属性定义可持续发展，即所谓的生态持续性。它旨在说明自然资源及其开发利用程度间的生态平衡，以满足社会经济发展所带来的对生态资源不断增长的需求。例如，1991年11月国际生态学协会和国际生物科学联合会联合举行的可持续发展问题专题研讨会上就将可持续发展定义为“保护和加强环境系统的生产和更新能力”。另外，还有学者从生物圈概念出发，认为可持续发展是寻求一种最佳的生态系统以支持生态的完整性和人类愿望的实现，使人类的生存环境得以持续。

2）着重从社会属性定义可持续发展。例如，1991年由世界自然保护同盟、联合国环境规划署和世界野生生物基金会共同发表《保护地球——可持续生存战略》，将可持续发展定义为：“在生存于不超出维持生态系统承载能力的情况下，改善人类的生活品质”，着重指出可持续发展的最终落脚点是人类社会，即改善人类的生活质量，创造美好的生活环境。这一可持续发展思想，特别强调社会公平是可持续发展战略得以实现的机制和目标。因此，“发展”的内涵包括提高人类健康水平、改善人类生活质量和获得必需资源的途径，并创建一个保障人们平等、自由、人权的环境。

3）着重从经济属性定义可持续发展。认为可持续发展鼓励经济增长，而不是以生态环境保护为名制约经济增长，因为经济发展是国家实力和社会财富的基础。但经济的可持续发展要求不仅注重经济增长的数量，更要注重经济增长的质量，实现经济发展与生态环境要素的协调统一，而不是以牺牲生态环境为代价。例如，有学者把可持续发展定义为“在保护自然资源的质量和其所提供服务的前提下，使经济发展的净利益增大到最大限度”。还有学者提出，可持续发展是“今天的资源使用不应减少未来的实际收入”。

4）着重从科技属性定义可持续发展。实施可持续发展，除了政策和管理因素以外，科技进步起着重大作用。没有科学技术的支撑，就无从谈起人类的可持续发展。因此，有的学者从技术选择的角度扩展了可持续发展的定义，认为可持续发展就是转向更清洁、更有效的技术，尽可能接近“零排放”或“密闭式”工艺方法，尽可能减少能源和其他自然资源的消耗。还有学者提出可持续发展就是建立极少产生废料和污染物的工艺或技术系统。他们认为污染并不是工业活动不可避免的结果，而是技术差、效率低的表现。他们主张发达国家与发展中国家之间进行技术合作，以缩小技术差距，提高发展中国家的经济生产力。同时，应在全球范围内开发更有效地使用矿物能源的技术，提供安全而又经济的可再生能源技术来限制使全球气候变暖的二氧化碳的排放，并通过恰当的技术选择，停止某些化学品的生产与使用，以保护臭氧层，逐步解决全球环境问题。

2. 国际社会普遍接受的观点

尽管以上可持续发展的概念具有代表性，但都是从一个方面所做的定义，还不能得到国际社会的普遍承认。1987 年，挪威前首相布伦特兰夫人主持的世界环境与发展委员会，在对世界经济、社会、资源和环境进行系统调查和研究的基础上，提了长篇专题报告《我们共同的未来》。该报告将可持续发展定义为，可持续发展是指既满足当代人的需要，又不损害后代人满足其需要的能力的发展。1989 年 5 月举行的第 15 届联合国环境署理事会期间，通过了《关于可持续的发展的声明》，该声明指出：可持续的发展是指满足当前需要，而又不削弱子孙后代满足其需要的能力的发展，而且绝不包括侵犯国家主权的含义。联合国环境规划署认为，要达到可持续发展，涉及国内合作和国际的均等，包括按照发展中国家的国家发展计划的轻重缓急和发展目的，向发展中国家提供援助。此外，可持续发展意味着要有一种支持性的国际经济环境，从而导致各国，特别是发展中国家的持续经济增长与发展，并对环境的良性管理也产生重要影响。可持续发展还意味着维护、合理使用，并且提高自然资源基础，这种基础支撑着生态稳定性和经济的增长。

因而，“满足当前需要，而又不削弱子孙后代满足其需要的能力的发展”，这一布氏定义成为国际社会普遍接受的可持续发展的概念。其核心思想是，健康的经济发展应建立在生态可持续能力、社会公正和人民积极参与自身发展决策的基础上。它所追求的目标是，既要使人类的各种需要得到满足，个人得到充分发展，又要保护资源和生态环境，不对后代人的生存和发展构成威胁，它特别关注各种活动的生态合理性，强调应对对资源、环境有利的经济活动给予鼓励，反之则应予以抛弃。

3. 可持续发展的基本原则

作为人类新的发展模式的可持续发展，若要其真正得到有效实施，即在生态环境、经济增长、社会发展方面形成一个持续、高效的协调运行机制，必须遵循公平性、可持续性和共同性 3 项原则。

1）公平性原则。公平原则是指机会选择的平等性，可持续发展所需求的公平性原则包括三层意思：一是本代人的公平，即同代人之间的横向公平性。可持续发展要满足全体人民的基本需求和给全体人民机会，以满足他们要求较好生活的愿望。当今世界的现实是，一部分人富足，而另一部分人，特别是占世界人口 1/5 的人口处于贫困状态。这种贫富悬殊、两极分化的世界，不可能实现可持续发展。因此，要给世界以公平的分配和公平的发展权，要把消除贫困作为可持续发展进程特别优先的问题来考虑。二是代际间的公平，即世代人之间的纵向公平性。要认识到人类赖以生存的自然资源是有限的，当代人不能因为自己的发展与需求而损害人类世世代代满足需求的条件——自然资源与环境。要给世世代代以公平利用自然资源的权利。三是公平分配有限资源。目前有限自然资源的分配十分不均，如占全球人口 26%的发达国家消耗的能源、钢铁和纸张等都占全球的 80%以上，而发展中国家的经济发展却面临着严重的资源约束。

由此可见，可持续发展不仅要实现当代人之间的公平，而且也要实现当代人与未来各代人之间的公平，向所有的人提供实现美好生活愿望的机会。从伦理上讲，未来各代人应与当代人有同样的权利，来提出他们对资源与环境的需求，可持续发展要求当代人在考虑自己的需求与消费的同时，也要对未来各代人的需求与消费负起历史的道义与责任，因为同后代人相比，当代人在资源开发和利用方面处于一种类似于“垄断”的无竞争的主宰地位。各代人之间的公平要求任何一代都不能处于支配地位，即各代人都应有同样多的选择发展的机会。

2）可持续性原则。可持续性原则核心是人类的经济和社会发展不能超越资源与环境的承载能力。资源与环境是人类生存与发展的基础和条件，离开了资源与环境，人类的生存与发展就无从谈起。资源的永续利用和生态系统可持续性的保持是人类可持续发展的首要条件。可持续发展要求人们根据可持续性的条件调整自己的生活方式，在生态可能的范围内确定自己的消耗标准。这一原则从另一侧面反映了可持续发展的公平性原则。

3）共同性原则。鉴于世界各国历史、文化和发展水平的差异，可持续发展的具体目标、政策和实施步骤不可能是唯一的。但是，可持续发展作为全球发展的总目标，所体现的公平性和可持续性原则应该是共同遵从的。并且，要实现这一总目标，必须采取全球共同的联合行动。从广义上讲，可持续发展战略就是要促进人类之间及人类与自然之间的和谐。如果每个人在考虑和安排自己的行动时，都能考虑到这一行动对其他人（包括后代人）及生态环境的影响，并能真诚地按“共同性”原则行动，那么人类及人类与自然之间就能保持一种互惠共生的关系，也只有这样，可持续发展方能实现。

4. 可持续发展的基本特征

与传统的发展思想和环境保护主义主张相比，可持续发展思想具有明显的特征，理解这些特征对于把握可持续发展的内容具有十分重要的意义。总的来讲，可持续发展具有 3 个基本特征。

1）可持续发展鼓励经济增长，因为经济增长是国家实力和社会财富的体现。同时，可持续发展不仅重视增长数量，更追求改善质量、提高效益、节约能源、减少废物，改变传统的生产和消费模式，实施清洁生产和文明消费。

2）可持续发展要以保护自然为基础，与资源和环境的承载能力相协调。因此，在发展的同时必须保护自然资源与环境，包括控制污染、改善环境质量、保护生命保障系统，保护生物多样性，保持地球生态的完整性，保证以可持续的方式使用可再生资源，使发展保持在地球承载能力范围之内。

3）人类可持续发展要以改善和提高生活质量为目的，与社会进步相适应。当代社会经济发展不可回避的一个事实是，世界大多数人口仍然处于半贫困或贫困状态。可持续发展必须与解决大多数人口的贫困联系在一起。对于发展中国家来说，贫困与不发达是造成资源与环境破坏的基本原因之一。只有消除贫困，才能产生保护和建设环境的能力。世界各国的发展阶段不同，发展的具体目标也不相同，但发展的内涵均应包括改善人类生活质量、提高人类健康水平，并创造一个保障人们平等、自由、教育、人权和免受暴力的社会环境。

以上三大特征表明，可持续发展包括生态可持续、经济可持续和社会可持续，它们之间互相关联、不可分割。孤立追求经济可持续必然导致经济崩溃；孤立追求生态可持续并不能最终防止全球环境的衰退。生态可持续是基础，经济可持续是条件，社会可持续是目的，人类共同追求的应该是自然—经济—社会复合系统的持续、稳定、健康发展。

第二节　渔业资源可持续利用基本理论

一、影响渔业资源数量变动的基本因素

影响渔业资源数量变动的因素有很多，但从基本的方面来看，大体可归纳为鱼类本身的生物学特性，以及生活环境因素的制约和人为的捕捞因素等，鱼类本身的因素包括繁殖、生长和死亡等，环境因素则包括水温、盐度、饵料生物、种间关系和敌害生物等。影响数量变动的因素不仅很多，而且也比较复杂，数量变动往往是各种因子综合作用的结果，也就是内外因子相互制约的结果。

鱼类的繁殖受到种群亲体的繁殖力、产出卵子的受精率，以及鱼卵仔鱼的成活率的制约，而且鱼卵仔鱼的成活率与环境因素是否相适宜也有很大关系。生长受到种群的密度、年龄组成、外界环境的饵料和水文条件的影响。死亡包括自然死亡和捕捞死亡，自然死亡又包括敌害、疾病及由外界环境的急剧变化而引起的死亡。种群及种间的相互关系也影响种群的数量变动，在饵料条件较差的情况下，有些鱼类摄食本身的卵子和仔鱼，不同的种类摄食相同的饵料，产生了种间的食物竞争，影响了种群的食物保证，从而影响到种群的数量变动。

捕捞是影响鱼类种群数量变动的主要因素之一，适当的捕捞可以使种群数量减少的部分由种群补充部分来补偿，过度的捕捞将由于得不到适当的补偿而使平衡遭到破坏，使种群大幅度下降，这就是人们通常所说的资源遭到破坏和不可持续利用，这一情况在生长缓慢、性成熟晚、寿命长的鱼类种群中经常发生和看到。

不同的渔业资源，影响其数量变动的因素可能不同。但对于一个种类来说，影响其数量变动的也是多因素和错综复杂的。总的来说，种群数量变动是种群补充程度和减少程度的对比关系变化的结果。引起两者对比关系变化的原因，基本上可以归纳为两大类：一是自然的因素，另一类是人为的因素。两大类因素中又包括许多因素。一般来说，影响补充的因素比起影响减少的因素要复杂得多，而且难以掌握。然而，了解和掌握引起种群数量

变化的因素是掌握资源变化和可持续利用状况的基础，缺乏这一基础，就很难掌握渔业资源利用的状况。

二、渔业资源数量变动的基本模型

英国著名渔业资源学专家Russell于1931年在总结了苏联学者巴拉诺夫等前人对渔业理论研究的基础上，对渔业资源数量变动的研究做了系统的理论性概括。Russell 指出："捕捞加强可以使渔获量增加，但到最高限度以后，鱼捕得越厉害，渔获量也减少得越多"。他根据资源群体数量增加和减少的4个因素，提出资源数量变动的基本模型。

被捕捞的资源群体由于自然死亡和捕捞，其数量减少，它依靠幼鱼长到能被捕捞的规格的补充，以及资源群体中现有鱼的生长来补偿。在没有渔业（未开发）的情况下，通过补充和生长而获得资源增长量，补偿由自然死亡所造成的减少而达到平衡。随着渔业的捕捞开发，又增加了资源的一项损失，即捕捞所增加的死亡使资源中的捕捞群体数量减少，使年龄移向较低的年龄组，最后，当捕捞增加到渔业条件所能允许的最大规模时，就建立了一个新的平衡。在此情况下，渔获量由于自然死亡、生长和补充中的一项或各项重要因素变化而得到平衡。

影响渔业资源群体数量变化的4个因素（自然死亡、生长、捕捞和补充）及其数量变动如图6-1所示。Russell 提出资源数量变动基本模型的表达式为：

$$B_2 = B_1 + R + G - M - Y \tag{6-1}$$

式中，B_1、B_2分别表示某一期间始、末可利用资源群体的资源生物量；R、G、M和Y分别表示补充量、生长量、自然死亡量和产量（即渔获量）。

由上式可知，当$Y<(R+G-M)$时，则资源量增加，即$B_2>B_1$；当$Y>(R+G-M)$时，则资源量减少，即$B_2<B_1$；当$Y=(R+G-M)$时，则资源量保持平衡，即$B_2=B_1$。

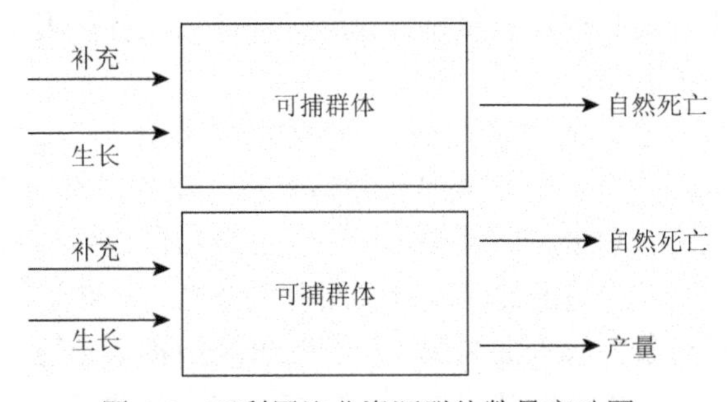

图6-1 可利用渔业资源群体数量变动图

上图为无渔业时；下图为有渔业时

三、补充群体和剩余群体的数量变动对渔业资源可持续利用的影响

渔业资源群体通常由两部分组成，即补充部分和剩余部分，前者称为补充群体，后者称为剩余群体。一般来说，鱼类有着固有的生活习性，其生长到一定规格后，它们将要与原来的成鱼一起，进行索饵、越冬，并进入产卵场。当然，对于一年生长的渔业资源群体来说，无所谓原有的成鱼群体，而是由当年的补充群体进行生命活动，这种资源群体就没有剩余群体。

从渔业资源开发角度来讲，凡幼鱼成长到一定规格后，首次进入渔场与渔具相遇，有可能被大量捕捞的那些个体就称为补充群体，经首次捕捞而余下的个体就称为剩余群体。补充群体进入渔业的形式是复杂的，但基本上可归纳为 3 个基本类型：①一次性补充；②分批补充；③连续补充。

补充群体数量变动的原因复杂，比较难以掌握，它是渔业盛衰和渔业丰歉的决定性因素，是影响渔业资源可持续利用的重要因素。引起补充量变化的原因，虽然许多学者所持观点不同，但综合起来主要有水温、食物和海流等因素，对于不同的资源群体，其影响是不同的。当然，资源补充群体的数量变动首先取决于产卵亲鱼的数量，以及其总繁殖力和受精卵的数量，而水文环境（包括水温、海流等）、气象条件和饵料基础是制约卵子、仔鱼发育、生长和成活率的极其重要的因素。而产卵亲鱼的数量在很大程度上又受人为捕捞因素的制约。此外，凶猛鱼类及其他敌害动物的掠食对于补充群体的影响也是不可忽视的因素。当然，食物的保证程度也影响到其补充群体的数量，鱼类生长的快慢直接影响性成熟的平均年龄和平均长度，这也直接影响补充群体的实力。

剩余群体数量变动大多数是由捕捞所引起的，也就是说，捕捞是引起资源群体剩余部分数量变动的主要因素，其影响程度的大小取决于捕捞的强度（包括捕捞工具的数量、性能和捕捞技术，以及捕捞作业时间的长短等）。剩余部分的数量变动还取决于作为补充群体为渔业所利用的那一个世代的数量，该世代的数量越雄厚，其被渔业所利用的时间就越长。也就是说，渔业上一个世代一生中所得到的渔获量与该世代成为补充群体时的数量呈正比。

图 6-2 表示一个世代的资源群体数量减少过程的示意图。一般资源群体世代初始资源数量较大。经过自然死亡和生长进入到补充年龄（t_r），此时的种群数量为补充量（R）。游到渔场的补充群体还在因自然死亡而减少的同时长大，长到开始成为捕捞对象的大小，这时的大小是由该渔业所用网具的网目大小而决定的，若网目尺寸较大，起捕规格较高，那么补充群体在经历生长和自然死亡后，其数量再减少，当长到首次捕捞年龄（t_c）时，其数量以符号 R' 表示。此后，虽然生长使个体逐渐增大，但其数量将因自然死亡和捕捞死亡两方面的原因而减少，直到生命（t_λ）终结。

正如上述所分析的，渔业资源可持续利用是一个复杂的系统，包括人为因素和自然环境因素，人为因素是可以控制和管理的，但是自然环境因素是一个非可控制因素，具有很大的不确定性，从而给渔业资源可持续利用评价带来了困难。

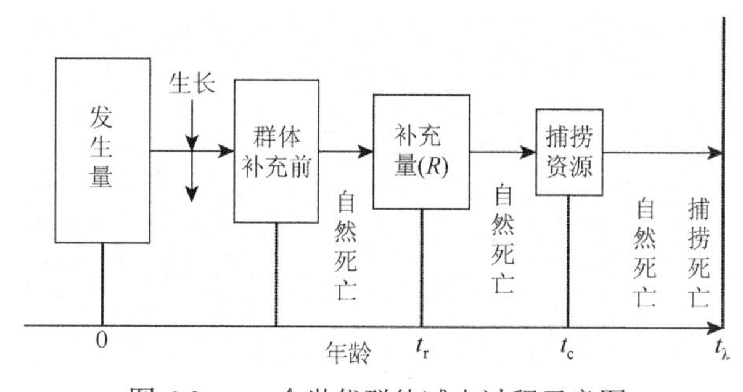

图 6-2　一个世代群体减少过程示意图

四、渔业资源开发利用的一般过程

人类对渔业资源开发利用的发展过程，一般都经历了“开发不足、加速增长、过度开发和资源管理”4 个阶段（图 6-3）。①开发不足阶段。渔业资源没有得到利用，或者渔获量远低于渔业资源潜在的再生产能力，此时渔获量处在一个较低的水平，而单位努力量的渔获量则相对较高，边际报酬（或边际生产率）处于一个递增阶段。②加速增长阶段。由于有利可图，渔业发展迅速，捕捞能力和渔获量迅速增长，单位努力量的渔获量先增加后下降，渔业发展处于旺盛时期。③过度开发阶段。若继续加大对渔业资源的利用，则会进入过度开发阶段，此时捕捞能力将维持在一个高水平，并且超过了渔业资源的自然增长率，渔获量急剧下降，并维持在一个低水平上。如果任其发展，渔业资源将崩溃灭绝。④资源管理阶段。当人们认识到这一问题的严重性时，加强了渔业资源的科学管理，捕捞能力将降低到一定的水平，使资源得到恢复，渔获量上升，并持续维持在一个较高的水平上。但是，在实践中，渔业发展的第 4 阶段（管理的成功阶段）只有少数渔业资源才能达到，多数传统经济种类的资源状况都处于第 3 阶段，如我国近海渔业资源。

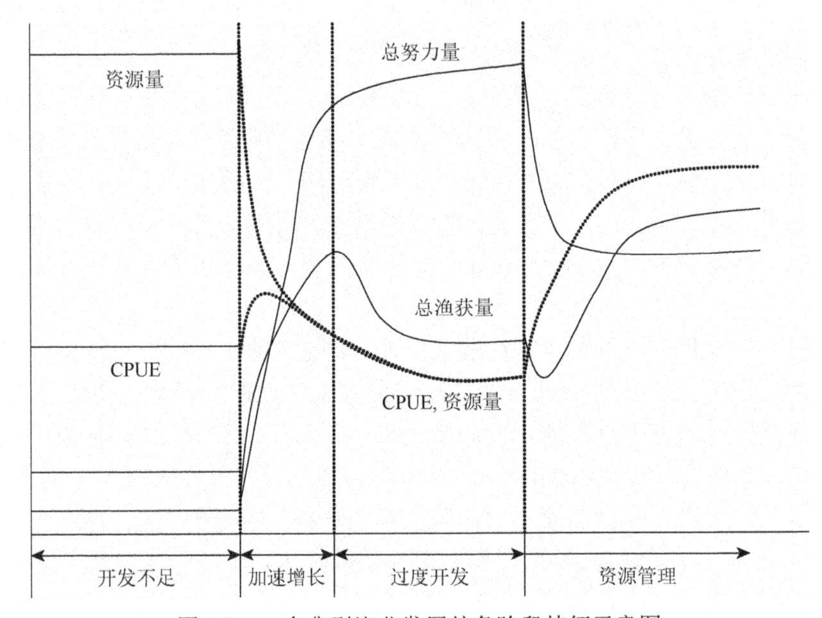

图 6-3　一个典型渔业发展的各阶段特征示意图

从经济-生物学角度分析，由于渔业资源是一种“共享资源”，因此，渔业发展过程必然在经济效益的驱动下向无盈亏点（图 6-4 中的 Q 点）接近，捕捞努力量一直增加到生物经济平衡点 f_Q（图 6-4 中 Q 点所对应的捕捞努力量）。由于对渔业投资具有惯性等，多数渔业的设备和劳动力都是超容量的。同时由于对渔业的投资往往具有不可逆转性，以及渔业劳动力与其他行业部门隔离，捕捞努力量可能会超过 f_Q 的水平，并且很难再降到一个较低的水平。

由图 6-4 可知，当每增加一个单位捕捞努力量的边际成本等于边际收入时，总资源租金最大，产量达到“最大经济产量”（maximum economic yield，MEY）。然而，以后每增加一个单位的捕捞努力量，就会发生经济学上的过度捕捞情况，即边际成本大于边际收入，总资源租金出现下降趋势。但由于平均收入仍然大于平均成本，此时的渔业仍有利可图，总渔获量可能继续增加。当一个单位捕捞努力量所产生的边际收入为零时，总渔获量达到最大持续产量（maximum sustainable yield，MSY）。以后随着捕捞努力量的增加，总渔获量开始下降，边际收入出现负值，总收入开始递减，此时就会发生生物学上的过度捕捞情况。但平均收入仍然大于平均成本，生产者仍能获得一定的资源租金。因此，捕捞努力量继续增加，直到平均收入与平均成本相等，无盈亏点时才停止，此时该渔业不会产生资源

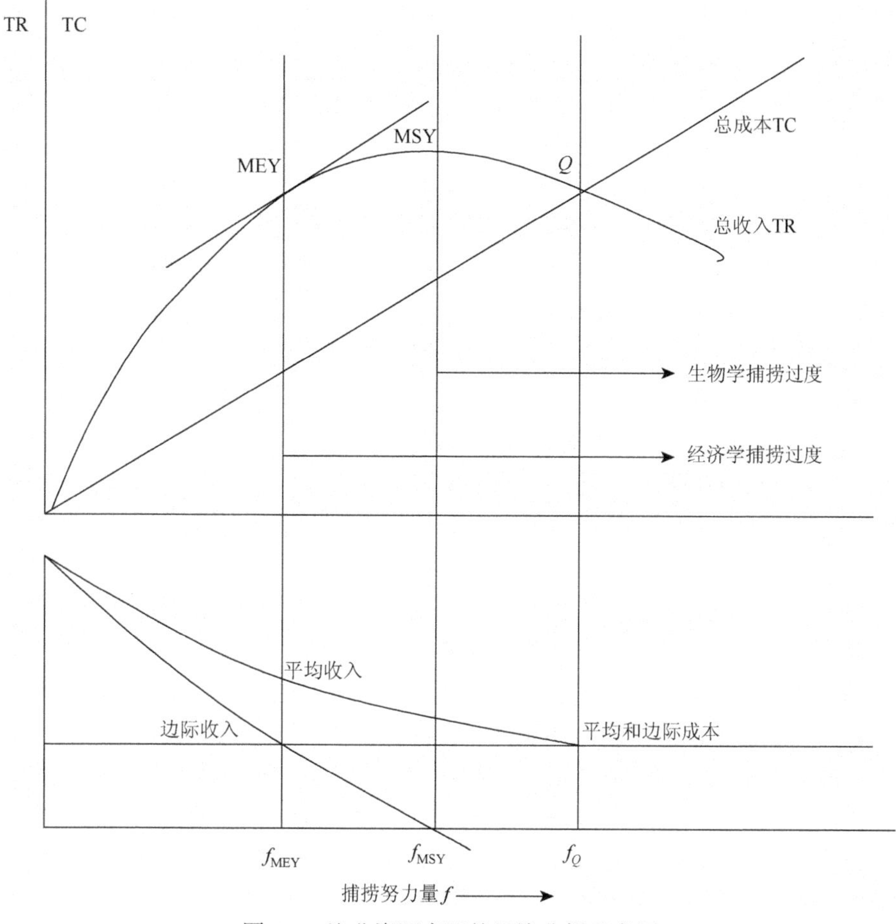

图 6-4　渔业资源衰退的经济分析示意图

租金，渔业资源已经出现了严重的生物学捕捞过度现象，资源衰退。但更为糟糕的是，一些经济价值较高的传统鱼类产量下降、需求量上升，会反过来使鱼价上升，从而使 Q 点向右上方移动，使得渔业生产者又可获得高额利润，这样将进一步增加捕捞努力量，加剧了渔业资源的衰退，直至资源枯竭。

五、渔业资源衰退的原因分析

渔业资源的可持续利用是渔业经济可持续发展的基础。渔业资源衰退的原因是多方面的。渔业资源是一种可更新的、有限的、流动的和多变的自然资源，受制于环境退化、自然条件、政治等因素的影响。深刻分析渔业资源衰退的原因对确保资源的可持续利用，以及更好地开展可持续利用评价有着重要的意义。总体来说，渔业资源衰退的主要原因有以下几个方面。

1）渔业资源的有限性与人们需求量增加的矛盾日益突出。尽管渔业资源是一种可再生资源，但它的再生能力也是有限的。在 19 世纪以前或更早，由于人口相对较少，科技水平和生产能力有限，人们对渔业资源的需求量低，没有超过渔业资源的可再生能力，此时渔业资源可以得到持续利用。因此，人们一度认为渔业资源是取之不尽、用之不竭的天然资源，这种观念一直持续到 20 世纪 70 年代。但是，随着社会发展、人口的增加，人们对蛋白质的需求量也进一步增加，人为的捕捞能力已大大超过了资源的可再生能力，同时对自然资源的干预程度也大大增强，渔业资源出现衰退现象。FAO 估计，全世界每人平均消费的海洋和内陆水产品将会从 1993 年的 10.2kg/人，减少到 2050 年的 5.1～7.6kg/人，将会严重威胁以鱼类作为主要蛋白质来源的近 10 亿人的生活，绝大多数是发展中国家。据预测，到 21 世纪中叶，我国人口将达到 16 亿，持续地解决和满足水产品的需求是一项非常艰巨的任务。

2）水产品及其种类之间在经济价值方面存在着极大的差异，从用于制鱼糜的低价值种类到高价值的奢侈品。渔业发展过程中表现出人们对高价值种类的偏好。只有当受偏好的种类达到极限时，价格急剧增加（许多高价值的种类有着高价格弹性系数），消费者才会转移到偏好程度低的低价值种类上，这种发展模式已经导致世界许多传统的经济价值高的渔业资源衰退和资源稀缺。

3）公开和自由入渔。很多渔业中都存在这种现象。海洋渔业资源具有很大的流动性，难以固定分配给特定的单位和个人专属使用，必然处于共同使用状态。在传统海洋法中，“公海捕鱼自由”是公认的原则之一。长期以来，渔业资源的使用并不完全受所有权的约束，人们可以自由进入和退出渔业生产。在这种条件下，渔业对任何人都是公开的，只要他们愿意投资渔具和其他设备。渔民受短期利益驱动，市场会促使人们开发新技术，如利用渔业机械化、最大渔船单位与马力等，来捕获更多的鱼。渔业资源和渔场是公开的。结果会使鱼越捕越少，资源收获者在渔业水产活动中获取利益，而将经济上的不利影响转嫁给他人。这种转嫁超出了市场的作用范围，经济成本不由获利人承担。因此，他们会过度开发利用资源，直接影响到渔业资源的可持续利用状态。其原因是，生产者承担的那部分成本与社会成本不一致。使用者仅根据自己所承担的平均成本来决定使用水平，却不对自己的使用行为所带来的更高的边际社会成本承担责任，而是把它留给社会全体使用者来分担。这种现象也称为市场非对称性。

4）渔业资源产权的虚置和产权难以确定。《中华人民共和国宪法》总纲第九条规定“矿藏、水流、森林、山岭、草原、荒地、滩涂等自然资源，都属于国家所有，即全民所有”。渔业资源作为自然资源，其所有权属于国家。但在我国经济管理体制中，谁代表国家统一行使渔业资源职权，却没有进一步明确。产权虚置使所有权的责权利无人监督落实，忽视了渔业资源的所有者所具备的权益，所有权事实上被使用权所替代，甚至资源的开发利用者侵吞所有者的权益。在我国，国家所有权还受到条块的多元分割，渔业主管部门与各级地方政府之间存在利益矛盾，生产部门往往只强调渔业资源的技术开发，注重其使用价值，而忽视了资源的养护和保护。渔业资源的产权难以监督和控制，更难以固定给个人。

5）渔业资源的无偿使用。所有权的存在应在经济上有所体现，如果所有权在经济上没有体现就是一种虚幻的所有权，实际上是对所有权的否定。对渔业资源的无偿开发和利用，导致渔业资源重开发利用，而轻保护和管理，使得人们珍惜资源，以粗放型的经营方式来换取短期的经济利益，掠夺式地使用渔业资源，很少有人去保护渔业资源，造成渔业资源的过度开发和严重浪费。FAO 统计，每年有约占世界海洋捕捞产量 32%（即 2700 万 t）的副渔获物被抛弃。对渔业资源的无偿使用也导致了其综合利用效果差、经济效益不佳，渔业资源的开发利用得不到合理的配置；对渔业资源的无偿使用，使得难以用经济手段加强对资源的管理和保护，资源耗竭速度和紧缺程度不能用价格信号准确地反映出来，往往会出现以低值、低龄和小型化为主的鱼类来维持高产量的现象，而高值、大型鱼类产量的比例很少，造成了资源基础不断削弱的“资源空心化”现象。

6）技术进步的非对称性。技术进步的非对称性是指资源开发利用技术和环境保护技术不相称，一方面技术进步（如动力技术在渔船上的应用等）在客观上促进了渔业资源的开发利用，但另一方面，技术进步往往忽视了环境资源的保护和持续。捕捞作业中所产生的大量副渔获物就是一个很好的例证。但是渔业的技术进步大多数来自于渔业部门的外部，因此，要控制渔业技术的进步是不容易的。

渔业生产对资源具有负面影响。该影响可以减少，但不能避免，这些负面影响具体包括资源量减少，繁殖能力的降低和恢复能力的下降；生物生态系统多变性增强；渔获加工对沿岸和海上污染；重要栖息地退化（如底拖网和大型公海流刺网等）；大规模高密度的养殖业也对环境产生了很大的危害。一些兼捕物尽管其经济价值不高，但是它们在食物链和作为其他重要鱼类的食物方面的影响是重大的，对生态系统的恢复与增强，以及生产力能力的提高都有着重要的意义。在沿岸水域，由于其他行业的发展，渔业资源的重要栖息地正在受到侵害，这些都影响到渔业资源的潜力。

7）过剩的渔业补贴。补贴作为一种财政和经济手段，在渔业生产的发展和管理中发挥着重要的推动作用，同时对渔区稳定和渔民就业也起到了积极的作用。但是渔业补贴也扮演着相反的作用，巨大的财政补贴使得那些本已无利可图的渔业仍然可以继续开发和生产，导致捕捞能力剧增，使资源出现衰退，甚至枯竭。渔业部门习惯采用补贴等经济手段来促进渔业的现代化捕捞技术和远洋捕捞。对公共津贴性投资项目（如码头、养殖设施、渔船），通常使用周期长，同时又很少有机会转移到别的用途上。当资源出现下降时，在短期内调整捕捞努力量变得很困难。另外，渔业部门对公众参与渔业投资只有有限的控制，它们不能直接对码头投资、财政政策、贸易和投资政策等方面负责。一些学者指出，渔业补贴是过剩捕捞能力产生和存在的主要原因之一，同时也导致了渔业资源的衰退。

8）缺乏及时对渔业资源利用状况进行正确评价和监测的手段和方法。目前，国内外科学工作者或渔业管理机构往往按种群或海区建立复杂的生物数学模型，以用来评估渔业资源状况。但是，他们没有充分认识到这些方法的缺陷性，低估了不确定性的影响，没有将种类之间，以及种类与外界条件之间的相互关系考虑进去，包括捕食与被捕食之间的关系，高等捕食者的作用（如哺乳动物和鲨鱼等）和陆地污染源的影响。同时也没有正确分析与评价社会、制度、经济等方面对资源利用的影响。因此，利用这些纯生物资源模型进行评估得出的结果往往具有很大的不确定性，也无法全面反映渔业资源利用所涉及的各个方面。这样给渔业管理和政策的制定带来了困难，无法正确评价渔业资源利用的现状及其潜力，也无法为渔业资源的可持续利用提供科学的决策依据。为了确保渔业资源的可持续利用，必须及时了解渔业资源的利用现状与趋势，为此需要尽快展开这方面的研究。

六、渔业资源可持续利用的概念及标准

1. 可持续性的内涵与定义

可持续性的概念在我国有着悠久的历史。春秋战国时期就有保护正在怀孕和产卵的鸟兽鱼鳖以“永续利用”的思想和封山育林定期开禁的法令。伟大的思想家孟子就曾批评过“竭泽而渔”的做法，并成为传世的警句。著名思想家孔子主张“钓而不纲，弋不射宿”，意思是只用一个钓钩而不用多钓钩的渔竿钓鱼，只射飞鸟而不射巢中的鸟（《论语·述而》）。“山林非时不升斤斧，以成草木之长；川泽非时不入网罟，以成鱼鳖之长”（《逸周书·文传解》）。春秋齐国宰相管仲认为从发展经济、富国强兵的目标出发，应十分注意保护山林

川泽及其生物资源，反对过度采伐，《管子·地数》中讲到“为人君而不能谨守其山林菹草莱，不可以为天下王”，《管子·国准》中也有“童山竭泽者，君智不足也”等论述。战国时期的旬子把对自然资源的保护作为治国安邦之策，特别注重遵从生态学的季节规律，重视自然资源的持续保存和永续利用。《田律》是秦朝的环境法律，也是世界上最早的环境法律之一。《田律》中规定：“春二月，毋敢伐材木山林及雍堤水。不夏月，毋敢夜草为灰，取生荔，毋……毒鱼鳖，置阱罔，到七月而纵之”。这些都是古代朴素的可持续发展思想的体现。

“可持续性”的概念产生于对可再生资源，如对渔业、林业利用的分析。实际上，一个可持续过程是指该过程在一个无限长的时期内，可以永远地保持下去，而系统内外的数量和质量不仅没有衰减，甚至还有所提高。从经济学角度讲，单纯使用存在银行里的本金所产生的全部利息就是一种可持续过程，因为它保持了本金的数目不变，而任何比这高的使用速度则会破坏本金。对于自然资源来讲，可持续性的最基本的、必不可少的条件就是保持自然资源总存量不变，或比现有的水平更高。

可持续性的基本含义是既满足当代人的需要，又不对满足后代人需要的能力构成危害，它是一种经济-自然-社会复合系统的可持续性，集中表现在经济持续性、生态持续性和社会持续性 3 个方面。经济持续性是指在保持自然资源的质量和其所提供服务的前提下，使经济发展的利益增加到最大限度；生态持续性是指不超过生态环境系统更新能力的发展，确保自然资源及其开发利用程度间的平衡；社会持续性的核心是指资源在当代人群之间，以及代与代人群之间的公平合理的分配。作为可再生的渔业资源，要确保其可持续利用，则必须建立在强可持续性利用方式的基础上。

2. 渔业资源可持续利用的概念及其内涵

可持续发展实质上是自然资源的合理配置与持续利用。从狭义上理解，渔业资源可持续利用就是人类的捕捞强度不超过渔业资源的可承受能力或自我更新能力；从广义上讲，渔业资源可持续利用是指在不损害后代人满足其需求的渔业资源基础的前提下，来满足当代人对水产品需要的资源利用的方式。

渔业资源可持续利用是实现渔业可持续发展战略的一个重要方向。从社会道义和公正的角度看，任何国家、地区和个人对渔业资源的合理利用，不仅要考虑自身的需要，而且也要考虑到其他国家、地区和个人，乃至未来几代人的需要。当今人们从自身需要出发对渔业资源进行有效的开发和利用，只能是渔业资源合理利用的一个方面，而不是其全部内容。渔业资源可持续利用内涵应该包括以下几个方面。

1）渔业资源可持续利用必须以满足经济发展对渔业资源的需求为前提。人类生产的终极目标是经济发展，并在此基础上提高全人类的福利水平。经济发展在一定程度上总不可避免地将以渔业资源的消耗为代价，并随着经济增长速度的加快，渔业资源的消耗速度也将越来越大。但是，如果以牺牲经济发展的代价来维持渔业资源的环境基础，无疑是违背人类本身愿望和伦理基础的。因此，人类只有通过渔业资源利用方式的变革，实现渔业资源的可持续利用，来协调经济发展与渔业资源环境保护两者之间的矛盾，从而保证经济发展对渔业资源的需求。

2）渔业资源可持续利用的“利用”，是指渔业资源的开发、使用、治理、保护全过程，而不单单指渔业资源的简单使用。合理的“开发、使用”就是寻求和选择渔业资源的最佳利用目标和途径，以发挥渔业资源的优势和最大结构功能；而“治理”是要采取综合性措施，以改造那些不利于渔业资源可持续利用的条件，使之由不利条件变为有利条件，如改善渔场环境、营造人工牧场；“保护”是要保护渔业资源及其环境中原先有利于生产和生活的状态。人类对渔业资源的利用不仅是简单意义上的索取，在某种意义上更意味着对渔业资源生产的再投入。

3）渔业资源生态质量的保持和提高是渔业资源可持续利用的重要体现。渔业资源的可持续利用对渔业资源生态质量保持和提高的要求是基于以往的渔业资源开发利用活动虽然带来了巨大的财富，但同时也酿成了对渔业资源生态质量的严重破坏和渔业资源的衰退，并将危及人类对水产品的需求这一情况而提出的。渔业资源的可持续利用意味着维护、合理提高渔业资源基础，意味着在渔业资源开发利用计划和政策中加入对生态和环境质量的关注和考虑。

4）在一定的社会、经济、技术条件下，渔业资源的可持续利用意味着对一定渔业资源数量的要求。在人类目前认识范围可预测的前景内，渔业资源的可持续利用涉及公平问题。因为目前的渔业资源利用方式导致渔业资源数量减少，并进而使后代人的需求受到影响，这种方式是不可持续的。渔业资源的可持续利用必须在可预期的经济、社会和技术水平上保证一定的渔业资源数量，以满足后代人生产和生活的需要。

5）渔业资源的可持续利用不仅是一个简单的经济问题，同时也是一个社会、文化、技术的综合概念。上述各因素的共同作用形成了特定历史条件下人们对渔业资源的利用方式，为了实现渔业资源的可持续利用，必须对经济、社会、文化、技术等诸因素进行综合分析与评价，保持其中有利于渔业资源可持续利用的部分，对不利的部分则通过变革来使其有利于渔业资源的可持续利用。

3. 影响渔业资源可持续利用的因素

（1）资源丰度与环境容量

资源丰度与环境容量是影响某个区域渔业资源利用方式的首要因素。渔业资源和环境在经济分析中可以看作是生产活动所必需的资本，或者说是大自然向人类提供了他们所需要的产品和服务。从某种意义上来说，渔业资源和环境是人类生产和生活所必需的一种生态资本。对生态资本的非持续利用会造成对渔业资源和环境的严重破坏，使不可逆性越来越明显，而最低安全标准则设立了一条由渔业资源和环境条件决定的分界线，用来表示渔业资源开发所允许的程度。因此，一个区域渔业资源丰度与环境容量的大小就直接影响到该区域渔业资源开发利用中最低安全标准的设立，并进一步决定了渔业资源可持续利用实现程度的难易。通常意义上讲，一个渔业资源和环境条件较优的地区要比较差的地区更容易实现渔业资源的可持续利用。

（2）人口和经济

人口和经济对渔业资源可持续利用的影响主要表现在人口多少和经济发展程度对渔业资源和环境的压力上。一方面，渔业人口越多，对渔业资源和环境的需求越大，客观上造成了对实现渔业资源可持续利用不利的外部环境，更容易突破渔业资源和环境的最低安全标准，造成对渔业资源的掠夺性使用；另一方面，人口素质问题也同渔业资源利用密切相关，人口素质越高，越容易在意识上和行动上接受并实行渔业资源的可持续利用。经济发展程度与渔业资源的利用之间也具有很强的相关性。从一般意义上说，经济越发展，对渔业资源和环境的需求越大，对渔业资源和环境可能带来的损失也越大，但是，经济的发展又为渔业资源的可持续利用提供了先进的技术手段和财力支持，客观上又有利于渔业资源可持续利用的实现。

（3）技术进步和结构变迁

科学技术在改变人类命运的过程中具有伟大而神奇的力量，如在海洋捕捞业中，动力渔船、新材料、导航仪器等的应用大大提高了捕捞能力和强度。今天人类面临渔业资源衰退、环境退化与经济持续发展的问题，要确保和寻求渔业的可持续发展，我们将希望再次寄托于科学技术的发展上。在渔业资源的开发利用过程中，应用对渔业资源环境无害甚至有益的技术来取代对渔业资源环境具有潜在和现实危害的技术，即对环境友好的捕捞渔具和方法，将极大地降低渔业资源利用过程中的环境和生态风险。事实上，在生产实践活动中确实存在着这样的机会和可能，科学技术的发展和应用在促进经济发展的同时，也起到了减轻污染、改善环境质量的作用，如渔具选择性和海洋牧场的研究。在一个国家和地区的经济结构中，工业、农业、服务业及其内部各产业对渔业资源的依赖程度是不一样的。同时，各产业部门利用渔业资源产生的后果对渔业资源和环境的影响也是不同的。因此，经济结构的有效和合理变迁可以将一个国家和地区的产业结构引向渔业资源节约和生态环境防范的方向，发展节约渔业资源和减少生态环境破坏的产业，实现经济结构的根本改变。

（4）文化和制度

任何一种渔业资源开发活动都是在一定的文化背景和制度条件下进行的，文化和制度的外在约束对人们的渔业资源开发利用形式会产生重要的影响。在一个国家的传统文化中，如果其包含着基本的、朴素的渔业资源和环境保护的思想因子，会对激发人们的内在力量，从而采取可持续性渔业资源利用形式构成影响。而制度主要表现为外在的正式约束。由于人们在渔业资源利用过程中所表现出来的各种非持续利用行为无法通过其他形式得到有效的解决，因此有意识地构建一个有利于渔业资源可持续利用的制度体系，如渔业资源有偿使用制度、产权制度、价格制度等就构成了渔业资源可持续利用的重要保证。

4. 渔业资源可持续利用应达到的目标

（1）经济与生态利益的统一

渔业资源开发的经济利益就是在渔业资源的开发利用这一经济形式中满足主体经济需要的一定数量的社会经济成果。人们从事物质资料生产活动，以解决衣、食、住、行等消费资料，是经济系统生产的经济产品。人们的一切渔业资源开发利用的最终目的就是获得和享受这些经济产品，实现其经济利益。然而，人们对渔业资源的开发利用过程不仅仅是一个经济过程，同时也是一个生态过程，对渔业资源的进一步开发利用都意味着原有生态环境的改变。与以往的渔业资源开发形式相比，渔业资源可持续利用形式更强调在渔业资源开发利用过程中经济利益和生态利益的有机统一，不但能实现最优的经济效益产生，同时还使渔业资源的生态质量保持或有所提高。这里的生态利益主要是指在渔业资源的开发利用过程中，以一定的人为主体的生态系统中满足人们生态需要的渔业生态成果的质的提高和量的增加。

在现实生活中，生态利益和经济利益是相互联系、相互制约、相互作用而形成的有机统一体，这就是生态经济利益。渔业资源可持续利用追求的就是两者的高度统一。

（2）眼前和长远利益的统一

在渔业资源的开发利用中，由于人类自身存在短视行为，追求短期效益的倾向在一定的时空范围内相当明显，而长期效益由于时段的更替，所关联的因素多种多样，产生的原因十分复杂，而且经常被忽略，直到情况发展到十分危险的程度时，才发现损失是巨大的，甚至是不可弥补的。

在渔业资源开发利用过程中，短期效益的“利”是十分明显的，对渔业资源的耗竭性使用确实能在短期内给开发者带来利益上的增加。相对于短期效益的“利”而言，短期效益的“弊”的出现总是滞后的。在正常情况下，这往往需要经过较长一段时间才能显现出来，而此时，造成的损失往往已经不可逆转。

渔业资源可持续利用追求的是目前利益和长远利益的有机统一，是涉及代际公平的根本问题。追求两者的统一，要求我们增强对目前利益“利”和“弊”的科学分析，并能有效地增强对长期利益进行前瞻性的正确预见。

（3）局部和全局利益的统一

在渔业资源的开发利用过程中，必须正确地处理局部利益和全局利益的统一问题，这是影响代内公平问题的关键所在。某种形式的渔业资源开发行为可能对地方的局部利益有利，但是因为存在生产外部性问题，其渔业资源开发利用的外在成本会转嫁到周围地区，影响全局利益的实现。另外，在某些时候，在某种情况下，也会存在为了追求实现全局整体利益，会暂时妨碍，甚至减少局部利益的情况。渔业资源的可持续利用形式追求的是在渔业资源开发利用过程中局部利益和全局利益的统一。需要通盘考虑，统筹安排，充分发挥两者之间的一致性，使局部利益和全局利益能够实现有机结合和协调发展。

第三节　渔业可持续发展的国际行动——蓝色增长

一、《2030 年可持续发展议程》概述

在 2015 年 9 月召开的联合国可持续发展峰会上，联合国各成员国领导人通过了《2030 年可持续发展议程》，其中包含一整套共 17 项“可持续发展目标”。《2030 年可持续发展议程》明确了全球可持续发展的重点，以及对 2030 年的期望，力争动员全球力量造福人类和地球，打造繁荣、和平、伙伴关系。它不仅包含“可持续发展目标”，还涉及有关发展筹资问题的《亚的斯亚贝巴行动议程》，以及有关气候变化的《巴黎协定》。“可持续发展目标”特别指出，到 2030 年要实现以下目标：消除贫困和饥饿；进一步发展农业；支持经济发展和就业；恢复和可持续管理自然资源和生物多样性；与不平等和不公正做斗争；应对气候变化。“可持续发展目标”是真正变革性的目标，其相互之间密切关联，呼吁将各项政策、计划、伙伴关系和投资进行创新性结合，以实现共同目标。

《2030 年可持续发展议程》致力于打造一个公正、基于权利、公平、包容的世界。它呼吁相关方联手合作，共同推动持续、包容性经济增长、社会发展和环境保护，造福所有人，包括妇女、儿童、青年和子孙后代。《2030 年可持续发展议程》展示了一个普遍尊重人权、平等和不歧视的世界，其最高信念是“不让任何一个人掉队”，确保“所有国家、所有人和社会所有阶层的目标都得到实现”“首先尽力帮助落在最后面的人”，其中有两项目标专门涉及消除不平等和歧视。

通过《2030 年可持续发展议程》，各国认识到必须恢复全球伙伴关系的活力，“推动全球高度参与，把各国政府、私营部门、民间社会、联合国系统和其他行为体召集在一起，

调动现有的一切资源，协助落实所有目标和具体目标”。恢复活力后的全球伙伴关系将通过“国内公共资源、国内和国际私人企业和融资、国际发展合作、起推动发展作用的国际贸易、债务和债务可持续性、如何处理系统性问题，以及科学、技术、创新、能力建设、数据、监测和后续行动”，努力为《2030年可持续发展议程》的实施提供执行手段。

FAO强调，粮食和农业是实现《2030年可持续发展议程》的关键。FAO的任务和工作实际上已经开始为实现各项“可持续发展目标”做出贡献。各项“可持续发展目标”和FAO的《战略框架》均致力于解决造成贫困和饥饿的根源，打造一个更加公平的社会，不让任何人掉队。具体而言，“可持续发展目标 1”（消除一切形式的贫困）和“可持续发展目标 2”（消除饥饿，实现粮食安全，改善营养和促进可持续农业）反映了FAO的愿景和使命。其他“可持续发展目标”还涵盖性别问题（“可持续发展目标5”）、水（“可持续发展目标6”）、经济增长、就业和体面工作（“可持续发展目标8”）、不平等（“可持续发展目标10”）、生产和消费（“可持续发展目标12”）、气候（“可持续发展目标13”）、海洋（“可持续发展目标14”）、生物多样性（“可持续发展目标15”），以及和平和公正（“可持续发展目标 16”），也都与之有密切关联，而各方提出的执行手段和恢复活力后的全球伙伴关系（“可持续发展目标17”）则为粮食和农业各部门实现《2030年可持续发展议程》提供了基础，这些部门包括渔业、水产养殖业和捕捞后水产加工业。

《2030年可持续发展议程》所提供的框架、进程、利益相关方参与和伙伴关系有助于：①让当代人和子孙后代从水生资源中获益；②帮助渔业和水产养殖业为不断增长的人口提供富含营养的食物，并促进经济繁荣、创造就业和保障人民福祉。

二、《2030年可持续发展议程》与渔业可持续发展

海洋、沿海，以及江河、湖泊和湿地，包括渔业和水产养殖业所利用的相关资源和生态系统，目前在可持续发展中所发挥的重要作用已得到国际社会的普遍认可。这一点已在1992年召开的里约峰会上得到明确，充分体现在《21世纪议程》第17章（及第14章、第18章）和具有历史性意义的1995年《负责任渔业行为守则》中。这一点也在后来的里约+20峰会成果文件中得到提倡，文件中各成员国呼吁要“以通盘整合的方式对待可持续发展，引导人类与自然和谐共存，努力恢复地球生态系统的健康和完整性。”

多项“可持续发展目标”与渔业和水产养殖业，以及该部门的可持续发展有关联。其中一项（蓝色目标）直接侧重于海洋（“可持续发展目标 14”：养护和可持续利用海洋和海洋资源，以促进可持续发展），强调养护和可持续利用海洋及其相关资源对可持续发展的重要性，包括通过为减贫、持续经济增长、粮食安全和创造可持续生计及体面工作做出贡献而推动可持续发展。

为促使海洋及海洋资源继续为人类福祉做出贡献，“可持续发展目标 14”认识到有必要管理和养护海洋资源，同时为对人类至关重要的生态系统服务提供支持。更有效利用资源，改变生产和消费方式，改进对人类活动的管理和监管，将有助于减少对环境的负面影响，让当代人及子孙后代从水生生态系统中获益。推动可持续捕捞和水产养殖将不仅有助于资源和生态系统管理和养护，还有助于确保世界上的海洋能提供富含营养的食物。

海洋和内陆水域在对全球粮食和营养安全、生计和各国经济增长做出重要贡献的同时，还为地球提供宝贵的生态系统产品与服务。大气中被固存在自然系统中的碳中约有50%的碳通过循环进入海洋和内陆水域，但这些海洋和内陆水域却正面临着过度开发、污染、生物多样性丧失、入侵物种蔓延、气候变化和酸化等带来的威胁。人类活动给海洋生物支持系统带来的压力已达到不可持续的水平。

2016 年世界上接受评估的商业化海洋水产种群中有 31%被过度捕捞。红树林、盐滩和海草床均在以令人震惊的速度被破坏，从而加剧气候变化和全球变暖。水域污染和生境退化继续威胁着内陆和海洋水域中与渔业和水产养殖业相关的资源。同样面临风险的还有那些依赖于渔业和水产养殖业谋生和实现粮食及营养安全的人们。此外，渔业和水产养殖业对世界福祉与繁荣做出的重要贡献正在因为治理不力、管理不善和措施不当等因素而遭到削弱，同时非法、不报告、不管制捕捞活动则仍是实现可持续渔业的障碍。

“可持续发展目标 14”项下的多项具体目标呼吁在渔业部门采取具体行动，特别是：有效监管捕捞活动；结束过度捕捞和非法、不报告、不管制捕捞；解决渔业补贴问题；为小规模渔民提供获取资源和进入市场的机会；执行《联合国海洋法公约》条款。“可持续发展目标 14”项下的其他具体目标则涵盖海洋污染防治，以及对于可持续渔业和水产养殖业而言同样重要的海洋和沿海生态系统管理和保护。因此，“可持续发展目标 14”明确指出有必要推动所有利益相关方开展合作和协调，以实现可持续的渔业管理，更好地保护资源，为可持续管理和保护海洋及沿海生态系统提供了一个框架。

目前在渔业和水产养殖业可持续管理和发展过程中采取的统筹方式，如 FAO“蓝色增长倡议”所提倡的那样，其目的在于使经济增长与促进生计和社会平等之间实现相互协调。它致力于平衡自然水生资源的可持续管理和社会经济管理，期间强调在捕捞渔业和水产养殖业、生态系统服务、贸易、生计和粮食系统中高效利用资源。

渔业和水产养殖业中的利益相关方在国家、区域和国际层面为实现《2030 年可持续发展议程》做出努力时，应利用以往及当前在相互合作、互相支持和达成共识方面的经验。为实施采取的措施将成为实现相关“可持续发展目标”具体目标的基础。向 FAO 渔业委员会及其贸易和水产养殖分委员会汇报《负责任渔业行为守则》实施情况将有助于了解各方在朝着实现《2030 年可持续发展议程》目标努力的过程中所取得的进展，这些进展将通过各国渔业管理部门、区域渔业机构和国际民间社会组织和政府间组织的报告体现出来。国际渔业界将利用相关国际文书，包括《2030 年可持续发展议程》，为全球渔业治理提供有力的框架。

《2030 年可持续发展议程》强调建立伙伴关系和加强利益相关方参与的重要性，将其作为成功促进和有效实施各项活动来支持各项相互关联的“可持续发展目标”具体目标的关键。目前渔业和水产养殖部门正在开展的国际举措包括：①全球气候、渔业和水产养殖伙伴关系；②地方、国家和国际民间社会组织以及多国政府就《粮食安全和扶贫背景下保障可持续小规模渔业自愿准则》所开展的宣传和实施工作；③国家机构之间的合作，以及 FAO、国际海事组织和国际劳工组织之间在打击非法、不报告、不管制捕捞及其他与捕捞相关的犯罪行为方面开展合作，主要通过以下措施：支持针对打击非法、不报告、不管制捕捞制定国家和区域行动计划；实施《船旗国表现自愿准则》；建立“渔船全球纪录”等。

三、渔业可持续发展的国际行动进展

在联合国各成员的推动下开展一轮磋商后，目前已经得到通过的可持续发展目标框架中共包括169项具体目标和用于在全球层面衡量和监测进展的231项指标。

“可持续发展目标14”包括10项具体目标，其中几项明确涉及渔业相关问题，其他目标也可能对渔业产生直接影响。与渔业相关的具体目标呼吁采取行动：有效监管捕捞活动；结束过度捕捞，以及非法、不报告、不管制捕捞和破坏性捕捞行为；解决渔业补贴问题；提高渔业和水产养殖可持续管理的经济效益；为小规模个体渔民提供获取海洋资源和市场准入的机会。其他目标包括海洋污染防治、海洋和沿海生态系统管理、《联合国海洋法公约》和相关现行区域、国际法规的实施。

所有具体目标均由可持续发展目标机构间专家组确立、由联合国统计委员会通过的指标加以支持。三项目标分别如下。

1）到2020年，有效管制捕捞活动，终止过度捕捞、非法、不报告、不管制捕捞，以及破坏性捕捞活动，实施科学管理计划，以便在最短时间内恢复鱼类种群，至少使其数量恢复到其生物特性所决定的最高可持续产量水平。

2）到2020年，禁止某些助长产能过剩和过度捕捞的渔业补贴，取消各种助长非法、不报告、不管制捕捞活动的补贴，不出台新的此类补贴，同时认识到，为发展中国家和不发达国家提供合理、有效的特殊和差别化待遇应成为世界贸易组织渔业补贴谈判中一项不可缺少的内容。

3）为小规模个体渔民提供获取海洋资源和进入市场的机会。

目前正在加大力度评估渔业管理方面的进展。此项行动将为相关国家、区域和全球举措提供协助，同时还为国家和全球可持续发展目标监测活动提供支持。在此背景下，FAO积极为有关改进进展报告工作和推动实现“爱知生物多样性目标”的2016年专家会议做出了贡献，会议制定了一份概念框架草案，可作为一项指南，指导《生物多样性公约》各缔约方报告自身在实现有关可持续渔业的目标上所取得的执行进展。会议确定了与实现目标相关的一系列行动和潜在指标，并讨论了如何通过改进生物多样性公约组织、粮食组织和区域渔业机构之间的协调来促进此项工作。

此外，在FAO/全球环境基金“沿海渔业倡议”的框架下，目前正在采取具体行动建立和实施一项渔业绩效评价体系，用于：①有效评价沿海渔业项目所产生的影响；②监测渔业环境、社会和经济效益方面的变化；③通过寻求管理战略的实施方法来实现渔业可持续发展，促进知识共享。

为促进实现可持续发展目标，FAO及其成员国和伙伴方一直致力于在近东和北非，以及亚太区域促使“蓝色增长倡议”主流化。亚太区域目前正侧重于可持续水产养殖发展，以扭转环境退化局面，以及缓解对红树林空间和淡水资源的竞争。水产养殖业负责任管理和可持续发展还能为亚洲的水产养殖户（尤其是青年）提供良好的工作机遇，同时还能为他们提高收入和加强营养安全，保护相关自然资源。此项倡议是一个绝好的范例，说明应采取何种类型的行动来确保水产养殖业能符合可持续发展目标，具备环保性和真正的可持续性。

同样，目前一项全面研究也在近东及北非开展，以挖掘这一地区在蓝色增长倡议方面的潜力。在这一区域开展的活动包括：在阿尔及利亚推广沙漠水产养殖；评估埃及和苏丹尼罗河沿岸渔民的生计状况；改善突尼斯的价值链，确保负责采集蛤蜊的女性能获得更多、更多样化的收入；宣传有关减少渔业部门中损失与浪费的《努瓦克肖特宣言》。渔业和水产养殖业还提供了一个绝好的创造就业的机会，尤其是针对青年，能让他们留在本村，实现收益良好的就业，而不是被迫外出，去城市或国外寻找工作。研究将就在干旱地区发展水产养殖业的可行性提供宝贵的意见，还将对价值链改善和损失与浪费减少之后带来的潜在社会效益、经济效益开展评估，这些都是影响可持续发展目标和蓝色增长是否能够得以实现的重要因素。

四、蓝色增长

1. 蓝色增长的重点内容

FAO 的“蓝色增长倡议”是一项多目标综合举措，涉及可持续发展的方方面面，如经济、社会和环保方面。作为一种以事实为依据的管理举措，其成功实施离不开及时、可靠的跨学科信息，只有这样才能确立基准，监测变化，为社会、经济和环境可持续性相关的决策提供支持。

“蓝色增长倡议”重点：实现渔业可持续发展，减轻鱼类栖息地的退化，保护生物多样性。这需要数据来评估和监测自然资源（如渔业资源、水生生态系统、水和土地、水生遗传资源等）状况，以及渔业的绩效和可持续性。

（1）评估和监测鱼类种群

“蓝色增长倡议”认识到，渔业资源对可持续渔业而言极为重要，而渔业资源总量评估则对了解渔业资源整体状况而言至关重要。资源总量的评估过程需要大量数据，而很多时候我们面临的恰恰是数据短缺问题。然而，各种估测方法，包括专家判断，对预防性管理都有帮助。数据齐备与否和数据的质量往往都会对评估结果的准确性产生影响。此外，管理行动往往滞后于评估结果。为解决这一问题，较常用的方法是采用一种建立在事先确定的捕捞模型之上的适应性管理方法。必须保证及时提供高质量的渔获量、努力量和其他相关数据，并供各利益相关方共享。例如，能在评估开始前对这些数据进行汇总，形成综合数据库，就能给分析工作带来极大便利。一些知识库，如 FishBase2 和 SealifeBase3 已经为各方提供了便捷、综合的生态及生物知识。进一步提升信息技术和数据管理能力可起到促进作用。

资源量评估结果共享是实现更有效渔业管理的另一重要步骤。在科学层面，记录完善的数据组可以让人们重复开展评估，有助于提高透明度，让发展中国家有能力参与资源评估，为渔业管理人员提供建议。此外，应采用简单易懂的格式向各利益相关方提供评估结果。各国的案例证明，在对渔业资源状况、管理方案和相关结果开展明确、综合的评估后，各方就能针对过度捕捞采取坚定的政策行动。

将被评估渔业种群的相关数据与已知种群进行比较分析，并将被评估渔业资源的状况在不同种群、物种和区域之间进行比较，就可以得出有用的信息，尤其是有助于确定渔业监测工作的优先重点。“渔业和资源监测系统”有助于推动此项工作，通过对已知鱼类种群量进行全面评估，从而汇总出种群评估结果，但该系统仍需要获得更多评估结果，才能最终得出全面完整的结论。

（2）保护生物多样性，恢复栖息场

“蓝色增长倡议”认识到，必须恢复已退化的栖息场，保护生物多样性，以提高渔业系统的生产率和可持续性。目前正在努力建设一个生物多样性综合信息库，其中包括水生物种种群数量和出现情况，以便更好地监测相关变化，描绘多样性和生态足迹。“海洋生物地理信息系统”在全球各地分类学家和生态学家的共同努力下，为我们提供了有关物种出现的独特的全球信息源。除该信息库以外，还在开发多个分析模型用于物种分布绘图（如AquaMaps）和生物多样性丰富度分布和演化分析，以便在气候变化背景下进一步了解物种范围的变化及其产生的环境和社会经济影响。

为最大限度地降低捕捞活动对生物多样性的负面影响（如金枪鱼捕捞中的标志性海洋哺乳动物，或脆弱海洋生态系统中的海绵和珊瑚），必须在设计管理策略时具备相关数据。此类数据包括捕捞作业过程中对兼捕物种的个体观测，或与指示性物种的“意外相遇”。此项活动通常要求在渔船上派驻科学观测人员，或让渔民参与数据收集工作。前一种做法成本高昂，且容易存在偏见，而后一种做法则会带来保密和隐私问题。采用图像识别技术的自动化系统具有较大潜力，但近期可能难以广泛应用。

在通常情况下，要想在数据共享方面取得进展，就必须鼓励数据所有方（各国和捕捞行业）采取更为开放的政策和措施。令人鼓舞的是，目前深海捕捞业正在与科学界和管理人员开展合作，致力于推动渔业生态系统方法相关工作。在沿岸栖息地（如红树林和海滩湿地）问题上，GIS 和 RS 正在推动各类植被的识别和绘图工作，这对于确立基准和监测变化十分重要。

（3）打击非法、不报告、不管制捕捞

“蓝色增长倡议”高度重视对非法、不报告、不管制捕捞的打击。在这方面，信息技术的发展已彻底改变了数据收集工作。主要技术包括：渔船登记和许可证数据库共享，便于对捕捞授权进行评价；自动化识别系统和渔船监测系统，便于监测渔船移动轨迹；电子日志，便于及时报告渔获量；船上摄像监控，便于全面观测捕捞活动；出入港通信，便于执法工作；市场信息电子传输，便于加强可追溯性；渔获记录，便于获取渔获量信息。这些技术能促进严格、高效地开展监测、监控和监督工作，在整个销售链中通过贸易认证跟踪鱼品动向，根据来自运营方的数据获得整体统计数据。

然而，保密问题，加上缺乏相关标准和对数据安全性的信任，都在阻碍着不同系统之间开展直接数据汇总。通过全球标准化的电子监测、监控和监督来促进负责任的用户之间开展信息共享是一项至关重要的工作，有助于消除覆盖盲点，避免被非法、不报告、不管制捕鱼活动钻空子。全球协调方面的进展十分缓慢，而由于成本和技术能力方面的要求，各国和各区域为此做出的承诺水平也大相径庭。从事小规模渔业的渔船数量众多，是实施中面临的最大挑战，因此，此类技术和计划通常先在大型渔船上使用，随后才能推广到小型渔船，手机应用软件已给此项工作带来了新的机遇。

（4）监测绩效，促进可持续性

渔业绩效可体现在社会经济、环境和管理各方面。渔业资源存量调查是一个出发点，便于各方了解和宣传渔业在社会经济方面的重要性，具体体现为人民的参与度、经济投资（渔船大小和数量）和回报（渔获数量和货币价值）。FAO 建议将渔业资源存量调查作为提高对小规模渔业及相关生计的关注度的一个方法，以便对政策和管理决策产生影响。存量调查还可以成为了解渔业对生物多样性的潜在影响的一种方法（如列出兼捕物种清单）。在水产养殖业中，养殖场存量调查能为决策者提供相关知识，帮助他们有效开展规划和管理。存量调查还有助于了解渔业管理工作在实现可持续性方面的有效性。这反过来会影响消费者的购买行为，从而对改进管理工作形成一种激励，鱼品生态标签的使用日益广泛就是一个例子。

2. “蓝色增长倡议”焦点：将社会经济效益最大化

实现这一目标需要在整个价值链中对水生资源利用相关活动的绩效和可持续性进行监测，并且要与其他农业和商业活动分开监测。然而，有关该行业社会、经济贡献的相关信息十分零散，且往往与其他行业合并在一起，侧重点在于初级生产部门的商业活动（不包括手工式渔业和自给自足型渔业），未能全面覆盖整个价值链或相关活动。数据上的缺失会导致政策失误。

有必要制定准则和标准方法，便于评价水生生物资源利用在整个价值链中做出的具体贡献。最近已着手采用普查的方法获取整个价值链中的社会、经济贡献相关数据（包括非商业性活动）。然而，这种方法要求在最终确定全球标准之前，进一步开展测试和微调。FAO 的“鱼品价格指数”已被用于多项与鱼品相关的粮食安全与经济评估和预测工作，也能在此处发挥作用。

“蓝色增长倡议”焦点：评估生态系统服务水生生物资源所提供的生态系统服务包括休闲型渔业和与鱼类相关的旅游项目、对生物多样性和生境的贡献，以及生态系统恢复能力（如保护海岸线生物群的红树林）。此类服务还包括气候变化减缓作用，如海藻的碳循环作用，红树林或珊瑚礁的碳汇作用。

有必要让各方进一步了解自然资源和生态系统在各国经济中发挥的作用，以便更好地认识可再生水生资源对经济的贡献（如通过环境经济核算体系）。在气候变化方面，目前正在努力开展工作，将应用于评估农业和林业部门碳足迹的通用方法应用于水生资源中。

3. “蓝色增长倡议”的国际行动

人们已逐步认识到“蓝色增长倡议”对数据的需求。例如，欧洲海洋委员会已敦促欧洲的公共研究投资将重点放在对人们知之甚少的深海系统的基础研究和环境基准的确立上。另一个例子是，加勒比和巴西北部大陆架海洋生态系统行动计划，旨在消除该区域蓝色增长过程中所面临的破坏性威胁。该计划的一个辅助项目将侧重于治理和合作方面的相关安排，并促进在涉及生境退化、不可持续的渔业活动和污染的多项独立举措之间开展协同合作。这一项目还将利用自身在该区域海洋生态系统和共享海洋生物资源状况方面所获得的信息进行汇总，制作一份全面的网上一览表。

此外，iMarine 举措（由欧盟委员会供资）证明，“蓝色增长倡议”的数据需求可通过“科学 2.0”得以满足，通过创新性联网技术实现信息共享和合作。iMarine 项目旨在通过数据库、软件、方法和专业力量等资源的整合，提供成本更低、效率更高的数据服务。最近启动的 BlueBRIDGE 项目将利用 iMarine 的虚拟研究环境，实现多个目标，为渔业生态方法提供支持。它还努力将自身范围扩大至“蓝色增长倡议”的其他领域，如水产品的可追溯性、空间规划、水产养殖业的社会经济和环境影响。

“蓝色增长倡议”有必要让不同的数据收集工作实现跨部门、全价值链的一体化，尤其是涉及可持续性的社会经济估值工作。首先，强化信息标准和提高协调统一能力，将有助于信息交流，因为它能促使人们使用统一的分类、概念和数据结构；其次，必须提供全球性、区域性和全国性数据和信息共享平台；最后，加强伙伴关系和其他连通安排也十分重要，因为没有任何一个组织能单枪匹马满足“蓝色增长倡议”的所有相关要求。虽然 FAO 的现行战略依然有效，并成为满足“蓝色增长倡议”数据需求的指导方针，但上文所述各项局限因素仍表明，目前必须将某些领域作为重点，以便真正取得进展。因此，FAO

正呼吁建立全球伙伴关系/联盟，为蓝色增长倡议打造一项全球性数据框架。通过这一框架，FAO 将协调各项伙伴关系，为不同举措、不同学科之间数据的收集和综合利用奠定必要的基础（数据库、信息标准、方法、工具、专业力量和合作型数据基础设施）。

第四节　全球各海区渔业资源可持续利用评价

全球气候变化和人类对海洋渔业资源的高强度开发导致传统海洋渔业资源在全球范围内持续衰退。建立易于评估并能有效监测渔业资源开发状态的指标体系，从而避免渔业资源的衰退，具有重要意义。渔获物平均营养级概念由 Pauly 等（1998）提出，其营养级水平与作用在生态系统内的外界干扰直接相关，被生物多样性公约（Convention on Biological Diversity）、欧盟（European Union）、加勒比大型海洋生态系统项目（Caribbean Large Marine Ecosystem and Adjacent Project）等国际组织用于评价捕捞行为对海洋生态系统的影响。

近年来，很多学者深入探究了渔获物平均营养级下降的潜在原因，并对以 MTL 作为海洋生态系统健康状况指标的有效性提出了质疑，提出了 4 种不同渔业开发模式下 MTL 的变化趋势：①捕捞降低海洋食物网（fishing-down），该渔业表现为当高营养级资源出现衰退时，捕捞目标从高营养级种类向低营养级种类转移；②捕捞沿着海洋食物网（fishing-through），该渔业表现为持续增加低营养级种类的渔获量，而高营养级种类未出现衰退；③开发至过度捕捞（increase to overfishing），该渔业表现为伴随捕捞强度的不断上升，所有种类逐步开发至过度捕捞；④基于资源的可获得性（based-on-availability），该渔业表现为首先开发高资源量且易捕捞的种类，其次开发低资源量且不易捕捞的种类。由于“基于资源的可获得性”模式无证据支持，因此，所观察到的 MTL 变化趋势主要由 3 种渔业开发模式所引起。“捕捞降低海洋食物网”和“捕捞沿着海洋食物网”模式会导致 MTL 呈下降趋势；而“开发至过度捕捞”模式不会引起 MTL 的下降，但海洋生态系统却遭到严重破坏。阐明 MTL 的变化机制对于全面掌握捕捞活动对海洋生态系统的影响，以及制定有效的管理措施至关重要。然而，至今仍缺乏在全球和区域范围内明确阐明 MTL 潜在变化机制的研究。

尽管近年来渔获物平均营养级遭到质疑，但目前仍广泛用于监测和评估捕捞活动对海洋生态系统产生的影响。太平洋、大西洋、印度洋是海洋捕捞作业的主要海区，产量占全球海洋捕捞量的 98%以上，且各渔区受环境的影响程度和开发模式有所不同，分别对各渔区进行评价非常必要。

一、全球渔获物平均营养级的变化

图 6-5（a）显示了 1950～2010 年全球三大洋渔获量的变化情况。渔获量由 1950 年的 14.86 百万 t 逐步上升至 1996 年的 73.74 百万 t，为历史最高值；之后，渔获量逐渐下降，2010 年渔获量为 65.30 百万 t。全球三大洋 MTL 以 0.057/10a 的速度由 1955 年的历史最高值 3.50 下降至 1986 年的历史最低值 3.21（$R^2=0.48$，$P<0.05$）。由于秘鲁鳀（*Engraulis rigens*）的产量在 20 世纪 60 年代至 70 年代初大幅上升，导致 MTL 在此期间出现大幅下降趋势。伴随着 1972～1973 年秘鲁鳀的衰退，MTL 在 1973～1986 年继续下降，之后，逐步上升至 2010 年的 3.37［图 6-5（b）］。FiB 指数由 1950 年的基准值 0 快速上升至 1973 年的 0.44，这表明由于渔业地理扩张，MTL 的下降被渔获量的增加所补偿；之后，FiB 指数先下降后逐步上升，并稳定在 0.54 左右［图 6-5（c）］。

在三大洋14个FAO渔区中，10个FAO渔区的MTL出现显著降低趋势。其中，西北大西洋、东北大西洋、西南大西洋和西南太平洋的MTL和FiB指数均呈显著下降趋势（表6-1）。西北大西洋MTL在1965～2010年以0.24/10a的速度下降；东北大西洋MTL在1969～1992年以0.064/10a的速度下降；西南大西洋MTL在1996～2010年以0.12/10a的速度下降；西南太平洋MTL在2000～2010年以0.16/10a的速度下降。然而，其他6个渔区MTL逐步降低时，其FiB指数无显著变化趋势，或呈上升状态。具体来说，中东大西洋MTL在1982～2010年以0.040/10a的速度下降，中东太平洋MTL在1964～2010年以0.065/10a的速度下降，而西北太平洋MTL在1963～1988年以0.17/10a的速度下降，东南太平洋MTL在1952～1985年以0.18/10a的速度下降，东印度洋MTL在1952～1987年以0.08/10a的速度下降，之后，上述3个渔区MTL均呈恢复上升趋势。东南大西洋MTL在1950～1963年以0.18/10a的速度下降，并在1963～1972年逐步恢复上升，之后，MTL稳定在3.44左右；而其FiB指数在1972～2010年大幅下降（表6-1）。中西大西洋、西印度洋、东北太平洋和中西太平洋MTL在1950～2010年呈逐步上升趋势（表6-1）。

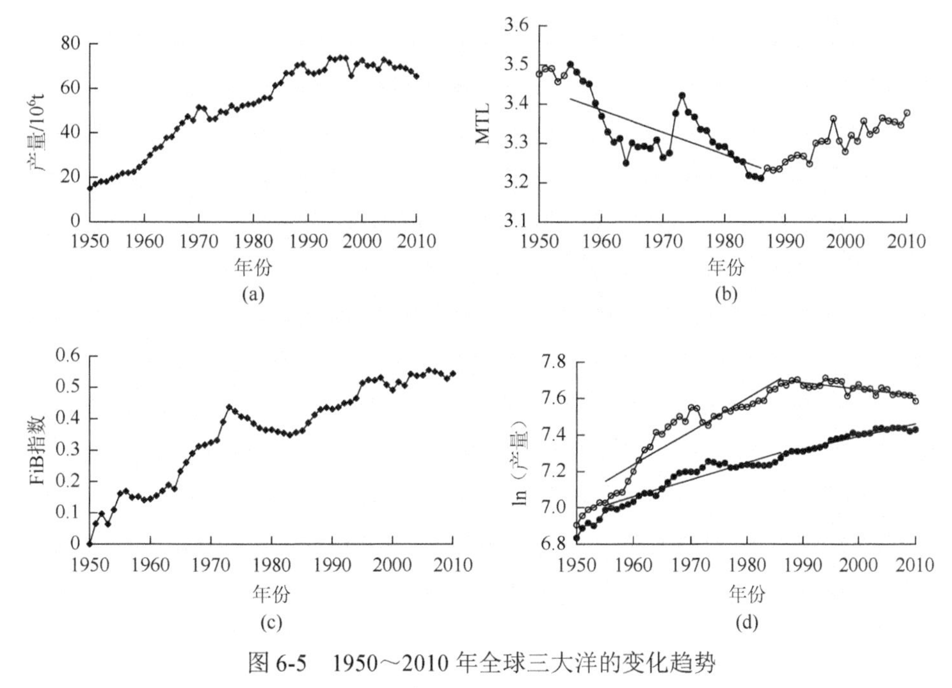

图6-5　1950～2010年全球三大洋的变化趋势

（a）产量；（b）渔获物平均营养级；（c）FiB指数；（d）高营养级（●）和低营养级（○）种类的ln（产量）

二、MTL的潜在变化机制

全球三大洋海域高营养级种类（$R^2=0.85$，$P<0.05$）和低营养级种类（$R^2=0.85$，$P<0.05$）渔获量在1955～1986年均呈显著上升趋势，表明全球海域发生“捕捞沿着海洋食物网”现象［图6-5（d）］。在MTL显著下降的10个FAO渔区中，东南大西洋、东印度洋、中东太平洋和东南太平洋的高营养级种类渔获量显著上升，中东大西洋和西北太平洋的高营养级种类渔获量无明显趋势，表明上述海域发生“捕捞沿着海洋食物网”现象（表6-1）。西北大西洋、东北大西洋、西南大西洋和西南太平洋的高营养级种类产量显著下降，表明其发生“捕捞降低海洋食物网”现象，且低营养级种类的渔获量在上述海域中无明显变化趋势（表6-1）。

表 6-1　全球三大洋 14 个渔区渔获物平均营养级的变化速度及相应 FiB 指数、高营养级和低营养级种类的产量的变化趋势

渔区	回归年份	MTL 下降速度/(1/10a)	FiB 指数变化趋势	高营养级种类的产量变化趋势	低营养级种类的产量变化趋势	回归年份	MTL 恢复上升速度/(1/10a)	FiB 指数变化趋势	高营养级种类的产量变化趋势	低营养级种类的产量变化趋势
西北大西洋	1965～2010	–0.24	下降	下降	下降					
东北大西洋	1969～1992	–0.064	下降	下降	无显著趋势	1992～2010	0.066	无显著趋势	无显著趋势	下降
中西大西洋	1950～2010	上升	上升							
中东大西洋	1982～2010	–0.040	无显著趋势	上升	上升					
西南大西洋	1996～2010	–0.12	下降	下降	无显著趋势					
东南大西洋	1950～1963	–0.18	上升	上升	上升	1963～1972 1972～2010	0.68 无显著趋势	上升 下降	上升 下降	无显著趋势 下降
西印度洋	1984～2010	上升	上升							
东印度洋	1952～1987	–0.08	上升	上升	上升	1987～2010	0.070	上升	上升	上升
西北太平洋	1963～1988	–0.17	无显著趋势	无显著趋势	上升	1988～2010	0.090	上升	上升	下降
东北太平洋	1950～2010	上升	上升							
中西太平洋	1950～2010	上升	上升							
中东太平洋	1964～2010	–0.065	上升	上升	上升					
西南太平洋	2000～2010	–0.16	下降	下降	无显著趋势					
东南太平洋	1952～1985	–0.18	上升	上升	上升	1985～2010	0.084	无显著趋势	上升	无显著趋势

注：表中所有值均达到显著水平（$P<0.05$），且“上升”和“下降”均达到显著水平（$P<0.05$）。

值得注意的是，全球三大洋 MTL 在经历显著下降后呈恢复上升趋势［图 6-5（b）］。本书以 MTL 开始出现下降时对应的值作为高营养级种类和低营养级种类的分界点，进一步检验 MTL 呈恢复上升状态时，高营养级种类和低营养级种类的渔获量变化情况。研究发现，低营养级种类的产量显著下降（$R^2=0.58$，$P<0.05$），而高营养级种类的产量稳定上升（$R^2=0.92$，$P<0.05$）［图 6-5（d）］。东北大西洋、东印度洋、西北太平洋和东南太平洋 MTL 在近年来呈恢复上升趋势，但是，尽管高营养级种类的渔获量在上述 4 个海域均逐步上升，或无明显变化趋势，东北大西洋和西北太平洋低营养级种类的渔获量大幅下降（表 6-1）。

中西大西洋、东北太平洋、中西太平洋和西印度洋的 MTL 呈大幅波动上升趋势（表 6-1）。本书拟合高营养级种类和低营养级种类的产量变化情况，研究发现，中西太平洋和西印度洋的高营养级种类和低营养级种类的产量均呈显著上升趋势（图 6-6）；但是，自 1984 年开始中西大西洋的低营养级种类产量大幅下降（$R^2=0.53$，$P<0.05$）且高营养级种类渔获量也在 1998～2010 年逐步下降（$R^2=0.67$，$P<0.05$）。东北太平洋的低营养级种类渔获量自 1987 年开始也呈显著下降趋势（$R^2=0.46$，$P<0.05$）（图 6-6）。

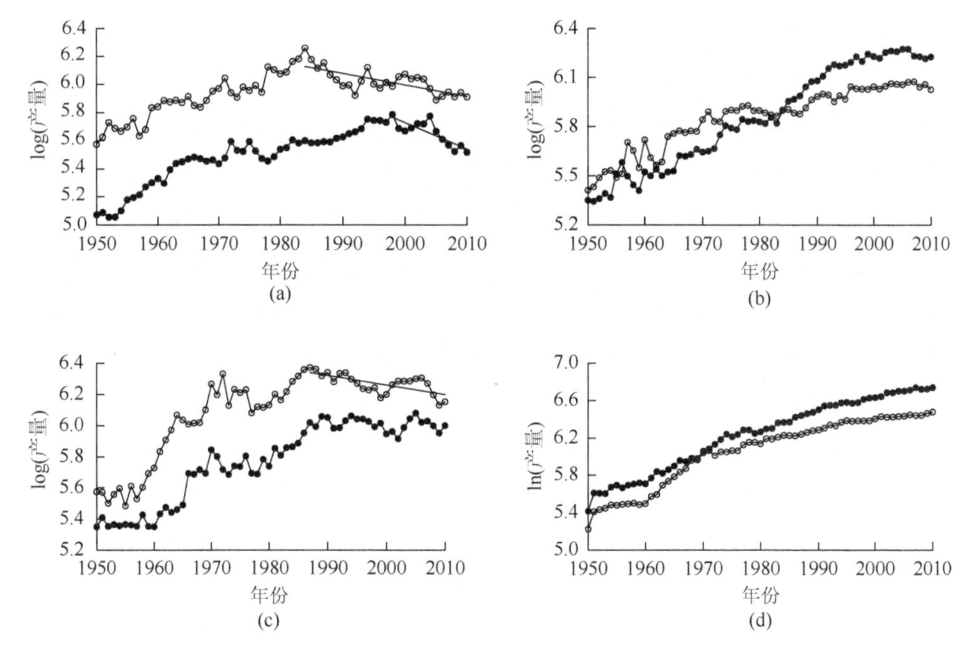

图 6-6　1950～2010 年高营养级（●）和低营养级（○）种类的 ln（产量）变化情况

（a）中西大西洋；（b）西印度洋；（c）东北太平洋；（d）中西太平洋

三、渔业开发历程对 $^{3.25}$MTL 指标有效性的影响

西南大西洋海洋捕捞量在 1997 年达到最高值 260 万 t，之后，渔获量波动在 170 万～250 万 t［图 6-7（a）］。西南大西洋渔获物主要由高营养级的 TrC3 和头足类组成［图 6-7（a）］。作为头足类的重要捕捞海域，西南大西洋头足类自 20 世纪 80 年代开始加速开发。西南大西洋 MTL 以 0.12/10a 的速度在 1996～2010 年稳定下降（$R^2=0.84$，$P<0.05$）；但其 $^{3.25}$MTL 自 1950 年逐步上升，并从 20 世纪 70 年代开始维持稳定，并未出现显著的下降趋势［图 6-7（b）］。在剔除营养级小于 3.25 的渔获种类和头足类后，西南大西洋 MTL 自 20 世纪 90 年代中期总体呈下降趋势（$R^2=0.80$，$P<0.05$）［图 6-7（c）］。

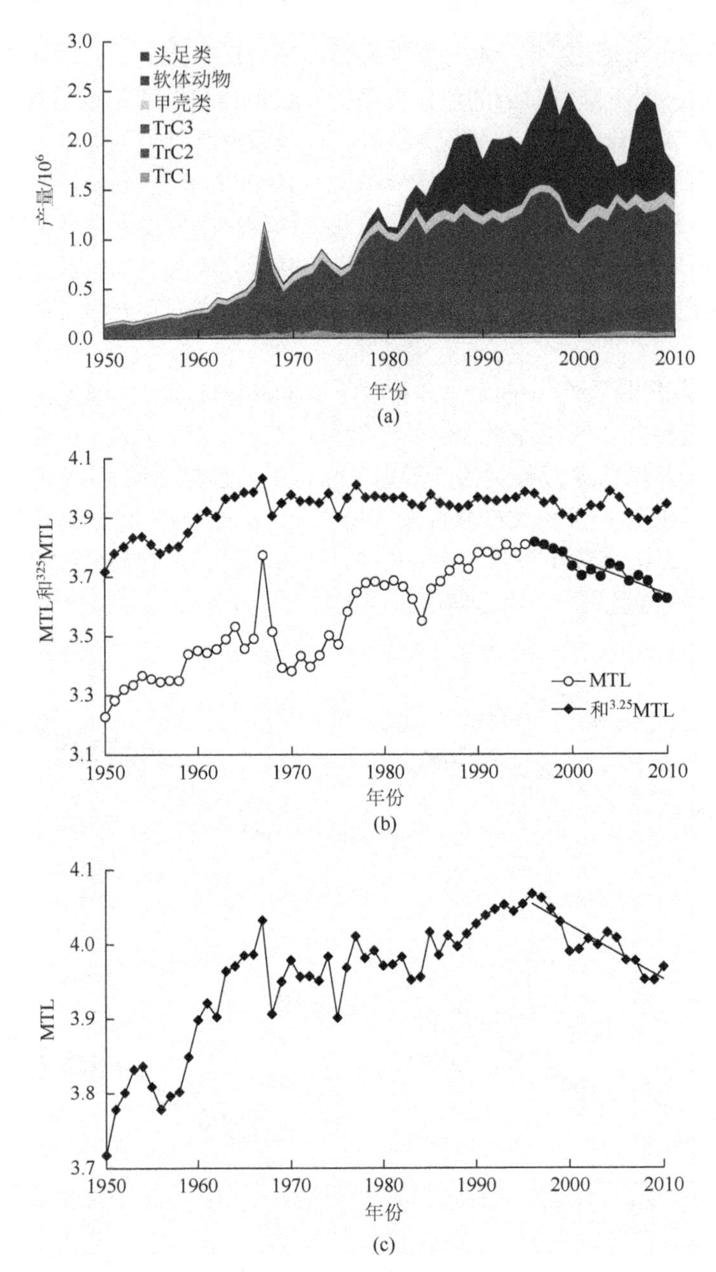

图 6-7　1950～2010 年西南大西洋产量和 MTL 的变化情况

（a）渔获组成；（b）MTL 和 $^{3.25}$MTL；（c）同时剔除营养级小于 3.25 的渔获种类和头足类后的 MTL

第五节　碳 汇 渔 业

一、碳汇渔业的概念及其作用

按照碳汇和碳源的定义，以及海洋生物固碳的特点，碳汇渔业就是指通过渔业生产活动促进水生生物吸收水体中的 CO_2，并通过收获把这些碳移出水体的过程和机制，也被称为“可移出的碳汇”。碳汇渔业就是能够充分发挥碳汇功能，直接或间接吸收并储存水体中的 CO_2，降低大气中的 CO_2 浓度，进而减缓水体酸度和气候变暖的渔业生产活动的泛称。因此，凡是无须投饵的渔业生产活动都能形成生物碳汇，相应地也可称为碳汇渔业，如藻类养殖、贝类养殖、滤食性鱼类养殖、人工鱼礁、增殖放流和捕捞渔业等。

碳汇渔业具有以下作用：提高水体吸收大气 CO_2 的能力；通过水生生物（浮游生物、藻类）吸收水体中的 CO_2，通过捕获水产品把这些碳移出水体。所以，这种碳汇过程和机制可以提高水体吸收大气 CO_2 的能力，从而为 CO_2 减排做出贡献。

1）海水养殖与碳汇渔业。海水藻类、贝类等养殖生物通过光合作用和大量滤食浮游植物，从水体中吸收碳元素的过程和生产活动，以及以浮游生物和贝类、藻类为食的鱼类、头足类、甲壳类和棘皮动物等生物资源种类通过食物网机制和生长活动所使用的碳，都是碳汇渔业的具体表现形式。因此，在低碳经济时代，我国作为渔业大国，应积极发展以海水养殖业为主体的碳汇渔业，抢占蓝色低碳经济的技术高地。

2）水库生态渔业。水库生态渔业也是一种碳汇渔业。水库生态渔业的碳汇过程：地表径流带入的大量有机物—经微生物分解为氮、磷等无机物—被藻类和水生植物吸收利用—鱼类通过摄食各种动植物将氮、磷等营养盐类富集到体内—捕鱼带走。所以，在水库把鲢鳙等鱼类捕捞出库就是水体氮、磷输出的最有效方式。任何一个从事渔业生产的水库，其生产活动的结果对碳汇、对水库水质都具有显著的改善作用。在一定范围内，水库鱼产量越高，其碳汇作用对水体的净化作用也就越强。所以，发展碳汇渔业是一项一举多得的事业，它不仅为百姓提供更多的优质蛋白，同时，对减排 CO_2 和缓解水域富营养化有重要贡献，如浅海贝藻养殖、水库以投放鲢鳙鱼为主的生态渔业。

2011 年 11 月 19～20 日，由中国工程院主办，中国工程院农业学部和中国水产科学研究院共同承办的第 109 场工程科技论坛——碳汇渔业与渔业低碳技术在北京成功召开。40 余位专家围绕“水生生态系统碳循环特征与生物固碳机制”“渔业生物碳汇过程与评价技术”“海水高效低碳养殖技术”“淡水高效低碳养殖技术”“海洋牧场与生态礁构建技术”“绿色安全饲料与加工低碳技术”“渔业装备与节能减排技术”7 个专题做了学术报告。2011 年 1 月我国首个碳汇渔业实验室已在中国水产科学研究院黄海水产研究所挂牌成立，实验室主任由中国工程院院士唐启升研究员担任。

二、海洋渔业碳汇及其扩增战略

生物固碳是安全高效、经济可行的固碳途径与固碳工程。除森林、草地、沼泽等陆地生态系统以外，海洋生物的固碳也已经引起了全世界的普遍关注，海洋碳不仅通过调控和吸收直接影响全球碳循环，还以其巨大的碳汇功能吸收了人类排放 CO_2 总量的 20%～35%，大约为 2×10^9t，有效延缓了温室气体排放对全球气候的影响，海洋是最大的长期碳汇体（图 6-8）。根据联合国环境规划署《蓝碳》报告，海洋生物（包括浮游生物、细菌、海藻、盐沼和红树林等）固定了全球 55%的碳。海洋植物（海草、海藻、红树林等）的固碳能力极强、效率极高，其生物量虽然只有陆生植物的 0.05%，但两者的碳储量不相上下。海洋生物固碳构成了碳捕集和移出通道，使生物碳可长期储存，最高达上千年，所以海洋生物碳也被称为蓝碳或蓝色碳汇。蓝色碳汇是沿岸带生产力的中心，为人类提供了大量利益（如作为抵抗污染和极端气象事件的缓冲带，以及粮食、生计安全和社会福祉的来源）和服务，预计每年超过 25 万亿美元。世界渔业大约 50%来自这些沿海水域。

海洋渔业碳汇是海洋生物蓝色碳汇的重要组成部分。海洋碳汇渔业被视为最具扩增潜质的碳汇活动。通过实施养护、拓展和强化等管理措施，并与养护、恢复和提升自然海域

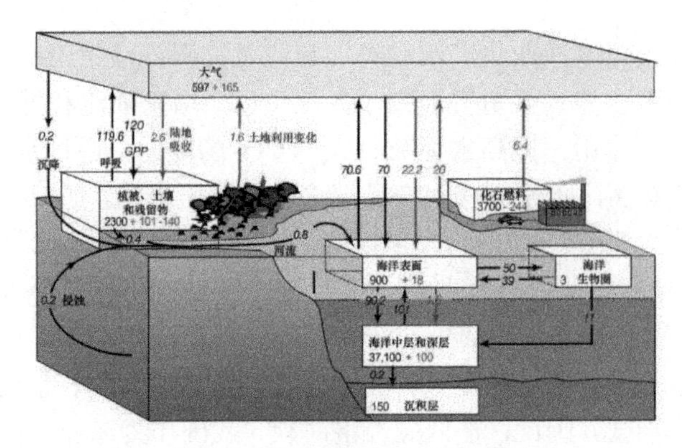

图 6-8　世界碳循环分布示意图

蓝色固碳能力相结合，大力发展健康、生态、可持续的碳汇渔业新生产模式，中国的海洋渔业和水产养殖业有望实现 4.6×10^8t/a 的蓝色固碳量，约相当于每年 10%的碳减排量。同时，碳汇渔业也是绿色、低碳发展新理念在渔业领域的具体体现，能够更好地彰显生态系统的气候调节、净化水质和食物供给等服务功能，大力发展碳汇渔业不仅对减缓全球气候变化做出了积极贡献，同时对于食物安全、水资源和生物多样性保护、增加就业和渔民增收都具有重要的现实意义。

1. *海洋渔业碳汇研究现状*

海洋渔业碳汇既包括养殖贝类通过滤食、藻类通过光合作用从海水中吸收碳元素的“固碳”过程，也包括以浮游生物、藻类和贝类为食的捕捞种类（如鱼类、头足类、甲壳类和棘皮动物等）通过摄食和生长所利用的碳。凡无须投放饵料的渔业生产活动就具有碳汇功能，属于碳汇渔业。迄今为止，海洋渔业还很少作为碳汇产业而受到关注。

（1）海水贝藻养殖具有高效“固碳”作用

藻类等海洋植物是公认的高效固碳生物：通过光合作用直接吸收海水中的 CO_2，从而增加海洋的碳汇，促进并加速了大气中的 CO_2 向海水中扩散，有利于减少大气中的 CO_2。贝类在养殖生长过程中大量滤食水中的浮游植物等，已起到减排作用，贝类在外壳形成过程中，直接吸收海水中的碳酸氢根（HCO_3^-）形成碳酸钙（$CaCO_3$），每形成 lmol 碳酸钙即可固定 lmol 碳。一个扇贝在一个生长周期中所使用的水体中的碳，有 30%通过收获被移出水体，40%沉至海底（大部分被封存在海底）。另外，据测算，山东桑沟湾养殖扇贝的固碳速率为 3.36tC/（hm^2·a），不仅明显高于自然水域蓝碳生物的固碳速率，同时，也高于我国 50 年来的人工林平均固碳率[1.9tC/(hm^2·a)]，达到或略高于欧盟、美国、日本、新西兰等发达国家或地区单位面积森林生物量中碳储量的年变化上限[−0.25～2.60tC/(hm^2·a)]。可见，海水贝藻养殖“固碳”作用是高效的，碳汇功能显著。据计算，1999～2008 年我国海水养殖贝藻类的总产量为 8.96×10^6～13.51×10^6t，平均年固碳量为 3.79×10^6t，其中 1.2×10^6tC 从海水中移出（未计海底封存部分）。按照林业碳汇的计量方法，我国海水贝藻养殖对减少大气中 CO_2 的贡献相当于每年义务造林 $5\times10^5hm^2$，10 年合计相当于造林 $5\times10^6hm^2$。2014 年我国海水养殖贝类和藻类产量分别为 13.17×10^6t 和 2×10^6t，贝藻养殖的固碳量约为 5.31×10^6t，移出的碳为 1.68×10^6t（贝类 1.17×10^6t、藻类 5.1×10^5t）。不同养殖模式的生态系统服务价值有明显差异，即碳汇效率是不同的。可见，不论是整体，还是单位面积内的贝藻养殖碳汇仍有扩增的可能。

（2）其他具有碳汇功能的渔业产业

如前所述，渔业碳汇不仅包括处于食物网较低营养级的贝藻养殖等使用的碳，同时还包括某些生物资源种类通过摄食和生长活动所使用的碳。这些较高营养级的海洋动物以天然饵料为食，捕食和利用了较低营养级的浮游植物、贝类和藻类等。通过捕捞和收获，这些动物被移出水体，实质上是从水域中移出了相当量的碳。国外学者研究认为，重建鲸群和大鱼的种群应该是提高海洋碳汇功能的有效方法，其效果甚至可以等同于一些为应对气候变暖采取的措施，如造林以增加初级生产力等；建议可参考森林碳汇的算法来计算捕捞生物种群的储碳量，从而实现渔业碳汇的标准计量，以便将捕捞配额作为碳信用出售。因此，捕捞渔业等其他渔业活动的碳汇及扩增也是值得关注的部分。

2. 渔业碳汇扩增面临的主要问题

（1）渔业碳汇计量方法有待于建立

海洋碳循环是全球碳通量变化的核心，而研究海洋碳循环的基础是准确测定各项参数。联合国教育、科学及文化组织政府间海洋学委员会和国际海洋研究科学专门委员会海洋碳顾问组认为，准确测定 4 个参数（pH、碱度、溶解有机碳、CO_2分压）是确定海洋碳汇的关键，测定海洋碳汇源的物理和生物地球化学常规方法包括箱式模型法、环流模式（GCMS）、现场溶解有机碳及其 ^{13}C 测量、大气时间序列 O_2/N_2 和 ^{13}C 计算、全球海气界面碳通量集成等。有学者利用碳通量法证明陆架海是巨大的碳汇源，且植物群落的固碳作用十分重要。目前渔业碳汇的计量和监测还处于初步尝试阶段，主要沿用了能量生态学和箱式生态模型等方法，尚缺乏精准的渔业碳汇计量监测技术。

（2）过度捕捞与发展碳汇渔业的矛盾

据估算，1980～2000 年渤海捕捞业的年固碳量是 2.83×10^6～1.008×10^7t，黄海捕捞业的年固碳量是 3.61×10^6～26.13×10^6t。这些碳主要是由浮游植物固定并转化为捕捞种类的生物量。因此，捕捞产量提高意味着从海洋生态系统移出的碳量增加了。但是，渔业资源的过度捕捞使渔业碳汇的功能被削弱了，其结果是黄海和渤海捕捞业的年固碳量分别减少了 23%和 27%。与此同时，资源量下降导致封存于水体和海底的碳减少，也不利于捕捞业发挥可持续的碳汇功能。过度捕捞使海洋生态系统的营养级下降、食物链缩短、食物网结构趋于简单、渔业捕捞种类的个体小型化，从而减少捕捞渔业对海洋碳汇的贡献。要增加海洋生物碳汇，尤其是捕捞渔业相关的碳汇，就需要严格控制过度捕捞。

3. 扩增渔业碳汇的关键技术需求

（1）多营养层次综合养殖技术

贝藻养殖和多营养层次的综合养殖是应对多重压力胁迫下近海生态系统显著变化、维护近海渔业碳汇的有效途径。这些生态友好型养殖方式不仅能促进生态系统的高效产出，而且能最大限度地挖掘生态系统的气候调节服务。因此，应继续大力发展健康、生态、多营养层次的综合养殖等碳汇渔业技术，不断优化其模式，系统而深入地研究其碳汇功能和机制。

（2）海草床栽培和养护技术

在全球海洋生态系统中，海草以不足 0.2%的分布面积占到了全球海洋每年碳埋藏总量的 10%～18%，而海草床又是渔业生物的关键生态环境，承载着产卵场、育幼场、索饵场等多重生态功能。因此，海草床在海洋固碳中的地位是非常重要的。鉴于目前世界范围内海草床快速消失的状况，研发海草床保护、移植、种植和修复技术将对渔业碳汇扩增发挥重要作用。

（3）陆基和浅海集约化高效养殖技术

发展陆基工厂化循环水和池塘循环水养殖是我国水产养殖业升级改造的重要发展方向。通过水体循环利用、集约增效和养殖废物的集中收集和处理，可以促进养殖业节能减排、生态高效，从而进一步推动渔业碳汇扩增。2014 年我国海水养殖总面积为 $2.31\times10^6hm^2$，其中工厂化养殖面积占 0.13%，而产量则占海水养殖总产量的 0.94%；其中循环水养殖所占比例还不到 50%，这说明循环水养殖有很大的发展空间。

（4）深远海养殖设施和技术

拓展贝藻等不投饵种类的养殖空间、发展深水养殖是渔业碳汇扩增不可忽视的一个方面，但突破工程装备与技术是关键。以我国深水网箱为例，经过近十年的发展，2014 年深水网箱的养殖产量仅占海水养殖总产量的 0.62%，占网箱养殖总产量的 17%。制约深水养殖发展的关键仍然是工程装备不过硬，无法支撑长时间、高海况条件的需要。另外，由于缺少高效、耐用的深水养殖配套装备，如吊装机、清洗机、收获机械等，深水养殖风险高、劳动强度大的问题尚未得到根本解决。急需发展相关的深水装备技术和新生产工艺。

4. 发展我国碳汇渔业的对策建议

（1）查明我国海洋渔业碳汇潜力及动态机制

为全面了解我国海洋渔业碳汇潜力，需要建立海洋生物碳汇与渔业碳汇计量和评估技术，建立系统的近海生态系统碳通量与渔业碳汇监测体系和观测台站。同时，应加强基础科学研究，整合生态学和生物地球化学研究手段，完善现有海洋碳通量模型，研究主要海洋生物碳通量和固碳机理，评估我国海洋渔业生物碳汇源特征及动态，对不同渔业类型碳汇进行比较，建立渔业碳源汇收支模型，减少碳汇估算的不确定性。

（2）不断探索渔业碳汇扩增的新途径

1）大力发展以海水养殖为主体的碳汇渔业。中国的海水养殖业是以贝藻养殖为主体的碳汇型渔业。这种不投饵型、低营养级的渔业不但在水产品供给、食物安全保障等方面具有重要作用，而且在改善水域生态环境、缓解全球温室效应等方面具有积极意义，其生态、社会和经济效益非常显著。为此，国家需要从战略高度规划和支持海水养殖业的发展，扩增渔业碳汇，主要包括大力发展健康、生态、环境友好型水产养殖，着力推进海洋生态牧场建设，降低捕捞强度，扩大增殖渔业规模，从而增加海洋渔业碳汇的储量。

2）加强近海自然碳汇及其生态环境的养护和管理。红树林、珊瑚礁、盐沼和天然海藻（草）床是海洋碳汇的重要组成部分，应采取有效措施，对现存的海洋植物区系进行养护。开展海藻、海草、珊瑚的移植和种植，仍然是恢复和扩增海洋蓝色碳汇的重要手段之一。但是，目前全世界在海藻床移植和重建方面仍有很多技术问题没有得到解决。因此，建设人工海藻床，加强养护和管理，恢复海洋生态系统服务功能，扩增蓝色碳汇，是十分必要的。

（3）实施渔业碳汇扩增工程建设

1）碳汇渔业关键技术与产业示范工程。需要端正认识，强力推动以海水增养殖为主体的碳汇渔业的发展，充分发挥渔业生物的碳汇功能，为发展绿色、低碳的新兴产业提供示范。建议加强 5 个方面的建设：海水增养殖良种工程，生态健康增养殖工程，安全绿色饲料工程，养殖设施与装备工程，以及产品精深加工技术与装备，重点是大力发展多营养层次综合养殖和深水增养殖技术。

2）规模化海洋“森林草地”工程建设与管理。需要大力开展意在提升我国近海自然碳汇功能的公益性工程建设，包括浅海海藻（草）床建设、深水大型藻类种养殖，以及生物质能源新材料开发利用等，进一步加强海洋自然碳汇生物的养护和管理。

三、我国淡水渔业的碳汇估算及建议

淡水水域面积虽然仅占海洋面积的0.8%和陆地面积的2%，但其在全球碳循环中占有重要的地位，淡水水体不仅可以通过渔获物等移出碳，而且可以沉积碳。此外，还可以通过水流将一部分碳带入海洋中。湖泊每年碳沉积量可达海洋总沉积量的25%～42%，且固定在湖泊中的碳极少返回到大气中（吴斌等，2016）。

1. 各省市的碳汇估算

（1）2010～2014年全国淡水养殖碳移出量

2010～2014年全国淡水养殖碳移出量逐年稳步增长，分别为136.2万t、140.5万t、146.0万t、153.0万t和164.5万t，平均每年的碳移出量为148.0万t。其中，鲢的碳移出贡献最大，鳙次之，两者之和超过全国淡水养殖碳移出总量的65%。

（2）2010～2014年全国淡水捕捞碳移出量

2010～2014年全国淡水捕捞碳移出量分别为29.3万t、28.7万t、29.6万t、29.7万t和29.6万t，平均每年的碳移出量为29.4万t，且鱼类碳移出贡献最大，超过全国淡水捕捞碳移出总量的75%。

（3）2014年各地区淡水养殖碳移出量

淡水养殖碳移出量较大的10个省份依次为湖北、江苏、湖南、安徽、江西、广东、山东、四川、广西和河南，其碳移出量分别为27.5万t、20.8万t、14.9万t、13.6万t、13.5万t、13.2万t、8.1万t、8.0万t、7.7万t和6.4万t。

鲢的碳移出量较大的10个省份依次为湖北、江苏、湖南、安徽、四川、江西、广西、山东、广东和河南，其碳移出量分别为10.9万t、7.8万t、6.9万t、4.8万t、4.5万t、4.3万t、4.0万t、3.9万t、3.8万t和3.3万t。鳙的碳移出量较大的10个省份依次为湖北、广东、江西、湖南、安徽、江苏、广西、山东、四川和河南，其碳移出量分别为5.7万t、5.1万t、4.8万t、4.6万t、3.9万t、3.3万t、2.4万t、2.0万t、2.0万t和1.8万t。

（4）2014年各地区淡水捕捞碳移出量

淡水捕捞碳移出量较大的10个省份依次为安徽、江苏、江西、湖北、广西、广东、山东、湖南、河北和浙江，其碳移出量分别为4.2万t、4.0万t、3.3万t、2.6万t、1.8万t、1.6万t、1.5万t、1.4万t、1.4万t和1.1万t。

2. 淡水渔业碳汇的发展路径

对淡水渔业碳汇功能的认知不足是制约其发展的一个重要因素。我国具有丰富的淡水生物资源，淡水生物在生长过程中会产生一定量的碳，并在生物死亡后存在于水体中。淡水养殖和捕捞是淡水渔业碳汇的重要组成部分。通过分析以上统计数据可知，近几年我国淡水渔业的碳移出量保持着稳定态势，为碳汇渔业的发展提供了良好的条件。

淡水渔业碳汇是我国的重点发展战略，做好以下几个方面的工作，有利于促进淡水渔业碳汇的进一步发展。

（1）构建交易中心，实行碳汇补偿

碳汇技术、碳汇市场和碳汇项目是碳汇产业开发的关键要素。碳汇技术是支撑碳汇产业的基础条件，碳汇市场是碳汇产业持续发展和良性循环的根本保证，而碳汇项目是进行碳汇实践的运行载体。我国碳汇渔业要实现科学发展，首先要完善碳汇渔业理论，提高渔业碳汇技术水平，增强渔业碳汇能力。同时，国家应设立碳汇渔业专项科研项目，围绕与渔业活动相关的温室气体排放和碳循环的动态机制等开展综合研究；建立相应的长期监测观察站，以进行数据收集和研究；仿照森林碳汇建立绿色基金，建立与之相适应的碳汇渔业交易中心，积极推行省份核算体系，探索实行淡水渔业碳汇补偿机制。在条件成熟时，力争设立全球渔业碳汇基金，推进碳汇渔业的市场化进程。

（2）保护碳汇能力，发挥碳汇功能

对水域生态系统食物链结构进行研究，自然渔业的碳汇能力包括水域生物的直接碳汇功能和食物链的间接增汇功能。一些水生生物利用自身的碳汇功能固定空气或水体中的 CO_2；而处于食物链更高层次营养级的生物具有间接的碳汇功能，即通过食用较低级具有碳汇功能的生物来增加碳汇。需要特别强调的是，捕捞产量和渔业碳汇之间存在权衡关系，捕捞产量的增加直接表现为渔业碳汇的增强，但过度捕捞会破坏水生态系统的生态平衡，表现为食物链趋短、食物网简化、渔业资源退化等，渔业碳汇功能会受到严重损害。因此，应当基于可持续开发理念，强化渔业环境生态修复和渔业资源生态养护能力，充分发挥自然渔业的碳汇功能。

（3）立足生态养殖，扩增渔业碳汇

目前基于碳汇理念的生态养殖业正发展成为碳汇渔业的主导产业，并将进一步发展成为绿色新兴产业。应充分利用淡水生态系统中食物链的传递规律，以及各种物理化学作用机制，实行立体化综合养殖，在净化水体养殖环境、提高养殖效率的同时，增强渔业碳汇功能。淡水养殖应当重点选择鲢、鳙等滤食性鱼类，并进行大规模生态养殖；充分利用生态位原理，合理规划水域中食物链的传递，既可以消耗水域生态系统中的富营养化物质，起到调节水质、保护饮用水源安全的功效，又可以达到扩增淡水渔业碳汇的目的。碳汇渔业有希望带动现代渔业产业形成新的经济增长点，成为低碳高效的新兴产业示范模式，推动生物经济和生态经济的发展壮大。

（4）夯实发展基础，拓展碳汇空间

政府应加大渔业碳汇理念的宣传，推广高效碳汇的新品种和新技术，突破碳汇养殖的关键技术，提供财政补贴和低息贷款等政策支持，夯实碳汇渔业的发展基础，拓展渔业的碳汇空间。渔业碳汇技术的创新主体是企业，其应与相关院校和科研机构组建碳汇渔业人才库，并建立有效的配套人才流动机制，推动产、学、研联动。通过积极调整渔业结构，减少资源和能源的消耗，努力提高水产品品质，大力增强其碳汇能力，促使渔业在节能减排和扩增碳汇容量等方面发挥更加重要的作用。

思 考 题

1. 可持续发展提出的背景及其概念与内涵。
2. 渔业资源可持续利用基本理论及其含义。
3. 蓝色增长倡议提出的背景，以及对渔业发展的作用表现在哪些方面。
4. 渔业资源可持续利用评价的意义，以及全球各海区的现状如何。
5. 碳汇渔业的概念，以及实施碳汇渔业的意义。

第七章　全球环境变化与渔业

全球环境变化（global environmental change，GEC）是由人类活动和自然过程相互交织的系统驱动所造成的一系列陆地、海洋与大气的生物物理变化，可以给人类带来巨大威胁。由于日益严重的全球环境变化问题，地球系统科学联盟（Earth System Science Partnership，ESSP）对地球系统进行集成研究（the integrated study of the Earth System），旨在促进地球系统集成研究和变化研究，以及利用这些变化进行全球可持续发展能力研究，主要由以下四大全球环境变化计划组成：①世界气候研究计划（World Climate Research Programme，WCRP）；②国际地圈生物圈计划（International Geosphere-Biosphere Program，IGBP）；③全球环境变化的人文因素计划（International Human Dimension Programme on Global Environmental Change，IHDP）；④国际生物多样性计划（International Programme of Biodiversity Science，DIVERSITAS）。全球性环境问题主要有全球变暖、臭氧层空洞、酸雨、富营养化、森林破坏与生物多样性减少、荒漠化与水资源短缺、海洋污染等。

第一节　全球环境变化概述

一、富营养化

人类行为污染已经遍及地球的每个角落，即使是南极也无法幸免。据统计，人类现在每年排放到大气中的各种废气近百亿吨，工业废水及生活污水总量更高达两亿多吨。废水和污水除了一小部分残留于江河湖泊中以外，其余的最后都汇入海洋中。排到大气里的废物（包括温室气体在内）通过下雨、降雪和空气对流等多种渠道，最后也大多汇入大海中。人类活动造成的污染多种多样。其中水体富营养化是造成水域生态系统构造发生量变和质变，并最终导致渔业退化，尤其是具有重要经济价值的名优品种产量急降的重要原因之一。

富营养化是一种氮、磷等植物营养物质含量过多所引起的水质污染现象。在自然条件下，随着河流夹带冲击物和水生生物残骸在湖底的不断沉降淤积，湖泊会从平营养湖过渡为富营养湖，进而演变为沼泽和陆地，这是一种极为缓慢的过程。但人类的活动将大量工业废水和生活污水，以及农田径流中的植物营养物质排入湖泊、水库、河口、海湾等缓流水体中后，水生生物，特别是藻类将大量繁殖，使生物的种类及其数量发生改变，破坏了水体的生态平衡。大量死亡的水生生物沉积到湖底，被微生物分解，消耗大量的溶解氧，使水体溶解氧含量急剧降低，水质恶化，以致影响到鱼类的生存，进而大大加速水体的富营养化过程。

水体出现富营养化现象时，浮游生物大量繁殖，往往使水体呈现蓝色、红色、棕色、乳白色等，这种现象在江河湖泊中叫水华，在海中叫赤潮。在发生赤潮的水域里，一些浮游生物暴发性繁殖，使水变成红色，因此叫“赤潮”。这些藻类有恶臭、有毒，鱼类不能食用。

浮游植物的过量增殖还会造成水体缺氧，直接杀死水生动物，尤其是网箱养殖海产品，或使生活在这些水域的鱼类逃离。例如，日本后丰水道东侧的宇和岛周边水域是日本的一个大型增养殖基地，1994 年一种称为藤沟藻（*Gonyaulax polygramma*）的有毒赤潮发生，给海水养殖业带来了沉重的打击。经调查认为，养殖海产品因赤潮致死的原因是，缺氧和无氧水块大规模形成，并伴有高浓度的硫化物和氨生成。在水体缺氧期间，湾内养殖的珍珠贝大量死亡。

二、全球气候变暖

全球气候变暖是一种“自然现象”。人们焚烧化石矿物或砍伐森林，并将其焚烧时产生的 CO_2 等多种温室气体，这些温室气体对来自于太阳辐射的可见光具有高度的透过性，而对地球反射出来的长波辐射具有高度的吸收性，能强烈吸收地面辐射的红外线，导致全球气候变暖，也就是常说的“温室效应”。全球变暖的后果会使全球降水量重新分配、冰川和冻土消融、海平面上升等，既危害自然生态系统的平衡，更威胁人类的食物供应和居住环境。全球气候变暖一直是科学家关注的热点。

全球变暖（global warming）指的是在一段时间中，地球的大气和海洋因温室效应而造成温度上升的气候变化现象，为公地悲剧之一，而其所造成的效应称为全球变暖效应。近一百多年来，全球平均气温经历了冷→暖→冷→暖 4 次波动，总的来看气温为上升趋势。进入 20 世纪 80 年代后，全球气温明显上升。

许多科学家都认为，大气中的 CO_2 排放量增加是造成地球气候变暖的根源。国际能源署的调查结果表明，美国、中国、俄罗斯和日本的 CO_2 排放量几乎占全球总量的一半。调查表明，美国 CO_2 排放量居世界首位，年人均 CO_2 排放量约为 20 吨，排放的 CO_2 占全球总量的 23.7%。中国年人均 CO_2 排放量约为 2.51 吨，约占全球总量的 13.9%。

影响全球气候变暖产生的主要因素有：①人为因素。人口剧增，大气环境污染，海洋生态环境恶化，土地遭侵蚀、盐碱化、沙化等破坏，森林资源锐减等。②自然因素。火山活动，地球周期性公转轨迹变动等。

“过去 50 年观察得到的大部分暖化都是由人类活动所导致的”，这一结论在抽样调查中有 75%的受访对象明示或暗示地接受了这个观点。但也有学者认为，全球温度升高仍然在自然温度变化的范围之内；全球温度升高是小冰河时期的来临；全球温度升高的原因是太阳辐射的变化及云层覆盖的调节效果；全球温度升高正反映了城市热岛效应等。

联合国政府间气候变化专门委员会预测，未来 50～100 年人类将完全进入一个变暖的世界。由于人类活动的影响，21 世纪温室气体和硫化物气溶胶的浓度增大很快，使未来 100 年全球的温度迅速上升，全球平均地表温度将上升 1.4～5.8℃。到 2050 年，中国平均气温将上升 2.2℃。全球变暖的现实正不断地向世界各国敲响警钟，气候变暖已经严重影响到人类的生存和社会的可持续发展。它不仅是一个科学问题，而且还是一个涵盖政治、经济、能源等方面的综合性问题，全球变暖的事实已经上升到国家安全的高度。

全球气候变暖的后果是极其严重的。主要表现在：①气候变得更暖和，冰川消融，海平面将升高，引起海岸滩涂湿地、红树林和珊瑚礁等生态群丧失，海岸侵蚀，海水入侵沿海地下淡水层，沿海土地盐渍化等，从而造成海岸、河口、海湾自然生态环境失衡，给海岸带生态环境带来了极大的灾难。②水域面积增大。水分蒸发也更多了，雨季延长，水灾正变得越来越频繁。洪水泛滥的机会增大，风暴影响的程度和严重性加大。③气温升高可能会使南极半岛和北冰洋的冰雪融化，北极熊和海象会逐渐灭绝。④许多小岛将会被淹没。⑤原有生态系统改变，对生产领域，如农业、林业、牧业、渔业等，产生了影响。

三、臭氧层的破坏

臭氧层是指大气层的平流层中臭氧浓度相对较高的部分，其主要作用是吸收短波紫外线。大气层中的臭氧主要以紫外线打击双原子的氧气，把它分为两个原子，然后每个原子和没有分裂的氧合并成臭氧。自然界中的臭氧层大多分布在离地20000～50000m的高空。臭氧层中的臭氧主要是由紫外线制造的。2011年11月1日日本气象厅发布的消息说，该机构今年以来测到的南极上空臭氧层空洞面积的最大值超过去年，已相当于过去10年的平均水平。

臭氧层破坏是当前面临的全球性环境问题之一，自20世纪70年代以来就开始受到世界各国的关注。联合国环境规划署自1976年起陆续召开了各种国际会议，通过了一系列保护臭氧层的决议。1985年发现了南极周围臭氧层明显变薄，即所谓的“南极臭氧洞”问题之后，国际上保护臭氧层的呼声更加高涨。

2003年“海洋酸化”（ocean acidification）这个术语第一次出现在英国著名科学杂志《自然》上。2005年研究灾难和突发事件的专家詹姆斯•内休斯为人们勾勒出了“海洋酸化”潜在的威胁：距今5500万年前海洋里曾经出现过一次生物灭绝事件，罪魁祸首就是溶解到海水中的CO_2，估计总量达到45000亿吨，此后海洋至少花了10万年时间才恢复正常。2009年8月13日150多位全球顶尖海洋研究人员齐聚于摩纳哥，并签署了《摩纳哥宣言》。这一宣言的签署反映了全球科学家对海洋酸化严重伤害全球海洋生态系统的密切关注。该宣言指出，海水酸碱值（pH levels）的急剧变化比过去自然改变的速度快100倍。而海洋化学物质在近数十年的快速改变已严重影响到海洋生物、食物网、生态多样性及渔业等。该宣言呼吁决策者将CO_2排放量稳定在安全范围内，以避免危险的气候变迁及海洋酸化等问题。倘若大气层中的CO_2排放量持续增加，到2050年时，珊瑚礁将无法在多数海域生存，进而导致商业性渔业资源永久改变，并严重威胁数百万人民的粮食安全。

四、海洋酸化

海洋酸化是指海水吸收了空气中过量的CO_2，导致酸碱度降低的现象。酸碱度一般用pH来表示，范围为0～14，pH为0时代表酸性最强，pH为14时代表碱性最强。蒸馏水的pH为7，代表中性。海水应为弱碱性，海洋表层水的pH约为8.2。当空气中过量的CO_2进入海洋中时，海洋就会酸化。研究表明，由于人类活动的影响，到2012年，过量的CO_2排放已使海水表层pH降低了0.1，这表明海水的酸度已经提高了30%。

1956年美国地球化学家洛根•罗维尔开始着手研究大工业时期制造的CO_2在未来50年中将产生怎样的气候效应。洛根•罗维尔和他的合作伙伴在远离CO_2排放点的偏远地区设立了两个监测站。一个在南极，那里远离尘嚣，没有工业活动，而且一片荒芜，几乎没有植被生长；另一个在夏威夷的莫纳罗亚山顶。50年多来，他们的监测工作几乎从未间断过。监测发现，每年的CO_2浓度都高于前一年，被释放到大气中的CO_2不会全部被植物和海洋吸收，有相当部分残留在大气中，且被海洋吸收的CO_2数量非常巨大。

海洋与大气在不断进行着气体交换，排放到大气中的任何一种成分最终都会溶于海洋中。在工业时代到来之前，大气中碳的变化主要是由自然因素引起的，这种自然变化造成了全球气候的自然波动。但工业革命以后，人类开始使用大量的煤、石油和天然气等化石燃料，并砍伐了大片的森林，至21世纪初，已排出超过5000亿吨的CO_2，这使得大气中的碳含量逐年上升。

受海风的影响，大气成分最先溶入几百米深的海洋表层，在随后的数个世纪中，这些成分会逐渐扩散到海底的各个角落。研究表明，19世纪和20世纪海洋已吸收了人类排放的CO_2中的30%，且现在仍以约每小时一百万吨的速度吸收着。2012年美国和欧洲科学家发布了一项新的研究成果，证明海洋正经历3亿年来最快速的酸化，这一酸化速度甚至超过了5500万年前那场生物灭绝时的酸化速度。人类活动使得海水在不断酸化，预计到2100年海水表层酸度将下降到7.8，到那时海水酸度将比1800年高150%。

第二节　主要全球环境变化事件对渔业的影响

一、富营养化对渔业的影响

水体富营养化的危害主要表现在3个方面：富营养化造成水的透明度降低，阳光难以穿透水层，从而影响水中植物的光合作用和氧气的释放，同时浮游生物大量繁殖，消耗了水中大量的氧，使水中的溶解氧严重不足，而水面植物的光合作用则可能会造成局部溶解氧的过饱和。溶解氧过饱和或者减少都对水生动物（主要是鱼类）有害，造成鱼类大量死亡；富营养化水体底层堆积的有机物质在厌氧条件下分解产生的有害气体，以及一些浮游生物产生的生物毒素，也会伤害水生动物；富营养化的水中含有亚硝酸盐和硝酸盐，人畜长期饮用这些水会中毒致病。

据统计，2012年我国近海海域共记录发生赤潮73次，累计面积为7971km^2。东海发现的赤潮次数最多，为38次；渤海赤潮累计面积最大，为3869km^2。赤潮高发期集中在5～6月。引发赤潮的优势种共18种，多次或大面积引发赤潮的优势种主要有米氏凯伦藻、中肋骨条藻、夜光藻、东海原甲藻和抑食金球藻等。其中2012年5月18日至6月8日，福建沿岸海域共发现10次以米氏凯伦藻为优势种的赤潮，累计面积为323km^2。米氏凯伦藻为有毒有害赤潮藻种，是导致2012年福建省水产养殖贝类，特别是鲍鱼大规模死亡的主要原因。赤潮发生次数较多的有浙江、辽宁、广东、河北、福建等近海海域，其中浙江中部近海、辽东湾、渤海湾、杭州湾、珠江口、厦门近岸、黄海北部近岸等是赤潮多发区。据统计，有害赤潮给我国海洋渔业带来的经济损失每年达数十亿元。日趋严重的海洋环境污染已不同程度地破坏了沿岸和近海渔场的生态环境，使河口及沿岸海域传统渔业资源衰退，渔场外移，鱼类产卵场消失。

二、全球气候变暖对渔业产生的影响

1. 气候变化的生态和物理影响（图7-1）

随着全球气温的上升，海洋中蒸发的水蒸气量大幅度提高，加剧了海洋变暖现象，但海洋中的变暖现象在地理上是不均匀的。气候变暖造成温度和盐度变化的共同影响，降低了海洋表层的水密度，从而增加了垂直分层。这些变化可能会减少表层养分的可得性，因此，影响温暖区域的初级生产力和次级生产力。已有证据表明，季节性上升流可能受到气候变化的影响，进而影响到整个食物网。气候变暖的后果是，可能影响浮游生物和鱼类的群落构成、生产力和季节性进程。随着海洋变暖，向两极范围的海洋鱼类种

群数量将增加，而朝赤道范围方向的种群数量将下降。在一般情况下，预计气候变暖将驱动大多数海洋物种的分布范围向两极转移，温水物种分布范围扩大，以及冷水物种分布范围收缩。鱼类群落变化也将发生在中上层种类中，预计它们将会向更深水域转移以抵消表面温度的升高。此外，海洋变暖还将改变捕食-被捕食的匹配关系，进而影响整个海洋生态系统。

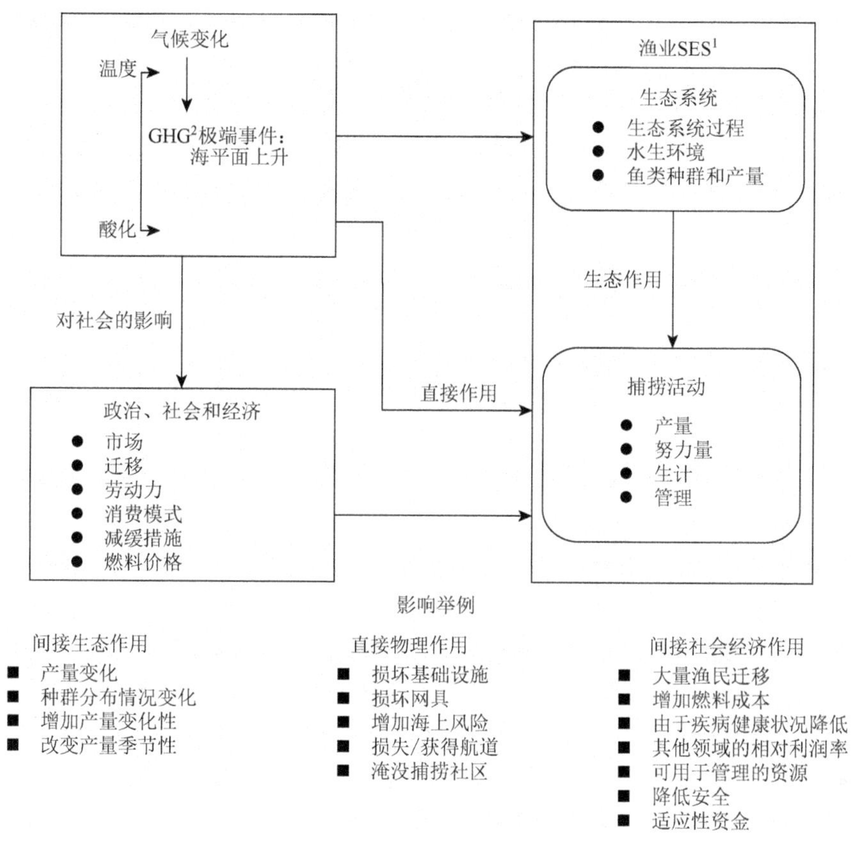

图 7-1　气候变化对渔业的直接和间接影响示意图

资料来源：《粮农组织渔业和水产养殖技术论文》第 530 号

1 社会-生态系统；2 温室气体

已有调查表明，全球变暖导致南极的两大冰架先后坍塌，一个面积达 1 万 km^2 的海床显露出来，科学家因此得以发现很多未知的新物种，如类似章鱼、珊瑚和小虾的生物。美国国家海洋和大气管理局报道，过去 10 年里美洲大鱿鱼在美国西海岸的搁浅死亡事件有所上升，该巨型鱿鱼一般生活在加利福尼亚海湾以南和秘鲁沿海的温暖水域。但随着海水变暖，它们向北部游动，并发生了大量个体搁浅在沙滩上死亡的事件。其北限分布范围也从 20 世纪 80 年代的 40°N 扩展到现在的 60°N 海域。

有证据表明，内陆水域也在变暖，气候变化对流入这些水域的河流径流有不同的影响。一般而言，高纬度和高海拔湖泊将经历冰盖减少、更温暖水温、较长生长季节，因而，会增加藻类丰量和生产力。相反，热带区域的一些深湖将经历藻类丰量减少和生产力下降的过程，可能的原因是营养物质供应减少。对于一般淡水系统而言，鉴于气候变化产生的结果，还要特别关注洪水发生时间、强度，以及持续时间的变化，这些是许多鱼类物种在洄游、产卵和产卵材料运送方面要适应的。

联合国政府间气候变化专门委员会认为，在20世纪，由于温室效应的影响，地球平均气温已上升0.5～1℃，包括渔业在内的地球生态圈的结构与功能都受到极为显著的影响。未来50年或者100年内，气候变化对世界渔业的影响甚至可能超过过度捕捞。鱼是一种变温动物，它们适应环境温度变化的方法是改变栖息水域。如果其原有栖息水域水温升高，鱼类往往会选择向水温较低的更高纬度或外海水域迁移。但是全球温暖化对生活在中、低纬度的鱼群的产量影响较小，这是因为：①在全球变暖过程中，中、低纬度温度变化幅度相对较小；②中、低纬度渔业产量的限制因子主要是饵料、赤潮和病害。相比较而言，以光和温度作为主要限制因子的高纬度地区的渔业生产受到的影响要大得多，这也与在全球变暖过程中高纬度水域的水温、风、流、盐等物理因子的变化更为显著有关。加拿大、日本、英国和美国等国的科学家分析了20世纪后半期近40年来北半球寒温带海水温度与红大马哈鱼（*Oncorhynchus nerka*）栖息范围的动态关系，发现未来海洋表层水温变暖的趋势将使其从北太平洋的绝大部分水域消失。如果到21世纪中叶，海水表面温度上升1～2℃，那么红大马哈鱼的栖息水域将缩小到只剩下白令海。栖息范围的缩小同时意味着这种洄游性鱼类的繁殖洄游距离将大幅度延长，结果会使产卵亲鱼的个体变小，产卵数量下降。

水温的升高使鱼类时空分布范围和地理种群数量发生变化，同样也会使水域基础生产者的浮游植物和浮游动物的时空分布和地理群落构成发生长期趋势性的变化，最终导致以浮游动植物为饵的上层食物网发生结构性的改变，从而对渔业产生深远的影响。

2. 气候变化的渔民及其社区影响

预计依赖渔业的经济、沿海社区和渔民会以不同方式受到气候变化的影响，其中包括：导致人口移居和迁移，原因是海平面上升和热带风暴频率、分布或强度变化会对沿海社区和基础设施产生影响；生计不如以前稳定，以及食用鱼可获得性和数量产生变化。

渔业和捕鱼社区的脆弱性取决于其暴露于变化的程度和敏感度，还取决于个体或系统预测和适应的能力。适应能力依靠不同的社区资产，这些受到文化、目前体制和治理框架，或被排斥利用适应性资源的影响。国家和社区之间、社区内人群之间的脆弱性不同。总体上，较穷和权力不大的国家和个人更容易受到气候变化的影响，在资源已受过度捕捞影响、生态系统退化，以及面临贫困、缺少适当社会服务和必需基础设施的社区，渔业的脆弱性可能更高。

渔业是富有活力的社会-生态系统，经历着市场、开发和治理的快速变化。这些变化加上气候变化对自然和人的联合作用使得很难预测气候变化对渔业社会-生态系统的未来影响。

人类对气候变化的适应包括个人或公共机构的反应或预测行动。范围从为替代的职业完全放弃渔业，到确立安全保障和警告系统，以及改变捕捞生产。渔业治理将需要灵活处理种群分布和丰量的变化，旨在确立合理和可持续渔业、接受固有的不确定性，并基于生态系统的办法，一般被认为是改进渔业适应性能力最好的办法。

三、臭氧层破坏对渔业的影响

臭氧层被大量损耗以后，其吸收紫外辐射的能力大大减弱，导致到达地球表面的紫外线B明显增加，给人类健康和生态环境带来多方面的危害，对人体健康、陆生植物、水生生态系统、生物化学循环、材料，以及对流层大气组成和空气质量等方面的影响，已受到普遍关注。

臭氧层空洞的危机，虽然不像环境污染那样显而易见，但是少了臭氧层就等于让太阳光线中的紫外线轻易地入侵地球，导致自然生态，甚至人类本身的一场大灾难。例如，紫外线辐射的能量相当强，会对植物的生长造成致命的伤害，影响陆地上的生态；同时过强的紫外线辐射也会杀死海洋表层的浮游生物，而这些位于食物链底层的生物一旦死亡，也会影响整个海洋生态系统的平衡。

紫外线会使农作物减产，造成粮食短缺问题。科学家就曾观察发现，臭氧层浓度减少百分之一时，紫外线的辐射量增大，大豆的产量将减产百分之一，所产出的大豆品质也会较差。所以，紫外线破坏陆地和海洋中植物基础生产的能力，使得赖以为生的动物因缺乏食物而死亡，进而造成生态系统失衡。

研究人员已经测定了南极地区 UV-B 辐射及其穿透水体的量的增加，有足够证据证实天然浮游植物群落与臭氧的变化直接相关。对臭氧洞范围内和臭氧洞以外地区的浮游植物生产力进行比较，结果表明，浮游植物生产力下降与臭氧减少造成的 UV-B 辐射增加直接有关，一项研究显示冰川边缘地区的生产力下降了 6%～12%。由于浮游生物以海洋食物链为基础，浮游生物种类和数量的减少还会影响鱼类和贝类生物的产量。另一项科学研究的结果表明，如果平流层臭氧减少 25%，浮游生物的初级生产力将下降 10%，这将导致水面附近的生物减少 35%。

研究发现阳光中的 UV-B 辐射对鱼、虾、蟹、两栖动物和其他动物的早期发育都有危害作用。最严重的影响是繁殖力下降和幼体发育不全。即使在现有水平下，紫外线 B 已是限制因子。紫外线 B 的照射量少量增加就会导致消费者生物数量显著减少。

长此以往，那些对紫外辐射敏感的生物种群数量必然受到抑制，而不敏感或修复能力强的生物的种间竞争力将会得到加强，最终导致水生生态群落发生结构性变化。目前尚不知这种改变对渔业生产的影响有多大，但从长期趋势来看，完全可能超过紫外辐射对基础生产力的直接抑制作用。

四、海洋酸化及其对渔业产生的影响

1. 对浮游植物的影响

浮游植物构成了海洋食物网的基础和初级生产力，它们的“重新洗牌”很可能导致从小鱼小虾到鲨鱼、巨鲸的众多海洋动物都面临冲击。此外，在 pH 较低的海水中，营养盐的饵料价值会有所下降，浮游植物吸收各种营养盐的能力也会发生变化，且越来越酸的海水还会腐蚀海洋生物的身体。研究表明，钙化藻类、珊瑚虫类、贝类、甲壳类和棘皮动物在酸化环境下形成碳酸钙外壳和骨架的效率明显下降。由于全球变暖，从大气中吸收 CO_2 的海洋上表层也因为温度上升而密度变小，从而减弱了表层与中深层海水的物质交换，并使海洋上部混合层变薄，不利于浮游植物的生长。

2. 对珊瑚礁的影响

近 25%的鱼类靠热带珊瑚礁提供庇护、食物及繁殖场所，其产量占全球渔获量的 12%。研究小组发现，当海水 pH 平均为 8.1 的时候，珊瑚生长状态最好；当海水 pH 为 7.8 时，就变为以海鸡冠为主；如果 pH 降至 7.6 以下，两者都无法生存。天然海水的 pH 稳定在 7.9～8.4，而未受污染的海水 pH 在 8.0～8.3。海水的弱碱性有利于海洋生物利用碳酸钙形成介壳。日本研究小组指出，预计 21 世纪末海水 pH 将达 7.8 左右，酸度比正常状态下大幅升高，届时珊瑚有可能消失。

3. 对软体动物的影响

一些研究认为，2030 年南半球的海洋将对蜗牛壳产生腐蚀作用，这些软体动物是太平洋中三文鱼的重要食物来源，如果它们的数量减少，或在一些海域消失，那么其对于捕捞三文鱼的行业将造成影响。此外，在酸化的海洋中，乌贼类的内壳将变厚、密度增加，这会使得乌贼类游动变得缓慢，进而影响其摄食和生长等。

4. 对鱼类的影响

实验表明，同样一批鱼在其他条件都相同的环境下，处于现实的海水酸度中，30h 仅有 10%被捕获；但是当把它们放置在大堡礁附近酸化的实验水域时，它们便会在 30h 内被附近的捕食者斩尽杀绝。《美国国家科学院院刊》的最新报道：模拟了未来 50～100 年海水酸度后发现，在酸度最高的海水里，鱼仔起初会本能地避开捕食者，但它们很快就会被捕食者的气味所吸引，这是因为它们的嗅觉系统遭到了破坏。

5. 对海洋渔业的影响

海洋酸化直接影响海洋生物资源的数量和质量，导致商业渔业资源永久改变，最终会影响到海洋捕捞业的产量和产值，威胁数百万人口的粮食安全。虽然海水化学性质变化会给渔业生产带来多大影响，目前还没有令人信服的预测，但是可以肯定的是，海洋酸化会造成渔业产量下降和渔业生产成本提高。

海洋酸化使得鱼类栖息地减少。在太平洋地区，珊瑚礁是鱼类和其他海洋动物的主要栖息地，这些生物为太平洋岛屿国家提供了约 90%的蛋白质。据估计，珊瑚和珊瑚生态系统每年为人类创造的价值超过 3750 亿美元。如果珊瑚礁大量减少，则将对环境和社会经济产生重大影响。

海洋酸化使得鱼类食物减少。海洋酸化会阻碍某些在食物链最底层、数量庞大的浮游生物形成碳酸钙的能力，使这些生物难以生长，从而导致处于食物链上层的鱼类产量降低。

FAO 估计，全球有 5 亿多人依靠捕鱼和水产养殖摄入蛋白质和作为经济来源。其中鱼类为最贫穷的 4 亿人提供了每日所需大约一半的动物蛋白和微量元素。海水的酸化对海洋生物的影响必然危及这些贫困人口的生计。

第三节　全球气候变化与海洋生态系统

一、不同海洋生态系统渔业变化

全球气候变化，如 ENSO 及极端天气事件，影响渔业资源的丰度与分布，以及水产养殖系统地理位置的适宜性。影响全球海洋（包括沿岸）及淡水系统的因素包括化学因子（如盐度、含氧量、碳吸收和酸化等）和物理因子（如温度、水平面、海洋循环、风系统等）。对不同的水域系统中的生物而言，其驱动因子也不同。在海洋系统中，主要影响因素包括温度、海平面、环流、波浪、盐度、含氧量、碳和酸化；在淡水系统中，主要影响因素包括蒸发与降水量、温度、风暴。在不同的生态系统中，气候变化下的鱼类和贝类会做出不同反应，全球海表变暖、缺氧区扩散、pH 下降会导致生物系统变化，如影响丰度组成、个体大小、营养联系和相互作用动力学。

全球主要的海洋生态系统可分为高纬度春季水华系统、沿岸边界系统、西边界上升流系统、赤道上升流系统、半封闭海和副热带环流。海洋是全球食品安全的主要贡献者，80%以上的海洋渔获物来自于北半球高纬度春季水华系统、沿岸边界系统和西边界上升流系统。海洋物种及生态系统受到气候变化的影响，包括海洋生物移动到更高纬度，在高纬度系统中鱼类和浮游动物的移动速度加快等。气候的改变能影响鱼类种群丰度，主要是影响补充群体。在不同的海洋生态系统中，鱼类受到的影响因素和机制均有所不同，气候变化对鱼类的影响机制主要包括：①直接影响，改变鱼类代谢或繁殖进程；②间接影响，对鱼类生物环境的改变，包括与之相关的被捕食者、捕食者、物种相互作用和疾病等。

二、高纬度春季水华系统

高纬度春季水华系统主要包括北大西洋、北太平洋、南半球。在高纬度地区，影响海洋渔业的主要气候变化包括厄尔尼诺和拉尼娜现象、南北极涛动、海冰变化、海水酸化、臭氧层空洞、气候变暖、海平面上升等。这些变化产生的主要影响包括：①变暖使浮游生物、无脊椎动物、鱼类向极地扩张，高纬度边缘鱼类生物量增加；②高纬度边缘随着经济发展和管辖扩张，渔获量增加；③海水文石饱和度下降减少生物钙化及浮游生物群落转变。气候变化驱动物种向北极移动，导致北极海洋食物网结构和生态系统的基本功能发生变化，这些物种一般具有高度的广生性，生境为食物网模块形成自然的边界，广生性物种在连接中上层和栖息模块中起重要作用。

高纬度主要经济鱼种包括鳕鱼（*Gadus*）、鲱鱼、鲑鱼、鲽类等。大西洋鳕鱼是北大西洋生态系统中重要的捕食者，20 世纪大西洋鳕鱼经历了在他们整个地理范围内丰度的急剧下降，导致这种变化的主要是气候变暖和过度捕捞，温度影响种群层面的进程，包括直接影响（增强补充群体生长和活动）和间接影响（通过幼体食物来源变化）。在更加温暖的北大西洋，重建鳕鱼的历史种群规模和结构的可能性仍然是不确定。在巴伦支海和拉布拉多海域，大西洋鳕鱼的资源丰度受到北大西洋涛动（NAO）引起的水温和盐度变化的影响，在高 NAO 年，强西风增加了从西南方向流来的北大西洋暖流和挪威暖流，使巴伦支海水温升高，同时携带了大量的浮游动物饵料，而且水温升高提高了大西洋鳕鱼幼体的主要饵料飞马哲水蚤（*Calanus finmarchicus*）的数量，有利于大西洋鳕鱼幼体的存活和生长。

与鳕科种类相反的是，鲱科种类数量呈现增长趋势，其他北部生态系统物种的表现不尽相同。研究认为，东北大西洋鱼类随着全球变暖，其丰度和分布在纬度和深度上会发生变化。大洋性物种表现出明显的季节迁移模式，这与气候变化引起的浮游动物生产力变化有关。卢西塔尼亚物种（鲱鱼、鳀鱼、竹荚鱼）在近十年提高，特别是其分布区的北界，而北方物种在其分布的南界降低（鳕鱼、鲽鱼），在北界增加（鳕鱼）。虽然基本的机制并不明确，但现有证据表明，与气候变化相关的补充群体在进程中起到了关键作用。研究认为，西北太平洋和东北大西洋（欧洲）水域的鳀鱼和沙丁鱼资源量随着温度变化，小型中上层鱼类由于种群特征和营养动态作用，可成为海洋生态系统中气候变化的生物指标。

气候变化对该系统中的洄游性鱼类具有负面影响。研究认为，气候变化会对北极淡水鱼类和溯河产卵鱼类的洄游产生影响，会对洄游性鱼类产生三种后果：局部群体灭绝；分布范围向北迁移；通过自然选择发生基因变化。太平洋鲑鱼由于其捕捞、生境丧失和人为干扰过多而受到威胁，气候变化已经预测出对这些物种具有进一步的负面影响，人工繁殖已由多个资源机构用于在哥伦比亚河流域保护鲑鱼的种群和数量增加，包括在西北太平洋国家鱼类孵化场，每年生产超过 6000 万尾太平洋鲑鱼的稚鱼。

在南半球高纬度地区，气候变化对海洋渔业的负面影响较大。在东南澳大利亚，研究者采用不同来源的数据（公布账目、科学调查等）进行分析，结果显示鱼表现出明显的极向运动，一些鱼类已经灭绝。研究认为，南极海洋生态系统受气候变化的威胁越来越严重，并被认为是特别敏感的，因为大多数生物适应寒冷而稳定的环境条件，鱼类在南极海洋食物网中发挥了核心作用，并以不同的方式应对气候变化的影响，南极冰鱼对南极海变化特别敏感，伴随着气候变化而发生的非生物改变及食物网结构的变化几乎是负面的，之后甚至是栖息地丧失，大多数种群存活的主要瓶颈是早期发育阶段的生存，从长远来看，如果气候的预测实现，物种损失似乎是不可避免的，在底层鱼类群落中，某个物种的衰退或丧失可能会由其他物种补偿，相比之下，中上层鱼类则相反，物种方面会变得极为贫乏，南极银鱼将占主导，因此，这种关键物种损失，食物网结构和整个生态系统的运作会受到特别严重的后果。

三、沿岸边界系统

沿岸边界系统主要是指西北太平洋、印度洋、大西洋边缘海，包括渤海、黄海、东中国海、南中国海、东南亚海域、波斯湾、索马里海流、东非海岸、马达加斯加共和国、墨西哥湾、加勒比海流。该系统初级生产力占全球海洋初级生产力的10.6%，渔业产量占全球渔业产量的28%。沿岸边界生态系统通常受渔业过度捕捞、污染及沿海开发的影响。沿岸系统相对复杂，并与人类系统息息相关。影响近岸海洋渔业的主要气候变化包括富营养化、极端事件、海平面上升、水体含氧量等。这些变化产生的主要影响包括：①热分层及富营养化导致季节性缺氧水域扩大；②由于温度升高，大量珊瑚白化事件导致珊瑚礁退化及相关生物多样性丧失；③含氧量下降，最小含氧区域扩大；④海平面上升导致海岸线丧失，影响水产养殖；⑤鱼类、珊瑚退化导致粮食短缺。除此之外，气候变化将导致野生鱼类病原体传播。研究者认为沿岸海洋生态中非生物变化和生物反应将更加复杂，表现为：①海洋化学变化可能比温度变化对生物体的性能改变更重要；②驱动幼体运输的海洋循环会发生改变，会对种群动态产生重要影响；③气候变化对一个或几个“杠杆物种”的影响可能会导致群落层面的变化；④气候和人为活动的协调效应，特别是捕捞压力，将可能加剧气候变化引起的变化。

西北太平洋沿岸系统中，温度对鱼类分布的影响显著，物种有向北移动的趋势。已有研究认为，黑潮、中国沿岸流附近的渔业，随着SST增加，鱼类在冷水区及暖水区的出现和捕捞季节的时间发生波动，低纬度鱼类向北扩张，高纬度鱼类向极地扩张。济州岛附近渔业，温度、盐度、对马暖流流量、朝鲜海峡底部冷水与长期变化的鱼类群落显著相关。捕捞和气候变化对对马暖流鱼类群落的影响表明，更温暖的水使大型掠食性鱼类和冷水底栖物种在对马暖流区域增加，日本沙丁鱼减少。

在印度洋沿岸系统中，不同鱼类对气候变化的响应差异明显。已有研究将印度洋沿岸系统分为7个不同生物地理区域，定性描述了气候变化对非洲南部沿岸鱼类的洄游、栖息地、河口依赖性和洄游的可能影响，非洲南部地区在许多方面是气候变化变率及沿岸生境的缩影，基于广泛的气候变化影响及不同生活史模式的沿岸鱼类来预测鱼类的影响是不同的，建议基于过程的基础研究需要进一步加强。人们利用支持向量机方法研究了印度洋潮间带鱼类对气候变化的响应。由于气候变化模式异常，印度洋传统鱼类，如沙丁鱼、中上层及底层鱼类季节性富集区在减少，如果继续下去，在不久的将来，鱼类富集区缺乏、捕捞过度等问题会出现。

在大西洋沿岸系统中，部分物种向北移动，部分物种栖息地变化不明显。人们利用物理模型，即栖息地适宜性指数模型，结合海平面变化、蒸发、降水率、沿海径流量和水温数据，研究了佛罗里达湾各种幼鱼和龙虾渔业，发现所有物种在不同情况下栖息地适宜性变化都较小，只有一个物种（菱体兔牙鲷）在不同情况下最优生境有较大的不良变化，表明佛罗里达湾河口动物群可能不易受到气候变化的影响。在墨西哥北部湾热带和亚热带海域，发现2006～2007年佛罗里达州西北部沿海出现了20世纪70年代完全没有出现的物种，包括鲷鱼、红石斑鱼等，所有这些都是热带和亚热带物种，全球气温上升，许多物种分布向极地移动。

四、西边界上升流系统

西边界上升流系统主要是指加那利寒流、本格拉寒流、加利福尼亚寒流、秘鲁寒流。该系统占 2%的海洋面积，提供 7%的海洋初级生产力。西边界上升流系统往往产生较好的渔场，影响渔业的主要气候变化，包括海洋温度、O_2 浓度、厄尔尼诺和拉尼娜现象、海洋酸化、风压变化、分层等。这些变化产生的主要影响包括：①季节性上升水域酸化，影响贝类水产养殖；②气候变量，如风压改变，会导致上升流变化，引起生产力改变；③上升流变化率增加，使渔业管理不确定性增加。脆弱性程度主要取决于当地的情况，如地理位置、营养径流量和捕捞压力。渔获量主要为以浮游生物为生的沙丁鱼、鳀鱼、竹荚鱼等中上层鱼类，以及由中上层鱼类汇集的食鱼性鱼类，如鳕鱼。目前该系统比较有争议的是，气候变化是否会加剧上升流，以及上升流水体是否会日益酸化，季节性上升水体酸化影响加利福尼亚贝类养殖，但不确定其是否是由气候变化引起的。

中上层鱼类在上升流系统中具有关键作用，中上层鱼类被称为“黄蜂腰”物种，因为其在中营养级中占主导地位，物种数量较少，但丰度较大，其尺寸大小也可发生很大的改变。气候变化影响中上层鱼类的空间分布、丰度、生活史及其食物网。人们利用渔获物营养级、捕捞平衡指数、中上层鱼类比例数据综合营养模型和生态模型，研究了上升流系统（本格拉北部和南部、秘鲁南部、加那利海南部、亚得里亚海北部和中部）中上层鱼类，本格拉北部和秘鲁海流南部生态系统的营养水平渔获量增加，反映在最近几年这些地区的小型中上层渔业或其他渔业崩溃，中上层鱼类数量减少将对高营养级和低营养级食物网产生不利影响，导致食肉动物和其他物种猎物减少，竞争者增加，但不构成初级生产力向高营养级流动途径转变，营养模型认为，凝胶动物可能增加。秘鲁海流系统维持着世界上最大的小型中上层渔业，大气 CO_2 量增加，海洋分层可能增加，秘鲁以外的上升流风可能几乎不变，智利海域将增加，这种气候条件影响卵和幼鱼的扩散，这是小型中上层鱼类繁殖的关键阶段，由于当地变暖，分层增加，幼体将保留在大陆架海域并且数量增加，结果表明，在秘鲁海流生态系统中，未来气候变化可能会大大减少鱼的生态经济和社会的容纳能力。

五、赤道上升流系统

最大的赤道上升流系统是东太平洋和大西洋。该系统的自然年度和年代际变化明显，最突出的是厄尔尼诺和拉尼娜现象。随着温度、氧溶解度、海洋通量或环流的变化，含氧量也会发生变化。这对依赖于生态系统的珊瑚、海带和有机体具有负面影响。碳酸盐的化学变化将对海洋钙化起负面影响。预测结果表明，该系统鱼类，特别是小型中上层物种，由于海水低氧含量的变化（由于太平洋副热带环流空间扩展），脆弱性增加。

赤道东太平洋上升流系统提供 10%的海洋初级生产力，是地球大气和海洋碳收支的重要组成部分。在东太平洋上升流低氧水体中会不定时有缺氧区出现，这是个体动物最大体重增长减少的主要驱动力，这会造成沿海鱼类和无脊椎动物的死亡事件。南赤道逆流强烈影响美国萨摩亚专属经济区和季节变化强度，以及 ENSO 循环，强大的南赤道逆流与反气旋涡流场及弱泳生物量和长鳍金枪鱼单位捕捞努力量（CPUE）有关，强大的南赤道逆流导致弱泳生物量增加，这些生物为长鳍金枪鱼的饵料，相对稳定的反气旋涡流使弱泳生物量进一步增加。厄尔尼诺发生时，季节性信号增强，南赤道逆流特强，对应的专属经济区内具有较高的长鳍金枪鱼 CPUE。

六、半封闭海

半封闭海主要包括阿拉伯海、红海、黑海、地中海和波罗的海。该系统的主要变化包括：①极端温度事件使底栖动植物大量死亡事件频率增加；②热分层及富营养化使溶解氧减少，影响鱼类种群。半封闭海生态系统的风险与海水的连续分层、升温、pH 变化及 O_2 浓度减小有关，随后影响珊瑚，以及初级生产力和商业性价值大的鱼种。阿拉伯海记录珊瑚白化和相关无脊椎动物减少程度较大，同时，食草动物和食浮游生物鱼类增加；对红海珊瑚群落结构的长期监测显示了群落规模整体下降，在红海北部，珊瑚群落被发现似乎受益于气候变暖，这表明他们生活在比之前更优越的条件下；黑海受气候影响和非气候压力的影响极大，缺氧区不断扩大，初级生产力水平下降及鱼类种群崩溃；地中海观测到气候升高、藻类水华、浮游动物多样性变化及热带物种出现；波罗的海是该系统温度升高最大的，盐度下降、过度捕捞对商业性主要物种具有负面影响，如鳕鱼。

地中海是生物多样性的热点，气候变暖对其特有种类有重要影响。有学者研究预测，到 2041～2060 年，地中海有 25 种生物将符合国际联盟保护自然和自然资源红色名录（IUCN），6 个物种将灭绝；2070～2099 年地中海表面温度预计升温 3.1℃，45 种生物将符合 IUCN，14 个物种将灭绝；到 21 世纪中叶，地中海最冷地区（亚得里亚海和狮子湾）将成为冷水物种的避难所，但到 21 世纪末，这些地区将成为一个“死胡同”，将这些物种推向灭绝。此外，地方物种的范围大小预计将进行广泛的碎片化，到 21 世纪末 25%的地中海大陆架特有物种将经历一个完全的修改，可能减轻海洋保护区的影响，加速捕捞压力及外来鱼类竞争。

波罗的海是一个大的苦咸水半封闭海，其贫乏的鱼类物种群落支撑着商业和休闲渔业。气候变化对鱼类物种和渔业都有很大影响。人们利用区域尺度气候-海洋模式预计北欧气候变化会影响波罗的海的温度和盐度，使其变得更暖、更淡，作为一个具有大的水平和垂直盐度梯度的河口生态系统，生物多样性对盐度的变化特别敏感，耐盐的海洋物种将变得不利，它们在波罗的海的分布范围变小，而淡水物种栖息地可能会扩大，一些新的物种因为海温升高而预计移入，但只有少数几个物种因为其低盐度而成功地在波罗的海扩大其分布范围，并占主导，渔船目标海洋物种（鳕鱼、鲱鱼、鲽鱼、鳎）分布区域和种类可能会改变。

七、副热带环流

副热带环流系统主要包括太平洋副热带环流、印度洋副热带环流、大西洋副热带环流。该系统是世界上最大的贫营养区，贡献了 8.3%的渔获量。该系统对渔业的主要影响包括：①由于热分层和风压改变，低生产力海域扩大；②变暖导致了初级生产力减少，以及渔获量减少。温度升高因其热膨胀严重影响副热带环流内的小岛国，风速减小、海温和分层增加使营养垂直输送减少，从而导致初级生产力减小，渔业资源量减少。北太平洋和南太平洋副热带环流自 1993 年扩张以来，海温增加导致关键大洋性渔业，如鲣鱼、黄鳍金枪鱼、大眼金枪鱼和南太平洋长鳍金枪鱼分布发生改变。大量大洋性鱼类物种由于海水表面温度升高，太平洋将持续东移。副热带环流系统内主要的珊瑚生态系统很可能会在 21 世纪消失。

在气候变化下，北太平洋中部总生物量下降，南太平洋和大西洋物种有向极地移动的趋势，印度洋生物分布与丰度随气候的变化而发生改变。人们利用 Ecopath with Ecosin（EwE）模型，以及耦合 NOAA 地球物理流体动力学实验室气候和生物地球化学模型研究了北太平洋中部生态系统夏威夷远洋延绳钓渔业，气候变化引起了初级生产力的变化，2010～2100 年，模拟小型和大型浮游植物生物量分别下降了 10%和 20%，导致更高营养级水平组的总生物量下降了 10%。气候变化影响夏威夷延绳钓渔业，模拟的目标物种产卵减少了 25%～29%。在捕捞努力量减少 50%的情况下，延绳钓目标物种产量部分恢复到目前水平，非目标物种产量减少。也有人利用基于规模的生态系统模型和基于物种的生态系统模型研究了北太平洋中部气候变化和捕捞对生态系统的影响，结果显示，两种模型在应对气候变化时，所有大小生物量均下降，增加捕捞死亡率时，大型鱼类生物量下降，在相同气候下，21 世纪末，基于物种模型预测的渔获量下降了 15%，而基于规模模型预测的渔获量下降了 30%。

气候变化会使渔业脆弱，进一步对社会经济、粮食安全等产生较大影响。IPCC 专家预测，相比于 2005 年，2055 年的海洋渔业分布将发生较大的变化，高纬度地区海洋捕捞渔业平均增加 30%～70%，热带地区减少 40%。对热带沿海国、岛国或依赖渔业较高的国家而言，渔业生产力的下降会直接影响其国民生计和社会稳定。高纬度渔业生产力的增加，会增加部分国家的国内生产总值，为全世界提供更多的蛋白质来源，但高纬度渔业生产力的增加和低纬度渔业生产力的减少所产生的社会经济效益还有待于进一步评估。

第四节　全球气候变化对水产养殖业的影响

一、全球气候变化对水产养殖业影响的概述

现在水产养殖占人类水产品消费的近 50%，预计这一比例将进一步增加，来满足进一步需求。全球水产养殖集中在世界的热带和亚热带区域，亚洲内陆淡水产量占总产量的 65%。大量的水产养殖活动发生在主要河流的三角洲。气候变化将对水产养殖业产生一系列影响，为此，在制定该行业适应战略时，必须了解气候变化（生物物理变化）带来的各项驱动因素、其影响途径、多变性和所带来的风险。

人们已经对可能给水产养殖业带来直接或间接影响的主要因素，以及这些影响的相关实证依据做了充分描述。这些因素包括水体变暖、海平面上升、海洋酸化、天气规律变化和极端天气事件。政府间气候变化专门委员会《第五次评估报告》确定全球变暖及其对海洋、沿海和内陆水体的影响提供了相关实证。人们坚信，沿海系统和地势较低的地带将面临越来越严重的水淹、海水倒灌、沿海侵蚀和咸水入侵等风险的影响。沿海系统面临的风险最为严重。

每项因素及其对水产养殖业造成的影响之间的关联已经通过多次研究得到了粗略确

定，其中一些已得到明确，其关联度强弱不一。例如，对海水中 CO_2 浓度升高的预测，以及所造成的酸化问题将对双壳类在生长和繁殖方面造成生理影响，可能会影响壳的质量。然而，气候变暖也会增加贝苗的附着和生长速度，扩大水产养殖的纬度范围，因此，气候变化也可能会带来好处。曾有水产养殖者和研究人员报告称，孵化场有大量牡蛎幼苗因水酸度升高而死亡。有关酸化对海洋有鳍鱼的影响仍需要开展更多研究，但胚胎和仔鱼似乎比稚鱼和成鱼对 CO_2 浓度升高更敏感，可能会产生亚致死影响，如生长速度放慢。人们已发现，气候造成的气温变化和生长速度、疾病易感性、产卵时间、生命周期特定阶段死亡率，以及对养殖过程的直接影响所造成的经济影响之间均存在关联。最后，极端天气事件会通过盐分和温度的变化对代谢反应产生影响，造成生理影响和更长期的生理变化。它还会造成各种社会经济影响，如从水产养殖场逃逸，对基础设施和其他生计资产造成破坏等。

气候变化也会对水产养殖业造成间接影响，主要通过直接影响饲料、种苗、淡水和其他投入物等，其中包括对鱼粉渔业、野生种苗源、大豆、玉米、稻米、小麦等陆地饲料源的影响。疾病可能是另一种间接影响。《第五次评估报告》认识到，在气候变化背景下，疾病对水产养殖业的威胁正在不断加大，很多研究人员已对气候变化对疾病在水产养殖生物中的传播和爆发，以及寄生虫和病原体分布情况的变化展开了研究。例如，弧菌是可能受气候变化严重影响的一种疾病，因为弧菌类喜欢生长在温暖（>15℃、盐分较低（<25）的水体中。温带和寒带地区软体贝类中的弧菌爆发事件一直与气候变暖相关联。由于鱼和贝类的养殖环境可以在一定范围内加以调节，尤其是在池塘或循环系统中，因此，要想通过人工调控环境来应对气候相关风险似乎是完全有可能的，尽管需要附加成本。然而，全球水产养殖业主要由中小规模养殖户主导，而他们对养殖系统的调控能力相对有限。

二、气候变化对各区域、各国家和种类水产养殖业的脆弱性的影响

1. 对各区域、各国家水产养殖业的脆弱性的影响

《第五次评估报告》中的预测表明，热带生态系统在面对气候变化时表现出了较高的脆弱性，对以热带生态系统为生的社区造成了负面影响。到 21 世纪中期，气候变化将对亚洲的粮食安全造成影响，其中对南亚的影响最为严重。世界上近 90%的水产养殖活动都集中在亚洲，且多数集中在热带和亚热带。有一项研究曾采用 GIS 模型中的暴露程度、敏感度和适应能力等一系列指标，将孟加拉国、柬埔寨、中国、印度、菲律宾和越南确定为世界上最脆弱的国家。最近，另一项研究采用更先进的建模和数据再次进行了此项评估，得出的结论是，亚洲多数水产养殖国家都十分脆弱，但考虑到所有环境（淡水、半咸水和海洋）后，相比之下孟加拉国、中国、泰国和越南最为脆弱。在其他区域，哥斯达黎加、洪都拉斯和乌干达在淡水养殖类中属于 20 个最脆弱的国家类别，厄瓜多尔和埃及在半咸水养殖类中属于十分脆弱类别，而智利和挪威则在海水养殖类中属于脆弱类别。在这些脆弱性模型中，敏感度是通过水产养殖产量和对国内生产总值的贡献估计出来的，但对于那些水产养殖业刚刚起步，但潜力较大的国家而言，如非洲国家，研究人员则忽略了敏感度，又提出了相对脆弱性估计值。

2. 对各物种和各系统的脆弱性的影响

在设计渔民层面和地方层面机构和结构性适应战略时，可以采用几项不同的方法对各物种和系统的脆弱性进行评估。但最实用的方法可能是按地理因素对水产养殖活动进行分类，如内陆、沿海、干旱热带等，随后按养殖场密度和生产强度进行分类。对于同一地点、

同一养殖物种而言，影响系统脆弱性的因素包括技术、养殖管理措施和区域管理。

贫困和小规模利益相关方与大型商业化相关方相比，在抓住机遇、应对威胁方面处于相对劣势。因此，应注重培养整体适应能力，支持贫困和小规模水产养殖户和价值链各行为方最大限度地利用新机遇，应对气候变化带来的挑战。

三、减少气候变化对水产养殖影响的国际行动

一些实用适应措施能有效地应对养殖场、地方、国家，甚至全球层面的气候多变性和气候趋势。有了这些措施，水产养殖户和其他当地相关方就能在应对长期变化/趋势和突发变化（如极端天气事件）方面发挥积极作用：开展水产养殖区划，以最大限度地降低风险（对于新开办的养殖场而言），向风险较小的地区搬迁（对于现有养殖场而言）；适当的鱼类健康管理；提高水资源利用效率、水资源循环利用、鱼菜共生等；提高饲喂效率，以降低对饲料资源的压力和依赖；开发更具适应能力的品种（如具备耐低 pH、更具有耐盐性、具有生长速度快等特性的品种）；保证鱼苗孵化生产优质、可靠，便于鱼苗之后在更艰苦的条件下生长，促进灾后恢复；改进监测和早期预警系统；强化养殖系统，包括改进养殖设施（如更牢固的网箱、深度可调节的网箱以适应水位上下变动、更深的养殖池）和管理措施；改进捕捞方法和增殖活动。

有些国家已开始采取行动。例如，越南已采取行动选育耐盐性较好的鲶鱼品种，孟加拉国政府及其伙伴方正在探索各种方案，如采用耐盐性好的品种、加深养殖池、采用深度可调节的网箱、鱼和农作物混养等。

为监测 1995 年《负责任渔业行为守则》的实施情况，FAO 向成员国发放了一份专门针对水产养殖业的问卷。评估包括与机构气候变化适应方法和恢复力治理相关的各项内容（表 7-1）。最新的评估凸显出了应对气候变化过程中机构和治理方面的多项弱点，尤其是在水产养殖业尚处于起步阶段的地方。要想让各国政府在减缓气候变化风险方面做好防备，就必须首先充分了解该行业在地方和全国层面的脆弱性。这仍是一项全球性空白，应被视为一项重点，以加强防备，促进适应措施的开发。

表 7-1　《2015 年守则》水产养殖问卷中有关为减少气候变化相关脆弱性而采取的各项措施的平均得分情况

项目	非洲	亚洲	欧洲	拉丁美洲及加勒比地区	近东	北美洲	西南太平洋	全球
国家数量	14	10	18	19	5	2	2	70
管理好气候变化相关风险的整体防备工作	1.7	2.7	2.9	1.6	2.6	3.5	3.0	2.3
应对灾害的整体防备工作	2.2	2.9	3.1	2.2	2.6	4.0	3.0	2.6
应对生产、环境和社会风险的水产养殖区划工作	2.6	3.0	2.6	2.4	3.0	3.5	4.0	2.5
发生灾害时政府为养殖场提供援助计划	2.3	1.9	1.1	1.3	2.0	0.0	1.5	1.2
养殖户能获得商业保险	1.3	1.3	1.1	1.3	0.3	0.0	1.0	0.8
已落实鱼类卫生管理	2.7	3.5	4.0	3.2	3.2	4.5	3.5	3.3
养殖户能获得机构信贷和小额贷款	2.8	1.3	1.2	1.5	2.5	0.0	1.0	1.2

续表

项目	非洲	亚洲	欧洲	拉丁美洲及加勒比地区	近东	北美洲	西南太平洋	全球
已将水产养殖纳入沿海管理计划	2.8	3.7	2.9	2.5	2.6	3.5	3.5	2.6
已将水产养殖纳入集水区管理或土地利用开发计划	2.4	3.3	2.9	2.1	3.6	3.5	2.0	2.5
在水产养殖规划和发展过程中考虑到生态系统功能	2.4	3.8	3.6	2.6	2.4	4.0	3.0	2.9
已设立激励机制鼓励养殖户努力恢复生态系统服务和资源	1.8	2.7	1.7	1.8	2.0	4.0	3.0	1.5
已实施最佳管理措施（BMPs）	2.5	4.0	3.0	3.0	2.8	4.5	3.0	3.0

注：每项得分介于0分（不存在该项措施）～5分（已在全国各地确立、完全实施和落实该项措施）。

一项关键措施，即水产养殖区划，在全球范围内均十分薄弱，尤其是在水产养殖业尚处于起步阶段的地方。水产养殖设施的物理条件直接决定着对风险的暴露程度，从而也决定着其脆弱性。例如，选择养鱼网箱在沿海地区所在位置时，需要考虑的因素包括受天气事件的影响程度；水流变化或上游淡水突发涌入；长期趋势，如气温、盐分上升和氧气水平下降。

此类信息对于确定水产养殖区划和确定养殖场位置至关重要。在世界上很多地方，人们在决定内陆和沿海养殖池的空间分布时，考虑更多的是土地和水资源的获取是否方便，而不是避免外来威胁的影响。对于水产养殖业尚处于起步阶段的地区和国家而言，将气候变化和其他风险纳入空间规划和水产养殖区划工作是一项紧迫任务。在水产养殖系统已经难以搬迁的地区，基于风险的区域管理概念就变得至关重要。另外两项措施——灾害发生时的政府援助，以及农民对商业化保险的获取，在亚洲这个最为脆弱的区域和水产养殖主产区却极为有限。

鱼类疾病是导致水产养殖业遭受重大损失的常见原因之一，因此，充分的鱼类健康管理和生物安全工作对于该行业的恢复能力十分关键。在全球范围内，该项措施得分高于其他措施，说明其实施情况良好。然而，由于气候变化可能会提高疾病发生率及其产生的影响，必须进一步加强实施工作，尤其是在亚洲，那里的水产养殖活动更加集中，单位面积内的养殖场密度较高。

一项得分极低的相关措施或“加选”措施是农民对机构信贷的获取。这可能是小规模养殖户在改善养殖条件和投资于加强气候应对能力的技术（如更加坚固的网箱、更深的养殖池、更好的水系统或改良品种）时所面临的主要障碍。

从得分中还可以看出，在将水产养殖纳入沿海区域和集水区管理计划方面所取得的进展十分有限。这会阻碍各方提高恢复能力，其他行业（如农业）的适应措施也可能对水产养殖业造成破坏（如调水工程、沿海海堤和道路）。

为生态系统功能相关考虑（如红树林保护）的实施和执行，以及为生态系统的恢复设立激励机制，两项的得分分别为“低”和“极低”。这突出表明，水产养殖用户和该行业发展规划人员有必要进一步了解气候变化背景下存在的各项威胁因素，以及生态系统服务对水产养殖获得长期成功所具有的重要性。

最佳管理措施（BMPs）也是一项“加选”措施，能提高养殖产品和养殖系统的恢复能力，其得分略高于前几项，是提高恢复能力的一项良好起点。然而，最佳管理措施应在更广泛的范围内加以评价，气候变化带来的威胁则应被纳入最佳管理措施，并加以调整。

四、未来展望

虽然了解水产养殖业在面对气候变化时的脆弱性方面已取得了进展，但仍需要开展更多研究，以确定其中的驱动进程，并在此基础上开发替代性水产养殖的方法和措施。但决策和规划工作不能坐等知识进步，必须在现有知识的基础上积极应对主要挑战，制定适应战略来最大限度地降低面对气候变化时的脆弱性。很多措施都是水产养殖现有最佳措施中的一部分。因此，对于利益相关方而言，在大方向问题上不会带来重大改变，只需将重点更多地放在优先领域。例如，必须加大力度关注能更好地应对气候变化的水产养殖区划工作，确保将养殖场建在风险暴露程度低的地方，或促使位于高风险地区的养殖场采取应对措施（更深的养殖池，更具恢复能力的品种等）。

地方层面的一项实用适应措施是当地环境监测。水产养殖业对突发气候变化和长期趋势均极为敏感。但除了一些工业化水产养殖以外，目前几乎没有任何综合监测系统能为养殖户提供决策过程中可以利用的信息。长期收集简单数据（如鱼类行为、盐分、水温、透明度和水位）就能提供对决策非常有用的信息，尤其是在变化可能会带来严重后果的情况下。当地收集和共享的信息能帮助养殖户更好地了解生物物理过程，参与解决方案的寻找过程，如快速适应措施、早期预警、长期行为和投资变化等。为实施此类监测系统，需要开展的活动包括就监测工作的价值和如何利用监测结果指导决策，为地方利益相关方提供培训。另外，还有必要建立一个简单的网络/平台，用于接受、共享和分析信息，与其他预报工作开展协调和相互连接，为地方利益相关方提供及时反馈。

第五节　气候变化影响海洋渔业下的粮食安全脆弱性评价

一、概述

传统上，渔业管理一直注重从就业、收入和出口各方面实现捕捞渔业收益的最大化，同时确保渔业资源的可持续性。但近年来，人们开始将注意力转向鱼作为食品和一种必要营养素来源的重要性，同时确保保护生态系统。FAO 渔业委员会的水产养殖分委员会和鱼品贸易分委员会在最近几次会议上选择鱼与营养作为议题，就是对这种转变的一个证明。开展气候变化影响海洋渔业下的脆弱性评价，能够识别出受气候变化危害最大的国家，粮食安全、就业和经济高度依赖渔业部门的国家，以及资源和社会能力有限的低适应能力国家，从而有助于采取措施以降低脆弱性。脆弱性评价在识别最需要采取措施的区域从而优先执行气候适应计划方面发挥着核心作用，且目前脆弱性评价已越来越受到决策者和学术界的重视。

自 2009 年首次对渔业开展全球脆弱性评价以来，许多学者在不同尺度上开展了渔业脆弱性评价。在国家水平上开展脆弱性评价能够识别出脆弱性最高的国家，从而为国家层面的政策响应和适应性管理策略提供指导。统计数据表明，2013 年全球鱼类、甲壳类和软体动物总产量中，57%的产量来自于捕捞业，43%的产量来自于水产养殖业。在 2013 年全球总捕捞量中，87%的捕捞量来自于海洋水域，13%来自于内陆水域。全球各国海洋捕捞量占总产量的比重差异显著，因此，尽管某些国家气候变化的脆弱性处于相同等级，但对不同国家粮食安全的影响程度不同。丁琪和陈新军（2017）运用对海洋渔业具有更直接和显著影响的4个环境指标：①海表面温度异常（sea surface temperature anomalies）；②紫外线辐射（UV radiation）；③海洋酸化（ocean acidification）；④海平面上升（sea surface rise），评估了各沿海国对气候变化的脆弱性。

二、全球渔业的脆弱性评价

丁琪和陈新军（2017）在国家尺度上评估了气候变化影响海洋渔业造成的国家粮食安全脆弱性，研究发现，气候变化下与海洋渔业相关的粮食安全脆弱性与国家发展状况关系密切。非洲、亚洲、大洋洲和南美洲的发展中国家脆弱性最高。脆弱性与适应性的相关性最高（$R^2 = 0.64$），其次是敏感性（$R^2 = 0.57$），而脆弱性与暴露度的相关性较低（$R^2 = 0.42$）（表7-2）。在27个高脆弱性国家中，23个国家也属于高敏感性国家。与脆弱性相关性最高的自变量是人类发展指数HDI（$R^2 = 0.64$），之后是全球治理指数（$R^2 = 0.50$）和出生时的预期寿命（$R^2 = 0.49$）（表7-2）。这表明，发展水平越高、治理能力越强和人口寿命越长的国家，其受气候变化造成的粮食安全风险越小。

表7-2　各指标预测气候变化影响下国家粮食安全脆弱性的决定系数

指标	R^2值
暴露度	0.42
海表面温度异常	0.07
海洋酸化	0.26
紫外线辐射	0.09
海平面上升	0.19
敏感性	0.57
食物依赖度	0.31
就业依赖度	0.30
经济依赖度	0.26
适应性	0.64
人均GDP	0.46
出生时的预期寿命	0.49
全球治理指数	0.50
人类发展指数	0.64

海洋渔业面对气候冲击时的粮食安全脆弱性是暴露度、敏感性和适应性综合作用的结果，欧洲国家具有较低的暴露度和敏感性，以及较高的适应能力，因此，欧洲未出现气候变化的高脆弱性国家。冰岛对气候变化的高敏感性主要因为其海洋渔业对国家GDP具有较高的贡献率。保加利亚、希腊、冰岛和罗马尼亚的中等暴露度被其较低的渔业依赖度和较高的适应能力所补偿，使得这些国家的脆弱性处于低或极低水平。

北美洲国家的海洋渔业依赖度相对较低，高敏感性国家未出现在北美洲。巴巴多斯、多米尼加共和国，以及特立尼达和多巴哥的中等适应性（具有相对较高的出生时的预期寿命、全球治理指数和经济发展水平）部分抵消了其高暴露度。洪都拉斯的极低适应性和中等暴露度导致其具有中等脆弱性。此外，还有7个北美洲国家也具有中等脆弱性，但造成各国脆弱性的潜在因素不同。古巴、牙买加，以及圣文森特和格林纳丁斯具有中等脆弱性主要是因为其高暴露度和严重依赖海洋渔业提供就业机会；而伯利兹、洪都拉斯和尼加拉瓜具有中等脆弱性则主要由其较高暴露度水平下的低水平人均GDP所导致。

高暴露度、高敏感性（主要由于高就业依赖度）和极低适应性导致南美洲的圭亚那具有高脆弱性。尽管委内瑞拉也处于高暴露度，但低敏感性和中等适应性使其气候变化的脆弱性处于中度等级。秘鲁海洋渔业产值占其国家GDP的11%，这导致秘鲁具有高敏感性。

非洲国家大多处于高脆弱性等级。丁琪和陈新军（2017）的研究认为，在27个高脆弱性国家中，15个来自于非洲。在研究包含的109个国家中，毛里塔尼亚和莫桑比克的脆弱性最高。非洲国家的高脆弱性主要是因为其高水平的暴露度和渔业依赖度，以及低水平的适应能力。非洲国家严重依赖海洋渔业提供就业机会、创造收入和供应食物。例如，几内亚比绍海洋渔业从业人数占经济活动人口总数的59%；毛里塔尼亚海洋渔业产值占其国家GDP的23%；刚果民主共和国人均动物蛋白日摄入量仅为4.3g，而38%的动物蛋白来自于鱼类。此外，在27个极低适应性国家中，20个位于非洲。

多个亚洲国家，如孟加拉国、柬埔寨、马尔代夫、菲律宾、越南、泰国和印度尼西亚处于高脆弱等级。在上述国家中，孟加拉国、柬埔寨、马尔代夫、菲律宾、越南高度依赖海洋渔业提供就业机会、创造收入和供应动物蛋白。在25个亚洲国家中，10个国家具有高暴露度，而塞浦路斯和以色列的高暴露度被其低渔业依赖性和高适应性所部分抵消。

除新西兰以外，其他大洋洲国家的暴露度均处于相对较高的等级。澳大利亚的高暴露度被其极低的敏感性和高适应性所补偿。但是，斐济、萨摩亚、所罗门群岛和瓦努阿图具有高暴露度，且上述国家高度依赖海洋渔业提供蛋白质和生计来源，而适应能力较弱。

三、展望

掌握气候变化影响海洋渔业对哪些国家产生重大的社会影响，以及造成其气候变化脆弱性的原因为指导未来研究和制定降低气候变化脆弱性的措施提供了非常有用的切入点。研究发现，气候变化造成的国家粮食安全脆弱性（渔业相关）与国家发展状态密切相关，非洲、亚洲、大洋洲和南美洲的发展中国家脆弱性最高。对于气候变化影响海洋渔业造成粮食安全脆弱性最高的国家，非洲国家（佛得角、冈比亚、几内亚、几内亚比绍、毛里塔尼亚和塞内加尔）、亚洲国家（马尔代夫）、大洋洲国家（斐济、萨摩亚、所罗门群岛和瓦努阿图）和南美洲国家（圭亚那）高度依赖海洋渔业以满足其人口对营养的需求，其国内水产品产量作为鱼类蛋白供应的主要来源，其海洋捕捞量占总产量的85%以上。

适应性对于降低粮食安全风险具有重要作用，具有高适应性的国家受环境波动的影响较小，且能够更好地把握机会确保国家粮食安全。脆弱性指数与人类发展指数、全球治理指数和出生时的预期寿命关系密切，因此，从发展上述3个方面入手制定的促进粮食安全政策可能获得的受益最大。具体措施包括加大对教育的投资，改善治理水平，降低贫困，以及提高渔民的适应能力和健康水平。

稳固水产品贸易、粮食生产和粮食安全的政策通常在国家水平上制定和实施，因此，在国家水平上开展脆弱性评估具有重要意义。丁琪和陈新军（2017）在全球范围内首次系统地评估了全球109个国家海洋渔业面对气候冲击时的粮食安全脆弱性。研究表明，非洲、亚洲、大洋洲和南美洲的发展中国家脆弱性等级最高，且造成各国高脆弱性的因素显著不同。在气候变化影响海洋渔业造成粮食安全高度脆弱的国家中，超过2/3的国家以海洋渔业作为其水产品供应的主要来源。制定适宜的适应策略和管理措施以降低气候变化的影响，对于维持具有高脆弱性且高度依赖海洋渔业的国家粮食安全具有极为重要的意义。开展气候变化影响海洋渔业下的脆弱性评价，获得气候变化下的高脆弱性国家，对于采取适宜的管理措施以减弱气候变化的影响，从而促进国家粮食安全具有极为重要的意义。

思 考 题

1. 全球环境变化的概念及其主要问题。
2. 用案例说明全球环境变化与渔业的关系。
3. 全球气候变化是如何影响海洋生态系统的。
4. 气候变化对水产养殖业的影响主要表现在哪些方面；国际社会正在采取哪些行动。

主要参考文献

《当代中国》丛书编委会. 1991. 当代中国的水产业. 北京：当代中国出版社.

《全国渔业发展第十一个五年规划》编制组. 2006.《全国渔业发展第十一个五年规划》（2006～2010 年）.

《中国农业百科全书》总编委会. 1994. 中国农业百科全书一水产卷. 北京：中国农业出版社.

《中国渔业经济》编委会. 1993～2006. 中国渔业经济（双月刊）. 北京：中国渔业经济杂志社.

《中国渔业资源调查和区划》编委会. 1990. 中国海洋渔业资源. 杭州：浙江科技出版社.

《中国渔业资源调查和区划》编委会. 1990. 中国内陆水域渔业区划. 杭州：浙江科技出版社.

包特力根白乙，冯迪. 2008. 中国渔业生产：计量经济模型的构建与应用. 中国渔业经济，26（3）：26-30.

陈炳卿. 1997. 营养与食品卫生学. 第 3 版. 北京：人民卫生出版社.

陈侠君. 2009. 二倍体和三倍体虹鳟外周血细胞的比较研究. 哈尔滨：东北农业大学.

陈新军，刘连为，方舟. 2017. 大洋性经济柔鱼类分子系统地理学. 北京：海洋出版社.

陈新军，周应祺. 2001. 海洋渔业可持续利用预警系统的初步研究. 上海海洋大学学报，10（1）：31-37.

陈新军，周应祺. 2002. 基于 BP 模型的渔业资源可持续利用综合动态评价. 广东海洋大学学报，22（6）：38-44.

陈新军. 2001. 海洋渔业资源可持续利用评价. 南京：南京农业大学.

陈新军. 2004. 渔业资源可持续利用评价理论和方法. 北京：中国农业出版社.

陈新军. 2014. 渔业资源经济学. 北京：中国农业出版社.

陈作志，林昭进，邱永松. 2010. 基于 AHP 的南海海域渔业资源可持续利用评价. 自然资源学报，25（2）：249-257.

崔宗斌，朱作言. 1995. 转人生长激素基因红鲤 F2 代阳性鱼的摄食及代谢研究. 科学通报，40（16）：1514.

丁琪，陈新军. 2017. 基于渔获统计的全球海洋渔业资源可持续利用评价. 北京：科学出版社.

冯志哲. 2001. 水产品冷藏学. 北京：中国轻工业出版社.

高福成. 1999. 新型海洋食品. 北京：中国轻工业出版社.

官文江. 2008. 基于海洋遥感的东、黄海鲐鱼渔场与资源研究. 上海：华东师范大学.

何珊，陈新军. 2016. 渔业管理策略评价及应用研究进展. 广东海洋大学学报，36（5）：29-39.

黄硕琳. 1993. 海洋法与渔业法规. 北京：中国农业出版社.

纪家笙，黄志斌，杨运华，等. 1999. 水产品工业手册. 北京：中国轻工业出版社.

金显仕，窦硕增，单秀娟，等. 2015. 我国近海渔业资源可持续产出基础研究的热点问题. 渔业科学进展，（1）：124-131.

蓝天. 2012. FTA 战略下韩国的贸易调整援助制度及启示. 国际经贸探索，28（1）：109-118.

李健华. 2006. 落实科学发展观 构建健康发展的水产养殖业. 中国渔业经济，（1）：4-8.

李可心，朱泽闻，钱银龙. 2012. 国家水产技术推广机构指导并联合渔业合作经济组织开展技术推广服务的分析与探讨. 中国水产，（1）：34-36.

李来好. 2001. 水产品质量保证体系（HACCP）建立与审核. 广州：广东经济出版社.

李文抗，孙国兴，李树德，等. 2003. 天津市渔业技术进步贡献率测算及增长对策分析. 中国渔业经济，（c00）：28-30.

李雅飞. 1996. 水产食品罐藏工艺学. 北京：中国农业出版社.

梁仁君，林振山，任晓辉. 2006. 海洋渔业资源可持续利用的捕捞策略和动力预测. 南京师大学报（自然科学版），29（3）：108-112.

林光纪. 2008. 渔业公共资源管理的制度经济学探讨. 渔业研究，（3）：1-6.

林光纪. 2012. 重构我国渔业捕捞准入制度的理论探讨. 渔业研究，34（2）：163-170.

林洪，张瑾，熊正河. 2001. 水产品保鲜技术. 北京：中国轻工业出版社.

林琪，吴建绍，曾志南. 2001. 静水压休克诱导大黄鱼三倍体. 海洋科学，25（9）：6-9.
林群，邵文慧，高齐圣，等. 2009. 山东省渔业生产函数的协整分析. 中国渔业经济，27（6）：104-109.
刘建康，谢平. 1999. 揭开武汉东湖蓝藻水华消失之谜. 长江流域资源与环境，8（3）：312-319.
刘学浩. 1982. 水产品冷加工工艺. 北京：中国展望出版社.
卢江勇，张玉梅，过建春. 2005. 海南省渔业生产函数实证分析. 水产科学，24（12）：50-53.
闵宽洪. 2006. 我国休闲渔业发展浅析. 中国渔业经济，（4）：21-23.
慕永通. 2004. 个别可转让配额理论的作用机理与制度优势研究. 中国海洋大学学报（社会科学版），（2）：10-17.
孙满昌等. 2004. 渔具选择性. 北京：中国农业出版社.
唐启升，陈镇东，余克服，等. 2013. 海洋酸化及其与海洋生物及生态系统的关系. 科学通报，（14）：1307-1314.
唐启升，丁晓明，刘世禄，等. 2014. 我国水产养殖业绿色、可持续发展保障措施与政策建议. 中国渔业经济，（2）：5-11.
唐启升，丁晓明，刘世禄，等. 2014. 我国水产养殖业绿色、可持续发展战略与任务. 中国渔业经济，（1）：6-14.
唐启升，刘慧. 2016. 海洋渔业碳汇及其扩增战略. 中国工程科学，（3）：68-73.
唐启升，水产养殖业可持续发展战略研究课题组. 2012. 水产养殖业可持续发展战略研究. 中国家禽，（11）：13-15.
汪之和. 2003. 水产品工业与利用. 北京：化学工业出版社.
王奎旗，韩立民. 2005. 从大农业视角剖析中国水产业与循环经济. 中国渔业经济，5（1）：16-17.
王武. 2000. 鱼类增养殖学. 北京：中国农业出版社.
王锡昌，汪之和. 1997. 鱼糜制品加工技术. 北京：中国轻工业出版社.
王洋. 2014. 舟山渔场外侧海域单拖渔船轨迹模拟及其秋冬季渔获量估算与时空特征分析. 舟山：浙江海洋学院硕士学位论文.
吴斌，王海华，刁宏斌. 2016. 中国淡水渔业碳汇强度估算. 生物安全学报，25（4）：308-312.
奚业文，曹海. 2015. 浅水草型湖泊生物修复养蟹净水技术研究. 水产养殖，36（5）：19-23.
许克圣，魏彦章，郭礼和，等. 1991. 转移人生长激素基因和注射人生长激素对促进银鲫生长的研究. 水生生物学报，5（2）：103-109.
许柳雄. 2004. 渔具理论与设计学. 北京：中国农业出版社.
薛长湖，翟毓秀，李来好，等. 2016. 水产养殖产品精制加工与质量安全发展战略研究. 中国工程科学，（03）：43-48.
杨正勇. 2006. 我国海洋渔业资源管理中个体可转让配额制度交易成本的影响因素分析——Williamson的视角. 海洋开发与管理，23（6）：150-153.
姚震，骆乐. 2001. 渔业制度变迁对渔业生产率贡献的分析. 中国渔业经济，（6）：16-17.
叶桐封编著. 1991. 淡水鱼加工技术. 北京：农业出版社.
余秀宝，李璇. 2012. 我国渔业捕捞行政许可问题探讨. 法治论坛，（1）.
袁新华，李彩艳，缪为民. 2008. 我国渔业经济增长的制度经济学分析. 2008中国渔业经济专家论坛.
曾庆孝，许喜林. 2000. 食品生产的危害分析与关键控制点（HACCP）原理与应用. 广州：华南理工大学出版社.
曾省存，刘飞，刘明波，等. 2011. 中国渔业保险现状分析和发展模式探索. 中国渔业经济，29（3）：36-47.
张波，孙珊，唐启升. 2013. 海洋捕捞业的碳汇功能. 渔业科学进展，（1）：70-74.
张欣. 2012. 自然禀赋、技术进步与沿海地区渔业经济增长. 科技管理研究，（19）：73-77.
周井娟. 2008. 沿海地区渔业现代化水平评价指标体系研究. 农业经济与管理，（2）：15-20.
周琼，周劼，段金荣，等. 2012. GIS技术在渔业领域的应用研究. 生物灾害科学，（3）：249-253.
周应祺. 2000. 渔具力学. 北京：中国农业出版社.
朱玉贵，赵丽丽，刘燕飞. 2009. 海洋渔业资源可持续利用研究. 中国人口·资源与环境，108（2）：170-173.

藤永元作，橘高二郎. 1966. クルマエビ幼生の変態と餌料. 日本プランクトン研連報，(13)：83-94.

Allmon W D.1992. A causal analysis of stages in allopatric speciation. Oxford Surveys in Evolutionary Biology，8：219-257.

Aoki I，Inagaki T，Mitani I，et al. 1989. A prototype expert system for predicting fishing conditions of anchovy off the coast of Kanagawa Prefecture. Nsugaf，55（10）：1777-1783.

Argüelles J，Rodhouse P G，Villegas P，et al. 2001. Age，growth and population structure of the jumbo flying squid *Dosidicus gigas* in Peruvian waters. Fisheries Research，54（1）：51-61.

Bartsch J，Brander K，Heath M，et al. 1989. Modelling the advection of herring larvae in the North Sea. Nature，340（6235）：632-636.

Bartsch J. 1988. Numerical simulation of the advection of vertically migrating herring larvae in the North Sea. Meeresforschung /Reports on Marine Research，32：30-45.

Cherfas N B，Gomelsky B，Ben-Dom N，et al. 1994. Assessment of triploid common carp（Cyprinus carpio L.）for culture. Aquaculture，127（1）：11-18.

Clarke M R. 1966. A review of the systematics and ecology of oceanic squids. Advances in Marine Biology，4（4）：91-300.

Clarke M R. 1998. The value of statolith shape for systematics，taxonomy，and identification. Systematics and Biogeography of Cephalopods，Smithsonian Contributions to Zoology，586：69-76.

Deangelis D L，Cox D K，Coutant C C. 1980. Cannibalism and size dispersal in young-of-the-year largemouth bass：experiment and model. Ecological Modelling，8（8）：133-148.

Downing S L，Jr S K A. 1987. Induced triploidy in the Pacific oyster，Crassostrea gigas：Optimal treatments with cytochalasin B depend on temperature. Aquaculture，61（1）：1-15.

FAO. 1957. Modern fishing gear of the world Ⅰ. Fishing News.

FAO. 1963. Modern fishing gear of the world Ⅱ. Fishing News.

FAO. 1970. Modern fishing gear of the world Ⅲ. Fishing News.

FAO. 1988. Proceeding of Fishing gear and Fishing vessels Design of the World. St. Johns.

FAO. 2010. The State of World Fisheries and Aquaculture—2010.

FAO. 2012. The State of World Fisheries and Aquaculture—2012.

FAO. 2014. The State of World Fisheries and Aquaculture—2014.

FAO. 2016. The State of World Fisheries and Aquaculture—2016.

Hudinaga M，Kittaka J. 1967. Inform Bull Plankto Japan，Commemoration Number of Dr. Y. Matsue，35-46.

Hudinaga M. 1942. Reproduction，development and rearing of penaeus japonicus bate. Evidence-based Obstetrics & Gynecology，7（4）：199-200.

Khromov D N. 1998. Distribution patterns of Sepiidae. Systematics and Biogeography of Cephalopods，Smithsonian Contributions to Zoology，586：191-206.

Kozasa M. 1986. Toyocerin（Bacillus toyoi）as growth promotor for animal feeding. Microbiol Aliment Nutr，164（1/4）：351-358.

Lee J，South A B，Jennings S. 2010. Developing reliable，repeatable，and accessible methods to provide high-resolution estimates of fishing-effort distributions from vessel monitoring system（VMS）data. Ices Journal of Marine Science，67（6）：1260-1271.

Lipinski M. 1986. Methods for the validation of squid age from statoliths. Journal of the Marine Biological Association of the United Kingdom，66（2）：505-526.

Nixon M. 1998. The radulae of cephalopoda. Systematics and Biogeography of Cephalopods，Smithsonian Contributions to Zoology，586：39-53.

Pauly D，Christensen V，Dalsgaard J，et al. 1998. Fishing down marine food webs. Science，279（5352）：860-863.

Russo T，Parisi A，Prorgi M，et al. 2011. When behaviour reveals activity：assigning fishing effort to métiers based on VMS data using artificial neural networks. Fisheries Research，111（1-2）：53-64.

Segawa S. 1993. Is Sepioteuthis lessoniana in Okinawa a single species. Recent Advances in Fisheries Biology.

Swarup H. 1956. Production of heteroploidy in the three-spined stickleback，*Gasterosteus aculeatus*（L.）. Nature，178（4542）：1124-1125.

Swarup H. 1958. Stages in the development of the stickleback *Gasterosteus aculeatus*（L.）. J Embryol Exp Morphol，159（453）：129-136.

Swarup H. 1959. Effect of triploidy on the body size，general organization and cellular structure in Gasterosteus（L.）. Journal of Genetics，56（2）：143-155.

Walker E，Bez N. 2010. A pioneer validation of a state-space model of vessel trajectories（VMS）with observers' data. Ecological Modelling，221（17）：2008-2017.

Winkler H. 1916. Über die experimentelle Erzeugung von Pflanzen mit abweichenden Chromosomenzahlen. Zeitschr. f. Botanik，（8）：417-531.

Young J Z. 1960. The statocysts of *Octopus vulgaris*. Proc R Soc Lond B Biol Sci，152（1946）：3-29.